人工智能数学基础

唐宇迪 李琳 侯惠芳 王社伟◎编著

北京大学出版社
PEKING UNIVERSITY PRESS

内容简介

本书以零基础讲解为宗旨，面向学习数据科学与人工智能的读者，通俗地讲解每一个知识点，旨在帮助读者快速打下数学基础。

全书分为 4 篇，共 17 章。其中第 1 篇为数学知识基础篇，主要讲述了高等数学基础、微积分、泰勒公式与拉格朗日乘子法；第 2 篇为数学知识核心篇，主要讲述了线性代数基础、特征值与矩阵分解、概率论基础、随机变量与概率估计；第 3 篇为数学知识提高篇，主要讲述了数据科学的几种分布、核函数变换、熵与激活函数；第 4 篇为数学知识应用篇，主要讲述了回归分析、假设检验、相关分析、方差分析、聚类分析、贝叶斯分析等内容。

本书适合准备从事数据科学与人工智能相关行业的读者。

图书在版编目(CIP)数据

人工智能数学基础 / 唐宇迪等 编著. — 北京：北京大学出版社，2020.11
ISBN 978-7-301-31431-9

Ⅰ. ①人… Ⅱ. ①唐… Ⅲ. ① 人工智能－应用数学－基本知识 Ⅳ. ①TP18②O29

中国版本图书馆CIP数据核字(2020)第120880号

书　　　名	人工智能数学基础
	RENGONG ZHINENG SHUXUE JICHU
著作责任者	唐宇迪等 编著
责 任 编 辑	张云静 杨爽
标 准 书 号	ISBN 978-7-301-31431-9
出 版 发 行	北京大学出版社
地　　　址	北京市海淀区成府路205 号　100871
网　　　址	http://www.pup.cn　新浪微博:@ 北京大学出版社
电 子 信 箱	编辑部 pup7@pup.cn　总编室 zpup@pup.cn
电　　　话	邮购部 010-62752015　发行部 010-62750672　编辑部 010-62580653
印 刷 者	天津中印联印务有限公司
经 销 者	新华书店
	787毫米×1092毫米　16开本　34.5印张　809千字
	2020年8月第1版　2025年1月第7次印刷
印　　　数	23001-26000册
定　　　价	119.00 元

前言
INTRODUCTION

本书专为数据科学与人工智能相关行业的从业者，或学习与之相关的技术知识的初学者和爱好者打造，旨在使读者掌握数据科学与人工智能必备的数学基础知识。希望通过对本书的学习，读者能够较好地理解人工智能算法的原理和推导过程，哪怕是人工智能的初学者也能轻松读懂以前看不懂的人工智能的算法原理。

为什么要写这本书？

在人工智能算法的学习过程中，很多初学者遭遇的挫折多半来自看不懂算法的数学推导过程，进而无法理解算法原理，在应用中只能调整参数或换工具包，却很难优化算法。要理解一个算法的内在逻辑，没有数学知识是不行的，本书旨在帮助读者解决人工智能学习入门中遇到的困扰。

帮助初学数据科学与人工智能的读者快速掌握数学基础知识，为进一步掌握人工智能算法打下基础，在未来的职场中有一个较高的起点。

读者对象

◆已经开启职业生涯的人工智能研究者

◆没有人工智能或统计学学习经历但希望能快速地掌握这方面知识，并在项目产品或平台中使用人工智能的软件工程师

◆相关专业的教师和学生

本书特色

◆零基础也能入门

无论您是否从事计算机相关行业，是否接触过人工智能，都能通过本书实现快速入门。

◆全新视角介绍数学知识

采用计算机程序模拟数学推论的介绍方法，使数学知识更为清晰易懂，更容易让初学者

深入理解数学定理、公式的意义。

◆理论和实践相结合

每章最后提供的"综合性实例"是根据所在章的理论知识点精心设计的,读者可以通过综合案例进行实践操作,为以后的算法学习奠定基础。

配套资源

本书提供了配套的范例源文件和习题答案,可扫描下方二维码关注微信公众号,根据提示获取。其中,本书 10.14 节习题的数据下载地址为 http://archive.ics.uci.edu/ml/machine-learning-databases/00294/,数据的介绍网址为 http://archive.ics.uci.edu/ml/datasets/Combined+Cycle+Power+Plant

作者团队

本书由龙马高新教育策划,唐宇迪、李琳、侯惠芳、王社伟编著。其中第 1、7、8、12、17 章由河南工业大学李琳老师编著;第 2、3、4 章由河南工业大学张继新老师编著;第 5、6、10、14 章由河南工业大学侯惠芳老师编著;第 9、11、13、16 章由河南工业大学王社伟老师编著;第 15 章由河南工业大学王云侠老师编著,全书由唐宇迪审稿。在编写过程中,编者竭尽所能地为读者呈现最好、最全的实用基础知识,若仍存在疏漏和不妥之处,敬请广大读者指正。

目 录
CONTENTS

第1章
人工智能与数学基础

21 世纪以来，全球化的加速和互联网的蓬勃发展，带来全球范围内电子数据的爆炸性增长，人类迈入了大数据时代。与此同时，计算机芯片的计算能力也持续高速增长。在数据和计算能力指数式增长的支持下，人工智能算法在应用中取得了重大突破，如人脸识别、语音识别、网页搜索、购物推荐、自动化交易等方面都取得了突破性进展，掀起了新一轮的人工智能浪潮。这些应用的背后是一大批新的智能算法，如统计学习理论、支持向量机、概率图模型、深度神经网络等，这些算法都是在数学模型的基础上建立起来的，算法的创新离不开数学工具的支撑。

本章主要涉及的知识点

- 什么是人工智能
- 人工智能的发展
- 人工智能的应用
- 学习人工智能需要哪些知识
- 为什么要学习数学
- 本书包括的数学知识

什么是人工智能

人工智能（Artificial Intelligence, AI）作为一门前沿交叉学科，是研究和开发用于模拟、延伸和扩展人的智能的理论、方法、技术及应用系统的一门新的技术科学。人类的智能随着人类的活动无处不在，如下棋、竞技解题游戏、规划路线和驾驶车辆，都需要人工智能，如果机器能够执行这些任务，就可以认为机器具有了某种性质的人工智能。由此我们可以看出，人工智能是个很宽泛的话题。从手机上的计算器到无人驾驶汽车，再到未来可能改变世界的重大变革，人工智能可以描述很多东西。

日常生活中我们每天都能接触到人工智能。互联网中各种各样的人工智能新闻随处可见，人工智能已经从一个深藏于专业实验室的科研产品，步入我们的社会生活中。人工智能带来的变化已随处可见。当你打开新闻网页时，展示给你的那些文章是由人工智能为你定制的；当你上网购物时，打开首页看到的是你最有可能感兴趣的、最有可能购买的商品，这是推荐算法根据你最近的搜索记录自动推荐的；当你打开邮箱时，系统已经为你过滤了你不关心的广告和垃圾邮件。2017 年，AlphaGo 以无可争辩的能力战胜了人类围棋高手，名噪一时。人工智能在无人驾驶等领域也大显身手，显示出越来越强的能力。图像识别、语音识别、指纹识别等技术给人们的生活带来了极大的便利，人工智能改变了我们的生活方式。

 人工智能的发展

人工智能的发展经历了起起伏伏的曲折过程，让我们来一起回顾人工智能的发展历程。

1. 人工智能的诞生（20 世纪 40 ～ 50 年代）

早在 20 世纪四五十年代，数学家和计算机工程师已经开始探索用机器模拟人的智能。1950 年，被称为"计算机之父"的艾伦·图灵（Alan Turing）提出了一个举世瞩目的想法——图灵测试。按照图灵的设想，如果一台机器能够与人类开展对话而不被辨别出机器身份，那么这台机器就具有智能，图灵还大胆预言了真正具备智能机器的可行性。1955 年，马文·闵斯基（Marvin Minsky）、约翰·麦卡锡（John McCarthy）、克劳德·香农（Claude Shannon）等人在美国的达特茅斯学院组织了一次讨论会，第一次正式提出了"人工智能"一词，宣告人工智能作为一门学科的诞生，并且开始从学术角度对人工智能展开专业研究，确定人工智能的主要研究内容包括机器人、语言识别、图像识别、自然语言处理和专家系统等。该会议被人们看作人工智能正式诞生的标志，最早的一批人工智能学者和技术开始涌现。

2. 人工智能的第一次浪潮（20世纪50～70年代）

人工智能的诞生让人们第一次看到了智慧通过机器实现的可能，人工智能迎来了属于它的第一次浪潮。在长达十余年的时间里，计算机被广泛应用于数学和自然语言领域，用来解决代数、几何和英语问题。这让很多研究学者看到了机器向人工智能发展的可能。

虽然这个阶段人工智能的成果层出不穷，但由于人们对人工智能研究的估计过于乐观，以及科研人员在人工智能的研究中对项目难度预估不足，导致很多人工智能项目一直无法实现，人工智能进入了第一个痛苦、艰难的阶段。

当时人工智能面临的技术瓶颈主要有三个方面：一是计算机性能不足，导致很多程序无法在人工智能领域得到应用；二是问题的复杂性，早期人工智能程序主要是解决对象少、复杂性低的特定的问题，一旦问题上升维度，程序立马就不堪重负；三是数据量严重缺乏，在当时没有足够大的数据库来支撑程序进行机器学习，这很容易导致机器无法读取足够的数据进行智能化。随着公众热情的消退和投资的大幅削减，人工智能在70年代中期进入了第一个冬天。

3. 人工智能的第二次浪潮（20世纪80年代）

1980年，卡内基·梅隆大学为数字设备公司设计了一套名为XCON的"专家系统"，DEC公司销售VAX计算机时，XCON可以基于规则根据顾客需求自动配置零部件。它采用人工智能程序，可以简单地理解为"知识库＋推理机"的组合，是一套具有完整专业知识和经验的计算机智能专家系统。这套系统在1986年之前每年能为公司节省超过四千美元经费。

专家系统的成功也逐步改变了人工智能发展的方向，科学家们开始专注于针对具体领域实际问题的专家系统，这和当初建立通用的智能系统的初衷并不完全一致。与此同时，人工神经网络的研究也取得了重要的进展，1986年，大卫·鲁梅尔哈特（David Rumelhart）、杰弗里·辛顿（Geoffrey Hinton）和罗纳德·威廉姆斯（Ronald Williams）联合提出的"反向传播算法"（BackPropagation），可以在神经网络的隐藏层中学习对输入数据的有效表达，反向传播算法被广泛用于神经网络的训练。

但到了80年代后期，产业界对专家系统的巨大投入和过高期望开始显现出负面效果，人们发现专家系统的开发与维护成本昂贵，而商业价值有限。仅仅维持了7年，这个曾经轰动一时的人工智能系统就宣告结束历史进程。从此，专家系统风光不再，人工智能的发展再度步入冬天。

4. 人工智能的第三次浪潮（2011年至今）

20世纪90年代中期开始，随着人工智能技术尤其是神经网络技术的逐步发展，人们对人工智能不再有不切实际的期待，人工智能技术开始进入平稳发展时期。2006年，辛顿在神经网络的深度学习领域取得突破，让人类又一次看到机器赶超人类的希望，这也是标志性的技术进步。

进入21世纪后，互联网的蓬勃发展带来了全球范围内电子数据的爆炸性增长，人类迈入了大数据时代，与此同时计算机芯片的计算能力持续高速增长，当前一块图像处理器的计算能力已经突破了每秒 10 万亿次的浮点运算，超过了 2001 年全球最快的超级计算机，在数据和计算能力指数式增长的支持下，人工智能算法取得了重大突破。

以多层神经网络为基础的深度学习被推广到多个应用领域，特别是语音识别、图像分析、视频理解等诸多领域取得了成功，引爆了一场新的科技革命，谷歌、微软、百度等互联网巨头，还有众多的初创科技公司，纷纷加入人工智能产品的战场，掀起了新一轮的智能化狂潮。

随着新技术的日趋成熟和大众的广泛接受，世界各国的政府和商业机构都纷纷把人工智能列为未来发展战略的重要部分，由此，人工智能的发展迎来了第三次热潮。目前人工智能领域引发了全社会的关注和重视，新的科技创新在不断涌现。

1.3 人工智能的应用

人工智能可以分为弱人工智能和强人工智能两大类。强人工智能是指具有人类的心智和意识、具有自主的选择行为，且拥有超越人类智慧水平的人工智能。强人工智能目前离我们还很遥远，是人工智能领域的长远目标。

弱人工智能是指擅长某个方面的人工智能，能够帮助人类从某些脑力劳动中解放出来。比如能战胜象棋世界冠军的人工智能、手机中的骚扰电话自动拦截、邮箱的自动过滤，都属于弱人工智能。目前对于人工智能的研究和开发主要集中在弱人工智能领域，弱人工智能已经成为我们日常生活必不可少的一部分。下面列出一些常见的弱人工智能的应用。

（1）图像识别。图像识别是指计算机从图像中识别出物体、场景和活动。图像识别有着广泛的应用，包括医疗领域的成像分析、人脸识别、公共安全、安防监控、无人驾驶等。

（2）语音识别。语音识别是把语音转化为文字，并对其进行识别、认知和处理。语音识别的主要应用包括电话客服、自动翻译、医疗领域听写、语音书写、计算机系统声控等。

（3）虚拟个人助理。虚拟个人助理是指智能手机上的语音助理、语音输入、家庭管家和陪护机器人等。如微软小冰、百度度秘、科大讯飞、Amazon Echo、Google Home 等。

（4）自然语言处理。自然语言处理帮助实现人机之间自然语言的通信，在机器翻译、语音识别中都有相应的应用。

（5）智能机器人。智能机器人目前在生活中随处可见，如扫地机器人、陪伴机器人……这些机器人不管是跟人语音聊天，还是自主定位导航行走、安防监控等，都离不开人工智能技术的支持。

（6）电商网站的产品推荐和社交网站的好友推荐。如淘宝、京东等商城，会根据用户浏览过的商品和页面、搜索过的关键字，推送一些相关的产品或网站内容，以及媒体平台根据日常浏览记录推送用户喜欢看的信息等。

除此之外，军事、制造、金融、医疗等很多领域都广泛应用了各种各样的人工智能技术。

学习人工智能需要哪些知识

人工智能目前已经成为一个涉及很广的学科，涵盖感知、学习、推理与决策等方面的能力，有着众多的研究分支和应用方向，不同的子方向对学科知识的要求也不尽相同。当前人工智能的方法主要是通过已有数据集让机器来学习知识并获得预测和判断的能力，这样的方法称为机器学习。机器学习主要从数据和行动中学习，并且这种方式已经获得了长足的发展，在各行各业得到了应用，已经成为目前人工智能的主流方法。

对于学习人工智能而言，最基础的学科知识主要涉及数学和计算机。各种人工智能技术归根结底都建立在数学模型之上，要了解人工智能，首先要掌握必备的数学基础知识，如利用线性代数将研究对象形式化、通过概率论描述数据的统计规律等。

另外，还需要对机器学习的各种基础知识、基本理论和经典算法进行不断的学习和积累，像神经网络、支持向量机、遗传算法等，尤其是目前在语音、图像和自然语言处理方面识别效率很高的深度学习算法。当然还有各个领域需要的一些专业算法，例如，让机器人自己在位置环境导航和建图就需要研究 SLAM（Simultaneous Localization and Mapping，同步定位与地图构建）。随着科技的进步，更先进的新算法也在不断涌现，这些都需要我们不间断地学习并将之应用于业务实践中。

下面列出机器学习中一些常用的算法，如表 1-1 所示。

表 1-1 常用的算法及概述

算法	概述
线性回归 （Linear Regression）	线性回归是一种通过属性的线性组合来进行预测的线性模型，其目的是找到一条直线、一个平面或更高维的超平面，使预测值与真实值之间的误差最小化
Logistic 回归 (Logistic Regression)	Logistic 回归是一种分类模型，如二分类公式： $$P(Y=1\mid x) = \frac{\exp(w \cdot x)}{1+\exp(w \cdot x)}$$ $$P(Y=0\mid x) = \frac{1}{1+\exp(w \cdot x)}$$ 根据给定的输入实例 x，分别求出 $P(Y=1\mid x)$ 和 $P(Y=0\mid x)$，比较这两个条件概率，将实例 x 分到概率值较大的那一类

算法	概述
决策树 (Decision Tree)	决策树从根节点开始对输入实例 x 的每一个特征进行测试，根据测试结果，将 x 分配到其子节点。每个子节点对应着该特征的一个取值，如此递归地对 x 进行测试并分配，直至到达叶节点，最后将 x 分到叶节点的类中。通常特征选择的准则是信息增益或信息增益比
支持向量机 (Support Vector Machine, SVM)	SVM 的基本模型是二类分类模型，属于有监督学习，是在特征空间中找出一个超平面作为分类边界，对数据进行正确分类，且使每一类样本中距离分类边界最近的样本到分类边界的距离尽可能远，使分类误差最小化
朴素贝叶斯 (Naive Bayes)	在输入实例 x 的特征相互独立的前提下，根据下面的贝叶斯公式，预测结果属于类别的出现概率，哪个类别的后验概率最大，就认为该实例 x 属于哪个类别 $$P\left(C_i \mid F_1 F_2 \cdots F_n\right) = \frac{P\left(F_1 F_2 \cdots F_n \mid C_i\right) P\left(C_i\right)}{P\left(F_1 F_2 \cdots F_n\right)}, i = 1, 2 \cdots, m$$
K 最近邻算法 (K-Nearest Neighbors, KNN)	K 最近邻算法会给定一个训练数据集，对新的输入实例 x，算法会在训练数据集中找到与 x 最邻近的 k 个实例，如果这 k 个实例大多数属于同一个类，就把实例 x 也分到这个类中。距离函数可以是欧式距离、曼哈顿距离、明式距离或汉明距离
随机森林 (Random Forest, RF)	随机森林指的是利用多棵树对样本进行训练并预测的一种分类器。它的基本单元是决策树，每棵决策树并不完全相同，采用多个决策树的投票机制来决定最终分类。随机森林的构建包括数据的随机性选取和待选特征的随机选取
降维算法 (Dimensionality Reduction)	在机器学习中经常会碰到高维数据集中、数据样本稀疏、距离计算易出现特征之间的线性相关等困难，这时需要做降维处理。降维方法有很多，主要包括主成分分析（PCA）、线性判别分析（LDA）等
AdaBoost 算法 (Adaptive Boosting)	AdaBoost 是针对同一个训练集训练不同的分类器（弱分类器），然后把这些弱分类器集合起来，构成一个更强的最终分类器（强分类器）的迭代算法。每一次迭代时，提高那些被前一轮分类器错误分类的数据的权值，降低那些被正确分类的数据的权值，最后将基本分类器的线性组合作为强分类器。给分类误差小的基本分类器以大的权重，给分类误差大的基本分类器以小的权重

续表

算法	概述
最大期望算法 (Expectation-Maximization algorithm, EM)	EM 算法是针对含有隐变量的概率模型 $P(X, Z \mid \theta)$ 来估计参数 θ 的迭代算法，X 是观测变量的数据，Z 是隐变量的数据，θ 是模型参数。基本思想是首先随机初始化参数 θ，然后不断迭代寻找更优的参数 θ。每次迭代包括两步：E 步以当前参数 $\theta^{(i)}$ 推断隐变量分布 $P(Z \mid X, \theta^i)$，并计算出对数似然 $\ln P(Z \mid X, \theta^i)$ 关于 Z 的期望，记作 Z^i；M 步基于已观测变量 X 和当前隐变量 Z^i 对参数 $\theta^{(i)}$ 做最大似然估计，使每次迭代得到的参数 θ 的似然函数 $P(X \mid \theta)$ 比原来的似然函数大

从算法实践的角度来看，我们需要掌握至少一门人工智能的编程语言，例如被称为机器学习最优秀的语言 Python，具有语法简洁、易读易学、可移植性好、有丰富的库支持等优点，Python 采用强制缩进的方式使代码具有极佳的可读性。用 Python 做科学计算的研究机构日益增多，一些知名大学已经采用 Python 来教授程序设计课程。众多开源的科学计算软件包都提供了 Python 的调用接口，而 Python 专用的科学计算扩展库更多，经典的科学计算扩展库 NumPy、SciPy 和 Matplotlib 分别为 Python 提供了快速数组处理、数值运算及绘图功能，Python 语言及其众多的扩展库所构成的开发环境十分适合工程技术人员、科研人员处理实验数据、制作图表，甚至开发科学计算应用程序。另外，Python 完全免费，用户可以在任何计算机上免费安装 Python 及其绝大多数的扩展库。

 ## 1.5 为什么要学习数学

数学是科学的语言，数学基础知识背后蕴含着处理智能问题的基本思想与方法，也是理解复杂算法的必备要素。要理解一个算法的内在逻辑，没有数学是不行的。在运行算法时，常用的处理方法就只是调参或调包，不会用到数学，但是当发现该算法效果不好的时候，如果不知道算法背后的数学模型，就很难对该算法进行优化，这一点是人工智能编程和传统编程的不同之处。

目前人工智能在人脸识别、语音识别、网页搜索、购物推荐、自动化交易等方面取得了突破性进展，掀起新一轮的人工智能浪潮。这些应用的背后是一大批新的智能算法，如统计学习理论、支持向量机、概率图模型、深度神经网络等，这些算法都建立在数学模型的基础上对数据进行训练，都离不开数学工具的支撑。

要了解人工智能，首先要掌握必备的数学基础知识。例如，常用的梯度下降法、拉格朗日乘子法等优化方法中涉及很多高等数学基础知识，线性代数和概率论是人工智能研究的基础工具集。机器学习中目前占据主流的统计学习方法正是基于数据构建概率统计模型，并运用模型对数据进行预测与分析。数理统计方法可以帮助我们根据可观察的样本反过来推断总体分布的性质。

下面我们来看一个具体实例：2012 年，在竞争激烈的计算机视觉比赛 ILSVRC 中，辛顿教授小组以显著的优势赢得了冠军，top-5 的错误率降低至 16.4%，相比第二名 26.2% 的错误率有了显著下降，这主要归功于深度学习算法和卷积神经网络的研究成果。深度神经网络在大赛中的表现，不但是计算机视觉发展的重要推动者，也是这一波人工智能热潮的关键驱动力之一。在深度神经网络中利用矩阵的卷积运算自动提取图像的特征，和人工神经网络训练中的反向传播算法运用梯度计算的链式法则，都取得了非常好的效果。

今天自然语言处理也从以往单纯的句型法分析和语义理解，变成了非常贴近实际应用的机器翻译、语音识别、文本自动生成、数据挖掘和知识的获取。研究方法也从过去的基于规则的方法变成了基于统计理论的方法描述语言的规律，例如，推断机器翻译的句子的合理性时，需要运用数学中的概率和熵来衡量。Google 的 PageRank 算法中将搜索引擎结果中的网页排名问题变成了一个二维矩阵相乘的问题；处理文本相似性度量时可以使用距离的概念，距离越近，相似度越大。

正是由于数学知识工具的引入，为解决以往的老问题另辟蹊径，一大批新的数学模型和算法发展起来，新算法在具体场景的成功应用让科学家们看到了人工智能再度兴起的曙光。

 ## 1.6　本书包括的数学知识

本书包括人工智能算法中一些必备的数学基础知识。本书的编写方法和传统的数学教程不同，并没有把重心放在数学概念的理论分析上。首先，在数学知识的选择上，本书侧重于介绍与人工智能关系紧密的知识模块，这样避免读者因过于专注数学的学习，而忽略了数学的应用。在研究人工智能技术和算法的同时，也可以继续深入学习数学知识。另外，本书也侧重于思维的培养和数学方法在人工智能领域的应用。最后，我们更愿意通过计算机程序模拟数学结论的方法讲述本书的内容，这样更容易让初学者深入理解数学定理公式的意义。每章最后提供的综合性实例，也为应用算法奠定了基础。

本书分为四部分内容，分别为数学知识基础篇、核心篇、提高篇和应用篇。

基础篇，包括第 2~4 章内容，介绍微积分的一些常用概念和基本知识。

核心篇，包括第 5~8 章内容，分别介绍了线性代数和概率论的一些基础知识，以及在实际问题中应用广泛的基于矩阵分解的各种方法 [如奇异值分解 (SVD)、主成分分析 (PCA) 等]、参数估计方法（如最大似然估计、朴素贝叶斯方法等）。

提高篇，包括第 9~11 章内容，分别介绍了数据科学常用的几种数据分布、核函数的思想，以及常见的核函数和衡量信息的不确定性——熵与激活函数。

应用篇，包括第 12~17 章内容，分别介绍显著性检验方法的基本概念、Z 检验、t 检验、卡方检验等一些常用的检验方法；回归分析、相关分析、方差分析、聚类分析等；最后介绍了贝叶斯统计方法。

第1篇

基础篇

　　本篇主要讲述了高等数学基础、微积分、泰勒公式与拉格朗日乘子法等内容。

第 2 章
高等数学基础

本章将简单介绍函数、极限、无穷小与无穷大、连续性与导数、偏导数、方向导数、梯度等高等数学基本概念。这些概念贯穿本书各个章节，也是理解人工智能算法的基础数学知识。

梯度下降法是机器学习领域的重要算法，是应用广泛的优化算法之一。在本章综合实例中将重点介绍梯度下降法及其应用实例，并通过 Python 语言编程实现。

本章主要涉及的知识点

- 函数
- 极限
- 无穷小与无穷大
- 连续性与导数
- 偏导数
- 方向导数
- 梯度

函数

我们经常会遇到彼此之间有依赖关系的变量，如圆的面积 s 与它的半径 r 之间存在 $s=\pi r^2$ 关系；自由落体运动中，若开始下落的时刻为 $t=0$，则下落的距离 h 与下落的时间 t 之间存在 $h=\dfrac{1}{2}gt^2$ 关系。我们称这种依赖关系为函数关系。

2.1.1 函数的定义

定义 2.1 设数集 $D \subset R$，则称映射 $f:D \to R$ 为定义在 D 上的函数，通常简记为 $y=f(x)$，$x \in D$。其中 x 称为自变量，y 称为因变量，D 称为定义域，记作 D_f，即 $D_f=D$。

按此定义，对每个 $x \in D$，按对应法则 f，总有唯一确定的值 y 与之对应，这个值称为函数 f 在 x 处的函数值，记作 $f(x)$，即 $y=f(x)$。因变量 y 与自变量 x 之间的这种依赖关系，通常称为函数关系。函数值 $f(x)$ 的全体所构成的集合称为函数的值域，记作 R_f 或 $f(D)$，即 $R_f=f(D)=\{y|y=f(x),x \in D\}$。

函数的定义域通常由函数的实际意义所决定，如圆的面积 $s=\pi r^2$，其中 r 为自变量，而实际上圆的半径不可能为负数，因此函数定义域为 $D=[0,+\infty)$。

函数在 x_0 处取得的函数值 $y_0=y|_{x=x_0}=f(x_0)$。

表示函数的记号是可以任意选取的，$y=f(x)$ 也可以记作 $y=g(x)$、$y=\varphi(x)$。

2.1.2 几种特殊函数的定义

1. 分段函数

定义 2.2 对于自变量 x 的不同的取值范围，有着不同的对应法则，这样的函数称为分段函数。

【例 2.1】分段函数

$$f(x)=\begin{cases} \sqrt{x}, x \geq 0 \\ x, x < 0 \end{cases}$$

2. 反函数

定义 2.3 设函数 $f:D \to f(D)$ 是单射，则存在逆映射 $f^{-1}:f(D) \to D$，称此映射 f^{-1} 为函数 f

的反函数。

按此定义，对每个 $y \in f(D)$，有唯一的 $x \in D$，使得 $f(x)=y$，于是有 $f^{-1}(y)=x$。也就是说，反函数 f^{-1} 的对应法则完全由函数 f 的对应法则所确定。

【例 2.2】求 $h = \dfrac{1}{2}\mathrm{g}t^2$ 的反函数（重力加速度 g 是常量）。

解：

$$h = f(t)，t = f^{-1}(h) \rightarrow t = \sqrt{\dfrac{2h}{\mathrm{g}}}$$

$$h = \dfrac{1}{2}\mathrm{g}t^2 \text{ 的反函数为 } t = \sqrt{\dfrac{2h}{\mathrm{g}}}$$

3. 显函数与隐函数

定义 2.4 一个函数如果能用形如 $y = f(x)$ 的解析式表示，其中 x、y 分别是函数的自变量与因变量，则此函数称为显函数。例如，$y = x^2 + 1$ 即为显函数。

定义 2.5 如果由方程 $F(x, y) = 0$ 可确定 y 是 x 的函数，即 x、y 在某个范围内存在函数 $y = g(x)$，使 $F[x, g(x)] = 0$，则这个函数是隐函数。例如，$x^2 + 1 - y = 0$、$a^2 + b^2 = 16$，都是隐函数。

2.1.3 函数的几种特性

1. 函数的奇偶性

设函数 $y = f(x)$ 的定义域 D 关于原点对称。对于区间 D 上任意点 x，若 $f(-x) = -f(x)$ 恒成立，则 $f(x)$ 为奇函数。若 $f(-x) = f(x)$ 恒成立，则 $f(x)$ 为偶函数。

从几何意义上说，一个奇函数，其图像在绕原点 $180°$ 旋转后不会改变。一个偶函数关于 y 轴对称，其图像在对 y 轴映射后不会改变，如图 2-1 所示。

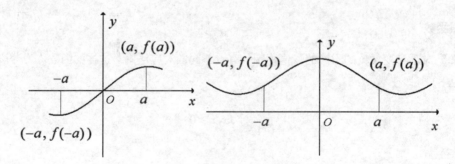

图 2-1 函数的奇偶性

2. 函数的单调性

设函数 $f(x)$ 的定义域为 D，区间 $I \subset D$。假设区间 I 上有任意两点 x_1 及 x_2：当 $x_1 < x_2$ 时，恒有 $f(x_1) < f(x_2)$，则称函数 $f(x)$ 在区间 I 上是单调递增的；当 $x_1 < x_2$ 时，恒有 $f(x_1) > f(x_2)$，则称函数 $f(x)$ 在区间 I 上是单调递减的。函数的单调性如图 2-2 所示。单调递增和单调递减的函数统称为单调函数。

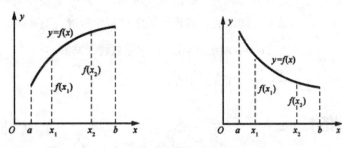

图 2-2 函数的单调性

3. 函数的周期性

设函数 $f(x)$ 的定义域为 D，如果存在一个正数 l，使任意点 $x \in D$ 有 $(x \pm l) \in D$，且 $f(x \pm l) = f(x)$ 恒成立，则称 $f(x)$ 为周期函数，l 称为 $f(x)$ 的周期，通常说周期函数的周期是指最小正周期。

如图 2-3 所示，函数 $\sin x$、$\cos x$ 都是以 2π 为周期的周期函数，函数 $\tan x$ 是以 π 为周期的周期函数。

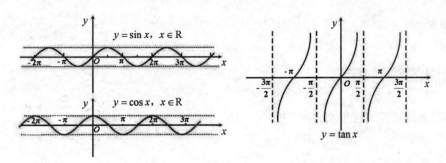

图 2-3 函数 $\sin x$、$\cos x$、$\tan x$ 的周期

2.2 极限

极限概念是在探求某些实际问题的精确解答过程中产生的。例如，第 3 章求解曲边梯形的面积就是采用划分无穷个小梯形面积，然后求和得出曲边梯形的近似面积的方法，即极限思想在积分学

的应用。第 4 章以泰勒多项式近似表达复杂函数，也是极限思想的应用。极限方法是高等数学中的一种基本方法。

2.2.1 数列

定义 2.6 如果按照某一法则，对每一个 $n \in \mathbf{N}_+$，对应着一个确定的实数 u_n，按照下标 n 从小到大排列得到的序列 $u_1, u_2, \cdots, u_n$ 就叫作数列，简记为数列 $\{u_n\}$，其中 u_n 叫作通项。

对于数列 $\{u_n\}$ 而言，如果 n 无限增大，其通项无限接近常数 A，则称该数列以 A 为极限或称数列收敛于 A，记为 $\lim\limits_{n \to \infty} u_n = A$ 或 $u_n \to A(n \to \infty)$，否则称数列为发散。

例如，$\lim\limits_{n \to \infty} \dfrac{1}{3^n} = 0$、$\lim\limits_{n \to \infty} \dfrac{n}{n+1} = 1$、$\lim\limits_{n \to \infty} 2^n$ 不存在。

2.2.2 收敛数列的性质

定理 2.1 （极限的唯一性）如果数列 $\{u_n\}$ 收敛，那么它的极限唯一。

定理 2.2 （收敛数列的有界性）如果数列 $\{u_n\}$ 收敛，那么数列 $\{u_n\}$ 一定有界。

> **提示** 数列有界是数列收敛的必要条件，但不是充分条件。

定理 2.3 （收敛数列的保号性）如果 $\lim\limits_{n \to \infty} u_n = a$，且 $a > 0$（或 $a < 0$），那么存在正整数 N，当 $n > N$ 时，则 $u_n > 0$（或 $u_n < 0$）。

定理 2.4 （收敛数列与其子序列的关系）如果数列 $\{u_n\}$ 收敛于 a，那么它的任意子序列也收敛，且极限为 a。

2.2.3 极限的符号表示

$x \to \infty$ 表示"当 $|x|$ 无限增大时"。

$x \to +\infty$ 表示"当 x 无限增大时"。

$x \to -\infty$ 表示"当 x 无限减小时"。

$x \to x_0$ 表示"当 x 从 x_0 的左右两侧无限接近于 x_0 时"。

$x \to x_0^+$ 表示"当 x 从 x_0 的右侧无限接近于 x_0 时"。

$x \to x_0^-$ 表示"当 x 从 x_0 的左侧无限接近于 x_0 时"。

例如，$\lim\limits_{x \to +\infty} e^{-x} = 0$、$\lim\limits_{x \to \infty} \dfrac{1}{x} = 0$、$\lim\limits_{x \to -\infty} \arctan x = -\dfrac{\pi}{2}$，图像分别如图 2-4 所示。

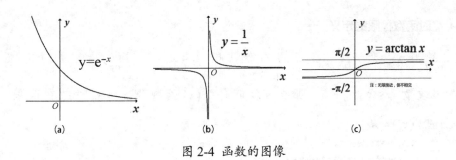

图 2-4 函数的图像

2.2.4 函数极限的定义

学习函数极限，主要研究以下两种情形。

（1）自变量 x 任意地接近有限值 x_0（或者说趋于有限值 x_0，记作 $x \to x_0$）时，对应的函数值 $f(x)$ 的变化情形。

（2）自变量 x 的绝对值 $|x|$ 无限增大，即趋于无穷大（记作 $x \to \infty$）时，对应的函数值 $f(x)$ 的变化情形。

1. $x \to x_0$ 时函数极限的定义

定义 2.7 设函数 $f(x)$ 在点 x_0 的某一空心邻域内有定义，若存在一个常数 A，使对任意给定的正数 ε（无论它多么小）总存在一个正数 δ，当 x 满足不等式 $0<|x-x_0|<\delta$ 时，对应的函数值 $f(x)$ 都满足不等式

$$|f(x)-A|<\varepsilon$$

则称常数 A 是函数 $f(x)$ 当 $x \to x_0$ 时的极限，记作：$\lim\limits_{x \to x_0} f(x) = A$ 或 $f(x) \to A$（当 $x \to x_0$）。

【例 2.3】 求 $\lim\limits_{x \to 1} \dfrac{x^2-1}{x-1}$ 的极限。

解：

$$\lim\limits_{x \to 1} \frac{x^2-1}{x-1} = \lim\limits_{x \to 1} \frac{(x-1)(x+1)}{x-1} = 2$$

前面所述 $x \to x_0$ 时的函数极限概念中，x 既是从 x_0 的左侧也从 x_0 的右侧趋于 x_0 的，但有时只能或只需考虑 x 仅从 x_0 的左侧趋于 x_0（记作 $x \to x_0^-$）的情形，或 x 仅从 x_0 的右侧趋于 x_0（记作 $x \to x_0^+$）的情形。

2. $x \to x_0^-$ 时函数极限的定义

定义 2.8 当 $x \to x_0^-$ 时，x 在 x_0 的左侧，即 $x < x_0$。在 $\lim\limits_{x \to x_0} f(x) = A$ 的定义中，把 $0 < |x-x_0| < \delta$ 改为 $x_0 - \delta < x < x_0$，那么 A 就叫作 $f(x)$ 函数当 $x \to x_0$ 时的左极限。记作：$\lim\limits_{x \to x_0^-} f(x) = A$ 或 $f(x_0^-) = A$。

3. $x \to x_0^+$ 时函数极限的定义

定义 2.9 当 $x \to x_0^+$ 时，x 在 x_0 的右侧，即 $x_0 < x$。在 $\lim\limits_{x \to x_0} f(x) = A$ 的定义中，把 $0 < |x - x_0| < \delta$ 改为 $x_0 < x < x_0 + \delta$，那么 A 就叫作 $f(x)$ 函数当 $x \to x_0$ 时的右极限。记作：$\lim\limits_{x \to x_0^+} f(x) = A$ 或 $f(x_0^+) = A$。

4. $\lim\limits_{x \to x_0} f(x) = A$ 的充分必要条件是 $\lim\limits_{x \to x_0^-} f(x) = \lim\limits_{x \to x_0^+} f(x) = A$

【例 2.4】 已知 $f(x) = \begin{cases} x - 1, & x < 0 \\ 0, & x = 0 \\ x + 1, & x > 0 \end{cases}$ ，求 $x \to 0$ 时 $f(x)$ 的极限。

解：
$$\lim_{x \to 0^+} f(x) = \lim_{x \to 0^+} (x + 1) = 1$$
$$\lim_{x \to 0^-} f(x) = \lim_{x \to 0^-} (x - 1) = -1$$

左右极限存在但不相等，因此，$\lim\limits_{x \to 0} f(x)$ 不存在。

5. $x \to \infty$ 时函数的极限

定义 2.10 对于函数 $f(x)$，如果存在一个常数 A，对任意给定的正数 ε（无论它多么小）总存在一个正数 N，使当 $|x| > N$ 时，不等式

$$|f(x) - A| < \varepsilon$$

恒成立，则称常数 A 是函数 $f(x)$ 当 $x \to \infty$ 时的极限。

可以这样理解，随意给出一个正数 ε，存在一个正数 N，在一个区间内（$|x| > N$）函数值与常数 A 的差总小于 ε，就相当于是函数值无限接近于 A。

记作：$\lim\limits_{x \to \infty} f(x) = A$ 或 $f(x) \to A$（$x \to \infty$）。

从几何意义上来说，$\lim\limits_{x \to \infty} f(x) = A$ 的意义是做直线 $y = A - \varepsilon$ 和 $y = A + \varepsilon$，则总有一个正数 N 存在，使得当 $x < -N$ 或 $x > N$ 时，函数 $y = f(x)$ 的图形位于这两条直接之间，如图 2-5 所示。这时直线 $y = A$ 是函数 $y = f(x)$ 的图形的水平渐近线。

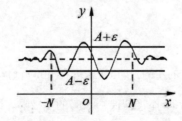

图 2-5 $\lim\limits_{x \to \infty} f(x) = A$ 的几何意义

【例 2.5】使用 Python 编程求 $\lim\limits_{x \to \infty} \dfrac{\sin x}{x}$。

【代码如下】

```
>>> import sympy
>>> from sympy import oo   #注意无穷符号表示形式为两个小写字母 o
>>> import numpy as np
>>> x=sympy.Symbol('x')    #注意 Symbol 首字母大写
>>> f=sympy.sin(x)/x
>>> sympy.limit(f,x,oo)
0
```

【例 2.6】使用 Python 编程求 $\lim\limits_{x \to 1} \dfrac{x^2-1}{x-1}$ 的极限。

【代码如下】

```
>>> import sympy
>>> from sympy import oo   #注意无穷符号表示形式为两个小写字母 o
>>> import numpy as np
>>> x=sympy.Symbol('x')    #注意 Symbol 首字母大写
>>> f=(x**2 - 1)/(x - 1)
>>> sympy.limit(f,x,1)
2
```

2.3 无穷小与无穷大

在极限当中经常会提到无穷小与无穷大，到底多小才是无穷小，多大才是无穷大呢？下面我们给出定义及其性质。

2.3.1 无穷小

定义 2.11 如果函数 $f(x)$ 当 $x \to x_0$（或 $x \to \infty$）时的极限为 0，那么称函数 $f(x)$ 为当 $x \to x_0$（或 $x \to \infty$）时的无穷小。

例如，$\lim\limits_{x \to \infty} \dfrac{1}{x} = 0$，则 $\dfrac{1}{x}$ 是 $x \to \infty$ 时的无穷小；$\lim\limits_{x \to 2}(3x-6) = 0$，则 $3x-6$ 是 $x \to 2$ 时的无穷小。

2.3.2 无穷小的基本性质

（1）有限个无穷小之和仍然是无穷小。

（2）有限个无穷小的乘积仍然是无穷小。

（3）有界函数与无穷小的乘积仍然是无穷小。

（4）无限个无穷小之和不一定是无穷小。

> **提示** 性质（4）是无限个无穷小之和，而性质（1）是有限个无穷小之和。

【例 2.7】求 $\lim\limits_{n\to\infty}\dfrac{1}{n^2}+\dfrac{2}{n^2}+\cdots+\dfrac{n}{n^2}$ 的极限。

解：

$$\lim_{n\to\infty}\frac{1}{n^2}+\frac{2}{n^2}+\cdots+\frac{n}{n^2}=\lim_{n\to\infty}\frac{\dfrac{n(n+1)}{2}}{n^2}=\lim_{n\to\infty}\frac{n+1}{2n}=\frac{1}{2}$$

从此题可以看出，无限个无穷小之和不是无穷小。

（5）无穷小的商不一定是无穷小。

例如，$\lim\limits_{x\to0}\dfrac{x}{2x}=\dfrac{1}{2}$、$\lim\limits_{x\to0}\dfrac{x^2}{2x}=0$、$\lim\limits_{x\to0}\dfrac{2x}{x^2}=\infty$。

2.3.3 无穷小与函数极限的关系

在自变量的同一变化过程 $x\to x_0$（或 $x\to\infty$）中，函数 $f(x)$ 具有极限 A 的充分必要条件是 $f(x)=A+a$，其中 a 是无穷小。

2.3.4 无穷大

定义 2.12 设函数 $f(x)$ 在 x_0 的某空心邻域内有定义（或 $|x|$ 大于某一正数时有定义）。如果对任意给定的正数 M（不论它多么大），总存在一个正数 δ（或正数 X），只要 x 适合不等式 $0<|x-x_0|<\delta$（或 $|x|>X$），对应的函数值 $f(x)$ 总满足不等式 $|f(x)|>M$，那么称函数 $f(x)$ 为当 $x\to x_0$（或 $x\to\infty$）时的无穷大。

按函数极限的定义来说，当 $x\to x_0$（或 $x\to\infty$）时的无穷大函数 $f(x)$ 的极限是不存在的，记作：$\lim\limits_{x\to x_0}f(x)=\infty$ 或 $\lim\limits_{x\to\infty}f(x)=\infty$。

2.3.5 无穷大与无穷小的关系

在自变量的同一变化过程中，如果 $f(x)$ 为无穷大，则 $\dfrac{1}{f(x)}$ 为无穷小；相反，如果 $f(x)$ 为无穷小且 $f(x)\neq0$，则 $\dfrac{1}{f(x)}$ 是无穷大。

2.3.6 无穷小的比较

在 2.3.2 小节无穷小的基本性质（5）描述中提到，无穷小的商不一定是无穷小。例如，当 $x \to 0$ 时，x、$2x$、x^2 都是无穷小，而 $\lim\limits_{x \to 0} \dfrac{x}{2x} = \dfrac{1}{2}$、$\lim\limits_{x \to 0} \dfrac{x^2}{2x} = 0$、$\lim\limits_{x \to 0} \dfrac{2x}{x^2} = \infty$。这反映了不同无穷小趋于 0 的"快慢"程度不同。下面就无穷小之比的极限存在或无穷小之比为无穷大时，来对两个无穷小进行比较。

假设 α 及 β 都是同一个自变量的变化过程中的无穷小，且 $\alpha \neq 0$。

（1）如果 $\lim \dfrac{\beta}{\alpha} = 0$，那么就说 β 是比 α 高阶的无穷小，记作：$\beta = o(\alpha)$。

（2）如果 $\lim \dfrac{\beta}{\alpha} = \infty$，那么就说 β 是比 α 低阶的无穷小。

（3）如果 $\lim \dfrac{\beta}{\alpha} = c \neq 0$，那么就说 β 与 α 是同阶无穷小。

（4）如果 $\lim \dfrac{\beta}{\alpha} = 1$，那么就说 β 与 α 是等价无穷小，记作：$\beta \sim \alpha$。

【例 2.8】求 $\lim\limits_{x \to 0} \dfrac{\sin x}{3x + x^3}$，并用 Python 编程验证。

解： 因为当 $x \to 0$ 时，$\lim\limits_{x \to 0} \dfrac{\sin x}{x} = 1$，所以 $\sin x$ 与 x 等价无穷小。

因此 $\lim\limits_{x \to 0} \dfrac{\sin x}{3x + x^3} = \lim\limits_{x \to 0} \dfrac{x}{3x + x^3} = \lim\limits_{x \to 0} \dfrac{1}{3 + x^2} = \dfrac{1}{3}$。

【代码如下】

```
>>> f=sympy.sin(x)/(3*x+x**3)
>>> sympy.limit(f,x,0)
1/3
```

2.4　连续性与导数

函数建立了变量之间的依存关系，有时候也需要考虑函数的连续性。例如气温的变化，当时间变动微小时，气温的变化也很微小，这种特点就是所谓的连续性。

2.4.1 函数连续性定义

定义 2.13 设函数 $f(x)$ 在点 x_0 的某个邻域内有定义，当自变量的增量 Δx 趋于 0 时，对应的函

数的增量 $\Delta y = f(x_0 + \Delta x) - f(x_0)$ 也趋于 0，即

$$\lim_{\Delta x \to 0} \Delta y = \lim_{\Delta x \to 0} \left[f(x_0 + \Delta x) - f(x_0) \right] = 0$$

则称函数 $f(x)$ 在点 x_0 处连续。

观察图 2-6：图（a），当 $\Delta x \to 0$ 时，$\Delta y \to 0$，由图可见，函数 $f(x)$ 在点 x_0 处连续。再来看图（b），当 $\Delta x \to 0^+$ 时，Δy 的改变非常大，函数 $g(x)$ 在点 x_0 处不连续。

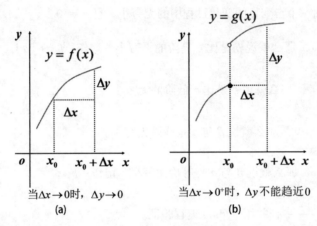

图 2-6 函数的连续性

2.4.2 函数连续性需要满足的条件

函数 $f(x)$ 在点 x_0 连续，需要满足以下条件。

（1）函数在该点处有定义。

（2）函数在该点处极限 $\lim\limits_{x \to x_0} f(x)$ 存在。

（3）极限值等于函数值 $f(x_0)$。

3 个条件缺一不可。

【例 2.9】已知函数 $f(x) = \begin{cases} x+1, x \le 0 \\ \dfrac{\sin x}{x}, x > 0 \end{cases}$，判断函数 $f(x)$ 在 $x = 0$ 处的连续性。

解： $f(0) = 1$、$\lim\limits_{x \to 0^-}(x+1) = 1$、$\lim\limits_{x \to 0^+}\dfrac{\sin x}{x} = 1$，极限存在并且等于 $f(0)$，满足 3 个条件，因此函数 $f(x)$ 在 $x = 0$ 处连续。

2.4.3 函数的间断点

设函数 $f(x)$ 在点 x_0 的某个去心邻域内有定义，如果函数 $f(x)$ 有下列 3 种情况之一，那么函数 $f(x)$ 在点 x_0 处不连续，点 x_0 称为函数 $f(x)$ 的间断点或不连续点。

（1）函数 $f(x)$ 在点 $x=x_0$ 处没有定义。

（2）函数 $f(x)$ 虽然在 $x=x_0$ 处有定义，但是在该点处极限 $\lim\limits_{x \to x_0} f(x)$ 不存在。

（3）函数 $f(x)$ 虽然在 $x=x_0$ 处有定义，且在该点处极限 $\lim\limits_{x \to x_0} f(x)$ 存在，但 $\lim\limits_{x \to x_0} f(x) \neq f(x_0)$。

2.4.4 函数间断点的常见类型

通常把间断点分为两类：如果 a 是函数 $f(x)$ 的间断点，且函数在该点左右极限都存在，则称 a 为第一类间断点；不是第一类间断点的任何间断点，都称为第二类间断点。

第一类间断点又可以分为以下两类。

（1）跳跃间断点：$\lim\limits_{x \to x_0^+} f(x)$、$\lim\limits_{x \to x_0^-} f(x)$ 极限都存在，但 $\lim\limits_{x \to x_0^+} f(x) \neq \lim\limits_{x \to x_0^-} f(x)$。

（2）可去间断点：$\lim\limits_{x \to x_0} f(x)$ 极限存在且相等，但 $\lim\limits_{x \to x_0} f(x) \neq f(x_0)$ 或 $f(x)$ 在该点无定义。

【例 2.10】分析函数 $f(x)=\dfrac{x^2-1}{x^2-3x+2}$ 的连续性。

解： 函数在点 $x=2$、$x=1$ 处没有定义，因此点 $x=2$、$x=1$ 为间断点。

$$\lim_{x \to 1^-} \frac{x^2-1}{x^2-3x+2} = \lim_{x \to 1^-} \frac{x+1}{x-2} = -2$$

$$\lim_{x \to 1^+} \frac{x^2-1}{x^2-3x+2} = \lim_{x \to 1^+} \frac{x+1}{x-2} = -2$$

$\lim\limits_{x \to 1^-} f(x) = \lim\limits_{x \to 1^+} f(x) \neq f(1)$，因此在点 $x=1$ 处是可去间断点。

$$\lim_{x \to 2^-} \frac{x^2-1}{x^2-3x+2} = \lim_{x \to 2^-} \frac{x+1}{x-2} = -\infty$$

$$\lim_{x \to 2^+} \frac{x^2-1}{x^2-3x+2} = \lim_{x \to 2^+} \frac{x+1}{x-2} = +\infty$$

因此，在点 $x=2$ 处是第二类间断点。

> **提示** 如果补充定义（令 $x=1$，$y=-2$），那么函数在点 $x=1$ 处连续。

2.4.5 导数

导数是一个非常重要的概念，本书很多章节都会用到此概念。先来看一个引例：速度问题。历史上速度问题与导数概念的形成有着密切的关系。

平均速度 $v=\dfrac{s}{t}$，那么如何表示瞬时速度呢？

瞬时经过路程：$\Delta s = s(t_0+\Delta t)-s(t_0)$

这一小段 Δt 的平均速度：$\bar{v}=\dfrac{\Delta s}{\Delta t}=\dfrac{s(t_0+\Delta t)-s(t_0)}{\Delta t}$

当 $\Delta t \to 0$ 时，对应的 $\bar{v}$ 就是瞬时速度。在时刻 t_0 的瞬时速度为 $v=\lim\limits_{\Delta t\to 0}\bar{v}=\lim\limits_{\Delta t\to 0}\dfrac{s(t_0+\Delta t)-s(t_0)}{\Delta t}$

从公式可以看出，瞬时速度就是变化率的问题。

1. 导数的定义

定义 2.14 设 $f(x)$ 在 x_0 的某个邻域有意义，当 x 的增量为 Δx 时，y 的增量 Δy 为 $f(x_0+\Delta x)-f(x_0)$。

当 $\Delta x \to 0$ 时，$\dfrac{\Delta y}{\Delta x}$ 的极限存在，则称函数 $f(x)$ 在 x_0 处可导。此极限值为函数 $f(x)$ 在点 x_0 处的导数，记作 $f'(x_0)$。

即：$f'(x_0)=\lim\limits_{\Delta x\to 0}\dfrac{\Delta y}{\Delta x}=\lim\limits_{\Delta x\to 0}\dfrac{f(x_0+\Delta x)-f(x_0)}{\Delta x}$。

可记作：$y'|_{x=x_0}$、$\dfrac{\mathrm{d}y}{\mathrm{d}x}\Big|_{x=x_0}$ 或 $\dfrac{\mathrm{d}f(x)}{\mathrm{d}x}\Big|_{x=x_0}$。

2. 导数的几何意义

通常函数 $y=f(x)$ 的导数表示了因变量 y 在点 x_0 处随自变量 x 变化的快慢程度，即函数的变化速率。从几何意义上讲，函数在某一点 x_0 的变化率等于这一点的切线的斜率，图 2-7 中点 P_0 的导数为在点 P_0 处所作切线的斜率，即 $f'(x_0)=\tan\alpha$，其中 α 是切线的倾角。

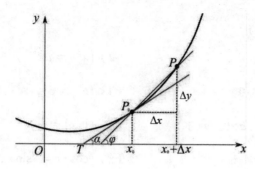

图 2-7 导数的几何意义

3. 函数的基本求导法则

如果函数 $u = u(x)$、$v = v(x)$ 都在点 x 有导数，那么它们的和、差、积、商（除分母为 0 的点外）都在点 x 具有导数，且满足以下法则。

（1）$\left[u(x) \pm v(x)\right]' = u'(x) \pm v'(x)$。

（2）$\left[u(x) \cdot v(x)\right]' = u'(x) \cdot v(x) + u(x) \cdot v'(x)$。

（3）$\left[\dfrac{u(x)}{v(x)}\right]' = \dfrac{u'(x)v(x) - u(x) \cdot v'(x)}{v^2(x)}$，$v(x) \neq 0$。

（4）在法则（2）中，当 $v(x) = C$（C 是常量）时，可得：$(Cu)' = Cu'$（C 是常量）

（5）在法则（3）中，当 $u(x) = C$（C 是常量）时，可得：$\left(\dfrac{C}{V}\right)' = \dfrac{-Cv'}{v^2}$（$C$ 是常量）

4. 反函数的求导法则

设函数 $x = f(y)$ 在区间 D_y 内单调可导，且 $f'(y) \neq 0$，那么它的反函数 $y = f^{-1}(x)$ 在区间 $D_x = \left\{x = f(y), y \in D_y\right\}$ 内也可导，且满足下式：

$$\left[f^{-1}(x)\right]' = \frac{1}{f'(y)} \text{ 或 } \frac{\mathrm{d}y}{\mathrm{d}x} = \frac{1}{\dfrac{\mathrm{d}x}{\mathrm{d}y}}$$

5. 复合函数的求导法则

如果 $u = g(x)$ 在点 x 处可导，$y = f(u)$ 在点 $u = g(x)$ 处可导，那么复合函数 $y = f\left[g(x)\right]$ 在点 x 处可导，且其导数为 $\dfrac{\mathrm{d}y}{\mathrm{d}x} = f'(u) \cdot g'(x)$ 或 $\dfrac{\mathrm{d}y}{\mathrm{d}x} = \dfrac{\mathrm{d}y}{\mathrm{d}u} \cdot \dfrac{\mathrm{d}u}{\mathrm{d}x}$。

6. 常用的求导公式

（1）$(C)' = 0$，

（2）$(x^{\mu})' = \mu x^{\mu-1}$，

（3）$(a^x)' = a^x \ln a$，$a>0$，$a \neq 1$，

（4）$(e^x)' = e^x$，

（5）$(\log_a x)' = \dfrac{1}{x \ln a}$，$a>0$，$a \neq 1$，

（6）$(\ln x)' = \dfrac{1}{x}$，

（7）$(\sin x)' = \cos x$，

（8）$(\cos x)' = -\sin x$，

（9）$(\tan x)' = \sec^2 x$，

（10）$(\cot x)' = -\csc^2 x$，

（11）$(\sec x)' = \sec x \tan x$，

（12）$(\csc x)' = -\csc x \cot x$，

（13）$(\arcsin x)' = \dfrac{1}{\sqrt{1-x^2}}$，

（14）$(\arccos x)' = -\dfrac{1}{\sqrt{1-x^2}}$，

（15）$(\arctan x)' = \dfrac{1}{1+x^2}$，

（16）$(\text{arc}\cot x)' = -\dfrac{1}{1+x^2}$。

【例 2.11】求函数 $y = \arcsin \sqrt{\sin x}$ 的导数，并用 Python 编程求导。

解：

$$y' = \frac{1}{\sqrt{1-\left(\sqrt{\sin x}\right)^2}}\left(\sqrt{\sin x}\right)'$$

$$= \frac{1}{\sqrt{1-\sin x}} \cdot \frac{1}{2\sqrt{\sin x}}(\sin x)' = \frac{\cos x}{2\sqrt{\sin x(1-\sin x)}}$$

【代码如下】

```
>>> from sympy import *
>>> from sympy.abc import x,y,z,f
>>># diff 求导函数, arcsin 数学函数表示形式为 asin
>>> diff(asin(sqrt(sin(x))))
cos(x)/(2*sqrt(-sin(x) + 1)*sqrt(sin(x)))
>>>
```

2.5 偏导数

如果涉及的函数都只有一个自变量，那么这种函数被称为一元函数。但在很多研究领域中，经常需要研究多个变量之间的关系，在数学上，这就表现为一个变量与另外多个变量的相互依赖关系。本节内容将在一元导数的基础上向二元导数拓展。

先来研究二元函数。二元函数是函数值 z 随着两个自变量的变化而变化，记为 $z = f(x, y)$，其图形是一个 x，y 轴展开的曲面，如图 2-8 所示。

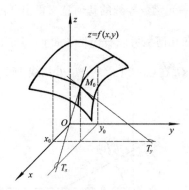

图 2-8 二元函数的图形

一元函数的导数反映了函数相对于自变量的变化率。但多元函数的自变量有两个或两个以上，函数对于自变量的变化率问题更为复杂，但有规律可循。一般来说，对于多元函数，在研究某一个自变量的变化率时，往往把其余的自变量暂时固定下来，即视为常数，使其成为一元函数，然后再对其进行求导，这就是偏导数的概念。

2.5.1 偏导数的定义

定义 2.15 设函数 $z = f(x, y)$ 在点 (x_0, y_0) 的某一邻域内有定义，当 y 固定在 y_0，而 x 在 x_0 处有增量 Δx 时，函数有增量 $f(x_0 + \Delta x, y_0) - f(x_0, y_0)$，如果极限 $\lim\limits_{\Delta x \to 0} \dfrac{f(x_0 + \Delta x, y_0) - f(x_0, y_0)}{\Delta x}$ 存在，则称此极限为函数 $z = f(x, y)$ 在点 (x_0, y_0) 处对 x 的偏导数，记为 $f_x(x_0, y_0)$，即 $f_x(x_0, y_0) = \lim\limits_{\Delta x \to 0} \dfrac{f(x_0 + \Delta x, y_0) - f(x_0, y_0)}{\Delta x}$。

函数 $z = f(x, y)$ 在点 (x_0, y_0) 处对 y 的偏导数记为 $f_y(x_0, y_0)$，可类似定义，即 $f_y(x_0, y_0) = \lim\limits_{\Delta y \to 0} \dfrac{f(x_0, y_0 + \Delta y) - f(x_0, y_0)}{\Delta y}$。

对 $f_x(x_0, y_0)$，还可使用以下记号：$\dfrac{\partial z}{\partial x}\Big|_{\substack{x=x_0 \\ y=y_0}}$，$\dfrac{\partial f}{\partial x}\Big|_{(x_0, y_0)}$，$z_x\big|_{\substack{x=x_0 \\ y=y_0}}$，$z_x(x_0, y_0)$。

对 $f_y(x_0, y_0)$，还可使用以下记号：$\dfrac{\partial z}{\partial y}\Big|_{\substack{x=x_0 \\ y=y_0}}$，$\dfrac{\partial f}{\partial y}\Big|_{(x_0, y_0)}$，$z_y\big|_{\substack{x=x_0 \\ y=y_0}}$，$z_y(x_0, y_0)$。

2.5.2 偏导数的几何意义

偏导数的几何意义可直接由一元函数导数的几何意义得出，由于 $f_x(x_0, y_0)$ 就是 $z = f(x, y_0)$ 在 $x = x_0$ 处的导数，而 $z = f(x, y_0)$ 在几何上可以看作是平面 $y = y_0$ 截曲面 $z = f(x, y)$ 得到的曲线 C_x。因此 $f_x(x_0, y_0)$ 的几何意义：曲线 C_x 在点 $M_0(x_0, y_0, z_0)$ 处切线 $M_0 T_X$ 对 x 轴的斜率，如图 2-9 所示。

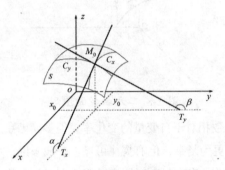

图 2-9 偏导数的几何意义

同理，若 C_y 是平面 $x = x_0$ 截曲面 $z = f(x, y)$ 得到的曲线，则偏导数 $f_y(x_0, y_0)$ 的几何意义：曲线 C_y 在点 $M_0(x_0, y_0, z_0)$ 的切线 $M_0 T_y$ 对 y 轴的斜率，如图 2-9 所示。

【例 2.12】求 $f(x, y) = x^2 + 3xy + y^2$ 在点 $(1,2)$ 处的偏导数，并用 Python 编程实现。

解：
$$f_x(x, y) = 2x + 3y$$

$$f_y(x, y) = 3x + 2y$$

$$f_x(1,2) = 2x + 3y \Big|_{\substack{x=1 \\ y=2}} = 8$$

$$f_y(1,2) = 3x + 2y \Big|_{\substack{x=1 \\ y=2}} = 7$$

【代码如下】

```
>>> from sympy import *
>>> from sympy.abc import x,y,z,f
>>> f=x**2+3*x*y+y**2
>>> diff(f,x)          #求 x 偏导
2*x + 3*y
>>> diff(f,y)          #求 y 偏导
3*x + 2*y
>>> fx=diff(f,x)       #求 x 偏导并将结果赋给 fx
>>> fx.evalf(subs={x:1,y:2})#以字典的形式传入多个变量的值，求函数值
8.00000000000000
>>> fy=diff(f,y)
```

```
>>> fy.evalf(subs={x:1,y:2})
7.00000000000000
>>>
```

 ## 方向导数

偏导数反映的是函数沿坐标轴方向的变化率，方向导数本质上研究的是函数在某点处沿某特定方向的变化率问题。

比如 $z = f(x, y)$ 在点 $p(x_0, y_0)$ 沿方向 l 的变化率。假设方向如图 2-10 所示，l 为 xOy 平面上以 p 为起始点的一条射线，p' 为方向 l 上的另一点。

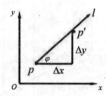

图 2-10 函数沿方向 l 的变化率

由图 2-10 可知：p 与 p' 之间的距离 $|pp'| = \rho = \sqrt{\Delta x^2 + \Delta y^2}$ 。

函数的增量 $\Delta z = f(x_0 + \Delta x, \ y_0 + \Delta y) - f(x_0, y_0)$ 。

考虑函数的增量与这两点间距离的比值，当 p' 沿着方向 l 趋于 p 时，如果这个比的极限存在，则称这个极限为函数 $f(x, y)$ 在点 p 沿方向 l 的方向导数，记作 $\dfrac{\partial f}{\partial l}$ ，即

$$\frac{\partial f}{\partial l} = \lim_{\rho \to 0} \frac{f(x_0 + \Delta x, \ y_0 + \Delta y) - f(x_0, y_0)}{\rho}$$

从定义可知，当函数 $f(x, y)$ 在点 $p(x_0, y_0)$ 的偏导数 $f_x(x_0, y_0)$、$f_y(x_0, y_0)$ 存在时，函数 $f(x, y)$ 在 p 点沿着 x 轴正向单位向量 $e_1 = \{1, 0\}$，y 轴正向单位向量 $e_2 = \{0, 1\}$ 的方向导数存在，且其值依次为 $f_x(x_0, y_0)$、$f_y(x_0, y_0)$；函数 $f(x, y)$ 在 p 点沿着 x 轴负向单位向量 $e_1' = \{-1, 0\}$，y 轴负向单位向量 $e_2' = \{0, -1\}$ 的方向导数存在，且其值依次为 $-f_x(x_0, y_0)$、$-f_y(x_0, y_0)$。

方向导数 $\dfrac{\partial f}{\partial l}$ 的存在及计算如下定理。

定理 2.5 如果函数 $z = f(x, y)$ 在点 $p(x_0, y_0)$ 是可微分的，那么函数在该点沿任意方向 l 的方向

导数都存在，且有 $\dfrac{\partial f}{\partial l}=\dfrac{\partial f}{\partial x}\cos\varphi+\dfrac{\partial f}{\partial y}\sin\varphi$，其中 φ 为 x 轴到 l 方向的转角。

方向导数的几何意义如图 2-11 所示，函数 $z=f(x,y)$ 的变化方向为 l，方向导数 $\dfrac{\partial f}{\partial l}\Big|_p$ 是函数 $z=f(x,y)$ 在点 p 处沿方向 l 的变化率，从方向 l 作垂直于 xOy 平面的一个平面，与曲面相交成一条曲线 MQ，$\dfrac{\partial f}{\partial l}\Big|_p$ 即为曲线 MQ 在 M 点的切线 MN 的斜率。

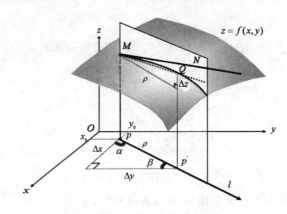

图 2-11 方向导数的几何意义

【**例 2.13**】求函数 $z=xe^{2y}$ 在点 $P(1,0)$ 处沿从点 $P(1,0)$ 到点 $Q(2,-1)$ 方向的方向导数。

解： 这里方向 l 即向量 $\boldsymbol{PQ}=\{1,-1\}$ 的方向，因此 x 轴到方向 l 的转角 $\varphi=-\dfrac{\pi}{4}$，

因为 $\dfrac{\partial z}{\partial x}\Big|_{1,0}=e^{2y}\Big|_{1,0}=1$，$\dfrac{\partial z}{\partial y}\Big|_{1,0}=2xe^{2y}\Big|_{1,0}=2$，

所求方向导数 $\dfrac{\partial z}{\partial l}=1\cdot\cos\left(-\dfrac{\pi}{4}\right)+2\cdot\sin\left(-\dfrac{\pi}{4}\right)=-\dfrac{\sqrt{2}}{2}$。

由方向导数的意义可知，方向导数 $\dfrac{\partial f}{\partial l}\Big|_p$ 是 $z=f(x,y)$ 在点 p 处沿方向 l 的变化率，是曲面上过 M 点的一条曲线的切线的斜率，那么点 p 在某一方向的变化率，就是过曲面 M 点的某一条曲线的切线的斜率。根据曲面的切平面与法线的相关概念可知，曲面上通过点 M 且在点 M 处具有切线的曲线，它们在点 M 处的切线都在同一个平面上，这个平面称为切平面。因此，方向导数 $\dfrac{\partial f}{\partial l}\Big|_p$ 为过 M 点的切平面上的某条直线的斜率，那么哪一个方向的变化率最大呢？下面继续讨论。

2.7 梯度

定义 2.16 设函数 $z = f(x, y)$ 在平面区域 D 内具有一阶连续偏导数，则对于每一点 $p(x, y) \in D$，都可定出一个向量 $\dfrac{\partial f}{\partial x} \boldsymbol{i} + \dfrac{\partial f}{\partial y} \boldsymbol{j}$，这个向量称为函数 $z = f(x, y)$ 在点 $p(x, y)$ 的梯度，记作 $\operatorname{grad} f(x, y)$，即

$$\operatorname{grad} f(x, y) = \frac{\partial f}{\partial x} \boldsymbol{i} + \frac{\partial f}{\partial y} \boldsymbol{j}$$

设 $\boldsymbol{e}_l = \cos \varphi \boldsymbol{i} + \sin \varphi \boldsymbol{j}$ 是与方向 l 同方向的单位向量（其中 φ 为 x 轴到方向 l 的转角），则由方向导数的计算公式可知

$$
\begin{aligned}
\frac{\partial f}{\partial l} &= \frac{\partial f}{\partial x} \cos \varphi + \frac{\partial f}{\partial y} \sin \varphi \\
&= \left\{ \frac{\partial f}{\partial x}, \frac{\partial f}{\partial y} \right\} \cdot \{ \cos \varphi, \sin \varphi \} \\
&= \operatorname{grad} f(x, y) \cdot \boldsymbol{e}_l \\
&= \left| \operatorname{grad} f(x, y) \right| \cdot \cos \left[\operatorname{grad} f(x, y)^\wedge, \boldsymbol{e}_l \right]
\end{aligned}
$$

$\left[\operatorname{grad} f(x, y)^\wedge, \boldsymbol{e}_l \right]$ 表示向量 $\operatorname{grad} f(x, y)$ 与 $\boldsymbol{e}_l$ 的夹角。

由公式推导可以看出，方向导数 $\dfrac{\partial f}{\partial l}$ 等于梯度与 $\boldsymbol{e}_l$ 的乘积，即梯度的模 $\left| \operatorname{grad} f(x, y) \right|$ 在方向 l 上的投影，当方向 l 与梯度的方向一致时，$\cos \left[\operatorname{grad} f(x, y)^\wedge, \boldsymbol{e}_l \right]$，$\dfrac{\partial f}{\partial l}$ 有最大值。所以，沿梯度方向的方向导数达到最大值，也就是说，梯度方向是函数 $z = f(x, y)$ 在这点增长最快的方向。因此，可以得到如下结论。

函数在某点的梯度是一个向量，它的方向与取得最大方向导数的方向一致，而它的模为方向导数的最大值。

由梯度的定义可知，梯度的模为

$$\left| \operatorname{grad} f(x, y) \right| = \sqrt{\left(\frac{\partial f}{\partial x} \right)^2 + \left(\frac{\partial f}{\partial y} \right)^2}$$

当 $\left(\dfrac{\partial f}{\partial x} \right)$ 不为 0 时，那么 x 轴到梯度的转角的正切 $\tan \theta = \dfrac{\dfrac{\partial f}{\partial x}}{\dfrac{\partial f}{\partial y}}$。

一般来说，函数 $z = f(x, y)$ 在几何上表示一个曲面，这个曲面被平面 $z = c$ (c 是常数) 所截得的曲线 l 的方程为 $\begin{cases} z = f(x, y) \\ z = c \end{cases}$，这条曲线 l 在 xOy 平面上的投影是平面曲线 L^*，它在 xOy 平面直角坐标系中的方程为 $f(x, y) = c$。曲线 L^* 上的任意点，函数值都是 c，所以称平面曲线 L^* 为函数 $z = f(x, y)$ 的等高线。

由于等高线 $f(x, y) = c$ 上任意点 (x, y) 处的法线的斜率为

$$-\frac{1}{\dfrac{\mathrm{d}y}{\mathrm{d}x}} = -\frac{1}{\left(-\dfrac{f_x}{f_y}\right)} = \frac{f_y}{f_x}$$

所以梯度 $\dfrac{\partial f}{\partial x}\boldsymbol{i} + \dfrac{\partial f}{\partial y}\boldsymbol{j}$ 为等高线上点 (x, y) 处的法向量，因此可得到梯度与等高线的关系如下。

函数 $z = f(x, y)$ 在点 (x, y) 的梯度方向与过点 (x, y) 的等高线 $f(x, y) = c$ 在这点的法线方向相同，且从数值较低的等高线指向数值较高的等高线，梯度的模等于函数在这个法线方向的方向导数。这个法线方向就是方向导数取得最大值的方向。

如图 2-12 所示，图中显示了 6 条等高线，在等高线 $f(x, y) = c$ 上有一点 $p_0(x_0, y_0)$，可以看出点 $p_0(x_0, y_0)$ 的切线与法线垂直。图中 $c_2 > c > c_1$，$p_0(x_0, y_0)$ 点的法线方向与梯度 $\nabla f(x_0, y_0)$ 相同。

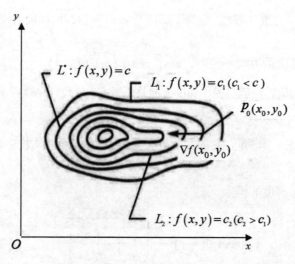

图 2-12 等高线、切线、法线的关系

梯度为方向导数取最大值的方向的概念并不好理解。再通俗一点，设想曲面为一座高山，而这座山像一个球的半面，如图 2-13 所示。现在，有一个人站在半山腰 p 点位置上，他想要寻找下山最快的方向，在他所处的位置做一个切面，所有的方向导数都在此切面上，哪一个方向使他下山最

快呢？采用他所处位置的等高线的切线的法向量最快，由于是下山，因此采用的是梯度的反方向。

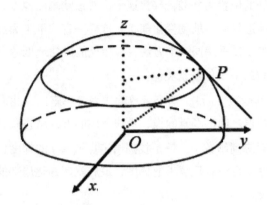

图 2-13 梯度的通俗解释

【例 2.14】设 $u = xyz + z^2 + 5$，求 grad u 及在点 $M(0,1,-1)$ 处方向导数的最大值。

解：

因为 $\dfrac{\partial u}{\partial x} = yz$，$\dfrac{\partial u}{\partial y} = xz$，$\dfrac{\partial u}{\partial z} = xy + 2z$

所以 $\left. \text{grad } u \right|_{(0,1,-1)} = \left. (yz, xz, xy) \right|_{(0,1,-1)} = (-1, 0, -2)$

从而 $\max\left\{ \left. \dfrac{\partial u}{\partial l} \right|_M \right\} = \left| \text{grad } u \right| = \sqrt{5}$

2.8 综合实例——梯度下降法求函数的最小值

梯度下降法，是寻找函数极小值最常用的优化方法。当目标函数是凸函数时，梯度下降法的解是全局解。但在一般情况下，其解不保证是全局最优解。最普遍的做法是，在已知参数当前值时，按当前点对应的梯度向量的反方向及事先定好的步长大小对参数进行调整。按上述方法对参数做出多次调整之后，函数就会逼近一个极小值。

例如，假设函数 $f(x)$ 为一元连续函数，初始值为 x_0，α 为步长，已知在点 x_0 的梯度为 grad $f(x_0)$，那么下一个点的坐标为 $x_1 = x_0 - \alpha * \text{grad } f(x_0)$，然后再求点 x_1 的梯度，反复迭代，直到 $f(x_n) - f(x_{n-1})$ 的绝对差极小，迭代结束，此时的 $f(x_n)$ 即为极小值。

下面讨论梯度下降法的基本原理。

假设曲面上一只蚂蚁突遇火灾，该如何快速逃跑呢？此问题可以类比为一个下山的过程：假设蚂蚁被困在高山上，需要快速找到山的最低点，即山谷。但此时山上的烟雾很大，可视度很低，下山的路径无法确定，它必须利用自己周围的信息去寻找。这个时候，它就可以利用梯度下降法来帮助自己下山。以它当前所处的位置为基准，寻找这个位置最陡峭的地方，朝着山的高度下降最快的地方走。但是，由于山的地形复杂，坡度变化随机，这样一直往下走无法确定路径是否正确，因此可以采用每走一段距离，都反复采用同一个方法，最后就能成功地抵达山谷。

梯度下降的过程就与蚂蚁下山的场景类似。

首先，有一个可微分的函数 $f(x)$，这个函数就代表着一座山，我们的目标就是找到这个函数的最小值，也就是山底。根据之前的场景假设，最快下山的方式就是找到当前位置最陡峭的方向，然后沿着此方向向下走，对应到函数中，就是找到给定点 $x_0 \in I$ 的梯度，梯度相反的方向就能让函数值下降最快。重复利用这个方法，反复求取梯度，最后就能到达局部的最小值。梯度下降法的搜索迭代过程如图 2-14 所示。

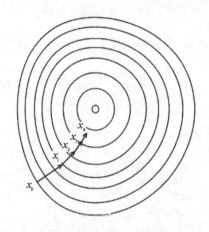

图 2-14 梯度下降法的迭代过程

【例 2.15】应用 Python 编程实现梯度下降法求解下面函数的最小值，并使用 Matplotlib、mpl_toolkits 库画出函数的图形。

$$\min f(x) = x_1 - x_2 + 2x_1^2 + 2x_1x_2 + x_2^2，给定初值 X^{(0)} = (0,0)^{\mathrm{T}}。$$

解： matplotlib.pyplot 是一个有命令风格的函数集合，它看起来和 MATLAB 很相似，每一个 pyplot 函数都使一幅图像 figure 做出些许改变；mpl_toolkits.mplot3d 是三维绘图工具包。本例中 mplot3d 仍使用 figure 对象，只不过 Axes 对象要替换为该工具集的 Axes3d 对象。

【代码如下】

```
>>> import matplotlib.pyplot as plt
>>> from mpl_toolkits.mplot3d import Axes3D
>>> import numpy as np
>>> def Fun(x, y):
...     return x - y + 2 * x * x + 2 * x * y + y * y
...
>>> def PxFun(x, y):          #求 x 偏导
```

```
...         return 1 + 4 * x + 2 * y
...
>>> def PyFun(x, y):          #求 y 偏导
...         return −1 + 2 * x + 2 * y
...
>>> fig = plt.figure()          #figure 对象
>>> ax = Axes3D(fig)            #Axes3D 对象
>>> X, Y = np.mgrid[−2:2:40j, −2:2:40j]#取样并作满射联合
>>> Z = Fun(X, Y)     #取样点 Z 坐标打表
>>> ax.plot_surface(X, Y, Z, rstride=1, cstride=1, cmap="rainbow")
>>> ax.set_xlabel('x')
>>> ax.set_ylabel('y')
>>> ax.set_zlabel('z')
>>> # 梯度下降
... step = 0.0008  #取步长
>>> x = 0
>>> y = 0
>>> tag_x = [x]
>>> tag_y = [y]
>>> tag_z = [Fun(x, y)] #3 个坐标分别打入表中，该表用于绘制点
>>> new_x = x
>>> new_y = y
>>> Over = False
>>> while Over == False:
...      new_x −= step * PxFun(x, y)
...      new_y −= step * PyFun(x, y)
...      if Fun(x, y) − Fun(new_x, new_y) < 7e−9:
...          Over = True
...      x = new_x   #更新旧点
...      y = new_y
...      tag_x.append(x)
...      tag_y.append(y)
...      tag_z.append(Fun(x, y)) #新点的 3 个坐标打入表中
>>> ax.plot(tag_x,tag_y,tag_z,'r')
>>> plt.title('(x,y)~(' + str(x) + "," + str(y) + ')')
>>> plt.show()
```

【运行结果】

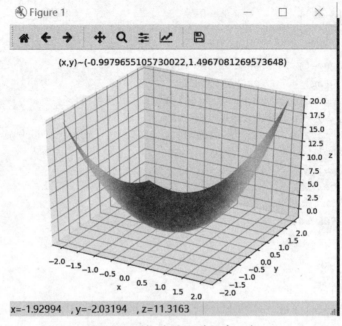

图 2-15 函数的图形（视角一）

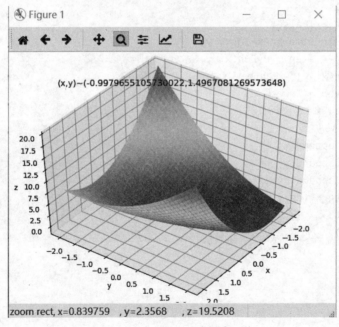

图 2-16 函数的图形（视角二）

【结果说明】

图 2-15、2-16 中显示所求解为 $x \approx -0.9979$，$y \approx 1.4967$，分别从不同角度来观察此函数的图形，效果如图所示。

高手点拨

Python 是机器学习领域应用最为广泛的编程语言之一，本书并不以介绍 Python 为主，因此，本节仅简单地讲解与章节内容相关的 Python 基础知识。本章中很多例子用到了 SymPy 中的函数，例如求极限函数 limit、求导数 diff，还有一些常用的初等数学函数，例如 $\sin x$。在综合案例中，为了使函数图像可视化，用到了数组类型、图像处理功能，这些功能使用了 NumPy 与 Matplotlib 中的一些函数。下面简单进行介绍。

1. 环境的安装

本书的基础篇中的实验环境均采用 Anaconda。 Anaconda 是一个用于科学计算的开源的 Python 发行版，支持 Windows、Linux 及 Mac 三大系统。它提供了强大而方便的类库管理（提供超过 1000 个科学数据包）与环境管理（包依赖）功能，可以很方便地解决多版本 Python 并存、切换以及各种第三方库的安装问题。本书第 1 篇中主要用到了 SymPy、NumPy、SciPy、Matplotlib 库。

2. SymPy 简单介绍

SymPy 是 Python 的一个科学计算库，用强大的符号计算体系完成诸如多项式求值、求极限、求导、解方程、求积分、解微分方程、级数展开、矩阵运算等计算。

（1）常用的 SymPy 内置符号。

自然对数的底 e 的表示方式。

【代码如下】

```
>>> import sympy
>>> sympy.E
E
>>> sympy.log(sympy.E)
1
```

无穷大 ∞ 的表示方式。

【代码如下】

```
>>> import sympy
>>> 1/sympy.oo
0
```

圆周率 π 的表示方式。

【代码如下】

```
>>> sympy.sin(sympy.pi)
0
```

（2）用 SymPy 进行初等运算。

常用的函数有：求对数函数 sympy.log、正弦函数 sympy.sin、求平方根函数 sympy.sqrt、求 n 次方根函数 sympy.root、求阶乘 sympy.factorial 函数等。

（3）表达式与表达式求值。

SymPy 可以用一套符号系统来表示一个表达式，如函数、多项式等，并且可以进行求值。

【代码如下】

```
>>> # 定义 x 为一个符号，表示一个变量
...
>>> x = sympy.Symbol('x')
>>> fx = 2*x + 1  # fx 是一个表达式
>>> fx.evalf(subs={x:2}) # 用 evalf 函数，传入变量的值，对表达式进行求值
5.00000000000000
>>> x,y = sympy.symbols('x y')
>>> f = 2 * x + y
>>> f.evalf(subs = {x:1,y:2}) # 以字典的形式传入多个变量的值
>>> # 如果只传入一个变量的值，则输出原来的表达式
...
>>> f.evalf(subs = {x:1})
2.0*x + y
>>>
4.00000000000000
```

（4）求极限用 sympy.limit 函数，使用方法见本章例 2.5、例 2.6、例 2.8。

（5）求导使用 sympy.diff 函数，传入两个参数即函数表达式和变量名。使用方法见本章例 2.11、例 2.12。

3.NumPy 库简单介绍

NumPy 是 Python 的一个扩展程序库，支持大量的维度数组与矩阵运算，此外也针对数组运算提供大量的数学函数库。NumPy 是一个运行速度非常快的数学库，主要用于数组计算。

NumPy 通常与 SciPy（Scientific Python）和 Matplotlib（绘图库）一起使用，这种组合广泛用于替代 MATLAB，是一个强大的科学计算环境。本章综合案例用此实现了求函数最小值的解，并用 NumPy 和 Matplotlib 的一些函数实现数学函数图像的可视化。

（1）数组的操作。

【代码如下】

```
>>> import numpy as np
>>> a=np.array([1,2,3]) # 创建一个秩(rank)1 数组
>>> print(a[0], a[1], a[2])
1 2 3
>>> b = np.array([[1,2,3],[4,5,6]]) # 创建一个秩 2 数组
>>>print(b[0,0],b[0,1],b[1,0])
1 2 4
```

（2）在绘制三维图表时，需要用到 NumPy 中的 mgrid 函数。它会返回一个密集的多维网格，

一般形式为 np.mgrid[start:end:step]，其中 start 表示开始值，end 表示结束坐标 (不包括此点)，step
表示步数。

【代码如下】

```
>>> np.mgrid[-1:4:2]
array([-1,  1,  3])
>>> np.mgrid[-1:4:2,-3:1:1]
array([[[-1, -1, -1, -1],
        [ 1,  1,  1,  1],
        [ 3,  3,  3,  3]],

       [[-3, -2, -1,  0],
        [-3, -2, -1,  0],
        [-3, -2, -1,  0]]])
>>> np.mgrid[-1:4:2,-3:1:2]
array([[[-1, -1],
        [ 1,  1],
        [ 3,  3]],

       [[-3, -1],
        [-3, -1],
        [-3, -1]]])
>>>
```

4.SciPy 库简单介绍

SciPy 是世界上著名的 Python 开源科学计算库，构建在 NumPy 之上，功能更为强大。SciPy
函数库在 NumPy 库的基础上增加了众多的数以及工程计算中常用的库函数。可以说，NumPy 是一
个纯数学的计算模块，而 SciPy 是一个更高阶的科学计算库。SciPy 库需要 NumPy 库的支持，由于
这种依赖关系，NumPy 库的安装要先于 SciPy 库。后面章节中会用到 SciPy 的积分函数。

5. 求导的 3 种方式

（1） 使用 SymPy 的 diff 函数，可以得到 $f(x)$ 的导数表达式，给出数学表达式里数学符号描
述符。本章中的例 2.11 采用此方法。

（2） 使用 scipy.misc 模块下的 derivative 函数。SciPy 的求导相对简单也容易理解。求函数
$f(x)$ 在 x_0 处的导数即 $f'(x_0)$。

【代码如下】

```
>>> import numpy as np
>>> from scipy.misc import derivative
>>> def f(x):  #定义函数
...     return x**5
...
```

```
>>> print (derivative(f, 2, dx=1e-6))# 对函数在 x=2 处求导
80.00000000230045
>>>
```

（3）使用 NumPy 模块里 poly1d 函数构造 $f(x)$，poly1d 函数的形参是多项式的系数，最左侧的是最高次数的系数，构造的函数为多项式。NumPy 的 polyder 函数和 deriv 函数的作用差不多，都是对多项式求导，可以得到函数导数的表达式和在某点的导数。

【例 2.16】对多项式 $x^5 + 2x^4 + 3x^2 + 5$ 求导。

【代码如下】

```
>>> import numpy as np
>>> p = np.poly1d([1,2,0,3,0,5])       #构造多项式
>>> print(p)        #下面两行为多项式的显示形式，5、4、2 是下一行项数所对应的幂次
   5     4     2
1 x + 2 x + 3 x + 5
>>> print( np.polyder(p,1))#求一阶导数
   4     3
5 x + 8 x + 6 x
>>> print( np.polyder(p,1)(1.0))#求一阶导数在点 x=1 处的值
19.0
>>> print (p.deriv(1))#求一阶导数
   4     3
5 x + 8 x + 6 x
>>> print (p.deriv(1)(1.0))#求一阶导数在点 x=1 处的值
19.0
```

2.10　习题

（1）求下列极限，并用 Python 编程求极限。

① 求 $\lim\limits_{x \to 1} \sin(\ln x)$

② 求 $\lim\limits_{x \to 8} \dfrac{\sqrt[3]{x} - 2}{x - 8}$

（2）求 $y = x^4 - 2x^3 + 5\sin x + \ln 3$ 的导数，并用 Python 编程求导。

（3）已知 $z = \left(3x^2 + y^2\right)^{4x+2y}$，求在点 $(1,2)$ 处的偏导数，并用 Python 编程实现（提示：复合函数求导，设 $u = 3x^2 + y^2$、$v = 4x + 2y$）。

（4）求函数 $z = x^2 + y^2$ 在点 $(1,2)$ 处沿点 $(1,2)$ 到点 $(2,2+\sqrt{3})$ 方向的方向导数，以及在点 $(1,2)$ 的梯度。

第 3 章
微积分

  微积分作为初等数学和高等数学的分水岭，在现代科学中有着极其重要的作用。17 世纪末，微积分的概念和技巧不断扩展并被广泛应用于解决天文学、物理学中的各种实际问题。例如，求即时速度、曲线切线、曲线长、曲线围成的面积、曲面围成的体积等问题。

  微积分是高等数学中研究函数的微分、积分及有关概念和应用的数学分支，是数学的一个基础学科，内容包括极限、微分学、积分学及其应用。微分学包括导数运算，是一套关于变化率的理论，在上一章已经介绍过；积分学包括积分运算，为计算面积、体积、水压力等几何物理问题提供一套通用的方法。本章主要介绍微积分的一些核心概念及如何利用编程工具来解决问题。

  随着科技的发展，一些计算器能对微积分（微分和定积分）进行求解，一些编程工具也支持科学计算，如 Python 语言。鉴于 Python 语言强大的科学计算功能和广阔的应用前景，本章将应用 Python 简洁的命令语句求解常见的函数定积分问题。

本章主要涉及的知识点

- ♦ 微积分的基本思想
- ♦ 微积分的解释
- ♦ 定积分
- ♦ 定积分的性质
- ♦ 牛顿－莱布尼茨公式

3.1 微积分的基本思想

微积分以研究函数变化规律为目的，主要运用到的数学工具就是微分和积分。

微分是对函数局部变化率的线性描述。微分学的基本思想是"无限细分"和"等效替代"，其几何意义如图 3-1 所示。设函数 $y = f(x)$，假设函数上有一点 p，当点 p 在沿着横坐标 Δx 移动时，其在纵坐标上的变化范围为 Δy，如图 3-1（a）。特别的是，当 p 的移动范围足够小时（$\lim\limits_{\Delta x \to 0} \mathrm{d}y = 0$，$\lim\limits_{\Delta x \to 0} \mathrm{d}x = 0$，如图 3-1（b）所示），$p$ 点纵坐标的变化值 Δy 与该点切线的变化距离 $\mathrm{d}y$ 之间的差值 $|\Delta y - \mathrm{d}y|$ 比 $|\Delta y|$ 要小得多，这时可以用 p 点附近的一个切线段来近似替代原函数。

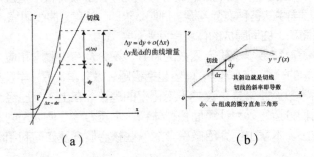

（a） （b）

图 3-1 微分的几何意义

p 点切线的斜率是导数，而 $f'(x) = \dfrac{\mathrm{d}y}{\mathrm{d}x}$，所以 $\mathrm{d}y = f'(x)\mathrm{d}x$。根据无穷小的概念，$\mathrm{d}x, \mathrm{d}y$ 都是微分。

积分是在确定函数的导数基础上通过一定的数学方法对原函数进行求解的过程。积分的基本思想是通过微分的"无限求和"来进行的。微分是对函数的求导过程，因此可以将积分看作微分的一个逆向过程，其几何意义如图 3-2 所示。设函数 $y = f(x)$，把区间 $[a,b]$ 均分为 4 份，如图 3-2（a）所示，整体等于部分之和，即 $f(b) - f(a) = \sum \Delta y$。继续细分，如图 3-2（b）所示，把区间均分到最细，即间隔为 $\mathrm{d}x$，对应的 Δy 也变成了 $\mathrm{d}y$，所以 $f(b) - f(a) = \sum \mathrm{d}y$。根据前面微分的无限细分可知 $\mathrm{d}y = f'(x)\mathrm{d}x$，因此 $f(b) - f(a) = \sum f'(x)\mathrm{d}x$。

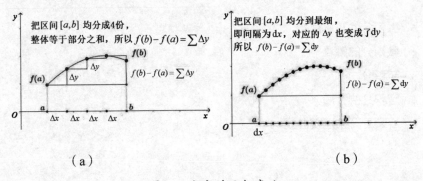

（a） （b）

图 3-2 积分的几何意义

3.2　微积分的解释

下面来讨论一个问题：如何求解曲边梯形的面积?

设曲线方程为 $y = f(x)$ ，在区间 $[a,b]$ 上非负、连续。由直线 $x = a$ ， $x = b$ ， $y = 0$ 及曲线 $y = f(x)$ 所围成的平面图形如图 3-3 所示，称之为曲边梯形，其中曲线弧段称为曲边梯形的曲边。

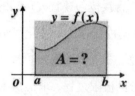

图 3-3　曲边梯形

曲边梯形面积不像矩形、圆等规则图形有特定的公式求解，但可以采用以直代曲的思想来进行求解。

分别以 4 个小矩形和 9 个小矩形替代，如图 3-4 所示。

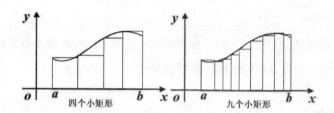

图 3-4　曲边梯形的分割

可以看出 9 个小矩形比 4 个小矩形求面积的精确度高，那么如果无限分割呢? 在 a 与 b 之间分割出 n 等份， n 趋近于无穷，是不是会无限接近曲边梯形的面积呢? 曲边梯形的无限分割如图 3-5 所示。

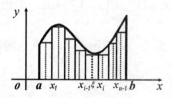

图 3-5　曲边梯形的无限分割

因此，将其极限值 $A = \lim_{n \to \infty} \sum_{i=1}^{n} f(\xi_i) \Delta x_i$ ， $x_{i-1} < \xi_i < x_i$ 定义为曲边梯形的面积。

积分的基本思想就是"无限求和"，需要尽可能地将每一个矩形的底边分割成无穷小，这样所求的结果即为曲边梯形的面积。数学家莱布尼茨为了体现求和的感觉，将 Sum 中的第一个字母 S 拉长了，简写成 $Sum\left[f(x)\Delta x\right] \Rightarrow \int_{um} f\left(x\right)\mathrm{d}x$，就成了常见的积分符号 $\int$。

下面再来讨论一个问题：求变速直线运动的路程。

设某物体做直线运动，已知速度 $v=v(t)$ 是时间间隔 $\left[t_1,t_2\right]$ 上 t 的连续函数，且 $v(t)\geqslant 0$，计算在这段时间内物体所经过的路程。

匀速直线运动的公式：路程 = 速度 × 时间。但是在我们的问题中，速度不是常量，而是随时间变化着的变量，因此所求路程 s 不能直接按匀速直线运动的路程公式来计算。物体运动的速度函数 $v=v(t)$ 是连续变化的，在很短的时间内，速度的变化很小，因此如果把时间间隔分小，在小段时间内，以匀速运动近似代替变速运动，就可算出各部分路程的近似值，再求和得到整个路程的近似值，最后，通过对时间间隔无限细分的极限过程，求得物体在时间间隔 $\left[t_1,t_2\right]$ 内的路程结果如下。

$$s = \lim_{n\to\infty}\sum_{i=1}^{n}v\left(\xi_i\right)\Delta t_i\,,\ t_{i-1} < \xi_i < t_i$$

3.3 定积分

根据前面两个实际问题分析可以看出，尽管所要计算的量的实际意义各不相同，但计算方法与步骤都是相同的，可归结为具有相同结构的特定格式的极限，即定积分。

3.3.1 定积分定义

定义 3.1 设函数 $f(x)$ 在区间 $[a,b]$ 上连续，在 $[a,b]$ 上任取若干个分点：$a = x_0 < x_1 < x_2 < \cdots < x_{i-1} < x_i < \cdots < x_n = b$，将 $[a,b]$ 分成 n 个小区间 $[x_{i-1},x_i]$，其长度记为 $\Delta x_i = x_i - x_{i-1}, i = 1,2,\cdots,n$。令 $\lambda = \max\limits_{1\leqslant i\leqslant n}\{\Delta x_i\}$，在每个子区间任取一点 $\xi_i \in [x_{i-1},x_i], i=1,2,\cdots,n$，若极限 $\lim\limits_{\lambda\to 0}\sum\limits_{i=1}^{n}f(\xi_i)\Delta x_i$ 存在，且该极限值与对区间 $[a,b]$ 的划分及 ξ_i 的取法无关，则称函数 $f(x)$ 在区间 $[a,b]$ 上可积，该极限值称为 $f(x)$ 在 $[a,b]$ 上的定积分，记为 $\int_a^b f(x)\mathrm{d}x$，即 $\int_a^b f(x)\mathrm{d}x = \lim\limits_{\lambda\to 0}\sum\limits_{i=1}^{n}f(\xi_i)\Delta x_i$。

其中，称 $f(x)$ 为被积函数，称 x 为积分变量，a 和 b 分别为积分下限和上限，称区间 $[a,b]$ 为积分区间，$\sum\limits_{i=1}^{n}f(\xi_i)\Delta x_i$ 为积分和。

积分值和被积函数与积分曲线有关，与积分字母变量无关，即 $\int_a^b f(x)\mathrm{d}x = \int_a^b f(t)\mathrm{d}t = \int_a^b f(u)\mathrm{d}u$。

当函数 $f(x)$ 在区间 $[a,b]$ 上的定积分存在时，称 $f(x)$ 在区间 $[a,b]$ 上可积。

3.3.2 定积分的几何含义

在区间 $[a,b]$ 上，当 $f(x)>0$ 时，定积分 $\int_a^b f(x)\mathrm{d}x$ 的值为正数；当 $f(x)<0$ 时，定积分 $\int_a^b f(x)\mathrm{d}x$ 的值为负数。图 3-6 中，$\int_a^b f(x)\mathrm{d}x$ 的值为各阶段正负值的代数和。

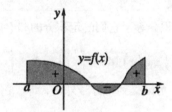

图 3-6 定积分的取值

【例 3.1】利用定义计算定积分 $\int_0^1 x^2\mathrm{d}x$。

解： 将 $[0,1]$ 区间 n 等分，分点为 $x_i = \dfrac{i}{n}, i=1,2,\cdots,n$，小区间 $[x_{i-1},x_i]$ 的长度 $\Delta x_i = \dfrac{1}{n}, i=1,2,\cdots,n$，取 $\xi_i = x_i, i=1,2,\cdots,n$。

推导过程如下。

$$\sum_{i=1}^n f(\xi_i)\Delta x_i = \sum_{i=1}^n \xi_i^2 \Delta x_i = \sum_{i=1}^n x_i^2 \Delta x_i = \sum_{i=1}^n \left(\frac{i}{n}\right)^2 \cdot \frac{1}{n} = \frac{1}{n^3}\sum_{i=1}^n (i)^2$$

$$= \frac{1}{n^3} \cdot \frac{n(n+1)(2n+1)}{6} = \frac{1}{6}\left(1+\frac{1}{n}\right)\left(2+\frac{1}{n}\right)$$

又有 $\Delta x \to 0 \Rightarrow n \to \infty$，

因此

$$\int_0^1 x^2\mathrm{d}x = \lim_{\lambda \to 0}\sum_{i=1}^n f(\xi_i)\Delta x_i = = \lim_{n\to\infty}\frac{1}{6}\left(1+\frac{1}{n}\right)\left(2+\frac{1}{n}\right) = \frac{1}{3}。$$

3.4 定积分的性质

为了计算及应用方便，定积分有以下两点补充规定。

（1）当 $a = b$ 时，$\int_a^a f(x)\,\mathrm{d}x = 0$。

（2）当 $a > b$ 时，$\int_a^b f(x)\,\mathrm{d}x = -\int_b^a f(x)\,\mathrm{d}x$。

> **提示**　在下面的讨论中，积分上下限的大小，如不特别指明，均不加限制，并假定各性质中所列出的定积分都是存在的。

性质 3.1 函数的和（差）的定积分等于它们的定积分的和（差），即

$$\int_a^b \left[f(x) \pm g(x) \right]\mathrm{d}x = \int_a^b f(x)\,\mathrm{d}x \pm \int_a^b g(x)\,\mathrm{d}x$$

性质 3.2 被积函数的常数因子可以提到积分号外面，即

$$\int_a^b kf(x)\,\mathrm{d}x = k\int_a^b f(x)\,\mathrm{d}x \quad （k \text{ 是常数}）$$

性质 3.3 如果将积分区间分成两部分，则在整个区间上的定积分等于这两部分区间上定积分之和，即设 $a < c < b$，则

$$\int_a^b f(x)\,\mathrm{d}x = \int_a^c f(x)\,\mathrm{d}x + \int_c^b f(x)\,\mathrm{d}x$$

性质 3.4 如果在区间 $[a,b]$ 上，$f(x) \geqslant 0$，则

$$\int_a^b f(x)\,\mathrm{d}x \geqslant 0, a < b$$

性质 3.5 如果在区间 $[a,b]$ 上，$f(x) = 1$，则

$$\int_a^b 1\mathrm{d}x = \int_a^b \mathrm{d}x = b - a$$

推论 1 如果在区间 $[a,b]$ 上，$f(x) \leqslant g(x)$，则

$$\int_a^b f(x)\,\mathrm{d}x \leqslant \int_a^b g(x)\,\mathrm{d}x, a < b$$

推论 2 在区间 $[a,b]$ 上，$\left| \int_a^b f(x)\,\mathrm{d}x \right| \leqslant \int_a^b \left| f(x) \right|\mathrm{d}x, a < b$

性质 3.6 定积分中值定理：

如果函数 $f(x)$ 在闭区间 $[a,b]$ 上连续，则在积分区间 $[a,b]$ 上至少存在一点 ξ，使下式成立：

$$\int_a^b f(x)\,\mathrm{d}x = f(\xi)(b-a), a \leqslant \xi \leqslant b$$

这个公式叫作积分中值公式。

如图 3-7 所示，积分中值公式的几何解释：在区间 $[a,b]$ 上至少存在一点 ξ，使以区间 $[a,b]$ 为底边、以曲线 $y=f(x)$ 为曲边的曲边梯形的面积等于同一底边而高为 $f(\xi)$ 的矩形的面积。

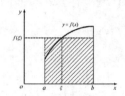

图 3-7 积分中值的几何解释

定积分的性质，在此就不再进行证明。在机器学习应用中，定积分的计算可以利用计算器及科学计算库来直接求解。在 3.6 小节中将重点讲解用 Python 编程实现定积分的求解。

 3.5 牛顿—莱布尼茨公式

前面介绍了定积分的定义和性质，但并未给出定积分有效的计算方法。在例 3.1 中利用定义计算定积分非常麻烦，因此必须寻求计算定积分的新方法。在此将建立定积分和不定积分之间的关系，这个关系为定积分的计算提供了高效的方法。

3.5.1 积分上限的函数及其导数

设函数 $f(x)$ 在区间 $[a,b]$ 上连续，则对于任意点 $x \in [a,b]$，函数 $f(x)$ 在 $[a,x]$ 上仍然连续，定积分 $\int_a^x f(x)\mathrm{d}x$ 一定存在。在这个积分中，x 既表示积分上限，又表示积分变量。由于积分值与积分变量的记法无关，可将积分变量改用其他符号表示，如用 t 表示，则上面的积分可表示为 $\int_a^x f(t)\mathrm{d}t$。

如果上限 x 在区间 $[a,b]$ 上任意变动，则对每一个取定的 x，定积分有确定的值与之对应。所以在 $[a,b]$ 上定义一个函数，记为 $\Phi(x)$，即 $\Phi(x)=\int_a^x f(t)\mathrm{d}t, a \leqslant x \leqslant b$。

函数 $\Phi(x)$ 是积分上限 x 的函数，也称为 $f(t)$ 的变上限积分。$\Phi(x)$ 具有以下重要性质。

定理 3.1 如果函数 $f(x)$ 在区间 $[a,b]$ 上连续，则积分上限函数 $\Phi(x)=\int_a^x f(t)\mathrm{d}t$ 在 $[a,b]$ 上可导，且 $\Phi'(x)=\dfrac{\mathrm{d}}{\mathrm{d}x}\int_a^x f(t)\mathrm{d}t=f(x), a \leqslant x \leqslant b$。

证明：定理证明过程进行了简化，只对 $x \in [a,b]$ 区间进行证明（$x=a$ 处的右导数与 $x=b$ 处的左导数也可类似证明）。

取 $|\Delta x|$ 充分小，使 $x + \Delta x \in [a,b]$，则

$$\Delta\varPhi = \varPhi(x+\Delta x) - \varPhi(x)$$
$$= \int_a^{x+\Delta x} f(t)\mathrm{d}t - \int_a^x f(t)\mathrm{d}t$$
$$= \left[\int_a^x f(t)\mathrm{d}t + \int_x^{x+\Delta x} f(t)\mathrm{d}t\right] - \int_a^x f(t)\mathrm{d}t$$
$$= \int_x^{x+\Delta x} f(t)\mathrm{d}t$$

$f(x)$ 在 $[a,b]$ 上连续，由定积分中值定理，有

$$\int_x^{x+\Delta x} f(t)\mathrm{d}t = f(\xi)\left[(x+\Delta x)-x\right] = f(\xi)\Delta x, \xi 在 x 与 x+\Delta x 之间$$

推导得到 $\qquad \Delta\varPhi = f(\xi)\Delta x, \xi 在 x 与 x+\Delta x 之间$

所以 $\qquad \dfrac{\Delta\varPhi}{\Delta x} = f(\xi)$

由于 $\Delta x \to 0$ 时，$\xi \to x$，而 $f(x)$ 是连续函数，所以上式两边取极限有

$$\lim_{\Delta x\to 0}\frac{\Delta\varPhi}{\Delta x} = \lim_{\Delta x\to 0} f(\xi) = \lim_{\xi\to x} f(\xi) = f(x)$$

即 $\qquad \varPhi'(x) = \dfrac{\mathrm{d}}{\mathrm{d}x}\int_a^x f(t)\mathrm{d}t = f(x), a\leqslant x\leqslant b$

证明完毕。

另外，若 $f(x)$ 在 $[a,b]$ 上连续，则称函数 $\varPhi(x)=\int_x^b f(t)\mathrm{d}t, a\leqslant x\leqslant b$ 为 $f(x)$ 在 $[a,b]$ 上的积分下限函数，由定理 3.1 可得 $\dfrac{\mathrm{d}}{\mathrm{d}x}\int_x^b f(t)\mathrm{d}t = -\dfrac{\mathrm{d}}{\mathrm{d}x}\int_b^x f(t)\mathrm{d}t = -f(x), a\leqslant x\leqslant b$。

定理 3.2 原函数存在定理：如果函数 $f(x)$ 在 $[a,b]$ 上连续，则函数 $\varPhi(x)=\int_a^x f(t)\mathrm{d}t$ 就是 $f(x)$ 在 $[a,b]$ 上的一个原函数。

【**例 3.2**】 求 $\dfrac{\mathrm{d}}{\mathrm{d}x}\left(\int_0^x \sin^2 t\mathrm{d}t\right)$。

解： 根据定理 3.1 可知： $\qquad \dfrac{\mathrm{d}}{\mathrm{d}x}\left(\int_0^x \sin^2 t\mathrm{d}t\right) = \sin^2 x$

3.5.2 牛顿—莱布尼茨公式

定理 3.1 揭示了原函数与定积分的内在联系，由此可以导出一个重要定理，它给出了用原函数计算定积分的公式。

定理 3.3 设函数 $f(x)$ 在区间 $[a,b]$ 上连续，$F(x)$ 是 $f(x)$ 在 $[a,b]$ 上的一个原函数，则

$\int_a^b f(x)\mathrm{d}x = F(b) - F(a)$。通常称此公式为微积分基本公式或牛顿 – 莱布尼茨公式。

证明： 因为 $F(x)$ 与 $\int_a^x f(t)\mathrm{d}t$ 都是 $f(x)$ 在 $[a,b]$ 上的原函数，所以它们只能相差一个常数 C，即

$$\int_a^x f(t)\mathrm{d}t = F(x) + C$$

令 $x = a$，由于 $\int_a^a f(t)\mathrm{d}t = 0$，得 $C = -F(a)$，因此

$$\int_a^x f(t)\mathrm{d}t = F(x) - F(a)$$

在上式中令 $x = b$，得

$$\int_a^b f(t)\mathrm{d}t = \int_a^b f(x)\mathrm{d}x = F(b) - F(a)$$

为方便起见，把 $F(b) - F(a)$ 记作 $F(x)\Big|_a^b$，于是 $\int_a^b f(x)\mathrm{d}x = F(b) - F(a)$ 又可写作

$$\int_a^b f(x)\mathrm{d}x = F(x)\Big|_a^b$$

它表明：一个连续函数在区间上的定积分等于它的任意一个原函数在区间上的增量。

3.5.3 牛顿—莱布尼茨公式的几何解释

在本章 3.1 小节中提到，积分是在确定函数的导数的基础上，通过一定的数学方法对原函数进行求解的过程。积分的基本思想是通过微分的"无限求和"来进行的。微分是对函数的求导过程，于是又可以将积分看成是微分的一个逆向过程。

设函数 $y = f(x)$，把区间 $[a,b]$ 均分为 4 份，如图 3-8（a）所示，整体等于部分之和，即 $f(b) - f(a) = \sum \Delta y$。继续细分，如图 3-8（b）所示，把区间均分到最细，即间隔为 $\mathrm{d}x$，对应的 Δy 也变成了 $\mathrm{d}y$，所以 $f(b) - f(a) = \sum \mathrm{d}y$。根据微分的无限细分可知 $\mathrm{d}y = f'(x)\mathrm{d}x$，因此 $f(b) - f(a) = \sum f'(x)\mathrm{d}x = \int_a^b f'(x)\mathrm{d}x$。由牛顿 - 莱布尼茨公式可知，$f(x)$ 为 $f'(x)$ 的原函数。

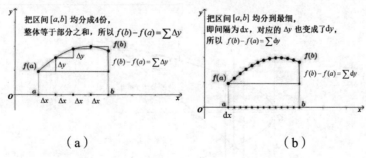

图 3-8 牛顿 - 莱布尼茨公式的几何解释

　　这个公式进一步揭示了定积分与被积函数的原函数或不定积分之间的关系，为定积分提供了一个有效而简便的计算方法。但是，请读者注意：该公式的前提是原函数存在！

用图 3-9 通俗地表示牛顿 - 莱布尼茨公式的意义。

$$\underbrace{\int_a^b f(x)\mathrm{d}x = f(\xi)(b-a)}_{\text{积分中值定理}} = \underbrace{F'(\xi)(b-a) = F(b)-F(a)}_{\text{微分中值定理}}$$

$$\underbrace{\phantom{\int_a^b f(x)\mathrm{d}x = f(\xi)(b-a) = F'(\xi)(b-a) = F(b)-F(a)}}_{\text{牛顿-莱布尼茨公式}}$$

图 3-9　牛顿 - 莱布尼茨公式的通俗解释

【例 3.3】求 $\int_0^{\frac{\pi}{2}}\left(2\cos x + \sin x - 1\right)\mathrm{d}x$。

解：原式 $= \left[2\sin x - \cos x - x\right]_0^{\frac{\pi}{2}} = 3 - \dfrac{\pi}{2}$。

【例 3.4】设 $f(x) = \begin{cases} 2x, & 0 \leqslant x \leqslant 1 \\ 5, & 1 < x \leqslant 2 \end{cases}$，求 $\int_0^2 f(x)\mathrm{d}x$，函数图像如图 3-10 所示。

图 3-10　$f(x)$ 函数图像

解：原式 $= \int_0^1 2x\mathrm{d}x + \int_1^2 5\mathrm{d}x = x^2\Big|_0^1 + 5x\Big|_1^2 = 1 + 5 = 6$。

【例 3.5】计算由曲线 $y^2=2x$ 和直线 $y=x-4$ 所围成的图形的面积 S，如图 3-11 所示。

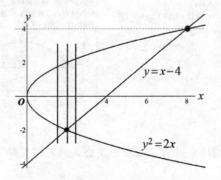

图 3-11　曲线和直线所围成的图形

解:

$$两曲线的交点\begin{cases} y^2 = 2x \\ y = x-4 \end{cases} \Rightarrow (2,-2),(8,4)$$

$$选\ y\ 为积分变量，\quad y \in [-2,4]$$

$$S = \int_{-2}^{4}(y+4-\frac{y^2}{2})\mathrm{d}y = (\frac{y^2}{2}+4y-\frac{y^3}{6})\Big|_{-2}^{4} = 18$$

3.6 综合实例——Python 中常用的定积分求解方法

【例 3.6】应用 SciPy 科学计算库求 $\int_{0}^{3}\cos^2(e^x)\mathrm{d}x$。

解: 本例题使用了 SciPy 科学计算库的 quad 函数，它的一般形式是 scipy.integrate.quad(f,a,b)，其中 f 是要积分的函数名称，a 和 b 分别是下限和上限。

【代码如下】

```
>>> import numpy as np
>>> from scipy.integrate import quad
>>> func=lambda x:np.cos(np.exp(x))**2     #定义被积分函数
>>> solution=quad(func,0,3)       # 调用 quad 积分函数
>>> print（solution）
```

【结果说明】

输出结果：(1.296467785724373, 1.397797133112089e−09)。前一个为积分值，后一个为误差。

【例 3.7】应用 SciPy 科学计算库求 $\iint\limits_{D}e^{-x^2-y^2}\mathrm{d}x\mathrm{d}y$，其中 $D = \{(x,y)|0 \leqslant x \leqslant 10, 0 \leqslant y \leqslant 10\}$。

解: dblquad 函数的一般形式是 scipy.integrate.dblquad(func,a,b,gfun,hfun)。其中，func 是要积分的函数名称，a 和 b 分别是变量 x 的下限和上限，gfun 和 hfun 是定义变量 y 的下限和上限的函数名称。请注意，即使 gfun 和 hfun 是常数，它们在很多情况下也必须定义为函数。例如本题 $0 \leqslant y \leqslant 10$，即使 y 的下限和上限为常数，也要定义函数为 gfun(x)=0、hfun(x)=10。本题函数 gfun(x)、hfun(x) 的表达形式为 lambda x:y_a 和 lambda x:y_b，其中 y_a、y_b 的值分别为 0 和 10。

【代码如下】

```
>>> import numpy as np
>>> from scipy.integrate import dblquad
>>> def integrand(x,y):
...       return np.exp(-x**2-y**2)
>>> x_a=0
>>> x_b=10
>>> y_a=0
>>> y_b=10
>>> solution,abserr=dblquad(integrand,x_a,x_b, lambda x :y_a,lambda x:y_b)
>>> print(solution,abserr)
```

【结果说明】

输出结果：$(0.7853981633974476, 1.375309851021853e-08)$。第一个为积分值，第二个为误差。

以上采用 SciPy 科学计算库中的数值积分函数直接求解定积分，下面通过定积分定义的基本概念，编程模拟实现求解定积分。

从 3.5 节内容知道，函数 $f(x)$ 在区间 $[a,b]$ 上连续，且其原函数为 $F(x)$，则可用牛顿–莱布尼茨公式 $\int_a^b f(x)\mathrm{d}x = F(b)-F(a)$ 求定积分的值。牛顿–莱布尼茨公式无论在理论上还是在解决实际问题上都具有重要作用，但它并不能完全解决定积分的计算问题，有些情况它就无能为力，例如，被积函数的原函数很难用初等函数表达出来、原函数存在但表达式太复杂、被积函数没有具体的解析表达式、函数关系由表格或图形表示等。这些情况中，积分并不十分准确。因此，利用原函数计算积分具有局限性。

根据 3.3 小节定积分的定义 $\int_a^b f(x)\mathrm{d}x = \lim_{\lambda \to 0}\sum_{i=1}^n f(\xi_i)\Delta x_i$ 可知，定积分的求解过程大致分为以下 4 个步骤。

（1）分割，$a = x_0 < x_1 < x_2 < \cdots < x_{i-1} < x_i < \cdots < x_n = b$。

（2）近似，$\Delta S_i \approx f(\xi_i)\Delta x_i$，$\xi_i \in [x_{i-1}, x_i]$，$\Delta x_i = x_i - x_{i-1}, i=1,2,\cdots,n$。

（3）求和，$\sum_{i=1}^n f(\xi_i)\Delta x_i$。

（4）求极限，$\lim_{\lambda \to 0}\sum_{i=1}^n f(\xi_i)\Delta x_i$。

上面的求解过程为使用计算机求解定积分提供了算法思路。将求积区间进行 n 等分，步长为 $\frac{b-a}{n}$，循环 n 次求解 n 个小梯形面积之和，结果即为定积分近似解。

【例 3.8】应用 Python 编程实现求定积分近似解，并用例 3.6 进行验证。

解：数值计算是指有效利用计算机求数学问题近似解的方法与过程，以及由相关理论构成的学科。数值计算主要研究如何利用计算机更好地解决各种数学问题。本例求定积分近似解是数值计算研究领域的一个典型应用。

【代码如下】

```
>>> from numpy import *
>>> a,b=0,3
>>> def f(x): #例3.6的求积函数模型

...     return  cos(exp(x))**2
>>> def trape(n): #数值计算
...     h=(b-a)/n
```

```
...       x=a
...       sum=0
...       for i in  range(1,n):
...           x2=a+i*h
...           sum=sum+(f(x)+f(x2))*h/2
...           x=x2
...       return sum
...
```

分别将求积区间进行 n=10，100，1000，10000，100000 等分，用来验证自定义的求定积分函数 trape(n) 的结果值。

【运行结果】

```
>>> trape(10)
0.944822326405313
>>> trape(100)
1.2843391540917448
>>> trape(1000)
1.2960750567338157
>>> trape(10000)
1.296434741500134
>>> trape(100000)
1.2964645400078032
```

【结果说明】

从结果可以看出，当积分区间分为 100000 等份时，$\int_0^3 \cos^2\left(e^x\right)dx$ 的值为 1.2964645400078032，与例 3.6 的结果近似。本例求定积分的算法过程来源于最基本的定积分数学描述原理，并运用 Python 编程实现，经过实例验证，定积分求解结果达到要求。在本例中积分区间还可以继续细分，直到结果值基本不再变化时，可以达到更高的精确度。

3.7 高手点拨

1. 数值积分常用函数简介

SciPy 提供了一系列不同类型的求积函数，它们中的大多数都在同一个 scipy.integrate 库中。表 3-1 中列出了数值积分常用函数。

表 3-1 数值积分常用函数

序号	函数名	描述
1	quad	单积分
2	dblquad	二重积分
3	tplquad	三重积分
4	nquad	n 倍多重积分
5	fixed_quad	高斯积分，阶数为 n
6	quadrature	高斯正交到容差
7	romberg	Romberg 积分
8	trapz	梯形规则
9	cumtrapz	梯形法则累计计算积分
10	simps	辛普森的规则
11	romb	Romberg 积分
12	polyint	分析多项式积分 (NumPy)
13	poly1d	辅助函数 polyint(NumPy)

2. 安装 NumPy 库、SciPy 库的注意事项

（1）NumPy 库的安装要先于 SciPy 库。

（2）如果仍然存在类库与版本管理的问题，导致软件安装失败，请使用软件包管理工具 Anaconda。

 # 3.8 习题

（1）利用牛顿 – 莱布尼茨公式求下列定积分。

① $\int_1^2\left(x^2+\dfrac{1}{x^4}\right)\mathrm{d}x$。

② $\int_{-1}^{0}\dfrac{3x^4+3x^2+1}{x^2+1}\mathrm{d}x$。提示：$(\arctan x)'=\dfrac{1}{x^2+1}$。

（2）利用 SciPy 中的数值积分常用函数求下列定积分。

① $\int_1^2\left(x^2+\dfrac{1}{x^4}\right)\mathrm{d}x$。

② $\int_{-1}^{0}\dfrac{3x^4+3x^2+1}{x^2+1}\mathrm{d}x$。

（3）利用定积分的定义计算极限。

$\lim\limits_{n\to\infty}\dfrac{1^p+2^p+\cdots+n^p}{n^{p+1}}(p>0)$。

（4）编程计算以上题目的极限值。

第 4 章

泰勒公式与拉格朗日乘子法

在数学领域，为了便于研究，一些较复杂的函数可以用简单的函数来近似表达。而本章所讲的泰勒公式，可以用简单熟悉的多项式近似代替公式中出现的函数，从而将复杂的公式化简为多项式的求解问题。同时，泰勒公式为计算机领域实现科学计算的所需函数提供了一种解题思路，可以利用计算机加减乘除的基本运算实现各种数学函数模型。

最优化理论是应用数学的一个分支，也是人工智能数学模型的理论基础之一。最优化理论研究的是判定给定目标函数的最大值（最小值）是否存在，并找到令目标函数取到最大值（最小值）的数值。第 2 章的梯度下降法就是最优化理论常见方法之一，本章将介绍一种适用于约束优化问题的方法——拉格朗日乘子法。

本章主要涉及的知识点

- ◆ 泰勒公式出发点
- ◆ 一点一世界
- ◆ 阶数和阶乘的作用
- ◆ 麦克劳林展开式的应用
- ◆ 拉格朗日乘子法
- ◆ 求解拉格朗日乘子法

4.1　泰勒公式出发点

很多同学在学习泰勒公式时觉得它非常复杂，单是长长的公式就让人望而生畏。其实，它的出发点是用简单熟悉的多项式来近似代替函数。例如，在微积分的应用中已经知道，当$|x|$很小时，有近似等式$e^x \approx 1+x$、$\ln(1+x) \approx x$。

用多项式来近似代替函数有两个好处：一个是多项式容易计算函数值，另一个是多项式的导数和积分仍然是多项式。

多项式由它的系数确定，其系数又由它在某一点的函数值及导数所确定。这一句不好理解，接下来我们一点一点地进行分析。

4.2　一点一世界

首先，回忆微分知识。

在图 4-1 中 p 点处，横坐标为 x_0，若 $f'(x_0)$ 存在，在 x_0 附近有 $f(x_0+\Delta x)-f(x_0) \approx f'(x_0)\Delta x$，可以得到 $f(x)=f(x_0)+f'(x_0)\Delta x+o(x-x_0)$。也就是说，在点 x_0 附近，$f(x)$ 的值线性逼近 $f(x_0)+f'(x_0)\Delta x$。通俗来说，就是以直代曲。

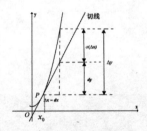

图 4-1　切线的几何意义

当$|x|$很小时，有$e^x \approx 1+x$、$\ln(1+x) \approx x$，从图 4-2 可以看出，在原点附近，函数 $y=1+x$ 逼近 $y=e^x$（如图（a）所示），函数 $y=x$ 逼近 $y=\ln(1+x)$，如图（b）所示。

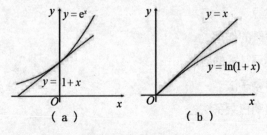

图 4-2　以直代曲

下面对函数 $f(x)=\cos x$ 进行分析。在原点，用 $f(x_0)+f'(x_0)\Delta x$ 公式求得在原点 O 的近似函数为 $\cos x \approx f(0)+f'(0)(x-0)=\cos 0 + (-\sin 0)(x-0)=1$，也就是图 4-3 中横线 l。

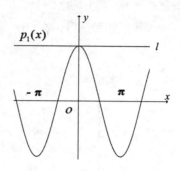

图 4-3 $\cos x$ 函数的以直代曲

从上面几个图例可以看出，线性逼近的优点是形式简单、计算方便。但是，如图 4-4（a）所示，按照直线拟合预测 $f(x)$ 上的点 Q，显然有误差；同时，如图 4-4（b）所示，$f_1(x)$、$f_2(x)$、$f_3(x)$、$f_4(x)$ 在 p 点的切线都与 $f(x)$ 相同，都可以用同样的近似函数表示，一条直线可以线性逼近若干个函数，所以只用一阶导数不够准确。

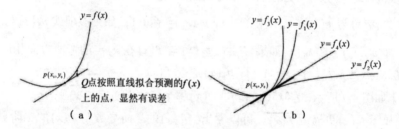

图 4-4 直线拟合预测点

一阶导数只是帮函数定位出下一个点是上升还是下降，如图 4-5 所示，在点 $p(x_0,y_0)$ 处，若 y 的一阶导数大于 0，则 y 的下一个邻接点在平行线 l 的上方；若 y 的一阶导数小于 0，则 y 的下一个邻接点在平行线 l 的下方。

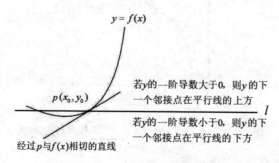

图 4-5 一阶导数的变化趋势

如何才能更准确一些呢？如果把二阶导数利用上呢？如图 4-6 所示，坐标系被两根直线 a 与 b 分割成了 4 个部分，若 y 的一阶导数大于 0 并且二阶导数大于 0，则 y 的下一个邻接点在 A 部分；若 y 的一阶导数大于 0 并且二阶导数小于 0，则 y 的下一个邻接点在 B 部分；若 y 的一阶导数小于 0 并且二阶导数大于 0，则 y 的下一个邻接点在 C 部分；若 y 的一阶导数小于 0 并且二阶导数小于 0，则 y 的下一个邻接点在 D 部分。

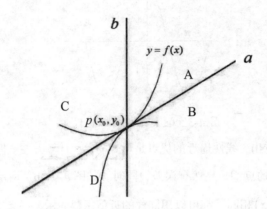

图 4-6　一阶导数结合二阶导数的变化趋势

将一阶导数和二阶导数都考虑进去，会得到如下结论。

如果多项式 $p_2(x)$ 与 $f(x)$ 在 x_0 点相交，即 $p_2(x_0) = f(x_0)$；如果多项式 $p_2(x)$ 与 $f(x)$ 在 x_0 点有相同的切线，即 $p_2'(x_0) = f'(x_0)$；如果多项式 $p_2(x)$ 与 $f(x)$ 在 x_0 点的弯曲方向相同，即 $p_2''(x_0) = f''(x_0)$，那么在 x_0 点处，$p_2(x) \approx f(x)$，即 $p_2(x)$ 逼近 $f(x)$。

【例 4.1】 如图 4-7 所示，$f_1(x)$、$f_2(x)$、$f_3(x)$ 哪个函数更逼近 $f(x)$ 呢？

解： 图中显示 $f_2(x)$ 更逼近 $f(x)$。可以看出，$f_2(x)$ 的二阶导数与 $f(x)$ 的二阶导数在交点处弯曲方向一致。根据前面结论可知，$f_2(x)$ 在 x_0 附近是 3 个函数中最逼近 $f(x)$ 的函数。

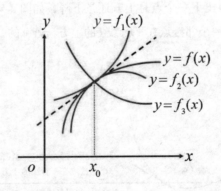

图 4-7　$f_1(x)$、$f_2(x)$、$f_3(x)$ 与 $f(x)$ 的逼近关系

继续讨论 $\cos x$ 函数在原点的二次逼近。

【**例 4.2**】已知二次多项式 $p_2(x) = a_0 + a_1 x + a_2 x^2$，在原点逼近 $f(x) = \cos x$ 时，求 a_0、a_1、a_2 的值。

解： 根据前面结论，可知

$$p_2(0) = f(0) = 1 = a_0$$

$$p_2{}'(0) = f'(0) = 0 = a_1$$

$$p_2{}''(0) = f''(0) = -1 = 2a_2 \Rightarrow a_2 = -\frac{1}{2}$$

二次逼近 $\cos x \approx a_0 + a_1 x + a_2 x^2$。将 a_0、a_1、a_2 的值代入公式可得 $\cos x \approx 1 - \dfrac{x^2}{2}$。如图 4-8 所示，

可以看出 $p_2(x)$ 在区间 $\left[-\dfrac{\pi}{2}\ \ \dfrac{\pi}{2} \right]$ 的逼近效果好于 $p_1(x)$。

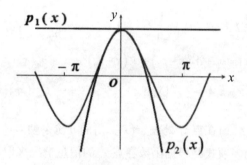

图 4-8　$\cos x$ 函数在原点的二次逼近

【**例 4.3**】已知八次多项式 $p_8(x) = a_0 + a_1 x + a_2 x^2 + a_3 x^3 + a_4 x^4 + a_5 x^5 + a_6 x^6 + a_7 x^7 + a_8 x^8$，在原点逼近 $f(x) = \cos x$，求解各系数值。

解： 求解过程同上，不再重复。结果代入公式得：$p_8(x) = 1 - \dfrac{x^2}{2!} + \dfrac{x^4}{4!} - \dfrac{x^6}{6!} + \dfrac{x^8}{8!}$，逼近结果如

图 4-9 所示，可以看出八次多项式在更大的范围内逼近 $\cos x$。

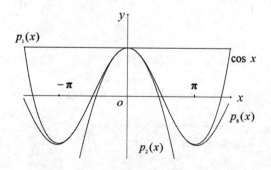

图 4-9　$\cos x$ 函数在原点的八次逼近

那么，依此类推，是不是用更高阶的多项式来表达，就会更加逼近函数呢？

【例 4.4】假设 $f(x)$ 在点 x_0 处具有 n 阶导数，试找出一个关于 $(x-x_0)$ 的 n 次多项式来近似表达 $f(x)$。设 $p_n(x) = a_0 + a_1(x-x_0) + a_2(x-x_0)^2 + \cdots + a_n(x-x_0)^n$，要求 $p_n(x) - f(x)$ 的差是当 $x \to x_0$ 时比 $(x-x_0)^n$ 高阶的无穷小。

解： 假设 $p_n(x)$ 在 x_0 处的函数值及它的值到 n 阶导数即 $\left(p_n'(x_0), p_n''(x_0), \cdots, p_n^{(n)}(x_0)\right)$ 在 x_0 处的值依次与 $f'(x_0), f''(x_0), \cdots, f^{(n)}(x_0)$ 相等，即满足：

$$p_n(x_0) = f(x_0),\ p_n'(x_0) = f'(x_0),\ p_n''(x_0) = f''(x_0), \cdots, p_n^{(n)}(x_0) = f^{(n)}(x_0),$$

按照这些等式就可以确定出多项式的系数 a_0，a_1，$\cdots$，a_n。

解得： $a_0 = f(x_0)$，$a_1 = f'(x_0)$，$2!a_2 = f''(x_0)$，$3!a_3 = f'''(x_0)$，$\cdots$，$n!a_n = f^{(n)}(x_0)$。

即得： $a_0 = f(x_0)$，$a_1 = f'(x_0)$，$a_2 = \dfrac{1}{2!}f''(x_0)$，$\cdots$，$a_n = \dfrac{1}{n!}f^{(n)}(x_0)$。

将系数代入多项式 $p_n(x) = a_0 + a_1(x-x_0) + a_2(x-x_0)^2 + \cdots + a_n(x-x_0)^n$，可得：

$$p_n(x) = f(x_0) + f'(x_0)(x-x_0) + \frac{1}{2!}f''(x_0)(x-x_0)^2 + \cdots + \frac{1}{n!}f^{(n)}(x_0)(x-x_0)^n。$$

将例 4.4 所得结果称为 $f(x)$ 在点 x_0 处关于 $(x-x_0)$ 的 n 阶泰勒多项式。

从上面推理可知，泰勒多项式是根据函数在点 x_0 的信息情况来取其附近值的公式。如果函数足够平滑，并且函数在点 x_0 处的各阶导数值存在，泰勒公式就可以利用这些导数值来作系数，构建一个多项式近似替代函数。可见一点一世界！

根据前面的讨论，阶数越高，多项式越逼近，那么什么时候满足逼近结果呢？下面引入误差项的概念。

定理 4.1 如果函数 $f(x)$ 在点 x_0 处具有 n 阶导数，那么存在 x_0 的一个邻域，对于该邻域内的任意点 x，有 $f(x) = f(x_0) + f'(x_0)(x-x_0) + \dfrac{1}{2!}f''(x_0)(x-x_0)^2 + \cdots + \dfrac{1}{n!}f^{(n)}(x_0)(x-x_0)^n + R_n(x)$，称此公式为泰勒公式 1。

其中 $R_n(x) = O\left[(x-x_0)^n\right]$，$O\left[(x-x_0)^n\right]$ 称为佩亚诺余项，$R_n(x)$ 为用 n 次泰勒多项式近似表达 $f(x)$ 所产生的误差，这一误差是当 $x \to x_0$ 时比 $(x-x_0)^n$ 高阶的无穷小。

> 提示　佩亚诺余项不能具体估算出误差的大小，下面给出的具有另一种余项形式的泰勒公式解决了这一问题。

定理 4.2 如果函数 $f(x)$ 在点 x_0 的某个邻域 $U(x_0)$ 内具有 $(n+1)$ 阶导数，那么对任意点 $x \in U(x_0)$，有 $f(x) = f(x_0) + f'(x_0)(x-x_0) + \dfrac{1}{2!}f''(x_0)(x-x_0)^2 + \cdots + \dfrac{1}{n!}f^{(n)}(x_0)(x-x_0)^n + R_n(x)$，称此公式为泰勒公式 2。

其中 $R_n(x) = \dfrac{f^{(n+1)}(\xi)}{(n+1)!}(x-x_0)^{n+1}$，$\xi$ 是 x_0 与 x 之间的某个值。$\dfrac{f^{(n+1)}(\xi)}{(n+1)!}(x-x_0)^{n+1}$ 称为拉格朗日余项。

定理 4.3 如果泰勒公式 2 中 $x_0 = 0$，ξ 就是 0 与 x 之间的某个值，因此可以令 $\xi = \theta x (0 < \theta < 1)$，泰勒公式 2 化简为 $f(x) = f(0) + f'(0)(x) + \dfrac{1}{2!}f''(0)(x)^2 + \cdots + \dfrac{1}{n!}f^{(n)}(0)(x)^n + \dfrac{f^{(n+1)}(\theta x)}{(n+1)!}(x)^{n+1}$，称此公式为麦克劳林公式。

可得近似公式：$f(x) \approx f(0) + f'(0)(x) + \dfrac{1}{2!}f''(0)(x)^2 + \cdots + \dfrac{1}{n!}f^{(n)}(0)(x)^n$。

 提示 麦克劳林公式将泰勒公式中的点 x_0 直接认定为原点 0。从原点出发，一点一世界。

4.3 阶数和阶乘的作用

麦克劳林公式非常长，不太好理解。下面将详细分析麦克劳林公式的各项含义。一个复杂函数 $f(x)$ 通过麦克劳林公式近似表达，多项式中包含以下 3 个模块。

（1）函数在原点的各阶导数。它们表示着多项式下一点变化的走向，参与的各阶导数越多，多项式变化的走向与 $f(x)$ 越一致。例如，一阶导数帮多项式定位了下一个点是上升还是下降，二阶导数表达了在点 x_0 处的弯曲走向，在 4.2 小节中已有探讨。

（2）麦克劳林公式中多项式的每一项中 x 的幂次。

（3）麦克劳林公式中多项式的每一项中的阶乘。

那么阶数与阶乘的含义是什么呢？本章继续深入探讨。

【例 4.5】根据麦克劳林公式分别求出 $f(x) = e^x$ 在原点的一阶、二阶、三阶、八阶多项式，并用图显示结果。

解： $f(0) = e^0 = 1$，因为 $(e^x)' = e^x$，所以 $f'(0) = f''(0) = f'''(0) = \cdots = f^{(8)}(0) = 1$

得出：

一阶多项式：$g(x)=1+x$。

二阶多项式：$g(x)=1+x+\dfrac{x^2}{2!}$。

三阶多项式：$g(x)=1+x+\dfrac{x^2}{2!}+\dfrac{x^3}{3!}$。

八阶多项式：$g(x)=1+x+\dfrac{x^2}{2!}+\dfrac{x^3}{3!}+\dfrac{x^4}{4!}+\dfrac{x^5}{5!}+\dfrac{x^6}{6!}+\dfrac{x^7}{7!}+\dfrac{x^8}{8!}$。

为了显示变化效果，图 4-10 中的 x 坐标与 y 坐标的刻度不相等。

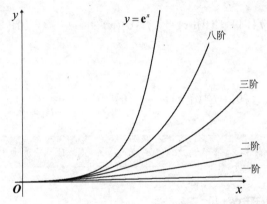

图 4-10 e^x 在原点的一阶、二阶、三阶、八阶多项式

从图中可以看出阶数越高，多项式曲线越逼近 $y=e^x$。

下面再通过观察多项式的函数图像变化，来讨论阶数与阶乘的作用。

首先来讨论多项式 x^9+x^2 的函数变化。如图 4-11 所示，x^2 被 x^9 完全压制，x^9+x^2 几乎只有 x^9 的特性，原因在于阶数越高函数增长越快。

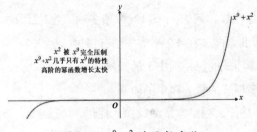

图 4-11 x^9+x^2 的函数变化

其次再来观察 x^3 与 x^2 的函数图像变化，如图 4-12 所示，在 $x=2$ 处，x^3 比 x^2 增长快，但是在 $x=1$ 左侧，接近原点的区域，低阶对函数起到的作用反而更大。在麦克劳林公式的展开式中，给我们的感觉是，在原点附近，低阶项能更好地描述当前点附近的趋势，但离原点越远，走势就越来越依靠高阶，甚至高阶有可能完全压制低阶。那么如何控制麦克劳林公式中各项的作用呢？

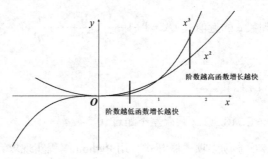

图 4-12 x^3 与 x^2 的函数图像变化

如图 4-13，加入阶乘后，再来看看函数图像的变化，有了 9! 和 2! 的帮助后，函数图像先呈现 x^2 的曲线特性，随着 x 的增大再呈现 x^9 的曲线特性。

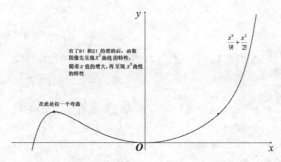

图 4-13 加入 9! 和 2! 函数图像的变化

通过上面的讨论，可以通俗地解释麦克劳林公式中各个模块的作用：导数表示下一点的走向，阶数表示曲线该怎样逼近，阶乘控制着各部分起着什么样的作用。

 麦克劳林展开式的应用

【**例 4.6**】求函数 $f(x) = \mathrm{e}^x$ 的 n 阶麦克劳林展开式。

解： 因为 $f'(x) = f''(x) = f'''(x) = \cdots = f^{(n)}(x) = \mathrm{e}^x$，

所以 $f'(0) = f''(0) = f'''(0) = \cdots = f^{(n)}(0) = 1$。

故 $\mathrm{e}^x = 1 + x + \dfrac{x^2}{2!} + \dfrac{x^3}{3!} + \cdots + \dfrac{x^n}{n!} + \dfrac{\mathrm{e}^{\theta x}}{(n+1)!} x^{(n+1)}, \ 0 < \theta < 1$。

若忽略误差项，可得 e^x 的 n 次泰勒多项式的近似表达为 $\mathrm{e}^x \approx 1 + x + \dfrac{x^2}{2!} + \dfrac{x^3}{3!} + \cdots + \dfrac{x^n}{n!}$，产生的误

差：$\left| R_n(x) \right| = \left| \dfrac{\mathrm{e}^{\theta x}}{(n+1)!} x^{(n+1)} \right| < \dfrac{\mathrm{e}^{|x|}}{(n+1)!} |x|^{(n+1)}, \ 0 < \theta < 1$。

如果取 $x=1$，则得无理数 e 的近似式为 $e \approx 1+1+\dfrac{1}{2!}+\dfrac{1}{3!}+\cdots+\dfrac{1}{n!}$，

其误差 $|R_n| < \dfrac{e}{(n+1)!} < \dfrac{3}{(n+1)!}$。

当 $n=10$ 时，可算出 $e \approx 2.718282$，其误差不超过 10^{-6}。

【例 4.7】根据 e^x 的 n 次泰勒多项式展开式，用 Python 编程实现求无理数 e 的近似值。

【代码如下】

```
def f(n):
...     sum1=1
...     if n==0:
...         sum1=1
...     else:
...         m=n+1
...         for i in range(1,m):#因为range函数是左闭右开，所以用m来控制循环次数
...             sum2=1.0
...             k=i+1
...             for j in range(1,k):#因为range函数是左闭右开，所以用k来控制循环次数
...                 sum2=sum2*j
...             sum1=sum1+1.0/sum2
...     return sum1
```

分别将 $n=0$，1，2，3，10 代入自定义的函数 $f(n)$ 来验证函数的结果值。

【代码如下】

```
print (f(0)):输出结果 1
print (f(1)):输出结果 2.0
print (f(2)):输出结果 2.5
print (f(3)):输出结果 2.6666666666666665
print (f(10)):输出结果 2.7182818011463845
```

【结果说明】

当 $n=10$ 的时候，其误差不超过 10^{-6}，与前文数学分析结果一致。

【例 4.8】求函数 $f(x)=\sin x$ 的 n 阶麦克劳林展开式。

解： 因为 $f'(x)=\cos x$，$f''(x)=-\sin x$，$f'''(x)=-\cos x$，$f^4(x)=\sin x$，$\cdots$，$f^{(n)}(x)=\sin\left(x+n\cdot\dfrac{\pi}{2}\right)$，所以 $f(0)=0$，$f'(0)=1$，$f''(0)=0$，$f'''(0)=-1$，$f^4(x)=0$，它们顺序循环地取 4 个数 0、1、0、-1，令 $n=2m$。

于是有：$\sin x = x - \dfrac{x^3}{3!} + \dfrac{x^5}{5!} - \cdots + (-1)^{m-1}\dfrac{x^{2m-1}}{(2m-1)!} + R_{2m}(x)$

其中 $R_{2m}(x) = \dfrac{\sin\left[\theta x + (2m+1)\cdot\dfrac{\pi}{2}\right]}{(2m+1)!}x^{2m+1} = -1^m\dfrac{\cos\theta x}{(2m+1)!}x^{2m+1}, 0 < \theta < 1$。

4.5 拉格朗日乘子法

在求解最优化问题中，拉格朗日乘子法是常用的方法之一。

【例 4.9】 已知目标函数 $f(x,y) = x^2 + y^2$，在约束条件 $xy = 3$ 下，求 $f(x,y)$ 的最小值。

解： 这是一个典型的约束优化问题，在学习拉格朗日乘子法之前，解这个问题最简单的方法就是通过约束条件将其中的一个变量用另外一个变量进行替换，再代入目标函数就可以求出极值。

将 $y = \dfrac{3}{x}$ 代入 $f(x,y) = x^2 + y^2$，可得 $f(x) = x^2 + \dfrac{9}{x^2}$，求 $f(x)$ 的最小值。

将约束优化问题转变成了无约束求极值。根据前文求极值方法可知，当 $f'(x) = 0$ 时，即为极值点。推导可得，在点 $(\sqrt{3}, \sqrt{3})$ 和点 $(-\sqrt{3}, -\sqrt{3})$ 处，$f(x,y)$ 的最小值为 6。

再来讨论一个问题：已知目标函数为 $V(x,y,z) = xyz$，在约束条件 $2xy + 2xz + 2yz = S$ 下，求体积 V 的最大值（S 表示面积，为常量值）。这个问题就不能用简单的替换来求解了。

对例 4.9 继续分析，例 4.9 的题目可以这样表述：求双曲线 $xy = 3$ 上离原点最近的点。将 $x^2 + y^2 = c$ 的曲线族画出来，如图 4-14 所示，当曲线族中的圆与 $xy = 3$ 曲线相切时，切点到原点的距离最短。也就是说，$f(x,y) = c$ 的等高线和双曲线 $g(x,y)$ 相切时，可以得到上述优化问题的一个极值。那么，当 $f(x,y)$ 和 $g(x,y)$ 相切时，x,y 的值是多少呢？该如何求解呢？

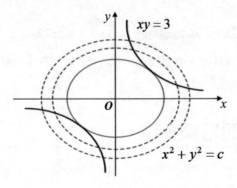

图 4-14　$x^2 + y^2 = c$ 的曲线族与双曲线 $xy = 3$ 的关系

在讨论梯度概念时，梯度与等高线的关系描述如下：函数 $z = f(x,y)$ 在点 (x_0, y_0) 的梯度方向与过点 (x_0, y_0) 的等高线 $f(x,y) = c$ 在这点的法线方向相同，且从数值较低的等高线指向数值较高等高线，而梯度的模等于函数在这个法线方向的方向导数。这个法线方向就是方向导数取得最大值的方向。如图 4-15 所示。

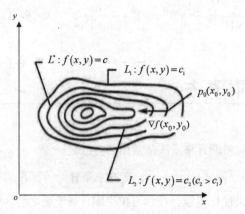

图 4-15 梯度与等高线的关系

根据梯度与等高线的关系描述，上面问题中 $f(x,y)$ 和 $g(x,y)$ 相切时，它们的切线相同，即法向量是相互平行的，因此，可以得到 $\nabla f(x,y) = -\lambda \cdot \nabla g(x,y)$。分别求偏导，可得 $\dfrac{\partial f}{\partial x} = -\lambda \dfrac{\partial g}{\partial x}$、$\dfrac{\partial f}{\partial y} = -\lambda \dfrac{\partial g}{\partial y}$，再加上约束条件 $xy = 3$，

可得方程组：

$$\begin{cases} \dfrac{\partial f}{\partial x} = -\lambda \dfrac{\partial g}{\partial x} \\ \dfrac{\partial f}{\partial y} = -\lambda \dfrac{\partial g}{\partial y} \\ xy = 3 \end{cases}$$

即：

$$\begin{cases} 2x = -\lambda y \\ 2y = -\lambda x \\ xy = 3 \end{cases}$$

求解结果：$x = \sqrt{3}$、$y = \sqrt{3}$、$\lambda = -2$ 或者 $x = -\sqrt{3}$、$y = -\sqrt{3}$、$\lambda = -2$。

通过上述例子引入拉格朗日乘子法的基本原理，即通过引入拉格朗日乘子(λ)将原来的约束优化问题转化为无约束的方程组问题。

4.6 求解拉格朗日乘子法

拉格朗日乘子法的求解过程大致分为如下步骤。

（1）原问题描述：求解函数 $z = f(x,y)$ 在条件 $\varphi(x,y) = 0$ 下极值。

（2）构造函数：$F(x,y,\lambda) = f(x,y) + \lambda \cdot \varphi(x,y)$，其中 λ 为拉格朗日乘子。

（3）构造函数求偏导列出方程组。

$$\begin{cases} \dfrac{\partial F}{\partial x} = 0 \\[2mm] \dfrac{\partial F}{\partial y} = 0 \\[2mm] \dfrac{\partial F}{\partial \lambda} = 0 \end{cases}$$

（4）求出 x, y, λ 的值，代入即可得目标函数的极值。

自变量多于两个的情况下，拉格朗日乘子法的求解过程同上面步骤。

（1）原问题描述：求解函数 $u = f(x, y, z, t)$ 在条件 $\varphi(x, y, z, t) = 0$，$\psi(x, y, z, t) = 0$ 下极值。

（2）构造函数：

$F(x, y, z, t, \lambda_1, \lambda_2) = f(x, y, z, t) + \lambda_1 \cdot \varphi(x, y, z, t) + \lambda_2 \cdot \psi(x, y, z, t)$，其中 λ_1、λ_2 为拉格朗日乘子。

（3）通过对构造函数求偏导为 0 列出方程组。

（4）求出方程组的解，代入即可得目标函数的极值。

【例 4.10】已知目标函数为 $V(x, y, z) = xyz$，在约束条件 $2xy + 2xz + 2yz = 12$ 下，求体积 V 的最大值。

解： 构造函数为 $F(x, y, z, \lambda) = xyz + \lambda \cdot (2xy + 2xz + 2yz - 12)$，

求偏导可得方程组 $\begin{cases} yz + \lambda \cdot (2y + 2z) = 0 \\ xz + \lambda \cdot (2x + 2z) = 0 \\ xy + \lambda \cdot (2x + 2y) = 0 \\ 2xy + 2xz + 2yz - 12 = 0 \end{cases}$，

解得 $x = y = z = \sqrt{2}$，$\lambda = -\dfrac{\sqrt{2}}{4}$，目标函数的最大值为 $2\sqrt{2}$。

【例 4.11】已知目标函数为 $u = x^3 y^2 z$，约束条件为 $x + y + z = 12$，求其最大值。

解： $F(x, y, z, \lambda) = x^3 y^2 z + \lambda \cdot (x + y + z - 12)$，

求偏导可得方程组 $\begin{cases} 3x^2 y^2 z + \lambda = 0 \\ 2x^3 yz + \lambda = 0 \\ x^3 y^2 + \lambda = 0 \\ x + y + z - 12 = 0 \end{cases}$，

解得唯一驻点 $(6, 4, 2)$，$u_{\max} = 6912$。

【例 4.12】在第一象限内做椭球面 $\dfrac{x^2}{a^2} + \dfrac{y^2}{b^2} + \dfrac{z^2}{c^2} = 1$ 的切平面，使切平面与 3 个坐标面所围成的四面体体积最小，求切点坐标。

解： 从题目很难看出目标函数是什么，因此首先要找出目标函数。

设 $p(x_0, y_0, z_0)$ 为椭球面上的一点，令 $F(x, y, z) = \dfrac{x^2}{a^2} + \dfrac{y^2}{b^2} + \dfrac{z^2}{c^2} - 1$

则 $F_x'\big|_p = \dfrac{2x_0}{a^2}$、$F_y'\big|_p = \dfrac{2y_0}{b^2}$、$F_z'\big|_p = \dfrac{2z_0}{c^2}$,

过 $p(x_0, y_0, z_0)$ 的切平面方程:

$$\frac{x_0}{a^2}(x-x_0) + \frac{y_0}{b^2}(y-y_0) + \frac{z_0}{c^2}(z-z_0) = 0$$

化简:

$$\frac{x \cdot x_0}{a^2} + \frac{y \cdot y_0}{b^2} + \frac{z \cdot z_0}{c^2} = 1$$

该切平面在 3 个坐标轴上的截距分别为 $x = \dfrac{a^2}{x_0}$、$y = \dfrac{b^2}{y_0}$、$z = \dfrac{c^2}{z_0}$。

因此得到目标函数为所求四面体的体积 $V = \dfrac{1}{6}xyz = \dfrac{a^2b^2c^2}{6x_0y_0z_0}$。

得到目标函数 $V = \dfrac{a^2b^2c^2}{6x_0y_0z_0}$,从题目可知,要求的切点 $x_0y_0z_0$ 是未知量,且满足约束条件

$\dfrac{x_0{}^2}{a^2} + \dfrac{y_0{}^2}{b^2} + \dfrac{z_0{}^2}{c^2} = 1$。

下面采用拉格朗日乘子法进行求解,求出 x_0、z_0、y_0 的值。

首先对目标函数两边取对数。

令 $u = \ln x_0 + \ln y_0 + \ln z_0$,构造函数为

$$L(x_0, y_0, z_0, \lambda) = \ln x_0 + \ln y_0 + \ln z_0 + \lambda\left(\frac{x_0{}^2}{a^2} + \frac{y_0{}^2}{b^2} + \frac{z_0{}^2}{c^2} - 1\right)$$

求偏导可得方程组 $\begin{cases} \dfrac{1}{x_0} + 2\lambda\dfrac{x_0}{a^2} = 0 \\[2mm] \dfrac{1}{y_0} + 2\lambda\dfrac{y_0}{b^2} = 0 \\[2mm] \dfrac{1}{z_0} + 2\lambda\dfrac{z_0}{c^2} = 0 \\[2mm] \dfrac{x_0{}^2}{a^2} + \dfrac{y_0{}^2}{b^2} + \dfrac{z_0{}^2}{c^2} = 1 \end{cases}$,

解得 $\begin{cases} x_0 = \dfrac{a}{\sqrt{3}} \\[2mm] y_0 = \dfrac{b}{\sqrt{3}} \\[2mm] z_0 = \dfrac{c}{\sqrt{3}} \end{cases}$。

当切点坐标为 $\begin{cases} x_0 = \dfrac{a}{\sqrt{3}} \\ y_0 = \dfrac{b}{\sqrt{3}} \\ z_0 = \dfrac{c}{\sqrt{3}} \end{cases}$ 时，四面体的体积最小，$V_{\min} = \dfrac{\sqrt{3}}{2} abc$。

4.7 综合实例——编程模拟实现 $\sin x$ 的 n 阶泰勒多项式并验证结果

【例 4.13】编程模拟实现 $\sin x$ 的 n 阶泰勒多项式并验证结果。假设 $m=20$，$n=39$，m 和 n 的含义参考例 4.8。

为了区别 Python 中系统函数 $\sin x$ 的名字，自定义的函数命名为 $f\sin(x)$。

【代码如下】

```
>>> def fsin(x):       # 自定义函数 fsin(x)
...     m=20
...     sum=0.0
...     for i in range(1,m+1):
...         n=2*i-1
...         temp1,temp2,temp3=1,1,1
...         for j in range(1,i):
...             temp1=-temp1
...         for j in range(1,n+1):
...             temp2=temp2*x
...             temp3=temp3*j
...         sum=sum+temp1*temp2/temp3
...     return sum
```

调用 NumPy 库中 sin 函数和自定义的 $f\sin(x)$，验证结果。

【代码如下】

```
>>> from numpy import *
>>> for x in range (-20,20):
...     print (sin(x))
...     print (fsin(x))
```

运行结果对比见表 4-1。由于 $\sin x$ 关于原点对称，所以表 4-1 只显示了 x 取值范围为 $[-20,1]$ 的结果。

表 4-1 调用 NumPy 库中 sin 函数和调用自定义的 fsin(x) 的运行结果表

x 的取值	调用 NumPy 库 $\sin x$	调用自定义 $f\sin(x)$	误差
-20	-0.912945	5364.41	非常大

续表

x 的取值	调用 NumPy 库 $\sin x$	调用自定义 $f\sin(x)$	误差
...	...	...	*存在误差*
-13	-0.420167	-0.420039	*存在 10^{-4} 级的误差*
-12	0.536573	0.536578	*存在 10^{-6} 级的误差*
-11	0.99999	0.99999	*精确度内一致*
...	...	...	*精确度内一致*
-1	-0.841471	-0.841471	*精确度内一致*
0	0	0	*精确度内一致*
1	0.841471	0.841471	*精确度内一致*

【结果说明】

从结果可以看出，x 在区间 $[-11,11]$ 内取值，39 阶泰勒展开式与 $\sin x$ 值在精确度内一致；而当 x 在区间 $[-20,-12]$、$[12,20]$ 内取值时，误差随着偏移原点距离的增大而快速增大。当 x 取值 -20 时，$\sin(-20)$ 为 -0.912945，39 阶泰勒展开式结果为 5364.41，误差非常大。当 n 为 199 阶时，x 在区间 $[-20,20]$ 内取值时，两个函数结果在精确度范围内完全一致。可以设想，将阶数 n 取无穷大时，两个函数结果将完全拟合，实现了一点一世界。

 ## 4.8 高手点拨

本章对泰勒公式强调的"一点一世界"是有条件的，那就是它的定义域必须是全体实数，且处处可导。

 ## 4.9 习题

求 $\lim\limits_{x \to 0}\left(\dfrac{\sin x - x\cos x}{\sin^3 x}\right)$。

2

第2篇

核心篇

本篇主要讲述了线性代数基础、特征值与矩阵分解、概率论基础、随机变量与概率估计等内容。

第 5 章

将研究对象形式化——线性代数基础

　　线性代数是代数学的一个分支，主要处理线性关系问题（简称线性问题）。线性代数中的概念是机器学习必备的基础知识，有助于理解不同机器学习算法背后的原理、算法内部是如何运行的，以便在开发机器学习系统时更好地作决策。在机器学习的背景下，线性代数也是一个数学工具，提供了像向量和矩阵这样的数据结构用于组织大量的数据，同时也提供了如加、减、乘、求逆等有助于同时操作数据的运算，从而将复杂的问题简单化，提升大规模运算的效率。本章将介绍一些机器学习中涉及的线性代数中的基础知识，包括向量、矩阵、行列式、线性方程等基本概念；常见的特殊矩阵，矩阵的加、减、乘法运算；向量与矩阵的乘法、向量的内积运算、逆矩阵和转置矩阵等概念，同时提供相应的 Python 实现代码。

本章主要涉及的知识点

- ◆ 向量、矩阵
- ◆ 矩阵和向量的创建
- ◆ 特殊的矩阵
- ◆ 矩阵基本操作
- ◆ 转置矩阵和逆矩阵
- ◆ 行列式
- ◆ 矩阵的秩
- ◆ 内积与正交

5.1　向量

　　向量是线性代数最基础、最根源的组成部分，也是机器学习的基础数据表示形式。机器学习中的投影、降维等概念，都是在向量的基础上实现的。线性代数通过将研究对象拓展到向量，对多维的数据进行统一研究，进而演化出一套计算的方法，使我们可以非常方便地研究和解决真实世界中的问题。

5.1.1 标量

　　标量也称为"无向量"，是用一个单独的数表示其数值的大小（可以有正负之分），可以是实数或复数，一般用小写的变量名称表示。例如，用 s 表示行走的距离，用 k 表示直线的斜率，用 n 表示数组中元素的数目，s、k、n 都可以看作标量。

5.1.2 向量

　　真实世界是多维度的，而且大多数的研究对象也具有非常多的维度，因此用一个数很难表达和处理真实世界中的问题，这就需要用一组数，也就是用向量来表达和处理高维空间中的问题。为表示一个整体，习惯上将这组数用方括号括起来。

　　定义 5.1　将 n 个有次序的数排成一行，称为 n 维行向量；将 n 个有次序的数排成一列，称为 n 维列向量。

　　如 $x = [3,4,5,6]$，$y = \begin{bmatrix} 3 \\ 4 \\ 5 \\ 6 \end{bmatrix}$，分别为四维行向量和四维列向量。习惯上，如果未加声明，向量一般指列向量，而且将列向量 y 表示为 $y = [3,4,5,6]^T$。向量 y 的第 i 个分量用 y_i 表示，如 y_2 表示向量 y 的第二个分量，其值为 4。

　　从几何意义上看，向量既有大小又有方向，将向量的分量看作坐标轴上的坐标，该向量可以被看作空间中的一个点。以坐标原点为起点，以向量代表的点为终点，可以形成一条有向线段。有向线段的长度表示向量的大小，箭头所指的方向表示向量的方向，可以将任意一个位置作为起始点进行自由移动，但一般将原点看作起始点。如图 5-1 所示，点（3,4）和点（4,3）分别对应向量 $[3,4]^T$ 和向量 $[4,3]^T$，显然向量是有序的，$[3,4]^T$ 和 $[4,3]^T$ 分别代表不同的向量。

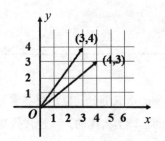

图 5-1 向量示例

通常情况下，向量常用作表示一组数，且这组数的含义由使用者定义。例如，对房屋进行建模时，可以从面积（平方米）、卧室数、卫生间数、客厅数、最近地铁站的距离（千米）和总价（万元）等 6 个角度刻画一个房屋，这 6 个角度对应的数可以组成一个六维行向量，如 [120,3,2,2,0.2,600]，该向量就可以被看作描述房屋特征的一组有序数。

5.1.3 向量的两个基本运算

1. 向量的加法

在一些机器学习的算法中，经常会用到向量的加法运算。

求两个向量和的运算叫作向量的加法。向量加法的值等于两个向量的对应分量之和。

以两个二维向量的加法为例，如：$r=[3,1]^T$ 和 $s=[2,3]^T$，则 $r+s=[3+2,1+3]^T=[5,4]^T$。

在二维平面内，可以将向量加法理解为求以这两个向量为边的平行四边形的对角线表示的向量。如图 5-2 所示，即从原点出发，先沿 x 轴方向移动 3 个单位，再沿 y 轴方向移动 1 个单位，得到 r 的位置，r 加上 s，可以理解为继续沿着 x 轴方向移动 2 个位置，再沿 y 轴方向移动 3 个位置，最终到达的位置（5,4）就是 $r+s$ 对应的向量 $[5,4]^T$。

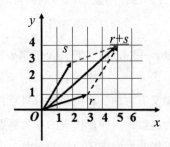

图 5-2 向量的加法

2. 向量的数乘

数乘向量是数量与向量的乘法运算。一个数 m 乘一个向量 r，结果是向量 mr。以一个二维向量的数乘为例，如：$m=3$，$r=[2,1]^T$，则 $mr=[3×2,3×1]^T=[6,3]^T$。

在二维平面内，$3r$ 即 3 个 r 相加，可以理解为从 r 位置出发，沿着 x 轴方向再移动 2×2 个单位，沿着 y 轴方向再移动 2×1 个单位，到达的位置 $(6,3)$ 即 $3r$ 对应的向量 $[6,3]^{\mathrm{T}}$，如图 5-3 所示。

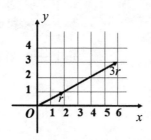

图 5-3 向量的数乘

5.1.4 向量与数据

在机器学习中，对一个对象或事件的描述称为样本，反映样本某方面的表现或性质的事项称为特征或属性，特征的取值称为特征值，由样本组成的集合称为数据集。在数据集中，样本用向量表示，向量的维度可以看作样本的特征数。如经典的鸢尾花数据集，用萼片长度、萼片宽度、花瓣长度和花瓣宽度 4 个特征刻画鸢尾花，4 个特征值组成一个样本，用四维行向量表示。如一个行向量 $[5.1,3.5,1.4,0.2]$ 表示一个鸢尾花样本，则有 5.1、3.5、1.4 和 0.2 共 4 个特征值。

 ## 5.2 矩阵

标量是一个数，向量是对标量的扩展，是一组数；矩阵是对向量的扩展，可看作一组向量。在图像处理、人工智能等领域，常用矩阵来表示和处理大量的数据。矩阵是线性代数中最有用的工具。

5.2.1 矩阵的定义

在上一节有关房屋建模的例子中，每个房屋的信息可以用一个向量表示，如 $[120,3,2,2,0.2,600]$，现要表示 4 个房屋的信息，就可以将每个房屋对应的向量排成如下的一个以行和列组成的数字列阵，这个数字列阵被称为矩阵。

$$A = \begin{bmatrix} 120 & 3 & 2 & 2 & 0.2 & 600 \\ 100 & 3 & 1 & 2 & 0.2 & 500 \\ 110 & 3 & 1 & 2 & 0.1 & 700 \\ 90 & 3 & 1 & 1 & 1 & 300 \end{bmatrix}$$，该矩阵由 4 行 6 列组成，就是 4×6 阶矩阵。

为了表示它是一个整体，需要加一对方括号。

定义 5.2 由 $m \times n$ 个数 $a_{ij}, i = 1, 2, \cdots m, j = 1, 2, \cdots, n$ 排成的 m 行 n 列的数表，称为 m 行 n 列矩阵，

简称 $m \times n$ 阶矩阵，记作：

$$A = \begin{bmatrix} a_{11} & a_{12} & \cdots & a_{1n} \\ a_{21} & a_{22} & \cdots & a_{2n} \\ \vdots & \vdots & a_{ij} & \vdots \\ a_{m1} & a_{m2} & \cdots & a_{mn} \end{bmatrix} \begin{array}{l} \longrightarrow 第 1 行 \\ \longrightarrow 第 2 行 \\ \\ \longrightarrow 第 m 行 \end{array}$$

第1列　第2列　　第n列

简记为 $A = A_{m \times n} = (a_{ij})_{m \times n} = (a_{ij})$。其中 a_{ij} 称为矩阵的元素，a_{ij} 的第 1 个下标 i 称为行标，表明该元素位于第 i 行；第 2 个下标 j 称为列标，表明该元素位于第 j 列。

将元素为实数的矩阵称为实矩阵，元素为复数的矩阵称为复矩阵。本书中除特殊指明外，一般只讨论实矩阵、实向量。

从数组的角度看，向量是一维数组，是标量的数组；矩阵是二维数组，是向量的数组。

给定一个矩阵，可以将其看作由行向量构成，也可以看作是由列向量组成。

例如： 矩阵 A：

$$A = \begin{bmatrix} 120 & 3 & 2 & 2 & 0.2 & 600 \\ 100 & 3 & 1 & 2 & 0.2 & 500 \\ 110 & 3 & 1 & 2 & 0.1 & 700 \\ 90 & 3 & 1 & 1 & 1 & 300 \end{bmatrix}$$

按行看，可以看作由 [120,3,2,2,0.2,600]、[100,3,1,2,0.2,500]、[110,3,1,2,0.1,700] 和 [90,3,1,1,1,300] 4 个六维行向量组成；按列看，则可以看作由

$$\begin{bmatrix} 120 \\ 100 \\ 110 \\ 90 \end{bmatrix}、\begin{bmatrix} 3 \\ 3 \\ 3 \\ 3 \end{bmatrix}、\begin{bmatrix} 2 \\ 1 \\ 1 \\ 1 \end{bmatrix}、\begin{bmatrix} 2 \\ 2 \\ 2 \\ 1 \end{bmatrix}、\begin{bmatrix} 0.2 \\ 0.2 \\ 0.1 \\ 1 \end{bmatrix}、\begin{bmatrix} 600 \\ 500 \\ 700 \\ 300 \end{bmatrix}$$ 6 个四维列向量组成。

向量可以看作一种特殊的矩阵，$n \times 1$ 阶矩阵可以称作一个 n 维列向量；$1 \times n$ 阶矩阵也称为一个 n 维行向量。

5.2.2 矩阵与数据

矩阵的外观就是长方形的数表，生活中一些长方形的数表也可以看作矩阵，矩阵在日常生活、科学计算及机器学习中应用广泛，下面列举几个常见的例子。

【**例 5.1**】生活中对象之间的关系常用表格表示。例如有 A、B、C、D 共 4 个城市，它们之间的通行关系如图 5-4 所示，习惯上用表 5-1 表示该图，行和列分别代表四个城市，用对号"√"表

示两个城市可以通行。计算机中可以用矩阵表示，行和列分别代表四个城市，使用 0、1 分别代表两个城市不可通行和可通行关系，表 5-1 对应的矩阵为 A。

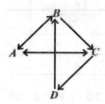

图 5-4 城市的通行关系

表 5-1 城市的通行关系表

通行关系	A	B	C	D
A		√	√	
B	√		√	
C	√			√
D		√		

$$A = \begin{bmatrix} 0 & 1 & 1 & 0 \\ 1 & 0 & 1 & 0 \\ 1 & 0 & 0 & 1 \\ 0 & 1 & 0 & 0 \end{bmatrix}$$

通过矩阵运算，可以判断两个城市间是否可达。

【例 5.2】编号为 1~4 的 4 个学生选修了 A、B、C、D、E 共 5 门课，每个学生每门课的成绩对应表 5-2，每行代表某学生 5 门课的成绩，每列代表某科目 4 个学生的成绩，该表格可以用矩阵 A 表示。

表 5-2 学生成绩对应表

编号	成绩				
	A	B	C	D	E
1	80	75	75	78	83
2	98	70	85	84	90
3	90	75	90	90	95
4	88	70	82	80	82

通过矩阵运算，可以求出每个学生或者每门课的平均分、最高分和最低分，以及每门课的分数分布情况等。

【例 5.3】在机器学习中，样本集合（也称为数据集）常用矩阵表示，每行数据称为一个样本（或一个数据对象），每列表达样本的一个特征（属性）或者标记，例如表 5-3 的鸢尾花数据集，每一行代表一个样本。前四列分别代表一个特征，最后一列是标记，表示所属类别。该数据集可以用矩阵 A 表示。

表 5-3 鸢尾花数据集

萼片长度	萼片宽度	花瓣长度	花瓣宽度	类别
5.1	3.5	1.4	0.2	Iris-setosa

续表

萼片长度	萼片宽度	花瓣长度	花瓣宽度	类别
4.9	3	1.4	0.2	Iris-setosa
4.7	3.2	1.3	0.2	Iris-setosa
4.6	3.1	1.5	0.2	Iris-setosa
5	3.6	1.4	0.2	Iris-setosa

$$A = \begin{bmatrix} 5.1 & 3.5 & 1.4 & 0.2 & \text{Iris} - \text{setosa} \\ 4.9 & 3 & 1.4 & 0.2 & \text{Iris} - \text{setosa} \\ 4.7 & 3.2 & 1.3 & 0.2 & \text{Iris} - \text{setosa} \\ 4.6 & 3.1 & 1.5 & 0.2 & \text{Iris} - \text{setosa} \\ 5 & 3.6 & 1.4 & 0.2 & \text{Iris} - \text{setosa} \end{bmatrix}$$

在机器学习中，常用矩阵 X 表示矩阵 A 的前四列，矩阵 Y 表示矩阵 A 的最后一列，获取 X 和 Y 后，将它们代入机器学习的相关算法中实现分类。

【例5.4】用矩阵表示线性系统。

描述参数、变量和常量之间线性关系的线性系统常用线性方程组表示，未知量均为一次项的方程组称为线性方程组。

例如： 设某个线性系统用如下的线性方程组表示。

$$\begin{cases} a_{11}x_1 + a_{12}x_2 + \cdots + a_{1n}x_n = b_1 \\ a_{21}x_1 + a_{22}x_2 + \cdots + a_{2n}x_n = b_2 \\ \vdots \\ a_{m1}x_1 + a_{m2}x_2 + \cdots + a_{mn}x_n = b_m \end{cases}$$

将该方程组左侧的系数用一个 $m \times n$ 阶矩阵 A 表示，每行代表一个方程，每列代表在不同方程中不同未知数的系数。方程组右侧的值用 $m \times 1$ 阶矩阵 B 表示，每行代表方程右侧的值，未知数 X 用 $n \times 1$ 阶矩阵表示。习惯上称 A 为系数矩阵，X 为未知数矩阵，B 为常数项矩阵。此线性方程组记为 $AX=B$，其中：

$$A = \begin{bmatrix} a_{11} & a_{12} & \cdots & a_{1n} \\ a_{21} & a_{22} & \cdots & a_{2n} \\ \vdots & \vdots & & \vdots \\ a_{m1} & a_{m2} & \cdots & a_{mn} \end{bmatrix}, \quad X = \begin{bmatrix} x_1 \\ x_2 \\ \vdots \\ x_n \end{bmatrix}, \quad B = \begin{bmatrix} b_1 \\ b_2 \\ \vdots \\ b_m \end{bmatrix},$$

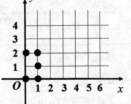

图 5-5 例 5.5 中点的坐标

记 $\begin{bmatrix} a_{11} & a_{12} & \cdots & a_{1n} & b_1 \\ a_{21} & a_{22} & \cdots & a_{2n} & b_2 \\ \vdots & \vdots & & \vdots & \vdots \\ a_{m1} & a_{m2} & \cdots & a_{mn} & b_m \end{bmatrix}$ 为增广矩阵。

利用矩阵运算，借助 Python 的 NumPy 库很容易求出 X 值。

【例5.5】在平面坐标系中，一个点的坐标用二维向量存放，如图 5-5 所示，若干点的坐标可

以用矩阵 A 存放。

$$A = \begin{bmatrix} 0 & 0 \\ 1 & 0 \\ 0 & 2 \\ 1 & 1 \\ 1 & 2 \end{bmatrix}$$ 代表平面坐标中的 5 个点。

【**例 5.6**】数字图像的数据可以用矩阵表示，如灰度图像的像素数据就是一个矩阵，矩阵的行对应图像的高（单位为像素），矩阵的列对应图像的宽（单位为像素），矩阵的元素对应图像的像素，矩阵元素的值就是像素的灰度值。如图 5-6 所示，数字图像部分的灰度值对应的矩阵为 A。

$$A = \begin{bmatrix}
158 & 158 & 162 & 158 & 158 & 152 & 158 & 158 & 162 & 158 \\
158 & 158 & 162 & 158 & 158 & 152 & 158 & 158 & 162 & 158 \\
158 & 158 & 162 & 158 & 158 & 152 & 158 & 158 & 162 & 158 \\
158 & 158 & 162 & 158 & 158 & 152 & 158 & 158 & 162 & 158 \\
158 & 158 & 162 & 158 & 158 & 152 & 158 & 158 & 162 & 158 \\
158 & 158 & 155 & 150 & 158 & 152 & 158 & 155 & 157 & 152 \\
158 & 158 & 160 & 152 & 158 & 157 & 152 & 152 & 155 & 158 \\
158 & 158 & 152 & 150 & 158 & 152 & 150 & 155 & 158 & 160 \\
152 & 152 & 150 & 155 & 152 & 158 & 155 & 155 & 158 & 150 \\
152 & 152 & 155 & 150 & 152 & 149 & 149 & 152 & 158 & 152
\end{bmatrix}$$

图 5-6 灰度图像

采用矩阵存储数字图像，符合二维图像的行列特性，也便于通过矩阵理论和矩阵算法对数字图像进行分析和处理。

5.3 矩阵和向量的创建

NumPy 库是 Python 的一种开源的数值计算扩展，提供很多高效的数值编程工具。它的数组计算，是矩阵操作必不可少的包。NumPy 库可用于存储和处理大型矩阵，比 Python 自身的嵌套列表结构要高效得多（该结构也可以表示矩阵）。

在 Python 中使用 NumPy 库，首先需要安装 NumPy 库，导入 NumPy 库之后，就可以使用 NumPy 库中的方法。

5.3.1 NumPy 库的安装

Windows 环境下，输入以下命令进行安装。

```
pip install numpy
```

5.3.2 NumPy 库的导入和使用

导入 NumPy 库的方式有以下 3 种，第 3 种方式最为常用。

```
（1）from numpy import *    #导入 numpy 的所有函数。
（2）import numpy         #这个方式使用 numpy 的函数时，需要以 numpy. 开头。
（3）import numpy as np   #这个方式使用 numpy 的函数时，需要以 np. 开头。
```

用第 3 种方法导入 NumPy 后，就可以使用 NumPy 库中的函数，如 shape、array、mat 等，调用方式都是 np.array()、np.mat()、np.shape()，不能写为 A.array()、A.mat()、A.shape() 等，其中 A 为变量。

 提示　本章例子采取第 3 种方式导入 NumPy 库，本章中的 NumPy 函数统一用 np. 函数名 () 表示。

5.3.3 矩阵的创建

NumPy 中常采用 matrix（矩阵）和 array（数组）表示矩阵，主要区别如下。

（1）matrix 是 array 的分支，matrix 和 array 基本上通用，但在大部分 Python 程序里，array 更为常用，因为 array 更灵活，速度更快。官方文档建议使用二维 array 代替矩阵进行矩阵运算。array 的优势在于不仅可以表示二维数组，还能表示三，四，五 ,…,n 维数组。

（2）NumPy 中 array 的类型是 numpy.ndarray，由相同类型的元素组成。下文内容中创建的二维 array，统称为矩阵。

1. 直接定义

根据给出的具体数据创建矩阵，将一切序列型的对象（包括其他数组）作为 np.array() 函数的传入数据，进而产生 NumPy 数组。以二维列表或元组作为参数创建的二维数组即矩阵。如果传递的是多层嵌套序列，将创建多维数组。

下面的代码将实现矩阵的直接创建。

【代码如下】

```
import numpy as np
A=[[1,2,3,4],[5,6,7,8],[9,10,11,12]]
arr1=np.array(A)  # 将列表转化为矩阵
print("A=",A)
```

```
print(" 通过列表 A 创建的矩阵 arr1\n",arr1)
B=((1,2,3,4),(5,6,7,8),(9,10,11,12))
arr2=np.array(B)   # 将元组转化为矩阵
print("B=",B)
print(" 通过元组 B 创建的矩阵 arr2\n",arr2)
```

【运行结果】

```
A= [[1, 2, 3, 4], [5, 6, 7, 8], [9, 10, 11, 12]]
通过列表 A 创建的矩阵 arr1
 [[ 1  2  3  4]
 [ 5  6  7  8]
 [ 9 10 11 12]]
B= ((1, 2, 3, 4), (5, 6, 7, 8), (9, 10, 11, 12))
通过元组 B 创建的矩阵 arr2
 [[ 1  2  3  4]
 [ 5  6  7  8]
 [ 9 10 11 12]]
```

【结果说明】

通过 np.array() 函数将列表 A 或元组 B 生成 3×4 阶的矩阵 arr1 和 arr2 是相同的。

> 提示
>
> NumPy 中生成的矩阵有两层方括号。
> （1）最外层的方括号表示矩阵。
> （2）内层有 3 对方括号，表示 3 行。
> （3）内层每对方括号内有 4 个元素，表示 4 列。
> （4）矩阵是按照行的顺序显示输出，这与 Python 中的 list 类型不同。
> （5）方括号的形式可以判断数组是否能够代表一个向量或者矩阵。
> （6）list 类型用 "," 分隔，数组用空格分隔。

矩阵的规模（大小）一般用行数和列数描述，可以通过矩阵的 shape 属性获得，数据的类型可以使用 type() 函数验证。

【代码如下】

```
#上例的 A、B 和 arr1
print("A 的类型：",type(A))
print("B 的类型：",type(B))
print("arr1 的类型：",type(arr1))
print("arr1 的大小：",arr1.shape)    #3行 4列
```

【运行结果】

```
A 的类型： <class 'list'>
B 的类型： <class 'tuple'>
arr1 的类型： <class 'numpy.ndarray'>
arr1 的大小： (3, 4)
```

【结果说明】

A、B 分别为列表和元组，它们与 arr1 的类型不同。arr1 为 3×4 阶的矩阵。

> 提示　可以使用 arr1.shape 或 np.shape(arr1) 获得 arr1 的规模，但是不可以使用 arr1.shape()。

2. 间接创建

（1）随机生成矩阵元素。

在机器学习中，常常会用随机数作为参数的数值，NumPy 中可以利用 np.random.random() 函数和 np.random.randint() 函数分别随机生成矩阵中指定范围的浮点数和整数。

函数 np.random.random((d0,d1,⋯,dn)) 生成值为 $[0,1)$ 区间的 n 维浮点数组。函数 np.random. random((d0,d1)) 创建 d0×d1 阶矩阵。

函数 np.random.randint(low, high=None, size=None, dtype='l')，返回随机整数，范围为 [low,high)。size 为数组维度，对于 d0×d1 阶矩阵，设 size=[d0,d1]。dtype 为数据类型，默认的数据类型是 np.int，没有 high 时，默认生成随机数的范围是 [0,low)。

【代码如下】

```
import numpy as np
arr1=np.random.random((2,3))    #默认范围为 0~1
print("创建的随机浮点数构成的 2×3 阶矩阵：\n",arr1)
arr2=np.random.randint(3,30,size=[2,3])
print("创建的 3 ~ 30( 不包括 30) 之间的随机整数构成的 2×3 阶矩阵：\n",arr2)
```

【运行结果】

```
创建的随机浮点数构成的 2×3 阶矩阵：
 [[0.33344063 0.7770483  0.93582597]
 [0.36170152 0.54058608 0.61480769]]
创建的 3 ~ 30( 不包括 30) 之间的随机整数构成的 2×3 阶矩阵：
 [[10 20 13]
 [23 15 25]]
```

（2）reshape() 函数通过改变矩阵的大小来创建新矩阵，其参数为一个正整数的元组，分别代表行数和列数。

【代码如下】

```
import numpy as np
A =[1,2,3,4,5,6]
B= np.array(A)              #一维数组，共 6 个元素
C1=B.reshape(2,3)          #创建 2 行 3 列矩阵
C2=B.reshape(3,2)          #创建 3 行 2 列矩阵
print("矩阵 B：\n",B)
print("转换为 2 行 3 列矩阵 C1：\n",C1)
print("转换为 3 行 2 列矩阵 C2：\n",C2)
```

【运行结果】

矩阵 B：

```
[1 2 3 4 5 6]
```
转换为 2 行 3 列矩阵 C1:
```
 [[1 2 3]
 [4 5 6]]
```
转换为 3 行 2 列矩阵 C2:
```
 [[1 2]
 [3 4]
 [5 6]]
```

> **提示**
>
> 　　使用 reshape() 函数改变矩阵大小时,新矩阵的元素个数要与原矩阵的元素个数相等。当一个参数为–1 时,reshape() 函数会根据另一个参数计算出–1 代表的具体值,如上例中 C1=B.reshape(2,3) 可用 C1=B.reshape(2,–1) 或 C1=B.reshape(–1,3) 代替。

3. 矩阵元素的存取操作

Python 中矩阵的下标是从 0 开始的,通过指定矩阵的下标,可实现存取对应的矩阵数据。对上例,获取 C1 和 C2 的部分元素。

【代码如下】

```
print("输出 C1 的第 0 行元素 C1[0]: ",C1[0])              #获取矩阵的某一行
print("输出 C1 的前 2 行元素 C1[0:2]: \n",C1[0:2])        #获取矩阵的前几行
print("输出 C2 的第 0 行和第 2 行元素 C2[[0,2]]: \n", C2[[0,2]]) #获取矩阵的某几行
print("输出 C2 的第 1 列元素 C2[:,1]: ", C2[:,1])         #获取矩阵的某一列
print("输出 C2 的前 2 列元素 C2[:,0:2]: \n", C2[:,0:2])    #获取矩阵的前几列
print("输出 C1 的第 0 列和第 2 列元素 C1[:,[0,2]]: \n", C1[:,[0,2]]) #获取矩阵的某几列
print("输出 C2 的第 2 行第 1 列元素 C2[2,1]: ", C2[2,1])   #获取矩阵的某个元素
```

【运行结果】

```
输出 C1 的第 0 行元素 C1[0]:  [1 2 3]
输出 C1 的前 2 行元素 C1[0:2]:
 [[1 2 3]
 [4 5 6]]
输出 C2 的第 0 行和第 2 行元素 C2[[0,2]]:
 [[1 2]
 [5 6]]
输出 C2 的第 1 列元素 C2[:,1]:  [2 4 6]
输出 C2 的前 2 列元素 C2[:,0:2]:
 [[1 2]
 [3 4]
 [5 6]]
输出 C1 的第 0 列和第 2 列元素 C1[:,[0,2]]:
 [[1 3]
 [4 6]]
输出 C2 的第 2 行第 1 列元素 C2[2,1]:  6
```

【结果说明】

可以用–1 表示矩阵的最后一行或最后一列。获取到的矩阵的某一行或某一列的数据,类型为

一维数组。

5.3.4 向量的创建

5.2 节中已指出行向量是形如 $[a_{11}, a_{12}, \cdots, a_{1n}]$ 的 $1 \times n$ 阶矩阵,列向量是形如 $\begin{bmatrix} a_{11} \\ a_{21} \\ \vdots \\ a_{n1} \end{bmatrix}$ 的 $n \times 1$ 阶矩阵,

可以采用创建矩阵的方式创建向量。

1. 直接创建

直接将数据以排列好的行列向量形式传递给 array() 函数。

【代码如下】

```
import numpy as np
A=[[1,2,3,4,5]]
B=[[1],[2],[3],[4],[5]]
C= np.array(A)              #创建行向量
D= np.array(B)              #创建列向量
print(" 行向量 C: \n",C)
print(" 列向量 D: \n",D)
print("A 的类型: %s, C 的类型: %s"%(type(A),type(C)))
print("B 的类型: %s, D 的类型: %s"%(type(B),type(D)))
print("C 的大小: %s, D 的大小: %s"%(C.shape,D.shape))
```

【运行结果】

```
行向量 C:
 [[1 2 3 4 5]]
列向量 D:
 [[1]
 [2]
 [3]
 [4]
 [5]]
A 的类型: <class 'list'>, C 的类型: <class 'numpy.ndarray'>
B 的类型: <class 'list'>, D 的类型: <class 'numpy.ndarray'>
C 的大小: (1, 5), D 的大小: (5, 1)
```

【结果说明】

带有双重括号的 **C** 为行向量,**D** 为列向量。

在 NumPy 中用 array() 函数生成的一维数组仅有一对方括号,而实际向量有两层方括号(属于二维数组)。若 A=[1,2,3,4,5],则生成的是一维数组。

【代码如下】

```
import numpy as np
```

```
A=[1,2,3,4,5]
C= np.array(A)
print("C=",C)
print("A 的类型: %s"%(type(A)))
print("C 的类型: %s, C 的大小: %s"%((type(C)),np.shape(C)))
```

【运行结果】

```
C= [1 2 3 4 5]
A 的类型: <class 'list'>
C 的类型: <class 'numpy.ndarray'>, C 的大小: (5,)
```

【结果说明】

输出的 C 只有一对 []，所以 C 为一维数组，而不是一个行向量或者列向量，C 的大小为 (5,) 也说明 C 为一维数组，当需要向量时可以通过 reshape() 函数改变矩阵的维度生成向量。

2. 随机生成向量元素

利用 np.random.random((1,n)) 函数或者 np.random.random((n,1)) 函数创建元素值为随机浮点数的 n 维行向量或 n 维列向量，利用 np.random.randint() 函数创建元素值为整数的行向量或列向量。

【代码如下】

```
import numpy as np
arr1=np.random.random((1,3))   #默认范围为 0~1
arr2=np.random.random((3,1))   #默认范围为 0~1
arr3=np.random.randint(3,30,size=[1,3])
arr4=np.random.randint(3,30,size=[3,1])
print(" 创建的三维行向量（由随机浮点数组成）: \n",arr1)
print(" 创建的三维列向量（由随机浮点数组成）: \n",arr2)
print(" 创建的三维行向量（由 3 ~ 30( 不包括 30) 的随机整数组成）: \n",arr3)
print(" 创建的三维列向量（由 3 ~ 30( 不包括 30) 的随机整数组成）: \n",arr4)
```

【运行结果】

```
创建的三维行向量（由随机浮点数组成）:
 [[0.52731759 0.994555 0.6079372 ]]
创建的三维列向量（由随机浮点数组成）:
 [[0.26565366]
 [0.20473382]
 [0.32570422]]
创建的三维行向量（由 3 ~ 30( 不包括 30) 的随机整数组成）:
 [[21 24 29]]
创建的三维列向量（由 3 ~ 30( 不包括 30) 的随机整数组成）:
 [[15]
 [9]
 [15]]
```

【结果说明】

行向量和列向量的维度通过 size 设置，要注意 size 的形式。

A=np.random.random(3) 生成含有 3 个随机浮点数的一维数组。

【代码如下】

```
import numpy as np
A=np.random.random(3)
print("A=",A)
print("A.shape=",A.shape)
```

【运行结果】

```
A= [0.23789073 0.77036738 0.06419518]
A.shape= (3,)
```

【结果说明】

A 是一维数组，而不是一个行向量或者列向量。在计算中如果生成这种数据形式，可能会给向量计算带来难以调试的 bug，因此可以通过 reshape() 函数生成向量。

3. 通过 reshape() 函数生成向量

首先以列表或元组给出向量的分量值，然后通过 np.array() 函数生成一维数组，再通过 reshape() 函数中的数组创建指定维度的行向量或列向量。

【代码如下】

```
import numpy as np
A =[1,2,3,4,5]
B= np.array(A)          #一维数组，共 5 个元素
C=B.reshape(1,5)        #转换成五维行向量
D=B.reshape(5,1)        #转换成五维列向量
print("一维数组 B: \n",B)
print("行向量 C: \n",C)
print("列向量 D: \n",D)
print("B 的维数: ",B.shape)
print("C 的维数: ",C.shape)
print("D 的维数: ",D.shape)
```

【运行结果】

```
一维数组 B:
 [1 2 3 4 5]
行向量 C:
 [[1 2 3 4 5]]
列向量 D:
 [[1]
 [2]
 [3]
 [4]
 [5]]
B 的维数:  (5,)
C 的维数:  (1, 5)
D 的维数:  (5, 1)
```

【结果说明】

带有两层方括号的 $C1$ 为行向量，$C2$ 为列向量，B 只有一对 []，所以 B 为一维数组，通过 shape 属性，也可以看出区别。

 通过 reshape$(1,-1)$ 或 reshape$(-1,1)$，NumPy 自动计算出列数或行数。可用 C=B. reshape$(1,-1)$ 或 D=B.reshape$(-1,1)$ 分别代替 C=B.reshape(1,5) 和 D=B.reshape(5,1)。

 ## 5.4 特殊的矩阵

元素值具有一定规律的矩阵称为特殊的矩阵。在机器学习中一些特殊类型的矩阵和向量有特别的用处。

1. 零矩阵

元素全为 0 的矩阵，称为零矩阵，记作 O。

如：$O = \begin{bmatrix} 0 & 0 & 0 & 0 \\ 0 & 0 & 0 & 0 \\ 0 & 0 & 0 & 0 \end{bmatrix}$ 表示 3×4 阶的零矩阵。

在 NumPy 中，通过 np.zeros() 函数创建零矩阵，只需传入一个表示形状的元组即可。

【代码如下】

```
import numpy as np
arr1=np.zeros(10)
arr2=np.zeros((3,4))
arr3=np.array([np.zeros(10)])
print("通过 zeros 函数创建的零数组 arr1：\n",arr1)
print("通过 zeros 函数创建的零矩阵 arr2：\n",arr2)
print("通过 zeros 函数创建的零向量 arr3：\n",arr3)
print("arr1 的形状 ",np.shape(arr1))
print("arr2 的形状 ",np.shape(arr2))
print("arr3 的形状 ",np.shape(arr3))
```

【运行结果】

```
通过 zeros 函数创建的零数组 arr1：
 [0. 0. 0. 0. 0. 0. 0. 0. 0. 0.]
通过 zeros 函数创建的零矩阵 arr2：
 [[0. 0. 0. 0.]
 [0. 0. 0. 0.]
 [0. 0. 0. 0.]]
通过 zeros 函数创建的零向量 arr3：
 [[0. 0. 0. 0. 0. 0. 0. 0. 0. 0.]]
```

```
arr1 的形状 (10,)
arr2 的形状 (3, 4)
arr3 的形状 (1, 10)
```

【结果说明】

arr3 生成的矩阵有两层方括号，为行向量；arr1 只有一层方括号，视其为数组。

2. 方阵

行列数相等且都为 n 的矩阵称为 n 阶方阵，记作 A_n。

如：$A_4 = \begin{bmatrix} 80 & 75 & 75 & 78 \\ 98 & 70 & 85 & 84 \\ 90 & 75 & 90 & 90 \\ 88 & 70 & 82 & 89 \end{bmatrix}$ 表示四阶方阵。

例如，创建一个三阶方阵，元素值为 1 ~ 16 的随机整数。

【代码如下】

```
import numpy as np
arr=np.random.randint(1,16,size=[3,3])
print("元素值为 1 ~ 16 随机整数的三阶方阵：\n",arr)
```

【运行结果】

```
元素值为 1 ~ 16 随机整数的三阶方阵：
 [[12 12 2]
 [ 1 13 6]
 [ 2 6 4]]
```

3. 单位矩阵

主对角线上全为 1，其他位置都为 0 的方阵称为单位矩阵，常记作 E 或者 I。形如：

$$E = \begin{bmatrix} 1 & 0 & \cdots & 0 \\ 0 & 1 & \cdots & 0 \\ \vdots & \vdots & & \vdots \\ 0 & 0 & \cdots & 1 \end{bmatrix}_{n \times n}$$

单位矩阵与矩阵的乘积满足：$A_{m \times n} \times E_{n \times n} = A_{m \times n}$，$E_{m \times m} \times A_{m \times n} = A_{m \times n}$。单位矩阵在矩阵的乘法中具有特殊作用，如同数乘法中的 1。

在 NumPy 中，可以通过 np.eye() 函数或者 np.identity() 函数创建单位矩阵。

【代码如下】

```
import numpy as np
E1= np.eye(3)
E2= np.identity(3)
print("通过 eye() 创建的三阶单位矩阵 E1：\n",E1)
print("通过 identity () 创建的三阶单位矩阵 E2：\n",E2)
```

【运行结果】

通过 eye() 创建的三阶单位矩阵 E1：
 [[1. 0. 0.]
 [0. 1. 0.]
 [0. 0. 1.]]
通过 identity () 创建的三阶单位矩阵 E2：
 [[1. 0. 0.]
 [0. 1. 0.]
 [0. 0. 1.]]

4. 对角矩阵

只在主对角线上含有非零元素，其他位置都为 0 的方阵称为对角矩阵，形如：

$$A = \begin{bmatrix} a_{11} & 0 & \cdots & 0 \\ 0 & a_{22} & \cdots & 0 \\ \vdots & \vdots & & \vdots \\ 0 & 0 & \cdots & a_{nn} \end{bmatrix}_{n \times n}$$

对角矩阵常用于矩阵分解。

（1）在 NumPy 中，可以通过 np.diag() 函数创建对角矩阵。

当以元组或列表的形式给出对角线元素，使用 np.diag() 函数可以创建以这几个元素为对角线的方阵。np.diag() 函数也可以作用于方阵，获得方阵的对角线元素。

【代码如下】

```
import numpy as np
a=[1,2,3]  # 对角线元素
arr1=np.diag(a)  # 创建对角矩阵
print(" 创建主对角线为 1,2,3 的对角矩阵 arr1: \n",arr1)
arr2=np.diag(arr1)
print(" 获取矩阵 arr1 的对角线元素: \n",arr2)
print("arr2 的类型 ",arr2.shape)
```

【运行结果】

创建主对角线为 1,2,3 的对角矩阵 arr1：
 [[1 0 0]
 [0 2 0]
 [0 0 3]]
获取矩阵 arr1 的对角线元素：
 [1 2 3]
arr2 的类型 (3,)

【结果说明】

arr2 的类型是一维数组。

（2）根据矩阵的对角线元素生成对角矩阵，只需要嵌套两个 diag() 函数即可。

【代码如下】

```
import numpy as np
A=[[1,2,3],[4,5,6],[7,8,9]]
C=np.array(A)
arr=np.diag(np.diag(C))
print(" 原始矩阵 C: \n",C)
print(" 根据 C 的对角线元素生成的对角矩阵: \n",arr)
```

【运行结果】

```
原始矩阵 C:
 [[1 2 3]
 [4 5 6]
 [7 8 9]]
根据 C 的对角线元素生成的对角矩阵:
 [[1 0 0]
 [0 5 0]
 [0 0 9]]
```

（3）当 np.diag() 函数作用于矩阵（不一定为方阵）时可以获得矩阵的对角线元素。

【代码如下】

```
import numpy as np
C=np.array([[1,2,3],[4,5,6]])
arr=np.diag(C)
print(" 获取矩阵 C 的对角线元素: \n",arr)
```

【运行结果】

```
获取矩阵 C 的对角线元素:
 [1 5]
```

5. 上三角矩阵

主对角线上非 0，主对角线下都是 0 的方阵称为上三角矩阵。形如：

$$A = \begin{bmatrix} a_{11} & a_{12} & \cdots & a_{1n} \\ 0 & a_{22} & \cdots & a_{2n} \\ \vdots & \vdots & & \vdots \\ 0 & 0 & \cdots & a_{nn} \end{bmatrix}_{n \times n}$$

6. 下三角矩阵

主对角线下非 0，主对角线上都是 0 的方阵称为下三角矩阵。形如：

$$A = \begin{bmatrix} a_{11} & 0 & \cdots & 0 \\ a_{21} & a_{22} & \cdots & 0 \\ \vdots & \vdots & & \vdots \\ a_{n1} & a_{n2} & \cdots & a_{nn} \end{bmatrix}_{n \times n}$$

通过 np.triu(matrix,k) 函数可以获取矩阵 matrix 的上半部分，$k=0$ 代表对角线存在于处理后的矩阵中，$k=1$ 代表处理后的矩阵不包括对角线元素。通过 np.tril(matrix,k) 函数可以获取矩阵 matrix 的下半部分，$k=0$ 代表对角线存在于处理后的矩阵中，$k=-1$ 代表处理后的矩阵不包括对角线元素。

【代码如下】

```
import numpy as np
A=np.array([[1,2,3,2],[4,5,6,3],[7,8,9,4],[3,5,6,8]])
upper_A=np.triu(A,0)
low_A=np.tril(A,0)
print("A 矩阵: \n",A)
print("A 的上三角矩阵: \n",upper_A)
print("A 的下三角矩阵: \n",low_A)
```

【运行结果】

```
A 矩阵:
 [[1 2 3 2]
 [4 5 6 3]
 [7 8 9 4]
 [3 5 6 8]]
A 的上三角矩阵:
 [[1 2 3 2]
 [0 5 6 3]
 [0 0 9 4]
 [0 0 0 8]]
A 的下三角矩阵:
 [[1 0 0 0]
 [4 5 0 0]
 [7 8 9 0]
 [3 5 6 8]]
```

7. 对称矩阵

满足 $a_{ij}=a_{ji}$ 的方阵称为对称矩阵，也就是元素关于主对角线对称。

矩阵 A 为四阶对称矩阵。

$$A = \begin{bmatrix} 2 & 0 & 1 & -6 \\ 0 & 3 & 8 & 4 \\ 1 & 8 & -1 & 7 \\ -6 & 4 & 7 & 5 \end{bmatrix}_{4\times4}$$

创建对称矩阵及对称矩阵的判定要用到矩阵转置，对应的实现方法见 5.6 节的矩阵转置部分。

8. 同型矩阵

行列数相同的两个矩阵称为同型矩阵，如下面的矩阵 A 和矩阵 B 为同型矩阵。

$$A = \begin{bmatrix} 1 & -6 \\ 8 & 4 \\ -1 & 7 \\ 7 & 5 \end{bmatrix}_{4\times2} \qquad B = \begin{bmatrix} 2 & 0 \\ 0 & 3 \\ 1 & 8 \\ -6 & 4 \end{bmatrix}_{4\times2}$$

通过比较矩阵 A 和矩阵 B 的 shape 值是否相同，可判断 A 和 B 是否同型。

【代码如下】

```
import numpy as np
A=[3,4]
B=[4,3]
arr1=np.random.randint(3,9,size=A)        #arr1 为 3×4 阶矩阵
arr2=np.random.randint(10,30,size=A)    #arr2 为 3×4 阶矩阵
arr3=np.random.randint(50,100,size=B)   #arr3 为 4×3 阶矩阵
print("arr1=\n",arr1)
print("arr2=\n",arr2)
print("arr3=\n",arr3)
print("arr1 与 arr2 是否同型: ",np.shape(arr1)==np.shape(arr2))
print("arr1 与 arr3 是否同型: ",np.shape(arr1)==np.shape(arr3))
```

【运行结果】

```
arr1=
 [[8 7 5 4]
 [8 5 8 7]
 [5 3 5 4]]
arr2=
 [[24 21 12 13]
 [12 18 16 22]
 [12 10 19 26]]
arr3=
 [[63 74 86]
 [82 65 86]
 [60 98 81]
 [70 95 88]]
arr1 与 arr2 是否同型: True
arr1 与 arr3 是否同型: False
```

【结果说明】

True 代表同型，False 代表不同型。

9. 矩阵相等

若 A 与 B 为同型矩阵且对应位置的各个元素相同，则称矩阵 A 和 B 相等。

在 NumPy 中，可以根据 np.allclose() 函数检验矩阵是否相等，返回值为 True 代表两个矩阵相等，False 代表两个矩阵不等。

【代码如下】

```
import numpy as np
A = np.array([[1, 1, 1], [1,2,4], [1, 3, 9]])
B = np.array([2, 3, 5])
C= np.array([[1, 1, 1], [1,2,4], [1, 3, 9]])
# 利用 allclose() 检验矩阵是否相等，True 代表相等，False 代表不等
```

```
print("A 和 B 是否相等: ",np.allclose(A, B))
print("A 和 C 是否相等: ",np.allclose(A, C))
```

【运行结果】

```
A 和 B 是否相等:  False
A 和 C 是否相等:  True
```

矩阵基本操作

当将数据用矩阵表示后，可以实现矩阵之间的相互运算。矩阵常见的操作有加减法运算、数乘、乘法、乘方等运算，但是没有除法运算。这些运算都有严格的定义，在机器学习中会经常用到。

5.5.1 矩阵的加减法运算

设 A 和 B 是两个 $m \times n$ 的同型矩阵，$A=(a_{ij})$，$B=(b_{ij})$。只有同型矩阵才可以作加减法运算。

$$A \pm B = \begin{bmatrix} a_{11} \pm b_{11} & a_{12} \pm b_{12} & \cdots & a_{1n} \pm b_{1n} \\ a_{21} \pm b_{21} & a_{22} \pm b_{22} & \cdots & a_{2n} \pm b_{2n} \\ \vdots & \vdots & \ddots & \vdots \\ a_{m1} \pm b_{m1} & a_{m2} \pm b_{m2} & \cdots & a_{mn} \pm b_{mn} \end{bmatrix}_{m \times n}$$

在 NumPy 中，矩阵的加减法对 matrix 类型和 array 类型是通用的。

【代码如下】

```
import numpy as np
A=[[1,2,3],[3,2,1]]
B=[[6,8,12],[10,5,12]]
C=np.array(A)
D=np.array(B)
print("C+D=\n",C+D)
print("C-D=\n",C-D)
```

【运行结果】

```
C+D=
 [[7 10 15]
 [13 7 13]]
C-D=
 [[-5  -6  -9]
 [-7  -3 -11]]
```

5.5.2 矩阵的数乘运算

设数 λ 与矩阵 A 的乘积记作 λA 或 $A\lambda$。规定：

$$\lambda A = A\lambda = \begin{bmatrix} \lambda a_{11} & \lambda a_{12} & \cdots & \lambda a_{1n} \\ \lambda a_{21} & \lambda a_{22} & \cdots & \lambda a_{2n} \\ \vdots & \vdots & & \vdots \\ \lambda a_{m1} & \lambda a_{m2} & \cdots & \lambda a_{mn} \end{bmatrix}_{m \times n}$$

在 NumPy 中，矩阵的数乘对 matrix 类型和 array 类型是通用的。

【代码如下】

```
import numpy as np
A=[[1,2,3],[4,5,6]]
C=np.array(A)
print("矩阵的数乘 2C=\n",2*C)
```

【运行结果】

```
矩阵的数乘 2C=
 [[2  4  6]
 [8 10 12]]
```

5.5.3 矩阵的乘法

设矩阵 $A_{m \times p}$ 和 $B_{p \times n}$，称 $m \times n$ 阶的矩阵 C 为矩阵 A 与 B 的乘积，记作 $C_{m \times n} = A_{m \times p} \times B_{p \times n}$，简写为 $C = AB$，运算公式如下。

$$C_{ij} = \sum_{k=1}^{p} a_{ik} b_{kj} = a_{i1} b_{1j} + a_{i2} b_{2j} + \cdots + a_{ip} b_{pj}$$

结果矩阵 C 的第 i 行与第 j 列交叉位置的值，等于矩阵 A 第 i 行与矩阵 B 第 j 列对应位置的每个值的乘积之和。如：

$$\begin{bmatrix} 1 & 2 & 3 \\ 4 & 5 & 6 \end{bmatrix} \begin{bmatrix} 1 & 2 \\ 3 & 4 \\ 5 & 6 \end{bmatrix} = \begin{bmatrix} 1 \times 1 + 2 \times 3 + 3 \times 5 & 1 \times 2 + 2 \times 4 + 3 \times 6 \\ 4 \times 1 + 5 \times 3 + 6 \times 5 & 4 \times 2 + 5 \times 4 + 6 \times 6 \end{bmatrix} = \begin{bmatrix} 22 & 28 \\ 49 & 64 \end{bmatrix}$$

注意，第一个矩阵的列数和第二个矩阵的行数相同时，两个矩阵才可以进行乘法运算。

结果矩阵的行数与第 1 个矩阵的行数相同，结果矩阵的列数与第 2 个矩阵的列数相同。

（1）**性质 5.1** 矩阵的乘法运算具有以下性质。

① 乘法不满足交换律，$AB \neq BA$。

② $(AB)C = A(BC)$。

③ $A(B+C) = AB + AC$。

④ $(B+C)A = BA + CA$。

⑤ $\lambda AB = (\lambda A)B = A(\lambda B)$。

在 NumPy 中，对于 array 类型和 matix 类型，实现矩阵乘法的方法不同。

对于 array 类型，可以通过 np.dot() 函数或 np.matmul() 函数实现矩阵的乘积，对于一维数组，可实现两个数组对应元素的乘积之和。

【代码如下】

```python
import numpy as np
# 矩阵乘法：
A = np.array([[1, 2, 3], [4, 5, 6]])
B = np.array([[1, 2], [3, 4], [5, 6]])
C= np.dot(A, B)
# 或者 C = A.dot(B)
print(" 矩阵的乘法: \n",C )
# 一维数组乘法
one_vec1 = np.array([1, 2, 3])
one_vec2= np.array([4, 5, 6])
one_multi_result = np.dot(one_vec1, one_vec2)
print(" 一维数组的乘法: \n",one_multi_result)
```

【运行结果】

```
矩阵的乘法:
 [[22 28]
 [49 64]]
一维数组的乘法:
 32
```

【结果说明】

A.dot(B) 与 np.dot(A,B) 计算的值相同。

dot 运算可以对一维数组使用，但是不能对向量直接相乘，如 [[1,2,3]].dot([[4,5,6]]) 会报错。

（2）在 NumPy 中对于 array 类型可以采用两种方法实现两个同型矩阵中对应元素的相乘，一个是使用 np.multiply() 函数，另外一个是使用 *。

【代码如下】

```python
import numpy as np
#A.B 为同型矩阵
A = np.array([[1, 2, 3], [4, 5, 6]])
B = np.array([[7, 8, 9], [4, 7, 1]])
# 方法 1，使用 * 实现对应元素的乘积
C1 = A * B
print(" 方法 1，使用 * 实现对应元素的乘积: \n",C1)
# 方法 2，使用 np.multiply() 函数实现对应元素的乘积
C2 = np.multiply(A,B)
print(" 方法 2，使用 np.multiply() 函数实现对应元素的乘积 :\n",C2)
```

【运行结果】

```
方法 1，使用 * 实现对应元素的乘积:
 [[7 16 27]
 [16 35  6]]
方法 2，使用 np.multiply() 函数实现对应元素的乘积:
 [[7 16 27]
 [16 35  6]]
```

（3）对 matix 类型，可使用 np.dot() 函数或 * 做矩阵的乘法，使用 np.multiply() 函数实现同型矩阵对应元素的乘积。

【代码如下】

```
import numpy as np
# 矩阵乘法：
A = np.mat([[1, 2, 3], [4, 5, 6]])
B = np.mat([[1, 2], [3, 4], [5, 6]])
C= np.mat([[3, 2, 3], [5, 4, 6]])
# 方法 1，使用 np.dot() 函数实现矩阵相乘
D1= np.dot(A, B)
# 方法 2，使用 * 实现矩阵相乘
D2 = A*B
E= np.multiply(A,C)
print(" 方法 1，用 np.dot() 函数实现矩阵乘法： \n",D1)
print(" 方法 2，用 * 实现矩阵乘法： \n",D2)
print(" 用 np.multiply() 函数实现矩阵 A 和 C 对应元素的乘积： \n",E)
```

【运行结果】

```
方法 1，用 np.dot() 函数实现矩阵乘法：
 [[22 28]
 [49 64]]
方法 2，用 * 实现矩阵乘法：
 [[22 28]
 [49 64]]
用 np.multiply() 函数实现矩阵 A 和 C 对应元素的乘积：
 [[3  4  9]
 [20 20 36]]
```

5.5.4 矩阵和向量的乘法

矩阵和向量的乘法是机器学习中最重要的操作之一。

（1）设矩阵 $A_{m \times n}$ 和 n 维列向量 X 相乘，可以按照矩阵和矩阵的乘法进行运算，结果为 m 维列向量，即 $m \times 1$ 阶矩阵。

$A \times X = Y$，可以理解为向量 X 和向量 Y 的一种映射关系，矩阵 A 是描述这种关系的参数，可看作线性变换。

【代码如下】

```
import numpy as np
# 矩阵与向量的乘法：
two_matrix = np.array([[1, 2, 3], [4, 5, 6]])
vector = np.array([[7],[8],[9]])
result = np.dot(two_matrix, vector)
print(" 矩阵与列向量的乘法： \n",result)
```

【运行结果】

矩阵与列向量的乘法：

```
[[50]
 [122]]
```

因为习惯上用 $A \times X$ 表示矩阵与向量的乘法运算，所以向量常用列向量表示。

（2）设 m 维行向量 X 和矩阵 $A_{m \times n}$ 相乘，结果为 n 维向量，即 $1 \times n$ 阶矩阵。

【代码如下】

```
import numpy as np
# 矩阵与向量的乘法：
vector = np.array([[7,8]])
two_matrix = np.array([[1, 2, 3], [4, 5, 6]])
result = np.dot(vector,two_matrix)
print("行向量与矩阵的乘法：\n",result)
```

【运行结果】

```
行向量与矩阵的乘法：
 [[39 54 69]]
```

5.5.5 矩阵的乘方

只有方阵才能进行乘方运算，$A^1 = A$，$A^2 = AA$，$A^{k+1} = A^k A = AA^k$，k 为正整数，A^k 就是 k 个 A 相乘。

对 array 类型，矩阵的乘方需要通过多次 dot 运算得到。对 matrix 类型，可以通过 $**n$ 得到，但要求必须是方阵；对 array 类型，$**n$ 是每个元素的 n 次方，不要求是方阵。

【代码如下】

```
import numpy as np
# 矩阵的乘方：
A=[[1, 2, 3], [4, 5, 6],[7,8,9]]
A_array= np.array(A)
A_matrix= np.mat(A)
B=A_array.dot(A_array).dot(A_array)
C=A_matrix**3
D=A_array**3
print("array 的三次方：\n",B)
print("matrix 的三次方：\n",C)
print("array 元素的三次方：\n",D)
```

【运行结果】

```
array 的三次方：
 [[468  576  684]
 [1062 1305 1548]
 [1656 2034 2412]]
matrix 的三次方：
 [[468  576  684]
 [1062 1305 1548]
```

[1656 2034 2412]]
array 元素的三次方:
[[1 8 27]
[64 125 216]
[343 512 729]]

【结果说明】

$$B = C = \begin{bmatrix} 1 & 2 & 3 \\ 4 & 5 & 6 \\ 7 & 8 & 9 \end{bmatrix}^3 = \begin{bmatrix} 468 & 576 & 684 \\ 1062 & 1305 & 1548 \\ 1656 & 2034 & 2412 \end{bmatrix}, \ D = \begin{bmatrix} 1^3 & 2^3 & 3^3 \\ 4^3 & 5^3 & 6^3 \\ 7^3 & 8^3 & 9^3 \end{bmatrix} = \begin{bmatrix} 1 & 8 & 27 \\ 64 & 125 & 216 \\ 343 & 512 & 729 \end{bmatrix}$$

当 n 比较大时，可以借助第 6 章的特征值分解求 A^n。

5.6 转置矩阵和逆矩阵

在机器学习中，转置矩阵和逆矩阵是常用到的两个操作。

5.6.1 转置矩阵

矩阵 A 的行和列互相交换所产生的矩阵称为 A 的转置矩阵，记为 A^T，该运算称为矩阵的转置运算，其实质就是将矩阵的行变为列，列变为行。

例如： $A = \begin{bmatrix} 2 & 6 & 10 \\ 1 & -2 & 9 \end{bmatrix}$, $A^T = \begin{bmatrix} 2 & 1 \\ 6 & -2 \\ 10 & 9 \end{bmatrix}$。

（1）在 NumPy 中，可以使用 np.transpose() 函数和 T 属性实现转置运算，结果相同。

【代码如下】

```
import numpy as np
A = [[2,6,10], [1,-2,9]]
B = np.array(A)
print(" 采用 np.transpose() 函数求 B 的转置矩阵: \n",np.transpose(B))
print(" 采用 T 属性求 B 的转置矩阵: \n",B.T)
```

【运行结果】

采用 np.transpose() 函数求 B 的转置矩阵:
[[2 1]
[6 -2]
[10 9]]
采用 T 属性求 B 的转置矩阵:
[[2 1]
[6 -2]
[10 9]]

注意： 不能直接对 list 类型的 A 使用 T 属性。

（2）**性质 5.2** 矩阵的转置运算具有如下性质。

① $(A^T)^T=A$。

② $(A+B)^T=A^T+B^T$。

③ $(\lambda A)^T=\lambda A^T$。

④ $(AB)^T=B^T A^T$。

⑤ $(A_1 A_2 \cdots A_n)^T=A_n{}^T \cdots A_2{}^T A_1{}^T$。

下面举例验证转置的性质，如 $(AB)^T=B^T A^T$ 的验证。

【代码如下】

```
import numpy as np
A=[[1,2,3],[4,5,6]]
B=[[7,8],[9,10],[11,12]]
C=np.array(A)
D=np.array(B)
print("矩阵相乘后的转置结果 :\n",(C.dot(D)).T)
print("矩阵转置后相乘的结果 :\n",D.T.dot(C.T))
```

【运行结果】

```
矩阵相乘后的转置结果 :
 [[58 139]
 [64 154]]
矩阵转置后相乘的结果 :
 [[58 139]
 [64 154]]
```

（3）利用矩阵的转置，可以创建对称矩阵。

例如： 随机产生一个元素值为 1~16 的三阶方阵，根据其上三角矩阵，创建一个对称矩阵，步骤如下。

① 利用 randint() 函数创建一个随机整数型的方阵。

② 获得上三角矩阵。

③ 求出对称矩阵。

【代码如下】

```
# 创建一个对称矩阵，数据随机产生
import numpy as np
# 创建一个方阵
arr1=np.random.randint(1,16,size=[3,3])
# 保留其上三角部分
arr2=np.triu(arr1)
# 生成对称矩阵
arr2 += arr2.T - np.diag(np.diag(arr2))# 将上三角"拷贝"到下三角部分
print("创建的方阵 arr1: \n",arr1)
print("生成的对称矩阵 arr2: \n",arr2)
```

【运行结果】

```
创建的方阵 arr1:
 [[4 1 9]
 [11 3 12]
 [5 15 9]]
生成的对称矩阵 arr2:
 [[4 1 9]
 [1 3 12]
 [9 12 9]]
```

> **提示** 　　上三角矩阵和下三角矩阵相加时，主对角线上的元素会相加两次，所以要减去一次对角线上的元素。

（4）通过验证 $A=A^T$，判断 A 是否为对称矩阵。

【代码如下】

```
import numpy as np
arr1=np.array([[1,2],[3,4]])
arr2=np.array([[1,2,3],[2,4,5],[3,5,6]])
print("arr1 是否为对称矩阵: \n",np.allclose(arr1,arr1.T))
print("arr2 是否为对称矩阵: \n",np.allclose(arr2,arr2.T))
```

【运行结果】

```
arr1 是否为对称矩阵:
 False
arr2 是否为对称矩阵:
 True
```

【结果说明】

True 代表 A 为对称矩阵，False 代表 A 非对称矩阵。

（5）利用矩阵的转置，可以用行向量生成列向量。

【代码如下】

```
import numpy as np
A=[[1,2,3,4,5]]
B =np.array(A)
C=B.T
print(" 行向量 B=\n",B)
print(" 列向量 C=\n",C)
```

【运行结果】

```
行向量 B=
 [[1 2 3 4 5]]
列向量 C=
 [[1]
 [2]
 [3]
 [4]
```

```
 [5]]
```

【结果说明】

用矩阵转置可以将行向量转换为列向量，同理也可以实现列向量到行向量的转换。要注意的是，行向量初始化时的设置是 A=[[1, 2, 3, 4, 5]]，如果写为 A=[1, 2, 3, 4, 5]，转置后还是原一维数组。

【代码如下】

```
import numpy as np
A=[1,2,3,4,5]
B =np.array(A)
C=B.T
print("B=\n",B)
print("C=\n",C)
```

【运行结果】

```
B=
 [1 2 3 4 5]
C=
 [1 2 3 4 5]
```

5.6.2 逆矩阵

逆矩阵类似于数学中实数的倒数，如果 $b \times a = a \times b = 1$，则 b 是 a 的倒数，可以记为 $b = \dfrac{1}{a} = a^{-1}$。利用倒数，实数的除法运算可以转化为乘法运算，如 $a \div b = a \times \dfrac{1}{b} = a \times b^{-1}$。矩阵没有除法运算，可以借助逆矩阵，间接实现矩阵的除法。

定义 5.3 对于 n 阶方阵，若存在 n 阶方阵 B，使得：$AB=BA=E$（单位矩阵），记作：$B=A^{-1}$，$A=B^{-1}$。若 A 可逆，则其逆矩阵唯一。

例如： 因为 $\begin{bmatrix} 1 & 2 \\ 2 & 5 \end{bmatrix}\begin{bmatrix} 5 & -2 \\ -2 & 1 \end{bmatrix}=\begin{bmatrix} 1 & 0 \\ 0 & 1 \end{bmatrix}$，且 $\begin{bmatrix} 5 & -2 \\ -2 & 1 \end{bmatrix}\begin{bmatrix} 1 & 2 \\ 2 & 5 \end{bmatrix}=\begin{bmatrix} 1 & 0 \\ 0 & 1 \end{bmatrix}$，所以上述两个矩阵互为逆矩阵。

不是所有的方阵都有逆矩阵，没有逆矩阵的方阵称为奇异矩阵或不可逆矩阵，有逆矩阵的方阵称为非奇异矩阵或可逆矩阵。注意可逆性质只能用于方阵。

逆矩阵在计算推导中非常有用，逆运算也是解线性方程组的一种方法。

性质 5.3 逆运算具有如下的性质。

① $\left(A^{-1}\right)^{-1} = A$。

② $\left(A^{\mathrm{T}}\right)^{-1} = \left(A^{-1}\right)^{\mathrm{T}}$。

③ $\left(\lambda A\right)^{-1} = \dfrac{1}{\lambda} A^{-1},\ \lambda \neq 0$。

④ $\left(AB\right)^{-1} = B^{-1}A^{-1}$。

在 NumPy 中，matix 类型可以使用 np.linalg.inv() 函数或 I 属性求方阵 **A** 的逆矩阵，而 array 类型只能通过 np.linalg.inv() 函数求逆矩阵，可以将 array 类型转换为 matix 类型，使用 I 属性。

【例 5.7】先求出可逆矩阵的逆矩阵，然后将原矩阵与求出的逆矩阵相乘，并验证其结果是否为单位矩阵。

【代码如下】

```
import numpy as np
A =[[1,2], [2,5]]
C1=np.array(A)                          # 与 C1= np.mat(A) 结果一样
C2=np. mat(A)
C1_inverse = np.linalg.inv(C1)          # 求 C1 的逆矩阵，不能使用 I 方法
C2_inverse = C2.I                       # 求 C2 的逆矩阵
print(" 通过 inv() 求出 C1 的逆矩阵: \n",C1_inverse)
print(" 通过 I 属性求出 C2 的逆矩阵: \n",C2_inverse)
print("C1 与 C1 的逆相乘的结果: \n",np.dot(C1, C1_inverse))
```

【运行结果】

```
通过 inv() 求出 C1 的逆矩阵:
 [[5. -2.]
 [-2. 1.]]
通过 I 属性求出 C2 的逆矩阵:
 [[5. -2.]
 [-2. 1.]]
C1 与 C1 的逆相乘的结果:
 [[1. 0.]
 [0. 1.]]
```

【结果说明】

结果显示，矩阵与其逆矩阵的乘积为单位矩阵。

【例 5.8】验证有的方阵没有逆矩阵。

【代码如下】

```
import numpy as np
A =[[1,-4,0,2],[-1,2,-1,-1],[1,-2,3,5],[2,-6,1,3]]
B=np.array(A)
B_inverse = np.linalg.inv(B)        # 求 B 的逆矩阵
print("B 的逆矩阵: \n",B_inverse)
```

【运行结果】

部分运行结果截图。

```
D:\Program Files (x86)\ProgramData\Anaconda3\lib\site-packages\numpy\linalg\linalg.p
y in _raise_linalgerror_singular(err, flag)
     95
     96 def _raise_linalgerror_singular(err, flag):
---> 97     raise LinAlgError("Singular matrix")
     98
     99 def _raise_linalgerror_nonposdef(err, flag):

LinAlgError: Singular matrix
```

【结果说明】

报错信息显示，方阵 $\begin{bmatrix} 1 & -4 & 0 & 2 \\ -1 & 2 & -1 & -1 \\ 1 & -2 & 3 & 5 \\ 2 & -6 & 1 & 3 \end{bmatrix}$ 是 Singular matrix（奇异矩阵），因此该矩阵无逆矩阵。

5.7 行列式

在线性代数中，行列式是基本的数学工具，有着重要的应用。行列式是一个算式，经过计算后就是数。行列式主要用于判断矩阵是否可逆及计算特征方程。

5.7.1 行列式引例

行列式起源于线性方程组的求解，如二元线性方程组：

$$\begin{cases} a_{11}x_1 + a_{12}x_2 = b_1 \\ a_{21}x_1 + a_{22}x_2 = b_2 \end{cases}$$

通过消元法，变换得到：$\begin{cases} (a_{11}a_{22} - a_{12}a_{21})x_1 = b_1a_{22} - b_2a_{12} \\ (a_{11}a_{22} - a_{12}a_{21})x_2 = b_2a_{11} - b_1a_{21} \end{cases}$。

当 $a_{11}a_{22} - a_{12}a_{21} \neq 0$ 时方程有唯一解：

$$x_1 = \frac{b_1a_{22} - b_2a_{12}}{a_{11}a_{22} - a_{12}a_{21}}, \quad x_2 = \frac{b_2a_{11} - b_1a_{21}}{a_{11}a_{22} - a_{12}a_{21}}$$

由此，观察出规律，在方程组解的表达式中，分母是由方程组的 4 个系数确定，提取 4 个系数并按它们在方程组中的位置，排列为二行二列的数表（横排称为行，竖排称为列）。

$\begin{array}{cc} a_{11} & a_{12} \\ a_{21} & a_{22} \end{array}$，其值 $a_{11}a_{22} - a_{12}a_{21}$ 表示为 $\begin{vmatrix} a_{11} & a_{12} \\ a_{21} & a_{22} \end{vmatrix}$。

因此，将形如 $\begin{vmatrix} a_{11} & a_{12} \\ a_{21} & a_{22} \end{vmatrix}$ 的表达式，称为二阶行列式。

利用二阶行列式的概念，方程组的解可以表示为 $x_1 = \dfrac{D_1}{D}$，$x_2 = \dfrac{D_2}{D}$，其中 $D = \begin{vmatrix} a_{11} & a_{12} \\ a_{21} & a_{22} \end{vmatrix}$ 称为系数行列式。

$D_1 = \begin{vmatrix} b_1 & a_{12} \\ b_2 & a_{22} \end{vmatrix}$ 是用常数项 b_1, b_2 替代 D 的第 1 列元素 a_{11}, a_{21} 所得行列式。

$D_2 = \begin{vmatrix} a_{11} & b_1 \\ a_{21} & b_2 \end{vmatrix}$ 是用常数项 b_1, b_2 替代 D 的第 2 列元素 a_{12}, a_{22} 所得行列式。

5.7.2 行列式的定义

由二阶行列式推广得到 n 阶行列式的定义：

$$\begin{vmatrix} a_{11} & a_{12} & \cdots & a_{1n} \\ a_{21} & a_{22} & \cdots & a_{2n} \\ \vdots & \vdots & & \vdots \\ a_{n1} & a_{n2} & \cdots & a_{nn} \end{vmatrix} = \sum_{j_1 j_2 \cdots j_n} (-1)^t a_{1j_1} a_{2j_2} \cdots a_{nj_n}$$

其中 a_{ij}，$i = 1,2 \cdots,n$，$j = 1,2,\cdots,n$ 称为行列式的元素，a_{ij} 的第 1 个下标 i 称为行标，表明该元素位于第 i 行；第 2 个下标 j 称为列标，表明该元素位于第 j 列。

求和公式中，$j_1 j_2 \cdots j_n$ 是 $1,2\cdots,n$ 的一个排列，$\sum_{j_1 j_2 \cdots j_2}$ 是对 $j_1 j_2 \cdots j_n$ 取遍 $1,2,\cdots,n$ 的一切排列求和，共有 $n!$ 项；t 为排列 $j_1 j_2 \cdots j_n$ 的逆序数。

如：123 的排列为 123，132，213，232，312，321，排列 321 的逆序数为 3。

常用的行列式如下。

一阶行列式：$|a_1| = a_1$。

二阶行列式：$\begin{vmatrix} a_{11} & a_{12} \\ a_{21} & a_{22} \end{vmatrix} = a_{11}a_{22} - a_{12}a_{21}$。

三阶行列式：$\begin{bmatrix} a_{11} & a_{12} & a_{13} \\ a_{21} & a_{22} & a_{23} \\ a_{31} & a_{32} & a_{33} \end{bmatrix} = a_{11}a_{22}a_{33} + a_{12}a_{23}a_{31} + a_{13}a_{21}a_{32} - a_{13}a_{22}a_{31} - a_{12}a_{21}a_{33} - a_{11}a_{23}a_{32}$。

主对角线　　副对角线

【例 5.9】 已知如下行列式，求其值。

$$A = \begin{vmatrix} 1 & -2 & 3 \\ -1 & 2 & 1 \\ -3 & -4 & -2 \end{vmatrix}$$

解： 根据定义解得，

$A = 1 \times 2 \times (-2) + (-2) \times 1 \times (-3) + 3 \times (-1) \times (-4) - 3 \times 2 \times (-3) - (-2) \times (-1) \times (-2) - 1 \times 1 \times (-4) = 40$

方阵 A 的行列式可用于判断 A 是否可逆，方阵 A 的行列式不为 0，可判定 A 可逆。方阵 A 的行列式为 0 当且仅当 A 不可逆。

行列式的性质：$|A|^{-1} = \dfrac{1}{|A|}$。

5.7.3 行列式与矩阵的区别

行列式和矩阵表面上看上去相似，元素都按顺序排成行列表；都用 a_{ij} 表示第 i 行第 j 列的元素；对行列的称呼一致，从上到下依次称作第 1 行，第 2 行，$\cdots$，第 n 行，从左到右依次称为第 1 列，第 2 列，$\cdots$，第 n 列。但它们是两个不同的概念，主要区别见表 5-4。

表 5-4 行列式与矩阵的区别

行列式	矩阵
$\begin{vmatrix} a_{11} & a_{12} & \cdots & a_{1n} \\ a_{21} & a_{22} & \cdots & a_{2n} \\ \vdots & \vdots & & \vdots \\ a_{n1} & a_{n2} & \cdots & a_{nn} \end{vmatrix} = \sum_{j_1 j_2 \cdots j_n} (-1)^t a_{1j_1} a_{2j_2} \cdots a_{nj_n}$	$\begin{bmatrix} a_{11} & a_{12} & \cdots & a_{1n} \\ a_{21} & a_{22} & \cdots & a_{2n} \\ \vdots & \vdots & & \vdots \\ a_{m1} & a_{m2} & \cdots & a_{mn} \end{bmatrix}$
行数等于列数 共有 n^2 个元素 本质为一个数值	行数可以不等于列数 共有 $m \times n$ 个元素 本质是一个数表

5.7.4 行列式的计算

在 NumPy 中，方阵的行列式可以使用 np.linalg.det() 函数得到。

【例 5.10】求本节例 5.9 中 A 的行列式值，并验证 $|A|^{-1} = \dfrac{1}{|A|}$。

【代码如下】

```
import numpy as np
B=[[1, -2, 3], [-1, 2, 1], [-3, -4, -2]]
A=np.array(B)
C= np.linalg.det(A)
print("A 的行列式的值: \n",C)
print("C 的-1 次方: \n",C**(-1))
print("1/C: \n",1/C)
```

【运行结果】

```
A 的行列式的值:
 40.000000000000014
C 的-1 次方:
 0.0249999999999999
1/C:
 0.0249999999999999
```

【结果说明】

A 的行列式值与例题中求解的结果一致，且 $|A|^{-1} = \dfrac{1}{|A|}$。

【例 5.11】验证 5.6 节中例 5.8 无逆矩阵的四阶方阵 B 其行列式值为 0。

【代码如下】

```
import numpy as np
```

```
A =[[1,-4,0,2],[-1,2,-1,-1],[1,-2,3,5],[2,-6,1,3]]
B=np.array(A)
print("B 的行列式的值: \n",np.linalg.det(B))
```
【运行结果】

B 的行列式的值:
 0.0

5.8　矩阵的秩

矩阵可以看作是由向量组所构成，要理解矩阵的秩，需要先理解向量组的线性相关和线性无关的概念。矩阵的秩可用于计算线性方程组解的数目。

5.8.1 向量组

定义 5.4 一个向量空间是由向量构成的非空集合 V，在这个集合中定义两个运算，称为加法和标量乘法（标量取实数），两种运算满足以下运算规律（对任意向量 $\boldsymbol{\alpha},\boldsymbol{\beta},\boldsymbol{\gamma}$ 和标量 $k,\lambda \in \mathbf{R}$ 均成立）。

① $\boldsymbol{\alpha},\boldsymbol{\beta}$ 之和表示为 $\boldsymbol{\alpha}+\boldsymbol{\beta}$，仍在 V 中。

② $\boldsymbol{\alpha}+\boldsymbol{\beta}=\boldsymbol{\beta}+\boldsymbol{\alpha}$。

③ $(\boldsymbol{\alpha}+\boldsymbol{\beta})+\gamma=\boldsymbol{\alpha}+(\boldsymbol{\beta}+\gamma)$。

④ 在 V 中存在元素 0（叫作零元素），则对任何 $\boldsymbol{\alpha} \in V$，都有 $\boldsymbol{\alpha}+0=\boldsymbol{\alpha}$。

⑤ 对任何 $\boldsymbol{\alpha} \in V$，都有 V 中的元素 $\boldsymbol{\beta}$，使 $\boldsymbol{\alpha}+\boldsymbol{\beta}=0$（称 $\boldsymbol{\beta}$ 为 $\boldsymbol{\alpha}$ 的负元素）。

⑥ $\boldsymbol{\alpha}$ 与标量 k 的乘法记为 $k\boldsymbol{\alpha}$，仍在 V 中。

⑦ $1\boldsymbol{\alpha}=\boldsymbol{\alpha}$。

⑧ $k(\lambda\boldsymbol{\alpha})=(k\lambda)\boldsymbol{\alpha}$。

⑨ $(k+\lambda)\boldsymbol{\alpha}=k\boldsymbol{\alpha}+\lambda\boldsymbol{\alpha}$。

⑩ $k(\boldsymbol{\alpha}+\boldsymbol{\beta})=k\boldsymbol{\alpha}+k\boldsymbol{\beta}$。

定义 5.5 全体 n 维向量所构成的集合 $\mathbf{R}^n$ 叫作 n 维向量空间。$\mathbf{R}$ 表示实数。

若干个同维数的列（行）向量所组成的集合叫作向量组，向量组可用于简化矩阵。设有 $m \times n$ 阶矩阵，将矩阵按列分块，每列用 $\boldsymbol{\alpha}_i$ 表示，则矩阵可以表示为向量组 $[\boldsymbol{\alpha}_1\ \boldsymbol{\alpha}_2\cdots\boldsymbol{\alpha}_n]$，其中

$$\boldsymbol{\alpha}_1=\begin{bmatrix}a_{11}\\a_{21}\\\vdots\\a_{m1}\end{bmatrix},\quad \boldsymbol{\alpha}_2=\begin{bmatrix}a_{12}\\a_{22}\\\vdots\\a_{m2}\end{bmatrix},\quad \boldsymbol{\alpha}_n=\begin{bmatrix}a_{1n}\\a_{2n}\\\vdots\\a_{mn}\end{bmatrix},\quad 每个\ \boldsymbol{\alpha}_i\ 称为\ m\ 维列向量。$$

同理，将矩阵按行分块，每行用 $\boldsymbol{\beta}_i$ 表示，则矩阵可以表示为向量组 $\begin{bmatrix}\boldsymbol{\beta}_1\\\boldsymbol{\beta}_2\\\vdots\\\boldsymbol{\beta}_m\end{bmatrix}$，其中

$$\boldsymbol{\beta}_1 = \begin{bmatrix} a_{11} & a_{12} & \cdots & a_{1n} \end{bmatrix}$$
$$\boldsymbol{\beta}_2 = \begin{bmatrix} a_{21} & a_{22} & \cdots & a_{2n} \end{bmatrix}$$
$$\vdots$$
$$\boldsymbol{\beta}_m = \begin{bmatrix} a_{m1} & a_{m2} & \cdots & a_{mn} \end{bmatrix},$$

每个 $\boldsymbol{\beta}_i$ 称为 n 维行向量。

【例 5.12】在 NumPy 中利用切片获取矩阵的行列向量，如生成矩阵的第 1 行行向量和第 2 列列向量。

【代码如下】

```
import numpy as np
A=np.array([[1,2,3,4],[5,6,7,8],[9,10,11,12]])
print("A 的第 1 行行向量: \n", A[1,:].reshape(1,-1))
print("A 的第 2 列列向量: \n", A[:,2]. reshape(-1,1))
```

【运行结果】

```
A 的第 1 行行向量:
 [[5 6 7 8]]
A 的第 2 列列向量:
 [[3]
 [7]
 [11]]
```

【结果说明】

$A[1,:]$.reshape$(1,-1)$ 生成行向量，$A[:,2]$.reshape$(-1,1)$) 生成列向量，去掉 reshape() 函数生成的是一维数组。

【例 5.13】生成矩阵中的所有行向量和列向量。

【代码如下】

```
import numpy as np
A=np.array([[1,2,3,4],[5,6,7,8],[9,10,11,12]])
print("A 的各行向量: ")
for i in range(np.shape(A)[0]):
    print(" 第 ",i," 行: ",A[i,:].reshape(1,-1))
print("A 的各列向量: ")
for i in range(np.shape(A)[1]):
    print(" 第 ",i," 列 \n",A[:,i].reshape(-1,1))
```

【运行结果】

```
A 的各行向量:
第 0 行:  [[1 2 3 4]]
第 1 行:  [[5 6 7 8]]
第 2 行:  [[9 10 11 12]]
A 的各列向量:
第 0 列
 [[1]
 [5]
```

```
       [9]]
第 1 列
[[2]
 [ 6]
 [10]]
第 2 列
[[3]
 [7]
 [11]]
第 3 列
[[4]
 [8]
 [12]]
```

5.8.2 向量组的线性相关和线性无关

定义 5.6 m 个 n 维向量组成的向量组 A：$\alpha_1, \alpha_2, \cdots, \alpha_m$，如果有一组数 $k_1, k_2, \cdots, k_m$ 使 $B=k_1\alpha_1+k_2\alpha_2+\cdots+k_m\alpha_m$，则称 B 为向量组 A 的一个线性组合，其中 $k_i \in \mathbf{R}$，$\alpha_i \in \mathbf{R}^n$。

定义 5.7 给定向量组 A：$\alpha_1, \alpha_2, \cdots, \alpha_m$，若向量 b 可以写为 $b=k_1\alpha_1+k_2\alpha_2+\cdots+k_m\alpha_m$，则称 b 可由向量组 A 线性表示。

求向量 b 是否能被 $\alpha_1, \alpha_2, \cdots, \alpha_m$ 表示，可以将其转换为线性方程组 $AX=B$ 的形式，A 为由向量组 $\alpha_1, \alpha_2, \cdots, \alpha_m$ 构成的矩阵，X 为 $[k_1, k_2, \cdots, k_m]^\mathrm{T}$，$B$ 为向量 b，解出 X，即表示向量 b 能被 $\alpha_1, \alpha_2, \cdots, \alpha_m$ 表示，具体求解过程见 5.9 小节。

定义 5.8 给定向量组 A：$\alpha_1, \alpha_2, \cdots, \alpha_n$，任选 s 个向量 $\alpha_1, \alpha_2, \cdots, \alpha_s$（其中 $s \geqslant 1$），当 $k_1\alpha_1+k_2\alpha_2+\cdots+k_s\alpha_s=0$ 时，$k_1=k_2=\cdots=k_s=0$，则这些向量线性无关；当存在一组非零的 $k_1, k_2, \cdots, k_s$，使得 $k_1\alpha_1+k_2\alpha_2+\cdots+k_s\alpha_s=0$，则称这些向量线性相关。

对于一个向量组 $\alpha_1, \alpha_2, \cdots, \alpha_m$，或者线性相关，或者线性无关。

设向量组 A 中 s 个向量 $\alpha_1, \alpha_2, \cdots, \alpha_s$ 是线性无关，但任意 $s+1$ 个向量都线性相关，则称 $\alpha_1, \alpha_2, \cdots, \alpha_s$ 是向量组 A 的一个极大线性无关组。

若 $\alpha_1, \alpha_2, \cdots, \alpha_s$ 线性无关，则每一个向量都不可以由其他向量线性表示，即每个向量都可以看作有价值的内容，不能被其他向量取代。

若 $\alpha_1, \alpha_2, \cdots, \alpha_s$ 线性相关，则至少有一个向量可以由其他向量线性表示，因此，这个向量可以被看作"多余的"向量，可以被其他向量取代，删除这个向量不影响有价值的内容。

例如，在矩阵 $A=\begin{bmatrix}1 & 2 & -1 & 1\\3 & 2 & 5 & -1\\5 & 6 & 3 & 1\end{bmatrix}$ 中选取向量组 $k_1=\begin{bmatrix}1\\3\\5\end{bmatrix}$，$k_2=\begin{bmatrix}2\\2\\6\end{bmatrix}$，设 $k_1\begin{bmatrix}1\\3\\5\end{bmatrix}+k_2\begin{bmatrix}2\\2\\6\end{bmatrix}=\begin{bmatrix}0\\0\\0\end{bmatrix}$。

通过计算，$k_1=k_2=0$ 时，上式才能成立，所以，这两个向量构成的向量组是线性无关的，一个向量不能用另一个向量表示。

106

若选取向量组 $k_1 = \begin{bmatrix} 1 \\ 3 \\ 5 \end{bmatrix}$，$k_2 = \begin{bmatrix} 2 \\ 2 \\ 6 \end{bmatrix}$，$k_3 = \begin{bmatrix} -1 \\ 5 \\ 3 \end{bmatrix}$，当满足 $k_1\begin{bmatrix} 1 \\ 3 \\ 5 \end{bmatrix} + k_2\begin{bmatrix} 2 \\ 2 \\ 6 \end{bmatrix} + k_3\begin{bmatrix} -1 \\ 5 \\ 3 \end{bmatrix} = \begin{bmatrix} 0 \\ 0 \\ 0 \end{bmatrix}$ 时，

可以满足 $k_1=3$，$k_2=-2$，$k_3=-1$，所以上述 3 个向量线性相关，一个向量可以用另外两个向量表示，

如 $\begin{bmatrix} -1 \\ 5 \\ 3 \end{bmatrix} = 3 \times \begin{bmatrix} 1 \\ 3 \\ 5 \end{bmatrix} + (-2) \times \begin{bmatrix} 2 \\ 2 \\ 6 \end{bmatrix}$。

5.8.3 矩阵的秩

定义 5.9 设矩阵 $A = (a_{ij})_{m \times n}$，在 A 中任取 r 行 r 列交叉处元素，按原相对位置组成的 r 阶行列式 $(1 \leqslant r \leqslant \min\{m,n\})$，称为 A 的一个 r 阶子式。

定义 5.10 设矩阵 $A = (a_{ij})_{m \times n}$，有 r 阶子式不为 0，任何 $r+1$ 阶子式（如果存在的话）全为 0，则称 r 为矩阵的秩，记作 $R(A)$ 或秩 (A)。

矩阵的秩是唯一的。零矩阵的秩为 0，非零矩阵的秩大于等于 1。

A 为 n 阶方阵，$R(A)=n$，称 A 为满秩矩阵（非奇异矩阵），当且仅当 $|A| = 0$ 时，$R(A) < n$，称 A 为降秩矩阵（奇异矩阵）。在特征值分解中会用到满秩矩阵。

矩阵可以看作是一个行向量组或者列向量组，矩阵的秩就是矩阵的行向量组或者列向量组的极大线性无关组中所含向量的个数，也可以理解为矩阵的秩就是有价值的内容数目。

从这个意义上，我们很容易理解实际应用场景中秩对应的例子，在色彩学中，黄、蓝、红 3 种颜色是三原色，不可由其他颜色混合而成，所以这 3 种颜色可以看作线性无关；其他颜色可以由三原色中的颜色混合而成，如黄色加上蓝色得到绿色，那么黄、蓝、绿就是线性相关的，所以有价值的内容是黄色和蓝色。由此可见，此情况的秩就是最少用多少种颜色能够混合调出你需要的所有颜色，即原色的数量，黄和蓝得到绿色，这 3 种颜色的秩就是 2。再如，一个家庭有 r 口人，拍了 n 张照片，可以将 n 看作由照片组成矩阵的大小，此时 r 就是秩。

设 A 为 $m \times n$ 阶矩阵，秩为 $R(A)$，x 为 n 个未知量的向量，对于 n 元齐次线性方程组 $Ax = 0$，当 $R(A)=n$ 时，只有零解。当 $R(A)=r < n$ 时，该方程的非零解存在但不唯一，其解集 S 的秩 $R(S)=n-r$。对于 n 元非齐次线性方程组 $Ax = b$，增广矩阵记为 B，秩为 $R(B)$，该方程无解的充要条件是 $R(A) < R(B)$，有唯一解的充要条件是 $R(A) = R(B) = n$，有无穷多解的充要条件是 $R(A) = R(B) < n$。

设 A 为 $m \times n$ 阶矩阵，其秩为 $R(A)$，矩阵的秩与向量组线性相关的关系如下。

$R(A) = m < n$，行向量组无关，列向量组相关；$R(A) = k < \min(m,n)$，行向量组、列向量组都相关；$R(A) = n < m$，列向量组无关，行向量组相关；$R(A) = m = n$，行向量组、列向量组都无关。

5.8.4 矩阵秩的计算

在 NumPy 中，通过 np.linalg.matrix_rank() 函数可以计算出矩阵的秩。

【代码如下】

```
import numpy as np
E=np.eye(4)
print(" 单位矩阵 E 的秩：",np.linalg.matrix_rank(E))
A =[[1,-4,0,2],[-1,2,-1,-1],[1,-2,3,5],[2,-6,1,3]]
B=np.array(A)
print("B 的秩：",np.linalg.matrix_rank(B))
```

【运行结果】

```
单位矩阵 E 的秩： 4
B 的秩： 3
```

【结果说明】

前文中已验证四阶方阵 B 无逆矩阵，行列式为 0，此例中求出 B 的秩 <4，所以 B 为奇异矩阵。

5.9 内积与正交

机器学习的许多算法会用到内积的计算，内积可以用于判断两个向量是否正交，以及求向量间的距离等。

5.9.1 向量的内积

定义 5.11 设有同型的两个 n 维列向量 $x = \begin{bmatrix} x_1 \\ x_2 \\ \vdots \\ x_n \end{bmatrix}$，$y = \begin{bmatrix} y_1 \\ y_2 \\ \vdots \\ y_n \end{bmatrix}$，令 $[x,y]=x_1 y_1+x_2 y_2+\cdots x_n y_n$，称

$[x,y]$ 为向量 x 和向量 y 的内积。内积也可以用 $x \cdot y$ 表示。

显见，内积是两个向量之间的一种运算，结果为一个实数。

内积可以用矩阵的乘法表示，$[x,y]=[x_1 x_2 \cdots x_n]\begin{bmatrix} y_1 \\ y_2 \\ \vdots \\ y_n \end{bmatrix} = x^{\mathrm{T}} y$。

$$若\ \boldsymbol{x}, \boldsymbol{y}\ 为\ n\ 维行向量，\ [\boldsymbol{x}, \boldsymbol{y}] = [x_1 x_2 \cdots x_n] \begin{bmatrix} y_1 \\ y_2 \\ \vdots \\ y_n \end{bmatrix} = \boldsymbol{x}\boldsymbol{y}^{\mathrm{T}}$$

性质 5.4 向量的内积具有以下性质。

① 对称性：$[\boldsymbol{x}, \boldsymbol{y}] = [\boldsymbol{y}, \boldsymbol{x}]$。

② 线性性质：$[\lambda\boldsymbol{x}, \boldsymbol{y}] = \lambda[\boldsymbol{x}, \boldsymbol{y}]$，$[\boldsymbol{x}+\boldsymbol{y}, \boldsymbol{z}] = [\boldsymbol{x}, \boldsymbol{z}] + [\boldsymbol{y}, \boldsymbol{z}]$。

③ 当 $\boldsymbol{x} = 0$ 时，$[\boldsymbol{x}, \boldsymbol{x}] = 0$，当 $\boldsymbol{x} \neq 0$ 时，$[\boldsymbol{x}, \boldsymbol{x}] > 0$。

> **提示**　两个向量内积的结果是一个实数（标量），两个矩阵相乘结果是一个矩阵。

（1）NumPy 中通过 np.dot() 函数可以实现向量的内积运算，例如实现列向量 $C1$ 和 $C2$ 的内积运算。

【代码如下】

```
import numpy as np
A=[[1, 2, 3]]
B=[[4, 5, 6]]
C1= np.array(A).reshape(3,1)        #C1 为三维列向量
C2= np.array(B).reshape(3,1)        #C2 为三维列向量
D1=np.dot(C1.T,C2)                  #计算 C1 和 C2 的内积
D2=np.dot(C2.T,C1)                  #计算 C2 和 C1 的内积
print(" 向量 C1 和 C2 的内积：\n",D1)
print(" 向量 C2 和 C1 的内积：\n",D2)
```

【运行结果】

```
向量 C1 和 C2 的内积：
 [[32]]
向量 C2 和 C1 的内积：
 [[32]]
```

【结果说明】

通过 reshape() 函数将数组形式转变为列向量，上述结果表明 $[\boldsymbol{A}, \boldsymbol{B}] = [\boldsymbol{B}, \boldsymbol{A}]$。

（2）$C1$ 和 $C2$ 均为行向量，实现 $C1$ 和 $C2$ 内积。

【代码如下】

```
import numpy as np
A=[[1, 2, 3]]
B=[[4, 5, 6]]
C1= np.array(A)                     #C1 为三维行向量
C2= np.array(B)                     #C2 为三维行向量
D1=np.dot(C1,C2.T)                  #计算 C1 和 C2 的内积
D2=np.dot(C2,C1.T)                  #计算 C2 和 C1 的内积
```

```
print(" 向量 C1 和 C2 的内积: \n",D1)
print(" 向量 C2 和 C1 的内积: \n",D2)
```
【运行结果】
```
向量 C1 和 C2 的内积:
 [[32]]
向量 C2 和 C1 的内积:
 [[32]]
```
（3）注意不能直接对两个向量用 dot 运算计算内积。

【代码如下】
```
import numpy as np
A=[[1, 2, 3]]
B=[[4, 5, 6]]
C1= np.array(A).reshape(3,1)#A 为三维列向量
C2= np.array(B).reshape(3,1)#B 为三维列向量
D=np.dot(C1,C2)              #计算 A 和 B 的内积
print(" 向量 C1 和 C2 的内积: \n",D)
```
【运行结果】
```
--------------------------------------------------------------
ValueError                                Traceback (most recent call last)
<ipython-input-44-44f9c3aa609f> in <module>
      4 C1= np.array(A).reshape(3,1)#A 为三维列向量
      5 C2= np.array(B).reshape(3,1)#B 为三维列向量
----> 6 D=np.dot(C1,C2)              #计算 A 和 B 的内积
      7 print(" 向量 C1 和 C2 的内积: \n",D)

ValueError: shapes (3,1) and (3,1) not aligned: 1 (dim 1) != 3 (dim 0)
```
【结果说明】

$C1$ 和 $C2$ 均为列向量，也可以看作 3×1 的矩阵，因此不能用 dot 运算实现矩阵的乘法运算。

（4）用一维数组表示向量时，利用一维数组的 np.dot() 函数或 np.inner() 函数也可以求出向量的内积值。

【代码如下】
```
import numpy as np
A= np.array([1, 2, 3])      #A 为一维数组
B= np.array([4, 5, 6])      #B 为一维数组
print(" 使用 dot 实现 A 和 B 的内积: \n", np.dot(A,B))
print(" 使用 inner 实现 A 和 B 的内积: \n", np.inner(A,B))
```
【运行结果】
```
使用 dot 实现 A 和 B 的内积:
 32
使用 inner 实现 A 和 B 的内积:
 32
```

5.9.2 向量的长度

定义 5.12 $\|x\| = \sqrt{[x,x]} = \sqrt{x_1^2 + x_2^2 + \cdots + x_n^2}$ 为 n 维向量 x 的长度，当 $\|x\|=1$ 时，称 x 为单位向量。

对于向量 α，如果 $x = \dfrac{\alpha}{\|\alpha\|}$，则 x 是一个单位向量，由向量 α 得到 x 的过程称为向量 α 的单位化（也称标准化），x 与 α 方向相同，长度为 1。支持向量机的推导过程中会使用向量的单位化概念。

性质 5.5 向量的长度具有非负性、齐次性和三角不等式等性质。

① 非负性：$\|x\| \geqslant 0$。

② 齐次性：$\|\lambda x\| = |\lambda| \cdot \|x\|$。

③ 三角不等式：$\|x + y\| \leqslant \|x\| + \|y\|$。

（1）向量的长度可以利用 NumPy 中的 np.linalg.norm() 函数求出。可以根据单位向量的定义来进行单位向量的计算，通过计算 $\dfrac{\alpha}{\|\alpha\|}$ 得到 α 的单位矩阵。通过对所求出的单位向量求长度，可以验证单位向量的长度为 1。

【代码如下】

```python
import numpy as np
A=np.array([[0,3,4]])
B=np.linalg.norm(A)
print("向量 A 的长度: ",B)
C=A/B                      #单位向量 = 向量 / 长度
print(A,"对应的单位向量 =",C)
D=np.linalg.norm(C)
print("单位向量的长度 =",D)
```

【运行结果】

```
向量 A 的长度:  5.0
[[0 3 4]] 对应的单位向量 = [[0. 0.6 0.8]]
单位向量的长度 = 1.0
```

（2）利用向量长度的定义求出向量长度。

【代码如下】

```python
import numpy as np
A=np.array([[0,3,4]])
B=np.sum(A**2)**0.5
print("向量 A 的长度: ",B)
```

【运行结果】

```
向量 A 的长度:  5.0
```

（3）利用两个向量的内积和长度可以求出两个向量夹角的余弦值。

$$[x,y] = \|x\| * \|y\| * \cos\theta$$

$$\cos\theta = \frac{[x, y]}{\|x\| * \|y\|}$$

θ 为两个向量的夹角，$\cos\theta$ 的取值范围为 $[-1, 1]$，当两个向量的方向重合时夹角余弦取最大值 1，当两个向量的方向完全相反时夹角余弦取最小值 -1。夹角的余弦值越大，说明夹角越小，两点相距就越近；值越小，说明夹角越大，两点相距就越远。

【代码如下】

```python
import numpy as np
A=np.array([[1,1]])
B=np.array([[2,0]])
C=A.dot(B.T)
print(" 向量 A 和 B 夹角的余弦值：",C/(np.linalg.norm(A)*np.linalg.norm(B)))
```

【运行结果】

```
向量 A 和 B 夹角的余弦值： [[0.70710678]]
```

【结果说明】

在二维平面内，向量 A 为 $(1, 1)$，B 为 $(2, 0)$，两个向量的夹角为 $45°$，余弦值为 $\frac{\sqrt{2}}{2}$。

（4）在机器学习中，常用到下面两个公式。

① 将 $[x, y] = \|x\| * \|y\| * \cos\theta$ 中的项重新排列，写为 $[x, y] = \|x\| * \|y\| * \cos\theta = (\|y\| * \cos\theta) * \|x\|$。$\|y\| * \cos\theta$ 表示 y 在 x 方向上的投影长度。如图 5-7 所示。

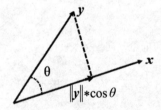

图 5-7 向量 x 和 y 的内积

若 x 是单位向量，则 x 和 y 的内积 $[x, y]$ 直接描述为 y 在 x 方向上的投影长度。

② $\|x\|^2 = [x, x]$。

5.9.3 向量的正交

定义 5.13 当 $[x, y] = 0$，即向量 x 和向量 y 的内积为 0 时，称向量 x 和 y 正交。

正交可以理解为向量相互垂直。若 $x=0$，则 x 与任何向量都正交。

若 n 维向量 $\alpha_1, \alpha_2, \cdots, \alpha_r$ 是一组两两正交的非零向量，则称 $\alpha_1, \alpha_2, \cdots, \alpha_r$ 为正交向量组 $\alpha_1, \alpha_2, \cdots, \alpha_r$ 线性无关。

【例 5.14】 已知三维向量空间 R^3 中两个向量 $\alpha_1 = \begin{bmatrix} 1 \\ 1 \\ 1 \end{bmatrix}$，$\alpha_2 = \begin{bmatrix} 2 \\ -4 \\ 2 \end{bmatrix}$ 正交，求非零向量 α_3，使 α_1,

a_2, a_3 两两正交。

解： 设 $a_3 = [x_1, x_2, x_3]^{\mathrm{T}}$，若 a_1 与 a_3 正交，a_2 与 a_3 正交，则

$$[a_1, a_3] = x_1 + x_2 + x_3 = 0$$

$$[a_2, a_3] = 2x_1 - 4x_2 + 2x_3 = 0$$

令

$$Ax = \begin{bmatrix} 1 & 1 & 1 \\ 2 & -4 & 2 \end{bmatrix} \begin{bmatrix} x_1 \\ x_2 \\ x_3 \end{bmatrix} = \begin{bmatrix} 0 \\ 0 \end{bmatrix}$$

通过行列变换，

$$\begin{bmatrix} 1 & 1 & 1 \\ 2 & -4 & 2 \end{bmatrix} \xrightarrow{r_2 - 2r_1} \begin{bmatrix} 1 & 1 & 1 \\ 0 & -6 & 0 \end{bmatrix} \xrightarrow{-1/6 r_2} \begin{bmatrix} 1 & 1 & 1 \\ 0 & 1 & 0 \end{bmatrix} \xrightarrow{r_1 - r_2} \begin{bmatrix} 1 & 0 & 1 \\ 0 & 1 & 0 \end{bmatrix}$$

得 $\begin{cases} x_1 = -x_3 \\ x_2 = 0 \end{cases}$，从而有基础解系 $\begin{bmatrix} -1 \\ 0 \\ 1 \end{bmatrix}$，令 $a_3 = \begin{bmatrix} -1 \\ 0 \\ 1 \end{bmatrix}$ 即可。

5.9.4 标准正交基

定义 5.14 设 V 为向量空间，设 V 中有 r 个向量 $a_1, a_2, \cdots, a_r$，若 $a_1, a_2, \cdots, a_r$ 线性无关，而且 V 中任一向量都可由这 r 个向量线性表示，则称这 r 个向量构成的向量组 $a_1, a_2, \cdots, a_r$ 为向量空间 V 的基。这些向量的个数 r 称为向量空间 V 的维数，称 V 为 r 维向量空间。

一个向量空间有很多基，但是应用比较多的是标准正交基。

定义 5.15 若 $a_1, a_2, \cdots, a_r$ 是向量空间 V 中的基，$a_1, a_2, \cdots, a_r$ 均是单位向量，而且两两正交，则称 $a_1, a_2, \cdots, a_r$ 是 V 的标准正交基。

标准正交基一定线性无关，且向量两两垂直。

例如：

$$e_1 = \begin{bmatrix} 1 \\ 0 \\ 0 \\ 0 \end{bmatrix}, \ e_2 = \begin{bmatrix} 0 \\ 1 \\ 0 \\ 0 \end{bmatrix}, \ e_3 = \begin{bmatrix} 0 \\ 0 \\ 1 \\ 0 \end{bmatrix}, \ e_4 = \begin{bmatrix} 0 \\ 0 \\ 0 \\ 1 \end{bmatrix}$$ 是四维空间 $\mathbf{R}^4$ 的一个标准正交基。

定义 5.16 若 n 阶方阵 A 满足 $A^{\mathrm{T}}A = E$ 或 $AA^{\mathrm{T}} = E$，则称 A 为正交矩阵，简称正交阵。

【例 5.15】 验证方阵 $A = \begin{bmatrix} 0 & 1 & 0 \\ \dfrac{1}{\sqrt{2}} & 0 & \dfrac{1}{\sqrt{2}} \\ -\dfrac{1}{\sqrt{2}} & 0 & \dfrac{1}{\sqrt{2}} \end{bmatrix}$ 为一个正交矩阵。

【代码如下】

```
A=np.array([[0,1,0],[1/2**0.5,0,1/2**0.5],[-1/2**0.5,0,1/2**0.5]])
print("A×A.T=\n",np.round(A.dot(A.T),0))
```

【运行结果】

```
A×A.T=
 [[1. 0. 0.]
 [0. 1. 0.]
 [0. 0. 1.]]
```

【结果说明】

使用 np.round() 函数对原浮点数进行四舍五入，结果为单位矩阵，所以 A 为正交矩阵。

方阵 A 为正交矩阵的充分必要条件是 A 的列（行）向量都是单位向量，且两两正交，即 A 的列（行）向量组构成标准正交基。

定义 5.17 在复数范围内满足 $A^TA=AA^T=E$，则称 A 为酉矩阵。

酉矩阵常用于奇异值分解（SVD）中，正交矩阵是实数特殊化的酉矩阵。

性质 5.6 正交矩阵具有如下的性质。

若 A 是正交矩阵，则 $A^{-1}=A^T$ 也是正交矩阵；若 A 和 B 是正交矩阵，则 AB 也是正交矩阵。

5.10 综合实例——线性代数在实际问题中的应用

【例 5.16】已知不同商店 3 种水果的价格、不同人员需要水果的数量以及不同城镇不同人员的数目如表格所示。

表 5-5 不同商店 3 种水果的价格

商店水果价格	商店 A	商店 B
苹果	8.5	9
橘子	4.5	4
梨	9	9.5

表 5-6 不同人员需要水果的数量

人员需要水果数量	苹果	橘子	梨
人员 A	5	10	3
人员 B	4	5	5

表 5-7 不同城镇不同人员的数目

城镇人员数目	人员 A	人员 B
城镇 1	1000	500
城镇 2	2000	1000

（1）计算在每个商店中每个人购买水果的费用。

（2）计算在每个城镇中每种水果的购买量。

问题分析：

可以用矩阵描述 3 个表格和所求的两个问题。将 3 个表格分别用矩阵 A、B、C 表示，设描述每个商店中每个人购买水果的费用的矩阵为 D，描述每个城镇中每种水果的购买量的矩阵为 E。

（1）人员 A 在商店 A 购买的费用是 $5 \times 8.5 + 10 \times 4.5 + 3 \times 9$，人员 B 在商店 A 购买的费用是 $4 \times 8.5 + 5 \times 4.5 + 5 \times 9$，人员 A 在商店 B 购买的费用是 $5 \times 9 + 10 \times 4 + 3 \times 9.5$，人员 B 在商店 B 购买的费用是 $4 \times 9 + 5 \times 4 + 5 \times 9.5$，根据矩阵的乘法，求出 $D=BA$。

（2）同理可以分析得到，$E=CB$。

【代码如下】

```python
import numpy as np
A = np.array([[8.5,9], [4.5,4], [9,9.5]])   #不同商店中 3 种水果的价格
B = np.array([[5,10,3],[4,5,5]])           #不同人员需要水果的数量
C = np.array([[1000,500],[2000,1000]])     #不同城镇中不同人员的数目
D = B.dot(A)                               #每个商店中每个人购买水果的费用
E = C.dot(B)                               #每个城镇中每种水果的购买量
print("每个商店中每个人购买水果的费用：\n",D)
print("每个城镇中每种水果的购买量：\n",E)
```

【运行结果】

```
每个商店中每个人购买水果的费用：
 [[114.5 113.5]
 [101.5 103.5]]
每个城镇中每种水果的购买量：
 [[7000 12500  5500]
 [14000 25000 11000]]
```

【例 5.17】 将某线性系统用下面的线性方程组表示，求未知量 x、y、z 的值，并验证结果。

$$\begin{cases} x+2y+z=7 \\ 2x-y+3z=7 \\ 3x+y+2z=18 \end{cases}$$

问题分析：

根据 5.2 节的例 5.4，可以将该线性方程组表示为 $AX=B$，其中 A 为系数矩阵，X 为未知数矩阵，B 为常数项矩阵。

步骤 1：求出系数矩阵 A 的秩和增广矩阵 (A,B) 的秩。

步骤 2：若 $R(A)=R(A,B)=n$，n 为未知数的个数，则可以用方法 1、方法 2 和方法 3，否则用方法 3。

【代码如下】

```python
import numpy as np
A = np.array([[1, 2, 1], [2,-1,3], [3, 1, 2]])   #系数矩阵
B = np.array([7, 7, 18]).reshape(3,1)            #系数矩阵
print("系数矩阵 A 的大小：",A.shape)
print("系数矩阵 A 的秩：",np.linalg.matrix_rank(A))
AB=np.hstack((A,B))                              #增广矩阵
```

```
print("增广矩阵的秩：",np.linalg.matrix_rank(AB))
print("增广矩阵：\n",AB)
```

【运行结果】

```
系数矩阵 A 的大小：(3, 3)
系数矩阵 A 的秩：3
增广矩阵的秩：3
增广矩阵：
 [[1  2  1  7]
 [2 -1  3  7]
 [3  1  2 18]]
```

【结果说明】

未知数的个数为 3，$R(A) = R(A, B) =3$，可以利用方法 1、方法 2 和方法 3 计算求解矩阵 X，用 np.hstack() 函数实现将两个矩阵在水平方向上平铺，得到一个新矩阵。

方法 1. 利用逆矩阵可以求解线性方程组 $AX=B$。

根据数学方法，显见 $X=B/A$。但是矩阵没有除法运算，所以可以通过下面的方法求解 X：等式两边在相同位置同时乘以矩阵 A 的逆矩阵，得到 $A^{-1}AX=A^{-1}B$，因为 $AA^{-1}=E$，E 为单位矩阵，任何矩阵乘以单位矩阵的结果都是其本身。所以，$X=A^{-1}B$。通过验证 $AX=B$ 是否成立，确定 X 是否为解。

【代码如下】

```
import numpy as np
A = np.array([[1, 2, 1], [2, -1,3], [3, 1, 2]])        # 系数矩阵 A
B = np.array([7, 7, 18]).reshape(3,1)               # 常数项矩阵 B
A_inv=np.linalg.inv(A)                          #A 的逆矩阵
X=A_inv.dot(B)                              # 未知数矩阵 X
print("A 的逆矩阵：\n",A_inv)
print(" 利用逆矩阵求出 X 的值：\n",X)
C=np.dot(A, X)                              # 系数矩阵 A 与 X 乘积
print("A 和 X 的乘积 C：\n",C)
# 利用 allclose() 函数检验矩阵是否相等，True 代表相等，False 代表不等
print("B 和 C 是否相等：",np.allclose(C, B))
```

【运行结果】

```
A 的逆矩阵：
 [[-0.5 -0.3  0.7]
 [0.5 -0.1 -0.1]
 [0.5  0.5 -0.5]]
利用逆矩阵求出 X 的值：
 [[7.]
 [1.]
 [-2.]]
A 和 X 的乘积 C：
 [[7.]
 [7.]
 [18.]]
```

B 和 C 是否相等： True

【结果说明】

True 表示 X 为解。

方法 2. NumPy 提供了 np.linalg.solve() 函数解形如 $Ax=b$ 的线性方程组。

利用 np.linalg.solve() 函数求出未知数 X，最后验证 $A×X=B$。

【代码如下】

```
import numpy as np
A = np.array([[1, 2, 1], [2,-1,3], [3, 1, 2]])      # 系数矩阵 A
B = np.array([7, 7, 18]).reshape(3,1)           # 常数项矩阵 B
X= np.linalg.solve(A, B)                # 未知数矩阵 X
print(" 利用 solve() 函数求出 X 的值: \n",X)
C=np.dot(A, X)                        # 系数矩阵 A 与 X 乘积
print("A 和 X 的乘积 C: \n",C)
# 利用 allclose() 函数检验矩阵是否相等，True 代表相等，False 代表不等
print("B 和 C 是否相等: ",np.allclose(C, B))
```

【运行结果】

```
利用 solve() 函数求出 X 的值:
 [[7.]
 [1.]
 [-2.]]
A 和 X 的乘积 C:
 [[7.]
 [7.]
 [18.]]
B 和 C 是否相等: True
```

【结果说明】

True 表示 $A×X=B$ 是正确的。

 提示　　np.linalg.solve() 函数要求系数矩阵 A 必须是非奇异矩阵。

方法 3. 利用 SymPy 库的 solve() 函数可以解任意系数矩阵的线性方程组。

solve() 函数通常传入两个参数，第 1 个参数是方程的表达式（把方程所有的项移到等号的同一边形成的式子），第 2 个参数是方程中的未知数。函数返回类型为字典型，代表方程的所有根。原方程组表示：$x+2y+z-7=0$，$2x-y+3z-7=0$，$3x+y+2z-18=0$。

【代码如下】

```
"""
x+2y+z=7
2x-y+3z=7
3x+y+2z=18
"""
# 调用 SymPy 库
```

```
from sympy import *
x, y, z = symbols("x y z")#3 个变量
eq = [x+2*y+z-7,2*x-y+3*z-7,3*x+y+2*z-18]#将 3 个公式改写为等式为 0
result=solve(eq,[x,y,z])
print("结果: ",result)
```

【运行结果】

结果: {x: 7, y: 1, z: -2}

【结果说明】

利用 SymPy 的 solve() 函数求解的结果与 NumPy 的 solve() 函数求解结果一样。但是 SymPy 的 solve() 函数可以求解的方程组更多，如齐次方程或者系数矩阵为奇异矩阵。

如：解方程

$$\begin{cases} x+2y+z-2w=0 \\ 2x+3y-w=0 \\ x-y-5z+7w=0 \end{cases}$$

首先，验证系数矩阵 A 的大小和秩。

【代码如下】

```
import numpy as np
A = np.array([[1, 2, 1, -2], [2, 3, 0 ,-1], [1, -1, -5, 7]])    #系数矩阵
print("系数矩阵 A 的大小: ",A.shape)
print("系数矩阵 A 的秩: ",np.linalg.matrix_rank(A))
```

【运行结果】

系数矩阵 A 的大小： (3, 4)
系数矩阵 A 的秩： 2

【结果说明】

显然，该方程非方阵，该线性方程组的解不唯一，因此可以利用方法 3 计算求解矩阵。

【代码如下】

```
"""
    x+2y+z-2w=0
    2x+3y-w=0
    x-y-5z+7w=0
"""
from sympy import *
x, y, z,w = symbols("x y z w")
eq = [x+2*y+z-2*w,2*x+3*y-w,x-y-5*z+7*w]
result=solve(eq,[x,y,z,w])
print("结果是: ",result)
```

【运行结果】

结果: {y: 3*w - 2*z, x: -4*w + 3*z}

【结果说明】

从输出的结果可以看出，z 和 w 是自由未知数，$x=-4w+3z$，$y=3w-2z$。

SymPy 的 solve() 函数返回类型为字典型。所以通过 result[x] 获取 x 的表达式，利用 evalf() 函数计算 x 值。y 的计算方法同 x。

【代码如下】

```
A={z:1,w:2}
x=float(result[x].evalf(subs = A))    #将结果转为 float 型
y=float(result[y].evalf(subs = A))    #将结果转为 float 型
print("x=",x," y=",y, " z=",1," w=",2)
```

【运行结果】

```
x= -5.0  y= 4.0  z= 1  w= 2
```

【结果说明】

给 z 和 w 赋不同的值，可以计算出相应的 x 和 y。

【例 5.18】获取数据集的数据。

在数据分析或机器学习中，数据集常存放于文本文件 csv 或 txt 中，在使用数据集时需要将文本文件整体读取，存放在一个数组或者矩阵中，然后分离出样本特征数据和类别标签。

问题描述：

以 iris.csv（鸢尾花数据集）文本文件为例，实现数据集导入、样本特征数据和类别标签的分离。iris.csv 的部分内容如下。

	A	B	C	D	E
1	sepal_length	sepal_width	petal_length	petal_width	species
2	5.1	3.5	1.4	0.2	Iris-setosa
3	4.9	3	1.4	0.2	Iris-setosa
4	4.7	3.2	1.3	0.2	Iris-setosa
5	4.6	3.1	1.5	0.2	Iris-setosa
6	5	3.6	1.4	0.2	Iris-setosa
7	5.4	3.9	1.7	0.4	Iris-setosa
8	4.6	3.4	1.4	0.3	Iris-setosa
9	5	3.4	1.5	0.2	Iris-setosa
10	4.4	2.9	1.4	0.2	Iris-setosa
11	4.9	3.1	1.5	0.1	Iris-setosa
12	5.4	3.7	1.5	0.2	Iris-setosa
13	4.8	3.4	1.6	0.2	Iris-setosa
14	4.8	3	1.4	0.1	Iris-setosa
15	4.3	3	1.1	0.1	Iris-setosa
16	5.8	4	1.2	0.2	Iris-setosa
17	5.7	4.4	1.5	0.4	Iris-setosa
18	5.4	3.9	1.3	0.4	Iris-setosa
19	5.1	3.5	1.4	0.3	Iris-setosa
20	5.7	3.8	1.7	0.3	Iris-setosa
21	5.1	3.8	1.5	0.3	Iris-setosa
22	5.4	3.4	1.7	0.2	Iris-setosa

问题分析：

iris.csv 包括标题行，共有 150 个样本，对应数据集的每行数据，每行数据包含每个样本的 4 个特征（类型为数值型）和一个样本的类别信息（类型为字符串型）。所以 iris 数据集是一个 150 行 5 列的二维表。

按以下步骤求解问题。

① 从文件中读入数据。

② 将数据转化成矩阵的形式。

③ 对样本数据和类别标签进行分离。

可以通过 pandas、NumPy 或原始方式 3 种方法读入文本文件（txt 文件和 csv 文件读入方法类似），具体方法如下。

方法 1. 利用 pandas 导入文本文件。

pandas 是基于 NumPy 构建的，是使数据分析工作变得更快、更简单的高级数据结构和操作工具。pandas 中的数据框 DataFrame 类似于 NumPy 中的二维数组，可以通用 NumPy 数组的函数和方法。

使用 pandas 时，首先要调用 pandas 库，方法为 import pandas as pd。

【代码如下】

```
import pandas as pd
import numpy as np
# 读取文件
dataset = pd.read_csv("iris.csv")
# 将数据转化成矩阵的形式
data=np.array(dataset)
# 获取数据和标签
X_data=data[:,:-1]
Y_data=data[:,-1]
```

【结果说明】

read_csv() 函数有很多参数，其中 sep 为指定分隔符，如 sep=','，如果文件无标题行则设置 header=None，其他参数可以查看相关文档说明。通过 read_csv 命令获取的数据保留了原文件中的数据类型，获取数据集到 dataset 后，可以通过 np.array(dataset) 命令读入矩阵 data，然后对 data 进行操作。

注意： 文件路径需要设置正确。

可以通过下面的代码查看相关信息。

【代码如下】

```
print(" 数据集中的样本数为 %d, 列数为 %d"%(data.shape[0],data.shape[1]))
# 使用 NumPy 获取数据集的第 0 个样本
data_0= X_data[0]
print(" 数据集的第 0 个样本 \n",data_0)
print(" 数据集的属性值类型: ",type(X_data[1,0]))
print(" 数据集的类型标签值类型: ",type(Y_data[1]))
```

【运行结果】

```
数据集中的样本数为 150, 列数为 5
数据集的第 0 个样本
 [5.1 3.5 1.4 0.2]
数据集的属性值类型:  <class 'float'>
数据集的类型标签值类型:  <class 'str'>
```

方法 2. 利用 NumPy 中的 loadtxt() 函数或 genfromtxt() 函数可以读入文本文件，两者使用方法相似，但 genfromtxt() 函数面向的是结构化数组和缺失数据，而 loadtxt() 函数默认读入的数据类型是浮点型，当数据集中的数据有字符型时，需要在 loadtxt() 函数中指出参数 dtype=np.str，否则就会出错。参数 skiprows 设置数据从哪行开始，如有标题行，则设 skiprows=1。若已经知道哪些列代表数据，则可以通过下列方式获取数据和类型标签。

【代码如下】

```
import numpy as np
#读取文件
data=np.loadtxt("iris.csv",delimiter=",",dtype=np.str,skiprows=1)#获取的已经是矩
阵，所以不用再转化
# 获取数据和标签
X_data= data[:,:-1].astype('float')
Y_data=data[:,-1]
```

【结果说明】

iris.csv 文件包括标题行，所以样本数据从第 1 行开始取；iris.csv 有数值型和字符串型的数据，所以在用 loadtxt() 函数读取文件时，要设置 dtype=np.str；因为 0~4 列实际上为实数，所以获取其 0~4 列数据时需要通过设置 astype('float') 进行数据类型的转换。如果需要保留标题行，可将上述代码相关的内容改为如下代码。

【代码如下】

```
data=np.loadtxt("iris.csv",delimiter=",",dtype=np.str),
X_data= data[1:,:-1].astype('float')
Y_data=data[1:,-1]
```

方式 3：以原始方式获取数据和类别标签

```
import numpy as np
#读取文件
dataset= [(line.split(',') ) for line in open("iris.csv")]
#将数据转化成矩阵的形式
data=np.array(dataset)
# 获取数据和标签
X_data= np.array([[float(x) for x in line[:-1]] for line in data[1:]])
Y_data=np.array([x.strip("\n") for x in data[1:,-1]])
```

【结果说明】

iris.csv 文件有标题行，所以样本和标签所在的行应该从第 1 行开始，同方法 2，特征数据也要进行类型转换。另外在读取 iris 文件时，类别一列包括了 "\n"，所以类别数据要将 "\n" 分离。

 5.11　高手点拨

1. 矩阵的乘方运算

矩阵乘方与普通数的乘方运算不同，设 A、B 是同型方阵，一般而言若 $AB \neq BA$，则有以下性质。

① $(A+B)^2=A^2+AB+BA+B^2 \neq A^2+2AB+B^2$。

② $(A+B) \times (A-B)=A^2-AB+BA-B^2 \neq A^2-B^2$。

③ $(A \times B)^2=(AB)(AB) \neq A^2B^2$。

设 $A=\begin{bmatrix} 1 & 2 \\ 3 & 4 \end{bmatrix}$, $B=\begin{bmatrix} 1 & 0 \\ 2 & 3 \end{bmatrix}$, 验证上述公式之间的关系。

【代码如下】

```
import numpy as np
A=np.array([[1,2],[3,4]])
B=np.array([[1,0],[2,3]])
C1=(A+B).dot(A+B)
C2=A.dot(A)+2*A.dot(B)+B.dot(B)
C3=A.dot(A)+A.dot(B)+B.dot(A)+B.dot(B)
D1=(A+B).dot(A-B)
D2=A.dot(A)-B.dot(B)
D3=A.dot(A)-A.dot(B)+B.dot(A)-B.dot(B)
E=A.dot(B)
E1=A.dot(B).dot(A.dot(B))
E2=A.dot(A).dot(B).dot(B)
print("(A+B)的平方 =\n",C1)
print("A平方+2AB+B平方 =\n",C2)
print("A平方+AB+BA+B平方 =\n",C3)
print("(A+B)(A-B)=\n",D1)
print("A平方-B平方 =\n",D2)
print("A平方-AB+BA-B平方 =\n",D3)
print("AB=\n",E)
print("AB平方 =\n",E1)
print("A平方与B平方的乘积 =\n",E2)
```

【运行结果】

```
(A+B)的平方 =
 [[14 18]
 [45 59]]
A平方+2AB+B平方 =
 [[18 22]
 [45 55]]
A平方+AB+BA+B平方 =
 [[14 18]
 [45 59]]
(A+B)(A-B)=
 [[2  6]
 [7 17]]
A平方-B平方 =
 [[6 10]
 [7 13]]
```

```
A 平方–AB+BA–B 平方 =
 [[2  6]
 [7 17]]
AB=
 [[5  6]
 [11 12]]
AB 平方 =
 [[91 102]
 [187 210]]
A 平方与 B 平方的乘积 =
 [[87  90]
 [191 198]]
```

【结果说明】

结果验证了上述公式之间的关系。

2. 以表格形式显示矩阵的内容

在 Python 中可以利用 pandas 以表格形式显示矩阵的内容。

【代码如下】

```
import numpy as np
import pandas as pd
A=np.array([[1,2,3,1],[4,5,6,0],[7,8,9,1]])
pd.DataFrame(A)
```

【运行结果】

```
   0 1 2 3
0  1 2 3 1
1  4 5 6 0
2  7 8 9 1
```

【结果说明】

行头和列头分别表示行索引号和列索引号。

3. NumPy 相关函数

（1）使用 arange() 函数创建数组

调用形式为 arange(start, stop, step, dtype=None)，根据 start 与 stop 指定的范围以及 step 设定的步长，生成一个等差数列的一维数组。注意不包括终值。

【代码如下】

```
import numpy as np
A=np.arange(0,10,1)
print("A=",A)
print("A.shape=",A.shape)
```

【运行结果】

```
A= [0 1 2 3 4 5 6 7 8 9]
A.shape= (10,)
```

【结果说明】

上面生成的 A 是一个一维数组，既不是行向量也不是列向量。

利用 reshape() 函数，将 arange() 函数生成的一维数组转换为向量或矩阵。

【代码如下】

```
import numpy as np
A=np.arange(0,10,1).reshape(1,-1)
print(" 行向量 A=",A)
print("A.shape=",A.shape)
B=np.arange(0,10,1).reshape(2,-1)
print(" 矩阵 B=\n",B)
print("B.shape=",B.shape)
```

【运行结果】

```
行向量 A= [[0 1 2 3 4 5 6 7 8 9]]
A.shape= (1, 10)
矩阵 B=
 [[0 1 2 3 4]
 [5 6 7 8 9]]
B.shape= (2, 5)
```

【结果说明】

通过 np.arange(0,10,1).reshape(-1,1) 可以生成十维列向量。

（2）利用 linspace() 函数创建数组。

调用形式为 linspace(start, stop, num=50, endpoint=True, retstep=False, dtype=None)，根据 start 与 stop 指定的范围以及数组长度 num（默认是 50 个），生成一个等差数列的一维数组。endpoint 用于指定数组中是否包括结束点，retstep 用于返回间隔的大小，默认值是 False 则不返回步长。

【代码如下】

```
import numpy as np
A=np.linspace(1, 10, 10)
B=np.linspace(1, 10, 10, endpoint = False)
C=np.linspace(1, 10, 10, endpoint = False, retstep= True)
print("A=",A)
print("B=",B)
print("C=",C)
```

【运行结果】

```
A= [ 1.  2.  3.  4.  5.  6.  7.  8.  9. 10.]
B= [1.  1.9 2.8 3.7 4.6 5.5 6.4 7.3 8.2 9.1]
C= (array([1. , 1.9, 2.8, 3.7, 4.6, 5.5, 6.4, 7.3, 8.2, 9.1]), 0.9)
```

（3）利用 logspace() 函数生成等比序列。

调用形式为 np.logspace(start, stop, num=50, endpoint=True, base=10, dtype=None)，根据 start 与

stop 指定的范围以及数组长度 num（默认是 50 个），生成一个等比数列的数组。endpoint 用于指定数组中是否包括结束点。base 代表指数，默认为 10。

【代码如下】

```python
import numpy as np
A = np.logspace(0,2,5)   #从 10 的 0 次方到 10 的二次方，有 5 个元素的等比数列
print("A=",A)
B= np.logspace(0,6,3,base=2)
print("B=",B)              #从 2 的零次方到 2 的六次方，有 3 个元素的等比数列
```

【运行结果】

```
A= [   1.3.16227766  10.31.6227766  100.]
B= [  1.  8. 64.]
```

（4）计算数组的最大值、最小值、和、平均值、中值。

axis=0 代表列方向的计算，axis=1 代表行方向的计算。

中值指的是将序列按大小顺序排列后，排在中间的值，若有偶数个数，则是排在中间的两个数的平均值。

【代码如下】

```python
import numpy as np
A = np.array([[1,2,3],[4,5,6]])
print("矩阵 A: \n",A) #获取整个矩阵的最大值，结果：6
print("整个矩阵的最大值: ",A.max()) #获取整个矩阵的最大值，结果：6
print("整个矩阵的最小值: ",A.min()) #结果：1
print("每列的最大值: ",A.max(axis=0))# 结果：[4 5 6]
print("每行的最大值: ",A.max(axis=1))# 结果：[3 6]
# 要想获得最大最小值元素所在的位置，可以通过 argmax() 函数获得
print("每列的最大值的位置: ",A.argmax(axis=1))# 结果：[2 2]
print("矩阵求和: ",A.sum())              # 对整个矩阵求和，结果：21
print("按列求和: ",A.sum(axis=0)) # 对列方向求和，结果：[5 7 9]
print("按行求和: ",A.sum(axis=1)) # 对行方向求和，结果：[ 6 15]
print("整个矩阵的平均值: ",A.mean()) #结果：3.5
print("每列的平均值: ",A.mean(axis=0)) # 结果：[ 2.5  3.5  4.5]
print("每行的平均值: ",A.mean(axis=1)) # 结果：[ 2.  5.]
print("所有数取中值: ",np.median(A))  # 对所有数取中值,结果：3.5
print("按列取中值: ",np.median(A,axis=0))  # 结果：[ 2.5  3.5  4.5]
print("按行取中值: ",np.median(A,axis=1))  # 结果：[ 2.  5.]
```

【运行结果】

```
矩阵 A:
 [[1 2 3]
 [4 5 6]]
整个矩阵的最大值：6
整个矩阵的最小值：1
每列的最大值：[4 5 6]
每行的最大值：[3 6]
```

每列的最大值的位置： [2 2]
矩阵求和： 21
按列求和：[5 7 9]
按行求和： [6 15]
整个矩阵的平均值： 3.5
每列的平均值：[2.5 3.5 4.5]
每行的平均值： [2. 5.]
所有数取中值： 3.5
按列取中值： [2.5 3.5 4.5]
按行取中值： [2. 5.]

5.12 习题

（1）分别利用3种方法求如下线性方程组的解。

$$\begin{cases} x+y+z=2 \\ x+2y+4z=3 \\ x+3y+9z=5 \end{cases}$$

（2）分别创建3×4阶和4×5阶的矩阵，元素值为1~20的随机整数，计算这两个矩阵的相加、乘积，求两个矩阵的秩。

（3）求下面矩阵的逆矩阵，求逆矩阵时要先求行列式，行列式不为0时逆矩阵存在，之后再进行求逆操作。

$$A=\begin{bmatrix} 1 & 2 & 3 \\ 2 & 2 & 1 \\ 3 & 4 & 3 \end{bmatrix}$$

（4）分别创建四阶零矩阵和四阶单位矩阵，以及对角线元素分别为1,2,3,4的对角矩阵。

（5）创建一个四阶方阵，元素值为1~20的随机浮点数，根据其上三角和下三角矩阵，分别创建对应的对称矩阵。

第 6 章

从数据中提取重要信息
——特征值与矩阵分解

研究的对象拥有大量的特征属性，虽方便对事物进行全面研究，但需要分析处理的数据量会随着样本特征属性量的增多而直线上升，使问题研究复杂化。如何从众多的信息中抽取有用信息，即特征向量的选取是整个机器学习系统中非常重要的一步。深入理解特征值和特征向量，有助于理解如奇异值分解（Singular Value Decomposition，SVD）、主成分分析（Principal Component Analysis，PCA）和线性判别法（Linear Discriminant Analysis，LDA）等涉及特征值和特征向量的方法。本章首先介绍矩阵的特征值和特征向量的相关概念，进而引入特征值分解及奇异值分解，最后通过例子介绍 SVD 的应用。

本章主要涉及的知识点

- ◆ 特征值与特征向量
- ◆ 特征空间
- ◆ 特征值分解
- ◆ SVD 解决的问题
- ◆ 奇异值分解（SVD）

特征值与特征向量

特征值与特征向量是线性代数的核心内容，也是方阵的属性之一，在机器学习算法中应用十分广泛，可应用在降维、特征提取、图像压缩等领域中。

6.1.1 引例

鉴于二维平面便于画图和理解，下面将通过二维方阵和二维列向量的乘积引入特征值和特征向量。

从几何意义上理解，在二维平面上，一个向量就是一个点，具有方向和长度两个特性，从原点到该点的方向表示其方向，从原点到该点的距离表示其长度。矩阵和向量的乘法可以理解为矩阵将二维平面中的一点变换为另外一个点。

设二阶方阵 $A = \begin{bmatrix} 4 & 2 \\ 1 & 5 \end{bmatrix}$, $B = \begin{bmatrix} 2 \\ 1 \end{bmatrix}$, $C = \begin{bmatrix} 1 \\ 1 \end{bmatrix}$, $D = \begin{bmatrix} -1 \\ 1 \end{bmatrix}$, 观察 $A \times B$, $A \times C$, $A \times D$ 对应向量的特点。

$$A \times B = \begin{bmatrix} 4 & 2 \\ 1 & 5 \end{bmatrix} \times \begin{bmatrix} 2 \\ 1 \end{bmatrix} = \begin{bmatrix} 4 \times 2 + 2 \times 1 \\ 1 \times 2 + 5 \times 1 \end{bmatrix} = \begin{bmatrix} 10 \\ 7 \end{bmatrix}$$

计算结果显示，$A \times B$ 就是矩阵 A 将向量 $[2,1]^T$ 转换为向量 $[10,7]^T$，此时向量 B 通过方阵 A 变化得到的新向量的长度和方向均发生改变。图 6-1 中，点 (4,1) 和 (2,5) 分别代表矩阵 A 的两个列向量 $[4,1]^T$ 和 $[2,5]^T$。

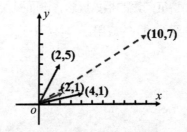

图 6-1 A 与 B 的乘积

$$A \times C = \begin{bmatrix} 4 & 2 \\ 1 & 5 \end{bmatrix} \times \begin{bmatrix} 1 \\ 1 \end{bmatrix} = \begin{bmatrix} 6 \\ 6 \end{bmatrix} = 6 \times \begin{bmatrix} 1 \\ 1 \end{bmatrix} \qquad A \times D = \begin{bmatrix} 4 & 2 \\ 1 & 5 \end{bmatrix} \times \begin{bmatrix} -2 \\ 1 \end{bmatrix} = \begin{bmatrix} -6 \\ 3 \end{bmatrix} = 3 \times \begin{bmatrix} -2 \\ 1 \end{bmatrix}$$

计算结果显示，$AC = 6C$, $AD = 3D$，即向量 C 和 D 通过方阵 A 变化得到的新向量方向不变，长度伸缩，如图 6-2 所示。

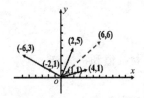

图 6-2 A 与 C、A 与 D 的乘积

矩阵与向量相乘是对向量进行线性变换，是对原始向量同时施加方向和长度的变化。通常情况下，绝大部分向量都会被这个矩阵变换得"面目全非"，但是存在一些特殊的向量，被矩阵变换之后，仅有长度变化。用数学公式表示为 $Ax=\lambda x$，其中 x 为向量，λ 对应长度变化比例，称 λ 为特征值，x 为 λ 对应的特征向量。

矩阵的特征值和特征向量的动态意义在于表示变化的速度和方向，如拳击赛，出拳有攻击方向和力度。要获胜，最重要的是朝着对方攻击，出拳打到对方的攻击方向可以理解为特征向量，该方向下出拳的力度即是特征值。攻击对方的方向（特征向量）可以不同，攻击的力度可以不同，但所有击到对方的攻击叠加起来才是矩阵的效果。

对于给定线性系统，主要关注哪些输入能使它的输出按固定比例放大及放大的倍数，此时，特征向量表示这些输入，特征值表示放大倍数。

对于矩阵 A，特征值和特征向量，即满足 $Ax=\lambda x$ 的 λ 和 x，是本章研究重点。

6.1.2 定义

将二阶方阵推广到 n 阶方阵，特征值和特征向量的定义如下。

定义 6.1 设 A 是 n 阶方阵，若实数 λ 及 n 维非零列向量 x，使得 $Ax=\lambda x$ 成立，则称 λ 是 A 的特征值，x 是 A 对应于 λ 的特征向量。

由 $Ax = \lambda x$，整理得到 $(A - \lambda E) x = 0$，其中 E 为单位矩阵。其系数行列式 $|A - \lambda E| = 0$ 称为 A 的特征方程，$|A - \lambda E|$ 称为 A 的特征多项式。x 有非零解的充分必要条件是 $|A - \lambda E| = 0$。

6.1.3 特征值和特征向量的求解

由特征方程的定义显见，特征值就是特征方程的解，因此，求解特征值就是求特征方程的解，求出特征值后，再求对应的特征向量。

给定一个方阵，求解特征值与特征向量的步骤如下。

（1）计算特征多项式 $|A - \lambda E|$。

（2）求 A 的所有特征值，即 $|A - \lambda E|=0$ 的所有根。

（3）对每个特征值 λ，求解齐次线性方程组 $(A - \lambda E) x=0$ 的一个基础解系 α，则 λ 对应的全部

特征向量为 $k\boldsymbol{\alpha}(k\neq 0)$。

【例 6.1】求解 $A = \begin{bmatrix} -1 & 0 & 1 \\ 1 & 2 & 0 \\ -4 & 0 & 3 \end{bmatrix}$ 的特征值和特征向量。

解：（1）计算特征多项式 $|\boldsymbol{A}-\lambda\boldsymbol{E}|$。

$$|\boldsymbol{A}-\lambda\boldsymbol{E}| = \begin{bmatrix} -1-\lambda & 0 & 1 \\ 1 & 2-\lambda & 0 \\ -4 & 0 & 3-\lambda \end{bmatrix} = (2-\lambda)(1-\lambda)^2$$

（2）求特征值 λ。

$\boldsymbol{A}$ 的特征值为 $\lambda_1=2$，$\lambda_2=\lambda_3=1$。

（3）求各个特征值对应的特征向量。

当特征值为 2 时，解方程 $(\boldsymbol{A}-2\boldsymbol{E})\boldsymbol{x}=0$，有

$$\boldsymbol{A}-2\boldsymbol{E} = \begin{bmatrix} -3 & 0 & 1 \\ 1 & 0 & 0 \\ -4 & 0 & 1 \end{bmatrix} \xrightarrow{r_3+4r_2} \begin{bmatrix} -3 & 0 & 1 \\ 1 & 0 & 0 \\ 0 & 0 & 1 \end{bmatrix} \xrightarrow{r_1+3r_2} \begin{bmatrix} 0 & 0 & 1 \\ 1 & 0 & 0 \\ 0 & 0 & 1 \end{bmatrix} \xrightarrow{r_3-r_1} \begin{bmatrix} 0 & 0 & 1 \\ 1 & 0 & 0 \\ 0 & 0 & 0 \end{bmatrix} \xrightarrow[\text{对调}]{r_1,r_2} \begin{bmatrix} 1 & 0 & 0 \\ 0 & 0 & 1 \\ 0 & 0 & 0 \end{bmatrix},$$

得基础解系 $\boldsymbol{p}_1 = \begin{bmatrix} 0 \\ 1 \\ 0 \end{bmatrix}$，所以 $k\boldsymbol{p}_1(k\neq 0)$ 是对应 $\lambda_1=2$ 的全部特征向量。

当特征值为 1 时，解方程 $(\boldsymbol{A}-\boldsymbol{E})\boldsymbol{x}=0$，由 $\boldsymbol{A}-\boldsymbol{E} = \begin{bmatrix} -2 & 0 & 1 \\ 1 & 1 & 0 \\ -4 & 0 & 2 \end{bmatrix} \xrightarrow{r_3-2r_1} \begin{bmatrix} -2 & 0 & 1 \\ 1 & 1 & 0 \\ 0 & 0 & 0 \end{bmatrix} \xrightarrow[\text{对调}]{r_1,r_2} \begin{bmatrix} 1 & 1 & 0 \\ -2 & 0 & 1 \\ 0 & 0 & 0 \end{bmatrix}$

得基础解系 $\boldsymbol{p}_2 = \begin{bmatrix} 1 \\ -1 \\ 2 \end{bmatrix}$，所以 $k\boldsymbol{p}_2(k\neq 0)$ 是对应 $\lambda_2=\lambda_3=1$ 的全部特征向量。

6.1.4 特征值的实现

（1）在 NumPy 中通过向 np.linalg.eig() 函数传递方阵 $\boldsymbol{A}$，根据 np.linalg.eig() 函数的返回值，得到方阵 $\boldsymbol{A}$ 的特征值和特征向量。

以下为 6.1.1 引例的代码。

【代码如下】

```
import numpy as np
B = [[4,2], [1,5]]
A= np.array(B)
eig_val,eig_vex=np.linalg.eig(A)          #eig() 函数求解特征值和特征向量
print("A 的特征值为 \n",eig_val)
print("A 的特征向量为 \n",eig_vex)
```

【运行结果】

```
A 的特征值为
 [3. 6.]
A 的特征向量为
 [[-0.89442719 -0.70710678]
 [ 0.4472136  -0.70710678]]
```

【结果说明】

将 np.linalg.eig() 函数返回的特征值和特征向量分别赋值给 eig_val 和 eig_vex，特征值 eig_val 为一维数组，共有两个特征值 3 和 6，特征向量放在 eig_vex 矩阵中，eig_vex 矩阵的第 i 个列向量 eig_vex$_i$ 对应 eig_val 的第 i 个特征值 eig_val$_i$，例如特征值 3 对应特征向量 $[-0.8944, 0.4472]^T$，特征值 6 对应特征向量 $[-0.7017, -0.7017]^T$。称 eig_vex 为特征向量矩阵。

> 提示　根据 np.linalg.eig() 函数求解出的特征向量已经标准化，即满足 ||eig_vex$_i$||=1，或者说 eig_vex$_i^T$eig_vex$_i$=1。利用 np.linalg.eig() 函数求出的特征值未排序。

（2）验证 $A \times$ eig_vex=eig_val $\times$ eig_vex。

【代码如下】

```
C1=eig_val*eig_vex
C2=A.dot(eig_vex)
print("A×eig_vex 与 eig_val×eig_vex 是否相等：",np.allclose(C1,C2))
print("A×eig_vex=\n",C2)
```

【运行结果】

```
A×eig_vex 与 eig_val×eig_vex 是否相等： True
A×eig_vex=
 [[-2.68328157 -4.24264069]
 [ 1.34164079 -4.24264069]]
```

【结果说明】

结果为 True，说明 $A \times$ eig_vex=eig_val $\times$ eig_vex。np.linalg.eig() 函数返回的特征值存放在一维数组 eig_val 中，特征向量在矩阵 eig_vex 中，所以用 eig_val $\times$ eig_vex 得到矩阵，从结果中可以看出

$$\begin{bmatrix} -2.68328157 \\ 1.34164079 \end{bmatrix} = 3 \times \begin{bmatrix} -0.89442719 \\ 0.4472136 \end{bmatrix}, \quad \begin{bmatrix} -4.24264069 \\ -4.24264069 \end{bmatrix} = 6 \times \begin{bmatrix} -0.70710678 \\ -0.70710678 \end{bmatrix}$$

（3）根据特征值生成特征值矩阵 sigma，验证 $A \times$ eig_vex=eig_vex $\times$ sigma，但 $A \times$ eig_vex $\neq$ sigma $\times$ eig_vex。

【代码如下】

```
sigma=np.diag(eig_val) #特征值的对角化
print("A×eig_vex 与 eig_vex×sigma 是否相等： ",
    np.allclose(A.dot(eig_vex),eig_vex.dot(sigma)))
```

```
print("A×eig_vex 与 sigma×eig_vex 是否相等: ",
        np.allclose(A.dot(eig_vex),sigma.dot(eig_vex)))
```

【运行结果】

A×eig_vex 与 eig_vex×sigma 是否相等: True
A×eig_vex 与 sigma×eig_vex 是否相等: False

【结果说明】

True 代表 A×eig_vex=eig_vex×sigma，False 代表 A×eig_vex ≠ sigma×eig_vex。

6.1.5 特殊值的性质

（1）特殊矩阵的特征值。

对于特殊的矩阵，特征值见表 6-1。

表 6-1 特殊矩阵的特征值

矩阵	表示	特征值
对角矩阵	$$A = \begin{bmatrix} a_{11} & 0 & \cdots & 0 \\ 0 & a_{22} & \cdots & 0 \\ \vdots & \vdots & \ddots & \vdots \\ 0 & 0 & \cdots & a_{nn} \end{bmatrix}_{n \times n}$$	$a_{11}, a_{22}, \cdots, a_{nn}$
上三角矩阵	$$A = \begin{bmatrix} a_{11} & a_{12} & \cdots & a_{1n} \\ 0 & a_{22} & \cdots & a_{2n} \\ \vdots & \vdots & \ddots & \vdots \\ 0 & 0 & \cdots & a_{nn} \end{bmatrix}_{n \times n}$$	$a_{11}, a_{22}, \cdots, a_{nn}$
下三角矩阵	$$A = \begin{bmatrix} a_{11} & 0 & \cdots & 0 \\ a_{21} & a_{22} & \cdots & 0 \\ \vdots & \vdots & \ddots & \vdots \\ a_{n1} & a_{n2} & \cdots & a_{nn} \end{bmatrix}_{n \times n}$$	$a_{11}, a_{22}, \cdots, a_{nn}$

（2）若 λ 是可逆矩阵 A 的特征值，则 λ^{-1} 是 A^{-1} 的特征值。

（3）设 $\lambda_1, \lambda_2, \cdots, \lambda_m$ 是方阵 A 的 m 个特征值，$p_1, p_2, \cdots, p_m$ 是与特征值对应的特征向量，若 $\lambda_1, \lambda_2, \cdots, \lambda_m$ 各不相同，则 $p_1, p_2, \cdots, p_m$ 线性无关。

（4）对称矩阵的特征值一定是正实数，不同特征值的特征向量两两正交。

6.2 特征空间

一个矩阵的特征值可能不唯一。通过 np.linalg.eig() 函数求出标准化的特征向量，根据代数数乘的性质可知，一旦一个特征值确定，其对应的特征向量乘以任意一个标量得到的新特征向量必也满足特征方程。因此，一个特征值对应无数个特征向量，这些特征向量的方向相同，但长度不同。

定义 6.2 一个特征值对应的所有特征向量所组成的空间，称为特征空间。当特征值确定，特征空间确定。

6.3 特征值分解

特征值分解是矩阵分解的一种方法。矩阵分解也称为矩阵因子分解，即将原始矩阵表示成新的结构简单或者具有特殊性质的两个或多个矩阵的乘积，类似于代数中的因子分解，如将 16 分解为两个数的乘积，16=1×16、16=2×8、16=4×4 都合理。矩阵分解可应用在降维、深度学习、聚类分析、低维度特征学习、推荐系统、大数据分析等领域。不同的矩阵分解方法具有不同的性质，适用于不同的应用领域。

特征值分解是将矩阵 A 分解成 $A=Q\sum Q^{-1}$ 的形式。

特征值分解的前提：A 必须是 n 阶方阵且可对角化。

公式中，Q 是 A 的特征向量组成的矩阵，$\sum$ 是对角阵，其主对角线上的元素代表 A 的特征值。特征向量矩阵 Q 的第 i 个列向量与 $\sum$ 的第 i 行对角线上的特征值对应，Q^{-1} 为 Q 的逆矩阵。

【例6.2】$A=\begin{bmatrix}4&2\\1&5\end{bmatrix}=\begin{bmatrix}1&-2\\1&1\end{bmatrix}\times\begin{bmatrix}6&0\\0&3\end{bmatrix}\times\begin{bmatrix}\frac{1}{3}&\frac{2}{3}\\-\frac{1}{3}&\frac{1}{3}\end{bmatrix}$

$$Q=\begin{bmatrix}1&-2\\1&1\end{bmatrix},\ \sum=\begin{bmatrix}6&0\\0&3\end{bmatrix},\ Q^{-1}=\begin{bmatrix}\frac{1}{3}&\frac{2}{3}\\-\frac{1}{3}&\frac{1}{3}\end{bmatrix}$$

特征值分解的实质是求解给定矩阵的特征值和特征向量，提取出矩阵最重要的特征。

特征值分解公式 $A=Q\sum Q^{-1}$ 的证明如下。

设矩阵 $A_{n\times n}$，λ_i 是 A 的第 i 个特征值，对应的特征向量为 x_i，根据特征值的定义：$Ax_i=\lambda_i x_i$，进而使 $AQ=Q\sum$。

其中：$Q=[x_1,x_2,\cdots,x_n]$，$\Sigma=\begin{bmatrix} \lambda_1 & \cdots & 0 \\ \vdots & \ddots & \vdots \\ 0 & \cdots & \lambda_n \end{bmatrix}$，

则 $A=AQQ^{-1}=Q\Sigma Q^{-1}$，

故：$A=Q\Sigma Q^{-1}$。

以下为验证 $A=Q\Sigma Q^{-1}$ 的代码。

【代码如下】

```
import numpy as np
B = [[4,2], [1,5]]
A= np.array(B)
eig_val,eig_vex=np.linalg.eig(A)      #eig() 函数求解特征值和特征向量
print("A 的特征值: \n",eig_val)
print("A 的特征向量: \n",eig_vex)
sigma=np.diag(eig_val)                 #特征值的对角化
print(" 特征值矩阵: \n",sigma)
C=eig_vex.dot(sigma.dot(np.linalg.inv(eig_vex)))
print("A 与新构造出的矩阵 C 是否相同 ",np.allclose(A,C))
```

【运行结果】

```
A 的特征值为
 [3. 6.]
A 的特征向量为
[[- 0.89442719 - 0.70710678]
 [0.4472136  - 0.70710678]]
特征值矩阵:
 [[3. 0.]
 [0. 6.]]
A 与新构造出的矩阵 C 是否相同 True
```

【结果说明】

利用 eig() 函数得到的 eig_val 是特征值，利用 diag() 函数将特征值对角化得到的 sigma 是 Σ，eig_vex 是 Q，使用 dot() 函数将 Q、Σ 和 Q^{-1} 相乘构出新矩阵，通过 allclose() 函数判断新矩阵是否与原矩阵相同，True 说明 $A=Q\Sigma Q^{-1}$ 成立。

利用特征值分解，将矩阵 A 分解为 3 个矩阵，求出矩阵 A^n。

【例 6.3】$A^2=(Q\Sigma Q^{-1})(Q\Sigma Q^{-1})=Q\Sigma^2 Q^{-1}$，依次归纳可以求出 A^n。

$A^n=Q\Sigma^n Q^{-1}$，Σ 是对角元素为特征值 n 次幂的矩阵，易于求解，因此，利用 $Q\Sigma^n Q^{-1}$ 间接求解 A^n 比直接求解的计算量小。A^n 被广泛应用于经济、粒子、生态、随机等动态系统中，计算 A^n 可以用计算 $Q\Sigma^n Q^{-1}$ 代替。

【代码如下】

```
import numpy as np
B = [[4,2], [1,5]]
```

```
A= np.array(B)
n=3
eig_val,eig_vex=np.linalg.eig(A)     #eig() 函数求解特征值和特征向量
sigma=np.diag(eig_val**3)                #特征值的对角化
C=eig_vex.dot(sigma.dot(np.linalg.inv(eig_vex)))
D=A.dot(A.dot(A))
print("C 与 D 是否相同 ",np.allclose(C,D))
print("A 的三次方 =\n",C)
```

【运行结果】

```
C 与 D 是否相同  True
A 的三次方 =
 [[90.126.]
 [63.153.]]
```

【结果说明】

当 n 比较大时，利用 $A^n=Q\sum^nQ^{-1}$ 求解 A^n，计算量大大缩小，计算公式也比 n 个 A 的乘积表述简单。

从 6.1 节已知，特征值表示对应的特征向量的重要程度，特征值越大，代表包含的信息量越多；特征值越小，说明其信息量越小。借助此性质，可以实现矩阵的压缩，即在特征值分解后，保留比较大的特征值及其对应的特征向量，舍弃比较小的特征值及其对应的特征向量，以此达到压缩矩阵的目的。虽然数据量减小，但有用的信息量变化不大，PCA 降维就是基于这种思路。

特征值分解要求待分解的矩阵必须是 n 维方阵，将特征值分解算法推广到所有矩阵之上，就是更加通用的奇异值分解（SVD）。

 6.4 SVD 解决的问题

特征值分解仅适用于提取方阵特征，但在实际应用中，大部分数据对应的矩阵都不是方阵，例如电商平台有 100 万个用户，有 10 万个商品，这些数据组成的阶矩阵不是方阵，不能应用特征值分解获得特征值和特征向量。而且可能有很多用户买了少量商品，或某个商品只有很少用户购买，矩阵就可能是有很多 0 的稀疏矩阵，存储量大且浪费空间，对原矩阵的计算量也较大，这时就需要将主要特征提取出来。再如描述一个人的脸，脸上的特征有无数种，但是可以通过寥寥的几个特征，如浓眉大眼、方脸、络腮胡、带黑框眼镜来描述，之所以可以这样简单地描述，是因为人天生就有非常好的抽取重要特征的能力，而 SVD 就是一个让机器学会抽取重要特征的方法。

奇异值分解（SVD）是将任意较复杂的矩阵用更小、更简单的 3 个子矩阵的相乘表示，用这 3 个小矩阵来描述大矩阵重要的特性。如上例，在保持原用户量和原商品数量的前提下，将原矩阵分解为 3 个小矩阵相乘，第 1 个是 100 万 ×10 阶的矩阵与用户信息有关，第 3 个是 10×10 万阶的矩阵与商品有关，第 2 个则是 10×10 阶的矩阵可看作第 1 个和第 3 个矩阵的桥梁。显然这 3 个矩阵

的元素个数加起来的存储量远远小于原矩阵，在套用各种学习算法时，计算量将大大缩减。这样分解实际上是去除噪声和冗余信息，以此达到优化数据的目的。SVD 的缺点是数据的转换可能难以理解，如第 2 矩阵的大小为什么会是 10×10。

利用 SVD 可以从稀疏矩阵（矩阵中有大量元素值为 0）中提取有价值的信息，减少计算量，在使用线性代数的地方，基本上都要使用 SVD。SVD 不仅仅应用在 PCA、图像压缩、数字水印、推荐系统和文章分类、LSA（隐性语义分析）、特征压缩（或称数据降维）中，在信号分解、信号重构、信号降噪、数据融合、目标识别、目标跟踪、故障检测和神经网络等方面也有很好的应用，是很多机器学习算法的基石。SVD 的使用与具体的应用场景相关，本章在 6.6 节和 6.7 节讲述 SVD 的应用。

6.5　奇异值分解（SVD）

SVD 适用于对任意矩阵进行矩阵分解，是一种重要的矩阵分解方法。

6.5.1 SVD 定义

已证明对于 $m \times n$ 阶矩阵 A，A^TA 和 AA^T 均为对称方阵，A^TA 是 n 阶对称方阵，AA^T 是 m 阶对称方阵，$R(A^TA)=R(AA^T)=R(A)$，两个对称矩阵的非零特征值相同，剩余的零特征值个数分别为 $n-r$ 个和 $m-r$ 个。对称矩阵的特征向量矩阵是正交矩阵，特征值均为正实数，因此，可求出特征值平方根的值（该值称为奇异值）。下面通过代码，验证上述内容。

【代码如下】

```
import numpy as np
from numpy import linalg as la        #简化下面的写法
A=[[1,5,7,6,1],[2,1,10,4,4],[3,6,7,5,2]]
A=np.array(A)
B=A.dot(A.T)                #A×A^T
C=A.T.dot(A)                #A^T×A
eig_val1,eig_vex1=np.linalg.eig(B)
eig_val2,eig_vex2=np.linalg.eig(C)
print("A 的秩 =",la.matrix_rank(A))
print("A.dot(A.T) 的秩 =",la.matrix_rank(B),"  A.T.dot(A) 的秩 =",la.matrix_rank(C))
print("A.dot(A.T) 的特征值 =",np.round(eig_val1,2))
print("A.T.dot(A) 的特征值 =",np.round(eig_val2,2))
print("A.dot(A.T) 的特征向量 =\n",np.round(eig_vex1,2))
print("A.T.dot(A) 的特征向量 =\n",np.round(eig_vex2,2))
```

【运行结果】

```
A 的秩 = 3
A.dot(A.T) 的秩 = 3    A.T.dot(A) 的秩 = 3
```

```
A.dot(A.T) 的特征值 = [343.58   3.37  25.06]
A.T.dot(A) 的特征值 = [343.58  25.06   3.37   0.   - 0.  ]
A.dot(A.T) 的特征向量 =
 [[-0.56 -0.73  0.41]
 [-0.59  0.   -0.81]
 [-0.58  0.69  0.43]]
A.T.dot(A) 的特征向量 =
 [[-0.19 -0.02  0.73  0.65  0.07]
 [-0.37 -0.76  0.27 -0.43 -0.17]
 [-0.75  0.44 -0.12 -0.05 -0.48]
 [-0.47 -0.27 -0.49  0.4   0.59]
 [-0.22  0.39  0.36 -0.48  0.62]]
```

【结果说明】

为了对比结果，使用 round() 函数截取到小数点后 2 位，结果中的 -0 对应的值是-3.61931698e，-0 近似为 0。

基于上述性质，得到 SVD 的定义。

定义 6.3 SVD 对应的公式：$A_{m×n} = U_{m×m}\sum_{m×n}V^{T}_{n×n}$，简记为 $A = U\sum V^{T}$，其中 U 和 V 是正交矩阵（酉矩阵），即满足 $U^{T}U=E_{m×m}$，$V^{T}V=E_{n×n}$。U、$\sum$ 和 V 具体的含义见表 6-2。

表 6-2 SVD 的定义及含义

矩阵	别称	维度	计算方式	含义
U 矩阵	A 的左奇异矩阵	m 行 m 列	列由 AA^{T} 的特征向量组成，且特征向量为单位向量	包含了有关行的所有信息（代表自己的观点）
$\sum$ 矩阵	A 的奇异值矩阵	m 行 n 列	对角元素来源于 AA^{T} 或 $A^{T}A$ 的特征值的平方根，并且按降序排列，值越大可以理解为越重要	记录 SVD 过程（是一种日志）
V 矩阵	A 的右奇异矩阵	n 行 n 列	列由 $A^{T}A$ 的特征向量组成，且特征向量为单位向量	包含了有关列的所有信息（代表自己的特征）

6.5.2 SVD 实现

求解 SVD 就是求解 U、$\sum$ 和 V 这 3 个矩阵，而求解这 3 个矩阵就是求解特征值和特征向量，可以通过以下两种方法求出。

方法 1. 根据 3 个矩阵的定义，求出 U、$\sum$ 和 V，参见 6.8 节。

方法 2. 利用 NumPy 中 linalg 的线性代数工具箱的 svd() 函数求解。

svd() 函数：svd(A,full_matrices=1,compute_uv=1)。

返回值：u，s，v，从左到右分别对应着 U 矩阵，奇异值，V 的转置矩阵 V^{T}。

参数说明如下。

A 是一个 $M×N$ 阶矩阵。

full_matrices 的取值为 0 或者 1。默认值为 1 时，返回值 u 的大小为 (M, M)，返回值 v 的大小

为 (N, N)；取值为 0，u 的大小为 (M, K)，v 的大小为 (K, N)，$K=\min(M, N)$。

compute_uv 的取值是为 0 或者 1，默认值为 1，表示计算 u，s，v。取值为 0，只计算返回值 s。

> **提示**　svd() 函数将奇异值以行向量形式返回并且将元素从大到小排列，并没有返回奇异值矩阵，因为奇异值矩阵除了对角元素其他均为 0，所以，仅返回对角元素能节省空间。

根据奇异值获得 $m \times n$ 阶奇异值矩阵的步骤如下。

（1）创建一个零矩阵。

（2）将该矩阵的对角元素替换为奇异值。

【代码如下】

```python
import numpy as np
from numpy import linalg as la          #简化下面的写法
A=[[1,5,7,6,1],[2,1,10,4,4],[3,6,7,5,2]]
A=np.array(A)
U,s,VT = la.svd(A)
# 创建一个与 A 大小一样的零矩阵
Sigma=np.zeros(np.shape(A))
#生成奇异值矩阵，该矩阵的对角元素为奇异值
Sigma[:len(s),:len(s)]=np.diag(s)
print(" 左奇异值矩阵：\n",U)
print(" 奇异值：",s)
print(" 奇异值矩阵：\n",Sigma)
print(" 右奇异矩阵的转置：\n",VT)
```

【运行结果】

```
左奇异值矩阵：
 [[-0.55572489  0.40548161 -0.72577856]
 [-0.59283199 -0.80531618  0.00401031]
 [-0.58285511  0.43249337  0.68791671]]
奇异值： [18.53581747  5.0056557   1.83490648]
奇异值矩阵：
 [[18.53581747  0.          0.          0.          0.        ]
 [ 0.          5.0056557   0.          0.          0.        ]
 [ 0.          0.          1.83490648  0.          0.        ]]
右奇异矩阵的转置：
 [[-0.18828164 -0.37055755 0.74981208 -0.46504304 -0.22080294]
 [ 0.01844501  0.76254787 -0.4369731   0.27450785 -0.38971845]
 [ 0.73354812  0.27392013 -0.12258381 -0.48996859  0.36301365]
 [ 0.36052404 -0.34595041 -0.43411102  0.6833004   0.30820273]
 [-0.5441869   0.2940985  -0.20822387 -0.0375734   0.7567019 ]]
```

【结果说明】

代码段中，svd() 函数返回的奇异值已按从大到小的顺序排序，转换后的奇异值矩阵为阶。

6.5.3 利用 SVD 重构矩阵

原始矩阵可以根据 U、S 和 V^{T} 的乘积重构出来。

【代码如下】

```
B=U.dot(Sigma.dot(VT))        #SVD 还原后的数据
print("原矩阵 A: \n",A)
print("重构后的矩阵 B: \n",B)
print("原矩阵 A 与重构后的矩阵 B 是否相同 ",np.allclose(A,B))
```

【运行结果】

```
原矩阵 A:
 [[1 5 7 6 1]
 [2 1 10 4 4]
 [3 6 7 5 2]]
重构后的矩阵 B:
 [[1. 5. 7. 6. 1.]
 [2. 1. 10. 4. 4.]
 [3. 6. 7. 5. 2.]]
原矩阵 A 与重构后的矩阵 B 是否相同 True
```

【结果说明】

结果 True 表示原始矩阵可以根据 U、S 和 V^{T} 的乘积重构出来。代码中利用 allclose() 函数判断两个矩阵是否相等。

6.5.4 利用 SVD 进行矩阵近似

上例中，SVD 得到的特征值的前两项较大，最后一项值较小。通过取不同的 k 值，分别对应于取 U 的前 k 列，$\sum$ 变成 k 阶方阵，V^{T} 取前 k 行，对比利用矩阵乘积得到的新矩阵与原始数据的情况。

【代码如下】

```
for k in range(3,0,-1):
#SVD 还原后的数据
#U[:,:k] 代表前 k 列，Sigma[:k,:k] 代表 k 阶方阵，VT[:k,:] 代表 K 行
    D=U[:,:k].dot(Sigma[:k,:k].dot(VT[:k,:]))
    print("k=",k," 压缩后的矩阵: \n",np.round(D,1))   #取整是为便于观察数据
```

【运行结果】

```
k= 3 压缩后的矩阵:
 [[1. 5. 7. 6. 1.]
 [2. 1. 10. 4. 4.]
 [3. 6. 7. 5. 2.]]
k= 2 压缩后的矩阵:
 [[2. 5.4 6.8 5.3 1.5]
 [2. 1. 10. 4. 4. ]
 [2.1 5.7 7.2 5.6 1.5]]
```

```
k= 1 压缩后的矩阵:
[[1.9 3.8 7.7 4.8 2.3]
[2.1 4.1 8.2 5.1 2.4]
[2. 4. 8.1 5. 2.4]]
```

【结果说明】

从结果可看到，SVD 后特征值主要集中在前两个数上，当 k 取 2 时，得到的新矩阵与原矩阵较接近，虽然有些差异，但大多数信息是完好的。因此，可以选取合适的 k 值，保留比较大的奇异值及特征向量，实现用较少的数据量达到较好的矩阵近似效果。

将原矩阵的结果近似表示：

$$A_{m \times n} \approx U_{m \times k} \sum_{k \times k} V^{\mathrm{T}}_{k \times n}$$

近似表示的示意图如图 6-3 所示。

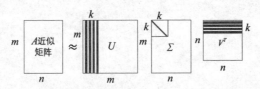

图 6-3 SVD 的近似表示

使用上面的近似公式分解矩阵 A 时，存储空间由 $m \times n$ 减少到 $m \times k + k \times k + k \times n = k \times (m+k+n)$，通常情况下，$k \ll m,n$，所以 $k \times (m+k+n) \ll m \times n$，对矩阵进行运算的计算量随维数减少而减少很多。通过选取适当的 k 值，将数据用低维的 $U_{m \times k}$、$\sum_{k \times k}$ 和 $V^{\mathrm{T}}_{k \times n}$ 表示，实现通过对原始数据的逼近以达到压缩、降维、去除噪声和冗余数据的目的。

使用 SVD 要考虑的问题之一：保留奇异值的个数 k 是多少？ svd() 函数对求出的奇异值和奇异向量按从大到小进行了排序，其中值明显大的前 k 项最重要。确定 k 有很多启发式的策略，其中一个典型的做法就是保留矩阵中 90% 的能量信息，即计算所有奇异值的平方和，取前 k 个奇异值平方和是总体奇异值平方和的 90%。另一个启发式策略是当矩阵有上万的奇异值时，就保留前面的2000 或 3000 个，该方法虽然在实际中容易实施，但是任何数据集都不能保证前 3000 个奇异值就能够包含 90% 的能量信息，所以，通常情况下，使用者要对数据有足够的了解，进而再确定 k 的值。

6.6 综合实例1——利用 SVD 对图像进行压缩

在本节中，我们将实现对原始图像（图 6-4）进行 SVD，使用更少的像素表示原图像，实现图像压缩。该例子通过 SVD 进行数据降维，然后重构数据，还原后的就是压缩后的图像。

图 6-4 原始图像

总体思路如下。

第 1 部分：读取图片，将图片像素分解成 3 个矩阵，分别为 R、G、B。

一般的彩色图像使用的是 RGB 色彩模式，每个像素点的颜色由红 (R)、绿 (G)、蓝 (B) 组成，一个图像即是 RGB 这 3 个颜色通道的叠加，在 Python 中读取图像可以通过 plt.imread() 函数得到一个 $a{\times}b{\times}3$ 维的数组，然后对 3 个图层分别进行处理。

第 2 部分：对 3 个图层分别进行 SVD 并压缩，步骤如下。

（1）利用 SVD，得到对应的奇异值。

（2）按照一定标准进行奇异值的筛选，即确定 k 值。

本题中，筛选奇异值采用两种方式：一种为取整体奇异值的百分比，另一种为取奇异值之和的百分比。

（3）利用 $A_{m{\times}n} \approx U_{m{\times}k} \sum_{k{\times}k} V^{\mathrm{T}}_{k{\times}n}$，获得进行压缩后恢复的数据。

为了方便设置不同的参数实现程序的功能，本部分根据确定 k 值的两种方法，分别形成 get_approx_SVD1() 函数和 get_approx_SVD2() 函数。

第 3 部分：将压缩后的 3 个矩阵叠加起来，重构图像，形成 rebuild_img() 函数。

各个部分的具体实现如下。

首先导入两个库。

```python
from PIL import Image
import numpy as np
```

1. SVD 处理并且还原压缩后的数据

【代码如下】

```python
'''
函数功能：SVD 并还原压缩后的数据
参数说明：data 代表原始矩阵，percent 代表奇异值总和的百分比
'''
def get_approx_SVD1(data,percent):
    U, s, VT = np.linalg.svd(data)  # 进行 SVD
    Sigma=np.zeros(np.shape(data))
    Sigma[:len(s),:len(s)]=np.diag(s)
    count=(int)(sum(s))*percent
    k=-1  #k 是奇异值总和的百分比的个数
    curSum=0 # 初值为第 1 个奇异值
```

```
    while curSum <= count :
        k+=1
        curSum += s[k]
    D=U[:,:k].dot(Sigma[:k,:k].dot(VT[:k,:])) #SVD 还原后的数据
    D[D<0] = 0
    D[D>255] = 255
    return np.rint(D).astype("uint8")
"""
函数功能：SVD 并还原压缩后的数据
参数说明：data 代表原始矩阵，percent 代表奇异值个数的百分比
"""
def get_approx_SVD2(data,percent):
    U, s, VT = np.linalg.svd(data) # 进行 SVD
    Sigma=np.zeros(np.shape(data))
    Sigma[:len(s),:len(s)]=np.diag(s)        # 获得奇异值矩阵
    k=(int)(percent*len(s))   #k 是奇异值个数的百分比的个数
    D=U[:,:k].dot(Sigma[:k,:k].dot(VT[:k,:])) #SVD 还原后的数据
    D[D < 0] = 0
    D[D > 255] = 255
    return np.rint(D).astype("uint8")
```

2. 图像的导入，进行 SVD 压缩，并重构图像

【代码如下】

```
"""
函数功能：导入图像，进行 SVD 压缩，并重构图像
参数说明：filename 代表文件名，p 代表百分比，get_approx_SVD 代表调用的 SVD 筛选方法
"""
def rebuild_img(filename,p,get_approx_SVD):
    img = Image.open(filename, 'r')# 打开文件
    a = np.array(img)# 获得色素值
    R0=a[:, :, 0] # 获得红色的色素值
    G0=a[:, :, 1] # 获得绿色的色素值
    B0=a[:, :, 2] # 获得蓝色的色素值
    R = get_approx_SVD(R0,p)# 对红色进行 SVD 还原
    G = get_approx_SVD(G0,p)# 对绿色进行 SVD 还原
    B = get_approx_SVD(B0,p)# 对蓝色进行 SVD 还原
    I = np.stack((R, G, B), 2)
    Image.fromarray(I).save(str(p*100)+".jpg")# 保存图片
    img=Image.open(str(p * 100) + ".jpg", 'r')
    img.show()# 显示图片
```

3. 调用 rebuild_img() 函数，调用时指定图片名、百分比和 SVD 筛选方法

通过挑选不同数量的奇异值，重构图像，比较差异。

【代码如下】

```
filename="lenna.bmp"
for p in np.arange(0.2, 1.2, 0.2):
    rebuild_img(filename,p,get_approx_SVD1)
for p in np.arange(0.2, 1.2, 0.2):
    rebuild_img(filename,p,get_approx_SVD2)
```

【运行结果】

如图 6-5 所示。

图 6-5 不同数量的奇异值图像的差异

【结果说明】

使用特征值可以将图像进行压缩处理，压缩后的图像颜色像素会损失部分，通过设定不同的奇异值筛选百分比，对比图片压缩后的效果。

原图像的每一图层大小为 512×512=262144，结果图上层的 5 个图，依次对应按奇异值总和的 20%、40%、60%、80%、100% 进行压缩，当按奇异值总和的 60% 压缩时，可以达到原图像的效果，此时，只取了 33 个奇异值（占总奇异值个数的 6%），即 U、$\sum$ 和 V^T 的大小分别为 512×33、33×33、33×512，大小总共为 34881，3 个矩阵的大小之和远小于原图像的每一图层大小。下层的 5 个图，依次按奇异值个数的 20%、40%、60%、80%、100% 进行压缩。显然，当按奇异值个数的 20% 取值时，其对应的奇异值总和的百分比已超过 60%。因此，建议按奇异值总和的百分比压缩图像。

6.7 综合实例 2——利用 SVD 推荐商品

本节介绍 SVD 在推荐系统中的应用，主要用 SVD 进行数据集降维和对所需数据集进行构建。

涉及产品推荐的预测建模问题称为推荐系统，这是机器学习的一个子领域，具体来讲，推荐系统是利用电子商务网站向客户提供商品信息和建议，帮助用户决定应该购买什么产品，模拟销售人员帮助客户完成购买的过程。例如购物网站根据顾客的购买历史向他们推荐物品，电影网站向其用户推荐电影，新闻网站会为用户推荐新闻频道等。

推荐系统有很多种算法，常见的一种是基于协同过滤的推荐算法。协同过滤包括基于物品的相似度和基于用户的相似度两类，因为习惯上矩阵中行代表用户，列代表物品，所以行与行之间比较的是基于用户的相似度，列与列之间比较的则是基于物品的相似度。一般常选用基于物品的协同过滤。基于物品的推荐算法的主要思想是给用户推荐那些和他们之前喜欢的物品相似的物品。

因为数据集可能有很多噪声，使矩阵为稀疏矩阵，因此可以对矩阵进行 SVD，分解得到的 V 矩阵即与物品相关的矩阵降维。

1. 问题描述

根据一个用户–电影评分矩阵，对给定的用户进行电影推荐。

说明：该用户–电影评分矩阵是根据一个名为 u.data 的电影数据集获取的，该数据集共有 943 个用户，1682 部电影，这里的物品是指电影，矩阵的获取方法详见下文，本例主要介绍如何使用 SVD 实现基于物品的推荐。

2. 整体思路

利用 SVD"压缩"得到物品的低维空间，找到用户没有评分的物品，然后再计算未评分物品与其他物品的相似性，得到一个预测打分，最后将这些物品的评分从高到低进行排序，将前 N 个物品推荐给用户。

3. 具体实现

将 SVD 应用到推荐系统，主要分为以下 5 部分。

第 1 部分：加载数据集。

第 2 部分：定义 3 种计算相似度的方法。

第 3 部分：对物品矩阵进行 SVD 降维。

第 4 部分：在已经降维的数据中，对用户未打分的物品进行评分预测，返回未打分物品的物品编号及预测评分值。

第 5 部分：产生前 N 个评分值高的物品，返回物品编号以及预测评分值。

下面是每一部分的具体代码实现。

准备工作，调入相关的库。

```
import numpy as np
from numpy import linalg as la
import pandas as pd
```

第 1 部分：加载测试数据集，形成 loadExData() 函数。

用户–物品矩阵中，行代表用户 user，列代表物品 item，其中的值代表用户对物品的打分。该矩阵存放在评分 .csv 文件中，使用前需要加载。由 movie 数据集生成该评分 .csv 的具体实现见 6.8 节。

【代码如下】

```
# 行: 代表用户
# 列: 代表电影
# 值: 代表用户对电影的评分, 0 表示未评分
# 记载数据集
def loadExData():
    return np.array(pd.read_csv(" 评分 .csv",sep=",",header=None))
```

第 2 部分: 计算相似度, 形成 ecludSim() 函数、pearsSim() 函数、cosSim() 函数。

在该推荐系统中, 需要比较两个物品的相似性, 即计算相似度。本例采用如表 6-3 所示的 3 个常用的相似度算法。

假设有两个向量 $X = [x_1, x_2, \cdots x_n]^T$ 和 $Y = [y_1, y_2, \cdots y_n]^T$, 长度均为 n。

表 6-3 相似度算法

方法	公式	说明	归一化 0~1
欧氏距离	$dist(X,Y) = \|X - Y\|$	两个点离得越近, 越相似	$1/[1 + dist(X,Y)]$
皮尔逊相关系数	$r = \dfrac{(X - \bar{X}) \cdot (Y - \bar{Y})}{\|X - \bar{X}\| \times \|Y - \bar{Y}\|}$	输出范围为 [−1~1], 值越接近于 ±1, 相关度越强, 值越接近于 0, 相关度越弱	$0.5 + 0.5 \times r$
余弦相似度	$\cos\theta = \dfrac{X \cdot Y}{\|X\| \times \|Y\|}$	取值范围为 [−1,1], 当值接近 ±1, 表明两个向量有很强的相似性, 当值为 0 时, 表示不相关	$0.5 + 0.5 \times \cos\theta$

其中 $X \cdot Y$ 表示向量内积, $X \cdot Y = \sum\limits_{k=1}^{n} x_k y_k$, $\|X\| = \sqrt{\sum\limits_{k=1}^{n} x_k^2} = \sqrt{X \cdot X}$。为了方便计算, 本例采用 NumPy 中的一维数组作为向量。

【代码如下】

```
""
以下是 3 种计算相似度的算法, 分别是欧式距离、皮尔逊相关系数和余弦相似度
注意 3 种计算方式的参数 X 和 Y 都是采用一维数组
""
# 利用欧式距离计算相似度 0~1
def ecludSim(X, Y):
    return 1.0 / (1.0 + la.norm(X – Y))   # linalg.norm() 是向量 A 的模 (2 阶范数 ) 计算方法,
                                          #1/(1+ norm) 表示将相似度归一到 0~1。


# 利用皮尔逊相关系数计算相似度 0~1
def pearsSim(X, Y):
    if len(X) < 3: return 1.0
    return 0.5 + 0.5 * np.corrcoef(X, Y, rowvar=1)[0][1]
# corrcoef() 函数表示皮尔逊相关系数的计算方法
# corrcoef() 函数在 −1 ~ 1, 0.5 + 0.5*corrcoef() 把其取值范围归一化到 0~1
```

```
#利用余弦相似度计算相似度 0~1
def cosSim(X, Y):
    XY = float(X.dot(Y))   # 向量 X*Y
    XYnorm= la.norm(X) * la.norm(Y)      #向量 A 的模 (2 阶范数 ) * 向量 B 的模 (2 阶范数 )
    return 0.5 + 0.5 * (XY / XYnorm)   # 向量 A 与向量 B 的夹角余弦
                                       #A*B  /  ( ‖A‖*‖B‖ )，范围在 –1~1,
                                       #将相似度归一到 0 与 1
```

第 3 部分：对矩阵降维处理，形成 svd_item() 函数。

本部分首先确定要选取的奇异值个数，然后进行降维计算矩阵的近似值。

1. 计算选取的奇异值数目 k 值，形成 SigmaPct() 函数

步骤如下。

（1）对 sigma 中的值求平方后再求和，即计算出总能量。

（2）按照前 k 个奇异值的平方和占总奇异值的平方和的百分比 percentage 确定 k 的值。

【代码如下】

```
'''
按照前 k 个奇异值的平方和占总奇异值的平方和的百分比 percentage 确定 k 的值
后续计算 SVD 时需要将 item 原始矩阵降维
'''
def SigmaPct(sigma, percentage):
    sum_sigma = sum(sigma ** 2)
    sum_sigma1 = sum_sigma *percentage #求所有奇异值 sigma 的平方和的百分比
    sum_sigma2 = 0                     # sum_sigma2 是前 k 个奇异值的平方和
    k = 0          #计数
    for i in sigma:
        sum_sigma2 += i ** 2        #计算每个奇异值的平方
        k += 1                      #计数增加 1
        if sum_sigma2 >= sum_sigma1: #判断是否已达到 percentage
            return k
```

2. 降维处理，形成 svd_item() 函数

在基于物品的协同过滤中，采用物品间的相似度计算，所以要获取 SVD 的 V^T 矩阵的降维数据即 V^T 前 k 行数据，对应的 item 矩阵为 $V_{n \times k}$。

（1）调用 SigmaPct() 函数，确定 k 值。

（2）利用 $V_{n \times k} = (A_{m \times n})^T \times U_{m \times k} \times \sum_{k \times k}^{-1}$，求出降维后的 $V_{n \times k}$。

【代码如下】

```
# 返回降维的物品数据
def svd_item(data, percentage):
    n = np.shape(data)[1]   # 物品种类数据
    U, s, VT = la.svd(data)  # 数据集进行奇异值分解，返回的 s 为对角线上的值
    k = SigmaPct(s, percentage)  # 确定了 k 的值，前 k 个已经包含了 percentage 的能力
```

```
Sigma = np.eye(k) * s[:k]     # 构建对角矩阵
#将数据转换到 k 维空间（低维），构建转换后的物品
FormedItems = data.T .dot(U[:, :k].dot(la.inv(Sigma)))
return FormedItems   # 返回降维的物品数据
```

函数说明：

矩阵中行代表用户，列代表物品，基于物品的相似度是列与列之间的比较，所以计算出的是降维后的 V。若基于用户的相似度，则需要由 V 和 $\sum$ 计算降维后的 U。

第 4 部分：在已经降维的数据中，对用户未打分的一个物品进行评分预测，形成 svd_predict() 函数。

（1）通过参数获得 SVD 降维后的物品。

（2）遍历给定用户所在行中的每个物品，调用相似度计算函数，ecludSim 函数或 pearsSim 函数或 cosSim 函数对用户未评过分的物品计算相似度。

（3）计算该物品的预测评分，即我们认为用户可能会对物品的打分。

预测评分的方法很多，本题中采用的计算公式如下。

$$P_{uj} = \frac{\sum_{i \in item1} W_{ji} r_{ui}}{\sum_{i \in item1} W_{ji}}$$

其中，P_{uj} 表示用户 u 对物品 j 的预测值，$item1$ 代表用户已打分的物品集合，W_{ji} 表示物品 j 和物品 i 的相似度，r_{ui} 表示用户 u 对物品 i 的打分。

该公式的含义：与用户历史上感兴趣的物品越相似的物品，越有可能在用户的推荐列表中获得较高排名。

【代码如下】

```
"""
参数包含：数据矩阵、用户编号、物品编号和奇异值占比的阈值，数据矩阵的行对应用户，列对应物品
函数的作用：基于 item 的相似性对用户未评过分的物品进行预测评分
"""
def svd_predict(data, user, simMeas, FormedItems,item, percentage):
    n = np.shape(data)[1]   # 得到数据集中的物品种类数据
    Totalsim = 0.0          # 初始化两个评分值
    TotalratSim = 0.0       # 相似性总和变量初始化
    #遍历给定的用户行中的每个物品（即对用户评分过的物品进行遍历，并将它与其他物品进行比较），
    计算相似度
    for j in range(n):
        # 得到给定的用户 user 对商品的评分
        Rating_user = data[user, j]
        # 只对评价过的商品和不是自己的商品求相似度
        if Rating_user!= 0 and j!= item:
        # 计算 SVD 转换过后矩阵的相似度，物品 item 与物品 j 之间的相似度
        # 相似度的计算方法也会作为一个参数传递给该函数
        Similarity = simMeas(FormedItems[item, :], FormedItems[j, :])
```

```
                Totalsim += Similarity   # 对相似度不断累加求和
                TotalratSim += Similarity * Rating_user # 对相似度及对应评分值乘积求和
        if Totalsim == 0:
            return 0
        else:
            return TotalratSim / Totalsim   # 得到对物品的预测评分，返回后用于分数的排序
```

第5部分：产生前 N 个评分值高的物品，返回物品编号以及预测评分值，形成 recommend() 函数。

（1）寻找用户没有打分的所有商品，即在用户—物品矩阵中用户那一行对应的商品列是 0。

（2）在用户没有评分的所有商品中，对每个商品计算一个可能的分数，即我们认为用户可能会对物品打的分（这也是相似度计算的初衷），调用 svd_predict() 函数。

（3）将这些商品的评分值按从大到小的顺序排列成得分表，取前 N 项为用户生成推荐列表。

【代码如下】

```
'''
函数 recommend() 产生预测评分最高的 N 个推荐结果，默认返回 5 个
参数包括：数据矩阵、用户编号、相似度衡量的方法、预测评分的方法以及奇异值占比的阈值
'''
def recommend(data, user, FormedItems, N, simMeas, percentage):
# 为未评价的物品建立一个用户未评分 item 的列表
    unratedItems = np.array(np.nonzero(data[user,:]== 0))[0]
    if len(unratedItems) == 0:
        return "你已评价完所有物品"   # 若都已经评过分，则退出
    Scoresitem = []
    for item in unratedItems:  # 对未评分的物品 item，都计算其预测评分
        #计算评价值
        estimatedScore = svd_predict(data, user, simMeas, FormedItems,
                                     item,percentage)
        Scoresitem.append((item, estimatedScore))  # 记录商品及评价值
    Scoresitem=sorted(Scoresitem, key=lambda x: x[1], reverse=True) #按得分逆序排序
    return Scoresitem[:N]   # 返回前 N 个评分的物品名
```

第6部分：对指定用户进行商品推荐，形成 recommend_predict() 函数。

（1）提供数据集。

（2）确定压缩比、相似度函数、用户号。

（3）调用 recommend() 函数，对指定用户进行商品推荐。

【代码如下】

```
# 测试
def recommend_predict():
    user_item = loadExData()
    percentage=0.9 #奇异值平方和的百分比
    user=1 #预测的用户
    n=4  #推荐个数
```

```
FormedItems = svd_item(user_item, percentage)# 获得 SVD 降维后的物品
simMeas=cosSim #相似度
print('利用余弦相似度计算距离，进行的奇异值分解推荐：')
print("按相似度推荐的物品编号：",recommend(user_item, user,
                        FormedItems, n, simMeas, percentage))

simMeas= ecludSim
print('利用欧氏距离计算距离，进行的奇异值分解推荐：')
print ("按相似度推荐的物品编号：",recommend(user_item, user,
                        FormedItems, n, simMeas, percentage))

simMeas= pearsSim
print('利用皮尔逊相关系数计算距离，进行奇异值分解推荐：')
print ("按相似度推荐的物品编号：",recommend(user_item, user,
                        FormedItems, n, simMeas, percentage))
```

第 7 部分：调用 recommend_predict() 函数，获得结果。

【代码如下】

```
# 主程序
recommend_predict()
```

【运行结果】

利用余弦相似度计算距离，进行奇异值分解推荐：
按相似度推荐的物品编号： [(1605, 3.7280993014041743), (935, 3.727787484186181),
(366, 3.7274892395964807), (812, 3.726064563075384)]
利用欧氏距离计算距离，进行奇异值分解推荐：
按相似度推荐的物品编号： [(8, 3.6901427269383045), (514, 3.6899433180863106), (14,
3.6894721117751392), (172, 3.689287056157151)]
利用皮尔逊相关系数计算距离，进行奇异值分解推荐：
按相似度推荐的物品编号： [(334, 3.7275031086078454), (1605, 3.7272859903090216),
(366, 3.726519831087787), (935, 3.726445506934576)]

【结果说明】

结果代表按 3 种相似度分别推荐 3 部电影给用户 1，如（1605，3.7280993014041743）表示推荐的第一部电影的 id 为 1605，对应的评分 3.7280993014041743。

> 提示　　基于用户的评价，可以将数据集矩阵转置为行代表商品、列代表用户，然后再使用上述程序；也可以采用求解 U 的方法。

感兴趣的读者可以求出所有用户的推荐结果，与不进行 SVD 的结果进行比较，分析性能。

使用 SVD 进行推荐，优点是精准，对于冷门的商品也有很不错的推荐效果。SVD 可以在程序调入时运行一次。在大型系统中，SVD 每天运行一次或者频率更低，一般要离线运行。

6.8 高手点拨

6.8.1 利用 SVD 的定义求解 $U\Sigma V$ 这 3 个矩阵

具体的求解步骤如下。

设 SVD 对应的分解公式为

$$A_{m\times n} = U_{m\times m} \textstyle\sum_{m\times n} V^{\mathrm{T}}_{n\times n}$$

U 的列由 AA^{T} 的正交标准化的特征向量构成。$V\Sigma$ 的列由 $A^{\mathrm{T}}A$ 的正交标准化的特征向量构成。Σ 的对角元素来源于 AA^{T} 或 $A^{\mathrm{T}}A$ 的特征值的平方根，并且是按从大到小的顺序排列。当将 Σ 的对角元素取为 AA^{T} 的特征值的平方时，按如下方法求解 U、Σ 和 V^{T}。

（1）利用矩阵 A 计算出 AA^{T}（左奇异矩阵）。

（2）计算出 AA^{T} 的特征值和特征向量，将特征值及对应的单位化过的特征向量按逆序排序。

（3）将特征值的平方根构成对角矩阵 Σ。

（4）利用如下公式求出 V^{T}。

$$V^{\mathrm{T}} = \left(U\textstyle\sum\right)^{-1} A = \textstyle\sum^{-1} U^{-1} A = \textstyle\sum^{-1} U^{\mathrm{T}} A$$

没有直接利用分解 $A^{\mathrm{T}}A$ 的特征向量求解 V^{T} 的原因是，在特征分解时，特征向量的正负号不影响结果，但是分开求解存在问题，所以，要先对 AA^{T} 求解左奇异矩阵 U 和特征值，再利用 $A=U\Sigma V^{\mathrm{T}}$ 求解部分 V^{T}。需要说明的是这里得到的 V^{T} 的维度是 $m\times n$。

【代码如下】

```python
import numpy as np
# 读取数据
A=np.array([[1,5,7,6,1],[2,1,10,4,4],[3,6,7,5,2]])
# 计算特征值和左奇异矩阵
signal_val,U = np.linalg.eigh(A.dot(A.T))       #U.T=U.I
# 特征值和左奇异矩阵降序排列
signal_sort_id = np.argsort(signal_val)[::- 1]    #特征值从大到小的序号
# 将特征值对应的特征向量也对应排序
signal_val = np.sort(signal_val)[::- 1]                #特征值从大到小排序
U = U[:,signal_sort_id]                           #左奇异矩阵从大到小排序
# 计算奇异值矩阵
signal = np.diag(np.sqrt(signal_val))
# 计算奇异值矩阵的逆矩阵
signal_inv = np.linalg.inv(signal)
# 计算右奇异矩阵
V_part=A.T.dot(U).dot(signal_inv)   #V=A.T×(U.I).T×sigma.I.T=A.T×U×sigma.I
```

```
# 计算右奇异矩阵的转置
V_part_T = signal_inv.dot(U.T).dot(A)    #V.T=sigma.I×U.I×A=sigma.I×U.T×A
# 输出结果
print("左奇异值矩阵: \n",U)
print("奇异值矩阵: \n",signal)
print("部分右奇异矩阵: \n",V_part)
print("部分右奇异矩阵的转置: \n",V_part_T)
print("还原的数据: \n",U.dot(signal).dot(V_part_T))
```

【运行结果】

```
左奇异值矩阵:
 [[-0.55572489  0.40548161 -0.72577856]
 [-0.59283199 -0.80531618  0.00401031]
 [-0.58285511  0.43249337  0.68791671]]
奇异值矩阵:
 [[18.53581747  0.          0.        ]
 [ 0.          5.0056557   0.        ]
 [ 0.          0.          1.83490648]]
部分右奇异矩阵:
 [[-0.18828164  0.01844501  0.73354812]
 [-0.37055755  0.76254787  0.27392013]
 [-0.74981208 -0.4369731  -0.12258381]
 [-0.46504304  0.27450785 -0.48996859]
 [-0.22080294 -0.38971845  0.36301365]]
部分右奇异矩阵的转置:
 [[-0.18828164 -0.37055755 -0.74981208 -0.46504304 -0.22080294]
 [ 0.01844501  0.76254787 -0.4369731   0.27450785 -0.38971845]
 [ 0.73354812  0.27392013 -0.12258381 -0.48996859  0.36301365]]
还原的数据:
 [[ 1.  5.  7.  6.  1.]
 [ 2.  1. 10.  4.  4.]
 [ 3.  6.  7.  5.  2.]]
```

【结果说明】

通过 sort() 函数将左奇异矩阵和奇异矩阵按从大到小排序。

将本方法与调用 svd() 函数得到的结果对比，U 和 $\sum$ 的值相同，利用公式计算的 V 比直接调用 svd() 函数得到的 V 值少了部分行。

 提示　　当将 $\sum$ 的对角元素取为 AA^{T} 的特征值的平方根时，先求解 V，再求解部分 U，与上面方法类似。

6.8.2 用户—电影评分矩阵的获取

实际应用中，用户—物品的评分矩阵不直接给出，可以根据已有的数据集生成，如 6.7 节的用户—电影评分矩阵是根据一个名为 u.data 的电影数据集获取的，该数据集共有 100000 行 4 列，每列依次为 user_id、item_id、rating 和 timestamp。

其中 user_id 代表每个用户的 id；item_id 代表每部电影的 id；rating 代表用户评分，是 5 星制，取整数；timestamp 代表用户提交评价的时间的秒数。共记录了 943 个用户，1682 部电影，在使用 SVD 进行推荐前，需要生成用户—电影评分矩阵。

下面代码实现由 u.data 生成用户—电影的评分矩阵并保存在评分 .csv 文件中。

【代码如下】

```
import numpy as np
import pandas as pd
#读入数据集
header = ["user_id","item_id","rating","timestamp"]
data =pd.read_csv("u.data", sep="\t", names=header)
#生成用户—电影评分矩阵
#检查是否有重复的用户电影打分记录
data.duplicated(subset = ["user_id","item_id"]).sum()
item_id_user = data.groupby("item_id").count()["user_id"]
#构建用户电影矩阵
users_num = data.user_id.max()
items_num = data.item_id.max()
user_item_rating = np.zeros((users_num,items_num))
for line in data.itertuples():                          #以元组的方式赋值
    user_item_rating[line[1]-1,line[2]-1] = line[3]
np.savetxt("评分 .csv", user_item_rating, delimiter = ",")
```

下面代码实现对 u.data 相关内容的查看。

【代码如下】

```
#输出 u.data 中的前 5 行内容
data.head()
```

【运行结果】

如图 6-6 所示。

	user_id	item_id	rating	timestamp
0	196	242	3	881250949
1	186	302	3	891717742
2	22	377	1	878887116
3	244	51	2	880606923
4	166	346	1	886397596

图 6-6 查看 u.data 相关内容

【结果说明】

head() 函数默认读取前 5 条数据，从结果中可以看出，该数据集共有 4 列。

下面代码实现对 u.data 相关内容的输出。

【代码如下】

```
# 输出 u.data 中的大小
print(" 数据集的大小 ",data.shape)
# 输出客户数和电影数
print(" 客户数 =",users_num)
print(" 电影数 =",items_num)
# 查看生成的 user_item_rating 非零元素
print("user_item_rating 中的非零元素 ",user_item_rating.nonzero()[1])
# 查看生成的 user_item_rating 矩阵的稀疏性
sparsity = round(len(user_item_rating.nonzero()[1])/float(users_num*items_num),3)
print("user_item_rating 矩阵的稀疏性: ", sparsity)
print("user_item_rating 矩阵的大小 ",user_item_rating.shape )
# 以表格形式显示用户—电影评分表矩阵
pd.DataFrame(user_item_rating)
```

【运行结果】

```
数据集的大小 (100000, 4)
客户数 = 943
电影数 = 1682
user_item_rating 中的非零元素 [    0    1    2 ... 1187 1227 1329]
user_item_rating 矩阵的稀疏性: 0.063
user_item_rating 矩阵的大小 (943, 1682)
```

如图 6-7 所示。

	0	1	2	3	4	5	6	7	8	9	...	1672	1673	1674	1675	1676	1677	1678	1
0	5.0	3.0	4.0	3.0	3.0	5.0	4.0	1.0	5.0	3.0	...	0.0	0.0	0.0	0.0	0.0	0.0	0.0	
1	4.0	0.0	0.0	0.0	0.0	0.0	0.0	0.0	0.0	2.0	...	0.0	0.0	0.0	0.0	0.0	0.0	0.0	
2	0.0	0.0	0.0	0.0	0.0	0.0	0.0	0.0	0.0	0.0	...	0.0	0.0	0.0	0.0	0.0	0.0	0.0	
3	0.0	0.0	0.0	0.0	0.0	0.0	0.0	0.0	0.0	0.0	...	0.0	0.0	0.0	0.0	0.0	0.0	0.0	
4	4.0	3.0	0.0	0.0	0.0	0.0	0.0	0.0	0.0	0.0	...	0.0	0.0	0.0	0.0	0.0	0.0	0.0	
5	4.0	0.0	0.0	0.0	0.0	2.0	4.0	4.0	0.0	0.0	...	0.0	0.0	0.0	0.0	0.0	0.0	0.0	
6	0.0	0.0	0.0	5.0	0.0	5.0	5.0	5.0	4.0	0.0	...	0.0	0.0	0.0	0.0	0.0	0.0	0.0	
7	0.0	0.0	0.0	0.0	0.0	3.0	0.0	0.0	0.0	0.0	...	0.0	0.0	0.0	0.0	0.0	0.0	0.0	
8	0.0	0.0	0.0	0.0	5.0	4.0	0.0	0.0	0.0	0.0	...	0.0	0.0	0.0	0.0	0.0	0.0	0.0	
9	4.0	0.0	0.0	0.0	0.0	4.0	0.0	4.0	0.0	0.0	...	0.0	0.0	0.0	0.0	0.0	0.0	0.0	
10	0.0	0.0	0.0	0.0	0.0	0.0	0.0	4.0	5.0	0.0	...	0.0	0.0	0.0	0.0	0.0	0.0	0.0	

图 6-7 评分矩阵

【结果说明】

生成的评分矩阵共有 943 行 1682 列，非零元素即稀疏性为 0.063，说明该矩阵有很多 0 元素，通过 SVD 降维，可以简化数据。

6.9 习题

（1）自己选定一张手写体数字图片，对图片进行压缩。

（2）完成 6.7 节对所有用户的推荐。

第 7 章

描述统计规律 1——概率论基础

如今，概率问题已经深入人工智能、社会科学、生物信息科学等方方面面。在机器学习模型中，如果把所要处理的样本数据看作随机变量或随机向量，就可以利用概率论的观点，对问题构建概率统计模型，继而开展对问题的各种研究，这也代表了目前机器学习中基于统计学习方法的思想。因此，掌握概率论和数理统计的方法对人工智能和数据科学的相关工作的进行十分重要。

本章将介绍概率论中的一些基本知识，如概率、古典概型、条件概率等基础概念；通过引入随机变量，将样本空间与实数集合联系起来，从而把微积分引入随机现象的研究中；Python 代码使读者对概率基础知识及相关概率分布有直观的感受。

本章主要涉及的知识点

◆ 随机事件及其概率

◆ 条件概率

◆ 独立性

◆ 随机变量

◆ 二维随机变量

◆ 边缘分布

随机事件及其概率

现实世界中许多问题充满不确定性，如天气情况、疾病的发生、生产线上产品合格率等，这些问题中存在一些不确定因素的干扰，无法获得精确的结果，但通过进行大量重复的试验后，其结果会呈现出一些规律性，这些事件通常会被认为是随机事件，我们可以用概率来衡量各种随机事件发生的可能性。

7.1.1 样本空间和随机事件

在同一条件下，对现实世界中的某一问题重复进行多次试验或观测，如果试验满足以下 3 条特征，我们称之为随机试验。

（1）可以在相同条件下重复执行。

（2）事先就能知道可能出现的结果。

（3）试验开始前并不确定这一次的结果。

这些试验结果预先是不确定的。例如，在相同情况下抛同一枚硬币，其结果可能正面向上，也可能反面向上；射击中是否能击中目标等，这些都属于随机试验。

在一次随机试验前无法预知试验结果，但所有可能发生的结果是预先知道的。例如，抛一枚硬币，所有可能的试验结果集合为 { 正面，反面 }。

随机试验中的每一个可能出现的试验结果称为一个样本点，记作 ω，所有可能出现的试验结果组成的集合称为样本空间，记为 Ω，即 $\Omega = \{\omega_1, \omega_2, \cdots, \omega_n, \cdots\}$。

通常我们不关心样本空间 Ω 中所有的结果，只关注某些有特定意义的结果，这些结果是样本空间的子集，称为随机事件，简称事件。例如，随机事件 A 代表抛硬币结果为正面的情况。随机事件一般用大写字母 A、B、C 等表示。由单个样本点构成的事件 $\{\omega\}$，称为基本事件。

【例 7.1】写出下面这些随机试验对应的样本空间、随机事件。

（1）掷一个骰子的样本空间。

$$样本空间\ \Omega = \{1,2,3,4,5,6\}$$

（2）统计某商品每天销量的样本空间。

$$样本空间\ \Omega = \{0,1,2,...,\}$$

（3）在以原点为圆心，半径为 2 的圆上随机取一点的样本空间。

$$样本空间\ \Omega = \left\{(x,y) \mid x^2 + y^2 = 4\right\}$$

（4）随机事件 A：掷一颗骰子，并且骰子数大于 3。

$$A = \{4,5,6\}$$

（5）随机事件 B：统计某商品每天销量大于等于 10 个的数目。

$$B = \{n \mid n \text{为非负数},\ n \geq 10\}$$

7.1.2 事件间的关系与运算

概率论中对随机事件的关系和运算的描述，都可转化为大家熟悉的且便于处理的集合论语言来描述。表 7-1 中列出了事件的关系、运算和集合的关系及运算的对应关系。

表 7-1 "事件的关系及运算"—"集合的关系及运算"对照表

记号	概率论	集合论
Ω	样本空间,必然事件	全集
$\varnothing$	不可能事件	空集
ω	基本事件	元素
A	事件	子集
$\overline{A}$	事件 A 的对立事件	A 的余集
$A \subset B$	事件 A 发生导致事件 B 发生	A 是 B 的子集
$A = B$	事件 A 与事件 B 相等	A 与 B 相等
$A \cup B$	事件 A 与事件 B 至少有一个发生	A 与 B 的并集
AB	事件 A 与事件 B 同时发生	A 与 B 的交集
$A - B$	事件 A 发生而事件 B 不发生	A 与 B 的差集
$AB = \varnothing$	事件 A 和事件 B 互不相容	A 与 B 没有相同的元素

事件的关系与运算也可以用集合运算文氏图来直观地表示，长方形表示样本空间 Ω，圆 A 与圆 B 分别表示事件 A 与事件 B，如图 7-1 所示。

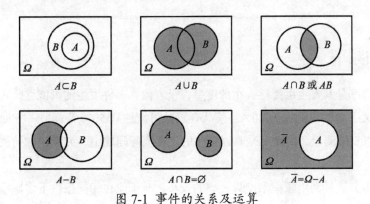

图 7-1 事件的关系及运算

设 A、B、C 为事件，事件的运算满足以下运算定律。

（1）幂等律：$A \cup A = A$，$A \cap A = A$。

（2）交换律：$A \cup B = B \cup A$，$A \cap B = B \cap A$。

（3）结合律：$(A \cup B) \cup C = A \cup (B \cup C)$，$(A \cap B) \cap C = A \cap (B \cap C)$。

（4）分配律：$A \cap (B \cup C) = (A \cap B) \cup (A \cap C)$，$A \cup (B \cap C) = (A \cup B) \cap (A \cup C)$。

（5）德摩根律：$\overline{A \cup B} = \overline{A} \cap \overline{B}$，$\overline{A \cap B} = \overline{A} \cup \overline{B}$。

【例 7.2】一名射手连续向某个目标射击 3 次，事件 A_i 表示该射手第 i 次射击时击中目标，$i = 1, 2, 3$，试用 A_1, A_2, A_3 表示下列各事件。

（1）前 2 次射击中至少有 1 次击中目标。

（2）第 1 次击中目标而第 2 次未击中目标。

（3）3 次射击中，恰好有 1 次击中目标。

（4）3 次射击中，至少有 1 次未击中目标。

（5）3 次射击都未击中目标。

（6）3 次射击中，至少 2 次击中目标。

（7）3 次射击中，至多 2 次未击中目标。

解：分别用 $D_i, i=1,2,\cdots,8$ 表示（1）～（7）中所给出的事件。

（1）$D_1 = A_1 \cup A_2$。

（2）$D_2 = A_1\overline{A_2}$ 或 $D_2 = A_1 - A_2$。

（3）$D_3 = A_1\overline{A_2}\,\overline{A_3} \cup \overline{A_1}A_2\overline{A_3} \cup \overline{A_1}\,\overline{A_2}A_3$。

（4）$D_4 = \overline{A_1} \cup \overline{A_2} \cup \overline{A_3}$ 或 $\overline{A_1A_2A_3}$。

（5）$D_5 = \overline{A_1}\,\overline{A_2}\,\overline{A_3}$。

（6）$D_6 = A_1A_2 \cup A_2A_3 \cup A_1A_3$。

（7）$D_7 = \overline{A_1A_2A_3}$ 或 $\overline{A_1} \cup \overline{A_2} \cup \overline{A_3}$。

> **提示** 用其他事件的运算来表示一个事件时，方法往往不唯一，例如（4）和（7）实际上是同一事件，在解决具体问题时，要根据需要选择一种恰当的表示方法。

7.1.3 概率和频率

随机事件的概率是其发生可能性大小的度量，一方面，事件发生的可能性是可以量化的，例如人们常说的，明天下雨的可能性为 80%，某队夺冠的可能性有 50% 等；另一方面，它又不像一些有形的事物，可以直接测量，因此又是难以量化的。在实际问题中，究竟该如何确定随机事件发生的可能性？

最常见的度量方法是利用频率来度量概率的大小。对于能在相同条件下多次重复的随机试验，一个随机事件 A 发生概率的大小，可以粗略地通过一系列的重复试验中 A 发生的频率来估量，当试验的重复次数很大时，A 发生的频率往往会呈现出一种稳定的状态，这时，随机事件 A 发生的概率可以用该事件发生的频率代替，即用多次重复试验的样本去无限接近概率真实值。由此可知以下定义。

定义 7.1 概率的定义：随机事件 A 在这 n 次试验中发生的频率为 $f_n(A) = \dfrac{n_A}{n}$，其中，n_A 是 A 发生的次数（频数），n 是总试验次数。随着试验次数的增多，$f_n(A)$ 趋于稳定值 p，称随机事件 A 的概率为 $P(A) = p$。

显然，作为可能性大小的度量，概率具有以下的特性。

（1）非负性：对任意的随机事件 A，$P(A) \geqslant 0$。

（2）规范性：$P(\Omega)=1$。

（3）可加性：对于 N 个互斥的事件 A_i，$i=1,\cdots,N$，其和事件的概率应该等于它们的概率之和。

表 7-2 试验结果中记录了抛掷硬币正面向上的次数，随机事件 H 表示抛掷硬币正面向上，n 表示抛掷硬币的次数，m 表示正面向上的次数，$f_n(H)=\dfrac{m}{n}$ 表示正面向上的频率。

表 7-2 抛硬币试验

试验序号	$n=5$		$n=50$		$n=500$	
	n_H	$f_n(H)$	n_H	$f_n(H)$	n_H	$f_n(H)$
1	2	0.4	22	0.44	251	0.502
2	3	0.6	25	0.50	249	0.498
3	1	0.2	21	0.42	256	0.512
4	5	1.0	25	0.50	253	0.506
5	1	0.2	24	0.48	251	0.502
6	2	0.4	21	0.42	246	0.492
7	4	0.8	18	0.36	244	0.488
8	2	0.4	24	0.48	258	0.516
9	3	0.6	27	0.54	262	0.524
10	3	0.6	31	0.62	247	0.494

从表 7-2 中可以看出，当抛掷硬币的次数较少时，正面向上的频率是不稳定的，随着抛掷硬币次数的增多，频率越来越明显地呈现出稳定性。当最后一列 $n=500$ 时，正面向上的频率在 0.5 这个数字的附近摆动，称之为依概率收敛于 0.5。

【例 7.3】抛掷 10 次硬币并计算正面朝上的次数，随着抛掷次数增多，在 Python 中编写程序观察事件发生的频率和概率之间的关系。

解： 把 10 次扔硬币的过程当作一次试验，也许一开始正面朝上的次数的概率不是理想的 50%，但不必着急，因为一次试验只得到一个数据样本。随着数据样本的增多，预计正面朝上的概率将接近 50%。

下面的代码分别模拟了 10 次、1000 次、10000 次和 1000000 次试验，然后计算了正面朝上的平均概率。

【代码如下】

```python
import random
def coin_trial():                    #模拟扔10次硬币
    heads=0                          # heads: 正面朝上的次数
    for i in range(10):
        if random.random()<=0.5:     #如果随机数小于 0.5，认为正面向上
            heads +=1
    return  heads
def simulate(n):
    trials=[]
    for i in range(n):               # n 次扔硬币实验
        trials.append(coin_trial())
    return(sum(trials)/n)
```

【运行结果】

```
In[21]:simulate(10)
Out[21]:4.5
In[22]:simulate(1000)
Out[22]:4.973
In[23]:simulate(10000)
Out[23]:5.0057
In[24]:simulate(100000)
Out[24]:4.99382
```

【结果说明】

函数 coin_trial() 模拟投掷硬币 10 次。变量 heads 表示正面朝上的次数，代码中使用 random() 函数生成一个介于 0 和 1 之间的随机浮点数，如果随机数小于 0.5，变量 heads 加 1。函数 simulate() 根据输入次数来重复这些试验，并返回所有试验后正面朝上的平均次数。

硬币投掷的模拟结果很有趣。模拟的数据显示正面朝上的平均次数接近概率估计结果，随着试验次数的增加，这个平均数也更加接近预期结果。模拟次数为 10 次时，有较大的误差，但试验次数为 10000 次时，误差几乎完全消失。随着试验次数的增加，与预期平均数的偏差在不断减小，正面朝上的平均频率越来越接近概率估计的结果。

这说明随机事件在大量重复试验中存在某种客观规律性，我们将对各种随机现象进行深入的研究，挖掘其背后的统计规律。

7.1.4 古典概型

古典概型是概率论中最直观、最简单的模型，是从抛硬币、掷骰子、猜扑克牌等博弈游戏中发展而来。古典概型中样本空间只有有限个样本点，并且每个样本点构成的基本事件发生的概率是相同的，因此古典概型又称为等可能概型。

定义 7.2 样本空间 $\Omega=\{\omega_1,\omega_2,\cdots,\omega_n\}$，则称 $P(\{\omega_i\})=\frac{1}{n}, i=1,2,\cdots,n$，为古典概型。

对于古典概型，事件 A 发生的概率 $P(A)=\frac{k}{n}$，即事件 A 中包含的基本事件 ω 的个数 k 与样本空间基本事件个数 n 之比。

【例 7.4】袋中有 a 个白球，b 个红球，每次取出一个球，求以下两种方式第 k 次取出白球的概率 $(k\leqslant a+b)$。

（1）放回抽样。

（2）不放回抽样。

解：（1）放回抽样。

设样本空间 $\Omega=\{\omega_1,\omega_2,\cdots,\omega_{a+b}\}$，基本事件 ω_i 为第 k 次取出第 i 个球，其中每个基本事件 ω_i 发生概率是相等的，即 $P(\omega_i)=\frac{1}{a+b},i=1,2,\cdots,a+b$。事件 A 为第 k 次取出白球。

$$P(A)=\frac{\text{事件 }A\text{ 中包含的基本事件 }\omega\text{ 的个数}}{\text{样本空间 }\Omega\text{ 中包含的基本事件 }\omega\text{ 的个数}}=\frac{a}{a+b}$$

（2）不放回抽样。

每次取一个球，直到第 k 次，样本空间 Ω 等于从 $a+b$ 个球中取 k 个球的排列数。事件 A 为第 k 次取出白球，将其分为两步完成：第 1 步从 $a+b-1$ 个球中取 $k-1$ 个球的排列数；第 2 步从 a 个白球中取 1 个白球的排列数，由此可知：

$$P\left(A\right)=\frac{a\,A_{a+b-1}^{k-1}}{A_{a+b}^{k}}=\frac{a}{a+b}$$

从结果可知 $P(A)$ 和 k 无关，这说明虽然一个人取球的先后次序不同，但取到白球的概率是一样的，因此在抽奖时，大家得奖的机会是一样的，与抽取次序无关。

7.2　条件概率

一个随机事件发生的概率并非是一个绝对的概念，事实上，当另一个与其相关的随机事件发生后，该事件再发生的概率往往会随之改变。如对于某球队，赛前夺冠的概率是 0.1，但如果已知该球队已经小组出线了，那么该球队夺冠的概率就会大大增加，这时的概率称为条件概率。

定义 7.3 设 A，B 为随机事件，且 $P(A)>0$，则有

$$P\left(B\mid A\right)=\frac{P(AB)}{P(A)}$$

称 $(B\mid A)$ 为在事件 A 发生的条件下，事件 B 发生的概率。

用集合语言来更形象地描述出条件概率，如图 7-2 所示。

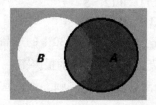

$P(B\mid A)$ 相当于把 A 看作新的样本空间，求 AB 发生的概率

图 7-2　利用集合描述条件概率 $P(B\mid A)$

$P(B\mid A)$ 与 $P(AB)$ 的计算公式如下。

$$P\left(B\mid A\right)=\frac{n(AB)}{n(A)}\quad,\quad P\left(AB\right)=\frac{n(AB)}{n(\Omega)}$$

二者的相同点在于事件 A 和 B 都发生了，不同点是在 $P(B\mid A)$ 中，事件 A 成为样本空间，而在 $P(AB)$ 中，样本空间仍为全样本空间 Ω。

【例 7.5】 3 张奖券中只有 1 张能中奖，现分别由 3 名同学无放回地抽取，最后一名同学抽到中奖券的概率是多少？如果已经知道第一个同学没抽中，那最后一名抽中的概率会变吗？

解： 设 Y 表示抽中，N 表示没有抽中。

（1）所有抽奖可能的样本空间为 $\Omega=\{\text{YNN,NYN,NNY}\}$。事件 B 表示最后一名同学抽中，样本空间为 $\{\text{NNY}\}$。$n(\Omega)$ 代表 Ω 包含的样本数，$n(B)$ 代表事件 B 包含的样本数。由古典概型可知：

$$P(B)=\frac{n(B)}{n(\Omega)}=\frac{1}{3}$$

（2）事件 A 表示第一名同学没抽中，其样本空间为 $\{\text{NYN,NNY}\}$。事件 B 表示最后一名抽中，在事件 A 发生的样本空间中，事件 B 的样本空间为 $\{\text{NNY}\}$。由古典概型计算可知：

$$P(B)=\frac{n(B)}{n(\Omega)}=\frac{1}{2}$$

分析： 为什么两次概率结果不一样呢？原因在于当第一个同学的抽奖结果未知时，样本空间为 $\{\text{YNN,NYN,NNY}\}$；当知道第一同学未抽中时，此时 $P(B)$ 的意义不同于前面 $P(B)$，而是与 A 事件有关的概率 $P(B|A)$，样本空间缩小为 $\{\text{NYN,NNY}\}$。

【例 7.6】 甲乙两地都位于长江下游，根据一百多年的气象记录可知甲乙两地一年中雨天所占的比例分别为 20% 和 18%，两地同时下雨的比例为 12%，计算如下概率。

（1）乙地为雨天时，甲地为雨天的概率是多少？

（2）甲地为雨天时，乙地为雨天的概率是多少？

解： 设 $A=\{$ 甲为雨天 $\}$，$B=\{$ 乙为雨天 $\}$，则 $P(A)=0.2$，$P(B)=0.18$，$P(AB)=0.12$。

（1）乙地为雨天时，甲地为雨天的概率：

$$P(A|B)=\frac{P(AB)}{P(B)}=\frac{0.12}{0.18}=\frac{2}{3}$$

（2）甲地为雨天时，乙地为雨天的概率：

$$P(B|A)=\frac{P(AB)}{P(A)}=\frac{0.12}{0.20}=\frac{3}{5}$$

【例 7.7】 某厂生产的产品能直接出厂的概率为 70%，余下 30% 的产品要调试后再定。已知调试后有 80% 的产品可以出厂，20% 的产品要报废，求该厂产品的报废率。

解： 设 $A=\{$ 生产的产品要报废 $\}$，$B=\{$ 生产的产品要调试 $\}$，则

$$P(B)=0.3,\quad P(\overline{B})=0.7,\quad P(A|B)=0.2,\quad P(A|\overline{B})=0$$

$$P(A)=P(AB\cup A\overline{B})=P(AB)+P(A\overline{B})$$
$$=P(B)P(A|B)+P(\overline{B})P(A|\overline{B})$$
$$=0.3\times0.2+0.7\times0=6\%$$

 7.3 **独立性**

独立性是指试验中的两个随机事件 A 和 B 的发生概率互不影响，或多次重复试验都是独立进行的，每次试验结果的概率不受其他各次试验结果的影响。

7.3.1 事件独立性

设 A，B 是试验 E 的两个随机事件，如果事件 A 的发生都会对事件 B 的发生概率有影响，这时 $P(B|A) \neq P(B)$；只有在这种影响不存在时，才会有 $P(B|A) = P(B)$。

【例 7.8】 如果将一枚硬币抛掷两次，观察正面 H 和反面 T 的出现情况。

解： 设 H 表示正面，T 表示反面。事件 A 为"第 1 次正面向上"，事件 B 为"第 2 次正面向上"，则此时样本空间为 $\Omega=\{HH,HT,TH,TT\}$，则：$A=\{HH, HT\}$，$B=\{HH, TH\}$。从直观上看，事件 A 和 B 发生与否没有任何关系，即事件 A 和 B 之间具有一种"独立性"。从数学上看，则有

$$P(A|B) = \frac{P(AB)}{P(B)} = \frac{1}{2} = P(A)$$

$$P(B|A) = \frac{P(AB)}{P(A)} = \frac{1}{2} = P(B)$$

这说明事件 A 和事件 B 之间的独立性就是指条件概率与无条件概率相等。

由条件概率的定义可得：$P(AB) = P(A|B)P(B)$，又由于事件 A 和 B 之间的独立性可得：$P(AB) = P(A)$，代入上式，则得到：

$$P(AB) = P(A)P(B)$$

定义 7.4 设 A，B 两事件满足等式 $P(AB) = P(A)P(B)$，则称事件 A 与事件 B 相互独立（简称独立）。

对于多个事件独立的情况：设 $A_1, A_2, \cdots, A_n$ 是 n 个事件，若其中任意两个事件均相互独立，则称 $A_1, A_2, \cdots, A_n$ 两两相互独立。可见 n 个事件相互独立，可推得 n 个事件两两相互独立，反之未必。

【例 7.9】 甲、乙两人同时向一目标射击，甲击中率为 0.8，乙击中率为 0.7，求目标被击中的概率。

解： 设事件 $A=\{$ 甲击中 $\}$，事件 $B=\{$ 乙击中 $\}$，事件 $C=\{$ 目标被击中 $\}$

则：$P(A)=0.7$，$P(B)=0.8$，$C = A \cup B$，$P(C) = P(A) + P(B) - P(AB)$

$\because$ 甲、乙同时射击，其结果互不影响。

$\therefore$ 事件 A 和 B 相互独立，则 $P(AB)=P(A)P(B) = 0.56$

$\Rightarrow P(C) = 0.7 + 0.8 - 0.56 = 0.94$。

> **提示**　在实际应用中，事件的独立性常常是根据事件的实际意义去判断，如果两个事件之间没有关联或关联很微弱，那么就认为它们是相互独立的。例如 A、B 分别表示甲、乙两人患感冒，如果甲、乙两人的活动范围距离甚远，就认为 A 和 B 相互独立；如果甲、乙两人同住一个房间，就不能认为 A 和 B 相互独立。

7.3.2 独立试验

重复独立试验是指在相同的条件下将试验 E 重复进行，且每次试验是独立进行的，即每次试验结果出现的概率不受其他各次试验结果的影响。

如果一个随机试验 E 只产生两个结果 A 和 $\overline{A}$，则称 E 为伯努利试验，将 E 重复进行 n 次，称为 n 重伯努利试验，也称为伯努利概型。在许多实际问题中，我们对很多随机现象的观察都可以视为一个伯努利试验或 n 重伯努利试验。

【例 7.10】 将一枚均匀的骰子连续抛掷 3 次，求 6 点出现的次数及相应的概率。

解： 设事件 A 为"抛掷中出现 6 点"，则每次抛掷为一个伯努利试验，抛掷 3 次相当于进行了 3 重伯努利试验，记作：

$$A_i = \{\text{第 } i \text{ 次试验中抛掷出 6 点}\}，i=1,2,3$$

事件 A_1，A_2，A_3 相互独立，并且概率相等。

$$P(A_i) = \frac{1}{6}，\quad P(\overline{A_i}) = \frac{5}{6}，\ i=1,2,3$$

变量 X 表示六点出现的次数，事件 $\{X = k\}$ 表示"n 次试验中有 k 次抛掷六点"，$k = 0,1,2,3$。显然有

$$P(X = 0) = P(\overline{A_1 A_2 A_3}) = C_3^0 \left(\frac{5}{6}\right)^3$$

$$P(X = 1) = P(A_1 \overline{A_2 A_3} \cup \overline{A_1} A_2 \overline{A_3} \cup \overline{A_1 A_2} A_3) = C_3^1 \left(\frac{1}{6}\right)^1 \left(\frac{5}{6}\right)^2$$

$$P(X = 2) = P(A_1 A_2 \overline{A_3} \cup A_1 \overline{A_2} A_3 \cup \overline{A_1} A_2 A_3) = C_3^2 \left(\frac{1}{6}\right)^2 \left(\frac{5}{6}\right)^1$$

$$P(X = 3) = P(A_1 A_2 A_3) = C_3^3 \left(\frac{1}{6}\right)^3$$

因此，有

$$P(X = k) = C_3^k \left(\frac{1}{6}\right)^k \left(\frac{5}{6}\right)^{n-k}，k = 0,1,2,3$$

定义 7.5 n 重伯努利试验中，如果每次试验中事件 A 发生的概率为 $P(A) = p$，$0 < p < 1$，则在 n 重伯努利试验中事件 A 恰好发生 k 次的概率为 $P_n(k) = C_n^k p^k q^{n-k}，k = 0,1,2,\cdots,n$，其中 $q = 1 - p$。

【例 7.11】 考虑一个抛硬币的例子，该硬币抛出正面的概率为 0.5，求抛出了 49 个正面，31 个反面的概率是多少？

解： 首先建立问题的概率模型，把一次抛硬币看作一次试验，每次抛硬币是独立试验，抛 80 次相当于做 80 重伯努利试验，X 记为抛出正面的次数，根据概率公式，抛出正面的概率：

$$P\{X = 49\} = C_{80}^{49} p^{49} (1-p)^{31}$$

其中 p 是抛正面的概率为 0.5，反面的概率记为 $1-p$。经计算得：$P\{X=49\}=0.012$。即抛出 49 个正面，31 个反面的概率为 0.012。

7.4　随机变量

在 7.3 节例 7.10 中变量 X 表示"抛掷 3 次骰子，出现 6 点的次数"，那么试验结果中"出现 6 点的次数"是 1 次、2 次还是 3 次？因为试验结果是随机的，所以变量 X 的值也是随机的，故变量 X 称为随机变量。随机变量是一种函数映射关系，能够将样本空间转换到实数域，其核心是把随机试验的结果数值化，用随机变量表示随机试验的结果，从而将微积分工具引入随机现象的研究中。

定义 7.6 设随机试验的样本空间是 Ω，若对 Ω 中的每个样本点 ω，都有唯一的实数值 $X(\omega)$ 与之对应，则称 $X(\omega)$ 为随机变量，简记为 X，如图 7-3 所示。

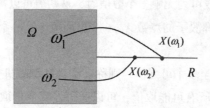

图 7-3　随机变量的本质是函数（一种映射关系）

（1）随机变量 $X(\omega)$ 是一种映射关系，其目的是建立样本空间中的点与实数之间的对应关系。如图 7-4 分别列出抛掷硬币、掷骰子和产品检验 3 个随机试验中样本空间的样本和随机变量值的对应关系。

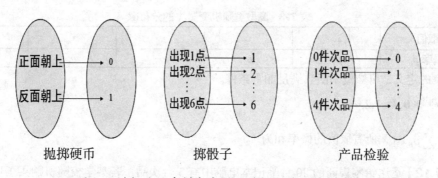

图 7-4　随机试验中样本空间和随机变量的对应关系

（2）研究一个随机变量，不只是看它能取哪些值，更重要的是看它取不同值的概率如何，以及概率分布情况。例如从一大批产品中，随机抽出 100 个，其中所含废品数设为随机变量 X，当废品率小时，X 取 0、1 等小值的概率大；反之若废品率很高，则 X 取很大值的概率高。利用随机变量，将对事件及事件概率的计算转化为对随机变量及其概率、概率分布的研究，如图 7-5 所示。

事件及事件概率 随机变量及其概率、概率分布

图 7-5 事件和随机变量对应关系

（3）随机变量的表示：随机变量通常用大写字母 X，Y，Z 表示，随机变量的取值一般用小写字母 x，y，z 表示。

我们还可以举一些随机变量的例子，例如，下个月内交通路口的事故数 X，购买电子元件的使用寿命 X 等，X 都是随机变量。

随机变量按其可能取值分为两种，即离散型随机变量和非离散型随机变量，其中连续型随机变量是常见的非离散型随机变量。

7.4.1 离散型随机变量

当随机变量只能取有限个或可列无限多个数值时，这些值可以被一一列举，那么这种随机变量称为离散型随机变量。例如，掷骰子的点数 X（6 个可能值）、一个月内某路口的车流数、一批产品的次品数等。

定义 7.7 若随机变量 X 取至多个可列值，则称 X 为离散型随机变量。

对于离散型随机变量 X 的所有可能取值，可以通过计算变量取这些值时的概率，从而得到相应的概率函数。

定义 7.8 设离散型随机变量 X 的所有可能取值为 x_k，$k=1,2,\cdots$，记 $P\{X=x_k\}=p_k$，$k=1,2\cdots$ 为离散型随机变量的概率函数，也称为离散型随机变量 X 的分布律。

概率函数可以用表 7-3 的形式表示。

表 7-3 离散型随机变量 X 的分布律

X 的取值	x_1	x_2	$\cdots$	x_n	$\cdots$
对应概率 p_k	p_1	p_2	$\cdots$	p_n	$\cdots$

由概率的定义，可知概率函数满足如下条件。

（1）$p_k \geqslant 0, k=1,2,\cdots$。

（2）$\sum\limits_{i=1}^{+\infty} p_k =1$，所有取值的概率和为 1。

【例 7.12】运送给零售商的 20 台笔记本电脑中有 3 台次品，若某学校随机购买了这批电脑中的 1 台，求学校买到次品的概率函数?

解： 设随机变量 X 为这所学校可能买到的次品数，则 X 取值可能是 0 和 1。

$$P(X=0)=\frac{C_3^0 C_{17}^1}{C_{20}^1}=\frac{17}{20}$$

$$P(X=1)=\frac{C_3^1 C_{17}^0}{C_{20}^1}=\frac{3}{20}$$

因此，X 的概率函数如表 7-4 所示。

表 7-4 X 的取值即概率函数

X 的取值	0	1
对应概率 p_k	$\dfrac{17}{20}$	$\dfrac{3}{20}$

例 7.12 中随机变量 X 只可能取 0 或 1 两个值，则称 X 服从以 p 为参数的两点分布或（0-1）分布。两点分布的分布律如表 7-5 所示。

表 7-5 X 的取值即概率

X 的取值	0	1
对应概率 p_k	$1-p$	p

或者：$P(X=k)=p^k(1-p)^{1-k}$，$k=0,1$，$0<p<1$。

定义 7.9 设 X 为随机变量，则函数 $F(x)=P(X\leqslant x)$，$-\infty<x<+\infty$ 称为随机变量 X 的分布函数。

对于离散型随机变量，用概率函数求分布函数很方便，将小于等于 x 范围内的随机变量概率累加求和即可。

【例 7.13】 若某公司生产的某个产品中奖率是 50%，求购买 4 个同样的产品中奖的概率函数和概率分布函数。

解： 购买一个产品，只有中奖和不中奖两种情况，属于伯努利试验。购买 4 个同样的产品为 n 重伯努利试验，设随机变量 X 为中奖的产品数，则 $P_n(X=k)=C_n^k p^k q^{n-k}$，$p=0.5$，$q=0.5$。表 7-6 列出了 X 的概率函数。

表 7-6 X 的概率函数

X 的取值	0	1	2	3	4
对应概率 p_k	$\dfrac{1}{16}$	$\dfrac{1}{4}$	$\dfrac{3}{8}$	$\dfrac{1}{4}$	$\dfrac{1}{16}$

概率分布函数如下。

$$F(0)=P(X=0)=\frac{1}{16}$$

$$F(1)=P(X=0)+P(X=1)=\frac{5}{16}$$

$$F(2)=P(X=0)+P(X=1)+P(X=2)=\frac{11}{16}$$

$$F(3)=P(X=0)+P(X=1)+P(X=2)+P(X=3)=\frac{15}{16}$$

$$F(4)=P(X=0)+P(X=1)+P(X=2)+P(X=3)+P(X=4)=1$$

因此可得：

$$F(x)=\begin{cases} 0, & x<0 \\ \dfrac{1}{16}, & 0\leqslant x<1 \\ \dfrac{5}{16}, & 1\leqslant x<2 \\ \dfrac{11}{16}, & 2\leqslant x<3 \\ \dfrac{15}{16}, & 3\leqslant x<4 \\ 1, & x\geqslant 4 \end{cases}$$

> **提示**　如果随机变量 X 的概率函数为 $P\{X=k\}=\mathrm{C}_n^k p^k (1-p)^{n-k}$ ，$k=0,1,\cdots,n$，则称随机变量 X 服从参数为 (n,p) 的二项分布，记作 $X\sim b(n,p)$。显然，当 $n=1$ 时 $X\sim b(1,p)$，即两点分布是二项分布的一个特例。

【例 7.14】 在 Python 中画出例 7.13 的概率函数以及分布函数图。

【代码如下】

```python
import numpy as np
from scipy import stats
import matplotlib.pyplot as plt
from matplotlib.font_manager import FontProperties
plt.rcParams["font.sans-serif"] = ["Microsoft YaHei"]
plt.rcParams['axes.unicode_minus'] = False
def Discrete_pmf():
    xk = np.arange(5)   # 所有可能的取值 [0 1 2 3 4 ]
    pk = (1/16, 1/4, 3/8, 1/4, 1/16)   # 各个取值的概率
    #用 rv_discrete 类自定义离散概率分布 rvs
    dist = stats.rv_discrete(name='custm', values=(xk, pk))
    #调用其 rvs 方法，获得符合概率的 100 个随机数
    rv=dist.rvs(size=100)
    fig, (ax0, ax1) = plt.subplots(ncols=2, figsize=(10, 5))
    # 显示概率函数
    ax0.set_title(" 概率函数 ")
    ax0.plot(xk, pk, 'ro', ms=8, mec='r')
    ax0.vlines(xk, 0, pk, colors='r', linestyles='-', lw=2)
    for i in xk:
        ax0.text(i,pk[i],'%.3f'%pk[i],ha='center',va='bottom')
    # 显示分布函数
    ax1.set_title(" 分布函数 ")
    pk1=dist.cdf(xk)
    # 利用直方图显示分布函数
    ax1.hist(rv,4,density=1,histtype='step',facecolor='blue'\
            ,alpha=0.75,cumulative=True,rwidth=0.9)
    for i in xk:
        ax1.text(i,pk1[i],'%.3f'%pk1[i],ha='center',va='bottom')
```

```
if __name__ == '__main__':
    Discrete_pmf()
```

【运行结果】

如图 7-6 所示。

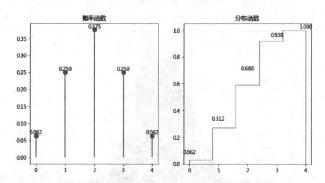

图 7-6 离散型随机变量概率函数以及分布函数图

从图 7-6 可以得到分布函数具有以下的基本性质。

（1）非降性：分布函数 $F(x)$ 是一个不减函数，对于任意实数 $x_1 < x_2$，则有

$$F(x_2) - F(x_1) = P\{x_1 < X < x_2\} \geqslant 0, \quad F(x_1) \leqslant F(x_2)$$

（2）有界性：

$$0 \leqslant F(x) \leqslant 1, \quad F(-\infty) = 0, \quad F(+\infty) = 1$$

常用的离散型随机变量分布有两点分布、伯努利试验与二项分布、泊松分布等，不同的分布适用于不同的应用场景，有些分布我们在前面的章节中已经介绍过，其余分布模型不再讲述，感兴趣的读者可以参考其他概率论书籍。

7.4.2 连续型随机变量

如果随机变量 X 的所有可能取值不可以逐个列举出来，而是取数轴上某一区间内的任意点，那么称之为连续型随机变量。例如，一批电子元件的寿命、实际中常遇到的测量误差等都是连续型随机变量。

连续型随机变量 X 无法像离散型随机变量一样，给出其取每一个点时的概率，那么换一种思路，来研究随机变量落入一个区间 $[x_1, x_2]$ 的概率 $P(x_1 < X \leqslant x_2)$，当区间 $[x_1, x_2]$ 接近无穷小时，使用概率密度来表示概率值。那么什么是概率密度？

假设有一组零件，由于各种因素的影响，其长度是各不相同的。具体数值如下。

[171.671,172.04,171.67,172.40,172.70,172.164,171.71,172.68,172.13,171.97,172.266,171.81,172.15, 172.45,172.20,172.600,172.24,171.39,172.17,171.2]

按前面离散型随机变量的思路，要将数据分组，对应每个组计算出其相应的概率值，并绘制概率分布直方图，如图7-7所示。

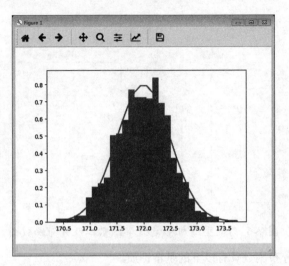

图7-7 连续型随机变量分组后的概率分布直方图

图中的横坐标是随机变量值，纵坐标是随机变量落入该值范围内的概率。直方图的边缘看起来有点粗糙，但当我们把样本数据和分组数同时增加时，轮廓就会越来越细致，接近于如图所示的曲线，这条曲线对应的函数就称为概率密度函数。由此思路，得到概率密度的数学描述如下。

考虑连续随机变量 X 落入 $[x,x+h]$ 的概率，由概率分布函数 $F(x)$ 的定义可知 $P(x<X\leqslant x+h)=F(x+h)-F(x)$，令 $h\to 0$，则设

$$f(x)=\lim_{h\to 0}\frac{F(x+h)-F(x)}{h}$$

如果该极限存在，则 $f(x)$ 称为在 x 点处的概率密度。

概率密度 $f(x)$ 反映出概率在 x 点处的密集程度，可以设想一根质量不均匀的金属杆，总质量为1，概率密度相当于杆上各点处的质量密度。

根据导数的定义可知：

$$f(x)=\lim_{h\to 0}\frac{F(x+h)-F(x)}{h}=F'(x)$$

从上式中可得结论：若 $f(x)$ 在 x 处连续，则概率密度函数 $f(x)$ 是分布函数 $F(x)$ 的导函数。

定义 7.10 设 X 为连续型随机变量，X 在任意区间 (a,b) 上的概率可以表示为

$$P(a<X\leqslant b)=\int_a^b f(x)\mathrm{d}x$$

其中 $f(x)$ 就叫作 X 的概率密度函数。

图7-8形象地描绘出概率密度函数 $f(x)$ 和概率 $P(a<X\leqslant b)$ 之间的关系。概率 $P(a<X\leqslant b)$ 被看作曲线下的阴影面积，用数学公式描述就是一个积分形式。

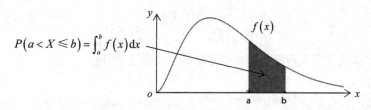

图 7-8　概率密度函数 $f(x)$ 和概率 $P(a < X \leqslant b)$

定义 7.11 连续型随机变量 X 的分布函数 $F(x)$，也可写成：

$$F(x) = \int_{-\infty}^{x} f(t)\mathrm{d}t$$

概率密度函数 $f(x)$ 和分布函数 $F(x)$ 具有以下性质。

（1）非负函数：$f(x) \geqslant 0$。

（2）规范性：$\int_{-\infty}^{+\infty} f(x)\mathrm{d}x = 1$。

（3）对于任何常数 $a < b$，有：

$$P(a \leqslant X \leqslant b) = F(b) - F(a) = \int_{a}^{b} f(x)\mathrm{d}x$$

【例 7.15】 假设某零件误差量在区间 $(-4,4)$ 均匀分布，计算误差量为 1~3 的概率。

解： 设随机抽取一个零件的误差量为 X，随机变量 X 在区间 $(-4,4)$ 上均匀分布，X 落在该区间任意点的概率相同，即概率密度 $f(x)$ 为一常量。

设 $f(x) = C$，$P(-4 < X < 4) = \int_{-4}^{4} f(x)\mathrm{d}x = \int_{-4}^{4} C\mathrm{d}x = 1$，即 $C = \dfrac{1}{8}$。

可得：概率密度函数 $f(x) = \begin{cases} \dfrac{1}{8}, & -4 \leqslant x \leqslant 4 \\ 0, & \text{其他} \end{cases}$。

X 在区间 $[1,3]$ 之间的概率 $P(1 \leqslant x \leqslant 3) = \int_{1}^{3} \dfrac{1}{8}\mathrm{d}x = 0.25$。

图 7-9 中显示均匀分布对应的概率密度函数和分布函数。

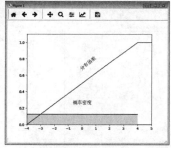

图 7-9　均匀分布对应的概率密度函数和分布函数

【例 7.16】 在 Python 中输出正态分布概率密度函数 $f(x)$ 和对应的概率分布函数 $F(x)$。

解： 如果一个随机变量 X 具有概率密度函数，则称随机变量 X 为正态分布随机变量，并记为 $X \sim N(\mu, \sigma^2)$。

$$f(x) = \frac{1}{\sqrt{2\pi}\sigma} e^{-\frac{(x-\mu)^2}{2\sigma^2}}, \quad -\infty < x < +\infty$$

下面代码模拟实现了一个均值 μ 为 0 和方差 σ^2 为 1 的正态分布。

【代码如下】

```python
import numpy as np
import matplotlib.pyplot as plt
import scipy.stats as stats
def test_norm_pmf():
    # 正态分布是一种连续分布，其函数可以在实线上的任何地方取值
    # 正态分布由两个参数描述：分布的平均值 μ 和方差 σ²
    mu = 0 # mean
    sigma = 1#standard deviation
    x = np.arange(-5,5,0.1)        #生成随机数 x
    #得到对应的概率值 y
    y = (1/(np.sqrt(2*np.pi*sigma*sigma)))*np.exp(-(((x-mu)**2)/(2*sigma*sigma)))
    fig, (ax0, ax1) = plt.subplots(ncols=2, figsize=(10, 5))
    ax0.plot(x, y)
    ax1.plot(x,stats.norm.cdf(x,0,1))
    ax0.set_title('Normal: $\mu$=%.1f, $\sigma^2$=%.1f' % (mu,sigma))
    ax0.set_xlabel('x')
    ax0.set_ylabel('Probability density', fontsize=15)
    ax1.set_title('Normal: $\mu$=%.1f, $\sigma^2$=%.1f' % (mu, sigma))
    ax1.set_xlabel('x')
    ax1.set_ylabel('Cumulative density', fontsize=15)
    fig.subplots_adjust(wspace=0.4)
    plt.show()
test_norm_pmf()
```

【运行结果】

如图 7-10 所示。

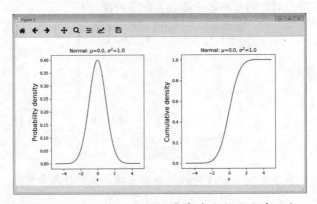

图 7-10 正态分布对应的概率密度函数和分布函数

自然界中许多随机指标都服从一种"中间高，两头低"的概率特性。例如，一门课程的考试成绩，人的身高、体重等。

正态分布这种"钟形曲线"很好地反映了现实世界中的中间高、两头低的随机现象。正态分布参数 μ、σ 的具体含义将在后面章节中详细说明。

7.5 二维随机变量

前面内容我们只关心一个随机变量的概率分布,但在实际问题中对于某些随机实验的结果需要同时用两个或两个以上的随机变量来描述,例如根据学生的身高(X)和体重(Y)来观察学生的身体状况。这就不仅仅是 X 和 Y 各自的情况,还需要了解其相互的关系。

这里我们重点研究二维随机变量,所有二维随机变量研究的结论都可以对 n 维随机变量应用。

二维随机变量 (X,Y) 的取值可看作平面上的点 (x,y),如图 7-11 所示。

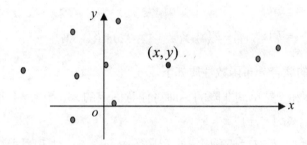

图 7-11 二维随机变量 (X,Y) 可看作平面上的点 (x,y)

7.5.1 二维随机变量的联合分布函数

定义 7.12 设 (X,Y) 是二维随机变量,对于任意实数 x,y,有如下二元函数,则称这个函数为二维随机变量 (X,Y) 的分布函数,或称为随机变量 (X,Y) 的联合分布函数。

$$F(x,y) = P\{(X \leqslant x) \bigcap (Y \leqslant y)\} = P\{X \leqslant x, Y \leqslant y\}$$

如果把二维随机变量 (X,Y) 看作是平面上具有随机坐标 (X,Y) 的点,则二维随机变量概率分布函数 $F(x,y) = P\{X \leqslant x, Y \leqslant y\}$ 表示随机点 (X,Y) 落入如图 7-12 所示区域内的概率。

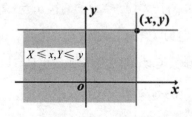

图 7-12 二维随机变量概率分布函数

根据图 7-12 中二维随机变量概率分布函数 $F(x,y)$ 的几何意义，随机点 (X,Y) 落在图 7-13 灰色矩形区域的概率为 $P\{x_1 < X \leqslant x_2, y_1 < Y \leqslant y_2\}$。具体推导过程如下。

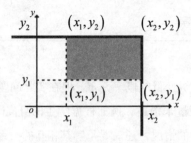

图 7-13 $P\{x_1 < X \leqslant x_2, y_1 < Y \leqslant y_2\}$ 的几何意义

$$P\{x_1 < X \leqslant x_2, y_1 < Y \leqslant y_2\} = P\{x_1 < X \leqslant x_2, Y \leqslant y_2\} - P\{x_1 < X \leqslant x_2, Y \leqslant y_1\}$$
$$= P\{X \leqslant x_2, Y \leqslant y_2\} - P\{X \leqslant x_1, Y \leqslant y_2\} - P\{X \leqslant x_2, Y \leqslant y_1\} + P\{X \leqslant x_1, Y \leqslant y_1\}$$
$$= F(x_2, y_2) - F(x_2, y_1) - F(x_1, y_2) + F(x_1, y_1)$$

随机变量 X 和 Y 的联合分布函数性质如下。

（1）$F(x,y)$ 对 x 和 y 是单调非降的，即对任意固定的 x，$F(x,y_1) \leqslant F(x,y_2)$，$y_1 < y_2$；对任意固定的 y，$F(x_1,y) \leqslant F(x_2,y)$，$x_1 < x_2$。

（2）$0 \leqslant F(x,y) \leqslant 1$，且有对任意固定的 y，$F(-\infty, y) = 0$；对任意固定的 x，$F(x,-\infty) = 0$；$F(-\infty, -\infty) = 0$，$F(+\infty, +\infty) = 1$。

（3）$F(x,y)$ 对 x 和 y 分别右连续。

（4）对任意的 (x_1, y_1) 和 (x_2, y_2)，当 $x_1 < x_2$，$y_1 < y_2$ 时，$F(x_2, y_2) + F(x_1, y_1) - F(x_1, y_2) - F(x_2, y_1) \geqslant 0$。

7.5.2 二维离散型随机变量

如果二维随机变量 (X,Y) 的所有可能取值只有有限对或可列对，则称 (X,Y) 为二维离散型随机变量（或二维离散型随机向量）。

定义 7.13 设二维离散型随机变量 (X,Y) 所有可能取的值为 (x_i, y_j)，$i, j = 1,2,\cdots$，则有
$$P(x_i, y_j) = P\{X = x_i, Y = y_j\}, \quad i, j = 1,2,\cdots$$

$P(x_i, y_i)$ 为二维随机变量 (X,Y) 的联合概率函数，简写为 P_{ij}。

与一维离散随机变量的概率函数类似，联合概率函数也具有以下性质。

（1）非负性：$p(x_i, y_j) \geqslant 0$，$i, j = 1,2,\cdots$

（2）规范性：$\sum_i \sum_j p(x_i, y_j) = 1$。

【例 7.17】设同一个品种的 5 个产品中，有 3 个次品，每次从中取一个检验，连续两次，设 X 表示第 1 次取到的次品概率，Y 是第 2 次取到的次品概率，每次取出不放回，求出 (X, Y) 的联合概率函数分布。

解：(X, Y) 的可能取值为 $(1,1)$，$(1,0)$，$(0,1)$，$(0,0)$。

$$P(X=1, Y=1) = \frac{3}{5} \times \frac{2}{4} = \frac{3}{10}$$

同理可得：$P(X=0, Y=1) = \frac{3}{10}$，$P(X=1, Y=0) = \frac{3}{10}$，$P(X=1, Y=1) = \frac{1}{10}$

所有 (X, Y) 的分布率如表 7-7 所示。

表 7-7 (X, Y) 的分布律

(X, Y) 的分布律	0	1
0	$\frac{3}{10}$	$\frac{3}{10}$
1	$\frac{3}{10}$	$\frac{1}{10}$

7.5.3 二维连续型随机变量

如果二维随机变量 (X, Y) 的所有可能取值不可以逐个列举出来，而是取平面某一区间内的任意点，那么我们称之为二维连续型随机变量。

与一维随机变量相似，对于二维随机变量 (X, Y) 的分布函数 $F(x, y)$ 和概率密度函数 $f(x, y)$ 存在以下关系。

定义 7.14 对于任意的 x 和 y 有

$$F(x, y) = \int_{-\infty}^{y} \int_{-\infty}^{x} f(u, v) \mathrm{d}u \mathrm{d}v$$

概率密度函数 $f(x, y)$ 具有以下性质。

（1）$f(x, y) \geqslant 0$。

（2）$\int_{-\infty}^{+\infty} \int_{-\infty}^{+\infty} f(x, y) \mathrm{d}x \mathrm{d}y = F(-\infty, +\infty) = 1$。

（3）设 G 是平面上的一个区域，点 (X, Y) 落在 G 内的概率为 $P\{(X, Y) \in G\} = \iint\limits_{G} f(x, y) \mathrm{d}x \mathrm{d}y$，若 $f(x, y)$ 在点 (x, y) 上连续，则有

$$\frac{\partial^2 F(x, y)}{\partial x \partial y} = f(x, y)$$

第（3）条性质中 $P\{(X,Y)\in G\}=\iint\limits_{G}f(x,y)\mathrm{d}x\mathrm{d}y$ 的几何意义如图 7-14 所示，表示 $P\{(X,Y)\in G\}$ 的值等于以 G 为底，以曲面 $z=f(x,y)$ 为顶面的柱体体积。

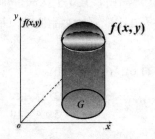

图 7-14 点 (X,Y) 落在区域 G 内的概率

【**例 7.18**】设二维随机变量 (X,Y) 具有概率密度：

$$f(x,y)=\begin{cases}k\mathrm{e}^{-(2x+3y)},x>0,y>0\\0,其他\end{cases}$$

（1）求常数 k。

（2）求分布函数 $F(x,y)$。

（3）求 $P(Y\leqslant X)$ 的概率。

解：利用 $\int_{-\infty}^{+\infty}\int_{-\infty}^{+\infty}f(x,y)\mathrm{d}x\mathrm{d}y=1$，得

$$k\int_{0}^{+\infty}\mathrm{e}^{-2x}\mathrm{d}x\int_{0}^{+\infty}\mathrm{e}^{-3y}\mathrm{d}y=\frac{k}{6}=1$$

即：

$$k=6$$

$$f(x,y)=\begin{cases}6\mathrm{e}^{-(2x+3y)},x>0,y>0\\0,其他\end{cases}$$

$$F(x,y)=\int_{-\infty}^{y}\int_{-\infty}^{x}f(u,v)\mathrm{d}u\mathrm{d}v=\begin{cases}\int_{0}^{y}\int_{0}^{x}6\mathrm{e}^{-(2u+3v)}\mathrm{d}u\mathrm{d}v,\ x>0,\ y>0\\0,其他\end{cases}$$

$$=\begin{cases}\int_{0}^{x}2\mathrm{e}^{-2u}\mathrm{d}u\int_{0}^{y}3\mathrm{e}^{-2v}\mathrm{d}v,\ x>0,\ y>0,\ x>0,\ y>0\\0,其他\end{cases}$$

$$=\begin{cases}(1-\mathrm{e}^{-2x})(1-\mathrm{e}^{-3y}),\ x>0,\ y>0\\0,其他\end{cases}$$

将 (X,Y) 看作平面上随机点的坐标，如图 7-15 所示，即有：

$$P(Y \leqslant X) = \iint\limits_{G} f(x,y)\mathrm{d}x\mathrm{d}y = \int_{0}^{+\infty}\int_{y}^{+\infty} 6e^{-(2x+3y)}\mathrm{d}x\mathrm{d}y = \frac{3}{5}$$

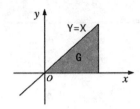

图 7-15　$P(Y \leqslant X)$ 的概率示意图

7.6　边缘分布

二维随机变量 (X,Y) 的分布函数 $F(x,y)$ 是对随机变量 (X,Y) 概率特性的整体描述，而 X 和 Y 本身都是一维随机变量，它们有各自的一维分布函数，这几个分布函数之间的关系如何？我们给出如下定义。

定义 7.15 设二维随机变量 (X,Y) 具有分布函数 $F(x,y)$，其中 X 和 Y 都是随机变量，也各有自己的分布函数，将它们分别记为 $F_X(x)$、$F_Y(y)$，称之为二维随机变量 (X,Y) 关于 X 和 Y 边缘分布的分布函数。

若二维随机变量 (X,Y) 的分布函数 $F(x,y)$ 已知，则

$$F_X(x) = P\{X \leqslant x\} = P\{X \leqslant x, Y < +\infty\} = F(x,+\infty)$$

其中 $F(x,+\infty) = \lim_{y \to +\infty} F(x,y)$。

同理 $F_Y(y) = F(+\infty,y)$，其中 $F(+\infty,y) = \lim_{x \to +\infty} F(x,y)$。

上式告诉我们：边缘分布函数 $F_X(x), F_y(y)$ 可由分布函数 $F(x,y)$ 所确定。

从图 7-16 中可知：边缘分布函数 $F_X(x)$ 相当于联合分布函数 $F(x,y)$ 落在 $\{X \leqslant x\}$ 区间的概率，同理 $F_y(y)$ 相当于联合分布函数 $F(x,y)$ 落在 $\{Y \leqslant y\}$ 区间的概率。

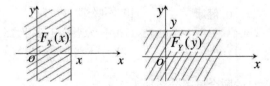

图 7-16　边缘分布函数 $F_X(x)$ 和 $F_Y(y)$

定义 7.16 对于二维离散型随机变量的边缘分布，设 (X,Y) 的联合概率分布如表 7-8 所示。

表 7-8 (X,Y) 的联合概率

联合概率	$y_1\ y_2\ \cdots\ y_j\ \cdots$	$P(X=x_i)$
x_1	$p_{11}\ p_{12}\ \cdots\ p_{1j}\ \cdots$	$p._1$
x_2	$p_{21}\ p_{22}\ \cdots\ p_{2j}\ \cdots$	$p._2$
$\vdots$	$\vdots$	$\vdots$
x_i	$p_{i1}\ p_{i2}\ \cdots\ p_{ij}\ \cdots$	$p._i$
$\vdots$		$\vdots$
$P(Y=y_j)$	$p._1 p._2 \cdots p._j \cdots$	1

则 (X,Y) 关于 X 的边缘概率分布为

$$F_X(x)=P\{X=x_i\}=P\{X=x_i,Y<+\infty\}=\sum_{i=1}^{+\infty}p_{ij}=p_i.\ ,i=1,2,\cdots$$

关于 Y 的边缘概率分布为

$$F_Y(y)=P\{Y=y_j\}=P\{X<+\infty,Y=y_j\}=\sum_{j=1}^{+\infty}p_{ij}=p._j\ ,j=1,2,\cdots$$

定义 7.17 对于二维连续型随机向量 (X,Y)，联合概率密度和分布函数分别为 $f(x,y)$ 和 $F(x,y)$，则关于 X 的边缘分布函数为

$$F_X(x)=P\{X\leqslant x\}=F(x,+\infty)=\int_{-\infty}^{x}\left[\int_{-\infty}^{+\infty}f(x,y)\mathrm{d}y\right]\mathrm{d}x$$

且其关于 X 的边缘密度函数为 $f_X(x)=\int_{-\infty}^{+\infty}f(x,y)\mathrm{d}y$，
同理可得 Y 的边缘分布密度为

$$F_Y(y)=P\{Y\leqslant y\}=F(+\infty,y)=\int_{-\infty}^{y}\left[\int_{-\infty}^{+\infty}f(x,y)\mathrm{d}x\right]\mathrm{d}y$$

且其关于 Y 的边缘密度函数为 $f_Y(y)=\int_{-\infty}^{+\infty}f(x,y)\mathrm{d}x$。

【**例 7.19**】对某一群体的吸烟及健康状况进行调查，引入随机变量 X 和 Y。

$$X=\begin{cases}0,\text{健康}\\1,\text{一般}\\2,\text{不健康}\end{cases},\quad Y=\begin{cases}0,\text{不吸烟}\\10,\text{一天吸烟不多于 15 支}\\20,\text{一天吸烟多于 15 支}\end{cases}$$

根据调查结果，得 (X,Y) 的联合概率分布如表 7-9 所示。

表 7-9 （X,Y）的联合概率调查结果

（X,Y）的联合概率	0	10	20
0	0.35	0.04	0.025
1	0.025	0.15	0.04
2	0.020	0.10	0.25

（1）求关于 X 和 Y 的边缘概率分布。

（2）求 $P(X=2|Y=20)$ 的值。

解： （1）关于 X 和 Y 的边缘概率分布如表 7-10 和表 7-11 所示。

表 7-10 X 的边缘概率

X	0	1	2
P	0.415	0.215	0.370

表 7-11 Y 的边缘概率

Y	0	10	20
P	0.395	0.290	0.315

（2） $P(X=2|Y=20)=\dfrac{0.25}{0.315}=0.794$

【**例 7.20**】设二维随机变量 (X,Y) 在区域 $G=\left\{(x,y)\,|\,0\leqslant x\leqslant 1,x^2\leqslant y\leqslant x\right\}$ 上服从均匀分布，求边缘概率密度 $f_X(x)$，$f_Y(y)$。

解： (X,Y) 的概率密度

$$f(x,y)=\begin{cases}6,0\leqslant x\leqslant 1,x^2\leqslant y\leqslant x\\0,\text{其他}\end{cases}$$

则从图 7-17 中分别可得 $f_X(x)$ 和 $f_Y(y)$：

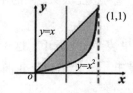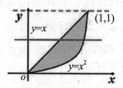

图 7-17 $f_X(x)$ 和 $f_Y(y)$ 示意图

$$f_X(x)=\int_{-\infty}^{+\infty}f(x,y)\mathrm{d}y=\begin{cases}\int_{x^2}^{x}6\mathrm{d}y=6(x-x^2),0\leqslant x\leqslant 1\\0,\text{其他}\end{cases}$$

$$f_Y(y)=\int_{-\infty}^{+\infty}f(x,y)\mathrm{d}x=\begin{cases}\int_{y}^{\sqrt{y}}6\mathrm{d}x=6(\sqrt{y}-y),0\leqslant y\leqslant 1\\0,\text{其他}\end{cases}$$

虽然二维随机变量(X,Y)的联合分布是在G上服从均匀分布，但是它们的边缘分布却不是均匀分布。

7.7 综合实例——概率的应用

在现实生活中有很多时候，我们并不知道自己的判断正确与否，但如果掌握概率论中的一些基础知识，就可以利用计算机来重复模拟事件，以求得问题的答案。

【例7.21】每个人都有生日，偶尔会遇到与自己同一天过生日的人，但在生活中这种缘分似乎并不常有。我们猜猜看，在50个人当中出现这种缘分的概率有多大？

解：概率的定义告诉我们：一个随机事件A发生概率的大小，可以通过多次重复试验样本从而无限接近概率真实值。我们利用计算机来重复模拟事件104次，Python中的random模块用于生成随机数。函数randint(a, b)返回一个位于区间[a,b]内的整数。

【代码如下】

```python
from random import *
counter, times = 0, int(1e4)
for i in range(times):
    if len({randint(1,365) for i in range(50)}) != 50: # 存在同一天生日的人
        counter += 1
print('在 50 个人中有相同生日的概率: ',counter/times)
```

【运行结果】

```
在 50 个人中有相同生日的概率:  0.9735
```

【结果说明】

在50个人中有相同生日的概率高达97%，这个数字恐怕高出了绝大多数人的意料。我们没有算错，是我们的直觉错了，科学与生活又开了个玩笑。正因为计算结果与日常经验产生了如此明显的矛盾，该问题被称为生日悖论，它体现的是理性计算与感性认识之间的矛盾，因为它并不引起逻辑矛盾，所以算不上严格意义上的悖论。

【例7.22】考虑一个抛硬币的例子，一个盒子里装了3个硬币，这3个硬币抛出正面的概率分别为0.3、0.5、0.7。假设从盒子中随机取出一个硬币，抛出了49个正面，31个反面，那么抛哪个硬币的可能性比较大？并利用Python编程实现求解过程。

解：首先建立问题的概率模型，抛80次硬币相当于做80重伯努利试验，以X记为抛出正面的次数，根据二项分布的概率公式，那么抛出正面的概率为

$$P\{X=49\} = C_{80}^{49} p^{49}(1-p)^{31}$$

其中p是抛正面的概率，反面的概率记为$1-p$。分别将3个硬币抛出正面的概率p代入上式，哪个硬币概率大，则表明属于它的可能性最大。

【代码如下】

```python
from functools import reduce
```

```
#定义参数, input_Prob:3 个硬币抛出正面的概率, 正面记为 H, 反面记为 T
input_Prob = {1:0.3, 2:0.5, 3:0.7}
H = 49
T = 31
p=0
#估计可能性最大的硬币
def Max_Prob():
    max_prob = -1
    max_person =1
    for  key in input_Prob:
        current_prob=Prob(input_Prob[key])
        print('第%d 个硬币的概率%10.3f' % (key, current_prob))
        if current_prob>max_prob:          #比较概率值
            max_prob=current_prob
            max_person=key
    print('选中第%d 个硬币的概率最大%10.3f' % (max_person,max_prob))
#根据命中率 p, 求概率值
def Prob(p):
    f1 = Factorial(H + T) / (Factorial(H) * Factorial(T))
    f2 = (p **H) * ((1.0 - p) **T)
    return f1 * f2
#求 x 的阶乘
def Factorial(x):
    return reduce(lambda x, y: x * y, range(1, x + 1))
if __name__ == '__main__':
    Max_Prob ()
```

【运行结果】

```
第 1 个硬币的概率     0.000
第 2 个硬币的概率     0.012
第 3 个硬币的概率     0.023
选中第 3 个硬币的概率最大      0.023
```

【结果说明】

从运行结果可知：第 3 个硬币抛出 49 个正面、31 个反面的概率最大。如果将抛出正面的次数改为 40 个时，哪个硬币的可能性最大？留给有兴趣的读者自己验证。

概率论不仅包括一些基础理论知识，还能培养我们分析随机现象的能力，这种能力在大数据时代对于大多数人来说都是一种必备的素质，上面几个实例旨在体会概率在实践中的应用，培养对概率论的兴趣。

7.8 高手点拨

在 Python 中，经常把概率密度函数、分布函数等表示成 PDF、PMF 和 CDF，下面将这些常用的概念放在一起进行总结对照。

1. 相关概念

（1）PDF: 概率密度函数（Probability Density Function），连续型随机变量的概率密度函数（有时简称为密度函数）是描述这个随机变量在某个确定的取值点附近的可能性的函数。

（2）PMF: 概率质量函数（Probability Mass Function），概率质量函数是离散型随机变量在各特定取值上的概率函数。

（3）CDF: 累积分布函数（Cumulative Distribution Function），又叫分布函数，是概率密度函数的积分，能完整描述一个随机变量 X 的概率分布。

2. 数学表示

（1）PDF: 如果 X 是连续型随机变量，定义概率密度函数为 $f(X)$，用 PDF 在某一区间上的积分来刻画随机变量落在这个区间中的概率，即 $P(a < X \leqslant b) = \int_a^b f(x)\mathrm{d}x$。

（2）PMF: 如果 X 是离散型随机变量，定义概率质量函数为 $f(X)$，PMF 就是离散型随机变量的分布律，即 $f(x) = P\{X = x_k\}$。

（3）CDF: 不管是什么类型（连续或离散或其他）的随机变量，都可以定义它的累积分布函数 $F(X)$，有时简称为分布函数。

对于连续型随机变量，显然有 $F(x) = p(X \leqslant x) = \int_{-\infty}^x f(t)\mathrm{d}t$，CDF 是 PDF 的积分，PDF 是 CDF 的导数。

对于离散型随机变量，其分布函数是分段函数，用概率函数求分布函数很方便，将满足范围内的概率函数 PMF 累加求和即可。

3. 概念分析

（1）PDF 是连续型随机变量特有的，PMF 是离散型随机变量特有的。

（2）PDF 的取值本身不是概率，它是一种趋势（密度），只有对连续型随机变量的取值进行积分后才是概率。

（3）PMF 的取值本身代表该点处的概率。

4. 分布函数的意义

分布函数和密度函数是通过概率函数逐点描述随机变量的概念，但在很多实际应用中，我们可能更关心随机变量落在某个区间的概率，即分布函数。

（1）对于离散型随机变量，可以直接用分布律来描述其统计规律性，而对于非离散型的随机变量，如连续型随机变量，因为无法一一列举出随机变量的所有可能取值，所以它的概率分布不能像随机变量那样进行描述，于是引入分布函数，用积分来求随机变量落入某个区间的概率。

（2）分布律不能描述连续型随机变量，密度函数不能描述离散型随机变量，因此需要找到一个统一方式描述随机变量的统计规律，于是就有了分布函数。另外，在现实生活中，有时候人们感兴趣的是随机变量落入某个范围内的概率是多少，如掷骰子小于 3 点的获胜，那么考虑随机变量落入某个区间的概率就变得有现实意义，因此引入分布函数很有必要。

分布函数 $F(X)$ 在点 x 处的函数值表示 x 落在区间 $(-\infty, x]$ 内的概率，所以分布函数就是定义域为 R 的一个普通函数，因此可以把概率问题转化为函数问题，从而可以利用函数知识来研究概率问题，扩大了概率的研究范围。

另外 Python 有一个很好的统计推断包，即 SciPy 中的 stats，该模块包含了多种概率分布的随机变量，以及多种常用的数据统计函数。常用的统计函数如下。

（1）rvs：产生服从指定分布的随机数，通过 size 给定随机数的大小。

（2）pdf：概率密度函数。

（3）cdf：累计分布函数。

（4）ppf：百分点函数，累计分布函数的反函数。

（5）Sf：残差函数。

（6）stats：返回期望和方差（mean()、var()）。

【例 7.23】获得 norm 函数的使用说明。

【代码如下】

```
from scipy import stats
from scipy.stats import norm
print(norm.__doc__)
```

【例 7.24】创建正态分布随机变量及绘图。

【代码如下】

```
from scipy import stats
from scipy.stats import norm
import numpy as np
import pylab as plt
X = norm()                                  # 默认参数，loc=0，scale=1
Y = norm(loc=1.0,scale=2.0)    #loc 和 scale 参数，对应正态分布的期望和标准差
t = np.arange(-10,10,0.01)
plt.plot(t, X.pdf(t), label="$X$", color="red")
plt.plot(t, Y.pdf(t), "b--", label="$Y$")
plt.legend()
plt.show()
```

【运行结果】

如图 7-18 所示。

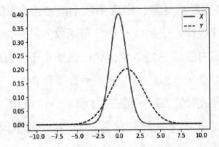

图 7-18 正态分布概率密度函数

7.9 习题

（1）已知某路口发生事故的概率是每天 2 次，用 Python 编程求出此处一天内发生 0、1、2、3、4 次事故的概率是多少？

> **提示**　泊松分布描述的是已知一段时间内事件发生的平均数，求某个时间内事件发生的概率。

$P(X=r)=\dfrac{\mathrm{e}^{-\lambda}\lambda^{r}}{r!}$，其中，$r$ 表示给定区间内发生事件的次数，λ 表示每个区间的平均发生次数。

（2）假设某地区位于甲、乙两河流交处，当任一河流泛滥时，该地区即遭受水灾。设某时期内甲河流泛滥的概率为 0.1，乙河流泛滥的概率为 0.2，当甲河流泛滥时，乙河流泛滥的概率为 0.3，求：

① 该时期内这个地区遭受水灾的概率。

② 当乙河流泛滥时，甲河流泛滥的概率。

（3）设连续型随机变量的密度函数为

$$f(x)=\begin{cases} kx, & 0<x<1 \\ 0, & \text{其他} \end{cases}$$

① 求常数 k 的值。

② 求 X 的分布函数 $F(x)$。

③ 计算 $P(-0.5<X<0.5)$。

第 8 章

描述统计规律 2——随机变量与概率估计

　　本章将更深入地讲解概率论和数理统计知识。首先介绍随机变量概率分布中两个重要数字特征，即数学期望和方差，它们分别反映随机变量平均取值的大小和波动程度。接下来介绍统计推断的理论基础——大数定律和中心极限定理，统计推断中经常通过样本对总体进行估计，大数定律和中心极限定理告诉我们，部分样本的分布会拟合总体概率分布，同分布的样本累加后会呈现出正态分布特性。统计推断中常见的问题是参数估计问题，对要估计的总体已知其分布函数，但参数未知，本章将介绍两种常用的参数估计方法，即最大似然估计和贝叶斯估计。

本章主要涉及的知识点

- ♦ 随机变量的数字特征
- ♦ 大数定律和中心极限定理
- ♦ 数理统计基本概念
- ♦ 最大似然估计
- ♦ 最大后验估计

8.1 随机变量的数字特征

随机变量的概率分布是对随机变量的概率性质最完整的描述，但在很多实际问题中，我们需要掌握的是随机变量一个具体的指标，例如粮食的平均产量、一个地区家庭的平均年收入等。在这种情况下，希望能够用一个简单的数字量来粗线条地描述随机变量的特性，而且这个数字量要简单明了、特征鲜明、直观实用，通常称这个能够描述随机变量的某种特性的数字量为数字特征。随机变量的数字特征很多，这里我们主要介绍数学期望和方差两种常用的数字特征。

8.1.1 数学期望

数学期望是随机变量最重要的数字特征，数学期望无论在理论上还是在实际应用中，都有着非常重要的地位，先来看下面两个例子。

【例 8.1】一个游戏一共 52 张牌，其中有 4 个 A。用 1 元钱赌一把，如果你抽中了 A，那么给你 10 元钱，否则你的 1 元钱就输了。在这个游戏中，抽中 A 的概率是 $\frac{4}{52} = \frac{1}{13}$，抽不中概率是 $\frac{12}{13}$。那么平均每局能赢亏多少元?

解: 按赢亏的概率计算平均值。

$$\frac{1}{13} \times 10 + \frac{12}{13} \times (-1) = -\frac{2}{13} \text{元}$$

这样，你玩了很多局之后，会发现平均每局会亏 $\frac{2}{13}$ 元。

【例 8.2】甲、乙两人进行打靶，所得分数分别记为 X 和 Y，它们的分布律如表 8-1 所示。

表 8-1 甲乙打靶环数及对应概率

X(环数)	8	9	10	Y(环数)	8	9	10
概率 p_k	0.3	0.5	0.2	概率 p_k	0.1	0.8	0.1

试评定他们的成绩好坏。

解: 一个合理的评定方法是分别计算甲乙打靶的平均分数。

甲: $8 \times 0.3 + 9 \times 0.5 + 10 \times 0.2 = 8.9$。

乙: $8 \times 0.1 + 9 \times 0.8 + 10 \times 0.1 = 9$。

虽然甲打中 10 环的概率高于乙，但从平均分数比较，乙的射击水平高于甲，显然平均值是衡量射击水平的一个"数字特征"。在实际问题中，平均值的概念广泛应用，如课程平均考试成绩、人的平均身高等。

数学期望分为离散型随机变量的数学期望和连续型随机变量的数学期望。

1. 离散型随机变量的数学期望

数学期望亦称期望、期望值等，简单地说就是"平均值"，是以概率为权的加权平均值。一个离散型随机变量的期望值是试验中所有可能出现的结果的概率乘以其结果的总和。

定义8.1 设 X 是离散型随机变量，其分布律为 $P\{X = x_k\} = p_k$，$k = 1,2,\cdots$，若级数 $\sum_{k=1}^{\infty} x_k p_k$ 绝对收敛，则称级数 $\sum_{k=1}^{\infty} x_k p_k$ 的和为随机变量的数学期望，记作 $E(X)$。

【例8.3】 某城市有10万个家庭，没有孩子的家庭有1000个，有一个孩子的家庭有9万个，有两个孩子的家庭有6000个，有3个孩子的家庭有3000个，那么一个家庭中孩子数目的数学期望是多少？

解： 设此城市中任一个家庭中孩子的数目是一个随机变量，记为 X。它可取值0，1，2，3。其中，X 取0的概率为0.01，取1的概率为0.9，取2的概率为0.06，取3的概率为0.03。

$$E(X) = 0 \times 0.01 + 1 \times 0.9 + 2 \times 0.06 + 3 \times 0.03 = 1.11$$

虽然我们常说期望是"平均值"，但它和平时说的算术平均数是不一样的，如求家庭中孩子个数的算术平均数为 $(0+1+2+3)/3 = 2$，算术平均数并不能真正体现期望。因为取值1的概率比取值2的概率大得多，所以随机变量在随机试验中取值的期望，它是概率意义下的平均值，不同于相应数值的算术平均数。

2. 连续型随机变量的数学期望

连续型的随机变量的期望值与离散型随机变量的期望值算法相似，但由于连续型的输出值是连续的，所以把求和改成了积分。

定义8.2 连续型随机变量 X 的概率密度为 $f(x)$，若积分 $\int_{-\infty}^{+\infty} xf(x)\mathrm{d}x$ 绝对收敛，则称积分的值 $\int_{-\infty}^{+\infty} xf(x)\mathrm{d}x$ 为随机变量 X 的数学期望 $E(X)$。

【例8.4】 随机变量 X 在 (a,b) 上服从均匀分布，求其期望。

$$X = f(x) = \begin{cases} \dfrac{1}{b-a}, & a < x < b \\ 0, & \text{其他} \end{cases}$$

解： $E(X) = \int_a^b \dfrac{1}{b-a}\mathrm{d}x = \dfrac{a+b}{2}$。

【例8.5】 设随机变量 $X \sim N(\mu, \sigma^2)$，概率密度为 $f(x) = \dfrac{1}{\sqrt{2\pi}\sigma}\mathrm{e}^{-\frac{(x-\mu)^2}{2\sigma^2}}$，$-\infty < x < \infty$，求 $E(X)$。

解： $E(X) = \int_{-\infty}^{\infty} x \frac{1}{\sqrt{2\pi}\sigma} e^{-\frac{(x-\mu)^2}{2\sigma^2}} dx$，令 $t = \frac{x-\mu}{\sigma}$，则：

$$E(X) = \frac{1}{\sqrt{2\pi}} \int_{-\infty}^{\infty} (\sigma t + \mu) e^{-\frac{t^2}{2}} dt = \frac{\sigma}{\sqrt{2\pi}} \int_{-\infty}^{\infty} t e^{-\frac{t^2}{2}} dt + \frac{\mu}{\sqrt{2\pi}} \int_{-\infty}^{\infty} e^{-\frac{t^2}{2}} dt = \mu$$

> **提示**
>
> 积分 $\int_{-\infty}^{\infty} e^{-\frac{t^2}{2}} dt$ 涉及一元函数的一重积分通过极坐标转化为二重积分，具体推导过程如下。
>
> $$\int_{-\infty}^{\infty} e^{-\frac{t^2}{2}} dt = \sqrt{\left(\int_{-\infty}^{\infty} e^{-\frac{x^2}{2}} dx\right) \times \left(\int_{-\infty}^{\infty} e^{-\frac{y^2}{2}} dy\right)}$$
>
> $$= \sqrt{\int_0^{2\pi} \int_0^{\infty} r e^{-\frac{r^2}{2}} dr d\theta}$$
>
> $$= \sqrt{-\int_0^{2\pi} e^{-\frac{r^2}{2}} \Big|_0^{\infty} d\theta}$$
>
> $$= \sqrt{\int_0^{2\pi} d\theta} = \sqrt{2\pi}$$

3. 数学期望的性质

数学期望是关于积分变量和概率密度函数乘积的积分运算（离散型是求和运算），因而它是一种线性运算，满足线性运算的特性。

数学期望具有下列性质。

（1）设 C 是常数，则 $E(C) = C$。

（2）若 C 是常数，则 $E(CX) = CE(X)$。

（3）$E(X+Y) = E(X) + E(Y)$。

（4）设 X，Y 独立，则 $E(XY) = E(X)E(Y)$（对于多个独立变量也适用）。

【例 8.6】 一民航送客车载有 20 位旅客自机场出发，旅客有 10 个车站可以下车，如到达一个车站没有旅客下车就不停车，以 X 表示停车的次数，求 $E(X)$。

解： 此题直接用期望定义不容易求解，可以利用期望的性质。设每位旅客在各个车站下车是等可能的，并设各旅客下车相互独立，引入随机变量如下。

$$X_i = \begin{cases} 0, & \text{在第 } i \text{ 站没有人下车} \\ 1, & \text{在第 } i \text{ 站有人下车} \end{cases}, i = 1, 2, \cdots, 10$$

易知 $X = X_1 + X_2 + \cdots + X_{10}$。

因为 $X_i = 0$ 等价于 20 位旅客在该车站都不下车，故 X_i 的分布律为

$$P(X_i = 0) = \left(\frac{9}{10}\right)^{20}, \quad P(X_i = 1) = 1 - \left(\frac{9}{10}\right)^{20}, \quad i = 1, 2, \cdots, 10$$

因此 $E(X_i) = 0 \times \left(\frac{9}{10}\right)^{20} + 1 \times \left[1 - \left(\frac{9}{10}\right)^{20}\right] = 1 - \left(\frac{9}{10}\right)^{20}\left[1 - \left(\frac{9}{10}\right)^{20}\right]$,

$$E(X) = E(X_1 + X_2 + \cdots + X_{10}) = E(X_1) + E(X_2) + \cdots + E(X_{10})$$

$$= 10 \times \left[1 - \left(\frac{9}{10}\right)^{20}\right] = 8.784(\text{次})$$

8.1.2 方差

随机变量的期望是对随机变量取值平均水平的综合评价，而方差是衡量随机变量取值波动性的另一个重要数字特征。

【例 8.7】甲、乙两人射击，以随机变量 X 表示甲击中的环数，随机变量 Y 表示乙击中的环数。他们的射击水平如表 8-2 所示。

表 8-2 甲乙打靶环数及对应概率

X（环数）	8	9	10	Y（环数）	8	9	10
概率 p_k	0.3	0.2	0.5	概率 p_k	0.2	0.4	0.4

试问哪一个人的射击水平较高？

解： 先比较两个人射击的平均环数。

$$E(X) = 8 \times 0.3 + 9 \times 0.2 + 10 \times 0.5 = 9.2$$

$$E(Y) = 8 \times 0.2 + 9 \times 0.4 + 10 \times 0.4 = 9.2$$

从平均环数上看，甲乙两人的射击水平是一样的，但两个人的射击环数与平均环数的偏离程度不同。在实际问题中经常关心随机变量与均值的偏离程度，可用 $E\{|X - E(X)|\}$ 表示，但绝对值使用不方便，所以通常用 $E\{[X - E(X)]^2\}$ 来衡量随机变量 X 与其均值 $E(X)$ 的偏离程度。

定义 8.3 设 X 为随机变量，如果 $E\{[X - E(X)]^2\}$ 存在，则称其为 X 的方差，记作 $D(X)$、σ^2 或 $Var(X)$。

$$D(X) = \begin{cases} \sum_{k=1}^{\infty} \left[x_k - E(X)\right]^2 P(X = x_k), & \text{离散型随机变量} \\ \int_{-\infty}^{+\infty} \left[x - E(X)\right]^2 f(x)\mathrm{d}x, & \text{连续性随机变量} \end{cases}$$

其中 $E(X)$ 是随机变量 X 的期望值，$E\left[X-E(X)\right]^2$ 意为"变量值与其期望值之差的平方和"的期望值。方差的算术平方根 $\sqrt{D(X)}$ 称为标准差或均方差，也记作 σ，它与 X 具有相同的度量单位，在实际应用中经常使用均方差。

方差刻画了随机变量 X 的取值与数学期望的偏离程度，它的大小可以衡量随机变量取值的稳定性。从方差的定义易见：若 X 的取值比较集中，则方差较小；若 X 的取值比较分散，则方差较大。

【例 8.8】 计算例 8.7 中甲乙两人的射击水平哪个更稳定些？

解：
$$D(X) = (8-9.2)^2 \times 0.3 + (9-9.2)^2 \times 0.2 + (10-9.2)^2 \times 0.5 = 0.76$$
$$D(Y) = (8-9.2)^2 \times 0.2 + (9-9.2)^2 \times 0.4 + (10-9.2)^2 \times 0.4 = 0.624$$

由于 $D(Y) < D(X)$，表明乙的射击水平比甲稳定。

在计算方差时，常用方差的简化计算公式：
$$\begin{aligned}
D(x) &= E\left[X-E(X)\right]^2 = E\left[X^2 - 2XE(X) + \left(E(X)\right)^2\right] \\
&= E(X^2) - 2E(X)E(X) + \left[E(X)\right]^2 \\
&= E(X) - \left[E(X)\right]^2
\end{aligned}$$

该公式是计算方差的重要公式，运算时十分方便，因此通常说方差等于随机变量平方的期望减去期望的平方。

下面给出方差的几个重要性质。

（1）设 C 常数，则 $D(C) = 0$。

（2）若 X 是随机变量，C 是常数，则 $D(CX) = C^2 D(X)$。

（3）$D(X+C) = D(X)$。

（4）设 X,Y 是两个独立的随机变量，则 $D(X+Y) = D(X) + D(Y)$。

我们对第（4）条进行证明，其他性质的证明方法类似。

证明： 由定义可得：
$$\begin{aligned}
D(X+Y) &= E\left\{\left[(X+Y) - E(X+Y)\right]^2\right\} \\
&= E\left\{\left[X-E(X)\right]^2 + \left[Y-E(Y)\right]^2\right\} + 2E\left\{\left[X-E(X)\right]\left[Y-E(Y)\right]\right\} \\
&= D(X) + D(Y) + 2E\left\{\left[X-E(X)\right]\left[Y-E(Y)\right]\right\}
\end{aligned}$$

若 X,Y 相互独立，则 $X-E(X)$ 与 $Y-E(Y)$ 独立，可得：
$$E\left\{\left[X-E(X)\right]\left[Y-E(Y)\right]\right\} = E\left[X-E(X)\right]E\left[Y-E(Y)\right] = 0$$

于是得到 $D(X+Y)=D(X)+D(Y)$，称独立随机变量之和的方差等于各变量的方差之和。

【例 8.9】设随机变量 $X \sim N\left(\mu,\sigma^2\right)$，概率密度为 $f(x)=\dfrac{1}{\sqrt{2\pi}\sigma}\mathrm{e}^{-\frac{(x-\mu)^2}{2\sigma^2}}$，$-\infty<x<\infty$。求随机变量 X 的方差。

解： 从例 8.5 的结论 $E(X)=\mu$ 中可得：

$$D(X)=E(X-\mu)^2=\int_{-\infty}^{\infty}(x-\mu)^2\frac{1}{\sqrt{2\pi}\sigma}\mathrm{e}^{-\frac{(x-\mu)^2}{2\sigma^2}}\mathrm{d}x$$

设 $\dfrac{x-\mu}{\sigma}=t$，

$$D(X)=\int_{-\infty}^{\infty}\frac{\sigma^2 t^2}{\sqrt{2\pi}}\mathrm{e}^{-\frac{t^2}{2}}\mathrm{d}t=\frac{\sigma^2}{\sqrt{2\pi}}\int_{-\infty}^{\infty}t^2\mathrm{e}^{-\frac{t^2}{2}}\mathrm{d}t=-\frac{\sigma^2}{\sqrt{2\pi}}\int_{-\infty}^{\infty}t\mathrm{d}\mathrm{e}^{-\frac{t^2}{2}}$$

$$=\frac{\sigma^2}{\sqrt{2\pi}}\left(-t\mathrm{e}^{-\frac{t^2}{2}}\Big|_{-\infty}^{\infty}+\int_{-\infty}^{\infty}\mathrm{e}^{-\frac{t^2}{2}}\mathrm{d}t\right)=\sigma^2$$

正态分布随机变量的概率密度中的两个参数 μ 和 σ 分别是该随机变量的数学期望和均方差。

【例 8.10】设随机变量 X 具有数学期望 $E(X)=\mu$，方差 $D(X)=\sigma^2\neq0$。记 $X^*=\dfrac{X-\mu}{\sigma}$，求 X^* 的期望和方差。

解： $E\left(X^*\right)=\dfrac{1}{\sigma}E(X-\mu)=\dfrac{1}{\sigma}\left[E(X)-\mu\right]=0$

$$D\left(X^*\right)=E\left(X^{*2}\right)-\left[E\left(X^*\right)\right]^2=E\left[\left(\frac{X-\mu}{\sigma}\right)^2\right]=\frac{1}{\sigma^2}E\left[(X-\mu)^2\right]=\frac{\sigma^2}{\sigma^2}=1,$$

即 $X^*=\dfrac{X-\mu}{\sigma}$ 的数学期望为 0，方差为 1。

X^* 为 X 的标准化变量，即一般的正态分布经标准化后，服从 $N(0,1)$ 的标准化正态分布。

下面介绍一个重要的不等式——切比雪夫 (Chebyshev) 不等式。

如果随机变量 X 的期望 μ 和方差 σ 存在，则对任意 $\varepsilon>0$，有：

$$P\{|X-\mu|\geqslant\varepsilon\}\leqslant\frac{\sigma^2}{\varepsilon^2}$$

该不等式称为切比雪夫 (Chebyshev) 不等式，它等价于：

$$P\{|X-\mu|<\varepsilon\}\geqslant1-\frac{\sigma^2}{\varepsilon^2}$$

分别取 $\varepsilon=3\sigma,4\sigma$ 时，则有：

$$P\{|X-\mu|<3\sigma\}\geqslant1-\frac{1}{9}\approx88.89\%$$

$$P\{|X-\mu|<4\sigma\}\geqslant 1-\frac{1}{16}\approx 93.75\%$$

（1）切比雪夫不等式描述了这样一个事实，即随机事件大多会集中在平均值附近。

（2）若 σ^2 越小，则事件 $\{|X-E(X)|<\varepsilon\}$ 的概率越大，即随机变量 X 集中在期望附近的可能性越大，由此可见方差 σ^2 刻画了随机变量取值的离散程度。

（3）当方差已知时，切比雪夫不等式给出了 X 与它的期望的偏差不小于 ε 的概率的估计式。

如取 $\varepsilon=3\sigma$，则有 $P\{|X-E(X)|\geqslant 3\sigma\}\leqslant\dfrac{\sigma^2}{9\sigma^2}\approx 0.111$。故对任给的分布，只要期望和方差存在，则随机变量 X 取值偏离期望 $E(X)$ 超过 3σ 的概率小于 0.111。这一事实称为"3σ 法则"。

（4）随机变量 X 的分布未知的情况下，只利用 X 的期望和方差，即可对 X 的概率分布进行估值。例如一班有 36 个学生，在一次考试中，平均分是 80 分，标准差是 10 分，我们便可得出结论：少于 50 分（与平均相差 3 个标准差以上）的人数不多于 4 个。

数学期望是以随机变量的概率为权的加权平均值，方差是基于数学期望运算而得到的，因此随机变量的数学期望和方差都是由随机变量的概率分布函数所确定，表 8-3 中列出了一些常用分布的期望和方差。

表 8-3　一些常用分布的数学期望和方差

分布类型	概率密度函数	期望 $E(X)$	方差 $D(X)$
两点分布	$P\{X=0\}=1-p, P\{X=1\}=p$	p	$p(1-p)$
泊松分布	$P\{X=k\}=\dfrac{\lambda^k}{k!}e^{-\lambda}, k=0,1,2,\cdots$	λ	λ
二项分布	$P\{X=k\}=C_n^k p^k (1-p)^{n-k}, k=0,1,\cdots n$	np	$np(1-p)$
均匀分布	$f(x)=\begin{cases}1/(b-a), a<x<b\\0, \text{其他}\end{cases}$	$\dfrac{a+b}{2}$	$\dfrac{(b-a)^2}{12}$
指数分布	$f(x)=\begin{cases}\lambda e^{-\lambda x}, x>0\\0, \text{其他}\end{cases}$	$\dfrac{1}{\lambda}$	$\dfrac{1}{\lambda^2}$
正态分布	$f(x)=\dfrac{1}{\sqrt{2\pi}\sigma}e^{-\frac{(x-\mu)^2}{2\sigma^2}}, \quad -\infty<x<\infty$	μ	σ^2

8.2 大数定律和中心极限定理

当大量重复某一相同试验的时候,其最后的试验结果可能会稳定在某一数值附近。就像抛硬币一样,当不断地抛上千次,甚至上万次,我们会发现,正面或者反面向上的次数都会接近一半;大量的重复试验最终的结果都会趋于稳定,但是这个稳定性到底是什么?怎样去用数学语言把它表达出来?这其中会不会有某种规律性?是必然的还是偶然的?为了回答这些问题,我们在概率论中利用极限理论对随机变量进行了研究。极限理论是概率论的基本理论,其中大数定律和中心极限定理都是研究随机变量序列的极限定理。

大数定律描述了在试验不变的条件下,重复试验多次,随机事件最后的频率无限接近事件概率。大数定律成功地通过数学语言将现实生活中的现象表达出来,赋予其确切的数学含义。中心极限定理告诉我们在自然界与生产中,一些现象受到许多相互独立的随机因素的影响,如果每个因素所产生的影响都很微小时,总的影响可以看作服从正态分布。中心极限定理从数学上证明了这一现象。

大数定律与中心极限定理是现代概率论、统计学、理论科学和社会科学的基石。

8.2.1 大数定律

在实践中我们发现大量的随机现象的平均结果具有稳定性,但这些都是观察的结果,必须有相应的理论支撑才更有说服力。大数定律给出了频率稳定性的严格数学解释。

定义 8.4 $X_1, X_2, \cdots, X_n, \cdots$ 是一个随机变量序列,a 为常数,若对任意正数 ε 有 $\lim\limits_{n \to \infty} P\{|X_n - a| < \varepsilon\} = 1$,则称序列 $X_1, X_2, \cdots, X_n, \cdots$ 依概率收敛于 a,记作 $X_n \xrightarrow{P} a \, (n \to \infty)$。

$X_n \xrightarrow{P} a$ 的"依概率收敛"的直观解释:对任意 $\varepsilon > 0$,当 n 充分大时,"X_n 与 a 的偏差大于等于 ε"这一事件发生的概率很小(收敛于 0),这里的收敛性是在概率意义上的收敛性。这就是说,无论给定怎样小的 $\varepsilon > 0$,X_n 与 a 的偏差大于等于 ε 是可能的,但是当 n 很大时,出现这种偏差的概率很小。因此,当 n 很大时,事件 $\{|X_n - a| < \varepsilon\}$ 几乎是必然的,这与高等数学中的序列收敛的概念有所不同。

大数定律有若干个表现形式,这里主要介绍伯努利大数定律和辛钦大数定律。

伯努利大数定律:设 n_A 是 n 次独立重复试验中事件 A 发生的次数,p 是事件 A 在每次试验中发生的概率,则对任意正数 ε,有 $\lim\limits_{n \to \infty} P\left\{\left|\dfrac{n_A}{n} - p\right| < \varepsilon\right\} = 1$ 或 $\lim\limits_{n \to \infty} P\left\{\left|\dfrac{n_A}{n} - p\right| \geq \varepsilon\right\} = 0$。

证明: 由于 n_A 是 n 次独立重复试验中事件 A 发生的次数,因此 n_A 是一个随机变量,且

$n_A \sim b(n,p)$，从而有 $E(n_A) = np$，$D(n_A) = np(1-p)$，因此 $E\left(\dfrac{n_A}{n}\right) = p$，$D\left(\dfrac{n_A}{n}\right) = \dfrac{p(1-p)}{n}$。

根据切比雪夫不等式，对任意给定的正数 ε，有

$$1 \geqslant P\left\{\left|\frac{n_A}{n} - p\right| < \varepsilon\right\} \geqslant 1 - \frac{p(1-p)}{n\varepsilon^2}$$

令 $n \to \infty$，则 $\lim\limits_{n\to\infty} P\left\{\left|\dfrac{n_A}{n} - p\right| < \varepsilon\right\} = 1$ 或 $\lim\limits_{n\to\infty} P\left\{\left|\dfrac{n_A}{n} - p\right| \geqslant \varepsilon\right\} = 0$。

伯努利大数定律表明一个事件 A 在 n 次独立重复试验中发生的频率 $\dfrac{n_A}{n}$ 依概率收敛于事件 A 发生的概率 p，以严格的数学形式表达了频率的稳定性。从伯努利大数定律的等价形式 $\lim\limits_{n\to\infty} P\left\{\left|\dfrac{n_A}{n} - p\right| \geqslant \varepsilon\right\} = 0$ 可以看出，当 n 很大时，事件 A 在 n 次独立重复试验中发生的频率 $\dfrac{n_A}{n}$ 与 A 在试验中发生的概率有较大偏差的可能性很小。在实际应用中，当试验次数 n 很大时，便可以利用事件 A 发生的频率来近似代替事件 A 发生的概率。在抽样调查中，用样本参数去估计总体参数，其理论依据即在于此。

辛钦大数定律：设随机变量 $X_1, X_2, \cdots, X_n, \cdots$ 相互独立，服从同一分布，且具有数学期望 $E(X_i) = \mu$，$i = 1, 2, \cdots$ 则对任意给定的正数 $\varepsilon > 0$，有

$$\lim\limits_{n\to\infty} P\left\{\left|\frac{1}{n}\sum_{i=1}^{n} X_i - \mu\right| < \varepsilon\right\} = 1$$

辛钦大数定律告诉我们：随着样本数量 n 增大，样本均值几乎必然等于总体真实的均值，从而为统计推断中依据样本平均数估计总体平均数提供了理论依据。例如，要估计某地区的平均亩产量，可收割有代表性的地块 n 块，计算其平均亩产量，则当 n 较大时，可用它作为整个地区平均亩产量的一个估计，此类做法在实际应用中具有重要意义。

大数定律这一结论给出了频率稳定性的严格数学意义，提供了通过试验确定事件概率的方法，为数理统计参数估计提供了重要的理论依据，也为第 17 章中蒙特卡罗随机模拟方法提供了理论基础。

8.2.2 中心极限定理

在实际问题中有许多随机变量，它们是大量相互独立的随机变量综合影响所形成的，其中的每一个因素在总的影响中所起的作用是微小的，例如一个实验中的测量误差是由许多观察不到的、可加的微小误差所组合成的，这种现象正是中心极限定理的客观背景。

定理 8.1 （独立同分布的中心极限定理）设随机变量 $X_1, X_2, \cdots, X_n, \cdots$ 相互独立，服从同一分布，

且具有数学期望和 $E(X_i) = \mu$，$D(X_i) = \sigma^2 \neq 0$，$i = 1, 2, \cdots$，则随机变量之和 $\sum\limits_{i=1}^{n} X_i$ 的标准化变量为

$$Y_n = \frac{\sum\limits_{i=1}^{n} X_i - E\left(\sum\limits_{i=1}^{n} X_i\right)}{\sqrt{D\left(\sum\limits_{i=1}^{n} X_i\right)}} = \frac{\sum\limits_{i=1}^{n} X_i - n\mu}{\sqrt{n}\,\sigma}$$

Y_n 的分布函数 $F(x)$ 对于任意实数 x 满足：

$$\lim_{n \to \infty} F_n(x) = \lim_{n \to \infty} P\left\{ \frac{\sum\limits_{i=1}^{n} X_i - n\mu}{\sqrt{n}\,\sigma} \leqslant x \right\} = \int_{-\infty}^{x} \frac{1}{\sqrt{2\pi}} e^{-\frac{t^2}{2}} \mathrm{d}t = \Phi(x)$$

对 Y_n 分子分母同除 n，得到 $Y_n = \dfrac{\dfrac{1}{n}\sum\limits_{i=1}^{n} X_i - \mu}{\sigma/\sqrt{n}} = \dfrac{\overline{X} - \mu}{\sigma/\sqrt{n}} \overset{\text{近似}}{\sim} N(0,1)$ 或 $\overline{X} \overset{\text{近似}}{\sim} N\left(\mu, \dfrac{\sigma^2}{n}\right)$，所以定理又

可表述为当 n 充分大时，均值为 μ，方差为 $\sigma^2 > 0$ 的独立同分布的随机变量 $X_1, X_2, \cdots, X_n, \cdots$ 的算术平

均值 $\overline{X} = \dfrac{1}{n}\sum\limits_{i=1}^{n} X_i$ 近似地服从均值为 μ，方差为 $\dfrac{\sigma^2}{n}$ 的正态分布。

通过采样得到数据样本值，从而推断总体分布的情况。如果不知道样本的分布类型，我们将无从推断分布的其他数字特征。但是中心极限定理告诉我们，任何独立、同分布的大量随机变量序列和的均值也近似服从正态分布。只要样本容量够大，样本估计值就趋于正态分布，所以我们可以按正态分布进行推断。

【例 8.11】 设随机变量 $X_1, X_2, \cdots, X_{20}$ 相互独立，且都在区间 $(0,10)$ 上服从均匀分布，记 $X = \sum\limits_{i=1}^{20} X_i$，求 $P\{X > 120\}$ 的近似值。

解： 易知 $E(X_i) = 5$，$D(X_i) = \dfrac{100}{12}$，$i = 1, 2, \cdots, 20$。

由中心极限定理可知，随机变量 $Y = \dfrac{\sum\limits_{i=1}^{20} X_i - 20 \times 5}{\sqrt{\dfrac{100}{12}} \times \sqrt{20}} = \dfrac{X - 100}{\sqrt{\dfrac{100}{12}} \times \sqrt{20}} \sim N(0,1)$。

于是 $P\{X>120\}=P\left\{\dfrac{X-100}{\sqrt{\dfrac{100}{12}}\times\sqrt{20}}>\dfrac{120-100}{\sqrt{\dfrac{100}{12}}\times\sqrt{20}}\right\}=P\left\{\dfrac{X-100}{\sqrt{\dfrac{100}{12}}\times\sqrt{20}}>1.549\right\}$

$$=1-P\left\{\dfrac{X-100}{\sqrt{\dfrac{100}{12}}\times\sqrt{20}}\leqslant 1.549\right\}\approx 1-\varPhi(1.549)=0.061$$

定理 8.2（棣莫弗—拉普拉斯定理）设随机变量 η_n，$n=1,2,\cdots$服从二项分布 $B(n,p)$，$0<p<1$，则对任意数 x，有

$$\lim_{n\to\infty}P\left\{\dfrac{\eta_n-np}{\sqrt{np(1-p)}}\leqslant x\right\}=\int_{-\infty}^{x}\dfrac{1}{\sqrt{2\pi}}\mathrm{e}^{-\frac{t^2}{2}}\mathrm{d}t=\varPhi(x)$$

定理 8.2 是定理 8.1 的特殊情况，它表明正态分布是二项分布的极限分布，当 n 充分大时，服从 $b(n,p)$ 随机变量 η_n 的标准化随机变量 $\dfrac{\eta_n-np}{\sqrt{np(1-p)}}$ 的分布，可用标准正态分布 $N(0,1)$ 近似代替，从而解决了二项分布 $b(n,p)$ 的计算问题。

【例 8.12】据统计某年龄段保险者中，一年内每个人死亡的概率为 0.005，现在有 10000 个该年龄段的人参加人寿保险，试求未来一年内这些保险者中死亡人数不超过 70 人的概率。

解：设 X 表示 10000 个投保者在一年内死亡人数，由题意知，$X\sim b(10000,0.005)$，E$(X)=$50，D$(X)=49.75$，根据中心极限定理 $\dfrac{X-np}{\sqrt{np(1-p)}}$ 近似服从 $N(0,1)$，则：

$$P\{X\leqslant 70\}=P\left\{\dfrac{X-50}{\sqrt{49.75}}\leqslant\dfrac{70-50}{\sqrt{49.75}}\right\}\approx\varPhi\left(\dfrac{70-50}{\sqrt{49.75}}\right)=\varPhi(2.84)$$

查标准正态分布表得 $\varPhi(2.84)=0.9977$。

因此，未来一年内这些保险者中死亡人数不超过 70 人的概率为 99.77%。

【例 8.13】编写 Python 代码来验证中心极限定理。

解：中心极限定理告诉我们 $\overline{X}=\dfrac{1}{n}\sum_{i=1}^{n}X_i\overset{近似}{\sim}N\left(\mu,\dfrac{\sigma^2}{n}\right)$，即相互独立的随机变量列 X_k，$k=1,2,\cdots$无论服从什么分布，$\overline{X}$ 近似服从正态分布。

以多个服从均匀分布的随机变量之和来验证中心极限定理，假设有 n 个随机变量 $X_1,X_2,\cdots,X_n$ 相互独立，并服从 $U[a,b]$ 的均匀分布，均匀分布的期望 $\dfrac{a+b}{2}$，方差 $\dfrac{(b-a)^2}{12}$，根据中心极限定理，这些随机变量之和的算术平均值的分布满足正态分布。

$$\bar{X} = \frac{1}{n}\sum_{k=1}^{n}X_k \sim N\left[\frac{a+b}{2}, \frac{(b-a)^2}{12n}\right]$$

【代码如下】

```python
import numpy as np
import matplotlib.pyplot as plt
import matplotlib as mpl
from scipy import stats
from math import sqrt
# 解决汉字显示
mpl.rcParams["font.sans-serif"] = ["Microsoft YaHei"]
mpl.rcParams['axes.unicode_minus'] = False
f = plt.figure(figsize=(16, 8))
# [0,1] 范围内的均匀分布的均值和方差
mean, var = 0.5, 1.0/12
def p_norm(nvr):
# 由中心极限定理得：n 个随机变量的和服从正态分布，画出正态分布曲线
    mu = mean
    sigma = np.sqrt(var/nvr)
    norm_dis = stats.norm(mu, sigma)
    norm_x = np.linspace(0, 1, 128)
    pdf = norm_dis.pdf(norm_x)
    plt.plot(norm_x, pdf, 'r', alpha=0.6, label='N(${0:.1f},\
                {1:.2f}^2$)'.format(mu, sigma))
    plt.legend(loc='upper left', prop={'size': 8})
def sample(rv_num):
# 对随机变量（X1+X2+...）进行一次采样
    single_sample_dist = stats.uniform(loc=0, scale=1)   # 定义 [0, 1] 上的均匀分布
    x=0
    for j in range(rv_num):
        x+=single_sample_dist.rvs()
    x *= 1 / rv_num    # 返回一个 x̄ 样本
    return x
def plotHist(rv_num, n_):
# 画出 n 个随机变量和样本的直方图，rv_num：随机变量的个数 ，Sample_num：样本数目
    x = np.zeros((Sample_num))
    sp = f.add_subplot(2, 2, n_)
    for i in range(Sample_num):    # 采样 1000 次
        x[i]=sample(rv_num)
    # 画出直方图
    plt.hist(x, 500,density=True,color='#348ABD',label='{} 个随机变量'.format(rv_
num))
    plt.setp(sp.get_yticklabels(), visible=False)
    # 画出正态分布曲线
    p_norm(rv_num)
# 主程序
```

```
Sample_num = 1000        #样本数目
nvr = ([1, 2, 32, 64])             #随机变量的个数分别为1，2，32，64
for i in range(np.size(nvr)):
    plotHist(nvr[i], i + 1)
plt.suptitle("服从均匀分布 U[0,1] 的多个随机变量和的均值逼近于正态分布 ")
plt.show()
```

【运行结果】

如图 8-1 所示。

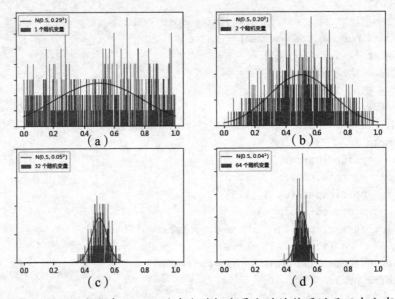

图 8-1 服从均匀分布 $U[0,1]$ 的多个随机变量和的均值逼近于正态分布

【结果说明】

当随机变量个数等于 1 时，相当于只有一个随机变量进行服从 [0,1] 均匀分布的试验，采样次数为 1000 次，对应于图（a）。此时均匀分布和正态分布比较，相差还是非常大的。

当随机变量个数等于 64 时，相当于从 64 个满足 [0,1] 均匀分布的随机变量 $X_1+X_2+\cdots+X_{64}$ 中抽样 1000 次，除以随机变量个数，得到 $\bar{X}$，画出 $\bar{X}$ 对应的直方图，纵坐标为 $\bar{X}$ 出现的概率。随着采样次数 N 增大，从图（d）中可以看到均匀分布和 $N\left[\dfrac{a+b}{2}, \dfrac{(b-a)^2}{12n}\right]$ 正态分布基本吻合，这验证了中心极限定理。

随着随机变量个数的增加，样本的平均值会越来越集中在总体的均值周围，并且呈正态分布，中心极限定理告诉我们：可以通过对样本的观察，推断出总体分布的情况，这也奠定了数理统计中大样本统计推断的理论基础。

8.3 数理统计基本概念

在概率论中，我们是在假设随机变量的分布已知的前提下去研究它的规律性，但在数理统计中，研究的随机变量的分布是未知的，或者只知道它具有某种形式，其中包含着未知参数。只能通过对所研究的随机变量进行重复独立的观察，得到大量观察数据后进行统计分析，从而对所研究的随机变量的分布作出种种推断。

8.3.1 简单随机抽样

总体和样本是数理统计中的两个基本概念，总体就是要研究的随机变量 X，从总体中抽取个体的过程称为抽样，抽样得到 X 的一组试验数据（或观测值）称为样本。对总体的研究方法是根据获得的样本对总体的分布做出推断。例如考察某种型号灯泡的寿命所构成总体的分布时，可随机抽取一些批次灯泡作为样本对总体进行推断。我们对总体的研究，就是对相应的随机变量 X 的分布的研究。通常不区分总体和随机变量，笼统称为总体 X。

从总体中抽取的样本如果满足下述两个条件，则这种随机的、独立的抽样方法称为简单随机抽样。

（1）代表性：因抽取样本要反映总体，自然要求每个个体和总体具有相同分布。

（2）独立性：各次抽取必须是相互独立的，即每次抽样的结果既不影响其他各次抽样的结果，也不受其他各次抽样结果的影响。

满足这两个条件的样本称为简单随机样本。本书中凡是提到抽样与样本都是指简单随机抽样和简单随机样本。

从总体中抽取容量为 n 的样本，也就是对代表总体的随机变量 X 随机独立地进行了 n 次试验，每次试验结果可以看作一个随机变量 X_i，n 次试验得到随机变量序列 $X_1, X_2, \cdots, X_n$，它们相互独立，且与总体服从相同的分布。将得到的样本实际观测值设为 $x_1, x_2, \cdots, x_n$，也可以认为发生了相互独立的事件 $X_1 = x_1, X_2 = x_2, \cdots, X_n = x_n$。

> 样本具有二重性，既可以看作一组观测值又可以看作随机变量。在抽样前样本观测值是未知的，因此被认为是随机变量；而当抽样完后，样本是一组确定的值，因此样本又被认为是一组确定的值。一般情况下我们把样本看作一组随机变量。

若将样本 $X_1, X_2, \cdots, X_n$ 看作 n 维随机变量 $(X_1, X_2, \cdots, X_n)$，则有以下概率分布。

（1）如果总体 X 是离散型随机变量，且概率分布为 $P\{X = x_i\}, i = 1, 2, \cdots, n$，则样本 $X_1, X_2, \cdots, X_n$ 的联合概率分布为

$$P^{\bullet}\{X = x_1, X = x_2, \cdots, X = x_n\} = P\{X = x_1\}P\{X = x_2\} \cdots P\{X = x_n\} = \prod_{i=1}^{n} P\{X_i = x_i\}$$

（2）如果总体 X 是连续型随机变量，且具有概率密度 $f(x)$，则样本 $X_1, X_2, \cdots, X_n$ 的联合概率密度为 $f^{\bullet}(x_1, x_2, \cdots, x_n) = f(x_1) f(x_2) \cdots f(x_n) = \prod\limits_{i=1}^{n} f(x_i)$。

8.3.2 常用的统计量

在实际应用中，对总体进行统计推断时，往往不是直接使用样本本身，而是针对问题构造一些样本的函数 $g(X_1, X_2, \cdots, X_n)$，然后利用这些样本函数对总体进行统计推断。若样本函数 $g(X_1, X_2, \cdots, X_n)$ 中不含有任何未知量，则称这类样本函数为统计量。常用的统计量如下。

（1）样本均值 $\overline{X} = \dfrac{1}{n} \sum\limits_{i=1}^{n} X_i$。

（2）样本方差 $S^2 = \dfrac{1}{n-1} \sum\limits_{i=1}^{n} (X_i - \overline{X})^2 = \dfrac{1}{n-1} \left(\sum\limits_{i=1}^{n} X_i^2 - n\overline{X}^2 \right)$。

（3）样本标准差（均方差）$S = \sqrt{S^2} = \sqrt{\dfrac{1}{n-1} \sum\limits_{i=1}^{n} (X_i - \overline{X})^2}$。

（4）样本 k 阶矩：

$$\text{原点 } k \text{ 阶矩 } A_k = \frac{1}{n} \sum\limits_{i=1}^{n} X_i^k, \ k = 1, 2, \cdots$$

$$\text{中心 } k \text{ 阶矩 } B_k = \frac{1}{n} \sum\limits_{i=1}^{n} (X_i - \overline{X})^k, k = 2, 3, \cdots$$

上述统计量统称为矩统计量，简称为样本矩，它们都是样本 $X_1, X_2, \cdots, X_n$ 的函数，因此也是随机变量。

> **提示**
>
> 样本方差 S^2 分母不是 n，而是 $n-1$，证明过程如下。
>
> $$(n-1)S^2 = \sum\limits_{i=1}^{n} (X_i - \overline{X})^2 = \sum\limits_{i=1}^{n} \left[(X_i - \mu) - (\overline{X} - \mu) \right]^2$$
> $$= \sum\limits_{i=1}^{n} (X_i - \mu)^2 - 2\sum\limits_{i=1}^{n} (X_i - \mu)(\overline{X} - \mu) + (\overline{X} - \mu)^2$$
> $$= \sum\limits_{i=1}^{n} (X_i - \mu)^2 - n(\overline{X} - \mu)^2$$
>
> 上式两边同取期望，得：$(n-1)E(S^2) = \sum\limits_{i=1}^{n} E(X_i - \mu)^2 - nE(\overline{X} - \mu)^2 = nD(X) - nD(\overline{X}) = (n-1)\sigma^2$
>
> 两边同除 $n-1$ 得到：$E(S^2) = \sigma^2$

【例 8.14】从一批袋装糖果中随机抽取 8 袋，测得其质量（单位：g）为 230，243，185，240，228，196，246，200。

（1）写出总体、样本、样本值及样本容量。

（2）求样本均值、样本方差及样本二阶原点矩。

解：

（1）总体：袋装糖果质量 X。

样本：8 袋袋装糖果的质量 $X_1, X_2, \cdots, X_8$。

样本值：$x_1 = 230, x_2 = 243, \cdots, x_8 = 200$，样本容量：$n = 8$。

（2）样本均值 $\overline{X} = \dfrac{1}{8}\sum_{i=1}^{8} X_i = \dfrac{1}{8}(230 + 243 + \cdots + 200) = 221$。

样本方差 $S^2 = \dfrac{1}{8-1}\sum_{i=1}^{n}\left(X_i - \overline{X}\right)^2 = \dfrac{1}{7}\left[9^2 + 22^2 + \cdots + (-21)^2\right] = 566$。

样本二阶原点矩 $a_2 = \dfrac{1}{8}\sum_{i=1}^{8} X_i^2 = \dfrac{1}{8}(230^2 + 243^2 + \cdots + 200^2) = 49336.25$。

我们可以这样理解统计量：把它看作对样本的一种加工，把样本所包含的某一方面的信息集中起来。如上述 $\overline{X}$ 可用于估计未知 μ，原始数据 $X_1, X_2, \cdots, X_n$ 中每一个都包含有 μ 的若干信息，但这些信息是杂乱无章的，一经 $\overline{X}$ 集中后就有了更明确的信息，统计量都是针对某种需要而构造出来。若想了解有关总体方差 σ^2 的情况，则利用样本方差 S^2 进行统计推断。

在上面的统计量中，有两个最重要的统计量：样本均值 $\overline{X}$ 和样本方差 S^2。无论总体 X 服从什么分布，只要均值 $E(X) = \mu$ 与方差 $D(X) = \sigma^2$ 存在，该统计量具有如下性质。

（1）$E(\overline{X}) = \mu, D(\overline{X}) = \dfrac{\sigma^2}{n}$

（2）$E(S^2) = \sigma^2$

上述性质主要告诉我们：样本均值 $\overline{X}$ 的期望等于总体均值 μ，样本方差 S^2 的期望等于总体的方差 σ^2，那么就可以通过样本的统计量 $\overline{X}$ 和 S^2 去推断出总体均值 μ 与总体方差 σ^2，这就是参数估计中矩估计法的理论依据。

统计量的分布对于统计推断十分重要，统计量的分布称为抽样分布，对于一般分布来说，统计量分布的计算比较困难。在实际应用中，较多考虑正态总体情况下统计量的分布，为了研究正态总体统计量分布问题，数理统计中常用与正态分布统计量相关的 3 个分布：卡方分布、t 分布和 F 分布，将在第 9 章数据的各种分布中详细介绍。

【例 8.15】在 Python 中求样本的均值、方差和标准差的 3 种方法。

【代码如下】

```
import numpy as np
from math import sqrt
# 生成样本数据
nlist=range(0,9000000)
```

```
nlist=[float(i)/1000000 for i in nlist]
N=len(nlist)
# 通过遍历数组来求样本的均值和方差
sum1=0.0
sum2=0.0
for i in range(N):
    sum1+=nlist[i]
    sum2+=nlist[i]**2
mean=sum1/N
var=sum2/N-mean**2
std=sqrt(var)
print("(1)、均值: %f, 方差: %f, 标准差: %f" % (mean,var,std))
# 借助 NumPy 的向量运算来求样本的均值和方差
narray=np.array(nlist)
sum1=narray.sum()
narray2=narray*narray
sum2=narray2.sum()
mean1=sum1/N
var1=sum2/N-mean**2
std1=sqrt(var1)
print("(2)、均值: %f, 方差: %f, 标准差: %f" % (mean1,var1,std1))
# 借助 NumPy 的函数来求样本的均值和方差
arr_mean = np.mean(nlist)   # 求均值
arr_var = np.var(nlist)     # 求方差
arr_std = np.std(nlist, ddof=1)  # 求标准差
print("(3)、均值: %f, 方差: %f, 标准差: %f" % (arr_mean,arr_var,arr_std))
```

【运行结果】

（1）均值: 4.500000, 方差: 6.750000, 标准差 :2.598076
（2）均值: 4.499999, 方差: 6.750000, 标准差 :2.598076
（3）均值: 4.499999, 方差: 6.750000, 标准差 :2.598076

8.3.3 参数估计

在实际问题中，当所研究的总体分布类型已知，但分布中含有一个或多个未知参数时，如何根据样本来估计未知参数？这就是参数估计问题。例如，灯泡的寿命 X 是一个总体，根据实际经验可知，X 服从 $N(\mu,\sigma^2)$，但参数 μ,σ^2 是未知的，μ,σ^2 为待估计的参数。此类问题就属于参数估计问题。

参数估计问题分为点估计与区间估计两类。所谓点估计就是构造一个统计量，用该统计量的观察值作为总体未知参数的估计值；区间估计就是对于未知参数给出一个范围，并且在一定的可靠度下使这个范围内包含未知参数。

参数估计问题的一般思路：设有一个总体分布函数 $F(x,\theta)$，其中 θ 为未知参数（θ 也可以是向量），构造一个适当的统计量 $\hat{\theta}=\hat{\theta}(x_1,x_2,\cdots,x_n)$，现从该总体中随机抽样，得样本值 $x_1,x_2,\cdots,x_n$，

代入统计量 $\hat{\theta}$ 公式中，求出的 $\hat{\theta}$ 称为 θ 的估计值。

常用的参数估计方法有点估计和区间估计等，这里不再一一介绍，下面介绍在机器学习领域应用广泛的最大似然估计和贝叶斯估计。

最大似然估计

最大似然估计是在总体的分布类型已知的前提下使用的一种参数估计法。在自然生活中，观察到的某种现象产生的原因可能有很多种，但要判断到底是哪种原因时，人们往往选择可能性最大的一种或者说是概率最大的，这就是最大似然估计的思想。

8.4.1 似然函数

首先来解释一下什么是似然函数以及它和概率有什么区别。

给定联合样本值 x 关于参数 θ 的似然函数如下。

$L(x;\theta) = f(x|\theta)$，其中 θ 是未知参数。

似然函数 $L(x;\theta)$ 是一个概率密度函数 $f(x|\theta)$，表示在参数 θ 下样本数据发生的可能性。例如，现在有一批往年下雨的数据样本 X，是否下雨是由某些气象指标控制，如参数 θ 表示空气的湿度，$L(x;\theta)$ 就表示在湿度参数 θ 下下雨的可能性，参数 θ 可以取值 $\theta_1, \theta_2, \cdots, \theta_n$，每个参数 θ_i 会得到对应的似然函数值。如果某个 θ_i 似然函数值大，代表该样本在参数 θ_i 下发生的可能性更大些，所以把它称为"似然函数"，用来表示参数 θ 取值和样本数据的关联程度。

"似然性"与"概率"意思相近，都是指某种事件发生的可能性，所以形式上似然函数也是一种条件概率函数 $f(x|\theta)$，但概率密度函数 $f(x|\theta)$ 是指在给定参数 θ 后，预测样本观测值 x 发生的可能性，所以 $f(x|\theta)$ 函数是关于 x 的概率密度函数。例如，$f(x|\theta=0.25)$ 表示当空气湿度参数 θ 取 25% 时，随机变量 X 等于"不下雨、大雨、小雨"等不同值时发生的概率。

而似然函数 $L(x;\theta)$ 的理解过程正好相反，我们关注的量不再是事件的发生概率，而是已经知道发生了某些事件，即已知数据样本的情况下，希望知道参数 θ 应该是多少，所以似然函数 $L(x;\theta)$ 是关于 θ 的函数，例如当数据样本 X 值为"小雨"时，空气湿度参数 θ 取不同值时发生的概率。

【例 8.16】 举一个抛硬币的简单例子，现在有一个正反面不是很匀称的硬币，如果正面朝上记为 H，反面朝上记为 T，抛 10 次的结果：T, T, H, T, T, H, T, H, T, H。设硬币正面朝上的概率是 θ，写出上述结果的似然函数。

解：我们知道每次抛硬币都是两点分布，那么似然函数如下。

$$L(x;\theta) = \prod_{i=1}^{n} P(x;\theta) = \prod_{i=1}^{n} \theta^{x_i} (1-\theta)^{1-x_i}$$

$x_i = 1$ 表示正面朝上，$x_i = 0$ 表示反面朝上。

分析： 似然函数 $L(x;\theta)$ 表示参数 θ 和样本 X 的关联程度。当 θ 取不同值时，得到的似然函数 $L(x;\theta)$ 值不同，当值为最大时，此时的 θ 使样本 X 出现的概率最大，即找到了最优的 θ 值，这就是最大似然估计方法。

似然函数定义如下。

（1）对离散型总体 X，其分布律为事件 $P(X=x) = p(x, \theta_1, \cdots, \theta_k)$，事件 $A = \{X_1 = x_1, X_2 = x_2, \cdots, X_n = x_n\}$，事件 A 发生的概率记为 $L(x; \theta_1, \cdots, \theta_k) = \prod_{i=1}^{n} p(x_i, \theta_1, \cdots, \theta_k)$，则称 $L(x; \theta_1, \cdots, \theta_k)$ 为样本的似然函数。

（2）对连续型总体 X，若其概率密度为 $f(x, \theta_1, \theta_2, \cdots, \theta_k)$，则样本的似然函数定义为
$$L(x; \theta_1, \theta_2, \cdots, \theta_k) = \prod_{i=1}^{n} f(x_i, \theta_1, \theta_2, \cdots, \theta_k)。$$

总之，似然性是指在已知某些观测结果时，对有关事物性质的参数进行估计，似然函数取得最大值表示相应的参数能够使统计模型最为合理。

8.4.2 最大似然估计

最大似然估计（Maximum Likelihood Estimation, MLE）是概率论中一个很常用的估计方法，对同一个似然函数，如果存在一个参数值 $\hat{\theta}$，使得似然函数值达到最大的话，那么这个值就最为"合理"，$\hat{\theta}$ 称为参数 θ 的最大似然估计，简言之，概率最大的事件，最有可能发生。

求未知参数 θ 的最大似然估计问题，归结为求似然函数 $L(x;\theta)$ 的最大值点的问题。当似然函数关于未知参数可微时，可利用微分学中求最大值的方法来求解。

求最大似然估计的主要步骤如下。

（1）写出似然函数 $L(x;\theta) = L(x_1, x_2, \cdots, x_n; \theta)$。

（2）对似然函数或对数似然函数求导，令 $\dfrac{\mathrm{d}L(x;\theta)}{\mathrm{d}\theta} = 0$ 或 $\dfrac{\mathrm{d}\ln L(x;\theta)}{\mathrm{d}\theta} = 0$，求出 θ 的最大似然估计。

因函数 $\ln L$ 是 L 的单调递增函数，且函数 $\ln L(x;\theta)$ 与函数 $L(x;\theta)$ 有相同的极值点，故转化为求函数 $\ln L(x;\theta)$ 的最大值点较方便。

【例 8.17】 利用最大似然估计求例 8.16 中硬币正面朝上的概率 θ 值。

解：

$$\ln L(x;\theta) = \ln \prod_{i=1}^{n} \theta^{x_i}(1-\theta)^{1-x_i}$$

$$= \sum_{i=1}^{n} \ln\left[\theta^{x_i}(1-\theta)^{1-x_i}\right]$$

$$= \sum_{i=1}^{n}\left[\ln\theta^{x_i} + \ln(1-\theta)^{1-x_i}\right]$$

$$= \sum_{i=1}^{n}\left[x_i\ln\theta + (1-x_i)\ln(1-\theta)\right]$$

求导：

$$\frac{\partial}{\partial\theta}\ln L(x;\theta) = \sum_{i=1}^{n}\frac{\partial}{\partial\theta}\left[x_i\ln\theta + (1-x_i)\ln(1-\theta)\right]$$

$$= \sum_{i=1}^{n}x_i\frac{\partial}{\partial\theta}\ln\theta + \sum_{i=1}^{n}(1-x_i)\frac{\partial}{\partial\theta}\ln(1-\theta)$$

$$= \frac{1}{\theta}\sum_{i=1}^{n}x_i - \frac{1}{1-\theta}\sum_{i=1}^{n}(1-x_i)$$

令导数为 0，得到：$\hat{\theta}_{ML} = \dfrac{1}{n}\sum_{i=1}^{n}x_i = \dfrac{(0+1+0+0+0+1+0+1+0+1)}{10} = 0.4$。

即 $\theta = 0.4$，正面朝上的概率是 0.4。

【例 8.18】利用最大似然法估计机器学习中 Logistic 回归模型参数。

在机器学习领域，许多求参数的方法最终都归结为最大似然估计的问题。下面以 Logistic 回归方法为例，讲解如何应用最大似然法估计模型参数。

Logistic 回归是研究分类观察结果与一些影响因素之间关系的分析方法。通常是研究某些因素条件下某个结果是否发生，例如医学中根据病人的一些症状来判断他是否患有某种疾病。

以二分类问题为例，输出的标记 y 要么是 1，要么是 0，回归模型如下。

$$P(Y=1|x) = \frac{\exp(w \cdot x)}{1+\exp(w \cdot x)} \tag{8-1}$$

$$P(Y=0|x) = \frac{1}{1+\exp(w \cdot x)} \tag{8-2}$$

其中，x 代表训练样本，Y 是输出，w 是参数。对于给定的训练数据集 $T = \{(x_1, y_1), (x_2, y_2), \cdots, (x_n, y_n)\}$ 可以应用最大似然估计法求模型参数 w。

为了便于讨论，将公式（8-1）和公式（8-2）设为

$$P(Y=1|x_i) = \pi(x_i) = \frac{\exp(w \cdot x)}{1+\exp(w \cdot x_i)} \tag{8-3}$$

$$P(Y=0\,|\,x_i)=1-\pi(x_i)=\frac{1}{1+\exp(w\cdot x)} \tag{8-4}$$

似然函数：$\prod\limits_{i=1}^{N}\left[\pi(x_i)\right]^{y_i}\left[1-\pi(x_i)\right]^{1-y_i}$，

对数似然函数为

$$
\begin{aligned}
L(w)&=\sum_{i=1}^{N}\left[y_i\ln\pi(x_i)+(1-y_i)\ln(1-\pi(x_i))\right]\\
&=\sum_{i=1}^{N}\left[y_i\ln\frac{\pi(x_i)}{1-\pi(x_i)}+\ln(1-\pi(x_i))\right]\quad\text{将公式（8-3）和（8-4）带入得}\\
&=\sum_{i=1}^{N}\left[y_i(w\cdot x_i)-\ln(1+\exp(w\cdot x_i))\right]
\end{aligned}
$$

最后对 $L(w)$ 求最大值，得到 w 的估计值。

这样，问题就转化为以对数似然函数为目标函数的最优化问题。在对似然函数求最大值时，可以用梯度下降算法、牛顿法等。

> 提示
>
> 最大似然估计提供了一种通过给定的观察数据来评估模型参数的方法，即"模型已定，参数未知"。简单而言，假设要统计全国人口的身高，首先假设这个身高服从正态分布，但是该分布的均值与方差未知。我们没有人力与物力去统计全国每个人的身高，但是可以通过采样，获取部分人的身高，然后通过最大似然估计来获取上述假设中正态分布的均值与方差。

8.5 最大后验估计

最大似然估计中把待估计的参数 θ 看作确定性的量（只是其取值未知），在抽取样本之前，我们对 θ 一无所知，所有的信息全部来自样本，参数估计是使取样本观测值概率最大的值。贝叶斯学派是数理统计学中的一大学派，他们认为在进行试验之前，未知参数 θ 已经有了一定的知识，叫作 θ 的先验知识，这里"先验"表示知识是在试验之前就有了。先验知识可以用参数 θ 的某种概率分布表达，记为 $P(\theta)$。当试验后得到样本 X，那么在已知样本 X 的条件下，再推断参数 θ 值的概率分布，称之为后验概率，记为 $P(\theta|X)$。

例如，观察天气下雨为事件 θ，听到天空传来雷声为事件 X，那么如果一开始认为下雨的概率是 $P(\theta)$，但是听到雷声后下雨的概率就不是 $P(\theta)$，而变成条件概率 $P(\theta|X)$。显然，在这个例子里面 $P(\theta)$ 是先验概率，$P(\theta|X)$ 是后验概率。

根据前面 7.2 节条件概率定义，可以推导出先验概率 $P(\theta)$ 和后验概率 $P(\theta|X)$ 之间的关系如下。

$$P(\theta|X) = \frac{P(\theta X)}{P(X)} = \frac{P(\theta)P(X|\theta)}{P(X)}$$

由此得到贝叶斯公式如下。

$$P(\theta|X) = \frac{P(\theta)P(X|\theta)}{P(X)}$$

它提供了用先验概率 $P(\theta)$ 和似然函数 $P(X|\theta)$ 来计算后验概率 $P(\theta|X)$ 的方法。

最大后验估计（Maximum A Posteriori，MAP）也是概率论中一个很常用的估计方法，寻求的是能使后验概率最大的值，它融入了要估计量的先验分布。先验概率包含了人们根据以往经验对事件的一些初步认识，当某些观察结果 X 发生后，会影响人们原来的认识，贝叶斯公式可以对事件先验概率进行修正，得到事件的后验概率。

在贝叶斯公式中分母 $P(X)$ 和 θ 没有关系，故省略分母，可得求参数 θ 最大后验估计公式，其中 argmax 表示求最大值。

$$\arg\max P(\theta|X) = \arg\max P(\theta)P(X|\theta)$$

将已知样本 $x_1, x_2, \cdots, x_n$ 代入，上式相当于求 $\arg\max \left[\prod_{i=1}^{n} P(\theta)P(x_i|\theta)\right]$，加对数处理后，公式可表达为

$$\arg\max \left[\ln p(\theta) + \sum_{i=1}^{n} \ln p(x_i|\theta)\right]$$

对上式求导后得到最优解。

【例 8.19】 假设有 5 个袋子，各袋中都有无限量的饼干（樱桃口味或柠檬口味），已知 5 个袋子中两种口味的比例如下。

袋子 1：樱桃 100%。

袋子 2：樱桃 75% + 柠檬 25%。

袋子 3：樱桃 50% + 柠檬 50%。

袋子 4：樱桃 25% + 柠檬 75%。

袋子 5：柠檬 100%。

设拿到袋子 1 或袋子 5 的概率都是 0.1，拿到袋子 2 或袋子 4 的概率都是 0.2，拿到袋子 3 的概率是 0.4。问从同一个袋子中连续拿到 2 个柠檬饼干，那么这个袋子最有可能是上述 5 个袋子中的哪一个？

解： 假设样本 X 表示从同一个袋子中连续拿到 2 个柠檬饼干，θ_i 表示第 i 个袋子，从第 i 个袋子中能拿出柠檬饼干的概率为 p_i，拿到第 i 个袋子的概率为 q_i，$i = 1, 2, \cdots, 5$，根据后验概率公式可得：

$$\arg\max P(\theta_i|X) = \arg\max P(\theta_i)P(X|\theta_i) = q_i \times p_i^2$$

根据题意的描述可知，p_i 的取值分别为 {0, 0.25, 0.5, 0.75, 1}，q_i 的取值分别为 {0.1,

0.2，0.4，0.2，0.1}，分别计算出 MAP 函数的 θ_i 结果为 {0，0.0125，0.125，0.28125，0.1}。通过最大后验估计可得：从第 4 个袋子中取出的概率最高。

【例 8.20】在大数据分析中，很多电商希望可以利用已有数据预测新用户的倾向，如在一个购房机构的网站，已有 8 个客户信息如表 8-4 所示。

表 8-4　网站客户的所有数据样本

客户 ID	年龄	性别	收入	婚姻状况	是否买房
1	27	男	15W	否	否
2	47	女	30W	是	是
3	32	男	12W	否	否
4	24	男	45W	否	是
5	45	男	30W	是	否
6	56	男	32W	是	是
7	31	男	15W	否	否
8	23	女	30W	是	否

这时有一个新客户，还没买房，其信息如表 8-5 所示。那么这个新客户是否会买房？

表 8-5　新客户信息记录表

年龄	性别	收入	婚姻状况
34	女	31W	否

解：我们用最大后验估计来计算其买房概率。在上述已有的 8 个客户中，有 4 个特征：年龄、性别、收入和婚姻状况，这 4 个特征构成衡量最终是否买房的标准。首先按照最终是否买房，将数据分为两类，见表 8-6、表 8-7。

表 8-6　买房的客户

客户 ID	年龄	性别	收入	婚姻状况	是否买房
2	47	女	30W	是	是
4	24	男	45W	否	是
6	56	男	32W	是	是

表 8-7　没买房的客户

客户 ID	年龄	性别	收入	婚姻状况	是否买房
1	27	男	15W	否	否
3	32	男	12W	否	否
5	45	男	30W	是	否
7	31	男	15W	否	否
8	23	女	30W	是	否

设 Y 为买房的客户，$\overline{Y}$ 为不买房的客户，根据样本计算概率：$P(Y) = \dfrac{3}{8}$，$P(\overline{Y}) = \dfrac{5}{8}$。

下面依次从 4 个特征来分析。

（1）年龄特征：将客户年龄段分为"20-30，30-40，40+"3 个阶段，F_1 表示 30-40。

（2）收入特征：按照薪水，分为"10-20，20-40，40+"3 个级别，F_2 表示 20-40。

（3）婚姻状况：已婚、未婚，F_3 表示未婚。

（4）性别：男性、女性，F_4 表示女性。

根据新客户的各项信息，计算相应的似然概率。

（1）30～40 买房的概率：$P(F_1|Y) = \dfrac{1}{3}$；30～40 没买房的概率：$P(F_1|\overline{Y}) = \dfrac{2}{5}$。

（2）20W～40W 买房的概率：$P(F_2|Y) = \dfrac{2}{3}$；20W～40W 没买房的概率：$P(F_2|\overline{Y}) = \dfrac{2}{5}$。

（3）未婚买房的概率：$P(F_3|Y) = \dfrac{1}{3}$；未婚没买房的概率：$P(F_3|\overline{Y}) = \dfrac{3}{5}$。

（4）女性买房的概率：$P(F_4|Y) = \dfrac{1}{3}$；女性没买房的概率：$P(F_4|\overline{Y}) = \dfrac{1}{5}$。

根据后验概率公式，可得如下概率。

（1）新用户买房的概率：

$$P\left(Y|F_1F_2F_3F_4\right) = P(Y)P\left(F_1F_2F_3F_4|Y\right)$$
$$= \frac{1}{3} \times \frac{2}{3} \times \frac{1}{3} \times \frac{1}{3} \times \frac{3}{8} = 0.009$$

（2）新用户不买房的概率：

$$P\left(\overline{Y}|F_1F_2F_3F_4\right) = P\left(\overline{Y}\right)P\left(F_1F_2F_3F_4|\overline{Y}\right)$$
$$= \frac{2}{5} \times \frac{2}{5} \times \frac{3}{5} \times \frac{1}{5} \times \frac{5}{8} = 0.012$$

两个后验概率比较可知，该用户不会买房的概率大，所以可以将其分类到不会买房的类别。

> **提示**　极大似然估计和最大后验估计都是我们常用的估计方法，与最大似然估计不同的是，最大后验估计允许我们把先验知识加入估计模型中，这在样本很少的时候是很有用的，因为样本很少的时候可能会使我们的观测结果出现偏差，加入先验知识会使估计结果更准确。

8.6　综合实例 1——贝叶斯用户满意度预测

朴素贝叶斯是基于最大后验概率和特征条件独立假设的分类方法，其分类原理是根据某对象的先验概率和类条件概率计算出其后验概率，然后选择具有最大后验概率的类作为该对象所属的类。

朴素贝叶斯分类器的公式如下。

假设某样本 X 有 n 项特征（Feature），分别为 $F_1, F_2, \cdots, F_n$，有 m 个类别（Category），分别为 $C_1, C_2, \cdots, C_m$。贝叶斯分类器就是计算出样本 X 后验概率最大的分类，即求下面这个公式的最大值。

$$P\left(C_i|F_1F_2\cdots F_n\right) = \frac{P\left(F_1F_2\cdots F_n|C_i\right)P\left(C_i\right)}{P\left(F_1F_2\cdots F_n\right)}, i = 1, 2, \cdots, m$$

由于 $P(F_1 F_2 \cdots F_n)$ 对于所有的类别都相同，可以省略，可得：

$$P\left(C_i \mid F_1 F_2 \cdots F_n\right) = P\left(F_1 F_2 \cdots F_n \mid C_i\right) P\left(C_i\right) , i = 1, 2, \cdots, m$$

为了模型简单易理解，朴素贝叶斯假设所有特征都彼此独立，也因此才称之为朴素。

$$P\left(C_i \mid F_1 F_2 \cdots F_n\right) = P\left(F_1 \mid C_i\right) P\left(F_2 \mid C_i\right) \cdots P\left(F_n \mid C_i\right) P\left(C_i\right), \quad i = 1, 2, \cdots, m$$

等号右边 $P\left(C_i\right)$ 表示该类别 C_i 的先验概率，后面的 $P\left(F_j \mid C_i\right), j = 1, 2 \cdots, n$ 是类条件概率，即似然概率，表示在类别 C_i 中特征 F_j 的可能性。因此可以计算出每个类别对应的概率 $P\left(C_i \mid F_1 F_2 \cdots F_n\right)$，从而找出概率最大的类。根据上述分析，朴素贝叶斯分类的流程如图 8-2 表示。

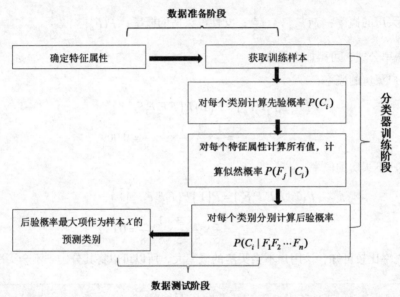

图 8-2 朴素贝叶斯分类的流程

下面我们结合一个汽车满意度测评的实例来讲解朴素贝叶斯分类过程，以加深对算法的理解。

1. 问题描述

随着人们生活质量的提高，越来越多的人有了购车计划。故根据一些已有的汽车满意度测评数据集，可初步了解用户对于该类型汽车的满意程度，这对于汽车制造业以及准备买车的用户来说都具有参考价值。

2. 数据准备阶段

（1）汽车测评数据集。

本文数据集来源于 UCI 的 Car Evaluation 汽车测评数据集，一共包含 1728 条数据。

类别变量：测评结果分别是 unacc，acc，good，vgood，代表用户满意度（不可接受，可接受，好，非常好）。

表 8-8 列出数据集的特征属性及对应取值。

表 8-8 6 个特征属性及对应的取值

特征属性	属性值	属性说明
Buying	vhigh，high，med，low	买入价
Maint	vhigh，high，med，low	维护费
Doors	2，3，4，5more	车门数
Persons	2，4，more	可容纳人数
Lug-boot	small，med，big	后备厢大小
Safety	low，med，high	安全性

（2）从数据集中获得数据，并进行数据整理。

函数 getDataSet(file) 从 cars.data 中读取数据集，并读入到 dataframe 数据类型变量 df 中，方便后续的数据处理。

函数 getTrainTest(data, trainNum) 将数据集按照参数 trainNum 分成训练集和测试集，代码中随机抽取 1500 个训练数据，其余为测试数据。

【代码如下】

```python
import numpy as np
import random
import pandas as pd
columnsName=['buying', 'maint', 'doors', 'persons','lug-boot','safety','label']
# 从数据集中获得数据
def getDataSet(file):
    fr = open(file)
    rdata = []
    for line in fr.readlines():
        tmp = line.strip().split(',')
        rdata.append(tmp)
    df = pd.DataFrame(rdata)    # 读入数据到 DataFrame 变量 df，类似二维表
    df.columns =columnsName    # 设置 df 的列名
    return df
# 随机抽取数据，将数据集分成训练集和测试集
def getTrainTest(data, trainNum):
    # 从 0 到 len（data）整数列表中随机截取 trainNum 个片段
    choose = random.sample(range(len(data)), trainNum)
    choose.sort()
    j = 1
    dftrain = pd.DataFrame(columns= columnsName)
    dftest =pd.DataFrame(columns= columnsName)
    for i in range(1,len(data)):
        # 如果被随机选中，加入训练集，否则加入测试集
        if (j < trainNum and i == choose[j]):
            dftrain.loc[dftrain.shape[0]]=data.iloc[i]
            j += 1
        else:
            dftest.loc[dftest.shape[0]]=data.iloc[i]
```

```
        return dftrain, dftest
```

3. 创建一个实现朴素贝叶模型的类 NBClassify

tagProbablity 记录各类别的先验概率。

格式：{ 类别 1: 概率值 , 类别 2: 概率值 ,…};

featuresProbablity 记录各类别下各特征取值的条件概率。

格式：{ 类别 1: {' 特征 1': {' 值 1': 概率值 ,…,' 值 n: 概率值 }, ' 特征 2':{},…}, 类别 2: {' 特征 1': {' 值 1': 概率值 ,…,' 值 n: 概率值 },…}。

【代码如下】

```
class NBClassify(object):
def __init__(self):
#tabProbablity 核心字典，记录各类别的先验概率，格式：{'unacc': 概率值 , 'acc': 概率值
, 'vgood': 概率值 , 'good': 概率值 }
_tagProbablity=None
    #featuresProbablity 核心字典，记录各类别下各特征取值的条件概率。
_featuresProbablity=None
```

4. 定义训练函数 train( )

函数 train(self,df)：利用训练数据分别计算类先验概率和似然概率。

（1）首先利用 Dataframe 的 value_counts 方法对 4 个类别（unacc,acc,good,vgood）分别进行统计，存入类别先验概率变量 tagProbablity。

（2）计算似然概率，本数据集分为 4 种类别、6 个特征，每个特征对应不同的取值，共有 $4 \times 6 \times (4+4+4+3+3+3)$ 个似然概率，存入字典 dictFeatures 中。dictFeatures 有 3 级字典结构，第 1 级代表类别，第 2 级代表特征，第 3 级代表特征值，如 dictFeatures['unacc']['buying']['med'] =0.225，表示在类别等于 unacc 条件下，特征 buying 取值为 'med' 的概率为 0.225，即似然概率 $P(F_j | C_i)$ 的值。

（3）具体算法如下。

① 计算各特征及对应取值的出现次数 dictFeaturesBase。

② 初始化字典 dictFeatures。

③ 从训练数据集 df 提取一个样本，将该样本的类别存入变量 label。

④ 统计每个类别下特征值出现的次数，并存入字典 dictFeatures。首先提取该样本的特征值，并在字典 dictFeatures 中找到 label 和对应的特征值，如果 dictFeatures[label][feature][fvalue] 中还没有样本出现，将其设为 1，否则加 1。

⑤ 当训练集中某个类别 C_i 的数据没有涵盖第 j 维特征的第 k 个取值时，会出现概率为 0 的情况，考虑加入 Laplace 平滑项。

⑥ 将字典 dictFeatures 中每个类别特征值数目除以对应的 dictFeaturesBase 该类别总数目，得到相应的概率，即每个特征值的似然概率。

【代码如下】

```python
def  train(self,df):
    # 计算每种类别的先验概率
    self._tagProbablity=df['label'].value_counts(value for value in df['label'])
    print("各类别的先验概率: \n",self._tagProbablity)

    # 计算各特征及对应取值的出现次数 dictFeaturesBase
    #格式: { 特征 1:{ 值 1: 出现 5 次 ,…}, 特征 2:{ 值 1: 出现 1 次 , …}}
    dictFeaturesBase={}.fromkeys(df.columns)
    for column in df.columns:
        seriesFeature = df[column].value_counts()
        dictFeaturesBase[column] =seriesFeature
    # 从特征值字典删去类别信息
    del dictFeaturesBase['label']

    # 初始化字典 dictFeatures
    #格式: { 类别 1:{' 特征 1':{' 值 1':None,…},' 特征 2':{...}}, 类别 2: ...}
    dictFeatures = {}.fromkeys(df['label'])
    for key in dictFeatures.keys():
        dictFeatures[key] = {}.fromkeys([key for key in dictFeaturesBase])
    for key, value in dictFeatures.items():
        for subkey in value.keys():
            value[subkey] = {}.fromkeys([x for x in  \
                            dictFeaturesBase[subkey].keys()])
    #计算各类别、对应特征及对应值出现次数, 存入 dictFeatures
    for i in range(0, len(df)):
        label=df.iloc[i]['label']    #类别
        for feature in columnsName[0:6]:    #对应的特征
            fvalue=df.iloc[i][feature]   #对应的特征取值
            if dictFeatures[label][feature][fvalue] == None:
                    #该类别下该特征值第 1 个出现样本
                dictFeatures[label][feature][fvalue] = 1
            else:
                    #如果已有, 次数加 1
                dictFeatures[label][feature][fvalue] +=1
    # 该类数据集若未涵盖此特征值, 加入 Laplace 平滑项
    for tag, featuresDict in dictFeatures.items():
        for featureName, featureValueDict in featuresDict.items():
            for featureKey, featureValues in featureValueDict.items():
                if featureValues == None:
                    featureValueDict[featureKey] = 1

    #计算每个类别下每种特征对应值的似然概率
    for tag, featuresDict in dictFeatures.items():
```

```
    for featureName, featureValueDict in featuresDict.items():
        totalCount = sum([x for x in featureValueDict.values() if x != None])
        for featureKey, featureValues in featureValueDict.items():
            featureValueDict[featureKey] = featureValues / totalCount
    self._featuresProbablity = dictFeatures
    print("每个类别下每种特征对应值的似然概率:\n", dictFeatures)
```

5. 数据预测

使用 classify( ) 函数对测试数据进行分类,将该类中各特征的似然概率乘以类先验概率,得到属于该类的后验概率。后验概率最大的类别即为测试结果,将其和实际类别值比较,如果相等,则预测正确,否则错误。

【代码如下】

```
# 对测试集进行预测
def classify(self, featureTuple):
    resultDict = {}
    # 计算样本属于每个类别的后验概率
    for tag, featuresDict in self._featuresProbablity.items():
        iNumList = []
        i=0
        #将各特征值对应的似然概率添加到列表 iNumList
        for feature,featureValueDict in featuresDict.items():
            featureValue=str(featureTuple[i])
            iNumList.append(self._featuresProbablity[tag][feature][featureValue])
            i=i+1
        # 列表 iNumList 中的概率相乘,得到似然概率
        conditionProbability = 1
        for iNum in iNumList:
            conditionProbability *= iNum
            # 先验概率乘以似然概率得到后验概率 resultDict
        resultDict[tag] = self._tagProbablity[tag] * conditionProbability
    #对比每个类别的后验概率 resultDict 的大小
    resultList = sorted(resultDict.items(), key=lambda x: x[1], reverse=True)
    #返回最大后验概率的类别
    return resultList[0][0]
```

6. 主程序

分别调用各个函数,并对测试集数据进行预测,最后输出预测错误率。

【代码如下】

```
if __name__ == '__main__':
    dfData=getDataSet('cars/car.txt')
    # 避免过拟合,采用交叉验证,随机选取 1500 个数据作为测试集,剩余为训练集
```

```
trainData, testData = getTrainTest(dfData, 1500)
# 定义朴素贝叶斯模型
model = NBClassify()
# 代入训练数据集，进行模型训练
model.train(trainData)
# 对测试数据集进行预测，并计算错误率
errorCount = 0
for i in range(0, len(testData)):
    result = model.classify(testData.iloc[i][0:6])
    # 将预测的类别和实际值比较
    if testData.iloc[i][6]!=result: errorCount += 1
print("The error rate is %f" %(float(errorCount) / len(testData)))
```

【运行结果】

各类别的先验概率：

unacc	0.707805
acc	0.220147
good	0.037358
vgood	0.034690

Name: label, dtype: float64

每个类别下每种特征对应值的似然概率：

{'unacc': {'buying': {'vhigh': 0.2987747408105561, 'med': 0.22525918944392084, 'low':
0.21489161168708765, 'high': 0.26107445805843543}, 'maint': {'low':
0.23185673892554196, 'vhigh': 0.29783223374175305, 'high': 0.25164938737040526, 'med':
0.21866163996229973}, 'doors': {'2': 0.27521206409048066, '3': 0.2525918944392083, '4':
0.24316682375117812, '5more': 0.2290292177191329}, 'persons': {'4':
0.2629594721960415, '2':
0.4740810556079171, 'more': 0.2629594721960415}, 'lug-boot':
{'small': 0.37134778510838834, 'big': 0.3063147973609802, 'med': 0.3223374175306315},
'safety':
{'low': 0.4740810556079171, 'med': 0.293119698397738, 'high': 0.23279924599434496}}, 'acc':
{'buying': {'vhigh': 0.18787878787878787, 'med': 0.3090909090909091, 'low':
0.23636363636363636, 'high': 0.26666666666666666}, 'maint': {'low':
0.24545454545454545, 'vhigh': 0.18181818181818182, 'high': 0.27575757575757576, 'med':
0.296969696969697}, 'doors': {'2': 0.21212121212121213, '3': 0.2545454545454545, '4':
0.25757575757575757, 'more': 0.27575757575757576}, 'persons': {'4': 0.5287009063444109, '2':
0.0030211480362537764, 'more': 0.46827794561933533},
'lug-boot': {'small': 0.28484848484848485, 'big': 0.37575757575757573, 'med':
0.3393939393939394}, 'safety':
{'low': 0.0030211480362537764, 'med': 0.48036253776435045, 'high':
0.5166163141993958}}, 'vgood': {'buying': {'vhigh': 0.018518518518518517, 'med':
0.35185185185185186, 'low': 0.6111111111111112, 'high': 0.018518518518518517}, 'maint':
{'low': 0.4528301886792453, 'vhigh': 0.018867924528301886, 'high':
0.20754716981132076, 'med': 0.32075471698113206}, 'doors': {'2': 0.1346153846153846, '3':
0.21153846153846154, '4': 0.28846153846153844, '5more': 0.36538461538461536}, 'persons':

```
{'4': 0.49056603773584906, '2': 0.018867924528301886, 'more': 0.49056603773584906},
'lug-boot': {'small': 0.018867924528301886, 'big': 0.5660377358490566, 'med':
0.41509433962264153}, 'safety': {'low': 0.018518518518518517, 'med':
0.018518518518518517, 'high': 0.9629629629629629}}, 'good': {'buying': {'vhigh':
0.017241379310344827, 'med': 0.3103448275862069, 'low': 0.6551724137931034, 'high':
0.017241379310344827}, 'maint': {'low': 0.6379310344827587, 'vhigh':
0.017241379310344827, 'high': 0.017241379310344827, 'med': 0.3275862068965517}, 'doors':
{'2': 0.26785714285714285, '3': 0.25, '4': 0.26785714285714285, '5more':
0.21428571428571427}, 'persons': {'4': 0.47368421052631576, '2': 0.017543859649122806,
'more': 0.5087719298245614}, 'lug-boot': {'small': 0.30357142857142855, 'big':
0.35714285714285715, 'med': 0.3392857142857143}, 'safety': {'low':
0.017543859649122806, 'med': 0.543859649122807, 'high': 0.43859649122807015}}}
The error rate is 0.174129
```

7. 利用 scikit-learn 库直接实现朴素贝叶斯方法

scikit-learn 库中包含 3 个朴素贝叶斯的分类算法，分别是 GaussianNB、MultinomialNB 和 BernoulliNB。3 个算法的先验分布分别为高斯分布、多项式分布和伯努利分布。

这 3 个算法适用的分类场景各不相同，一般来说，如果样本特征的分布大部分是连续值，使用 GaussianNB 会比较好；如果样本特征的分布大部分是多元离散值，使用 MultinomialNB 比较合适；如果样本特征是二元离散值或者很稀疏的多元离散值，应该使用 BernoulliNB。考虑实际数据集分布，这里采用 BernoulliNB 进行分类。

首先将数据集中的数据转换为离散型，这里需要对其进行哑变量处理，即转化为数值型数据，以便后续的数值计算。利用 feature_codes 记录特征、标签对应的编码表，通过 DataFrame 的 map 进行映射。

【代码如下】

```python
import pandas as pd
import numpy as np
import random
from sklearn.naive_bayes import BernoulliNB
columnsName=['buying', 'maint', 'doors', 'persons','lug-boot','safety','label']
# 从数据集中获得数据，并进行整理
def getDataSet(file):
    fr = open(file)
    rdata = []
    for line in fr.readlines():
        tmp = line.strip().split(',')
        rdata.append(tmp)
    df = pd.DataFrame(rdata)
    df.columns = columnsName
    #feature_codes 记录特征及数据标签的编码表
    feature_codes = [{'vhigh': 0, 'high': 1, 'med': 2, 'low': 3},
```

```
                  {'vhigh': 0, 'high': 1, 'med': 2, 'low': 3},
                  {'2': 0, '3': 1, '4': 2, '5more': 3},
                  {'2': 0, '4': 1, 'more': 2},
                  {'small': 0, 'med': 1, 'big': 2},
                  {'high': 0, 'med': 1, 'low': 2},
                  {'unacc':0,'acc': 1,'good': 2,'vgood':3} ]
        for i in range(0,7):
            df.iloc[:, i]=df.iloc[:,i].map(feature_codes[i])
            return df
```

将数据集按照参数 trainNum 分成训练集和测试集，随机抽取 1500 个训练数据，其余为测试数据。函数 getTrainTest( ) 与前面代码相同，不再赘述。

得到训练集和测试数据集后，通过 Scikit–Learn 库中的朴素贝叶斯模块进行训练和预测。

【代码如下】

```
if __name__ == '__main__':
    dfData=getDataSet('cars/car.txt')
    #设置训练数据集
    trainData, testData = getTrainTest(dfData, 1500)
    train_X =trainData.iloc[:,:-1]
    train_Y =np.asarray(trainData.iloc[:,-1],dtype="|S6")
    test_X = testData.iloc[:,:-1]
    test_Y = np.asarray(testData.iloc[:,-1],dtype="|S6")
    clf=BernoulliNB()              #分类器
    clf.fit(train_X,train_Y)          #训练
    predicted = clf.predict(test_X)
    print('精度为%f ' %np.mean(predicted == test_Y))
```

【运行结果】

精度：0.837563

因训练集和测试集都是随机产生，故每次运行预测精度都会有细微的波动。

8.7 综合实例 2——最大似然法求解模型参数

数据集 QQ-data.txt 中会收集每天发出 QQ 消息的个数，利用最大似然法估计总体分布的模型参数。

（1）读取数据集 "data/QQ_data.txt"，显示数据分布情况。

【代码如下】

```
import pandas as pd
import matplotlib.pyplot as plt
messages = pd.read_csv('data/QQ_data.csv')  #读取数据
fig = plt.figure(figsize=(12,5))
plt.title('Frequency of QQmessages')
```

```
plt.xlabel('Number of QQmessages')
plt.ylabel('Frequency')
plt.hist(messages['numbers'].values,
         range=[0, 60], bins=60, histtype='stepfilled')
plt.show()
```

【运行结果】

如图 8-3 所示。

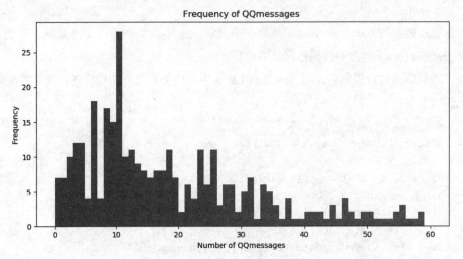

图 8-3　数据分布直方图

部分数据如下。

```
(array([ 7.,  7., 10., 12., 12.,  4., 18.,  4., 17., 15., 28., 10., 11.,
         9.,  8.,  7.,  8.,  8., 11.,  7.,  2.,  6.,  4., 11.,  6., 11.,
         3.,  6.,  6.,  2.,  5.,  7.,  1.,  6.,  5.,  3.,  1.,  4.,  1.,
         1.,  2.,  2.,  2.,  1.,  3.,  1.,  4.,  2.,  1.,  2.,  2.,  1.,
         1.,  1.,  2.,  3.,  1.,  1.,  2.,  0.]),···
```

【结果说明】

QQ 消息个数是非负的整数，这里我们用泊松分布（Poisson distribution）对数据建模。泊松分布需要参数 μ 描述数据的均值和方差。

$$P\{X = x\} = \frac{\mu^x}{x!}\mathrm{e}^{-\mu}, \quad x = 0, 1, 2, \cdots$$

（2）利用最大似然估计方法求出参数 μ。

函数 poisson_logprob() 根据泊松模型和参数值返回观测数据的总似然值。

似然函数定义：$L(x;\mu) = \prod_{i=1}^{n} P(x_i;\mu)$，

为了运算方便，通常对其求对数，得到：

$$\ln L(x;\mu) = \sum_{i=1}^{n} \ln P(x_i;\mu)$$

stats.poisson.logpmf(y_obs, mu=mu) 计算在给定点 y_obs 值上服从泊松分布（参数值为 μ，代码中对应变量为 mu）的概率对数值，然后使用 np.sum 求和，得到似然函数值。

方法 opt.minimize_scalar 求的是似然函数的最小值，因此似然函数前加负号 sign$=-1$。

【代码如下】

```python
import matplotlib.pyplot as plt
import numpy as np
import pandas as pd
import scipy
import scipy.stats as stats
import scipy.optimize as opt
import statsmodels.api as sm
messages = pd.read_csv('data/QQ_data.csv')   # 读取数据
y_obs = messages['numbers'].values
np.seterr(invalid='ignore')
def poisson_logprob(mu, sign=-1):
    # 根据泊松模型和参数值返回观测数据的总似然值
    print(" 参数 mu: ",mu)
    return np.sum(sign*stats.poisson.logpmf(y_obs, mu=mu))
freq_results = opt.minimize_scalar(poisson_logprob)
print(" 参数 mu 的估计值 : %s" % freq_results['x'])
```

【运行结果】

```
参数 mu:  0.0
参数 mu:  1.0
参数 mu:  2.6180339999999998
参数 mu:  5.2360680251559995
参数 mu:  5.27407800674489
参数 mu:  5.335579449295089
参数 mu:  9.033505987062213
参数 mu:  15.016876854671704
参数 mu:  14.560531144536178
参数 mu:  24.69817435307336
参数 mu:  15.016876854671704
参数 mu:  18.71480333494619
参数 mu:  21.00024762925615
参数 mu:  18.401144728108825
参数 mu:  18.196466644680477
参数 mu:  18.22967701870425
参数 mu:  18.23087873439634
参数 mu:  18.230768616422413
参数 mu:  18.2307692323807
参数 mu:  18.230768962555313
```

```
参数 mu： 18.230811058427605
参数 mu： 18.230769648330384
参数 mu 的估计值：18.2307692323807
```

【结果说明】

从运行结果中可看出参数 μ 不断优化的过程，最后输出参数 μ 的估计值为18。

（3）下面代码直观描述了利用似然函数优化参数 μ 的过程。对于横坐标的每个 μ 值，图中曲线显示该数据集在 μ 处的总似然值。优化器 opt.minimize_scalar 以梯度上升的模式工作，从曲线上随机一点开始，不停向上攀登直到达到最高点。

【代码如下】

```python
import matplotlib.pyplot as plt
import numpy as np
import scipy.stats as stats
import pandas as pd
import scipy.optimize as opt
messages = pd.read_csv('data/QQ_data.csv')   #读取数据
y_obs = messages['numbers'].values
np.seterr(invalid='ignore')
def poisson_logprob(mu, sign=-1):
# 根据泊松模型和参数值返回观测数据的总似然值。
    return np.sum(sign*stats.poisson.logpmf(y_obs, mu=mu))
freq_results = opt.minimize_scalar(poisson_logprob)
x = np.linspace(1, 60)
y_min = np.min([poisson_logprob(i, sign=1) for i in x])
y_max = np.max([poisson_logprob(i, sign=1) for i in x])
# 根据不同的 mu 值 [1,60]，画出数据集的似然函数变化曲线
fig = plt.figure(figsize=(6,4))
plt.plot(x, [poisson_logprob(mu, sign=1) for mu in x])
plt.fill_between(x, [poisson_logprob(mu, sign=1) for mu in x], \
                y_min,color='#348ABD',alpha=0.3)
# 画出似然函数值最大的竖线
plt.vlines(freq_results['x'], y_max, y_min, colors='red', linestyles='dashed')
plt.scatter(freq_results['x'], y_max, s=110, c='red', zorder=3)
plt.ylim(ymin=y_min, ymax=0)
plt.title('Optimization of $\mu$')
plt.xlabel('$\mu$')
plt.ylabel('Log probability of $\mu$ given data')
plt.show()
```

【运行结果】

如图 8-4 所示。

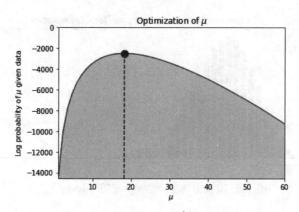

图 8-4 似然函数优化参数 μ 的过程

（4）将最大似然估计求得参数 μ 值代入泊松分布，画出对应的概率分布图。

【代码如下】

```python
import matplotlib.pyplot as plt
import numpy as np
import pandas as pd
import scipy.stats as stats
import scipy.optimize as opt
messages = pd.read_csv('data/QQ_data.csv')    #读取数据
y_obs = messages['numbers'].values
np.seterr(invalid='ignore')
def poisson_logprob(mu, sign=-1):
#根据泊松模型和参数值返回观测数据的总似然值。
    return np.sum(sign*stats.poisson.logpmf(y_obs, mu=mu))
freq_results = opt.minimize_scalar(poisson_logprob)
fig = plt.figure(figsize=(11, 3))
# 画出参数 mu 为 18 泊松分布图
x_lim = 60
mu = np.int(freq_results['x'])
for i in np.arange(x_lim):
    plt.bar(i, stats.poisson.pmf(mu, i), color='#348ABD')
plt.xlim(0, x_lim)
plt.ylim(0, 0.1)
plt.title('Estimated Poisson distribution for QQ messages')
plt.xlabel('Number of QQmessages')
plt.ylabel('Probability mass')
plt.ylabel('Probability mass')
plt.legend(['$\mu$ = %s' % mu])
plt.show()
```

【运行结果】

如图 8-5 所示。

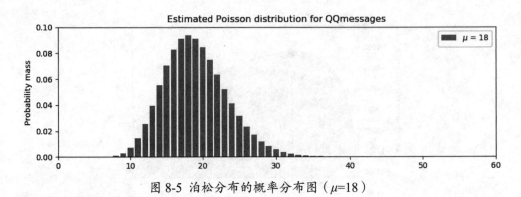

图 8-5 泊松分布的概率分布图（$\mu=18$）

【结果说明】

上述泊松分布模型和 μ 的估计表明，观测值小于 10 或大于 30 的可能性很小，绝大多数的概率分布在 10 ~ 30。

8.8 高手点拨

pandas 工具包常用 value_counts 确认数据出现的频率。value_counts 可查看表格某列中有多少个不同值，并计算每个不同值在该列中有多少重复值，使用起来简单快捷。

1. 数据类型 Series 情况下

（1）语法：Series.value_counts(normalize=False, sort=True, ascending=False, bins=None, dropna=True) [source]。

【代码如下】

```
import numpy as np
import pandas as pd
from pandas import DataFrame
from pandas import Series
index = pd.Index([3, 1, 2, 3, 4, np.nan])
index.value_counts() #value_counts 直接用来计算 series 里面相同数据出现的个数
```

【运行结果】

```
3.0     2
4.0     1
2.0     1
1.0     1
dtype: int64
```

（2）当 normalize=True 时返回相同数据出现的频率。

【代码如下】

```
s = pd.Series([3, 1, 2, 3, 4, np.nan])
```

```
s.value_counts(normalize=True)
```

【运行结果】

```
3.0    0.4
4.0    0.2
2.0    0.2
1.0    0.2
dtype: float64
```

（3）bins 常用于将连续型数据分割成指定数目的半开区间，从而将连续型数据转换成分类变量，bins 指定区间个数。

【输入代码】

```
s.value_counts(bins=3)
```

【运行结果】

```
(2.0, 3.0]      2
(0.996, 2.0]    2
(3.0, 4.0]      1
dtype: int64
```

（4）当 dropna=False 时，分类统计时考虑加入 NaN，NaN 一般用来表示空缺数据。

【输入代码】

```
s.value_counts(bins=3)
```

【运行结果】

```
3.0    2
NaN    1
4.0    1
2.0    1
1.0    1
dtype: int64
```

2. 数据类型 DataFrame 情况下

【代码如下】

```
import numpy as np
import pandas as pd
from pandas import DataFrame
from pandas import Series
#DataFrame 用来输入两列数据，同时 value_counts 将每列中相同的数据频率计算出来
df=DataFrame({'a':['Tokyo','Osaka','Nagoya','Osaka','Tokyo','Tokyo'],'b'
:['Osaka','Osaka','Osaka','Tokyo','Tokyo','Tokyo']})
print(df)
```

【运行结果】

```
      a       b
0   Tokyo   Osaka
1   Osaka   Osaka
```

```
2    Nagoya   Osaka
3    Osaka    Tokyo
4    Tokyo    Tokyo
5    Tokyo    Tokyo
```

【输入代码】

```
df.apply(pd.value_counts)
```

【运行结果】

```
a       b
Nagoya  1  NaN
Osaka   2  3.0
Tokyo   3  3.0
```

8.9 习题

（1）编写一个朴素贝叶斯分类器，数据包含 3 种类别，分别是 { 感冒，过敏，脑震荡 }。训练数据如表 8-9 所示。

表 8-9 数据样本

职业	症状	类别
护士	打喷嚏	感冒
农夫	打喷嚏	过敏
建筑工人	头痛	脑震荡
建筑工人	头痛	感冒
教师	打喷嚏	感冒
教师	头痛	脑震荡

预测一个打喷嚏的建筑工人诊断结果如何？

（2）设 $x_1, x_2, \cdots, x_n$ 是正态总体 $X \sim N\left(\mu, \sigma^2\right)$ 的样本观察值，其中 μ, σ^2 是未知参数，试求参数 μ 和 σ^2 的极大似然估计量。

3

第3篇

提高篇

本篇主要讲述了随机变量的几种分布、核函数变换、熵与激活函数等内容。

第 9 章
随机变量的几种分布

　　随机变量的分布研究的是随机变量在某些离散点或某个区间取值时的概率，即概率分布或分布律。本章介绍了常见的随机变量的概率分布律，包括正态分布、二项分布、泊松分布、均匀分布、卡方分布、Beta 分布等。详述了每种概率分布的数学形式，以及应用 Python 函数库进行概率分布计算和图形绘制的方法。

本章主要涉及的知识点

- 正态分布
- 二项分布
- 泊松分布
- 均匀分布
- 卡方分布
- Beta 分布

正态分布

9.1.1 正态分布的数学表示

正态分布是生活中经常遇到的一种随机变量分布。在这种分布中，随机变量的数值大多在平均值附近变动。下面以银行发放的个人贷款为例，进行简要的说明。甲想到银行去申请个人贷款，但他不知道能申请多少额度的贷款，不过他事先知道很多同事都最多贷五万元左右，于是，他也向银行申请五万的额度，银行会对他的各项指标进行分析，最终确定贷款额度。一般而言，这个数值不一定是五万元整，很可能是五万多一点或少一点，但一般不会是超过十万或不足一万。个人的实际贷款额度会围绕一个期望的均值，在一个区间内小范围地浮动，这是一种正常的分布情况。如果将个人的贷款额度作为一个随机变量，那么这个随机变量的分布就是一种正态分布。

定义 9.1 正态分布概念最早由德国数学家棣莫弗提出，但由于德国数学家高斯率先开展了正态分布的研究和应用，故正态分布又叫高斯分布。许多统计量在样本量很大时，其极限分布都是正态分布，生活中大量的随机变量都服从正态分布。下面看一下正态分布的数学定义。

定义 9.2 若随机变量 X 服从位置参数为 μ、尺度参数为 σ 的正态分布，则这个随机变量就称为正态随机变量，正态随机变量的分布称为正态分布，记为 $X \sim N(\mu, \sigma^2)$，其概率密度函数如下。

$$f(x \mid \mu, \sigma) = \frac{1}{\sqrt{2\pi\sigma^2}} e^{-\frac{(x-\mu)^2}{2\sigma^2}}$$

参数 μ 是随机变量的数学期望，决定了正态分布的位置；参数 σ 是随机变量的标准差，决定了正态分布的幅度。当 $\mu = 0$，$\sigma = 1$ 时的正态分布是标准正态分布，其概率密度函数如下。

$$f(x) = \frac{1}{\sqrt{2\pi}} e^{-\frac{x^2}{2}}$$

标准正态分布提供了正态分布的标准形式，具有一定的代表性。一般的正态分布 $X \sim N(\mu, \sigma^2)$ 总是可以通过一个简单的变量线性变换，将其化成标准的正态分布。正态随机变量的分布函数是密度函数的积分，因此分布函数又称为累积概率密度函数（Cumulative Probability Density Function）。对于标准正态分布，其分布函数如下。

$$F(x) = \frac{1}{\sqrt{2\pi}} \int_{-\infty}^{x} e^{-\frac{t^2}{2}} dt$$

正态分布的概率函数曲线类似于钟形的一条曲线，也称为钟形曲线，如图 9-1 所示。

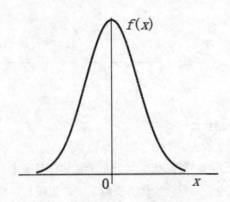

图 9-1 正态分布概率函数

图 9-1 显示的标准正态分布的曲线，即 $\mu = 0$，$\sigma = 1$。从图中可以看到，随机变量在靠近均值时，具有较大的概率；远离均值时，概率很小。这表明离奇的事情发生的概率总是很小，生活中经历的大多是平常的事情。因此，正态分布可以描述我们生活中常见的一些随机事件。在机器学习或数据分析中，我们也经常假定一些随机变量服从正态分布。图 9-1 中，当随机变量均值不为 0 时，曲线会沿 x 轴左右偏移；当标准差减小或增大时，曲线会变得更陡或更加平缓。

为了便于正态分布应用，对标准正态随机变量，引入了上 α 分位点的定义。

定义 9.3 设 $X \sim N(0,1)$，若 Z_α 满足条件

$$P\{X > Z_\alpha\} = \alpha, \quad 0 < \alpha < 1$$

则称 Z_α 为标准正态分布的上 α 分位点，如图 9-2 所示。

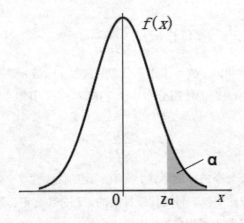

图 9-2 正态分布上 α 分位点

9.1.2 Python 中正态分布相关工具包

Python 通过扩展包的形式提供了对概率分布计算和绘图的支持。本章主要用到的函数库有数值计算 NumPy 库，开源算法库和数学工具包 SciPy，还有提供类似 MATLAB 接口的 2D 绘图库 Matplotlib。前文有过介绍，此处不再赘述。

9.1.3 应用 Python 函数库计算正态分布

1. 产生正态随机变量

函数库 SciPy.stats 通过 norm 对象，提供了有关连续正态分布的计算函数。

【例 9.1】通过调用 norm 对象的 rvs 方法，来产生正态随机变量样本。

【代码如下】

```
#9-1.py
from scipy.stats import norm

# draw a single sample
print(norm.rvs(), end="\n\n")

# draw 10 samples
print(norm.rvs(size=10), end="\n\n")

# adjust mean ('loc') and standard deviation ('scale')
print(norm.rvs(loc=10, scale=0.1), end="\n\n")
```

在上述代码中，首先通过语句 from SciPy.stats import norm 从 SciPy.stats 包中导入 norm 对象，然后调用 norm 对象的 rvs 方法产生随机正态变量。rvs 方法常用的默认值参数有 loc，scale，size，分别表示正态分布的均值、标准差以及要产生的随机变量的个数，其默认值分别为 loc=0，scale=1，size=1。代码中首先采用默认参数调用 rvs 产生一个标准正态分布的随机变量样本，又通过参数 size=10 再次调用 rvs 产生 10 个标准正态分布的随机样本，最后通过参数 loc=10，scale=0.1 调用 rvs，产生一个普通正态分布的随机样本。打开 Jupyter Notebook，创建新的 Python 代码文档，输入以上代码并运行。

【运行结果】

```
0.2190020709936609

[ 0.24355998  0.35442836 -0.33752881 -2.38793245 -0.80340536 -0.40217713
  0.60718979 -1.11209793  0.1421026   0.58263672]

10.02564994594452
```

【结果说明】

从上述结果可以看到，首先产生一个标准正态分布的随机值，然后产生 10 个标准正态分布的随机值，最后产生一个均值为 10，标准差为 0.1 的正态分布随机值。

2. 计算正态分布概率

函数库 SciPy.stats 通过 norm 对象，提供了有关连续正态分布的计算函数。

【例 9.2】通过调用 norm 对象的 cdf 方法，来计算正态分布的概率。

【代码如下】

```
#9-2.py
from scipy.stats import norm

# probability of x less or equal 0.3
print("P(X <0.3) = {}".format(norm.cdf(0.3)))

# probability of x in [-0.2, +0.2]
print("P(-0.2 < X < 0.2) = {}".format(norm.cdf(0.2) - norm.cdf(-0.2)))
```

在上述代码中，首先通过语句 from SciPy.stats import norm 从 SciPy.stats 包中导入 norm 对象，然后调用 norm 对象的 cdf 方法，传入分布函数（累积概率密度函数）参数值，得到随机变量从负无穷到当前参数所构成的区间的累积概率，当求一个有限区间的概率时，可以通过两个无限区间的累积概率相减来得到。打开 Jupyter Notebook，创建新的 Python 代码文档，输入以上代码并运行。

【运行结果】

```
P(X <0.3) = 0.6179114221889526
P(-0.2 < X < 0.2) = 0.15851941887820603
```

【结果说明】

输出结果分别显示标准正态分布随机变量小于 0.3 的概率和在 -0.2~0.2 的概率。

3. 标准正态分布函数图形

【例 9.3】调用 Python 函数库，实现标准正态分布的密度函数和分布函数的图形绘制。

【代码如下】

```
#9-3.py

# IMPORTS
import numpy as np
import scipy.stats as stats
import matplotlib.pyplot as plt
import matplotlib.style as style
from IPython.core.display import HTML

# PLOTTING CONFIG
%matplotlib inline
style.use('fivethirtyeight')
plt.rcParams["figure.figsize"] = (14, 7)
plt.figure(dpi=100)

# PDF
plt.plot(np.linspace(-4, 4, 100),
         stats.norm.pdf(np.linspace(-4, 4, 100))
         / np.max(stats.norm.pdf(np.linspace(-3, 3, 100))),
```

```
                )
plt.fill_between(np.linspace(-4, 4, 100),
                 stats.norm.pdf(np.linspace(-4, 4, 100))
                 / np.max(stats.norm.pdf(np.linspace(-3, 3, 100))),
                 alpha=.15,
                 )
# CDF
plt.plot(np.linspace(-4, 4, 100),
         stats.norm.cdf(np.linspace(-4, 4, 100)),
         )

# LEGEND
plt.text(x=-1.5, y=.7, s="pdf (normed)", rotation=65,
         alpha=.75, weight="bold", color="#008fd5")
plt.text(x=-.4, y=.5, s="cdf", rotation=55, alpha=.75,
         weight="bold", color="#fc4f30")

# TICKS
plt.tick_params(axis = 'both', which = 'major', labelsize = 18)
plt.axhline(y = 0, color = 'black', linewidth = 1.3, alpha = .7)

# TITLE
plt.text(x = -5, y = 1.25, s = "Normal Distribution - Overview",
           fontsize = 26, weight = 'bold', alpha = .75)
plt.text(x = -5, y = 1.1,
         s = ('Depicted below are the normed probability density function (pdf)'
              'and the cumulative density \nfunction (cdf) of a normally
distributed'
              ' random variable $ y \sim \mathcal{N}(\mu,\sigma) $,'
              'given $ \mu = 0 $ and $ \sigma = 1$.'),
           fontsize = 19, alpha = .85)
```

上述代码，首先导入一些工具包，其中 NumPy 是用于数值计算；SciPy 用于进行统计分析，在本例中主要用来产生分布函数；Matplotlib 用来绘图。语句 from IPython.core.display import HTML 用来导入 HTML，使得 Python 可以将渲染的 HTML 输出嵌入 IPython 输出中；语句 %matplotlib inline 使得绘图命令产生的图形可以嵌入在交互文档中。

在绘图设置部分，通过 style 模块的 use 函数指定绘图风格，对颜色、字体、线宽等属性进行统一设置；通过 pyplot 模块的 prParams 函数设置图形窗口的大小；通过 pyplot 模块的 figure 函数创建图形窗口。

在图形绘制部分，通过 pyplot 模块的 plot 函数，传入 x、y 坐标序列，进行绘图。x 坐标序列通过 NumPy.linspace 函数直接产生，y 坐标实际上是对应 x 坐标的正态分布概率密度函数值，因此通过调用 SciPy.stats.norm.pdf 方法产生 y 坐标序列。未指定均值和标准差时，将使用默认值，即均值为 0，标准差为 1。将 x 坐标序列和 y 坐标序列传入 plot 函数，可以绘制正态分布概率函数曲线。

这里为了更好地观察正态概率函数曲线，对 y 的最大值进行了归一化处理，即将所有的 y 值除以 y 的最大值。

将 x 坐标序列传入方法 SciPy.stats.norm.cdf，则产生正态分布函数（概率累积函数）的 y 坐标序列，用 plot 函数可以绘制正态分布函数曲线。通过 pyplot 模块的 fill_between 函数，实现对密度函数曲线的颜色填充。

通过 pyplot 的 text 函数，可以在图形的指定坐标输出文本，对图形进行说明；通过 pyplot 的 tick_params 函数和 axhline 函数设定坐标刻度和坐标轴。

打开 Jupyter Notebook，创建新的 Python 代码文档，输入以上代码并运行。

【运行结果】

如图 9-3 所示。

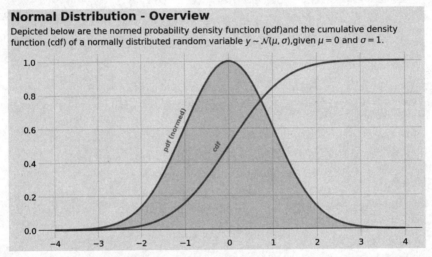

图 9-3 标准正态分布密度函数曲线及分布函数（概率累积函数）曲线绘制

【结果说明】

从图 9-3 中可以看到正态分布的概率函数曲线呈钟型，随机变量分布越靠近均值，概率越大，反之越小。分布函数（概率累积函数）曲线呈上升趋势，随着自变量增大，其值逐渐趋近于 1；随着自变量减小，其值逐渐趋近于 0。

4. 不同均值的正态函数图形

【例9.4】使用 Python 编程分别绘制 $\mu = -2$、$\mu = 0$、$\mu = 2$ 时的正态分布概率密度函数曲线。

【代码如下】

```
#9-4.py
# IMPORTS
import numpy as np
import scipy.stats as stats
import matplotlib.pyplot as plt
```

```
import matplotlib.style as style

%matplotlib inline
style.use('fivethirtyeight')
plt.rcParams["figure.figsize"] = (14, 7)
plt.figure(dpi=100)


# PDF MU = 0
plt.plot(np.linspace(-4, 4, 100),
         stats.norm.pdf(np.linspace(-4, 4, 100)),
        )
plt.fill_between(np.linspace(-4, 4, 100),
                 stats.norm.pdf(np.linspace(-4, 4, 100)),
                 alpha=.15,
                )


# PDF MU = 2
plt.plot(np.linspace(-4, 4, 100),
         stats.norm.pdf(np.linspace(-4, 4, 100), loc=2),
        )
plt.fill_between(np.linspace(-4, 4, 100),
                 stats.norm.pdf(np.linspace(-4, 4, 100),loc=2),
                 alpha=.15,
                )


# PDF MU = -2
plt.plot(np.linspace(-4, 4, 100),
         stats.norm.pdf(np.linspace(-4, 4, 100), loc=-2),
        )
plt.fill_between(np.linspace(-4, 4, 100),
                 stats.norm.pdf(np.linspace(-4, 4, 100),loc=-2),
                 alpha=.15,
                )

# LEGEND
plt.text(x=-1, y=.35, s="$ \mu = 0$", rotation=65, alpha=.75, \
         weight="bold", color="#008fd5")
plt.text(x=1, y=.35, s="$ \mu = 2$", rotation=65, alpha=.75, \
         weight="bold", color="#fc4f30")
plt.text(x=-3, y=.35, s="$ \mu = -2$", rotation=65, alpha=.75, \
         weight="bold", color="#e5ae38")

# TICKS
plt.tick_params(axis = 'both', which = 'major', labelsize = 18)
plt.axhline(y = 0, color = 'black', linewidth = 1.3, alpha = .7)
```

```
# TITLE,
plt.text(x = -5, y = 0.51, s = "Normal Distribution - $ \mu $",
          fontsize = 26, weight = 'bold', alpha = .75)
plt.text(x = -5, y = 0.45,
         s = ('Depicted below are three normally distributed random variables '
             'with varying $ \mu $. As one can easily\nsee the parameter $\mu$ '
             'shifts the distribution along the x-axis.'),
         fontsize = 19, alpha = .85)
```

上述代码中，绘图时，需调用 SciPy.stats.norm.pdf 方法产生 y 坐标序列，传入 x 坐标序列的同时，通过命名参数 loc，传入具体的 μ 值，从而产生不同期望值的正态分布。其余的模块引入、绘图设置、绘图、图形填充等与代码 9-1.py 类似，不再赘述。打开 Jupyter Notebook，创建新的 Python 代码文档，输入以上代码并运行。

【运行结果】

如图 9-4 所示。

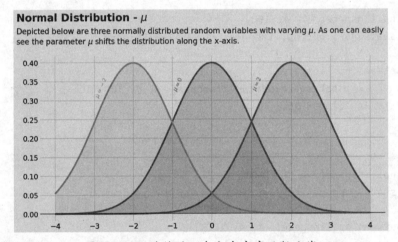

图 9-4 不同均值的正态分布密度函数曲线

【结果说明】

图 9-4 中绘制了均值为-2、0、2 的 3 条正态分布密度函数曲线，3 条曲线沿 x 轴依次向右平移，可见均值会影响曲线在 x 轴上的位置。

5. 不同标准差的正态函数图形

【例 9.5】使用 Python 编程分别绘制标准差 $\sigma = 0.5$、$\sigma = 1$、$\sigma = 2$ 时的正态分布概率密度函数曲线。

【代码如下】

```
#9-5.py
# IMPORTS
import numpy as np
import scipy.stats as stats
```

```python
import matplotlib.pyplot as plt
import matplotlib.style as style

%matplotlib inline
style.use('fivethirtyeight')
plt.rcParams["figure.figsize"] = (14, 7)
plt.figure(dpi=100)

# PDF SIGMA = 1
plt.plot(np.linspace(-4, 4, 100),
         stats.norm.pdf(np.linspace(-4, 4, 100), scale=1),
        )
plt.fill_between(np.linspace(-4, 4, 100),
                 stats.norm.pdf(np.linspace(-4, 4, 100), scale=1),
                 alpha=.15,
                )

# PDF SIGMA = 2
plt.plot(np.linspace(-4, 4, 100),
         stats.norm.pdf(np.linspace(-4, 4, 100), scale=2),
        )
plt.fill_between(np.linspace(-4, 4, 100),
                 stats.norm.pdf(np.linspace(-4, 4, 100), scale=2),
                 alpha=.15,
                )

# PDF SIGMA = 0.5
plt.plot(np.linspace(-4, 4, 100),
         stats.norm.pdf(np.linspace(-4, 4, 100), scale=0.5),
        )
plt.fill_between(np.linspace(-4, 4, 100),
                 stats.norm.pdf(np.linspace(-4, 4, 100), scale=0.5),
                 alpha=.15,
                )

# LEGEND
plt.text(x=-1.25, y=.3, s="$ \sigma = 1$", rotation=51, alpha=.75, \
         weight="bold", color="#008fd5")
plt.text(x=-2.5, y=.13, s="$ \sigma = 2$", rotation=11, alpha=.75, \
         weight="bold", color="#fc4f30")
plt.text(x=-0.75, y=.55, s="$ \sigma = 0.5$", rotation=75, alpha=.75, \
         weight="bold", color="#e5ae38")

# TICKS
plt.tick_params(axis = 'both', which = 'major', labelsize = 18)
plt.axhline(y = 0, color = 'black', linewidth = 1.3, alpha = .7)
```

```
# TITLE, SUBTITLE & FOOTER
plt.text(x = -5, y = 0.98, s = "Normal Distribution - $ \sigma $",
                fontsize = 26, weight = 'bold', alpha = .75)
plt.text(x = -5, y = 0.87,
         s = ('Depicted below are three normally distributed random variables with
varying '
              '$\sigma $. As one can easily\nsee the parameter $\sigma$ "sharpens"
the '
              'distribution (the smaller $ \sigma $ the sharper the function).'),
         fontsize = 19, alpha = .85)
```

上述代码绘图时，需调用 SciPy.stats.norm.pdf 方法产生 y 坐标序列，在传入 x 坐标序列的同时，通过命名参数 scale，传入具体的 σ 值，从而产生不同标准差或方差的正态分布。其余的模块引入、绘图设置、绘图、图形填充等与代码 9-1.py 类似，不再赘述。打开 Jupyter Notebook，创建新的 Python 代码文档，输入以上代码并运行。

【运行结果】

如图 9-5 所示。

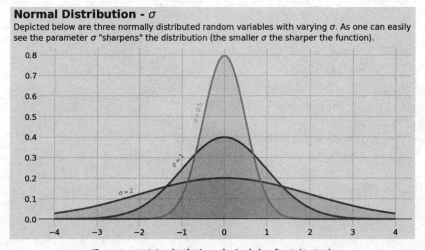

图 9-5　不同标准差的正态分布概率函数曲线

【结果说明】

图 9-5 中绘制了标准差为 0.5、1、2 的 3 条正态分布密度函数曲线，可以看到标准差越小，随机变量的分布越集中，曲线越陡；标准差越大，随机变量越分散，曲线越平缓。

6. 正态分布密度函数曲线的散点图

使用 SciPy.stats.norm.pdf 能产生正态分布在离散点处的概率密度值，将其传入 Matplotlib.pyplot.scatter 函数，可以绘制正态分布的散点图。

【例 9.6】使用 Python 绘制正态分布的散点图。

【代码如下】

```python
#9-6.py
from scipy.stats import norm

# additional imports for plotting purpose
import numpy as np
import matplotlib.pyplot as plt
%matplotlib inline
plt.rcParams["figure.figsize"] = (14, 7)

# continuous pdf for the plot
x_s = np.linspace(-3, 3, 50)
y_s = norm.pdf(x_s)
plt.scatter(x_s, y_s);
```

在上述代码中，设置以英寸为单位的画布大小，调用 NumPy.linspace 函数产生离散的 *x* 点坐标序列，将其传入 SciPy.stats.norm.pdf 方法，得到离散点对应的 *y* 坐标序列，将 *x*、*y* 坐标序列传入 Matplotlib.pyplot.scatter 函数，得到散点图。打开 Jupyter Notebook，创建新的 Python 代码文档，输入以上代码并运行。

【运行结果】

如图 9-6 所示。

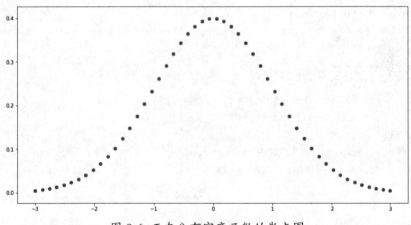

图 9-6 正态分布密度函数的散点图

【结果说明】

图 9-6 显示了正态分布的散点图，也能较好地反映正态分布的特点。

7. 基于数据样本绘制正态分布图

使用 Matplotlib.pyplot 模块的 hist 函数可以根据数据样本绘制直方图。可以使用 NumPy 的函数计算数据样本点的均值和标准差，根据数据样本参数调用 Matplotlib.pyplot 的函数绘制曲线图。

【例 9.7】使用 Python 根据随机产生的数据样本绘制正态分布图形。

【代码如下】

```
#9-7.py
from scipy.stats import norm
import scipy.stats as stats
# additional imports for plotting purpose
import numpy as np
import matplotlib.pyplot as plt
%matplotlib inline
plt.rcParams["figure.figsize"] = (14, 7)

plt.figure(dpi=100)

##### COMPUTATION #####
# DECLARING THE "TRUE" PARAMETERS UNDERLYING THE SAMPLE
mu_real = 10
sigma_real = 2

# DRAW A SAMPLE OF N=1000
np.random.seed(42)
sample = stats.norm.rvs(loc=mu_real, scale=sigma_real, size=1000)

# ESTIMATE MU AND SIGMA
mu_est = np.mean(sample)
sigma_est = np.std(sample)
print("Estimated MU: {}\nEstimated SIGMA: {}".format(mu_est, sigma_est))

##### PLOTTING #####
# SAMPLE DISTRIBUTION
plt.hist(sample, bins=50,normed=True, alpha=.25)

# TRUE CURVE
plt.plot(np.linspace(2, 18, 1000), norm.pdf(np.linspace(2, 18, 1000),\
                loc=mu_real, scale=sigma_real), color="red",linestyle="dashed")

# ESTIMATED CURVE
plt.plot(np.linspace(2, 18, 1000), norm.pdf(np.linspace(2, 18, 1000),\
            loc=np.mean(sample), scale=np.std(sample)),color="green",linewidth=2)

# LEGEND
plt.text(x=9.5, y=.1, s="sample", alpha=.75, weight="bold", color="#008fd5")
plt.text(x=7, y=.2, s="true distrubtion", rotation=55, alpha=.75, weight="bold", \
        color="red")
plt.text(x=5, y=.12, s="estimated distribution", rotation=55, alpha=.75,
weight="bold", \
        color="green")
```

```
# TICKS
plt.tick_params(axis = 'both', which = 'major', labelsize = 18)
plt.axhline(y = 0, color = 'black', linewidth = 1.3, alpha = .7)

# TITLE
plt.text(x = 0, y = 0.3, s = "Normal Distribution",
                fontsize = 26, weight = 'bold', alpha = .75)
```

在上述代码中，通过 np.random.seed 设置伪随机数种子，以均值为 10，标准差为 2 调用方法 stats.norm.rvs，产生 1000 个正态分布的随机变量样本。调用 NumPy 的 mean 函数与 std 函数估算数据样本的均值和标准差，并输出；调用 Matplotlib.pyplot.hist 函数绘制数据样本的直方图，设置直方图的个数为 50，并进行数据归一化处理；调用 Matplotlib.pyplot.plot 绘制均值为 10，标准差为 2 的正态曲线；根据数据样本估算均值和标准差，调用 Matplotlib.pyplot.plot 绘制数据样本的正态曲线。其他函数库引入、画布设置、参数设置等操作同本节之前的代码，此处不再赘述。打开 Jupyter Notebook，创建新的 Python 代码文档，输入以上代码并运行。

【运行结果】

如图 9-7 所示。

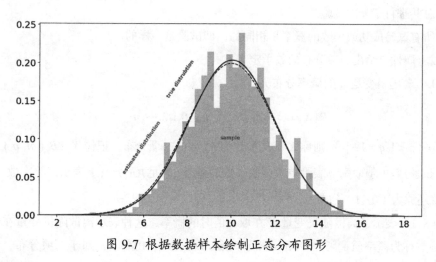

图 9-7 根据数据样本绘制正态分布图形

【结果说明】

如图 9-7 所示，首先输出根据数据样本估算的均值和标准差，第 3 行输出的是命令行交互状态下的绘图命令。图中绘制了直方图、两条正态分布曲线，其中连续曲线是根据估计参数绘制的，断点曲线是根据设定的参数绘制的。可以看到两条正态分布曲线基本重合，直方图分布也基本符合正态分布。

二项分布

9.2.1 二项分布的数学表示

二项分布是生活中会遇到的另外一种随机变量分布。例如我们去参加球赛，一共参加了 10 次比赛，赢的场次会是多少呢？这个结果不好说。但如果我们知道每场赢的概率，就大致能够估计赢的场次。例如每场赢的概率为 0.5，直觉上会有这样一个估计：赢 5 场左右的概率比较大，赢 9 场或只赢 1 场的概率会比较小。如果是新手，每场赢的概率可能比较小，例如为 0.2，这时要估计 10 场比赛赢的场次，直觉上会有这样一个估计：很可能赢的场次比较少，不太可能赢很多场次。对上面的例子加上一些限定条件，就得到了二项分布：假定每次比赛结果只有赢和输两种情况；每次比赛的结果是独立的，即当前场次的输赢不受前一次比赛结果的影响；一共参加了 n 次比赛。此时赢的次数就是一个符合二项分布的随机变量。

在概率论和统计学中，二项分布是 n 次独立的"成功/失败"试验中成功次数的离散概率分布，即 n 重伯努利试验的概率分布。二项分布有如下属性。

（1）二项分布中的每个试验都是独立的。

（2）在试验中只有两个可能的结果：成功或失败。

（3）总共进行了 n 次试验。

（4）所有试验成功或失败的概率是相同的，即试验是一样的。

根据以上属性，给出二项分布的数学定义。

定义 9.4 若随机变量 X 的概率分布为

$$P\{X=k\}=C_n^k p^k q^{n-k}, \ k=0,1,2,\cdots,n \tag{9-1}$$

其中 $0<p<1, q=1-p$，则称 X 服从参数为 n，p 的二项分布，记作 $X \sim B(n,p)$。上式中，p 表示单次试验成功的概率，q 表示单次试验失败的概率，满足 $p+q=1$；n 表示试验次数，当 $n=1$ 时，二项分布就还原为（0-1）分布。

公式（9-1）表示了离散随机变量 X 在取 k 值时的概率，这种表示离散随机变量在各个特定值的概率的函数称为概率质量函数（Probability Mass Function，PMF）。对于二项分布，概率质量函数的均值实际上就是 $n \cdot p$。

对应连续型随机变量，二项分布也有累积概率密度函数（Cumulative Distribution Function，CDF）的概念。如公式（9-1）表示随机变量 X 服从二项分布，此时有如下公式，则这个公式可以作为二项分布的累计概率密度函数的计算公式。

$$P\{X \leqslant k\} = \sum_{i=0}^{k} C_n^i p^i q^{n-i}, k = 0,1,2,\cdots,n$$

对于二项分布，当试验次数 n 很大时，会逼近正态分布。因此二项分布的函数曲线和正态分布曲线比较接近。下文通过 Python 的扩展包，来介绍一下二项分布的图形及概率计算。

9.2.2 应用 Python 函数库计算二项分布

在 Python 中，NumPy、SciPy、Matplotlib 包提供了二项分布的相关计算和图形绘制函数。

1. 产生二项分布随机变量

函数库 SciPy.stats 通过 binom 对象，提供了有关二项分布的计算函数。

【**例 9.8**】通过调用 binom 对象的 rvs 函数，产生二项分布的随机变量样本。

【**代码如下**】

```
#9-8.py
import numpy as np
from scipy.stats import binom

# draw a single sample
np.random.seed(42)
print(binom.rvs(p=0.3, n=10), end="\n\n")

# draw 10 samples
print(binom.rvs(p=0.3, n=10, size=10), end="\n\n")
```

在上述代码中，首先导入 NumPy 包和 SciPy.stats 中的 binom 对象。通过 NumPy 的 random. seed 函数设置随机变量的种子。调用 binom 对象的 rvs 方法，传入概率 p 和参数 n，产生二项分布的随机变量。打开 Jupyter Notebook，创建新的 Python 代码文档，输入以上代码并运行。

【**运行结果**】

```
2

[5 4 3 2 2 1 5 3 4 0]
```

【**结果说明**】

从运行结果可以看到，上述代码会首先产生一个二项分布的随机值，再产生 10 个二项分布的随机值。

2. 二项分布的概率质量函数

函数库 SciPy.stats 通过 binom 对象，提供了有关二项分布的计算函数。

【**例 9.9**】通过 Python 计算二项分布在特定取值的概率。

【代码如下】

```
#9-9.py
from scipy.stats import binom

# additional imports for plotting purpose
import numpy as np
import matplotlib.pyplot as plt
%matplotlib inline
plt.rcParams["figure.figsize"] = (14,7)

# likelihood of x and y
x = 1
y = 7
print("pmf(X=1) = {}\npmf(X=7) = {}".format(binom.pmf(k=x, p=0.3, n=10), \
                                            binom.pmf(k=y, p=0.3, n=10)))

# continuous pdf for the plot
x_s = np.arange(11)
y_s = binom.pmf(k=x_s, p=0.3, n=10)
plt.scatter(x_s, y_s, s=100);
```

在上述代码中，首先导入 NumPy 模块，SciPy.stats 中的 binom 对象及 Matplotlib 的 pyplot 模块，通过 pyplot 的 rcParams 函数设置画板大小；然后调用 binom 对象的 pmf 方法，传入二项分布的关键参数 p、n，计算特定取值的二项分布概率；通过 NumPy 的 arange 函数产生等间距的数组，以此作为 x 坐标序列；将 x 坐标序列传给 binom 对象的 pmf 方法，产生对应二项分布的概率，作为 y 坐标序列；将 x、y 坐标序列传给 Matplotlib.pyplot 的 scatter 函数，绘制二项分布的散点图。打开 Jupyter Notebook，创建新的 Python 代码文档，输入以上代码并运行。

【运行结果】

如图 9-8 所示。

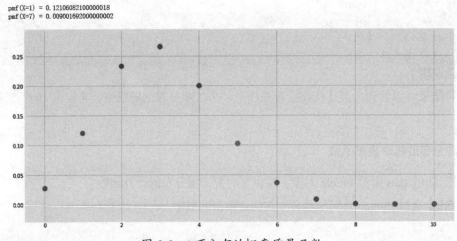

图 9-8 二项分布的概率质量函数

【结果说明】

图 9-8 中，首先输出二项分布在取值处 1 和 7 的概率，然后输出 $n=10$、$p=0.3$ 的二项分布的散点图。散点图显示了二项分布在各可能取值处的概率。

3. 计算二项分布的累积概率

函数库 SciPy.stats 通过 binom 对象，提供了有关二项分布的计算函数。

【例 9.10】使用 Python 计算二项分布的累积概率。

【代码如下】

```
#9-10.py
from scipy.stats import binom

# probability of x less or equal 0.3
print("P(X <=3) = {}".format(binom.cdf(k=3, p=0.3, n=10)))

# probability of x in [-0.2, +0.2]
print("P(2 < X <= 8) = {}".format(binom.cdf(k=8, p=0.3, n=10) - binom.cdf(k=2,
p=0.3, n=10)))
```

在上述代码中，首先导入 SciPy.stats 包中的 binom 对象，然后调用 binom 对象的 cdf 方法，传入二项分布的关键参数 p、n 及累积计算区间的上界 k，得到随机变量在从 0 到 k 构成的区间的累积概率；当累积概率的区间下界不为零时，可以通过两个区间的累积概率相减来得到。打开 Jupyter Notebook，创建新的 Python 代码文档，输入以上代码并运行。

【运行结果】

```
P(X <=3) = 0.6496107183999998
P(2 < X <= 8) = 0.6170735276999999
```

【结果说明】

以上输出结果，分别显示了二项分布随机变量值小于等于 3 的概率和在 2~8 的概率。

4. 二项分布函数图形

【例 9.11】用 Python 相应的函数库，实现二项分布特定取值的概率及累积概率的图形绘制。

【代码如下】

```
#9-11.py

# IMPORTS
import numpy as np
import scipy.stats as stats
import matplotlib.pyplot as plt
import matplotlib.style as style
from IPython.core.display import HTML

# PLOTTING CONFIG
```

```
%matplotlib inline
style.use('fivethirtyeight')
plt.rcParams["figure.figsize"] = (14, 7)


plt.figure(dpi=100)


# PDF
plt.bar(x=np.arange(20),
        height=(stats.binom.pmf(np.arange(20), p=.5, n=20)),
        width=.75,
        alpha=0.75
       )
# CDF
plt.plot(np.arange(20),
         stats.binom.cdf(np.arange(20), p=.5, n=20),
         color="#fc4f30",
        )


# LEGEND
plt.text(x=4.5, y=.7, s="pmf (normed)", alpha=.75, weight="bold", color="#008fd5")
plt.text(x=14.5, y=.9, s="cdf", alpha=.75, weight="bold", color="#fc4f30")


# TICKS
plt.xticks(range(21)[::2])
plt.tick_params(axis = 'both', which = 'major', labelsize = 18)
plt.axhline(y = 0.005, color = 'black', linewidth = 1.3, alpha = .7)


# TITLE, SUBTITLE & FOOTER
plt.text(x = -2.5, y = 1.25, s = "Binomial Distribution - Overview",
              fontsize = 26, weight = 'bold', alpha = .75)
plt.text(x = -2.5, y = 1.1,
         s = ('Depicted below are the normed probability mass function (pmf) and
the '
         'cumulative density\nfunction (cdf) of a Binomial distributed random
variable '

         '$ y \sim Binom(N, p) $, given $ N = 20$ and $p =0.5 $.'),
         fontsize = 19, alpha = .85)
```

上述代码，首先导入 NumPy、SciPy、Matplotlib 等工具包，以便进行二项分布概率的计算和绘图。语句 %matplotlib inline 表示在交互文档中进行绘图。进行画板设置：通过 style 模块的 use 函数指定绘图风格；通过 pyplot 模块的 prParams 函数设置图形窗口的大小；通过 pyplot 模块的 figure 函数创建图形窗口。

在图形绘制部分，通过 pyplot 的 bar 函数，传入 x、height、width 等参数，绘制表示特定值概率的柱状图。其中，NumPy 的 arrange 函数产生一个元素数值等间距的数组，作为每一个柱状图的

x 坐标，将 *x* 数组传给 stats.binom 的 pmf 方法，产生柱状图的 height.width 表示柱状图的宽度。通过 pyplot 模块的 plot 函数，传入 *x*、*y* 坐标序列，绘制二项分布的累积概率函数图形，其中第 1 个参数表示 *x* 坐标序列，是由 NumPy.arange 产生的等间距的离散值；第 2 个参数表示 *y* 坐标序列，实际上是对应 *x* 坐标的二项分布的累积概率函数值，*y* 坐标序列通过 SciPy.stats.binom.cdf 方法产生。在设置 *x* 坐标刻度时，调用 range 函数，以 21 为区间长度、步长为 2 进行设置，其余的文本标注、坐标轴设置、标题设置等操作和本章前文正态分布图形绘制部分类似，此处不再赘述。打开 Jupyter Notebook，创建新的 Python 代码文档，输入以上代码并运行。

【运行结果】

如图 9-9 所示。

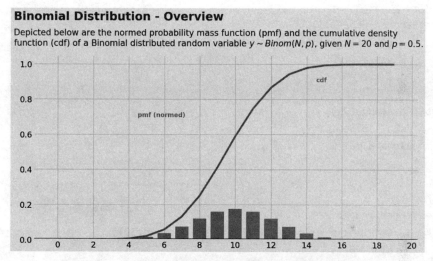

图 9-9 二项分布概率直方图及累积概率函数曲线

【结果说明】

从图 9-9 可以看出，二项分布的概率直方图具有与正态分布的概率函数曲线相类似的轮廓，随机变量分布越靠近均值，概率越大，反之越小。实际上，在下文分析二项分布参数的影响时可以看到，随着 *n* 值的增加，二项分布会逐渐逼近正态分布。二项分布的概率分布（概率累积函数）也和正态分布的概率累积函数曲线类似，整体呈上升趋势，随着自变量增大，其值逐渐趋近于 1；随着自变量减小，其值逐渐趋近于 0。

5. 二项分布参数 *p* 对结果的影响

【例 9.12】使用 Python 编程分别绘制 *p* =0.2、*p* =0.5、*p* =0.9 时的二项分布图形。

【代码如下】

```
#9-12.py

# IMPORTS
import numpy as np
```

```
import scipy.stats as stats
import matplotlib.pyplot as plt
import matplotlib.style as style
from IPython.core.display import HTML


# PLOTTING CONFIG
%matplotlib inline
style.use('fivethirtyeight')
plt.rcParams["figure.figsize"] = (14, 7)


plt.figure(dpi=100)


# PDF P = .2
plt.scatter(np.arange(21),
            (stats.binom.pmf(np.arange(21), p=.2, n=20)),
            alpha=0.75,
            s=100
       )
plt.plot(np.arange(21),
         (stats.binom.pmf(np.arange(21), p=.2, n=20)),
         alpha=0.75,
         )


# PDF P = .5
plt.scatter(np.arange(21),
            (stats.binom.pmf(np.arange(21), p=.5, n=20)),
            alpha=0.75,
            s=100
       )
plt.plot(np.arange(21),
         (stats.binom.pmf(np.arange(21), p=.5, n=20)),
         alpha=0.75,
         )


# PDF P = .9
plt.scatter(np.arange(21),
            (stats.binom.pmf(np.arange(21), p=.9, n=20)),
            alpha=0.75,
            s=100
       )
plt.plot(np.arange(21),
         (stats.binom.pmf(np.arange(21), p=.9, n=20)),
         alpha=0.75,
         )


# LEGEND
```

```
plt.text(x=3.5, y=.075, s="$p = 0.2$", alpha=.75, weight="bold", color="#008fd5")
plt.text(x=9.5, y=.075, s="$p = 0.5$", alpha=.75, weight="bold", color="#fc4f30")
plt.text(x=17.5, y=.075, s="$p = 0.9$", alpha=.75, weight="bold", color="#e5ae38")

# TICKS
plt.xticks(range(21)[::2])
plt.tick_params(axis = 'both', which = 'major', labelsize = 18)
plt.axhline(y = 0, color = 'black', linewidth = 1.3, alpha = .7)

# TITLE, SUBTITLE & FOOTER
plt.text(x = -2.5, y = .37, s = "Binomial Distribution - $p$",
                fontsize = 26, weight = 'bold', alpha = .75)
plt.text(x = -2.5, y = .32,
          s = ('Depicted below are three Binomial distributed random variables with
varying'
             '$p $. As one can see\nthe parameter $p$ shifts and skews the
distribution.'),

          fontsize = 19, alpha = .85)
```

上述代码中，使用 NumPy 的 arange 函数产生等间距的数值数组，将其作为绘图时的 x 坐标序列，同时将 x 坐标序列传入 SciPy.stats.binom 的 pmf 方法，产生二项分布的 y 坐标序列；将 x 坐标序列和 y 坐标序列传入 Matplotlib.pyplot 的 scatter 函数和 plot 函数，绘制二项分布的散点图和折线图。在产生 y 坐标时，固定二项分布的 n 值为 20，依次变化二项分布的 p 值为 0.2、0.5、0.9，得到 3 组 y 坐标，分别进行绘图，由此得到 n =20，p =0.2、p =0.5、p =0.9 时的二项分布曲线图。打开 Jupyter Notebook，创建新的 Python 代码文档，输入以上代码并运行。

【运行结果】

如图 9-10 所示。

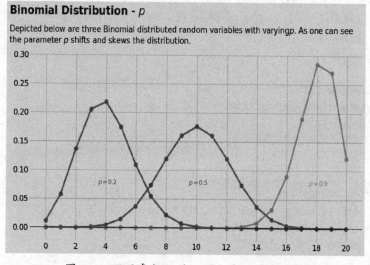

图 9-10　不同参数 p 的二项分布的曲线对比

【结果说明】

从图 9-10 可以看出，当 $p=0.5$ 时，曲线左右对称，类似于正态分布；当 p 值变大或变小时，在整个取值区间上，曲线的峰值右移或左移，偏离对称形态。由前面的数学公式可知，$n \cdot p$ 是二项分布的均值，固定 n 值，p 值增加时，均值会增加。根据二项分布的特性，可知随机变量取均值附近的值的概率较大。结合前面球赛的例子，共参加 20 场球赛，如果每次赢的概率从 0.2 变到 0.5、0.9 时，赢的总场次也一定会增加，这和函数图形分析的结果也接近。

6. 二项分布参数 n 对结果的影响

【例 9.13】 应用 Python 分别绘制 $n=10$、$n=15$、$n=20$ 时的二项分布图形。

【代码如下】

```
#9-13.py

# IMPORTS
import numpy as np
import scipy.stats as stats
import matplotlib.pyplot as plt
import matplotlib.style as style
from IPython.core.display import HTML

# PLOTTING CONFIG
%matplotlib inline
style.use('fivethirtyeight')
plt.rcParams["figure.figsize"] = (14, 7)

plt.figure(dpi=100)

# PDF N = 10
plt.scatter(np.arange(11),
            (stats.binom.pmf(np.arange(11), p=.5, n=10)),
            alpha=0.75,
            s=100
        )
plt.plot(np.arange(11),
        (stats.binom.pmf(np.arange(11), p=.5, n=10)),
        alpha=0.75,
        )

# PDF N = 15
plt.scatter(np.arange(16),
            (stats.binom.pmf(np.arange(16), p=.5, n=15)),
            alpha=0.75,
            s=100
        )
```

```
plt.plot(np.arange(16),
         (stats.binom.pmf(np.arange(16), p=.5, n=15)),
         alpha=0.75,
         )


# PDF N = 20
plt.scatter(np.arange(21),
            (stats.binom.pmf(np.arange(21), p=.5, n=20)),
            alpha=0.75,
            s=100
          )
plt.plot(np.arange(21),
         (stats.binom.pmf(np.arange(21), p=.5, n=20)),
         alpha=0.75,
         )


# LEGEND
plt.text(x=6, y=.225, s="$N = 10$", alpha=.75, weight="bold", color="#008fd5")
plt.text(x=8.5, y=.2, s="$N = 15$", alpha=.75, weight="bold", color="#fc4f30")
plt.text(x=11, y=.175, s="$N = 20$", alpha=.75, weight="bold", color="#e5ae38")

# TICKS
plt.xticks(range(21)[::2])
plt.tick_params(axis = 'both', which = 'major', labelsize = 18)
plt.axhline(y = 0, color = 'black', linewidth = 1.3, alpha = .7)

# TITLE, SUBTITLE & FOOTER
plt.text(x = -2.5, y = .31, s = "Binomial Distribution - $N$",
            fontsize = 26, weight = 'bold', alpha = .75)
plt.text(x = -2.5, y = .27,
        s = ('Depicted below are three Binomial distributed random variables with
varying '
            '$N$. As one can see\nthe parameter $N$ streches the distribution
(the larger '
            '$N$ the flatter the distribution).'),
        fontsize = 19, alpha = .85)
```

与代码 9-12.py 类似，在上述代码中，使用 NumPy.arange 和 SciPy.stats.binom.pmf 方法，产生二项分布的 *x* 坐标序列和 *y* 坐标序列，将 *x* 坐标序列和 *y* 坐标序列传入 Matplotlib.pyplot 的 scatter 函数和 plot 函数，绘制二项分布的散点图和折线图。在产生 *y* 坐标时，固定二项分布的 *p* 值为 0.5，依次变化二项分布的 *n* 值为 10、15、20，得到 3 组 *y* 坐标，分别进行绘图，得到 *p* =0.5，*n* = 10、*n* =15、*n* =25 时的二项分布曲线图。打开 Jupyter Notebook，创建新的 Python 代码文档，输入以上代码并运行。

人工智能
数学基础

【运行结果】

如图 9-11 所示。

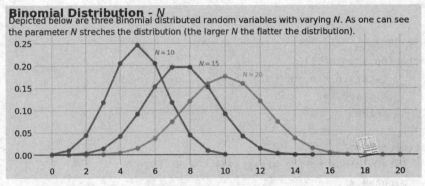

图 9-11 不同参数 n 的二项分布曲线对比

【结果说明】

从图 9-11 可以看出，当 p 值不变时，随着 n 值的增加，曲线变得更加平缓。同样，因 $n \cdot p$ 是二项分布的均值，固定 p 值，当 n 值增加时，均值也会增加，曲线峰值右移；曲线和横轴之间所围区域面积为 1，n 值增加，取值区间增加，每个特定取值对应的概率也会变小。结合前面球赛的例子，每场球赛赢的概率不变，参加的球赛越多，赢的总场次一般也越接近平均值 $n \cdot p$，赢的场次远高于或远低于平均值的概率也越低，这符合图 9-11 的特点。

9.3   泊松分布

9.3.1 泊松分布的数学表示

泊松分布是另外一种非常常见的随机事件概率分布。生活中有一类事件，总是以固定的平均频率随机且独立地出现，例如某电话交换台收到的呼叫、来到某公共汽车站的乘客数量、一天内来医院急诊科就诊的病人的数量、某地区一天内报告的失窃案的数量、书中某些打印错误的数量、某放射性物质发射出的粒子、显微镜下某区域中的白细胞等。这些事件都有如下特点。

（1）已经出现的事件都不影响下一个事件出现的概率。

（2）事件出现的平均频率总是固定的，出现的概率与时间或空间范围成正比。

（3）时间间隔很小时，在给定时间间隔内事件出现的概率趋向于 0。

满足上述条件的随机事件，在单位时间（空间）内出现的次数或个数就近似地服从泊松（Poisson）分布。按照上述条件，如果将每个时间间隔随机事件的发生，都作为一次伯努利试验，则某一范围内的随机事件可以看作 n 重伯努利试验，实际上就是二项分布。当 n 值很大时（即时间间隔很小时），二项分布可以进一步简化，这种形式就称为泊松分布。具体的推导过程此处不作详

250

述，感兴趣的读者可以参考其他的概率教材。泊松分布的数学定义如下。

定义 9.5 若随机变量 X 所有可能取的值为 $0,1,2,\cdots$，而取各个值的概率满足以下公式，则称 X 服从参数为 λ 的泊松分布，记为 $X\sim\pi(\lambda)$，其中 λ 是常数且 $\lambda>0$。

$$P\{X=k\}=\frac{\lambda^k e^{-\lambda}}{k!}, \quad k=0,1,2,\cdots \tag{9-2}$$

泊松分布中，λ 是单位时间（空间）内事件发生的平均次数或个数。与二项分布类似，公式（9-2）表示离散随机变量 X 在取 k 值时的概率，又称为泊松随机变量的概率质量函数（PMF），对应的均值为 λ。同样，也可以定义泊松随机变量的累积概率密度函数（CDF）如下。

$$P\{X\leqslant k\}=\sum_{i=0}^{k}\frac{\lambda^i e^{-\lambda}}{i!}, \quad k=0,1,2,\cdots$$

我们来估计医院急诊科每天就医的病人数量：假定每个病人来看病都是随机并独立的，是否看病相互之间互不影响，来就医的病人与时间范围成正比，例如半个小时来一个人，一个小时可能会有 2 个，两个小时会有 4 个；当时间间隔很小时，例如某一分钟，大多数情况来就医的病人可能会是零。如果每天来就医的病人人数为 λ_0，则该医院一天接纳的病人总数 X 可以看作一个服从泊松分布的随机变量，即一天之内 k 个人来就医的概率可以表示为

$$P\{X=k\}=\frac{\lambda_0{}^k e^{-\lambda_0}}{k!}, \quad k=0,1,2,\cdots$$

泊松分布表示单位时间内随机事件发生的次数的概率，并且假定随机事件发生的频率是固定的，所以利用泊松分布，可以对未来一段时间内随机事件的发生次数进行估计。下面通过一个具体的例子，来分析一下泊松分布的应用。

【例 9.14】 已知某地平均每小时出生 3 个婴儿，请估计未来一段时间内该地区出生婴儿数量的概率。

分析： 根据泊松分布的特点，可知某一段时间内婴儿的出生数量满足泊松分布。以每小时作为时间单位，可知 $\lambda=3$。未来某一段时间内出生婴儿的平均数量可以表示为

$$\mu=\lambda t \tag{9-3}$$

公式（9-3）表示的泊松分布平均值更具一般性，在 Python 函数库中，常用 μ（即 mu）表示泊松分布的平均值。

未来一段时间内出生的婴儿数量可以用函数 $N(t)$ 表示，则 $N(t)=n$ 的概率可以表示为

$$P\{N(t)=n\}=\frac{(\lambda t)^n e^{-\lambda t}}{n!} \tag{9-4}$$

根据公式（9-4），可以估计未来两个小时内，一个婴儿都不出生的概率为

$$P\{N(2)=0\} = \frac{(3\times2)^0 \, e^{-3\times2}}{0!} = 0.0025 = 0.25\%$$

由于 0.25% 是一个非常小的概率，由此可知未来两个小时一个婴儿都不出生基本不可能发生。未来一个小时至少出生两个婴儿的概率，也可由公式（9-4）进行估算。

$$P\{N(1)\geqslant2\} = 1 - P\{N(1)=1\} - P\{N(1)=0\} = 1 - \frac{(3\times1)^1 \, e^{-3\times1}}{1!} - \frac{(3\times1)^0 \, e^{-3\times1}}{0!} = 80.09\%$$

这个概率很高，可见未来一个小时很可能至少出生两个婴儿。

9.3.2 应用 Python 函数库计算泊松分布

在 Python 中，NumPy、SciPy、Matplotlib 包提供了泊松分布的相关计算和图形绘制函数。

1. 产生泊松分布随机变量

函数库 SciPy.stats 通过 poisson 对象，提供了有关二项分布的计算函数。

【例 9.15】通过 Python 编程来产生二项分布的随机变量样本。

【代码如下】

```
#9-15.py
import numpy as np
from scipy.stats import poisson

# draw a single sample
np.random.seed(42)
print(poisson.rvs(mu=10), end="\n\n")

# draw 10 samples
print(poisson.rvs(mu=10, size=10), end="\n\n")
```

在上述代码中，首先导入 NumPy 包和 SciPy.stats 中的 poisson 对象。通过 NumPy 的 random. seed 函数设置随机变量的种子。在 poisson 对象中，平均值 λ 常用参数 mu（即 μ）表示。调用 poisson 对象的 rvs 方法，传入 mu，产生泊松分布的随机变量。打开 Jupyter Notebook，创建新的 Python 代码文档，输入以上代码并运行。

【运行结果】

```
12

[6 11 14 7 8 9 11 8 10 7]
```

【结果说明】

从输出结果可以看到，上述代码首先产生一个泊松分布的随机值，然后产生 10 个泊松分布的随机值。

2. 泊松分布的概率质量函数

函数库 SciPy.stats 通过 poisson 对象，提供了有关二项分布的计算函数。

【**例 9.16**】通过 Python 编程来计算泊松分布在特定取值的概率。

【**代码如下**】

```
#9-16.py
from scipy.stats import poisson

# additional imports for plotting purpose
import numpy as np
import matplotlib.pyplot as plt
%matplotlib inline
plt.rcParams["figure.figsize"] = (14,7)



# continuous pdf for the plot
x_s = np.arange(15)
y_s = poisson.pmf(k=x_s, mu=5)
plt.scatter(x_s, y_s, s=100);
```

在上述代码中，首先导入 NumPy 模块，SciPy.stats 包中的 poisson 对象及 Matplotlib 的 pyplot 模块，通过 pyplot 的 rcParams 函数设置画板大小；然后调用 poisson 对象的 pmf 方法，传入泊松分布的平均值 mu，计算特定取值的泊松分布概率；通过 NumPy 的 arange 函数产生等间距的数组，以此作为 x 坐标序列；将 x 坐标序列传给 poisson 对象的 pmf 方法，产生对应泊松分布的概率，作为 y 坐标序列；将 x、y 坐标序列传给 Matplotlib.pyplot 的 scatter 函数，绘制泊松分布的散点图。打开 Jupyter Notebook，创建新的 Python 代码文档，输入以上代码并运行。

【**运行结果**】

如图 9-12 所示。

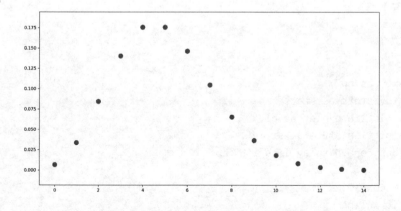

图 9-12　泊松分布概率质量函数的散点图

【结果说明】

图 9-12 中显示了 0~14 的整数值对应的泊松分布概率构成的散点图。

3. 计算泊松分布的累积概率

函数库 SciPy.stats 通过 poisson 对象，提供了有关泊松分布的计算函数。

【例 9.17】通过 Python 编程来计算泊松分布的累积概率。

【代码如下】

```
#9-17.py
from scipy.stats import poisson

# probability of x less or equal 0.3
print("P(X <=3) = {}".format(poisson.cdf(k=3, mu=5)))

# probability of x in [−0.2, +0.2]
print("P(2 < X <= 8) = {}".format(poisson.cdf(k=8, mu=5) - poisson.cdf(k=2, mu=5)))
```

在上述代码中，首先导入 SciPy.stats 包中的 poisson 对象，然后调用 poisson 对象的 cdf 方法，传入二项分布的关键参数 mu 及累积计算区间的上界 k，得到随机变量在区间 $0 \sim k$ 的累积概率，当累积概率的区间下界不为 0 时，可以通过两个区间的累积概率相减来得到。打开 Jupyter Notebook，创建新的 Python 代码文档，输入以上代码并运行。

【运行结果】

```
P(X <=3) = 0.2650259152973616
P(2 < X <= 8) = 0.8072543457950705
```

【结果说明】

输出结果分别为泊松分布随机变量值小于等于 3 的概率和在 2~8 的概率。

4. 泊松分布函数图形

【例 9.18】用 Python 调用函数库，实现泊松分布特定取值的概率及累积概率的图形绘制。

【代码如下】

```
#9-18.py

# IMPORTS
import numpy as np
import scipy.stats as stats
import matplotlib.pyplot as plt
import matplotlib.style as style
from IPython.core.display import HTML

# PLOTTING CONFIG
%matplotlib inline
style.use('fivethirtyeight')
```

```
plt.rcParams["figure.figsize"] = (14, 7)

plt.figure(dpi=100)

# PDF
plt.bar(x=np.arange(20),
        height=(stats.poisson.pmf(np.arange(20), mu=5)),
        width=.75,
        alpha=0.75
        )

# CDF
plt.plot(np.arange(20),
         stats.poisson.cdf(np.arange(20), mu=5),
         color="#fc4f30",
         )

# LEGEND
plt.text(x=8, y=.45, s="pmf (normed)", alpha=.75, weight="bold", color="#008fd5")
plt.text(x=8.5, y=.9, s="cdf", alpha=.75, weight="bold", color="#fc4f30")

# TICKS
plt.xticks(range(21)[::2])
plt.tick_params(axis = 'both', which = 'major', labelsize = 18)
plt.axhline(y = 0.005, color = 'black', linewidth = 1.3, alpha = .7)

# TITLE, SUBTITLE & FOOTER
plt.text(x = -2.5, y = 1.25, s = "Poisson Distribution - Overview",
         fontsize = 26, weight = 'bold', alpha = .75)
plt.text(x = -2.5, y = 1.1,
         s = ('Depicted below are the normed probability mass function (pmf) and
the '
              'cumulative density\nfunction (cdf) of a Poisson distributed random '
              'variable $ y \sim Poi(\lambda) $, given $ \lambda = 5 $.'),
         fontsize = 19, alpha = .85)
```

上述代码，首先导入 NumPy、SciPy、Matplotlib 等工具包，以便进行泊松分布概率计算和绘图，语句 %matplotlib inline 表示在交互文档中进行绘图。然后进行画板设置：通过 style 模块的 use 函数指定绘图风格，通过 pyplot 模块的 prParams 函数设置图形窗口的大小，通过 pyplot 模块的 figure 函数创建图形窗口。

在图形绘制部分，通过 pyplot 的 bar 函数，传入 x、height、width 等参数，绘制表示特定值概率的柱状图。其中，x 由 NumPy 的 arrange 函数产生一个元素值等间距的数组，作为每一个柱状图的 x 坐标；将 x 数组传给 stats.poisson 的 pmf 方法，产生柱状图的 height 序列；width 表示柱状图的宽度。通过 pyplot 模块的 plot 函数，传入 x、y 坐标序列，绘制泊松分布的累积概率函数图形。其中第 1 个参数表示 *x* 坐标序列，是由 NumPy.arange 产生的等间距的离散值；第 2 个参数表示 *y* 坐标序列，实际上是对应 *x* 坐标的泊松分布的累积概率函数值，*y* 坐标序列通过 SciPy.stats.poisson.cdf 方法产生。其余的文本标注、坐标轴设置、标题设置等操作和本章前文类似，此处不再赘述。打开 Jupyter Notebook，创建新的 Python 代码文档，输入以上代码并运行。

【运行结果】

如图 9-13 所示。

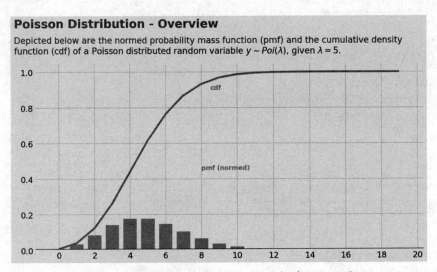

9-13 泊松分布的概率直方图及累积概率函数曲线

【结果说明】

从图 9-13 中可以看到泊松分布的概率直方图具有与二项分布的概率函数曲线相类似的轮廓，随机变量分布越靠近均值，概率越大，反之越小。这也符合上文提到的，泊松分布是二项分布在 *n* 值趋于无穷时的一个简化形式。泊松分布的概率分布（概率累积函数）也和二项分布的概率累积函数曲线类似，曲线整体呈上升趋势，随着自变量的增大，其值逐渐趋近于 1；随着自变量的减小，其值逐渐趋近于 0。

5. 泊松分布参数 *λ* 对结果的影响

【例 9.19】使用 Python 编程分别绘制 *λ* =1、*λ* =5、*λ* =10 时的泊松分布图形。

【代码如下】

```
#9-19.py

# IMPORTS
import numpy as np
import scipy.stats as stats
import matplotlib.pyplot as plt
import matplotlib.style as style
```

```
# PLOTTING CONFIG
%matplotlib inline
style.use('fivethirtyeight')
plt.rcParams["figure.figsize"] = (14, 7)


plt.figure(dpi=100)


# PDF LAM = 1
plt.scatter(np.arange(20),
            (stats.poisson.pmf(np.arange(20), mu=1)),
            alpha=0.75,
            s=100
        )
plt.plot(np.arange(20),
         (stats.poisson.pmf(np.arange(20), mu=1)),
         alpha=0.75,
        )


# PDF LAM = 5
plt.scatter(np.arange(20),
            (stats.poisson.pmf(np.arange(20), mu=5)),
            alpha=0.75,
            s=100
        )
plt.plot(np.arange(20),
         (stats.poisson.pmf(np.arange(20), mu=5)),
         alpha=0.75,
        )


# PDF LAM = 10
plt.scatter(np.arange(20),
            (stats.poisson.pmf(np.arange(20), mu=10)),
            alpha=0.75,
            s=100
        )
plt.plot(np.arange(20),
         (stats.poisson.pmf(np.arange(20), mu=10)),
         alpha=0.75,
        )


# LEGEND
plt.text(x=3, y=.1, s="$\lambda = 1$", alpha=.75, rotation=-65, \
         weight="bold", color="#008fd5")
plt.text(x=8.25, y=.075, s="$\lambda = 5$", alpha=.75, rotation=-35, \
         weight="bold", color="#fc4f30")
plt.text(x=14.5, y=.06, s="$\lambda = 10$", alpha=.75, rotation=-20,
```

```
            weight="bold", color="#e5ae38")

# TICKS
plt.xticks(range(21)[::2])
plt.tick_params(axis = 'both', which = 'major', labelsize = 18)
plt.axhline(y = 0, color = 'black', linewidth = 1.3, alpha = .7)

# TITLE, SUBTITLE & FOOTER
plt.text(x = -2.5, y = .475, s = "Poisson Distribution - $\lambda$",
              fontsize = 26, weight = 'bold', alpha = .75)
plt.text(x = -2.5, y = .425,
            s = ('Depicted below are three Poisson distributed random variables'
            'with varying $\lambda $. As one can easily\nsee the parameter'
            ' $\lambda$ shifts and flattens the distribution (the smaller'
            ' $ \lambda $ the sharper the function).'),
          fontsize = 19, alpha = .85)
```

上述代码中，使用 NumPy 的 arange 函数产生等间距的数值数组，将其作为绘图时的 x 坐标序列，同时将 x 坐标序列传入 SciPy.stats.poisson 的 pmf 方法，产生泊松分布的 y 坐标序列；将 x 坐标序列和 y 坐标序列传入 Matplotlib.pyplot 的 scatter 函数和 plot 函数，绘制泊松分布的散点图和折线图。scatter 的参数 s 表示了绘制点的大小。在产生 y 坐标时，依次变化泊松分布的 mu（即 μ，表示 λ）值为 1、5、10，得到 3 组 y 坐标，分别进行绘图，由此得到 $\lambda=1$、$\lambda=5$、$\lambda=10$ 时的泊松分布曲线图。打开 Jupyter Notebook，创建新的 Python 代码文档，输入以上代码，运行后的输出如下图所示。

【运行结果】

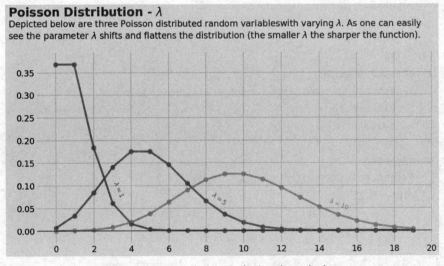

图 9-14　不同 λ 值泊松分布的函数曲线对比

【结果说明】

从图 9-14 可以看出，泊松分布的 λ 值增大时，曲线的峰值右移，曲线变得更加平缓，这与二项分布的特点相似。结合前面的例子，出生的婴儿数量的均值增加时，意味着取值区间增加了，所以在未来某段时间，婴儿的整体出生数量会增加，但具体的婴儿出生数量的概率必然会减少。

6. 基于数据样本绘制泊松分布图

使用 Matplotlib.pyplot 模块 bar 函数可以根据数据样本绘制直方图，使用 NumPy 的函数计算数据样本点的均值和标准差，根据数据样本参数调用 Matplotlib.pyplot 的函数绘制曲线图。

【例 9.20】 使用 Python 编程根据随机样本绘制泊松分布图。

【代码如下】

```
#9-20.py

# IMPORTS
import numpy as np
from scipy.stats import poisson
import matplotlib.pyplot as plt
import matplotlib.style as style
from collections import Counter

# PLOTTING CONFIG
%matplotlib inline
style.use('fivethirtyeight')
plt.rcParams["figure.figsize"] = (14, 7)


plt.figure(dpi=100)


##### COMPUTATION #####
# DECLARING THE "TRUE" PARAMETERS UNDERLYING THE SAMPLE
lambda_real = 7

# DRAW A SAMPLE OF N=1000
np.random.seed(42)
sample = poisson.rvs(mu=lambda_real, size=1000)

# ESTIMATE MU AND SIGMA
lambda_est = np.mean(sample)
print("Estimated LAMBDA: {}".format(lambda_est))

##### PLOTTING #####
# SAMPLE DISTRIBUTION
cnt = Counter(sample)
_, values = zip(*sorted(cnt.items()))
plt.bar(range(len(values)), values/np.sum(values), alpha=0.25);
```

```
# TRUE CURVE
plt.plot(range(18), poisson.pmf(k=range(18), mu=lambda_real), color="#fc4f30", \
        linestyle="dashed")

# ESTIMATED CURVE
plt.plot(range(18), poisson.pmf(k=range(18), mu=lambda_est), color="#e5ae38")

# LEGEND
plt.text(x=6, y=.06, s="sample", alpha=.75, weight="bold", color="#008fd5")
plt.text(x=3.5, y=.14, s="true distrubtion", rotation=60, alpha=.75, weight="bold",
\
        color="#fc4f30")
plt.text(x=1, y=.08, s="estimated distribution", rotation=60, alpha=.75,
weight="bold", \
        color="#e5ae38")

# TICKS
plt.xticks(range(17)[::2])
plt.tick_params(axis = 'both', which = 'major', labelsize = 18)
plt.axhline(y = 0.0009, color = 'black', linewidth = 1.3, alpha = .7)

# TITLE, SUBTITLE & FOOTER
plt.text(x = -2.5, y = 0.19, s = "Poisson Distribution - Parameter Estimation",
            fontsize = 26, weight = 'bold', alpha = .75)
plt.text(x = -2.5, y = 0.17,
        s = ('Depicted below is the distribution of a sample (blue) drawn from a '
            'Poisson distribution with $\lambda = 7$.\nAlso the estimated
distrubution '
            'with $\lambda \sim {:.3f}$ is shown (yellow).').format(np.
mean(sample)),
        fontsize = 19, alpha = .85)
plt.show()
```

在上述代码中，通过 NumPy.random.seed 设置伪随机数种子，以实际均值 7 调用方法 stats.
poisson.rvs，产生 1000 个泊松分布的随机变量样本。调用 NumPy 的 mean 函数估算数据样本均值
并输出。用样本数据构造 Counter 对象，获得重复样本值的次数统计；用 sorted 函数进行排序，
再用 zip 函数将排序后的 Counter 数据封装成元组，取出样本值的重复次数；根据相异样本值的
数量和归一化的样本值重复次数，调用 Matplotlib.pyplot.bar 函数绘制数据样本的直方图，调用
Matplotlib.pyplot.plot 和 poisson.pmf 绘制实际均值 7 的泊松分布概率曲线和样本估计均值的泊松分
布概率曲线。其他函数库引入、画布设置、参数设置等操作同本节之前的代码，此处不再赘述。打
开 Jupyter Notebook，创建新的 Python 代码文档，输入以上代码并运行。

【运行结果】

如图 9-15 所示。

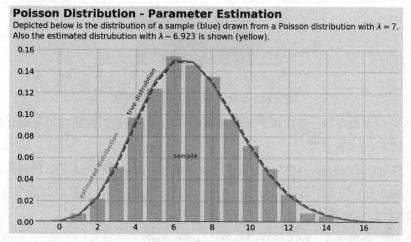

图 9-15 根据数据样本绘制泊松分布图形

【结果说明】

如图 9-15 所示，首先根据数据样本估算泊松分布平均值，然后绘制基于数据样本的直方图、基于样本估计均值的泊松分布曲线及基于实际均值的泊松分布曲线。其中连续曲线是根据估计参数绘制的，断点曲线是根据实际参数绘制的，从图中可以看到二者基本吻合，并且泊松分布曲线和对应的直方图的轮廓也基本相符。

 均匀分布

9.4.1 均匀分布的数学表示

均匀分布是生活中常见的一种简单的随机变量分布。例如很多游戏中用到的骰子，一个骰子有 6 个面，每个面一个数字，分别是从 1 到 6。游戏开始时，随机抛出骰子，骰子落地后，哪个面朝上，即记下对应的数字。骰子一般是均匀材质，得到任何一个数字的概率都是相等的，这就是均匀分布。均匀分布一般用连续型随机变量来定义。

定义 9.6 设连续型随机变量 X 概率密度满足下式，则称 X 在区间 (a,b) 上服从均匀分布，记做 $X \sim U(a,b)$。

$$f(x)=\begin{cases} \dfrac{1}{b-a}, & a<x<b \\ 0, & \text{其他} \end{cases}$$

均匀分布的概率密度曲线如下图所示。

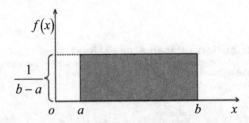

图 9-16 均匀分布的概率密度曲线

从图 9-16 可以看出均匀分布的概率密度曲线形状是一个矩形，因此均匀分布有时又称为矩形分布。a 和 b 是均匀分布的参数。

可以应用均匀分布来进行一些简单的概率计算。例如，如果花店每天销售的花束数量是均匀分布的，最多为 40，最少为 10，即 $b=40$，$a=10$。由此，可以进行如下计算。

日销售量为 15~30 的概率：$(30-15) \times [1/(40-10)] = 0.5$。

日销售量大于 20 的概率：$(40-20) \times [1/(40-10)] = 0.667$。

9.4.2 应用 Python 函数库计算均匀分布

在 Python 中，NumPy、SciPy、Matplotlib 包提供均匀分布的相关计算和图形绘制函数。

1. 均匀分布的概率密度函数图形和分布函数图形

函数库 SciPy.stats 通过 uniform 对象，提供了有关均匀分布的计算函数。

【例 9.21】用 Python 编程实现均匀分布概率密度函数和分布函数的图形绘制。

【代码如下】

```
#9-21.py

# IMPORTS
import numpy as np
import scipy.stats as stats
import matplotlib.pyplot as plt
import matplotlib.style as style
from IPython.core.display import HTML

# PLOTTING CONFIG
%matplotlib inline
style.use('fivethirtyeight')
plt.rcParams["figure.figsize"] = (14, 7)
plt.figure(dpi=100)

# PDF
plt.plot(np.linspace(-4, 4, 100),
```

```
                stats.uniform.pdf(np.linspace(-4, 4, 100))
            )
plt.fill_between(np.linspace(-4, 4, 100),
                    stats.uniform.pdf(np.linspace(-4, 4, 100)),
                    alpha=.15)
# CDF
plt.plot(np.linspace(-4, 4, 100),
            stats.uniform.cdf(np.linspace(-4, 4, 100)),
            )

# LEGEND
plt.text(x=-0.55, y=.7, s="pdf (normed)", rotation=65, alpha=.75, \
            weight="bold", color="#008fd5")
plt.text(x=1.8, y=.95, s="cdf", rotation=55, alpha=.75, \
            weight="bold", color="#fc4f30")

# TICKS
plt.tick_params(axis = 'both', which = 'major', labelsize = 18)
plt.axhline(y = 0, color = 'black', linewidth = 1.3, alpha = .7)

# TITLE
plt.text(x = -5, y = 1.25, s = "Nniform Distribution - Overview",
                    fontsize = 26, weight = 'bold', alpha = .75)
```

在上述代码中，首先导入 NumPy、SciPy、Matplotlib 等工具包，以便进行均匀分布概率计算和绘图。调用 NumPy.linspace 函数产生 x 坐标序列，将 x 序列传入 stats.uniform.pdf 函数，产生标准均匀分布的概率密度的 x 值序列；将产生的 x 序列传入 stats.uniform.cdf 函数，产生标准均匀分布的概率累积函数的 y 值序列；将两组 x、y 坐标序列传入 pyplot 的 plot 函数，绘制对应的图形。打开 Jupyter Notebook，创建新的 Python 代码文档，输入代码并运行。

【运行结果】

如图 9-17 所示。

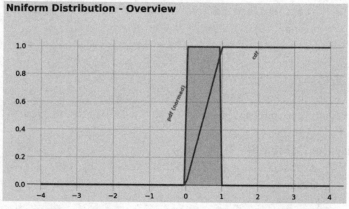

图 9-17 均匀分布的概率密度函数图形和分布函数图形

【结果说明】

在图 9-17 中，将横轴作为 x 轴，纵轴作为 y 轴。可以看到标准均匀分布的概率密度函数曲线是点（0，1）到（1，1）的一段直线，其余部分和 x 轴重合；分布函数曲线是点（0，0）到（1，1）的一段直线，其余部分是 $y=0$ 或 $y=1$ 的直线。

2. 均匀分布参数对结果的影响

均匀分布的参数 a 和 b 在 SciPy.stats.uniform 类的相关函数中，分别用参数 loc 和参数 scale 来表示。

【例 9.22】用 Python 编程分别绘制不同 loc 和 scale 参数的均匀分布概率密度函数图形。

【代码如下】

```
#9-22.py

# IMPORTS
import numpy as np
import scipy.stats as stats
import matplotlib.pyplot as plt
import matplotlib.style as style
from IPython.core.display import HTML

# PLOTTING CONFIG
%matplotlib inline
style.use('fivethirtyeight')
plt.rcParams["figure.figsize"] = (14, 7)
plt.figure(dpi=100)

# PDF loc=0, scale=1
plt.plot(np.linspace(-8, 8, 100),
        stats.uniform.pdf(np.linspace(-8, 8, 100),loc=0, scale=1),
        )
plt.fill_between(np.linspace(-8, 8, 100),
                stats.uniform.pdf(np.linspace(-8, 8, 100),loc=0, scale=1),
                alpha=.15,
                )

# PDF loc=0, scale=2
plt.plot(np.linspace(-8, 8, 100),
        stats.uniform.pdf(np.linspace(-8, 8, 100), loc=0, scale=2),
        )
plt.fill_between(np.linspace(-8, 8, 100),
                stats.uniform.pdf(np.linspace(-8, 8, 100),loc=0, scale=2),
                alpha=.15,
                )
```

```
# PDF loc=-3, scale=3
plt.plot(np.linspace(-8, 8, 100),
         stats.uniform.pdf(np.linspace(-4, 4, 100), loc=-3, scale=3),
         )
plt.fill_between(np.linspace(-8, 8, 100),
                 stats.uniform.pdf(np.linspace(-4, 4, 100),loc=-3, scale=3),
                 alpha=.15,
                 )

# LEGEND
plt.text(x=-1, y=.65, s="loc=0, scale=1", rotation=65, alpha=.75, \
         weight="bold", color="#008fd5")
plt.text(x=1, y=.65, s="loc=0, scale=2", rotation=65, alpha=.75, \
         weight="bold", color="#fc4f30")
plt.text(x=-3, y=.65, s="loc=-3, scale=3", rotation=65, alpha=.75, \
         weight="bold", color="#e5ae38")


# TICKS
plt.tick_params(axis = 'both', which = 'major', labelsize = 18)
plt.axhline(y = 0, color = 'black', linewidth = 1.3, alpha = .7)

# TITLE,
plt.text(x = -5, y = 1.1, s = "Uniform Distribution - loc and scale",
               fontsize = 26, weight = 'bold', alpha = .75)
```

在上述代码中，仍采用 NumPy.linspace 产生 x 坐标序列，使用 SciPy.stats.uniform 计算对应的 y 坐标序列，调用 Matplotlib 的 plot 函数进行图形绘制。在调用 uniform 对象的 pdf 方法时，需要传入不同的 loc、scale 参数。打开 Jupyter Notebook，创建新的 Python 代码文档，输入以上代码并运行。

【运行结果】

如图 9-18 所示。

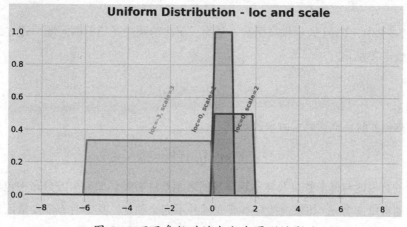

图 9-18 不同参数对均匀分布图形的影响

【结果说明】

从图 9-18 中可以看出，随着 loc 参数的增加，均匀分布的函数图形右移；随着 scale 参数的增加，图形的宽度增加，高度降低。

9.5 卡方分布

9.5.1 卡方分布的数学表示

χ^2 分布（卡方分布）是统计学中的一种重要分布。应用卡方分布可以通过小数量的样本容量去预估总体容量的分布情况。对应的还有一个卡方检验概念，会在第 12 章详细介绍。首先看卡方分布的数学定义。

定义 9.7 若 n 个相互独立的随机变量 ξ_1，ξ_2，…，ξ_n，均服从标准正态分布 $N(0,1)$（也称 ξ_1，ξ_2，…，ξ_n 是来自总体 $N(0,1)$ 的样本），则这 n 个独立随机变量的平方和公式如下。

$$\chi^2 = \sum_{i=1}^{n} \xi_i^2$$

这 n 个独立随机变量的平方和构成一个新的随机变量（统计量），服从自由度为 n 的 χ^2 分布（chi-square distribution，卡方分布），记为 $\chi^2 \sim \chi^2(n)$，可以表示为

$$f(x\,|\,n) = \begin{cases} \dfrac{1}{2^{\frac{n}{2}}\Gamma\left(\dfrac{n}{2}\right)} x^{\frac{n}{2}-1} \mathrm{e}^{-\frac{x}{2}} & ,x > 0 \\ 0, x \leqslant 0 \end{cases} \tag{9-5}$$

上式中自由度 n 是指公式中包含的独立变量的个数，来自总体的 n 个样本相互独立，所以自由度为 n。

在公式（9-5）中，Γ (·) 表示伽马函数，是为了解决阶乘在延拓上的问题而建立的函数，实数域上的伽马函数定义如下。

$$\Gamma(x) = \int_0^{+\infty} t^{x-1} \mathrm{e}^{-t} \mathrm{d}t$$

当 x 取整数值 n 时，就变成了阶乘公式：

$$\Gamma(n) = (n\text{-}1)\,!$$

卡方分布的自由度与样本数量及样本统计量的限制条件有关。如果卡方分布中包含 n 个独立的样本或变量，则自由度为 n；如果这些样本或变量并不完全独立，其中有 k 个变量依赖于其他的变

量或样本，则其自由度为 $n-k$。例如 ξ_1，ξ_2，…，ξ_n 这 n 个变量，其中 $\xi_1-\xi_{n-1}$ 相互独立，ξ_n 为前 $n-1$ 个变量的平均值，则其自由度为 $n-1$。

9.5.2 应用 Python 函数库计算卡方分布

1. 产生卡方分布随机变量

函数库 SciPy.stats 通过 chi2 对象，提供了有关卡方分布的计算函数。

【例 9.23】在 Python 中通过调用 chi2 对象的 rvs 函数，产生卡方分布的随机变量样本。

【代码如下】

```
#9-23.py

import numpy as np
from scipy.stats import chi2

# draw a single sample
np.random.seed(42)
print(chi2.rvs(df=4), end="\n\n")

# draw 10 samples
print(chi2.rvs(df=4, size=10), end="\n\n")
```

在上述代码中，首先导入 NumPy 包和 SciPy.stats 中的 chi2 对象，通过 NumPy 的 random.seed 函数设置随机变量的种子，调用 chi2 对象的 rvs 方法，传入自由度 df，产生卡方分布的随机变量。打开 Jupyter Notebook，创建新的 Python 代码文档，输入以上代码并运行。

【运行结果】

```
4.787358779738473

[2.98892946 2.76456717 2.76460459 9.29942882 5.73341246 2.262156
 4.93962895 3.99792053 0.43182989 1.34248457]
```

【结果说明】

从输出结果可以看到，上述代码首先产生一个自由度为 4 的卡方分布的随机值，然后产生 10 个卡方分布的随机值。

2. 卡方分布的概率密度函数计算

函数库 SciPy.stats 通过 chi2 对象，提供了有关卡方分布的计算函数。

【例 9.24】在 Python 中通过调用 chi2 对象的 pdf 函数，计算卡方分布的概率密度值。

【代码如下】

```
#9-24.py
from scipy.stats import chi2
```

```
# additional imports for plotting purpose
import numpy as np
import matplotlib.pyplot as plt
%matplotlib inline
plt.rcParams["figure.figsize"] = (14,7)

# continuous pdf for the plot
x_s = np.arange(15)
y_s = chi2.pdf(x=x_s, df=4)
plt.scatter(x_s, y_s, s=100);
```

在上述代码中，通过 NumPy 的 arange 函数产生等间距的数组作为 x 坐标序列，将其作为参数传给 chi2 对象的 pdf 方法，产生卡方分布对应点的概率密度值序列 y，最后用 pyplot 的 scatter 函数绘制卡方分布概率密度函数散点图。打开 Jupyter Notebook，创建新的 Python 代码文档，输入以上代码并运行。

【运行结果】

如图 9-19 所示。

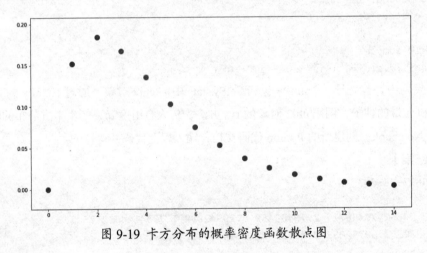

图 9-19 卡方分布的概率密度函数散点图

【结果说明】

图 9-19 显示了自由度为 4 的卡方分布的概率密度函数散点图。

3. 计算卡方分布概率

【例 9.25】通过调用 chi2 对象的 cdf 函数，计算卡方分布的概率。

【代码如下】

```
#9-25.py

from scipy.stats import chi2

# probability of x less or equal 0.3
```

```
print("P(X <=3) = {}".format(chi2.cdf(x=3, df=4)))

# probability of x in [-0.2, +0.2]
print("P(2 < X <= 8) = {}".format(chi2.cdf(x=8, df=4) – chi2.cdf(x=2, df=4)))
```

在上面代码中，首先将 x =3 传给 chi2 对象的 cdf 方法，求出小于等于 3 的卡方分布概率，然后用同样的方法求出 x 小于 8 的概率和 x 小于 2 的概率，二者相减后得到 x 介于 2~8 的概率。打开 Jupyter Notebook，创建新的 Python 代码文档，输入以上代码并运行。

【运行结果】

```
P(X <=3) = 0.4421745996289252
P(2 < X <= 8) = 0.6441806878992138
```

4. 卡方分布函数图形

函数库 SciPy.stats 通过 chi2 对象，提供了有关卡方分布的计算函数。

【例 9.26】在 Python 中，通过调用 chi2 对象的 pdf 函数和 cdf 函数计算卡方分布的相关概率，并绘制卡方分布的函数图形。

【代码如下】

```
#9-26.py

# IMPORTS
import numpy as np
import scipy.stats as stats
import matplotlib.pyplot as plt
import matplotlib.style as style
from IPython.core.display import HTML

# PLOTTING CONFIG
%matplotlib inline
style.use('fivethirtyeight')
plt.rcParams["figure.figsize"] = (14, 7)

plt.figure(dpi=100)

# PDF
plt.plot(np.linspace(0, 20, 100),
         stats.chi2.pdf(np.linspace(0, 20, 100), df=4) ,
        )
plt.fill_between(np.linspace(0, 20, 100),
                 stats.chi2.pdf(np.linspace(0, 20, 100), df=4) ,
                 alpha=.15,
                )

# CDF
plt.plot(np.linspace(0, 20, 100),
```

```
            stats.chi2.cdf(np.linspace(0, 20, 100), df=4),
        )

# LEGEND
plt.xticks(np.arange(0, 21, 2))
plt.text(x=11, y=.25, s="pdf (normed)", alpha=.75, weight="bold", color="#008fd5")
plt.text(x=11, y=.85, s="cdf", alpha=.75, weight="bold", color="#fc4f30")

# TICKS
plt.xticks(np.arange(0, 21, 2))
plt.tick_params(axis = 'both', which = 'major', labelsize = 18)
plt.axhline(y = 0, color = 'black', linewidth = 1.3, alpha = .7)

# TITLE, SUBTITLE & FOOTER
plt.text(x =-2, y = 1.25, s = r"Chi-Squared $(\chi^{2})$ Distribution - Overview",
            fontsize = 26, weight = 'bold', alpha = .75)
plt.text(x = -2, y = 1.1,
            s = ('Depicted below are the normed probability density function (pdf) and '
            'the cumulative density\nfunction (cdf) of a Chi-Squared distributed '
            'random variable $ y \sim \chi^{2}(k) $, given $k$=4.'),
            fontsize = 19, alpha = .85);
```

上述代码首先调用 NumPy 的 linspace 函数产生 100 个等间距的值，作为 x 坐标序列，将其传给 chi2 对象的 pdf 方法和 cdf 方法，分别计算概率密度函数值与卡方分布概率值，并将其分别作为 y 坐标序列。将相应的 x、y 坐标序列传给 matplotlib.pyplot 模块的 plot 函数，分别绘制卡方分布的概率密度函数图形及概率分布函数图形，并通过 matplotlib.pyplot 模块的 fill_between 函数对卡方分布的概率密度函数图形进行填充。代码中通过 NumPy 的 arange 函数产生等间距的数值序列，将其传给 pyplot 的 xticks 函数，设置 x 轴坐标刻度。其余函数库引入、绘图参数设置、文本标注等操作与前文类似，此处不再赘述。打开 Jupyter Notebook，创建新的 Python 代码文档，输入以上代码并运行。

【运行结果】

如图 9-20 所示。

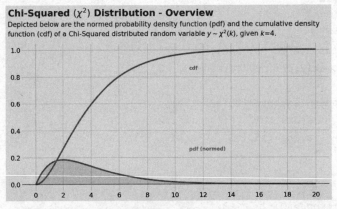

图 9-20 卡方分布的概率密度函数和分布函数图形

【结果说明】

图 9-20 中分别显示了自由度为 4 的卡方分布的概率密度函数和分布函数图形。颜色填充的是概率密度函数图形，随着 x 值的增大，概率密度值逐渐增大，达到峰值后逐渐减少，直至无限趋于 0。另外一条曲线是卡方分布概率曲线，随着 x 值的增大，它呈上升趋势，并逐渐趋于 1。

5. 自由度参数对卡方分布概率密度函数图形的影响

上文进行计算或绘制的图形，都是基于自由度为 4 的卡方分布。本节来分析一下不同 k 值对卡方分布图形的影响。

【例 9.27】 应用 Python 编程来绘制不同 k 值的卡方分布图形。

【代码如下】

```python
#9-27.py

# IMPORTS
import numpy as np
import scipy.stats as stats
import matplotlib.pyplot as plt
import matplotlib.style as style
from IPython.core.display import HTML

# PLOTTING CONFIG
%matplotlib inline
style.use('fivethirtyeight')
plt.rcParams["figure.figsize"] = (14, 7)

plt.figure(dpi=100)

# PDF k = 1
plt.plot(np.linspace(0, 15, 500),
         stats.chi2.pdf(np.linspace(0, 15, 500), df=1),
        )
plt.fill_between(np.linspace(0, 15, 500),
                 stats.chi2.pdf(np.linspace(0, 15, 500), df=1),
                 alpha=.15,
                )

# PDF k = 3
plt.plot(np.linspace(0, 15, 100),
         stats.chi2.pdf(np.linspace(0, 15, 100), df=3),
        )
plt.fill_between(np.linspace(0, 15, 100),
                 stats.chi2.pdf(np.linspace(0, 15, 100), df=3),
                 alpha=.15,
                )
```

```
# PDF k = 6
plt.plot(np.linspace(0, 15, 100),
         stats.chi2.pdf(np.linspace(0, 15, 100), df=6),
         )
plt.fill_between(np.linspace(0, 15, 100),
                 stats.chi2.pdf(np.linspace(0, 15, 100), df=6),
                 alpha=.15,
                 )

# LEGEND
plt.text(x=.5, y=.7, s="$ k = 1$", rotation=-65, alpha=.75, weight="bold",

color="#008fd5")
plt.text(x=1.5, y=.35, s="$ k = 3$", alpha=.75, weight="bold", color="#fc4f30")
plt.text(x=5, y=.2, s="$ k = 6$", alpha=.75, weight="bold", color="#e5ae38")


# TICKS
plt.tick_params(axis = 'both', which = 'major', labelsize = 18)
plt.axhline(y = 0, color = 'black', linewidth = 1.3, alpha = .7)

# TITLE, SUBTITLE & FOOTER
plt.text(x = -1.5, y = 2.8, s = "Chi-Squared Distribution - $ k $",
         fontsize = 26, weight = 'bold', alpha = .75)
plt.text(x = -1.5, y = 2.5,
         s = ('Depicted below are three Chi-Squared distributed random variables '
              'with varying $ k $. As one can\nsee the parameter $k$ smoothens '
              'the distribution and softens the skewness.'),
         fontsize = 19, alpha = .85);
```

上述代码中，同样用 NumPy.linspace 函数产生 x 坐标序列，然后将其传给 stats.chi2 对象的 pdf 方法，将产生对应概率密度值序列作为 y 坐标序列，计算 pdf 时，依次选用参数 df=1、df=3、df=6。将产生的 x、y 坐标序列传给 Matplotlib.pyplot 模块的 plot 函数和 fill_between 函数，进行曲线绘制和填充。其余代码部分，请参照上文说明。打开 Jupyter Notebook，创建新的 Python 代码文档，输入以上代码并运行。

【运行结果】

如图 9-21 所示。

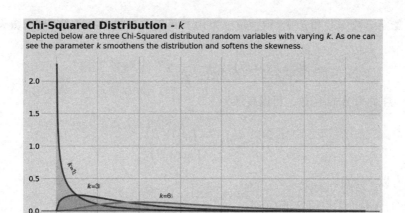

图 9-21 不同自由度对卡方分布的影响

【结果说明】

图 9-21 中绘制了自由度参数 df =1、df =3、df =6 时的卡方分布概率函数曲线。从图中看到，随着 k 值的增加，概率密度函数峰值右移，函数曲线逐渐变得平缓。实际上根据正态分布的特点，当自由度 df 趋于无穷时，卡方分布就会逐渐趋近于正态分布。

Beta 分布

9.6.1 Beta 分布的数学表示

Beta 分布可以看作一个概率的概率分布。在很多时候，我们不知道一个随机事件的发生概率时，可以根据已经发生的事件频率来估计随机事件的概率。例如网上购物时，我们会通过查阅客户的评论来评估商家产品的质量。如果商家 A 一共有 900 条好评，100 条差评，那商家 A 的产品质量是否就是 900/(100+900)=0.9 呢？实际上我们得到的 0.9 这个数据，是产品质量好的频次，并不是产品质量的概率。产品的概率是根据这个数据进行的推断，这个推断实际上是一个后验概率，可以用贝叶斯公式转换成先验概率的计算，公式如下。

$$f(p|X=k) = \frac{P(X=k|p)f(p)}{P(X=k)}$$

x 表示好评次数，可以看作满足二项分布的随机事件，套用二项分布概率函数进行简化，最终可以得到概率 p 的分布，这就是 Beta 分布。具体推导过程，请参考相关教材，此处不予详述。

我们来看一下 Beta 分布的数学定义。

定义 9.8 给定参数 $\alpha>0$ 和 $\beta>0$，取值范围为 $[0,1]$ 的随机变量 x 的概率密度函数为

$$\text{Beta}(x;\alpha,\beta) = \frac{1}{B(\alpha,\beta)} x^{\alpha-1}(1-x)^{\beta-1}$$

其中 $B(\alpha,\beta)$ 称为 Beta 函数，可以表示为

$$B(\alpha,\beta) = \frac{\Gamma(\alpha)\Gamma(\beta)}{\Gamma(\alpha+\beta)}$$

Beta 分布有以下特点。

（1）Beta(1,1) 等价于均匀分布 $U(0,1)$。

（2）作为概率的概率分布，Beta($x;\alpha,\beta$) 在 $(0,1)$ 上对 x 的积分必定为 1。

（3）x 实际上是对某个随机事件发生的概率估计，$\alpha-1$ 和 $\beta-1$ 实际上描述了随机事件发生或不发生的次数。

（4）Beta 分布是一种后验分布和先验分布的分布律相同的分布，不同的只是参数发生了变化。

Beta 分布可以看作多次进行二项分布实验所得到的分布，可以对随机事件发生的概率的分布进行计算。下面来看一下在 Python 中如何计算和操作 Beta 分布。

9.6.2 应用 Python 函数库计算 Beta 分布

在 Python 中，NumPy、SciPy、Matplotlib 包提供 Beta 分布的相关计算和图形绘制函数。

1. 产生 Beta 分布随机变量

函数库 SciPy.stats 通过 Beta 对象，提供了有关 Beta 分布的计算函数。

【例 9.28】在 Python 中通过调用 Beta 对象的 rvs 函数，产生 Beta 分布的随机变量样本。

【代码如下】

```
#9-28.py

from scipy.stats import beta

# draw a single sample
np.random.seed(42)
print(beta.rvs(a=2, b=2), end="\n\n")

# draw 10 samples
print(beta.rvs(a=2, b=2, size=10))
```

在上述代码中，首先导入 NumPy 包和 SciPy.stats 中的 Beta 对象。通过 NumPy 的 random.seed 函数设置随机变量的种子。调用 Beta 对象的 rvs 方法，传入参数 a，b（相当于 Beta 分布的

参数 α 和 β），产生 Beta 分布的随机变量。打开 Jupyter Notebook，创建新的 Python 代码文档，输入以上代码并运行。

【运行结果】

```
0.6156354589595345

[0.49999662 0.61860753 0.31411046 0.90251598 0.2416794  0.7582343
 0.36838947 0.43274786 0.72039566 0.84731967]
```

【结果说明】

从输出结果可以看到，上述代码首先产生一个参数为 $a = 2$，$b = 2$ 的 Beta 分布的随机值，然后又产生 10 个 Beta 分布的随机值。

2.Beta 分布的概率密度函数计算

函数库 SciPy.stats 通过 Beta 对象，提供了有关 Beta 分布的计算函数。

【例 9.29】在 Python 中，通过调用 Beta 对象的 pdf 函数来计算 Beta 分布的概率密度值，通过 pyplot 的 plot 函数绘制 Beta 分布的概率密度散点图。

【代码如下】

```python
#9-29.py

from scipy.stats import beta

# additional import for plotting
import numpy as np
import matplotlib.pyplot as plt
%matplotlib inline
plt.rcParams["figure.figsize"] = (14, 7)


# continuous pdf for the plot
x_s = np.linspace(0, 1, 100)
y_s = beta.pdf(a=2, b=2, x=x_s)
plt.scatter(x_s, y_s);
```

在上述代码中，通过 NumPy 的 linspace 函数产生等间距的 x 坐标序列，将其作为参数传给 Beta 对象的 pdf 方法，产生 Beta 分布对应点的概率密度值序列 y，最后用 pyplot 的 scatter 函数绘制 Beta 分布概率密度散点图。打开 Jupyter Notebook，创建新的 Python 代码文档，输入以上代码并运行。

【运行结果】

如图 9-22 所示。

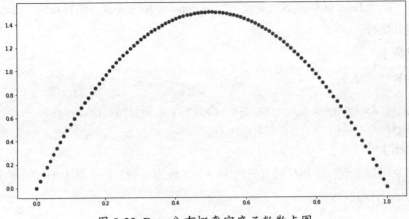

图 9-22 Beta 分布概率密度函数散点图

【结果说明】

图 9-22 显示了参数 $a=2$，$b=2$ 的 Beta 分布概率密度函数散点图。

3. 计算 Beta 分布概率

【例 9.30】在 Python 中，通过调用 Beta 对象的 cdf 函数来计算 Beta 分布的概率。

【代码如下】

```python
#9-30.py

from scipy.stats import beta

# probability of x less or equal 0.3
print("P(X <0.3) = {:.3}".format(beta.cdf(a=2, b=2, x=0.3)))

# probability of x in [-0.2, +0.2]
print("P(-0.2 < X < 0.2) = {:.3}".format(beta.cdf(a=2, b=2, x=0.2) - \
                                         beta.cdf(a=2, b=2, x=-0.2)))
```

在上面代码中，首先将 $x=0.3$ 传给 Beta 对象的 cdf 方法，求出小于等于 0.3 的 Beta 分布概率，然后用同样的方法求出 $x<-0.2$ 的概率和 $x<0.2$ 的概率，二者相减后得到 x 介于 $-0.2\sim0.2$ 的概率。在输出概率值的时候，通过 format 函数限定数值保留 3 位小数。打开 Jupyter Notebook，创建新的 Python 代码文档，输入以上代码并运行。

【运行结果】

```
P(X <0.3) = 0.216
P(-0.2 < X < 0.2) = 0.104
```

4.Beta 分布函数图形

函数库 SciPy.stats 通过 Beta 对象，提供了有关 Beta 分布的计算函数。

【例 9.31】在 Python 中通过 Beta 对象的 pdf 函数和 cdf 函数，计算 Beta 分布的相关概率，并绘制 Beta 分布的函数图形。

【代码如下】

```
#9-31.py

# IMPORTS
import numpy as np
import scipy.stats as stats
import matplotlib.pyplot as plt
import matplotlib.style as style
from IPython.core.display import HTML

# PLOTTING CONFIG
%matplotlib inline
style.use('fivethirtyeight')
plt.rcParams["figure.figsize"] = (14, 7)

plt.figure(dpi=100)

# PDF
plt.plot(np.linspace(0, 1, 100),
         stats.beta.pdf(np.linspace(0, 1, 100),a=2,b=2)
        )
plt.fill_between(np.linspace(0, 1, 100),
                 stats.beta.pdf(np.linspace(0, 1, 100),a=2,b=2),
                 alpha=.15
                )

# CDF
plt.plot(np.linspace(0, 1, 100),
         stats.beta.cdf(np.linspace(0, 1, 100),a=2,b=2),
        )

# LEGEND
plt.text(x=0.1, y=.7, s="pdf (normed)", rotation=52, alpha=.75, weight="bold", \
         color="#008fd5")
plt.text(x=0.45, y=.5, s="cdf", rotation=40, alpha=.75, weight="bold", \
         color="#fc4f30")

# TICKS
plt.tick_params(axis = 'both', which = 'major', labelsize = 18)
plt.axhline(y = 0, color = 'black', linewidth = 1.3, alpha = .7)

# TITLE, SUBTITLE & FOOTER
plt.text(x = -.125, y = 1.85, s = "Beta Distribution - Overview",
             fontsize = 26, weight = 'bold', alpha = .75)
```

```
plt.text(x = -.125, y = 1.6,
        s = ('Depicted below are the normed probability density function '
             '(pdf) and the cumulative density\nfunction (cdf) of a beta '
             'distributed random variable ') +\
        r'$ y \sim Beta(\alpha, \beta)$, given $ \alpha = 2 $ and $ \beta = 2$.',
        fontsize = 19, alpha = .85);
```

上述代码首先调用 NumPy 的 linspace 函数产生介于 0~1 的 100 个等间距的值作为 x 坐标序列，然后将其传给 Beta 对象的 pdf 方法，计算对应的概率密度值作为 y 坐标序列；调用 pyplot 模块的 plot 函数，根据 x、y 坐标序列绘制曲线图，调用 pyplot 的 fill_between 函数进行曲线图纵向填充。应用相同的方法，用 Beta 对象的 cdf 方法产生 Beta 分布的概率值作为 y 坐标序列，调用 pyplot 的 plot 函数绘制 Beta 分布概率累积函数曲线。其余函数库引入、绘图参数设置、文本标注等操作与前文类似，此处不再赘述。打开 Jupyter Notebook，创建新的 Python 代码文档，输入以上代码并运行。

【运行结果】

如图 9-23 所示。

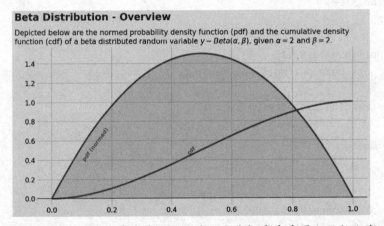

图 9-23　Beta 分布概率密度函数曲线及分布概率密度累积函数曲线

【结果说明】

图 9-23 中分别显示了参数 a =2，b =2 时的 Beta 分布的概率密度函数和分布函数图形。颜色填充的是概率密度函数图形，另一条曲线是 Beta 分布的累积概率曲线，随着 x 值的增大，累积概率曲线呈上升趋势，直至达到 1。Beta 分布可以描述多种类型的分布，不同的参数对概率密度函数图形的影响很大。下面来看一下不同参数情况下的 Beta 分布。

5. 参数 α 和 β（对应函数库中的 a 和 b 参数）相等时的 Beta 分布

【例 9.32】在 Python 中绘制 Beta 分布图形，要求 α 和 β 相等且取不同值。

【代码如下】

```
#9-32.py


# IMPORTS
```

```python
import numpy as np
import scipy.stats as stats
import matplotlib.pyplot as plt
import matplotlib.style as style
from IPython.core.display import HTML


# PLOTTING CONFIG
%matplotlib inline
style.use('fivethirtyeight')
plt.rcParams["figure.figsize"] = (14, 7)


plt.figure(dpi=100)


# A = B = 1
plt.plot(np.linspace(0, 1, 200),
        stats.beta.pdf(np.linspace(0, 1, 200), a=1, b=1),
        )
plt.fill_between(np.linspace(0, 1, 200),
                stats.beta.pdf(np.linspace(0, 1, 200), a=1, b=1),
                alpha=.15,
                )


# A = B = 10
plt.plot(np.linspace(0, 1, 200),
        stats.beta.pdf(np.linspace(0, 1, 200), a=10, b=10),
        )
plt.fill_between(np.linspace(0, 1, 200),
                stats.beta.pdf(np.linspace(0, 1, 200), a=10, b=10),
                alpha=.15,
                )


# A = B = 100
plt.plot(np.linspace(0, 1, 200),
        stats.beta.pdf(np.linspace(0, 1, 200), a=100, b=100),
        )
plt.fill_between(np.linspace(0, 1, 200),
                stats.beta.pdf(np.linspace(0, 1, 200), a=100, b=100),
                alpha=.15,
                )

# LEGEND
plt.text(x=0.1, y=1.45, s=r"$ \alpha = 1, \beta = 1$", alpha=.75, weight="bold", \
        color="#008fd5")
plt.text(x=0.325, y=3.5, s=r"$ \alpha = 10, \beta = 10$", rotation=35, alpha=.75, \
        weight="bold", color="#fc4f30")
plt.text(x=0.4125, y=8, s=r"$ \alpha = 100, \beta = 100$", rotation=80, alpha=.75,
```

```
\

        weight="bold", color="#e5ae38")

# TICKS
plt.tick_params(axis = 'both', which = 'major', labelsize = 18)
plt.axhline(y = 0, color = 'black', linewidth = 1.3, alpha = .7)

# TITLE, SUBTITLE & FOOTER
plt.text(x = -.1, y = 13.75, s = \
        r"Beta Distribution - constant $\frac{\alpha}{\beta}$, varying $\alpha + \
beta$",

                fontsize = 26, weight = 'bold', alpha = .75)
plt.text(x = -.1, y = 12,
        s = 'Depicted below are three beta distributed random variables with ' \
+ r'equal $\frac{\alpha}{\beta} $ and varying $\alpha+\beta$'+ \
'.\nAs one can see the sum of ' + \
        r'$\alpha + \beta$ (mainly) sharpens the distribution (the bigger the
sharper).',

                fontsize = 19, alpha = .85);
```

上述代码调用 NumPy 的 linspace 函数产生 x 坐标序列，调用 Beta 对象的 pdf 方法，分别以 $a=b=1$、$a=b=10$、$a=b=100$ 计算概率密度值作为 y 坐标序列，调用 pyplot 模块的 plot 函数根据 x、y 坐标序列绘制曲线图，调用 pyplot 的 fill_between 函数进行曲线图纵向填充。其余代码部分，请参照上文说明。打开 Jupyter Notebook，创建新的 Python 代码文档，输入以上代码并运行。

【运行结果】

如图 9-24 所示。

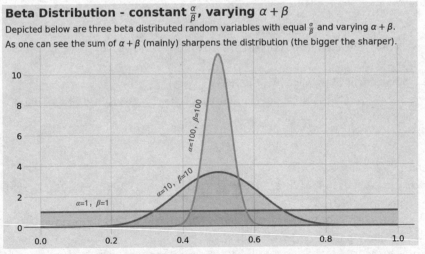

图 9-24 α 和 β 参数相等时的 Beta 分布

图 9-24 分别显示了几组 α 和 β 等值时的 Beta 分布。从图中可以看出，当 α 和 β 值相等时，Beta 分布图形是左右对称的；当 $\alpha = \beta = 1$ 时，Beta 分布表现为均匀分布；当 α 和 β 大于 1 时，Beta 分布表现为凸曲线，且随着 α 和 β 值的逐渐增加，峰值越来越大，曲线越来越陡。

6. 参数 α 与 β（对应函数库中的 a 和 b 参数）的和不变时的 Beta 分布

【**例 9.33**】画出参数 α 与 β 的和保持不变、α 与 β 的比值不断变化时的 Beta 分布图形。

【**代码如下**】

```python
#9-33.py

# IMPORTS
import numpy as np
import scipy.stats as stats
import matplotlib.pyplot as plt
import matplotlib.style as style
from IPython.core.display import HTML

# PLOTTING CONFIG
%matplotlib inline
style.use('fivethirtyeight')
plt.rcParams["figure.figsize"] = (14, 7)

plt.figure(dpi=100)

# A / B = 1/3
plt.plot(np.linspace(0, 1, 200),
         stats.beta.pdf(np.linspace(0, 1, 200), a=25, b=75),
        )
plt.fill_between(np.linspace(0, 1, 200),
                 stats.beta.pdf(np.linspace(0, 1, 200), a=25, b=75),
                 alpha=.15,
                )

# A / B = 1
plt.plot(np.linspace(0, 1, 200),
         stats.beta.pdf(np.linspace(0, 1, 200), a=50, b=50),
        )
plt.fill_between(np.linspace(0, 1, 200),
                 stats.beta.pdf(np.linspace(0, 1, 200), a=50, b=50),
                 alpha=.15,
                )

# A / B = 3
plt.plot(np.linspace(0, 1, 200),
         stats.beta.pdf(np.linspace(0, 1, 200), a=75, b=25),
```

```
            )
    plt.fill_between(np.linspace(0, 1, 200),
                     stats.beta.pdf(np.linspace(0, 1, 200), a=75, b=25),
                     alpha=.15,
                     )


    # LEGEND
    plt.text(x=0.15, y=5, s=r"$ \alpha = 25, \beta = 75$", rotation=80, alpha=.75, \
             weight="bold", color="#008fd5")
    plt.text(x=0.39, y=5, s=r"$ \alpha = 50, \beta = 50$", rotation=80, alpha=.75, \
             weight="bold", color="#fc4f30")
    plt.text(x=0.65, y=5, s=r"$ \alpha = 75, \beta = 25$", rotation=80, alpha=.75, \
             weight="bold", color="#e5ae38")



    # TICKS
    plt.tick_params(axis = 'both', which = 'major', labelsize = 18)
    plt.axhline(y = 0, color = 'black', linewidth = 1.3, alpha = .7)


    # TITLE, SUBTITLE & FOOTER
    plt.text(x = -.1, y = 11.75, s = \
             r"Beta Distribution - constant $\alpha + \beta$, varying $\frac{\alpha}{\
    beta}$",
                 fontsize = 26, weight = 'bold', alpha = .75)
    plt.text(x = -.1, y = 10,
             s = 'Depicted below are three beta distributed random variables with '+ \
             r'equal $\alpha+\beta$ and varying $\frac{\alpha}{\beta} $'+ \
             '.\nAs one can see the fraction of ' + \
             r'$\frac{\alpha}{\beta} $ (mainly) shifts the distribution ' + \
             r'($\alpha$ towards 1, $\beta$ towards 0).',
             fontsize = 19, alpha = .85);
```

上述代码调用 NumPy 的 linspace 函数产生 x 坐标序列，调用 Beta 对象的 pdf 方法，在 $a + b =$ 100 时，分别以 $\frac{a}{b} = \frac{1}{3}$、$\frac{a}{b} = 1$、$\frac{a}{b} = 3$ 情况下的 a、b 作为参数，计算 Beta 分布概率密度值作为 y 坐标序列；调用 pyplot 模块的 plot 函数根据 x、y 坐标序列绘制曲线图；调用 pyplot 的 fill_between 函数进行曲线图纵向填充。其余代码部分，请参照上文说明。打开 Jupyter Notebook，创建新的 Python 代码文档，输入以上代码并运行。

【运行结果】

如图 9-25 所示。

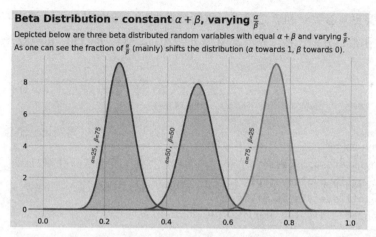

图 9-25 α 与 β 参数的和不变时的 Beta 分布

【结果说明】

图 9-25 分别显示了 α 和 β 和不变时几组 α、β 值对应的 Beta 分布。从图中可以看出，当 α 和 β 值相等时，Beta 分布图形左右对称并居中；当 α < β 时，曲线峰值左移；当 α > β 时，曲线峰值右移。

 综合实例——估算棒球运动员的击中率

棒球运动中有一个棒球击中率（batting average）指标，就是用一个运动员击中的球数除以击球的总数。棒球击中率应该在 0.215~0.36，一般认为 0.266 是正常水平的击中率，如果击球率高达 0.3 就被认为是非常优秀。现在有一个棒球运动员，如何预测他在这一赛季中的棒球击中率？

分析： 对这个例子，最直接的计算方法，就是用当前赛季击中的次数除以击球数，但是如果这个棒球运动员在当前赛季只打了一次，而且还命中了，这样算来击中率就是 100% 了，这显然是不合理的，因为根据棒球的历史信息，我们知道击中率应该为 0.215~0.36。

在这个问题中，棒球击中率显然应该作为一个概率来对待，那这个问题就是对概率的概率分布的一种估算。由上文可知，Beta 分布的定义域是 [0,1]，这相当于击中率的范围，可以用 Beta 分布来估算这个运动员的击中率。假设在观察这个运动员本赛季打球之前，统计过他以前比赛的击中率和击球的总次数，例如击中率大概是 0.21~0.33，击球总次数在 300 次左右。接下来将这些先验信息转换为 Beta 分布的参数，根据击中率范围，求出他击中率应该是 0.27 左右。可以取 α = 300 × 0.27+1=81+1=82，β =300-300 × 0.27+1=219+1=220，分别表示击中了 81 次，未击中 219 次。

根据 Beta 分布，可以算出击中率的概率分布。如果本赛季参加比赛又击中了两次，并且没有漏球，在这种情况下，是否需要对之前的概率分布进行重新计算呢？如果本赛季，一共击球 300 次，击中 100 次，未击中 200 次，那此时的击中率又如何估算呢？这实际上又是计算后验概率，对于

Beta 分布，只需要更新参数 α 和 β 之后进行重新计算即可。下面用 Python 调用 NumPy、SciPy 和 Matplotlib 的有关函数，分别计算、显示 $\alpha=82$，$\beta=220$；$\alpha=84$，$\beta=220$；$\alpha=182$，$\beta=420$ 时的 Beta 分布图形。

【代码如下】

```python
#9-34.py
# IMPORTS
import numpy as np
import scipy.stats as stats
import matplotlib.pyplot as plt
import matplotlib.style as style
from IPython.core.display import HTML


# PLOTTING CONFIG
%matplotlib inline
#style.use('fivethirtyeight')
plt.rcParams["figure.figsize"] = (14, 7)


plt.figure(dpi=100)


# PDF
plt.plot(np.linspace(0, 1, 500),
         stats.beta.pdf(np.linspace(0, 1, 500),a=82,b=220),label='a=82,b=220', \
         linewidth=1
         )


plt.plot(np.linspace(0, 1, 500),
         stats.beta.pdf(np.linspace(0, 1, 500),a=84,b=220),label='a=84,b=220', \
         linewidth=2, linestyle='dashed'
         )


plt.plot(np.linspace(0, 1, 500),
         stats.beta.pdf(np.linspace(0, 1, 500),a=182,b=420),label='a=182,b=420', \
         linewidth=3
         )


#AXISES LABEL
plt.xlabel('X',size=20)
plt.ylabel('Density of Beta',size=20)
# TICKS
plt.tick_params(axis = 'both', which = 'major', labelsize = 18)
plt.xticks(np.linspace(0,1,11))


#SHOWING TEXT IN CANVAS
```

```
plt.legend()

plt.show()
```

在上述代码中，调用 NumPy 的 linspace 函数产生 x 坐标序列，将其传给 stats.beta 对象的 pdf 方法，产生 Beta 分布的 y 坐标序列，将 x、y 坐标传给 pyplot 的 plot 函数，分别绘制不同 α、β 参数的 Beta 分布的概率密度函数曲线。绘图时，通过 pyplot 的 legend 函数显示在图形区域输出的 Label 信息。

打开 Jupyter Notebook，创建新的 Python 代码文档，输入以上代码，运行后的输出结果如下图所示。

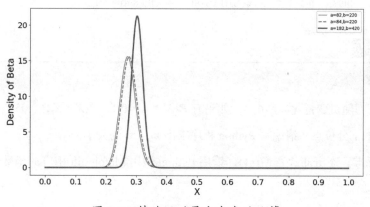

图 9-26 棒球运动员击中率的估算

图 9-26 显示了 3 条不同的 Beta 分布概率密度函数曲线。根据历史信息，α =82，β =220 时，击中率的分布主要集中在 0.2~0.36；在本赛季击中次数增加 2 次，即 α =84，β =220 时，图形峰值略有右移，表示击中率略有提升；当本赛季击球 300 次，击中 100 次，击中频率 =0.333，远高于历史平均击中率 0.27 时，即 α =182，β =420，图形明显右移，表示击中率提高的概率大幅增加。

9.8 高手点拨

IPython 是一个 Python 的交互式 shell，为交互式计算提供了一个丰富的架构，包括交互式 shell、Jupyter 内核、交互式数据可视化工具、灵活可嵌入的解释器、高性能的并行计算工具等。IPython 最新的独立版本是 IPython 3 系列，包含了 Notebook 服务器和 qtconsole 交互式环境。语言无关性逐渐成为 IPython 的一种趋势，为了保持 IPython 的功能专一，在新版本的 IPython 中，一些语言无关的组件，如 Notebook 格式、消息协议、qtconsole、Notebook Web 应用等都移到了 Jupyter 项目中，而 IPython 则重点关注交互式 Python，这也是 Jupyter 的核心部分之一。

Jupyter Notebook 早期称为 IPython Notebook，是一个基于 IPython 的交互式的 Python 编辑和

解释环境，以 Web 应用程序的形式创建和共享程序文档，支持实时代码执行、数学方程、可视化等操作。因为其代码演示便捷并具有实时执行功能，目前 Jupyter Notebook 已经支持 40 多种编程语言。本书将 Jupyter 作为一种重要的 Python 代码编辑和执行环境。

在 Jupyter 中，通过 "% 指令" 的形式可以执行一些 IPython 的 magic 指令，实现强大的功能，例如在交互式环境下，可以通过 "%Matplotlib" 对图形显示进行控制。具体而言，在使用 Jupyter Notebook 或 qtconsole 调用 Matplotlib.pyplot 的 plot() 函数进行绘图，或者生成一个 figure 画布的时候，需要直接在交互文档中显示图形，可以在代码前面加入以下语句。

```
%matplotlib inline
```

如果要在 Python IDE 环境下（如 PyCharm、Spyder 等）编译运行 Python 代码，则需要在代码中去掉上述语句，同时绘图时还要显式调用 pyplot 模块的 show 函数，显示当前图形。

9.9 习题

（1）已知正态随机变量 $X \sim N(0,1)$，如果有 $P\{X < x_1\}=0.1$，$P\{X < x_2\}=0.05$，对应的 x_1、x_2 分别称为正态分布的下分位点，请编写 Python 程序求出 x_1、x_2 的大小。

（2）对于标准正态分布 $X \sim N(0,1)$，请用 Python 调用 Matplotlib 相应的函数，绘制正态曲线及下 0.05 分位点。

第 10 章

数据的空间变换——核函数变换

核函数是机器学习算法中一个重要的概念。机器学习的很多情况中，样本在低维空间是非线性可分的，但在高维空间是线性可分的，因此，通过数据的空间变换，将原低维输入空间的样本数据通过映射函数转变为高维（也可以是无穷维）特征空间的数据，进而实现线性可分。但是在很多算法中，如 SVM、KNN、线性回归和聚类等，需要计算特征空间中数据之间的内积，当将低维数据映射到高维数据时，求解内积运算的计算量将变得很大，而且计算非常困难。因此，通过引入核函数实现在低维空间获得高维空间的计算结果，既避免了直接在高维空间中的复杂计算，又达到了高维运算的效果。本章首先引入核函数，介绍其思想，然后列举出常见的核函数，最后介绍核函数在 SVM 中的应用。

本章主要涉及的知识点

◆ 相关知识简介

◆ 核函数的引入

◆ 核函数实例

◆ 常用核函数

◆ 核函数的选择

◆ SVM 原理

◆ 非线性 SVM 与核函数的引入

10.1 相关知识简介

本节主要介绍使用核函数时需要掌握的知识。

10.1.1 超平面

在几何中，超平面（Hyper Plane）的本质是自由度比所在空间的维度小 1。自由度的概念可以简单地理解为至少要给定多少个分量的值才能确定一个点。例如，二维空间中（超）平面只要给定 (x, y) 中任意一个分量 x 或 y，就可以确定剩下一个分量的值，其中先确定值的分量是自由的，剩下的那个是"不自由的"，它的值由先确定值的分量确定。因此，在二维空间中超平面为一条直线，自由度是 1；一维空间中超平面为数轴上的一个点，自由度为 0；三维空间中超平面为二维平面，自由度为 2；n 维空间中超平面的自由度为 $n-1$。

n 维空间中超平面方程表示为 $w \cdot x + b = 0$，其中 w 与 x 是 n 维列向量，$w = [w_1, w_2, \cdots, w_n]^T$，$x = [x_1, x_2, \cdots, x_n]^T$。$w$ 既可以看作超平面的法向量，也可以看作是参数，决定了超平面的方向；x 为超平面上的点；b 是一个实数，代表超平面到原点的距离。式中 $w \cdot x$ 代表向量 w 与 x 的点积，结果为一标量。向量的内积可以转换为矩阵的乘积，所以 $w \cdot x = w^T x$，w^T 表示 w 的转置。

例如： 在二维空间中，x 不是二维坐标系中的横轴，而是样本的向量表示，一个样本点的坐标是 $(3, 8)$，则 $x = [3, 8]^T$，而不是 $x = 3$。

二维空间的超平面是直线，其一般式为：$a_1 x + a_2 y + b = 0$，x 和 y 分别为在这条直线上的点对应的横坐标和纵坐标，转换为向量 x，为了避免混淆，将直线中的 x, y 改为 x_1, x_2，可以记 $x = [x_1, x_2]^T$，该直线就可以表示为：$w \cdot x + b = 0$，其中 $w = [a_1, a_2]^T$。

同理对于三维空间的超平面可以表示为：$w \cdot x + b = 0$，其中 $w = [a_1, a_2, a_3]^T$，$x = [x_1, x_2, x_3]^T$。

超平面将空间划分为 3 部分，即超平面本身、超平面上部、超平面下部。一般设超平面上部为 $w \cdot x + b > 0$，超平面下部为 $w \cdot x + b < 0$，根据样本是在超平面的上部或下部实现分类。

将用于分类的超平面称为分类超平面。超平面方程中的 w 和 b 是参数，需要经过学习确定，之后将测试数据 x 代入 $w \cdot x + b$ 得到值，依据与 0 的关系，预测 x 属于哪一类超平面。

10.1.2 线性分类

简单地说，若用一个分类超平面可以将两类样本完全分开，则称这些样本是"线性可分"的，否则称为非线性可分的。显然图 10-1、图 10-2 是线性可分的。直线无法将图 10-3 分类，虽然椭圆可将其分类，但椭圆在二维空间内不是分类超平面，故图 10-3 是非线性可分的。

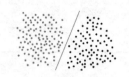 

图 10-1 二维空间线性可分实例　图 10-2 三维空间线性可分实例　图 10-3 二维空间非线性可分实例

10.1.3 升维

升维，就是把样本从原输入低维空间向高维特征空间作映射，使得数据的维度增大。升维可以用来解决低维空间非线性可分的问题。

图 10-4 的左图是一个一维数据分布图，正方形点和圆点分别表示两类数据，用一条直线无法将两类数据分开。将原来一维空间中的点升维到二维空间中，将 x 点变为向量 $\boldsymbol{x}'=[x, x^2]^T$，对应图 10-4 的右图，在二维空间中，数据已经变成线性可分，可以用 $\boldsymbol{w} \cdot \boldsymbol{x}'+b=0$ 表示。

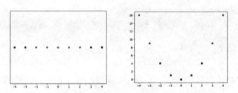

图 10-4 一维空间的点升维到二维

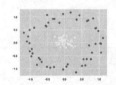 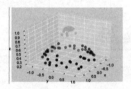

图 10-5 二维空间的点升维到三维

图 10-5 的左图在二维空间中的点 $x = (x_1, x_2)$ 不能用一条直线来分类，分类的边界是一个椭圆（非线性的），不能用 $\boldsymbol{w} \cdot \boldsymbol{x}+b=0$ 表示。但是在点没变的前提下，将数据转换到右图的三维空间，便可使用一个线性超平面进行分割，对应的分类面为 $\boldsymbol{w} \cdot \boldsymbol{x}+b=0$，其中 $\boldsymbol{w} = [a_1, a_2, a_3]^T$，$\boldsymbol{x} = [x_1, x_2, x_3]^T$，$(x_1, x_2)$ 可以看作原二维空间中点的坐标，x_3 则是将 x_1 和 x_2 通过某种映射函数得到的。显然在三维空间作线性分类使用分类超平面时，需要找到由低维（二维）数据 $[x_1, x_2]^T$ 到高维（三维）数据 $[x_1, x_2, x_3]^T$ 的映射方法。

再如，只知道一个人的年龄、性别，如果要对他有更多的了解，那么需要了解更多的信息，如从出生开始做过的事情等，这就是一个从低维到高维的转换。一般而言，对于一个样本而言，可以利用的信息越多，机器学习的效果越好。

非线性可分问题通过升维，找到合适的映射函数将低维的向量 $\boldsymbol{x}$ 变化为高维的向量 $\boldsymbol{x}'$，然后在高维空间中，求向量 $\boldsymbol{x}'$ 与向量 $\boldsymbol{w}$ 的内积，再与 b 相加，得到分类超平面及线性模型，从而进行分类或回归，使低维输入空间非线性可分问题变为高维特征空间的线性可分。

10.2 核函数的引入

核函数在机器学习算法中进行非线性改进的主要思路如下。

（1）对于低维空间非线性可分的样例，可以将样例特征映射到高维空间（也可以是无穷维）中，即"升维"，以此达到高维空间线性分类的目的。其中关键的部分在于找到低维到高维的非线性映射函数 $f(x)$，确定参数和高维特征空间维数等问题，实现低维数据到高维数据的映射。

（2）非线性可分的样例映射到高维空间后，需要计算高维空间中数据之间的内积，计算量大且计算非常困难，甚至会引起"维数灾难"，这些问题可以应用核函数解决。

（3）核函数是对低维数据的计算，其计算结果与高维数据的内积运算结果相同，从而不需要再选取映射函数。用核函数代替高维数据的内积，避免了直接在高维空间中进行复杂计算。

> **提示** 核函数和映射没有关系。核函数只是用来避免在高维空间的数据之间进行内积运算的一种简便方法。

在诸如 SVM、KNN、线性回归和聚类等很多算法中，需要计算特征空间中数据之间的内积时，都可以使用核函数，本章主要介绍核函数在 SVM 中的应用。

 10.3 核函数实例

核函数有严格的数学要求，凡满足 Mercer 定理的都可以作为核函数。Mercer 定理确保高维空间任意两个向量的内积一定可以被低维空间中两个向量的某种计算表示（多数时候是内积的某种变换）。本节通过一个例子讲解核函数的使用。

10.3.1 核函数定义

设 χ 是输入空间（欧氏空间或离散集合），H 为特征空间（希尔伯特空间），若存在一个从 χ 到 H 的映射，$f(x):\chi \to H$，使得对所有的 $x, y \in \chi$，函数 $K(x, y) = f(x) \cdot f(y)$，则称 $K(x, y)$ 为核函数，$f(x) \cdot f(y)$ 为向量 x, y 映射到特征空间上的向量之间的内积。

10.3.2 实例

【例 10.1】设 $f(z)$ 定义为将三维的数据 $z = [z_1, z_2, z_3]$ 映射为九维的数据，$f(z) = [z_1 z_1, z_1 z_2, z_1 z_3, z_2 z_1, z_2 z_2, z_2 z_3, z_3 z_1, z_3 z_2, z_3 z_3]$，现有两个样例 $x = [1, 2, 3]$，$y = [4, 5, 6]$，计算 $f(x)$ 与 $f(y)$ 的内积。

解: 由 $f(z)$ 的定义知:

$f(x) = [1,2,3,2,4,6,3,6,9]$ 。

$f(y) = [16,20,24,20,25,30,24,30,36]$ 。

$f(x) \cdot f(y) = 16+40+72+40+100+180+72+180+324 = 1024$ 。

$(x \cdot y)^2 = (4+10+18)^2 = 1024 = f(x) \cdot f(y)$ 。为描述方便，记 $(x \cdot y)^2$ 为 $K(x,y)$ 。

显然 $f(x) \cdot f(y)$ 和 $K(x,y)$ 的计算结果相同，区别在于 $f(x) \cdot f(y)$ 是先将 x 和 y 映射到高维空间中，然后再根据内积的公式进行计算，而 $K(x,y)$ 直接在原来的低维空间中进行计算，不需要显式求出 $f(x)$ 映射后的结果。两者相比，核函数的计算量要比映射函数小，维数越大，效率区分越大。因此，在算法中遇到求映射后的 $f(x)$ 和 $f(y)$ 的内积 $f(x) \cdot f(y)$ 时可以直接使用 $K(x,y)$ 代替，不需要显式计算每一个 $f(x)$ ，甚至不需要知道 $f(x)$ 是如何定义的。

10.3.3 核函数特点

核函数方法的广泛应用，与其特点是分不开的。核函数特点如下。

（1）核函数是在原空间进行计算，既避免了"维数灾难"，又大大减小了计算量，因此，核函数方法可以有效处理高维输入。

（2）无须知道变换函数 $f(x)$ 的形式和参数。

（3）核函数的形式和参数的变化会改变从输入空间到特征空间的映射，进而对特征空间的性质产生影响，最终改变核函数方法的性能。

（4）核函数方法可以和不同的算法相结合，形成多种不同的基于核函数计算的方法，且这两部分的设计可以单独进行，并可为不同的应用选择不同的核函数和算法。

 10.4 **常用核函数**

本节主要介绍 3 种常用的核函数，线性核函数、多项式核函数和高斯径向基核函数。本节内容中 x 和 y 代表 n 维向量，$x \cdot y$ 代表向量的内积。

10.4.1 线性核函数

线性核函数是最简单的核函数，对应的公式为 $K(x,y)=x \cdot y$ 。显见，此时的映射函数 $f(z)=z$ 。

线性核函数可以直接使用，主要用于线性可分的情形。线性核函数的特征空间与输入空间的维度是一样的，对数据不作任何变换，不需要设置任何参数，通常首先尝试用线性核函数作分类，如果效果不理想，再改换别的核函数。

10.4.2 多项式核函数

多项式核函数也是一种很常见的核函数，对应的公式如下。

$$K(\boldsymbol{x},\boldsymbol{y})=[\gamma(\boldsymbol{x}\cdot\boldsymbol{y})+c]^d \qquad (10\text{-}1)$$

公式（10-1）中，有 γ,d,c 共 3 个参数，γ 表示对内积 $(\boldsymbol{x}\cdot\boldsymbol{y})$ 进行放缩，$\gamma>0$，且一般等于 1/ 类别数。c 代表常数项，取值范围为 $c\geqslant 0$，当 $c>0$ 时，称为非齐次多项式；当 $c=0$ 时，称为齐次多项式。d 为整数，代表项式的阶次，一般设 $d=2$。升维的维度随 d 的增大而指数倍增长，计算量也随之增大。d 取值过大，学习的复杂性也会过高，容易出现过拟合的现象。参数 $d=1$，$\gamma=1$，$c=0$ 时，$K(\boldsymbol{x},\boldsymbol{y})$ 是线性核函数。

常使用的多项式核函数公式如下。

$$K(\boldsymbol{x},\boldsymbol{y})=[\gamma(\boldsymbol{x}\cdot\boldsymbol{y})+1]^2$$

下面以 $K(\boldsymbol{x},\boldsymbol{y})=[(\boldsymbol{x}\cdot\boldsymbol{y})+1]^2$ 为例，说明相应的映射函数从低维数据到高维数据的转换。

设 $\boldsymbol{x}$ 和 $\boldsymbol{y}$ 为 n 维向量，$\boldsymbol{x}_i,\boldsymbol{y}_i$ 分别对应向量 $\boldsymbol{x}$ 和 $\boldsymbol{y}$ 的第 i 个分量。

因为，$K(\boldsymbol{x},\boldsymbol{y})=\left[(\boldsymbol{x}\cdot\boldsymbol{y})+1\right]^2=\left(\sum_{i=1}^{n}\boldsymbol{x}_i\boldsymbol{y}_i+1\right)^2$

$$=\sum_{i=1}^{n}\boldsymbol{x}_i^2\boldsymbol{y}_i^2+\sum_{i=2}^{n}\sum_{j=1}^{i-1}\left(\sqrt{2}\boldsymbol{x}_i\boldsymbol{x}_j\right)\left(\sqrt{2}\boldsymbol{y}_i\boldsymbol{y}_j\right)+\sum_{i=1}^{n}\left(\sqrt{2}\boldsymbol{x}_i\right)\left(\sqrt{2}\boldsymbol{y}_i\right)+1,$$

所以，设 $f(\boldsymbol{z})=\left[z_n^2,z_{n-1}^2,\cdots,z_1^2,\sqrt{2}z_nz_{n-1},\cdots,\sqrt{2}z_2z_1,\sqrt{2}z_n,\sqrt{2}z_{n-1},\cdots,\sqrt{2}z_1,1\right]$，

可以验证 $K(\boldsymbol{x},\boldsymbol{y})=f(\boldsymbol{x})\cdot f(\boldsymbol{y})$。

设向量 $\boldsymbol{X}=[1,2,3,4]$，$\boldsymbol{Y}=[5,6,7,8]$，原输入空间的维度为 4，通过映射后特征维度将达到 15。

下面通过 Python 程序验证 $K(\boldsymbol{x},\boldsymbol{y})=f(\boldsymbol{x})\cdot f(\boldsymbol{y})$。

【代码如下】

```python
import numpy as np
# 映射函数
def f(Z):
    Z1=Z**2
    Z_shape=np.shape(Z)[1]-1
    Z0=[]
    for i in range(Z_shape,0,-1):
        for j in range(i-1,-1,-1):
            xy=Z[0,i]*Z[0,j]*2**0.5
            Z0.append(xy)
    Z2=np.array(Z0).reshape(1,-1)
    Z3=Z*2**0.5
    return np.hstack((Z1,Z2,Z3,[[1]]))
X=np.array([[1,2,3,4]])          # 四维行向量
Y=np.array([[5,6,7,8]])
```

```
# 使用多项式核函数计算
XY_poly = (X.dot(Y.T)+1)**2
print("使用多项式核函数计算的结果: ",XY_poly)
# 使用映射计算
X1=f(X)
Y1=f(Y)
print("使用映射计算的结果: ",X1.dot(Y1.T))
print("输出 X 的映射值: \n",X1)
print("输出 Y 的映射值: \n",Y1)
print("原输入空间的维度: ",np.shape(X)[1])
print("映射后特征空间的维度: ",np.shape(X1)[1])
```

【运行结果】

```
使用多项式核函数计算的结果: [[5041]]
使用映射计算的结果: [[5041.]]
输出 X 的映射值:
[[ 1.          4.          9.          16.         16.97056275 11.3137085
   5.65685425  8.48528137  4.24264069  2.82842712  1.41421356  2.82842712
   4.24264069  5.65685425  1.                    ]]
输出 Y 的映射值:
[[25.         36.         49.         64.         79.19595949 67.88225099
  56.56854249 59.39696962 49.49747468 42.42640687  7.07106781  8.48528137
   9.89949494 11.3137085   1.                    ]]
原输入空间的维度: 4
映射后特征空间的维度: 15
```

【结果说明】

结果显示,多项式核函数得到的结果与映射后的内积相同,但是计算量和存储空间明显减少。

10.4.3 高斯径向基核函数

高斯径向基核函数是应用最为广泛的一种核函数,对应的公式如下。

$$K(x,y)=e^{\left(-\frac{\|x-y\|^2}{2\sigma^2}\right)}$$

$\sigma>0$ 称为核半径,是用户定义的用于确定到达率或者说函数值跌落到 0 的速度参数。若 x 和 y 很相近,则核函数值为 1;x 和 y 相差很大,则核函数值约为 0。由于这个函数类似于高斯分布,因此被称为高斯核函数,也叫径向基函数(Radial Basis Function,RBF)。RBF 是指数形式,展开就是无穷多的多项式,所以 RBF 可以将原始特征数据映射到无穷维。该核函数对于大样本和小样本均有较好的性能,比多项式核函数参数要少。

【例 10-2】以 $K(x,y)=e^{\left(-\|x-y\|^2\right)}$ 为例,说明映射函数映射之后是无穷维的。

设 x 和 y 为 n 维向量,因为

$$K(x, y) = e^{\left(-\|x-y\|^2\right)}$$

$$= e^{-(x^2+y^2-2x\cdot y)}$$

$$= e^{-x^2}e^{-y^2}e^{2x\cdot y} \quad (\text{借助} e^{2x\cdot y} \text{的泰勒展开式得到})$$

$$= e^{-x^2}e^{-y^2}\left[\sum_{i=0}^{\infty}\frac{(2x\cdot y)^i}{i!}\right]$$

$$= e^{-x^2}e^{-y^2}\left[1+\frac{(2x\cdot y)^1}{1!}+\frac{(2x\cdot y)^2}{2!}+\frac{(2x\cdot y)^3}{3!}+\cdots\right]$$

此公式中，括号内每一项都是多项式核函数，所以 RBF 对应的映射函数映射之后是无穷维的。

10.4.4 核函数的实现

设 X 和 Y 是列向量，以下为实现 3 个核函数的代码。

【代码如下】

```
import numpy as np
#线性核函数
def linear(X, Y):
    K= X.T.dot(Y)
    return K
#RBF
def gaussian (X,Y, sigma):#X 和 Y 为数据，sigma 为参数
    K= np.exp(-np.linalg.norm(X-Y)**2 / (2 * sigma**2))
    return K
# 多项式核函数
def poly(X, Y, gamma,c,degree): # 通过数据计算转换后的核函数
    K = X.T.dot(Y)
    K= (gamma*K + c)**degree
    return K
```

10.5 核函数的选择

选择核函数包括两部分工作：一是确定核函数，二是确定核函数类型后相关参数的选择。根据具体的数据选择恰当的核函数是机器学习应用领域中的一个重大难题，也是科研工作者所关注的焦点。

在实际问题中选择核函数，采用的方法如下。

一是根据先验知识预先选定核函数，针对特征向量类型选用核函数。

（1）线性核函数：主要用于线性可分的情形。参数少，速度快，对于一般数据，分类效果已

经很理想了，适用于维数很大、样本数量差不多的数据集。当维数较少，样本数量很多，可以手动添加一些维数，再使用线性核函数。

（2）高斯径向基核函数：使用范围较广，是 SVM 的默认核函数，适用于维数较低和样本数量一般的数据集，主要用于非线性可分的情形。

（3）多项式核函数：非常适合用于图像处理，可调节参数（可通过交叉验证或枚举法获得）获得好的结果。

二是采用交叉验证（Cross-Validation）方法，在选取核函数时，分别试用不同的核函数，通过仿真实验，在相同数据条件下对比分析，归纳误差最小的核函数就是最好的核函数。

三是采用由 Smits 等人提出的混合核函数方法，其基本思想是将不同的核函数结合起来后有更好的特性。该方法是目前选取核函数的主流方法，也是关于如何构造核函数的又一开创性的方法。

10.6　SVM 原理

支持向量机 (Support Vector Machine，SVM)，是科尔特斯和万普尼克于 1995 年首先提出的，它在解决小样本、非线性及高维模式识别中具有许多特有的优势，并能够推广应用到函数拟合等其他机器学习问题中。

SVM 源于统计学理论，基于 VC 维理论和结构风险最小原理，根据有限的样本信息在模型的复杂性（即对特定训练样本的学习精度）和学习能力（即无错误地识别任意样本的能力）之间寻求最佳折中，以期获得最好的推广能力（或称泛化能力）。统计机器学习能够精确地给出学习效果以及解答需要的样本数等一系列问题。所谓 VC 维是对函数类的一种度量，可以简单地理解为问题的复杂程度。VC 维越高，问题越复杂。

SVM 的基本模型是二类分类模型，属于有监督学习，是在特征空间中找出一个超平面作为分类边界，对数据进行正确分类，且使每一类样本中距离分类边界最近的样本到分类边界的距离尽可能远，使分类误差最小化。

本节介绍 SVM 的基本概念和相关的数学推理。

10.6.1 SVM 的相关概念

在介绍 SVM 之前，先解释几个概念。

1. 最优分类超平面

分类超平面方程中的参数有无穷多解，对应的超平面很多，但是，为使分类超平面所产生的分类结果是最棒的，对未知样本的泛化能力最强，且解是唯一的，就需要研究"最优分类超平面"。最优分类超平面应该同时具备以下两个条件。

（1）最近距离最远

在两类样本中，每类都有距离超平面最近的样本，而"最优的"超平面是使这两类最近的样本到该超平面的距离（间隔）尽可能远。

（2）等距

等距是指离超平面最近的两类样本到超平面的距离是相等的。

最优分类超平面是在所有分类超平面中分类效果最好的，对于样本空间中的数据，这个超平面能够准确地把样本分开且不存在错误分类，空间中最靠近分类超平面的点到超平面的距离是相等且最大的。

图 10-6 和图 10-7 二维空间中的数据集中有相同的两类样本，分别用"×"和"▲"加以区别，很明显，该数据集是线性可分的，即存在分类超平面（直线）把这两类样本分开，分类超平面（图中的实线）很多，但是只有图 10-7 的分类超平面满足上述两个条件，实线对应的是最优分类超平面。

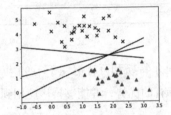
图 10-6 二维空间的分类超平面

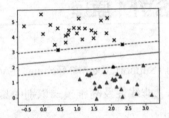
图 10-7 二维空间的最优分类超平面

2. 支持向量机

支持是表示边界支撑的意思，机代表算法。两类样本中，离最优分类超平面最近的点且平行于最优分类超平面的训练样本（向量）就叫作支持向量，它们"撑"起了分类超平面，求支持向量的算法称为支持向量机。在图 10-7 中，"■"对应的样本即是支持向量。

10.6.2 SVM 的分类

（1）当训练样本线性可分时，通过硬间隔最大化学习一个线性分类器，即线性可分 SVM，SVM 得到的超平面就是直线或平面。

（2）当训练数据近似线性可分时，引入松弛变量，通过软间隔最大化学习一个线性分类器，即线性 SVM。

（3）当训练数据是非线性可分时，通过使用核函数及软间隔最大化，学习非线性 SVM。

本章主要讲述线性可分 SVM 和非线性 SVM。

10.6.3 线性可分 SVM 的原理

当训练样本线性可分时，对应的 SVM 为线性可分 SVM。SVM 通过求支持向量到分类超平面的最大距离来确定最优分类超平面，这是一个优化问题，SVM 就是要解这个优化问题（即怎么找到这样"最好的"平面或者曲面）。本节以二维空间（即 $x_i \in \mathbf{R}^2$）的线性可分二分类问题为例，介绍利用 SVM 对所需求解的最优分类超平面进行分类时的参数及分类决策函数。为了推导和计算简便，设最优分类超平面为 H。

原始问题如下。

假设训练数据集为 $\{(x_1,y_1),(x_2,y_2),\cdots,(x_n,y_n)\}$，$(x_i,y_i)$ 称为样本点，$x_i \in \mathbf{R}^m$，$i=1,2,\cdots,n$，x_i 为第 i 个特征向量，也称为实例。y_i 为 x_i 的类标签。$y_i=+1$，称 x_i 为正例；$y_i=-1$，称 x_i 为负例。

1. 分类决策函数

对任意样本 x，其分类标签即分类决策函数 $f(x)$ 如下。

$$f(x)=\text{sign}(w \cdot x + b)$$

$f(x)=1$，判定 x 为正例；$f(x)=-1$，判定 x 为负例。

显见，确定类标签即分类决策函数 $f(x)$ 就是求解 w 和 b 两个参数的过程（但实际上只需要求 w，求得 w 后找某些样本点代入就可以求得 b）。

二维空间中，最优分类超平面 H 即为一条直线，设其对应的公式如下。

$$w \cdot x + b = 0$$

设 x_a 和 x_b 对应 H 上任意两个样本点，对应的公式为 $w \cdot x_a + b = 0$ 和 $w \cdot x_b + b = 0$，可得 $w \cdot (x_a - x_b) = 0$，因为 x_a 和 x_b 是 H 上的两个点，相减后所得向量的方向平行于 H，与 w 相互垂直，所以 w 必垂直于 H，称 w 为超平面的法向量。

为后续计算和推导的方便，设过支持向量且平行于 H 的两条线表示如下。

$$w \cdot x + b = 1$$
$$w \cdot x + b = -1$$

将满足上述两个等式的平面称为间隔超平面。

若 H 能将两类数据完全正确地分开，对于每一个训练样本 x_i，其分类标签 y_i 满足：

$$y_i = \begin{cases} 1, & w \cdot x_i + b \geq 1 \\ -1, & w \cdot x_i + b \leq -1 \end{cases}$$

将上述两个公式合并简写为 $y_i(w \cdot x_i + b) \geq 1$，该公式即是求解参数 w 和 b 时需要满足的约束条件。

2. 分类间隔

将位于平行于 H 的最近的两个不同类的点即支持向量设为 x_i 和 x_j，则支持向量在间隔超平面上分别满足：

$$w \cdot x_i + b = 1$$

$$w \cdot x_j + b = -1$$

将上述公式相减得：$w \cdot (x_i - x_j) = 2$，$(x_i - x_j)$ 表示两个点之间的连线。

分类间隔是点到 H 的距离，x_i 与 H 之间的分类间隔记为 d_1，x_j 与 H 之间的分类间隔记为 d_2，因为支持向量的分类间隔等距，所以 d_1 和 d_2 的值相等。设 d_1 与 d_2 之和记为 d。如图 10-8 所示。

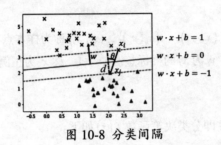

图 10-8 分类间隔

$$d = \|x_i - x_j\| \cos \theta = \frac{w \cdot (x_i - x_j)}{\|w\|} = \frac{2}{\|w\|}$$，其中 $\|w\|$ 叫作向量 w 的范数，即向量长度。

3. SVM 的目标

SVM 的目标是求出最优分类超平面 H，找到支持向量，对分类间隔进行最大化，将两类样本点正确地分开。几何间隔越大的解，它的误差上界越小，分类的确信度（confidence）也越大。因此，最大化分类间隔即训练阶段的目标。

d 为分类间隔的 2 倍，求最大的分类间隔距离，可以通过求解最大的 d 获得。即：

$$\max \frac{2}{\|w\|}$$

$$s.t. \quad y_i(w \cdot x_i + b) \geqslant 1, i = 1, \cdots, n$$

由于求 $\frac{2}{\|w\|}$ 的最大值相当于求 $\frac{1}{2} \|w\|^2$ 的最小值，这里引入平方是为了便于后面的求导，w 由分母变成分子，从而也将原来的 max 问题变为 min 问题，很明显，这两个问题等价，即原问题转化为

$$\min \frac{1}{2} \|w\|^2$$

$$s.t. \quad 1 - y_i(w \cdot x_i + b) \leqslant 0, i = 1, \cdots, n$$

求解满足上式的 w 和 b 就是 SVM 的目标，鉴于求一个函数的最小值（或最大值）可称为寻优问题，所以这是一个凸二次规划问题，可以通过拉格朗日乘子法求解，即给每一个约束条件加上一个拉格朗日乘子 α，将有约束的原始函数转换为无约束的新构造的拉格朗日函数，具体函数如下。

$$L(w, b, a) = \frac{1}{2} \|w\|^2 - \sum_{i=1}^{n} \alpha_i \left[y_i(w \cdot x_i + b) - 1 \right]$$

其中 $\alpha = [\alpha_1, \alpha_2, \cdots, \alpha_n]$，$\alpha_i \geqslant 0$。

因为 SVM 的目标是 $\min \dfrac{1}{2}\|\boldsymbol{w}\|^2$，所以新目标如下。

$$\min_{w,b}\left[\max_{\alpha} L(\boldsymbol{w},b,\boldsymbol{\alpha})\right]=\min_{w,b}\left[\max_{\alpha}\left(\dfrac{1}{2}\|\boldsymbol{w}\|^2-\sum_{i=1}^{n}\alpha_i\left(y_i\left(\boldsymbol{w}\cdot\boldsymbol{x}_i+b\right)-1\right)\right)\right]$$

但是对于上述公式，直接使用求导方式求解仍有困难，所以利用了拉格朗日乘子法的"对偶性"，将原始的"最小最大"问题转化为"最大最小"问题。即将上式转换如下。

$$\max_{\alpha}\left[\min_{w,b} L(\boldsymbol{w},b,\boldsymbol{\alpha})\right]=\max_{\alpha}\left[\min_{w,b}\left(\dfrac{1}{2}\|\boldsymbol{w}\|^2-\sum_{i=1}^{n}\alpha_i\left(y_i\left(\boldsymbol{w}\cdot\boldsymbol{x}_i+b\right)-1\right)\right)\right]$$

该式的含义是先求 L 对 $\boldsymbol{w}$ 和 b 的极小，再求 L 对 α 的极大。

4. 对偶问题求解的 3 个步骤

（1）先求 $\min\limits_{w,b} L(\boldsymbol{w},b,a)$。

将函数 $L(\boldsymbol{w},b,a)$ 分别对 $\boldsymbol{w},b$ 求偏导数，并令 $\dfrac{\partial L}{\partial \boldsymbol{w}}$ 和 $\dfrac{\partial L}{\partial b}$ 等于 0。

$$\dfrac{\partial L}{\partial \boldsymbol{w}}=0\Rightarrow \boldsymbol{w}=\sum_{i=1}^{n}\alpha_i y_i \boldsymbol{x}_i$$

$$\dfrac{\partial L}{\partial b}=0\Rightarrow \sum_{i=1}^{n}\alpha_i y_i=0$$

将以上结果代入之前的公式：

$$L(\boldsymbol{w},b,\boldsymbol{\alpha})=\dfrac{1}{2}\|\boldsymbol{w}\|^2-\sum_{i=1}^{n}\alpha_i\left[y_i\left(\boldsymbol{w}\cdot\boldsymbol{x}_i+b\right)-1\right]$$

得：

$$L(\boldsymbol{w},b,\boldsymbol{\alpha})=\dfrac{1}{2}\sum_{i=1}^{n}\sum_{j=1}^{n}\alpha_i\alpha_j y_i y_j(\boldsymbol{x}_i\cdot\boldsymbol{x}_j)-\sum_{i=1}^{n}\sum_{j=1}^{n}\alpha_i\alpha_j y_i y_j(\boldsymbol{x}_i\cdot\boldsymbol{x}_j)-b\sum_{i=1}^{n}\alpha_i y_i+\sum_{i=1}^{n}\alpha_i$$

化简该式，得到：

$$L(\boldsymbol{w},b,\boldsymbol{\alpha})=\sum_{i=1}^{n}\alpha_i-\dfrac{1}{2}\sum_{i=1}^{n}\sum_{j=1}^{n}\alpha_i\alpha_j y_i y_j(\boldsymbol{x}_i\cdot\boldsymbol{x}_j)$$

显然，经过该步骤，得到的 $L(\boldsymbol{w},b,a)$ 函数已经没有了变量 $\boldsymbol{w},b$，只有 α。

（2）求 α 的极大，即关于对偶问题的最优化问题。

现在内侧的最小值已经求解，需要求解外侧的最大值，由上面公式得到：

$$\max_{\alpha}\left[\min_{w,b} L(\boldsymbol{w},b,\boldsymbol{\alpha})\right]$$

即 $\max\limits_{\alpha}\left\{\sum_{i=1}^{n}\alpha_i-\dfrac{1}{2}\sum_{i=1}^{n}\sum_{j=1}^{n}\alpha_i\alpha_j y_i y_j(\boldsymbol{x}_i\cdot\boldsymbol{x}_j)\right\}$

$$s.t. \quad \begin{array}{l} \alpha_i \geqslant 0, i=1,\cdots,n \\ \sum_{i=1}^{n} \alpha_i y_i = 0 \end{array}$$

α_i 与训练样本 (x_i, y_i) 对应，可以利用 SMO 算法求解对偶问题中的拉格朗日乘子 α。

注意，上述过程需满足 KTT 条件，即要求：

$$\alpha_i \geqslant 0, i=1,\cdots,n$$
$$y_i f(x_i) - 1 \geqslant 0$$
$$\alpha_i \left[y_i f(x_i) - 1 \right] = 0$$

> **提示**
>
> （1）关于 SMO 算法的介绍见 10.9 节。
> （2）对任意训练样本 (x_i, y_i)，总有 $\alpha_i = 0$（此时 $y_i f(x_i) > 1$，是非支持向量）或对应的 $\alpha_i > 0$（此时 $y_i f(x_i) > 1$，是支持向量）。

（3）求 w 和 b。

根据下面公式，求出 w：

$$w = \sum_{i=1}^{n} \alpha_i y_i x_i$$

根据下面公式，求出 b：

选择一个 $\alpha_j > 0$ 对应的 (x_j, y_j)，因为 $y_j(w \cdot x_j + b) - 1 = 0$ 且 $y_j^2 = 1$，得：

$$b = y_j - \sum_{i=1}^{n} \alpha_i y_i (x_i, x_j)$$

> **提示**
>
> 根据 w 和 b 的公式可知，w 和 b 的值依赖对应于 $\alpha_i > 0$ 即 $y_i f(x_i) > 1$ 的样本点，这些样本点是支持向量，其他对应于 $\alpha_i = 0$ 的样本点对 w 和 b 的值没有影响。

根据 w 和 b，代入 $w \cdot x + b = 0$，求出分类超平面：

$$\sum_{i=1}^{n} \alpha_i y_i (x \cdot x_i) + b = 0$$

分类决策函数为

$$f(x) = \text{sign} \left[\sum_{i=1}^{n} a_i y_i (x \cdot x_i) + b \right]$$

> **提示**
>
> 根据分类决策函数 $f(x)$ 对应的公式可知，对应于 $\alpha_i > 0$ 即 $y_i f(x_i) > 1$ 的支持向量对 $f(x)$ 有影响，其他对应于 $\alpha_i = 0$ 的训练样本对 $f(x)$ 没有影响，因此，训练完成后，对 $f(x)$ 而言，只保留支持向量，其他训练样本都不需要保留。

综合前面的内容，有下面的算法。

10.6.4 线性可分 SVM 学习算法和判决过程

1. 线性可分 SVM 学习算法

输入：训练数据集 $\{(x_1, y_1), (x_2, y_2), \cdots, (x_n, y_n)\}$，其中 $x_i \in \mathbf{R}^m$，$y_i \in \{+1, -1\}$，$i = 1, 2, \cdots, n$。

输出：分类超平面和分类决策函数。

算法：

（1）构造并求解凸二次规划问题。

$$\max_{\alpha} \left[\sum_{i=1}^{n} \alpha_i - \frac{1}{2} \sum_{i=1}^{n} \sum_{j=1}^{n} \alpha_i \alpha_j y_i y_j \left(x_i \cdot x_j \right) \right]$$

$$s.t. \quad \begin{aligned} & \alpha_i \geqslant 0, i = 1, \cdots, n \\ & \sum_{i=1}^{n} \alpha_i y_i = 0 \\ & y_i f(x_i) - 1 \geqslant 0 \\ & \alpha_i \left[y_i f(x_i) - 1 \right] = 0 \end{aligned}$$

求得最优解 a^*。

（2）计算最优解 w^* 和 b^*

$$w^* = \sum_{i=1}^{n} \alpha_i y_i x_i 。$$

选择一个 $a_j > 0$ 的 (x_j, y_j)，计算

$$b^* = y_j - \sum_{i=1}^{n} \alpha_i y_i \left(x_j, y_j \right)$$

（3）求得分类超平面：$w^* \cdot x + b = 0$，

分类决策函数为 $f(x) = \mathrm{sign}\left(w^* \cdot x + b^* \right)$。

2. 线性可分 SVM 判决过程

计算出分类决策函数 $f(x)$ 的参数后，对测试数据 x，求出 $f(x)$ 值，$f(x) = 1$，判定 x 为一类；$f(x) = -1$，判定 x 为另一类。

10.6.5 应用 SVM 的一般流程

使用 SVM 时一般流程如下，实际中可以根据数据集的情况做出调整，例如可以省略分析数据这一步。

收集数据：可以使用任意方法。

准备数据：将非数值型数据数值化。

分析数据：有助于可视化分隔超平面。

分离数据：将数据集分为训练集和测试集。

训练算法：对训练集进行训练，建立分类模型，要注意核函数的选取及相关参数的调优。

测试算法：对测试集进行测试，获得测试结果。

结果分析：计算相关的指标。

本章不关注 SVM 的具体实现，直接使用 sklearn 中的 SVM，其主要分为两类，一类是分类算法，包括 SVC、NuSVC 和 LinearSVC；另一类是回归算法，包括 SVR、NuSVR 和 LinearSVR。除此之外，用得比较多的 SVM 模型还有 OneClassSVM 类（主要功能是检测异常点），本章主要使用 SVC 分类算法。

10.6.6 sklearn.svm.SVC 的使用

1. 在 sklearn 中使用 SVC 的基本流程

（1）导入需要的模块。

```
from sklearn.svm import SVC
```
（2）SVC() 函数实例化，SVC() 函数的重要参数见后面内容。

```
model=SVC()   #可以带需要的参数
```
（3）用训练集（如 (x,y)）训练模型。

```
model= model.fit(x,y)
```
（4）调用需要的信息，如获得预测数据集 x 的标签，重要信息见后面内容。

```
label=predict(X)      #预测数据值 X 的标签
```

2.sklearn.svm.SVC 的重要参数

```
sklearn.svm.SVC(C=1.0,kernel='rbf ', degree=3, gamma='auto', coef0=0.0,
shrinking=True, probability=False, tol=0.001, cache_size=200,class_weight=None,
verbose=False, max_iter= —1, decision_function_shape=None, random_state=None)
```
其中主要调节的参数有 C、kernel、degree、gamma、coef0。

C：惩罚系数，代表对误差的惩罚程度，默认值是 1.0。C 越大，说明越不能容忍出现误差，容易过拟合，训练集测试时准确率很高，但泛化能力弱；C 越小，容错率越高，泛化能力较强，但容易欠拟合。C 过大或过小，泛化能力都会变差。

kernel：算法中采用的核函数类型，可以是 linear，poly，rbf，sigmoid，precomputed 或者自定义一个核函数，默认是 rbf，即高斯径向基核函数。linear 是线性核函数，poly 指的是多项式核，sigmoid 指的是双曲正切函数 tanh 核。

degree：该参数只对 kernel='poly' 时有用，表示选择的多项式的最高次数，默认是 3。

gamma：是选择 RBF、poly 和 sigmoid 函数作为 kernel 后自带的参数。隐含决定了数据映射到新的特征空间后的分布，gamma 越大，支持向量越少，可能导致过拟合；gamma 越小，支持向量越多，可能导致欠拟合。支持向量的个数影响训练与预测的速度。默认是 auto，使用特征位数的倒数，即 features 的数量。

coef0：是 kernel='poly' 或 kernel='sigmoid' 设置的核函数常数值。

3.SVC 中的方法

decision_function(X)：获取数据集 X 到分类超平面的距离。

fit(X, y)：在数据集 (X, y) 上使用 SVM 模型。

get_params([deep])：获取模型的参数。

predict(X)：预测数据值 X 的标签。

score(X, y)：返回给定测试集和对应标签的平均准确率。

4.SVC 中的属性 (Attributes)

support_：以数组的形式返回支持向量的索引，即在所有的训练样本中，哪些样本成为支持向量。

support_vectors_：返回支持向量，汇总当前模型所有的支持向量。

n_support_：每个类别支持向量的个数。

dual_coef_：支持向量在决策函数中的系数，在多分类问题中，值会有所不同。

coef：特征系数（重要性），只有核函数是 Linear 的时候可用。

intercept_：核函数中的常数项（截距值），和 coef_ 共同构成核函数的参数值。

10.6.7 线性可分 SVM 的实现

验证线性可分 SVM 可以对线性数据进行分类，并返回相关的值。

问题描述：

给定训练数据集，其正例点是 $x_1 = (4,3)$，$x_2 = (3,3)$，负例点是 $x_3 = (1,1)$，利用 sklearn 中的 SVC 库，求出支持向量机，支持向量机的个数、参数，并对点 $(4,5)$、$(0,0)$ 和 $(1,3)$ 进行预测。

思路：根据上节的 SVM 的流程，完成题目要求。

【代码如下】

```
# 准备工作：导入需要的模块
import numpy as np
from sklearn.svm import SVC       # 导入 SVC 模型
# 导入数据
# 3 个测试数据，两个特征值（分别表示横纵坐标），array 类型，不能是 mat 类型
x=np.array([[4,3],[3,3],[1,1]])
y=np.array([1,1,-1]) # 写出对应的类别
print(" 训练集（最右一列为标签）: \n",np.hstack((x,y.reshape(3,1))))
# 调用 SVC，训练算法
model= SVC(kernel="linear")# 实例化，设置的核函数为线性核函数
model.fit(x,y) # 用训练集数据训练模型，和上一句配合使用
```

```
# 预测数据
predict_val=model.predict([[4,5],[0,0],[1,3]])
print(" 预测数据 [4,5],[0,0],[1,3] 的类型值分别是：",predict_val)
# 相关方法和返回值
w = model.coef_[0] # 获取 w
a = -w[0]/w[1] # 斜率
print(" 支持向量：\n",model.support_vectors_)# 输出支持向量
print(" 支持向量的标号：",model.support_)# 输出支持向量的标号
print(" 每类支持向量的个数：",model.n_support_)# 每类支持向量的个数
print(" 数据集 X 到分类超平面的距离：",model.decision_function(x))
print(" 参数（法向量）w=",w)
print(" 分类线的斜率 a=",a)
print(" 分类平面截距 b：",model.intercept_)# 超平面的截距值（常数值）
print(" 系数 ",model.coef_)# 每个特征系数（重要性），只有 LinearSVC 核函数可用
```

【运行结果】

```
训练集（最右一列为标签）：
 [[ 4  3  1]
 [ 3  3  1]
 [ 1  1 -1]]
预测数据 [4,5],[0,0],[1,3] 的类型值分别为 [ 1 -1  1]
支持向量：
 [[1. 1.]
 [3. 3.]]
支持向量的标号： [2 1]
每类支持向量的个数： [1 1]
数据集 X 到分类超平面的距离： [ 1.5  1.  -1. ]
参数（法向量）w= [0.5 0.5]
分类线的斜率 a= -1.0
分类平面截距 b： [-2.]
系数 [[0.5 0.5]]
```

【结果说明】

根据 SVC 的相关属性和方法，可以获得 SVM 训练后的模型和参数。将结果用如图 10-9 的图形显示。图中实线表示分类超平面，虚线表示间隔超平面，虚线上的两个点分别代表两个支持向量。从图 10-9 可以看出，该数据集是线性可分的，利用直线就可以实现分类，支持向量位于间隔超平面上。

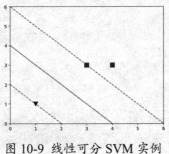

图 10-9 线性可分 SVM 实例

10.7　非线性 SVM 与核函数的引入

本节主要介绍将核函数引入非线性可分 SVM 中，解决非线性可分问题。

10.7.1　概述

非线性分类问题是指不能通过分类超平面进行分类的问题，SVM 应用于解决非线性分类问题时，称为非线性 SVM。

前文指出，低维非线性分类问题可以将低维空间中的数据升维到高维空间，在高维空间中进行线性分类。在线性可分 SVM 求解过程中，公式均只涉及输入样例之间的内积，当低维非线性分类问题转化为高维线性可分问题时，通过映射函数 $f(x)$ 将低维数据转换为高维数据，前文线性可分 SVM 中的所有公式的内积运算均应改为 $f(x)$ 之间的内积运算，显然运算量会随着维度的增加而增加。因为核函数对低维空间数据运算可以获得与高维空间中数据的内积运算相同的结果，所以可以使用核函数 $K(x_i, x_j)$ 替代 $f(x_i) \cdot f(x_j)$。具体如下。

将对偶问题改为

$$L(w, b, \alpha) = \sum_{i=1}^{n} \alpha_i - \frac{1}{2} \sum_{i=1}^{n} \sum_{j=1}^{n} \alpha_i \alpha_j y_i y_j \left[f(x_i) \cdot f(x_j) \right] = \sum_{i=1}^{n} \alpha_i - \frac{1}{2} \sum_{i=1}^{n} \sum_{j=1}^{n} \alpha_i \alpha_j y_i y_j \left[K(x_i, x_j) \right]$$

分类决策函数改为

$$f(x) = \mathrm{sign} \left[\sum_{i=1}^{n} \alpha_i y_i f(x) \cdot f(x_i) + b \right] = \mathrm{sign} \left[\sum_{i=1}^{n} \alpha_i y_i K(x, x_i) + b \right]$$

公式表明，通过核函数对低维空间数据计算得到分类决策函数，不需要显示定义映射函数和高维空间。

在 SVM 中，选取核函数的普遍准则如下。

设 n 为特征维数，m 为训练样本数。

（1）若 n 相较于 m 大许多时（文本分类通常是这种情况），即训练集数据量不够支持训练一个复杂的非线性模型时，使用线性核函数。

（2）若 n 较小，且 m 大小中等时，如 n 在 1~1000，则使用高斯径向基核函数。

（3）若 n 较小，且 m 较大时，如 n 在 1~1000，而 m 大于 50000，使用 SVM 将很慢，SVM 性能通常不如深度神经网络。可以创造、增加更多的特征，然后使用线性核函数。

（4）高斯径向基核函数和多项式核函数都不擅长处理量纲不统一的数据集，在量纲不统一的情况下，可以由数据无量纲化解决。因此，SVM 执行之前，可以先进行数据的无量纲化。

相比较而言，线性核函数不需要调参，高斯径向基核函数和多项式核函数却需要调整相关的参数。表 10-1 列出了在 SVM 中常使用的核函数及相关的参数。

表 10-1 核函数相关的参数

输入	含义	解决问题	核函数的表达式	参数 gamma	参数 degree	参数 coef0
"linear"	线性核	线性	$K(x,y) = x \cdot y$	否	否	否
"poly"	多项式核	偏线性	$k(x,y) = \left[\gamma(x \cdot y) + c\right]^d$	是	是	是
"rbf"	高斯径向基核	偏非线性	$K(x,y) = e^{-\frac{\|x-y\|^2}{2\sigma}}$	是	否	否

10.7.2 非线性 SVM 的实现

通过一个实验验证 SVM 是否能对非线性数据进行分类，以及不同的核函数和参数对分类结果的影响。

1. 问题描述

随机生成如图 10-10 所示数据集中的两类数据，分别用"×"和"▲"加以区分，每个数据具有两个特征（在二维平面内用横坐标和纵坐标表示），要求构造 3 种不同的核函数的 SVM 算法拟合数据集，画出拟合出来的分类超平面，找出的支持向量用"●"表示。将分类后的数据用浅色和深色的区分。

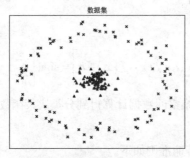

图 10-10 非线性可分实例

2. 问题分析

显然，在二维空间，该问题用一条直线无论如何都无法将这两类样本正确地分开。该问题属于非线性 SVM。

3. 思路

根据 10.6 节的步骤，完成题目要求。

调用相关的库如下。

```python
import numpy as np
from sklearn.svm import SVC
import matplotlib.pyplot as plt
```

```
from sklearn.datasets import make_circles# 画圆圈的库
from pylab import *
mpl.rcParams['font.sans-serif'] = ['SimHei']
```

准备工作：通过函数 plot_decision_boundary() 实现散点图和支持向量的绘图。

【代码如下】

```
# 画分类数据集
def plot_decision_boundary (model,X,y,h=0.03,draw_SV=True,title='decision_
boundary'):
    X_min, X_max = X[:,0].min() – 1, X[:,0].max() + 1
    y_min, y_max = X[:,1].min() – 1,X[:, 1].max() + 1
    # 画决策边界，需要有网格，利用 np.meshgrid() 函数生成一个坐标矩阵
    xx, yy = np.meshgrid(np.arange(X_min, X_max, h),np.arange(y_min, y_max, h))
    #预测坐标矩阵中每个点所属的类别
    label_predict = model.predict(np.stack((xx.flat, yy.flat), axis=1))
    # 将结果放入彩色图中
    label_predict = label_predict.reshape(xx.shape)      # 使之与输入的形状相同
    plt.title(title)
    plt.xlim(xx.min(), xx.max())
    plt.ylim(yy.min(), yy.max())
    plt.xticks(())
    plt.yticks(())
    plt.contourf(xx, yy, label_predict, alpha=0.5)
    #用 contourf() 函数为坐标矩阵中不同类别填充不同颜色
    markers = ['x', '^', 'o']
    colors = ['b', 'r', 'c']
    classes = np.unique(y)
    #画出每一类数据的散点图
    for label in classes:
        plt.scatter(X[y==label][:, 0], X[y==label][:, 1],
                    c=colors[label], s=60,marker=markers[label])
    #标记出支持向量，将两类支持向量用不同颜色表示出来
    if draw_SV:
        SV = model.support_vectors_           #获取支持向量
        n=model.n_support_[0]                     #第一类支持向量个数
        plt.scatter(SV[:n, 0],SV[:n, 1], s=15,c='black',marker='o')
        plt.scatter(SV[n:, 0],SV[n:, 1], s=15,c='g',marker='o')
```

（1）生成两个特性、两个类别的数据集，并画出来。

【代码如下】

```
#生成模拟分类数据集，并画出数据集
X, y = make_circles(200,factor=0.1,noise=0.1)#产生样本点
plt.scatter(X[y==0, 0], X[y==0, 1], c='b', s=20, marker = 'x')
plt.scatter(X[y==1, 0], X[y==1, 1], c='r', s=20, marker = '^')
plt.xticks(())
plt.yticks(())
```

```
plt.title(' 数据集')
plt.show()                #画出数据集
```

【运行结果】

如图 10-11 所示。

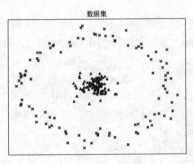

图 10-11 数据集

（2）通过调用 SVC() 函数，分别构造线性核函数和三阶多项式核函数的 SVM，把运算的结果用图形描绘出来。

注意： 在 SVC() 参数中，存在一个软间隔的问题，通过调节 C 参数控制。当 C 趋近于无穷大时，意味着分类严格不能有错误，分类间隔越小；当 C 趋近于很小时，意味着可以有更大的错误容忍度，分类间隔越小。本题中设 $C=1$。

多项式核函数的参数为 $d=3$，$C=1$，$\gamma=0.5$。

【代码如下】

```
# 分别利用线性核函数和多项式核函数进行分类，并画出决策边界
plt.figure(figsize=(12,10),dpi=200)
# 使用线性核函数进行分类
model_linear = SVC(C=1.0, kernel='linear')# 实例化，设置的核函数为线性核函数
model_linear.fit(X,y)# 用训练集数据训练模型，和上一句配合使用
# 画出使用线性核函数的分类边界
plt.subplot(2,2,1)
plot_decision_boundary(model_linear, X, y,title=' 线性核函数 ')# 调用画图函数
print(" 采用线性核函数生成的支持向量个数：",model_linear.n_support_)
# 使用多项式核函数进行分类
# 实例化，设置的核函数为多项式核函数
model_poly = SVC(C=1.0, kernel='poly', degree=3,gamma="auto")
model_poly.fit(X,y)# 用训练集数据训练模型
# 画出使用多项式核函数的分类边界
plt.subplot(2,2,2)
plot_decision_boundary(model_poly, X, y,title=' 多项式核函数 ')# 调用画图函数
print(" 采用多项式函数生成的支持向量个数：",model_poly.n_support_)
plt.show()
```

【运行结果】

```
采用线性核函数生成的支持向量个数： [100 100]
采用多项式函数生成的支持向量个数： [100 100]
```

线性核函数

多项式核函数

图 10-12 分别使用线性核函数和多项式核函数的运行结果

【结果说明】

上述两个图中，支持向量用圆圈表示，分类超平面为虚线，从结果中可看出，线性核函数和多项式核函数所有的样本均是支持向量。显然使用线性核函数的 SVM 是无法解决该分类问题的，多项式核函数在参数选择上只有部分能正确分类。

（3）通过调用 SVC()，分别构造 4 个高斯径向基核函数的 SVM，对应的分别为 10,1,0.1,0.01，把运算的结果用图形描绘出来。

【代码如下】

```python
plt.figure(figsize=(12,10),dpi=200)
for j, gamma in enumerate((10,1,0.1, 0.01)):
    plt.subplot(2,2,j+1)
    model_rtf= SVC(C=1.0, kernel='rbf', gamma=gamma)
    model_rtf.fit(X,y)
    # 调用画图函数
    plot_decision_boundary(model_rtf, X, y, title='rbf 函数, '
                                    ' 参数 gamma='+str(gamma))
    print("rbf 函数，参数 gamma=",str(gamma)," 支持向量个数：",model_rtf.n_support_)
    plt.show()
```

【运行结果】

```
rbf 函数，参数 gamma= 10 支持向量个数： [37  8]
rbf 函数，参数 gamma= 1 支持向量个数： [ 12 9]
rbf 函数，参数 gamma= 0.1 支持向量个数： [93 93]
rbf 函数，参数 gamma= 0.01 支持向量个数： [100 100]
```

如图 10-13 所示。

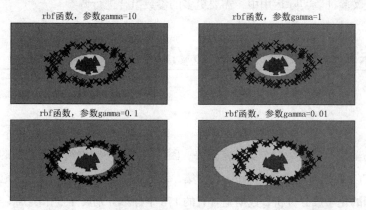

图 10-13 不同参数下的高斯径向基核函数的运行结果

【结果说明】

结果显示，高斯径向基核函数能将这两类点进行很好的分类。分类效果较好，有 21 个支持向量，边界曲线能较好地拟合数据集特点。

通过上面的实验我们发现使用多项式核函数、高斯径向基核函数的 SVM 确实可以解决部分非线性可分问题。不同的参数对精度的影响非常大，一般来说，C 越大，训练得到的模型越准确。如果采用高斯径向基核函数，参数的值对精度影响也非常大，参数的值越大，分类模型越准确。因此，在实际应用时调一组好的参数非常重要。

4. 引申

（1）可以根据上述代码，固定 gamma 的值，调整 C 的值，观察高斯径向基核函数的分类效果。

（2）sklearn 提供了 GridSearchCV() 函数，实现自动调参，把参数输进去，就能给出最优的结果和参数。通过对线性核函数、多项式核函数和高斯径向基核函数使用网格搜索，在 $C = (0.1, 1, 10)$ 和 gamma $= (1, 0.1, 0.01)$ 形成的 9 种情况中选择最好的超参数。

【代码如下】

```python
from sklearn.model_selection import GridSearchCV
tuned_parameters = [{'kernel': ['rbf'], 'gamma': [1,0.1,0.01],'C': [0.1, 1,10]},
                    {'kernel': ['linear'], 'C': [0.1, 1,10]},
                    {'kernel': ['poly'],'gamma': [1,0.1,0.01],
                     'C': [0.1, 1,10]}]
model_grid = GridSearchCV(SVC(), tuned_parameters, cv=5)
model_grid.fit(X, y)
print("The best parameters are %s with a score of %0.2f"
      % (model_grid.best_params_, model_grid.best_score_))
```

【运行结果】

```
The best parameters are {'C': 0.1, 'gamma': 1, 'kernel': 'rbf'} with a score
of 1.00
```

【结果说明】

当 $C = 0.1$，$\gamma = 1$ 时，采用 RBF，能达到最好的分类效果。GridSearchCV() 函数中的 cv $= 5$ 表示采用的是五折交叉验证。实际运用中，需要更多的参数组合进行调参。

10.8 **综合实例——利用 SVM 构建分类问题**

1. 问题描述

在葡萄酒制造业中，葡萄酒的分类非常重要，因为这涉及不同种类的葡萄酒的存放以及出售价格，本节采用从 UCI 数据库中得到的 wine 数据集，该数据集记录了意大利某一地区同一区域 3 种不同品种的葡萄酒的化学成分分析，数据里含有的 178 个样本分别属于 3 个类别（类别标签已给），每个样本含有 13 个特征分量 (化学成分)。要求：建立 SVM 分类模型，并给出 SVM 分类模型的评价指标。

2. 整体思路

根据 10.6 节的步骤，完成分类任务。

3. 具体实现

准备工作：导入需要的模块。

```
import numpy as np
from sklearn import svm
from sklearn.svm import SVC# 导入 SVM 模型
from sklearn.model_selection import train_test_split    # 导入测试库
from sklearn.datasets import load_wine                  # 导入 wine 数据集
from time import time
```

（1）导入数据集

准备数据时数据要转化为 SVM 支持的数据格式：[label] [index1]:[value1] [index2]:[value2]…，即 [l 类别标号] [特征 1]:[特征值] [特征 2]:[特征值]…。

使用自己的数据集时，可以用 NumPy 或者 pandas 导入。这里直接使用 sklearn 自带的经典的 wine 数据集，通过 load_wine() 函数导入，并分离出数据特征和标签分别放入变量 wine_data 和 wine_label 中。

【代码如下】

```
# 导入数据
wine = load_wine()
wine_data = wine.data
wine_label = wine.target
```

（2）数据预处理

为避免数据存在严重的量纲不一致的问题，强烈建议归一化数据，数据标准化的方法很多，本例使用数据预处理中标准化类 StandardScaler 对数据进行标准化。

【代码如下】

```
# 数据标准化
from sklearn.preprocessing import StandardScaler
wine_data=StandardScaler().fit_transform(wine_data) # 对数据进行标准化
```

（3）分离数据

将数据划分为训练集和测试集，训练集占 80%，用于得到训练模型；测试集占 20%，用于检验模型。

【代码如下】

```
# 将数据划分为训练集测试集
wine_train,wine_test,wine_train_label,wine_test_label = \
train_test_split(wine_data,wine_label,test_size = 0.2,random_state = 100)
```

（4）以默认的 SVM 参数，对训练数据集进行训练，产生训练模型。

【代码如下】

```
# 建立 SVM 模型，以默认的 rbf 为例
time0 = time()      #模型训练开始时间
model= SVC()#实例化，设置模型参数
model.fit(wine_train,wine_train_label) #用训练集数据训练模型
print("建立的 SVM 模型：\n",model)
time1=time()   #模型训练结束时间
```

【运行结果】

```
建立的 SVM 模型：
 SVC(C=1.0, cache_size=200, class_weight=None, coef0=0.0,
 decision_function_shape='ovr', degree=3, gamma='auto_deprecated',
 kernel='rbf', max_iter=-1, probability=False, random_state=None,
 shrinking=True, tol=0.001, verbose=False)
```

【结果说明】

SVM 默认使用的核函数为高斯径向基核函数，gamma 值是自动的。

（5）结果及分析

建立模型后，对测试集进行预测，一般而言预测得到的准确率并不能很好地反映模型的性能，因此，需要结合真实值输出以下的结果。

① 预测测试集的值，利用 predict() 函数预测测试集的标签。

② 分类模型性能包括准确率、精确率、召回率、F1 值、Cohen's Kappa 系数，一般是得分值越高越好，通过调用相应的评估方法获得。

③ 分类模型评价报告，通过调用 classification_report() 函数获得。

④ 画出预测结果和真实结果的对比图。

上述步骤为方便后续用不同核函数进行对比，将此部分定义为 result_show_analyse() 函数，输入参数为测试数据集及分类标签。涉及的评估方法通过调用 sklearn 中的 metrics 模块实现。

【代码如下】

```
#预测结果并进行分析
def result_show_analyse(test,test_label):
    from datetime import datetime
    #1、预测结果
    print("--------- 测试集的结果 --------")
    test_pred = model.predict(test)
    print("测试集的真实结果：\n",test_label)
    print("测试集的预测结果：\n",test_pred)
    # 求出预测和真实一样的数目
    true = np.sum(test_pred == test_label)
    print("预测对的结果数目：", true)
    print("预测错的结果数目：", test_label.shape[0]-true)
    print("训练时间：",datetime.fromtimestamp(time1-time0).strftime("%M:%S:%f"))
    #2、结果分析，给出准确率、精确率、召回率、F1 值、Cohen's Kappa 系数
```

```
print("--------- 测试集的结果分析 --------")
print(" 使用 SVM 预测 wine 数据的准确率: %f"
        %(accuracy_score(test_label,test_pred)))
print(" 使用 SVM 预测 wine 数据的精确率: %f"
        %(precision_score(test_label,test_pred,average="macro")))
    #对多分类要加 average="macro"
print(" 使用 SVM 预测 wine 数据的召回率: %f"
        %(recall_score(test_label,test_pred,average="macro")))
print(" 使用 SVM 预测 wine 数据的 F1 值: %f"
        %(f1_score(test_label,test_pred,average="macro")))
print(" 使用 SVM 预测 wine 数据的 Cohen's Kappa 系数: %f"
        %(cohen_kappa_score(test_label,test_pred)))
print(" 使用 SVM 预测 wine 数据的分类报告: \n",
        classification_report(test_label,test_pred))
#3、画出预测结果和真实结果对比的图
print("--------- 测试集的结果图 --------")
plt.plot(test_pred,'bo',label=" 预测 ")
plt.plot(test_label,'r*',label=" 真实 ")
plt.xlabel(r' 测试集样本 ',color='r',fontsize=18)
plt.ylabel(r' 类别标签 ',color='r',fontsize=18,rotation=360)
plt.legend(bbox_to_anchor=(1.05, 1), loc=2, borderaxespad=0.)
plt.title(' 测试集的实际分类和预测分类图 ',fontsize=18)
plt.show()
```

以下为调用结果函数的代码。

【代码如下】

```
# 调用结果函数
# 调用相关库
from sklearn.metrics import accuracy_score,precision_score, \
        recall_score,f1_score,cohen_kappa_score
from sklearn.metrics import classification_report
import matplotlib.pyplot as plt
# 图表中显示中文
from pylab import *
mpl.rcParams['font.sans-serif'] = ['SimHei']
mpl.rcParams['axes.unicode_minus'] = False
result_show_analyse(wine_test,wine_test_label)# 调用结果模块
```

【运行结果】

```
--------- 测试集的结果 --------
测试集的真实结果:
 [1 2 0 1 2 2 1 1 1 1 2 1 2 2 2 0 2 0 1 0 2 0 1 1 0 0 1 1 1 2 2 1 0 1 2 2]
测试集的预测结果:
 [1 2 0 1 1 2 1 1 1 1 2 1 2 2 2 0 2 0 1 0 2 0 1 1 0 0 1 1 1 2 2 1 0 1 2 2]
预测对的结果数目: 35
预测错的结果数目: 1
训练时间: 00:00:009023
```

--------- 测试集的结果分析 --------
使用 SVM 预测 wine 数据的准确率：0.972222
使用 SVM 预测 wine 数据的精确率：0.979167
使用 SVM 预测 wine 数据的召回率：0.974359
使用 SVM 预测 wine 数据的 F1 值：0.975914
使用 SVM 预测 wine 数据的 Cohen's Kappa 系数：0.956938
使用 SVM 预测 wine 数据的分类报告：

如图 10-14、10-15 所示。

	precision	recall	f1-score	support
0	1.00	1.00	1.00	8
1	0.94	1.00	0.97	15
2	1.00	0.92	0.96	13
micro avg	0.97	0.97	0.97	36
macro avg	0.98	0.97	0.98	36
weighted avg	0.97	0.97	0.97	36

图 10-14 使用 SVM 预测 wine 数据的分类报告

测试集的结果图：

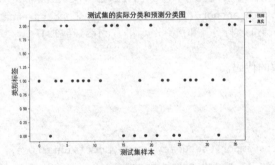

图 10-15 测试集的实际分类和预测分类图

【结果说明】

从结果看出，这些评价指标的值接近 1，说明建立的 SVM 模型是有效的。

（6）分类结果的混淆矩阵及图表显示

混淆矩阵的相关知识可以参看相关资料。首先通过调用 metrics.confusion_matrix() 函数获得相关的返回值，然后画出混淆矩阵图。

【代码如下】

```
from sklearn import metrics
def cm_plot(y,yp):
    conf_mx = metrics.confusion_matrix(y, yp) # 模型对于测试集的混淆矩阵
    print("测试集的混淆矩阵：\n",conf_mx)
    plt.matshow(conf_mx,cmap=plt.cm.Greens)
    # 画混淆矩阵图，配色风格使用 cm.Greens
    plt.colorbar()# 颜色标签
```

```
        for x in range(len(conf_mx)):
            for y in range(len(conf_mx)):
                plt.annotate(conf_mx[x,y],xy=(x,y),horizontalalignment='center',
                             verticalalignment='center')
            plt.ylabel('True label')# 坐标轴标签
            plt.xlabel('Predicted label')# 坐标轴标签
    return plt
    # 函数调用
wine_test_pred=model.predict(wine_test)
cm_plot(wine_test_label, wine_test_pred).show()
```

【运行结果】

测试集的混淆矩阵:
```
[[ 8  0  0]
 [ 0 15  0]
 [ 0  1 12]]
```
如图 10-16 所示。

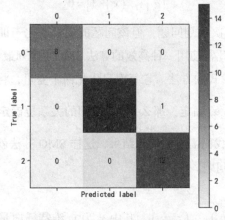

图 10-16 测试集的混淆矩阵图

【结果说明】

从结果看出，SVM 模型预测结果准确率为 97.22%，整体模型效果较好。

其他相关的参数问题和结果分析见 10.9 节。

10.9 高手点拨

10.9.1 SMO 算法

从上文已知公式：

$$\max_{\alpha} \left[\sum_{i=1}^{n} \alpha_i - \frac{1}{2} \sum_{i=1}^{n} \sum_{j=1}^{n} \alpha_i \alpha_j y_i y_j \left(\boldsymbol{x}_i \cdot \boldsymbol{x}_j \right) \right]$$

$$s.t. \quad \begin{aligned} &\alpha_i \geqslant 0, i = 1, \cdots, n \\ &\sum_{i=1}^{n} \alpha_i y_i = 0 \end{aligned}$$

这是一个关于向量 $\boldsymbol{\alpha}$ 的函数，求出向量 $\boldsymbol{\alpha}$ 后，进而可以求出 $\boldsymbol{w}$ 和 $\boldsymbol{b}$。将上面的式子修改一下可以写成：

$$\min_{\alpha} \left\{ \frac{1}{2} \sum_{i=1}^{n} \sum_{j=1}^{n} \alpha_i \alpha_j y_i y_j (x_i \cdot x_j) - \sum_{i=1}^{n} \alpha_i \right\}$$

由于采用了拉格朗日乘子法，因此该问题还有一个 KKT 条件约束，即要求：

$$\begin{cases} \alpha_i \geqslant 0 \\ y_i f(\boldsymbol{x}_i) - 1 \geqslant 0 \\ \alpha_i \left[y_i f(\boldsymbol{x}_i) - 1 \right] = 0 \end{cases}$$

显然，求解 α 也是一个二次规划问题，但该问题的规模正比于训练样本数，使用二次规划算法会造成很大的计算开销，因此常使用一种高效的算法 SMO（序列最小优化算法）。

SMO 算法采用了一种启发式的方法。它每次只优化两个变量，将其他的变量都视为常数。由于 $\sum_{i=1}^{n} \alpha_i y_i = 0$，假如将 $\alpha_3, \alpha_4, \cdots, \alpha_n$ 固定，那么 α_1, α_2 之间的关系也确定了。重复此过程，直到达到某个终止条件程序退出并得到我们需要的优化结果，这样 SMO 算法就将一个复杂的优化算法转化为一个比较简单的两变量优化问题。

SMO 算法步骤如下。

输入 n 个样本 $(x_1, y_1), (x_2, y_2), \cdots, (x_n, y_n)$，其中 $\boldsymbol{x}_i$ 为 m 维特征向量。y 为二元输出，值为 1 或者 –1，设精度为 e，输出是近似解 α。

符号说明如下。

b 表示阈值，E_i 表示差值。$K_{i,j} = \boldsymbol{x}_i \cdot \boldsymbol{x}_j$，$\alpha_2^{\text{new,unclipped}}$ 为通过求导得到的值。

步骤如下。

（1）取初值 $\alpha_0 = 0$，$k = 0$。

（2）按照变量选取的方法选取出 α_1^k 与 α_2^k，求出新的 $\alpha_2^{\text{new,unclipped}}$。

α_1^k 的选择方法如下。

首先遍历所有满足条件 $0 \leqslant \alpha_i \leqslant C$ 的样本点，判断它们是否满足 KKT 条件，把第一个违反 KKT 条件的样本点作为更新对象；如果这些样本点都满足 KKT 条件，那么遍历整个训练集，检验它们是否都满足 KKT 条件。遍历完子集后，重新开始，直到没有任何修改时结束。

α_2^k 的选择方法如下。

在所有不违反 KKT 条件的乘子中，首先寻找使得 $|E_1 - E_2|$ 最大的样本，若没找到，则遍历支持向量，依次将其对应的变量作为 α_2^k 试用，若仍没找到，则重新选择 α_1^k 和 α_2^k。

按以下公式求新 $\alpha_2^{\text{new,unclipped}}$。

$$\alpha_2^{\text{new,unclipped}} = \alpha_2^k + \frac{y_2\left(E_1 - E_2\right)}{K_{11} + K_{22} - 2K_{12}}$$

（3）按照下式求出 α_2^{k+1}。

$$\alpha_2^{k+1} = \begin{cases} H, \alpha_2^{\text{new,unclipped}} > H \\ \alpha_2^{\text{new,unclipped}}, L \leqslant \alpha_2^{\text{new,unclipped}} \leqslant H \\ L, \alpha_2^{\text{new,unclipped}} < L \end{cases}$$

（4）利用 α_2^{k+1} 和 α_1^{k+1} 的关系求 α_1^{k+1}。

$$\alpha_1^{k+1} = \alpha_1^k + y_1 y_2\left(\alpha_2^k - \alpha_2^{k+1}\right)$$

（5）计算 b^{k+1} 和 E_i。

$$b_1^{k+1} = b^k - E_1 - y_1 K_{11}\left(\alpha_1^{k+1} - \alpha_1^k\right) - y_2 K_{21}\left(\alpha_2^{k+1} - \alpha_2^k\right)$$

$$b_2^{k+1} = b^k - E_2 - y_1 K_{12}\left(\alpha_1^{k+1} - \alpha_1^k\right) - y_2 K_{22}\left(\alpha_2^{k+1} - \alpha_2^k\right)$$

$$b^{k+1} = \begin{cases} b_1^{k+1}, 0 < \alpha_1^{k+1} < C \\ b_2^{k+1}, 0 < \alpha_2^{k+1} < C \\ \dfrac{b_1^{k+1} + b_2^{k+1}}{2}, \text{其他} \end{cases}$$

$$E_i = \sum_{j=1}^{n} y_j \alpha_j (x_i \cdot x_j) + b^{k+1} - y_i$$

（6）在精度 e 范围内检查是否满足如下的终止条件。

$$\sum_{i=1}^{n} \alpha_i y_i = 0$$
$$0 \leqslant \alpha_i \leqslant C, \quad i = 1, 2, \cdots, m$$
$$\alpha_i^{k+1} = 0 \Rightarrow y_i f\left(x_i\right) \geqslant 0$$
$$0 \leqslant \alpha_i^{k+1} \leqslant C \Rightarrow y_i f\left(x_i\right) = 1$$
$$\alpha_i^{k+1} = C \Rightarrow y_i f\left(x_i\right) \leqslant 1$$

（7）满足则结束，返回 α_i^{k+1}，否则转回到步骤（2）。

10.9.2 SMO 算法的伪代码

SMO 算法的伪代码如下。

创建一个向量并初始化其为 0 向量
当迭代次数 < 最大迭代次数时（外循环）：
　　　对数据集中每个数据向量（内循环）：
　　　　　如果该数据向量可以被优化：
　　　　　　　随机选择另外一个数据向量
　　　　　　　同时优化这两个向量
　　　　　若两个数据向量都不能被优化，则退出内循环
　　　如果所有数据向量都没被优化，迭代次数 +1，继续下一次外循环

10.9.3 核函数的选取

对于 10.8 的综合实例，可以分别利用 3 个核函数，设置具体的参数，对比分析结果，获得 SVM 分类模型。

【代码如下】

```
# 分别使用 3 个核函数，训练 SVM 分类模型并输出结果
Kernel = ["linear","poly","rbf"]
for kernel in Kernel:
    model= SVC(kernel = kernel, gamma="auto", cache_size=5000)
    model.fit(wine_train,wine_train_label)
    print(" 核函数: ",Kernel)
result_show_analyse(wine_test,wine_test_label)
# 设置具体的参数，训练 SVM 分类模型并输出结果
model= SVC(kernel ="rbf", gamma=0.1,C=10,cache_size=5000)
model.fit(wine_train,wine_train_label)
result_show_analyse(wine_test,wine_test_label)
```

【运行结果】

略。

对于高斯径向基核函数，可以通过求准确率、画学习曲线来调整 gamma 的值。

【代码如下】

```
# 取不同 gamma 值得到的准确率
score = []
gamma_range = np.logspace(-10, 1, 50) # 得到不同的 gamma 值即对数刻度上均匀间隔的数
for i in gamma_range:
    model = SVC(kernel="rbf",gamma = i,cache_size=5000)
    model.fit(wine_train,wine_train_label)
    score_gamma=model.score(wine_test,wine_test_label)
    score.append(score_gamma)
print(" 最大的准确率: ",max(score))
print(" 对应的 gamma 值 ", gamma_range[score.index(max(score))])
plt.xlabel("gamma 取值 ")
plt.ylabel(" 准确率 ")
plt.title("gamma 的学习曲线 ")
plt.plot(gamma_range,score)
```

```
plt.show()
```
【运行结果】

最大的准确率: 1.0
对应的 gamma 值 0.020235896477251554

如图 10-17 所示。

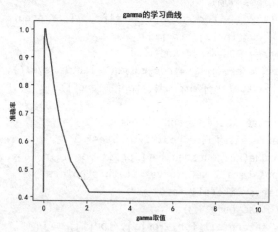

图 10-17 gamma 的学习曲线

【结果说明】

从结果可以看出，对于高斯径向基核函数，gamma=0.0015 时，准确率最高为 0.9722。

10.9.4 多分类 ROC 曲线的绘制

ROC 即受试者工作特征曲线，是反映敏感度和特异度连续变量的综合指标，用作图法展示两度之间的关系。一般可以用 ROC 曲线衡量算法的优劣。关于 ROC 曲线的详细介绍可参考相关资料，本节只介绍如何画出多分类的 ROC 曲线。为了将 ROC 曲线和 ROC 区域扩展到多类或多标签分类，有必要对输出进行二值化。

【代码如下】

```
# 画出多分类的 ROC 曲线
# 调用相关的库
from itertools import cycle
from sklearn.metrics import roc_curve, auc
from sklearn.model_selection import train_test_split
from sklearn.preprocessing import label_binarize
from scipy import interp
def plot_roc(test,test_label,test_pred):#3 个参数，依次为测试样本的数据、标签、预测值
    class_num=sum(unique(test_label))# 类别数
    Y_pred = test_pred
    # 对输出进行二值化
    #Y_label 样例真实标签，Y_pred 学习器预测的标签
    Y_label = label_binarize(test_label, classes=[i for i in range(class_num)])
```

```
Y_pred = label_binarize(Y_pred, classes=[i for i in range(class_num)])
# 计算每一类的 ROC
fpr = dict()            #假正例率（False Positive Rate，FPR）
tpr = dict()            #真正例率（True Positive Rate，TPR）
roc_auc = dict()        #ROC 曲线下方的面积
for i in range(class_num):
    fpr[i], tpr[i], _ = roc_curve(Y_label[:, i], Y_pred[:, i])
    roc_auc[i] = auc(fpr[i], tpr[i])
# 计算 micro-average ROC 曲线和 ROC 面积
fpr["micro"], tpr["micro"], _ = roc_curve(Y_label.ravel(), Y_pred.ravel())
roc_auc["micro"] = auc(fpr["micro"], tpr["micro"])


# 计算 macro-average ROC 曲线 and ROC 面积
# 第1步: aggregate all false positive rates
all_fpr = np.unique(np.concatenate([fpr[i] for i in range(class_num)]))
# 第2步: interpolate all ROC curves at this points
mean_tpr = np.zeros_like(all_fpr)
for i in range(class_num):
    mean_tpr += interp(all_fpr, fpr[i], tpr[i])
# 第3步: Finally average it and compute AUC
mean_tpr /= class_num
fpr["macro"] = all_fpr
tpr["macro"] = mean_tpr
roc_auc["macro"] = auc(fpr["macro"], tpr["macro"])
# 画出具体的某一类的 ROC 曲线，如第一类
plt.figure()
lw = 2
plt.plot(fpr[1], tpr[2], color="darkorange",
        lw=lw, label="ROC curve (area = %0.2f)" % roc_auc[1])
plt.plot([0, 1], [0, 1], color="navy", lw=lw, linestyle="--")
plt.xlim([0.0, 1.0])
plt.ylim([0.0, 1.05])
plt.xlabel("假正例率 False Positive Rate（FPR）")
plt.ylabel("真正例率 True Positive Rate（TPR）")
plt.title("Receiver operating characteristic example")
plt.legend(loc="lower right")
plt.show()


# 画出所有类的 ROC 曲线
lw=2
plt.figure()
plt.plot(fpr["micro"], tpr["micro"],
        label="micro-average ROC 曲线 (area = {0:0.2f})"
            "".format(roc_auc["micro"]),
        color="deeppink", linestyle=":", linewidth=4)
```

```
    plt.plot(fpr["macro"], tpr["macro"],
        label="macro-average ROC 曲线 (area = {0:0.2f})"
            "".format(roc_auc["macro"]),
        color="navy", linestyle=":", linewidth=4)
    colors = cycle(["aqua", "darkorange", "cornflowerblue"])
    for i, color in zip(range(class_num), colors):
        plt.plot(fpr[i], tpr[i], color=color, lw=lw,
            label="ROC curve of class {0} (area = {1:0.2f})"
                "".format(i, roc_auc[i]))

    plt.plot([0, 1], [0, 1], "k--", lw=lw)
    plt.xlim([0.0, 1.0])
    plt.ylim([0.0, 1.05])
    plt.xlabel("假正例率 False Positive Rate（FPR）")
    plt.ylabel("真正例率 True Positive Rate（TPR）")
    plt.title('Some extension of Receiver operating characteristic
                to multi-class')
    plt.legend(loc="lower right")
    plt.show()

# 调用画 ROC 曲线的函数
model= SVC()# 实例化，设置模型参数
model.fit(wine_train,wine_train_label)
wine_test_pred=model.predict(wine_test)
plot_roc(wine_test,wine_test_label,wine_test_pred)
```

【运行结果】

如图 10-18、图 10-19 所示。

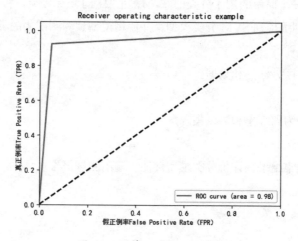

图 10-18 第 1 类 ROC 曲线

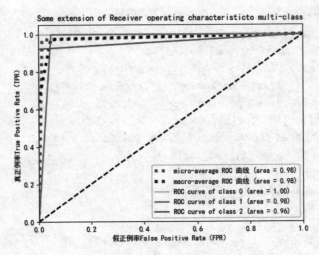

图 10-19 所有类的 ROC 曲线

【结果说明】

通常情况下，ROC 曲线与 x 轴形成的面积越大，即 ROC 曲线越接近左上角，代表模型性能越好。把各试验的 ROC 曲线绘制在同一坐标中，可以直观地比较哪种分类更有价值，如上图所示，显然第 0 类（class 0）明显优于第 1 类（class 1），第 2 类（class 2）最弱。

10.10 习题

构建基于 iris 数据集的 SVM 分类模型。

内容：设计并实现一个简单的用于分类的 SVM，主要用于 iris 分类。将 iris 数据集分为训练集和测试集，使用训练集训练得到 SVM 分类模型，并使用模型预测测试集的类别归属。

实现思路及步骤如下。

（1）读取数据集，区分标签和数据。

（2）标准化数据集。

（3）将数据集划分为训练集和测试集。

（4）构建 SVM 模型。

（5）输出预测测试集结果，评价分类模型性能，输出测试报告。

第 11 章

熵与激活函数

熵和激活函数是机器学习算法中要用到的重要概念。本章介绍了熵与激活函数的基本概念和应用 Python 进行熵与激活函数的计算及相应图形绘制的方法。主要内容包括熵与信息熵、激活函数及常用的几种激活函数。

本章主要涉及的知识点

- ◆ 熵和信息熵
- ◆ 激活函数

11.1 **熵和信息熵**

11.1.1 熵的概念

熵的概念来自热力学，热力学第二定律和第三定律都是和熵有关的定律。在热力学中，熵的物理意义是一个物理体系混乱程度的度量，是表征物质状态的参量之一。

熵是一个宏观的物理量，是构成物理体系的大量微观粒子集体表现出来的一种物理性质。在统计热力学中，设物理体系的微观状态为 Ω，则物理体系的熵可以表示为

$$S = k \log(\Omega)$$

其中 $k = 1.3807 \times 10^{-23} \text{J} \cdot \text{K}^{-1}$，称为玻尔兹曼常量，体系微观状态 Ω 是大量质点的体系经统计规律而得到的热力学概率。

物理体系的熵，可以通过宏观系统的热交换进行计算。根据克劳修斯的定义，如果物理体系加热过程引起的变化是可逆的，则系统的熵增为

$$dS = \left(\frac{dQ}{T}\right)_r$$

其中，T 表示体系的热力学温度，Q 表示熵增过程中加入体系的热量，r 表示物理过程可逆。

热力学第二定律一般又称为熵增定律，表明在自然过程中，一个孤立系统的熵或混乱程度不会减小。

11.1.2 信息熵的概念

信息是个很抽象的概念。美国科学家香农首次引入热力学熵的概念，提出用信息熵来表示信息量的大小，进而创建了信息论。下面简单介绍信息的表示方法。

（1）信息量或事物不确定性的特点

我们能够感觉到某件事情的信息很有价值，信息量很大，但很难确定到底有多大。实际上一条信息的信息量大小和与它的不确定性有关系。我们想要搞清楚一件非常不确定的事或者一无所知的事，就需要了解大量的信息；相反，如果我们对某件事已经有了较多的了解，不需要太多的信息就能把它搞清楚。从这个角度，可以认为事物信息量的度量就等于事物不确定性的多少。首先来看一下这种不确定性的基本特点。

① 概率为均匀分布的事件，会具有最大的不确定性。

概率分布是一个函数，对于每个可能的结果都有一个概率，且所有的概率相加等于 1。当所有

可能的结果具有相同的可能性时，该分布为均匀分布。例如，抛硬币实验（50% 和 50% 的概率），均匀的骰子（每个面朝上的概率都为六分之一）。但事物是均匀分布时，很难判断它会出现哪种结果，因此不确定性最大。

② 对于相互独立事件，两个事件的不确定性是两个独立事件不确定性的和。

所谓独立事件是指，一个事件发生的结果并不会影响另一个事件的结果。两个事件的不确定性应该是两个事件单独的不确定性的和。例如抛硬币试验，两个硬币同时抛与先抛一个硬币再抛另一个硬币的不确定性是相同的。考虑两个特殊的硬币，第一个硬币正面朝上的概率为 80%，背面朝上的概率为 20%；另一个硬币的正面朝上和反面朝上的概率分别为 60% 和 40%。如果我们同时抛两枚硬币，那么有 4 种可能：正正，正反，反正，反反。两个事件发生的概率实际上是独立事件概率的乘积，则上述 4 种可能对应的概率分别为 [0.48, 0.32, 0.12, 0.08]。如果用公式来表示信息量，应该能把联合事件的这种乘积转化成和的形式。

③ 在原来的事件中，加入概率为 0 的事件，对原来的结果不会有影响。

对于事件 A，如果出现好的结果的概率是 80%，出现差的结果的概率是 20%，现在对事件 A 的概率分布进行变动，加入第 3 种可能性为 0 的可能：出现好的结果的概率是 80%，出现差的结果的概率是 20%，出现第 3 种可能性的概率为 0。那么概率分布变动前后对事件 A 的可能性实际上不会有任何影响。

④ 不确定性的度量应该是连续的。

连续性的直观解释就是没有断开或者空洞，更准确的表达是函数值的任意小的变化都可由自变量的任意小的变化得到。因此，对于信息量的度量值的任意微小变化，都应该对应事物不确定性的微小变化。

（2）信息熵的数学表示

香农提出了信息熵的定义如下。

定义 11.1 若信源符号有 n 种取值 U_1, U_2, ⋯, U_i, ⋯, U_n，对应的概率为 P_1, P_2, ⋯, P_i, ⋯, P_n，且各种符号的出现彼此独立。单个符号的不确定性可以表示为

$$f(P_i) = -\log(P_i)$$

信源的平均不确定性应当为单个符号不确定性的平均值，可称为信息熵，即

$$H(U) = E\left[f(P_i)\right] = -\sum_{i=1}^{n} P_i \log(P_i) \tag{11-1}$$

上式中的 log 一般取 2 为底，信息熵的单位为比特（bit）。

单个符号或单个事件在信息熵中占的比重可以表示为

$$f(P_i) = -P_i \log(P_i) \tag{11-2}$$

信息的度量为什么可以用信息熵来表示？实际上根据方法（1）中描述的事物的不确定性的特点，可以推出信息的度量公式。辛钦在 1957 年证明，满足方法（1）中特点，用来描述信息的函数

具有唯一性，它具有以下的形式。

$$H(P_1, P_2, \cdots, P_n) = -\lambda \sum_{i=1}^{n} P_i \log(P_i)$$

其中 λ 是常数。当 λ 是 1，并使用以 2 为底的对数时，就得到了香农公式。

信息熵度量了事物的不确定性，在机器学习中有很多应用。例如我们对事物进行分类的过程，实际上就是事物不确定性减少的过程。可以用信息熵度量作为分类的依据，以信息熵相对最小的属性作为分类属性，这就是决策树分类算法。

11.1.3 应用 Python 函数库计算信息熵

在 Python 中没有专门用来计算信息熵的函数库，可以通过 NumPy、SciPy 提供的函数进行信息熵计算，用 Matplotlib 提供的函数进行信息熵的图形显示。

（1）均匀分布事件的不确定性计算和信息熵计算

函数库 NumPy 提供了数组元素计算函数，可以用来计算信息熵。

【例 11.1】使用 Matplotlib 的绘图函数将信息熵与概率的关系显示出来。

【代码如下】

```
#11-1.py

import numpy as np
import matplotlib.pyplot as plt
%matplotlib inline

#creating and configuration of the figure
plt.figure(figsize=(8,5), dpi=80)
ax = plt.subplot(111)
ax.spines['right'].set_color('none')
ax.spines['top'].set_color('none')
ax.xaxis.set_ticks_position('bottom')
ax.spines['bottom'].set_position(('data',0))
ax.yaxis.set_ticks_position('left')
ax.spines['left'].set_position(('data',0))
ax.yaxis.set_ticks([1,2,3,4,5,6])

X = np.linspace(0,1, 101,endpoint=True)
X=X[1:100]

#output the probility sequence
print(X)

#plotting the uncertainty of coresponding to probility
```

```
Y=-1*X*np.log2(X)
print(X[np.argmax(Y)],np.max(Y))
plt.plot(X,Y,color='green',linewidth=2,label='p*log2(p)')

#plotting information entropy
Y=-1*np.log2(X)
plt.plot(X,Y,color='red',linestyle='dashed',label='log2(p)')

#showing the figure label
plt.legend();
```

在上述代码中，首先引入 NumPy 和 Matplotlib 函数库，然后通过 Pyplot 的 figure 函数和 subplot 函数创建和设置图形窗口；通过 subplot 函数返回坐标系对象，设置坐标系和坐标刻度；调用 NumPy 的 linspace 函数产生位于区间 0~1 的等间距的数值，作为概率。应用公式（11-2），计算不同概率时的信息熵分量，调用 plot 函数进行绘图，用 NumPy 的 max 函数和 argmax 函数求出函数峰值对应的概率值与信息熵分量。应用公式（11-1），计算均匀分布在不同概率时的信息熵。打开 Jupyter Notebook，创建新的 Python 代码文档，输入以上代码并运行。

【结果如下】

如图 11-1 所示。

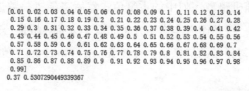

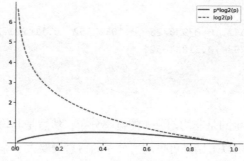

图 11-1 均匀分布的事件不确定性和信息熵

【结果说明】

从图 11-1 的输出结果中可以看到，首先输出 0.01~0.99 的等间距概率值，下方的实线曲线对应不同概率时的信息熵分量。可以看到随着概率值的不断增加，信息熵分量不断增大，大概在 0.37 处达到最大值 0.5307290449339367。虚线曲线表示了不同概率的均匀分布对应的信息熵；可以看到信息熵随着概率值的增加而不断降低，对于两个状态的均匀分布（两种状态对应的概率都为 0.5），信息熵为 1。实际上，当概率不断增加时，事情的状态越来越确定，不确定性越来越小，因而信息熵也越来越小；当概率变为 1 时，事情已完全确定，结果不会有任何变化，此时信息熵为 0。

（2）均匀分布的信息熵和非均匀分布的信息熵

对同一个随机事件，均匀分布时的信息熵是最大的。

【例11.2】使用 Python 编程计算均匀分布的信息熵与非均匀分布的信息熵。

【代码如下】

```
#11-2.py
import numpy as np

#create some probilities with the sum=1
np.random.seed(42)
x=np.random.randint(200,size=10)
x=np.unique(x)
x=x/np.sum(x)
print(x)

#output information entropy of uniform probility and random probility
print(np.sum(-1*x*np.log2(x)))
print(-1*np.log2(1/len(x)))
```

在上述代码中，首先调用 NumPy 的 random 对象的 randint 方法产生 10 个随机整数，用 NumPy 的 unique 函数去除随机整数序列中的重复值；然后将随机整数进行归一化处理，得到几个和为 1 但互不相等的概率值，将其作为非均匀分布的概率分布。根据公式（11-1），计算非均匀分布的信息熵与对应状态的均匀分布的信息熵。打开 Jupyter Notebook，创建新的 Python 代码文档，输入以上代码并运行。

【结果如下】

```
[0.01567749  0.02239642  0.07950728  0.10302352  0.11422172  0.11870101
 0.13549832  0.20044793  0.21052632]
2.8962045966225145
3.1699250014423126
```

【结果说明】

上述输出结果，首先产生的是非均匀分布的概率分布，然后是非均匀分布对应的信息熵，最后是均匀分布对应的信息熵。由以上结果可见均匀分布的信息熵要大于非均匀分布的信息熵。

11.2　激活函数

激活函数是与人工神经网络相关的一种函数，对人工神经网络的效率和性能有重要的作用。

11.2.1 激活函数的概念

激活函数（Activation Function）又称激励函数，是在人工神经网络（Artificial Neural Network）中每一个神经元上运行的函数，根据神经元的输入，通过激活函数的作用，产生神经元的输出。要想了解激活函数的作用，首先要知道人工神经网络的结构和原理。

人工神经网络是从信息处理角度模拟人脑神经元网络，建立神经元的简单模型，按不同的连接方式组成不同的网络结构。在人工神经网络中，每个神经元都是一个计算单元，大量的神经元节点之间相互连接，每个连接就是数据的一种传输通道，数据从网络一端输入，经过神经元之间的运算，从网络的另一端输出。下图是一个多层神经网络模型。

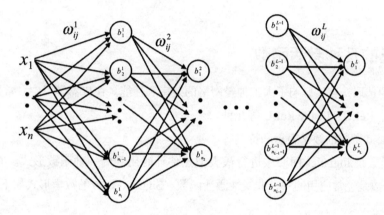

图 11-2 神经网络模型

在图 11-2 中，向量 x_1, x_2, $\cdots$, x_n 表示输入，ω_{ijk} 表示第 k 层神经元输入向量的权值，b_{jk} 表示第 k 层第 j 个神经元输入的常量部分。图中的圆形节点就是神经元，每一个神经元都是一个计算单元，将输入本节点的数据经过计算后产生的输出传到下一层神经元。神经元的模型如图 11-3 所示。

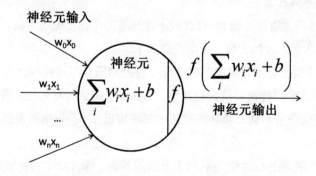

图 11-3 单个神经元结构

图 11-3 是人工神经网络中，一个具体的神经元的结构及运算原理。来自上一层的神经元的输入向量 x_i 经神经元连接的权值加权求和，再加上一个与当前神经元相关的常量构成神经元输入。

每一个神经元有一个激活函数,作用于本神经元的输入,产生输出如下。

$$f(x) = f\left(\sum_i \omega_i x_i + b\right)$$

本层神经元的输出通过神经元连接传入下一层神经元,作为下一层神经元的输入。

如果没有激活函数或激活函数是线性的,即 $f(x) = x$,在这种情况下,每一层节点的输入虽然经过连接的权值和神经元节点的常量作用,但这本质上只是一种线性作用;不论神经网络的层数有多少,其本质上输出都是输入的线性组合,网络的计算能力就相当有限。使用非线性激活函数,可以将线性作用变成非线性作用,在输入输出之间生成非线性映射,使神经网络更加复杂,可以表示输入输出之间非线性的复杂的任意函数映射,可以描述复杂的表单数据,甚至可以具有学习复杂事物的能力。

11.2.2 常见的几种激活函数

激活函数的选取,直接影响了人工神经网络的效率和性能。在机器学习中,常见的激活函数有 Sigmoid、Tanh、ReLU、Leaky ReLU 等几种。

(1)Sigmoid 函数的数学表示和特点。

Sigmoid 函数是 logistics 回归中进行最大似然估计时用到的一种函数形式。在人工神经网络中,Sigmoid 函数是经常应用的一种非线性激活函数。Sigmoid 函数的数学形式如下。

$$f(x) = \frac{1}{1 + e^{-x}} \tag{11-3}$$

在神经网络计算中,经常用到激活函数的导数,下面给出 Sigmoid 函数的导数。

$$f'(x) = \left(\frac{1}{1 + e^{-x}}\right)' = f(x)\left[1 - f(x)\right] \tag{11-4}$$

Sigmoid 函数的主要特点如下。

① 能够把输入的连续实值压缩到 [0, 1] 区间上输出有助于输出值的收敛。如果输入非常大的负数,输出收敛于 0;输入非常大的正数,输出收敛为 1。

② 应用 Sigmoid 函数,会出现梯度消失情况。神经网络训练连接权值时,一般按照误差反向传播,应用梯度下降法不断对连接权值进行调整。Sigimoid 函数的导数在 x 值非常大或非常小时接近于 0,这对梯度下降法非常不利,会导致权值的梯度接近于 0,权值的更新变得十分缓慢,即梯度消失。

③ Sigmoid 函数非原点中心对称,不利于下层的计算。Sigmoid 的函数的输出值全为正,在神经网络计算过程中,后一层的神经元将得到前一层输出的非 0 均值的信号作为输入,当输入 $x>0$ 时,对权值局部求梯度为正,这样在反向传播中,权值要么往正向更新要么往负向更新,使得收敛缓慢。

④ Sigmoid 函数含有幂运算，计算机求解时相对耗时比较长。

（2）应用 Python 函数库计算 Sigmoid 函数。

Sigmoid 函数具有较简单的数学表达形式，可以用 Python 的函数库 NumPy 进行 Sigmoid 函数计算，用 Matplotlib 的 pyplot 模块进行函数图形的绘制。

【例 11.3】使用 Python 计算 Sigmoid 函数并显示其图形。

【代码如下】

```
#11-3.py

import numpy as np
import matplotlib.pyplot as plt
from matplotlib.ticker import MultipleLocator, FormatStrFormatter
%matplotlib inline

def sigmoid(x):
    s = 1 / (1 + np.exp(-x))
    return s

#creating and configuration of the figure
plt.figure(figsize=(8,5), dpi=80)
ax = plt.subplot(111)
ax.spines['right'].set_color('none')
ax.spines['top'].set_color('none')
ax.xaxis.set_ticks_position('bottom')
ax.spines['bottom'].set_position(('data',0))
ax.yaxis.set_ticks_position('left')
ax.spines['left'].set_position(('data',0))
ax.yaxis.set_ticks([0.2,0.4,0.6,0.8,1.0])
xminorLocator = MultipleLocator(0.5)
yminorLocator = MultipleLocator(0.1)
ax.xaxis.set_minor_locator(xminorLocator)
ax.yaxis.set_minor_locator(yminorLocator)

#creating x sequence
X = np.linspace(-10,10, 201,endpoint=True)
#print(X)

#plotting sigmoid function
Y=sigmoid(X)
plt.plot(X,Y,color='green',linewidth=2)
plt.show()
```

在上述代码中，首先引入需要的函数库 NumPy、Matplotlib 等，然后根据公式（11-3）和公式（11-4）定义 Sigmoid 函数和 Sigmoid_derivative 函数。在图形窗口创建和配置部分配置图形、坐标系、坐标刻度等参数，然后调用 NumPy 的 linspace 函数创建等间距的数值序列，

作为 *x* 坐标；将其传入 Sigmoid 函数，产生 *y* 坐标序列；将其传入 Sigmoid_derivative 函数，产生 d*y* 坐标序列。最后调用 pyplot 的 plot 函数进行绘图。打开 Jupyter Notebook，创建新的 Python 代码文档，输入以上代码并运行。

【结果如下】

如图 11-4 所示。

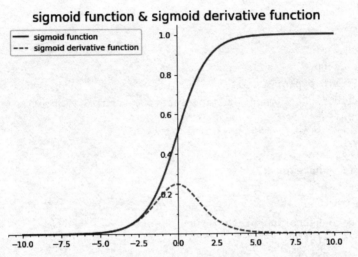

图 11-4 Sigmoid 和其导函数图形

【结果说明】

从图 11-4 中，可以看到 Sigmoid 函数及其导函数图形的特点：函数值在 [0, 1] 区间，自变量很小时函数值趋于 0，自变量很大时函数值趋于 1；其导函数值在自变量很大或很小时，趋于 0。

（3）tanh 函数的数学表示和特点

tanh 函数是另外一种激活函数，与 Sigmoid 函数不同的是它是把 ($-\infty$,+∞) 的输入映射到 (-1,1) 区间。在数学中，tanh 称为双曲正切函数，是双曲函数中的一个，可由基本双曲函数双曲正弦和双曲余弦推导而来。tanh 的数学形式如下。

$$f(x) = \frac{e^x - e^{-x}}{e^x + e^{-x}} \qquad (11\text{-}5)$$

在神经网络计算中，经常用到激活函数的导数，下面给出 tanh 函数的导数。

$$f'(x) = \left(\frac{e^x - e^{-x}}{e^x + e^{-x}} \right)' = 1 - f(x)^2 \qquad (11\text{-}6)$$

tanh 函数的主要特点如下。

① 与 Sigmoid 函数类似，tanh 能够把输入的连续实值压缩到 (-1, 1) 区间上输出。如果输入非常大的负数，输出收敛于-1；输入非常大的正数，输出收敛为 1，有助于输出值的收敛。

② 相比 Sigmoid 函数，tanh 函数关于原点中心对称，收敛较好。

③ tanh 函数在 x 很大或很小时，导数趋于 0，因此应用 tanh 函数也存在梯度消失问题。

④ tanh 函数也含有幂运算，计算机求解时相对比较耗时。

（4）应用 Python 函数库计算 tanh 函数

NumPy 中提供了 tanh 函数的实现，当然也可以自定义 tanh 函数。下面代码应用 NumPy 函数库，构造了 tanh 函数与 tanh 的导数，并用 Matplotlib 的 pyplot 模块进行函数图形的绘制。

【例 11.4】使用 Python 计算 tanh 函数并绘制函数图形。

【代码如下】

```
#11-4.py

import numpy as np
import matplotlib.pyplot as plt
from matplotlib.ticker import MultipleLocator, FormatStrFormatter
%matplotlib inline

def tanh(x):
    s = (np.exp(x) - np.exp(-x)) / (np.exp(x) + np.exp(-x))
    return s

def tanh_derivative(x):
    s=tanh(x)
    ds = 1-s*s
    return ds

#creating and configuration of the figure
plt.figure(figsize=(8,5), dpi=80)
ax = plt.subplot(111)
plt.title('tanh function & tanh derivative function',fontsize=16)
ax.spines['right'].set_color('none')
ax.spines['top'].set_color('none')
ax.xaxis.set_ticks_position('bottom')
ax.spines['bottom'].set_position(('data',0))
ax.yaxis.set_ticks_position('left')
ax.spines['left'].set_position(('data',0))
ax.yaxis.set_ticks([-1.0,-0.8,-0.6,-0.4,-0.2,0.2,0.4,0.6,0.8,1.0])
xminorLocator = MultipleLocator(0.5)
yminorLocator = MultipleLocator(0.1)
ax.xaxis.set_minor_locator(xminorLocator)
ax.yaxis.set_minor_locator(yminorLocator)

#creating x sequence
X = np.linspace(-10,10, 201,endpoint=True)
#print(X)
```

```
#plotting tanh function and its dirivative function
Y=tanh(X)
dY=tanh_derivative(X)
plt.plot(X,Y,color='green',linewidth=2,label='tanh function')
plt.plot(X,dY,color='red',linestyle='dashed',label='tanh derivative function')
plt.legend()
plt.show()
```

在上述代码中，首先引入需要的函数库 NumPy、Matplotlib 等，根据公式（11-5）和公式（11-6）定义 tanh 函数和 tanh_derivative 函数。在图形窗口创建和配置部分配置图形、坐标系、坐标刻度等参数，然后调用 NumPy 的 linspace 函数创建等间距的数值序列，作为 x 坐标；将其传入 tanh 函数，产生 y 坐标序列；将其传入 tanh_derivative 函数，产生 dy 坐标序列。最后调用 pyplot 的 plot 函数进行绘图。打开 Jupyter Notebook，创建新的 Python 代码文档，输入以上代码并运行。

【结果如下】

如图 11-5 所示。

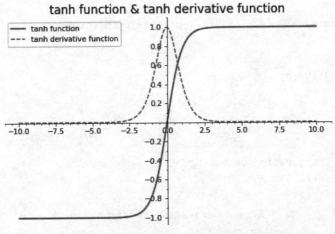

图 11-5 tanh 和其导函数图形

【结果说明】

从图 11-5 中可以看到，tanh 函数及其导函数图形的特点：函数关于原点中心对称，函数值在 [−1,1] 区间，自变量很小时函数值趋于−1，自变量很大时函数值趋于 1，其导函数值在自变量很大或很小时，趋于 0。

（5）ReLU 函数的数学表示和特点。

ReLU 函数又称为修正线性单元（Rectified Linear Unit），是一种分段线性函数，它弥补了 Sigmoid 函数以及 tanh 函数的梯度消失问题。ReLU 函数的数学形式如下。

$$f(x) = \max(0, x) \tag{11-7}$$

ReLU 函数其实就是一个取最大值函数，它实际上不是全局可导的，下面以分段函数形式给出它的导数。

$$f'(x) = \begin{cases} 1, x > 0 \\ 0, x \leqslant 0 \end{cases} \qquad (11\text{-}8)$$

ReLU 函数虽然简单，但解决了 Sigmoid 函数与 tanh 函数没有解决的问题，它的特点主要有以下几个。

① 在 $x > 0$ 时，导数为 1，解决了梯度消失问题。

② 计算速度很快，只需要判断输入是否大于 0。

③ 收敛速度快于 Sigmoid 函数和 tanh 函数。

④ ReLU 是非原点对称的，会影响收敛速度。

⑤ 当输入小于 0 时，输出为 0，导致某些神经元永远不会被激活，相应的权值也不会被更新。

（6）应用 Python 函数库计算 ReLU 函数

【例 11.5】使用 Python 编程计算 ReLU 函数并进行图形绘制。

【代码如下】

```python
#11-5.py

import numpy as np
import matplotlib.pyplot as plt
from matplotlib.ticker import MultipleLocator, FormatStrFormatter
%matplotlib inline

def relu(x):
    s = np.where(x <= 0, 0, x)
    return s

def relu_derivative(x):
    ds = np.where(x <= 0, 0, 1)
    return ds

#creating and configuration of the figure
plt.figure(figsize=(8,5), dpi=80)
ax = plt.subplot(111)
plt.title('relu function & relu derivative function',fontsize=16)
ax.spines['right'].set_color('none')
ax.spines['top'].set_color('none')
ax.xaxis.set_ticks_position('bottom')
ax.spines['bottom'].set_position(('data',0))
ax.yaxis.set_ticks_position('left')
ax.spines['left'].set_position(('data',0))
ax.yaxis.set_ticks([0.2,0.4,0.6,0.8,1.0])
xminorLocator = MultipleLocator(0.05)
yminorLocator = MultipleLocator(0.1)
```

```
ax.xaxis.set_minor_locator(xminorLocator)
ax.yaxis.set_minor_locator(yminorLocator)

#creating x sequence
X = np.linspace(-0.9,0.9, 91,endpoint=True)
#print(X)

#plotting relu function and its dirivative function
Y=relu(X)
dY=relu_derivative(X)
plt.plot(X,Y,color='green',linewidth=2,label='relu function')
plt.plot(X,dY,color='red',linestyle='dashed',label='relu derivative function')
plt.legend()
plt.show()
```

在上述代码中，首先引入需要的函数库 NumPy、Matplotlib 等，根据公式（11-7）和（11-8）定义 relu 函数和 relu_derivative 函数。在图形窗口创建和配置部分配置图形、坐标系、坐标刻度等参数，然后调用 NumPy 的 linspace 函数创建等间距的数值序列，作为 x 坐标；将其传入 relu 函数，产生 y 坐标序列；将其传入 relu_derivative 函数，产生 dy 坐标序列。最后调用 pyplot 的 plot 函数进行绘图。打开 Jupyter Notebook，创建新的 Python 代码文档，输入以上代码并运行。

【结果如下】

如图 11-6 所示。

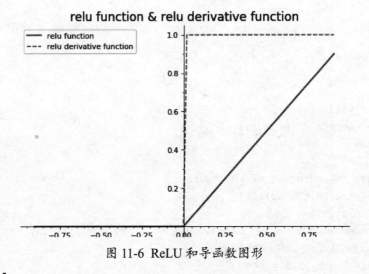

图 11-6 ReLU 和导函数图形

【结果说明】

从图 11-6 中可以看到，ReLU 函数及其导函数图形的特点：当 $x \leqslant 0$ 时，ReLU 函数和其导数都为 0；当 $x > 0$ 时，ReLU 函数是 x 本身，ReLU 函数的导数为 1。

（7）Leaky ReLU（PReLU）函数的数学表示和特点。

为了解决 ReLU 算法在 x 轴负向为 0 可能导致部分神经元无法激活的问题，将 ReLU 的前半段

设为 αx 而非 0，通常 α=0.01。改进的函数称为 Leaky ReLU 函数。另外一种思路是基于参数的方法，通过算法来确定 αx 中的参数 α，这种方法又称为 Parametric ReLU（PReLU）方法。Leaky ReLU 函数的数学形式如下。

$$f(x) = \max(0.01x, x) \qquad (11\text{-}9)$$

Leaky ReLU 函数也不是全局可导的，下面以分段函数形式给出它的导数。

$$f'(x) = \begin{cases} 1, x > 0 \\ 0.01, x \leqslant 0 \end{cases} \qquad (11\text{-}10)$$

Leaky ReLU 函数的特点与 ReLU 函数类似，理论上具有 ReLU 函数的所有优点，同时也解决了 ReLU 函数可能导致部分神经元无法激活的问题。

（8）应用 Python 函数库计算 Leaky ReLU 函数

【例 11.6】使用 Python 编程计算 Leaky ReLU 函数并进行图形绘制。

【代码如下】

```
#11-6.py

import numpy as np
import matplotlib.pyplot as plt
from matplotlib.ticker import MultipleLocator, FormatStrFormatter
%matplotlib inline

def prelu(x):
    s = np.where(x <= 0, 0.01*x, x)
    return s

def prelu_derivative(x):
    ds = np.where(x <= 0, 0.01, 1)
    return ds

#creating and configuration of the figure
plt.figure(figsize=(8,5), dpi=80)
ax = plt.subplot(111)
plt.title('prelu function & prelu derivative function',fontsize=16)
ax.spines['right'].set_color('none')
ax.spines['top'].set_color('none')
ax.xaxis.set_ticks_position('bottom')
ax.spines['bottom'].set_position(('data',0))
ax.yaxis.set_ticks_position('left')
ax.spines['left'].set_position(('data',0))
ax.yaxis.set_ticks([0.2,0.4,0.6,0.8,1.0])
xminorLocator = MultipleLocator(0.05)
yminorLocator = MultipleLocator(0.1)
```

```
ax.xaxis.set_minor_locator(xminorLocator)
ax.yaxis.set_minor_locator(yminorLocator)

#creating x sequence
X = np.linspace(-0.9,0.9, 91,endpoint=True)
#print(X)

#plotting prelu function and its dirivative function
Y=prelu(X)
dY=prelu_derivative(X)
plt.plot(X,Y,color='green',linewidth=2,label='prelu function')
plt.plot(X,dY,color='red',linestyle='dashed',label='prelu derivative function')
plt.legend()
plt.show()
```

在上述代码中，首先引入需要的函数库 NumPy、Matplotlib 等，根据公式（11-7）和（11-8）定义 prelu 函数和 prelu_derivative 函数。在图形窗口创建和配置部分配置图形、坐标系、坐标刻度等参数，然后调用 NumPy 的 linspace 函数创建等间距的数值序列，作为 x 坐标；将其传入 prelu 函数，产生 y 坐标序列；将其传入 prelu_derivative 函数，产生 dy 坐标序列；最后调用 pyplot 的 plot 函数进行绘图。打开 Jupyter Notebook，创建新的 Python 代码文档，输入以上代码并运行。

【结果如下】

如图 11-7 所示。

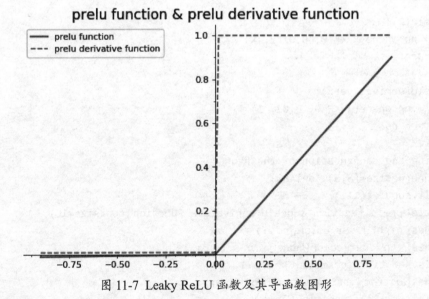

图 11-7 Leaky ReLU 函数及其导函数图形

【结果说明】

从图 11-7 中可以看到，Leaky ReLU 函数及其导函数图形的特点：当 $x \leqslant 0$ 时，Leaky ReLU 函数为 $0.01x$，其导数都为 0.01；当 $x > 0$ 时，Leaky ReLU 函数是 x 本身，Leaky ReLU 函数的导数为 1。

11.3 综合案例——分类算法中信息熵的应用

信息熵在机器学习中有很多应用。信息熵度量了事物的不确定性，事物不确定性减少，表示我们对事物有了更加确切的认识。ID3 分类算法就是按照信息熵的减少幅度来确定分类的方向。下面来看一个具体的例子。

表 11-1 用于 ID3 分类算法的源数据

Day	Outlook	Temp.	Humidity	Wind	Decision
1	Sunny	Hot	High	Weak	No
2	Sunny	Hot	High	Strong	No
3	Overcast	Hot	High	Weak	Yes
4	Rain	Mild	High	Weak	Yes
5	Rain	Cool	Normal	Weak	Yes
6	Rain	Cool	Normal	Strong	No
7	Overcast	Cool	Normal	Strong	Yes
8	Sunny	Mild	High	Weak	No
9	Sunny	Cool	Normal	Weak	Yes
10	Rain	Mild	Normal	Weak	Yes
11	Sunny	Mild	Normal	Strong	Yes
12	Overcast	Mild	High	Strong	Yes
13	Overcast	Hot	Normal	Weak	Yes
14	Rain	Mild	High	Strong	No

表（11-1）显示的是阴晴、气温、湿度、风力对是否决定打网球的影响。Day 列表示每行数据对应的日期，Outlook、Temp、Humidity、Wind 是属性列，分别表示阴晴、气温、湿度、风力，Decision 表示目标列或标识列。分类算法的思想就是根据上述数据，建立属性列与目标列之间的关系，从而使未知数据也能根据属性列的值预测目标列的值。分类算法有很多种，ID3 算法是一种基于信息熵的分类算法，又称决策树算法，下面来看一下在这个算法中，信息熵是如何计算并应用的。

根据公式（11-1），建立数据集的信息熵公式如下。

$$H(D) = -\sum_{k=1}^{K} \frac{|C_k|}{|D|} \log_2 \frac{|C_k|}{|D|}$$ （11-11）

式中 D 表示数据集，$H(D)$ 表示数据集的信息熵，K 表示根据目标列的值将数据集分成的类别数量，C_k 表示根据目标值分成的第 k 个类别，$|D|$、$|C_k|$ 分别表示数据集中所有数据条目个数及属于类别 C_k 的数据条目数量。

按照某一属性 A，对数据集进行分类之后的信息熵计算公式如下。

$$H(D \mid A) = \sum_{i=1}^{n} \frac{|D_i|}{|D|} H(D_i) = -\sum_{i=1}^{n} \frac{|D_i|}{|D|} \sum_{k=1}^{K} \frac{|C_{ik}|}{|D_i|} \log_2 \frac{|D_{ik}|}{|D_i|}$$ （11-12）

针对某一属性 A，分类后不确定减少，由此产生的信息增益如下。

$$g(D|A) = H(D) - H(D|A) \quad\quad\quad (11\text{-}13)$$

对表 11-1 中的数据集，可以应用公式（11-11）、公式（11-12）、公式（11-13）依次确定按照哪一个属性取值对数据集进行分类。

（1）数据集的信息熵的计算

根据公式（11-11），可以计算数据集的总体信息熵公式如下。

$$H(D) = -\sum_{k=1}^{2} \frac{|C_k|}{|D|} \log_2 \frac{|C_k|}{|D|} = -\frac{|C_{\text{yes}}|}{|D|} \log_2 \frac{|C_{\text{yes}}|}{|D|} - \frac{|C_{\text{no}}|}{|D|} \log_2 \frac{|C_{\text{no}}|}{|D|}$$

根据表 11-1 的数据集，可知 $|D|=14$，$|C_{\text{yes}}|=9$，$|C_{\text{no}}|=5$，代入上式，可得：

$$H(D) = -\frac{9}{14} \log_2 \frac{9}{14} - \frac{5}{14} \log_2 \frac{5}{14} = 0.940$$

（2）$H(D|A)$ 的计算

根据公式（11-12），可计算属性 Wind 的信息熵：

$$H(D|\text{Wind}) = \sum_{i=1}^{n} \frac{|D_i|}{|D|} H(D_i) = \frac{|D_{\text{strong}}|}{|D|} H(D_{\text{strong}}) + \frac{|D_{\text{weak}}|}{|D|} H(D_{\text{weak}})$$

根据公式（11-11），可以计算对于 Wind=Strong 的数据集的信息熵：

$$H(D_{\text{strong}}) = -\sum_{k=1}^{2} \frac{|C_{\text{strong,k}}|}{|D_{\text{strong}}|} \log_2 \frac{|C_{\text{strong,k}}|}{|D_{\text{strong}}|}$$

进一步展开：

$$H(D_{\text{strong}}) = -\frac{|C_{\text{strong,yes}}|}{|D_{\text{strong}}|} \log_2 \frac{|C_{\text{strong,yes}}|}{|D_{\text{strong}}|} - \frac{|C_{\text{strong,no}}|}{|D_{\text{strong}}|} \log_2 \frac{|C_{\text{strong,no}}|}{|D_{\text{strong}}|}$$

根据数据集可知，$|D_{\text{strong}}|=6$，$|C_{\text{strong,yes}}|=3$，$|C_{\text{strong,no}}|=3$，代入上式计算可得：

$$H(D_{\text{strong}}) = -\frac{3}{6} \log_2 \frac{3}{6} - \frac{3}{6} \log_2 \frac{3}{6} = 1$$

同理，可以计算：

$$H(D_{\text{weak}}) = -\frac{|C_{\text{weak,yes}}|}{|D_{\text{weak}}|} \log_2 \frac{|C_{\text{weak,yes}}|}{|D_{\text{weak}}|} - \frac{|C_{\text{weak,no}}|}{|D_{\text{weak}}|} \log_2 \frac{|C_{\text{weak,no}}|}{|D_{\text{weak}}|} = 0.811$$

由此算得：

$$H(D|\text{Wind}) = \frac{|D_{\text{strong}}|}{|D|} H(D_{\text{strong}}) + \frac{|D_{\text{weak}}|}{|D|} H(D_{\text{weak}}) = 0.892$$

（3）$g(D|A)$ 的计算

根据公式 (11-13)，可以计算属性根据 Wind 进行分类的信息增益：

$$g(D|Wind) = H(D) - H(D|Wind)$$

代入（1）与（2）中计算得到的 $H(D)$ 与 $H(D|Wind)$，可以得到：

$$g(D|Wind) = 0.940 - 0.892 = 0.048$$

同理，可以求得：

$$g(D|Outlook) = 0.246$$
$$g(D|Temp) = 0.029$$
$$g(D|Humidity) = 0.151$$

根据上述结果，可以看出根据 Outlook 进行分类，具有最大的信息增益，由此可以确定首先对 Outlook 进行分类。分类之后，对每个子类，根据信息熵计算，继续按照其他属性进行分类，直至所有的子类都包含相同的目标值为止，这就是经典的 ID3 算法。最终的分类结果如图 11-8 所示。

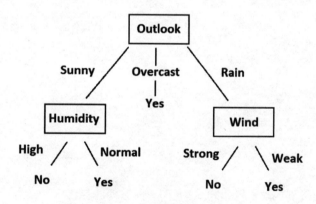

图 11-8 ID3 决策树分类算法的结果

从图 11-8 可以看出，通过对数据集的信息熵的计算，可以对数据集进行合理的类别划分。

 11.4 高手点拨

机器学习需要大量时间来处理数据，模型的收敛速度非常重要。在选取激活函数时，其收敛速度及计算的简单性要重点考虑。总体而言，有以下选取规则。

（1）尽量选择具有中心对称特性的激活函数，这样保证多层神经网络中数据可正可负，加速模型的收敛。

（2）ReLU 函数是一个通用的激活函数，其收敛性较好，但 ReLU 函数一般只用在隐藏层。

（3）由于梯度消失问题会降低收敛性，所以在多层网络中，要减少使用 Sigmoid 函数和 tanh 函数。

（4）对于分类器，Sigmoid 函数及其组合函数效果会比较好。

 11.5 习题

（1）在综合案例中，在 Outlook=Sunny 的情况下，分别计算对 Humidity 与 Wind 进行再次分类时的信息增益。

（2）在综合案例中，在 Outlook=Rain 的情况下，分别计算对 Humidity 与 Wind 进行再次分类时的信息增益。

第4篇

应用篇

本篇主要讲述了假设检验、相关分析、回归分析、方差分析、聚类分析和贝叶斯分析等内容。

第 12 章

假设检验

    在实际问题的研究中我们通常会提出一些假设，例如推广新的教育方案后，教学质量是否有所提高；醉驾判定为刑事犯罪后，是否会使交通事故减少；男生和女生在选文理科时，是否存在性别因素影响等。这些假设提出后，要通过样本数据信息对所提假设验证是否成立，如果成立则接受假设，若不成立则接受对立假设，这种方法称为假设检验。假设检验是统计推断的重要工具。假设检验可以帮助我们建立批判思维，避免盲目认同他人的观点，无论是在理论研究还是实际生活中，假设检验都有广泛的应用。

    本章将介绍假设检验问题的一些基本概念和思想，主要包括：显著性检验方法、P 值法等；对正态分布均值和方差的各种检验方法；非正态总体参数的卡方检验；假设检验的两种类型错误。最后通过两个实例介绍 Python 中实现假设检验的具体方法。

本章主要涉及的知识点

- 假设检验的基本概念
- Z 检验
- t 检验
- 卡方检验
- 假设检验中的两类错误

12.1 假设检验的基本概念

假设一箱中有红白两种颜色的球共 100 个，甲说这里有 98 个白球，2 个红球。乙从箱中任取一个，发现是红球，问甲的说法是否正确？

先作假设 H_0：承认箱中有 98 个白球，H_1：不承认箱中有 98 个白球。如果假设 H_0 正确，则从箱中任取一个球是红球的概率只有 0.02，是小概率事件。通常认为在一次随机试验中，小概率事件不易发生。现在乙从箱中任取一个，发现是红球，"小概率事件"竟在一次试验中发生了，故有理由认为假设 H_0 不成立，即甲的说法不正确。

如果甲说这里有 50 个白球，50 个红球。则作假设 H_0：承认箱中有 50 个白球，50 个红球。若乙从箱中任取一个球是红球，但这时任取一球是红球的概率是 0.5，是大概率事件，极有可能发生，不能由此就拒绝假设 H_0。

上面所讲的方法是基于"概率反证法"和"小概率原理"提出的假设检验方法，这里称 H_0 为原假设或零假设，而备选的假设 H_1 称为备择假设，这是两个对立的假设。对原假设 H_0 作出拒绝或接受的判断，称为对 H_0 作出显著性检验。原假设通常由检验者决定，反映检验者对未知参数的看法。备择假设通常反映了检验者的另一种（对立的）看法。

12.1.1 假设检验的基本思想

假设检验问题就是在原假设 H_0 和与原假设对立的备择假设 H_1 中作出拒绝哪一个、接受哪一个的判断，是统计理论中基于"概率反证法"和"小概率原理"提出的假设检验方法。

1. 小概率原理

概率很小的事件一般在一次试验中不会发生，如果小概率事件在一次试验中竟然发生了，则事属反常，有理由怀疑原假设条件不成立。

2. 概率反证法

概率反证法的思想：首先对总体的参数或分布函数的表达式作出某种假设 H_0，然后找出一个假设成立条件下出现可能性甚小的小概率事件 A，如果在一次试验或抽样的结果中小概率事件发生了，这与小概率原理相违背，表明假设 H_0 不成立，拒绝 H_0，接受备择假设 H_1。若小概率事件 A 没有发生，表明试验或抽样结果支持这个假设 H_0，这时称假设 H_0 与实验结果是相容的，或者说，可以接受原假设 H_0。

概率反证法的依据是"小概率原理"。那么多小的概率才算小概率呢？显然，"小概率事件"的概率越小，拒绝原假设就越有说服力，常记这个概率值为 α，称为检验的显著性水平，该检验称为显著性检验。对于不同的问题，检验的显著性水平 α 不一定相同，但一般应取较小的值，如 0.1、0.05 或 0.01 等，例如 $\alpha=0.05$ 时，表示有 95% 的把握拒绝原假设 H_0。显著性水平 α 越小，拒绝原假设就越有说服力。当检验统计量落入某个区域 C 中时，拒绝原假设 H_0，则称区域 C 为拒绝域，拒绝域的边界称为该假设检验的临界点。

【例 12.1】已知某炼铁厂的铁水含碳量 $X \sim N(4.55, 0.06)$，现改变了工艺条件，又测得 10 炉铁水的平均含碳量 $\bar{X}=4.57$，假设方差无变化，问总体的均值 μ 是否有明显改变?

解: 因为测得样本的均值是 4.57，和总体均值 4.55 不一致，这种均值的波动可能是随机采样带来的误差，也可能是新工艺造成，为了不产生误判，由问题提出假设:

$$H_0: \mu=4.55, \; H_1: \mu \neq 4.55$$

下面用统计量 $|\bar{X}-4.55|$ 来衡量总体 μ 是否发生变化。在 $H_0: \mu=4.55$ 成立的前提下，令事件 $A: |\bar{X}-4.55| \geqslant d, \; d>0$。那么在原假设 $H_0: \mu=4.55$ 成立的情况下，事件 A 是小概率事件。取显著性水平 $\alpha=0.05$，则事件 A 发生的概率 $P(A) \leqslant \alpha$ 时，认定为小概率事件。当小概率事件 A 发生时，依据概率反证法，拒绝原假设 H_0。由此得到不等式:

$$P\left(\text{当 } H_0 \text{ 为真，拒绝 } H_0\right) = P\left(|\bar{X}-4.55| \geqslant d\right) \leqslant \alpha$$

对括号内不等式两边同除以 $\sigma/\sqrt{n}$，可得:

$$P\left(\text{当 } H_0 \text{ 为真，拒绝 } H_0\right) = P\left(\left|\frac{\bar{X}-4.55}{\sigma/\sqrt{n}}\right| \geqslant \frac{d}{\sigma/\sqrt{n}}\right) \leqslant \alpha$$

由于小概率事件临界点设为 α，因此对 $P(A) \leqslant \alpha$ 取等号，设检验统计量 $Z=\dfrac{\bar{X}-4.55}{\sigma/\sqrt{n}}$，$k=\dfrac{d}{\sigma/\sqrt{n}}$，则: $P\left(\text{当 } H_0 \text{ 为真，拒绝 } H_0\right) = P(|Z| \geqslant k) = \alpha$。由统计量 $Z \sim N(0,1)$，按第 9 章中标准正态分布上分位点的定义（如图 12-1 所示）可知: $k=Z_{\alpha/2}$，拒绝域为 $|Z| \geqslant Z_{\alpha/2}$（图中阴影两部分），$|Z|<Z_{\alpha/2}$ 确定的区域为接受域，$Z=-Z_{\alpha/2}$，$Z=Z_{\alpha/2}$ 为临界点。

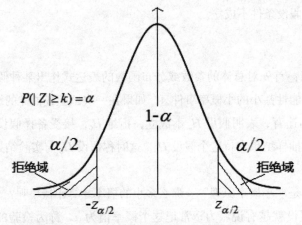

$$P(|Z| \geqslant k) = \alpha$$

$$1-\alpha$$

$$\alpha/2 \qquad \alpha/2$$

拒绝域 　　　　　　　　　　　　　拒绝域

$-z_{\alpha/2}$ 　　　　　 $z_{\alpha/2}$

图 12-1 标准正态分布上分位点 $P(|Z| \geqslant k) = \alpha$

由 $\alpha=0.05$，则 $Z_{\alpha/2}=1.96$，样本均值 $\overline{X}=4.57$，得到：

$$Z = \frac{\overline{X}-4.55}{\sigma/\sqrt{n}} = \frac{4.57-4.55}{0.06/\sqrt{10}} = 1.054 < 1.96$$，由于 $|Z| < Z_{\alpha/2}$，没有落入拒绝域，因此接受原假设

H_0：$\mu=4.55$，认为工艺是正常的。

总结上述推导过程，显著性假设检验的一般步骤如下。

（1）根据实际问题提出检验的原假设 H_0 和备择假设 H_1 的具体内容。

（2）根据 H_0 的内容，构造适当的检验统计量。

（3）根据显著性水平 α，确定 H_0 的临界点和拒绝域。

（4）由样本观察值 $\overline{X}$ 计算检验统计量的值，若统计量的值落在拒绝域内，则在显著性水平 α 下拒绝 H_0，否则接受 H_0。

12.1.2 左右侧检验与双侧检验

如果拒绝域在接受域的两侧，这类假设检验为双侧检验；如果拒绝域在接受域的一侧，这类假设检验为单侧检验。考虑左侧检验 H_0：$\mu \geqslant \mu_0$，H_1：$\mu < \mu_0$ 时，H_0 代表接受域，H_1 代表拒绝域，这里拒绝域的全部 μ 值都要比接受域中的 μ 值要小，因此拒绝域的形式为 $\overline{X} \leqslant k$，常数 k 的确定方法和例 12.1 中的做法类似，构造检验统计量 Z，显著性水平 α 左侧检验的拒绝域：$Z \leqslant -Z_\alpha$。同理可得右侧检验的拒绝域：$Z \geqslant Z_\alpha$。

表 12-1 中显示了左右侧检验与双侧检验情况。

表 12-1 左、右侧检验与双侧检验的接受区域和拒绝区域

检验类型		拒绝域	
左侧检验	H_0：$\mu \geqslant \mu_0$，H_1：$\mu < \mu_0$	$Z \leqslant -Z_\alpha$	
右侧检验	H_0：$\mu \leqslant \mu_0$，H_1：$\mu > \mu_0$	$Z \geqslant Z_\alpha$	

检验类型		拒绝域	
双侧检验	H_0: $\mu = \mu_0$，H_1: $\mu \neq \mu_0$	$\lvert Z \rvert \geqslant Z_{\alpha/2}$	

【例 12.2】一支香烟中的尼古丁含量 $X \sim N(\mu, 1)$，质量标准规定 μ 不能超过 1.5 mg，现从某厂生产的香烟中随机抽取 20 支，测得平均每支香烟尼古丁含量为 $\bar{X} = 1.97$ mg，试问该厂生产的香烟尼古丁含量是否符合标准规定？

解：根据题意，提出假设 H_0: $\mu \leqslant 1.5$，H_1: $\mu > 1.5$。

这是一个有关正态总体下方差已知时，对总体均值的单侧假设检验问题，构造检验统计量：

$$Z = \frac{\bar{X} - 1.5}{\sigma / \sqrt{n}}$$

如果 H_0 成立，则统计量 $Z \sim N(0,1)$，H_0 的拒绝域为 $Z \geqslant Z_{\alpha}$，由样本观察值计算检验统计量的值：

$$Z = \frac{1.97 - 1.5}{1 / \sqrt{20}} = 2.1$$

若取 $\alpha = 0.05$，则根据表 12-2 得 $Z_{\alpha} = 1.645$，因 $Z = 2.1 > 1.96$ 拒绝 H_0，即在显著性水平 0.05 下认为该厂生产的香烟尼古丁含量不符合标准。

表 12-2 中列出了当显著性水平 α 取不同值时，例 12.2 相应的拒绝域和检验结论。

表 12-2 不同显著性水平下的拒绝域

显著性水平	拒绝域	检验结论
$\alpha = 0.05$，$Z_{\alpha} = 1.645$	$Z \geqslant 1.645$	拒绝 H_0
$\alpha = 0.025$，$Z_{\alpha} = 1.96$	$Z \geqslant 1.96$	拒绝 H_0
$\alpha = 0.01$，$Z_{\alpha} = 2.33$	$Z < 2.33$	接受 H_0
$\alpha = 0.005$，$Z_{\alpha} = 2.58$	$Z < 2.58$	接受 H_0

由此可以看出，对同一个假设检验问题，不同的 α 可能有不同的检验结论。因为显著性水平 α 变小后会导致检验的拒绝域变小，于是原来落在拒绝域内的观测值就可能落在拒绝域之外（即落入接受域内）。从表 12-2 中可以看出 $\alpha = 0.05$ 时，表示有 95% 的把握拒绝原假设 H_0，但 $\alpha = 0.01$ 时，表示没有 99% 的把握拒绝原假设 H_0，此时接受原假设 H_0，这也体现出假设检验中一般不会轻易拒绝原假设的"保护原假设"的思想。

12.1.3 P 值检验法

前面讨论的假设检验方法称为临界值法，此方法得到的结论较简单，如在给定的显著性水平下，两次抽样的结果都是拒绝原假设，样本信息中包含了反对原假设的证据，我们就需要衡量证据强度的差异，因此需要找到一个能够衡量样本所包含对原假设有利或不利信息强度的量。

【例 12.3】 某食品厂用自动装罐机装罐头食品，每罐的标准重量为 500 克，设罐重是服从正态分布的随机变量，根据多年的观测结果，其标准差 $\sigma=10$，每隔一段时间要检测机器工作是否正常。现从中抽取 10 罐，测得平均重量为 506 克，问这段时间机器工作是否正常？隔一段时间又从中抽取 10 罐，测得平均重量为 505 克，问这时机器工作是否正常？

解： 以 X 表示罐头的重量，则 $X \sim N\left(\mu, \sigma^2\right)$，这里 $\sigma=\sigma_0=10$ 已知，μ 未知，需要根据样本均值 $\bar{X}$ 来判断 $\mu=500$ 还是 $\mu \neq 500$。为此，我们提出假设：

$$H_0: \mu=\mu_0=500, \ H_1: \mu \neq \mu_0$$

构造检验统计量 $Z=\dfrac{\bar{X}-500}{10/\sqrt{10}} \sim N(0,1)$，求得 H_0 的拒绝域 $\left\{Z=\left|\dfrac{\bar{X}-4.55}{\sigma/\sqrt{n}}\right| \geq Z_{\alpha/2}\right\}$，两次抽样数据算得的检验统计量分别为

$$Z_1=\frac{506-500}{10/\sqrt{10}}=1.897, \ Z_2=\frac{505-500}{10/\sqrt{10}}=1.581$$

若取显著性水平 $\alpha=0.05$，则 $Z_{\alpha/2}=1.96$，因 $Z_1=1.897<1.96$，$Z_2=1.581<1.96$，所以两次抽检结果均为接受 H_0，即认为机器工作正常。尽管两次检验结果都是接受 H_0，但由于 $Z_1>Z_2$（Z_1 比 Z_2 更接近拒绝域），可认为在第 2 次抽样中接受 H_0 的理由似乎更充分一些。这个例子说明统计量观察值落在不同的地方，支持原假设证据的强度存在较大的差异，因此在假设检验中提出了 P 值的概念。P 值是一个能够表示样本信息中所包含的拒绝原假设 H_0 的依据的强度的量。

当样本统计量记为 Z_0 时，P 值是用样本检验统计量 Z_0 计算出来的概率值。这里分别求解例 12.3 中两次抽样结果的 P 值。

（1）第 1 次抽样：$P\{Z \geq Z_1\}=P\{Z \geq 1.897\}=1-\Phi(1.897)=0.029$。

（2）第 2 次抽样：$P\{Z \geq Z_2\}=P\{Z \geq 1.581\}=1-\Phi(1.581)=0.057$。

若取显著性水平 $\alpha=0.05$，则 $\alpha/2=0.025$，因 $P\{Z \geq Z_1\}=0.029>0.025$，$P\{Z \geq Z_2\}=0.057>0.025$，两次抽检结果的 P 值（概率值）均大于显著性水平 α，所以接受原假设 H_0，显然第 2 次抽样支持原假设的强度更大。

如表 12-3 所示一般情况下，左侧检验时，P 值为曲线下方小于等于 Z_0 部分的面积；右侧检验时，P 值为曲线下方大于等于 Z_0 部分的面积。双侧检验时，P 值为曲线两侧小于等于 Z_0 部分的面积之和。

表 12-3 左、右侧检验与双侧检验的 P 值

检验类型		P 值
左侧检验	$H_0: \mu \geq \mu_0, \ H_1: \mu<\mu_0$	

检验类型		P 值
右侧检验	H_0: $\mu \leqslant \mu_0$, H_1: $\mu > \mu_0$	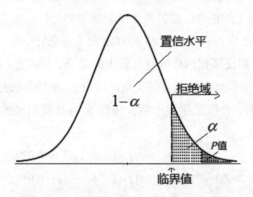
双侧检验	H_0: $\mu = \mu_0$, H_1: $\mu \neq \mu_0$	

如果 P 值 < 显著性水平 α，样本统计量将落入拒绝域，那么在显著性水平 α 下拒绝 H_0；如果 P 值 $\geqslant \alpha$，则在显著性水平 α 下接受 H_0。图 12-2 中显示右侧检验时 P 值 < 显著性水平 α，落入拒绝域，所以拒绝原假设 H_0，这种利用 P 值检验假设的方法称为 P 值检验法。

图 12-2 右侧检验时 P 值落入拒绝域

由以上分析可得，P 值是当 H_0 成立时，用样本统计量观察值所求得的概率，所以 P 值是用样本检验统计量构造出 H_0 的拒绝域的最小实际显著性水平。P 值越小，H_0 越不可能成立（更小概率的事件发生），说明样本信息中拒绝 H_0 的证据更强、更充分，故 P 值法的结论更加准确。

【例 12.4】从甲地发送一个讯号到乙地，设乙地收到的讯号是一个随机变量 X，且 $X \sim N(\mu, 0.2^2)$，其中 μ 是甲地发送的真实讯号值，现从甲地发送同一讯号 5 次，乙地收到的讯号值为。8.05，8.15，8.2，8.1，8.25。给定显著性水平 $\alpha = 0.05$，试利用 P 值检验法检验。假设检验问题 H_0: $\mu = 8$，H_1: $\mu \neq 8$。

解：这是一个有关正态总体下方差已知时，对总体均值的双边假设检验问题，检验统计量为

$Z = \dfrac{\bar{X} - \mu_0}{\sigma / \sqrt{n}}$，拒绝域的形式为 $|Z| \geqslant c$，由已知数据可算得样本检验统计量：

$$Z_0 = \frac{\bar{X} - \mu_0}{\sigma/\sqrt{n}} = \frac{8.15 - 8}{0.2/\sqrt{5}} = 1.68$$

P 值 $= P(|U| \geqslant |z_0|) = 2\left[1 - \Phi(|1.68|)\right]$，查正态分布表计算后得 P 值为 0.093，由于 $\alpha = 0.05 < P$ 值，故接受原假设 H_0。

12.2 Z 检验

前面讨论过正态总体 $N(\mu, \sigma^2)$ 中，当 σ^2 已知时关于均值 μ 的检验问题，在这些检验问题中我们都是利用统计量 $Z = \dfrac{\bar{X} - \mu_0}{\sigma/\sqrt{n}}$ 来确定拒绝域，这种检验法常称为 Z 检验法。

Z 检验（Z Test）是对总体均值的检验，常用于推断两组样本平均数的差异是否显著，或者已知标准差或大样本（即样本容量大于 30）情况下，检验一个样本平均数与一个已知的总体平均数的差异是否显著。

统计量 Z 值计算公式如下。

$$Z = \frac{\bar{X} - \mu}{\sigma/\sqrt{n}} \sim N(0,1)$$

如果两组样本方差 σ_1^2 与 σ_2^2 已知，要检验来自两组样本平均数的差异性，从而判断它们各自代表的总体间差异是否显著，统计量 Z 值计算公式如下。

$$Z = \frac{\bar{X}_1 - \bar{X}_2}{\sqrt{\dfrac{\sigma_1^2}{n_1} + \dfrac{\sigma_2^2}{n_2}}} \sim N(0,1)$$

显著性水平 α 一般取 0.05，0.01，常用的 Z 检验的几个临界点包括：双侧 $Z_{0.05/2} = 1.96$，$Z_{0.01/2} = 2.58$；单侧 $Z_{0.05} = 1.645$，$Z_{0.01} = 2.33$。

【例 12.5】设从甲乙两厂所生产的钢丝总体 X_1，X_2 中各取 50 束作拉力强度试验，得 $\bar{X}_1 = 1208$，$\bar{X}_2 = 1282$，已知 $\sigma_1 = 80$，$\sigma_2 = 94$，请问两厂钢丝的抗拉强度是否有显著差别（$\alpha = 0.05$）？

解： 在显著性水平 $\alpha = 0.05$ 的情况下，检验假设 H_0：$\mu_1 = \mu_2$，H_1：$\mu_1 \neq \mu_2$，这里 $n_1 = n_2 = 50$，选取检验统计量 $Z = \dfrac{\bar{X}_1 - \bar{X}_2}{\sqrt{\dfrac{\sigma_1^2}{n_1} + \dfrac{\sigma_2^2}{n_2}}}$。

给定显著性水平 $\alpha = 0.05$，查标准正态分布表，得临界值 $Z_{0.05/2} = Z_{0.025} = 1.96$，故拒绝域 $W = \{|Z| > Z_{\alpha/2}\}$。

由于 $\bar{X}_1 = 1208$，$\bar{X}_2 = 1282$，$\sigma_1 = 80$，$\sigma_2 = 94$，计算检验统计量的值 $u = \dfrac{\bar{X}_1 - \bar{X}_2}{\sqrt{(\sigma_1^2 + \sigma_2^2)/50}} = -4.2392$。

由于 $|Z| > Z_{\alpha/2}$，故拒绝 H_0，认为两厂钢丝的抗拉强度有显著差别。

【例 12.6】 某机床厂加工一种零件，根据经验，该厂加工零件的椭圆度近似服从正态分布，其总体均值为 $\mu = 0.081$mm，总体标准差为 $\sigma = 0.025$。今换一种新机床进行加工，抽取 $n = 200$ 个零件进行检验，得到的椭圆度均值为 0.076mm。试问新机床加工零件的椭圆度的均值与以前有无显著差异 $(\alpha = 0.05)$？

解： 依题意，提出检验假设 H_0：$\mu = 0.081$，H_1：$\mu \neq 0.081$。由于 $\sigma = 0.025$，$\alpha = 0.05$，构造检验统计量：$Z = \dfrac{\bar{X} - 0.081}{\sigma / \sqrt{n}}$，拒绝域：$|Z| > 1.96$。

计算样本统计量 $Z = \dfrac{\bar{X} - 0.081}{\sigma / \sqrt{n}} = \dfrac{0.076 - 0.081}{0.025 / \sqrt{200}} = -2.83 < -1.96$，由图 12-3 可看出样本统计量落入拒绝域。

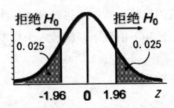

图 12-3 双边检验 $\alpha = 0.05$ 对应的拒绝域

在显著性水平 $\alpha = 0.05$ 上拒绝 H_0，认为新机床加工零件的椭圆度的均值和以前相比有显著差异。

【例 12.7】 根据大量资料，某厂生产的灯泡的使用寿命服从正态分布 $N \sim (1020, 100^2)$。现从最近生产的一批产品中随机抽取 16 只，测得样本平均寿命为 1080 小时。试在 0.05 的显著性水平下判断这批产品的使用寿命是否有显著提高 $(\alpha = 0.05)$？

解： 依题意，提出检验假设 H_0：$\mu \leqslant 1020$，H_1：$\mu > 1020$。由于 $\sigma = 100$，$n = 14$，已知 $\alpha = 0.05$，构造检验统计量：$Z = \dfrac{\bar{X} - 1020}{\sigma / \sqrt{n}}$，拒绝域：$Z > 1.645$。

计算样本统计量 $Z = \dfrac{\bar{X} - 1020}{\sigma / \sqrt{n}} = \dfrac{1080 - 1020}{100 / \sqrt{14}} = 2.24 > 1.645$，如图 12-4 所示。

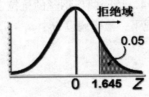

图 12-4 右侧检验 $\alpha = 0.05$ 对应的拒绝域

样本统计量落入拒绝域，因此在 $\alpha = 0.05$ 的显著性水平上拒绝 H_0，认为这批产品的使用寿命有显著提高。

12.3　*t* 检验

当总体分布的方差 σ^2 未知时，对样本均值 μ 检验时就会采用 t 检验法。t 检验法的一般步骤和 Z 检验类似，区别在于检验统计量及其分布形式有所不同。t 检验中因为 σ^2 未知，而样本方差 S^2 是总体方差 σ^2 的无偏估计量，故用 S 代替 σ，选择检验统计量 $T = \dfrac{\overline{X} - \mu_0}{S/\sqrt{n}}$，该统计量服从 $t(n-1)$ 分布，利用显著性水平 α 和 t 分布分位点计算拒绝域，从而对计算的样本统计量进行判别，这种利用服从 t 分布的检验统计量进行检验的方法称为 t 检验法。

t 检验主要用于样本含量较小（例如 $n < 30$）、总体标准差 σ 未知的正态分布。t 检验包括单总体检验和双总体检验以及配对样本检验。

1. 单总体检验

单总体 t 检验又称单样本均数 t 检验 (one sample t test)。当样本的总体标准差 σ 未知且服从正态分布时，检验样本均值 μ 与已知总体均值 μ_0 是否存在显著性差异。总体均值 μ_0 一般是理论值或标准值，也可以是经大量观察得到的较稳定的指标值。例如，选取 5 个人，测定他们的身高，要看这 5 个人的身高平均值是高于、低于还是等于 1.70m，就需要用 t 检验方法。

【例 12.8】 一手机生产厂家在其宣传广告中称他们生产的某种品牌的手机待机时间的平均值至少为 71.5 小时，质检部门检查了该厂生产的这种品牌的手机 6 部，得到的待机时间为 69，68，72，70，66，75，设手机的待机时间 $X \sim N(\mu, \sigma^2)$，由这些数据能否说明其广告是否存在欺骗消费者的嫌疑（显著性水平 $\alpha=0.05$）？

解： 依题意，检验假设 H_0: $\mu \geqslant 71.5$，H_1: $\mu < 71.5$，

由于 σ^2 未知，故选择 t 检验，统计量 $T = \dfrac{\overline{X} - \mu_0}{S/\sqrt{n}}$，拒绝域 $t = \dfrac{\overline{X} - \mu_0}{S/\sqrt{n}} \leqslant -t_\alpha(n-1)$。在 H_0 下，$T \sim t(n-1), n=6$。给定显著性水平 $\alpha=0.05$，查 t 分布表，得临界值 $t_\alpha(n-1) = t_{0.05}(5) = 2.015$。

由已知条件可得 $\overline{X} = \dfrac{1}{n} \sum_{i=1}^{n} X_i = \dfrac{1}{6} \times 420 = 70$，$S = \dfrac{1}{n-1} \sum_{i=1}^{n} (X_i - \overline{X}) = \dfrac{1}{5} \times 50 = 10$，计算统计量的值 $t = \dfrac{\overline{X} - \mu_0}{S/\sqrt{n}} = \dfrac{70 - 71.5}{\sqrt{10/15}} = -1.837$。

因为 $t = -1.837 > -2.015$，满足 $t > -t_\alpha(n-1)$，所以接受 H_0，即不能认为该厂广告有欺骗消费者的嫌疑。

2. 配对 t 检验

配对 t 检验 (paired t test)，又称非独立两样本均值 t 检验，可以检验两个配对样本所代表的总体均值差异是否显著，也可用来检验一组样本在某处理前后的均值有无差异。例如，某公司推广了一种新的促销方式，实施前和实施后分别统计员工的业务量，得到相关数据。试问这种促销方式是否有效？

配对设计是将受试对象按某些特征相近的原则配成对子，我们关心的是对子的效应差异而不是各自的效应值。假设两组样本之间的差值服从正态分布，如果该正态分布的期望为 0，则说明这两组样本不存在显著差异。可将该检验理解为差值的样本均值 $\bar{d}$ 与已知总体差值的均值 $\mu_d\,(\mu_d=0)$ 比较的单样本 t 检验，其检验统计量如下。

$$t = \frac{\bar{d}-\mu_d}{S_{\bar{d}}} = \frac{\bar{d}-0}{S_{\bar{d}}} = \frac{\bar{d}}{S_d/\sqrt{n}}$$

其中 $\bar{d}$ 为新样本均值，S_d 为新样本标准差，n 为新样本容量。

【例 12.9】用两种电极测定同一土壤 10 个样品的 pH 值，结果如下，试问两种电极有无差异？

表 12-4 土壤 10 个样品的 pH 值

样本编号	A 电极	B 电极	d	d^2
1	5.78	5.82	−0.04	0.0016
2	5.74	5.87	−0.13	0.0169
3	5.84	5.96	−0.12	0.0144
4	5.8	5.89	−0.09	0.0081
5	5.8	5.9	−0.1	0.01
6	5.79	5.81	−0.02	0.0004
7	5.82	5.83	−0.01	0.0001
8	5.81	5.86	−0.05	0.0025
9	5.85	5.9	−0.05	0.0025
10	5.78	5.8	−0.02	0.0004
总计	58.01	58.64	−0.63	0.0569

解： 根据题意，本题目属于配对 t 检验。故：

$H_0:\ \mu_d=0,\ H_1:\ \mu_d\neq 0,\ n=10$，统计量 $T=\dfrac{\bar{d}}{S_d/\sqrt{n}}$，拒绝域 $|t|=\left|\dfrac{\bar{d}}{S_d/\sqrt{n}}\right|\geqslant t_{\alpha/2}(n-1)$。

由已知条件可得：$\bar{d}=-0.063$，$\displaystyle\sum_{i=1}^{10}d_i^2=0.0569$，两组样本差的标准差 $S_d=\sqrt{\dfrac{0.0569-\frac{(0.63)^2}{10}}{9}}=0.0437$。

计算检验统计量 $t=\dfrac{\bar{d}}{S_d/\sqrt{n}}=\dfrac{-0.063}{0.0437/\sqrt{10}}=-4.57$。

给定显著性水平 $\alpha=0.05$，根据 t 分布表，得临界值 $t_{\alpha/2}(n-1)=t_{0.025}(9)=2.262$。因检验统计

量 $|t|=4.57>t_{0.025}(9)$，故拒绝原假设 H_0，在显著性水平 0.05 情况下，两种电极测定的结果有显著性差异。

3. 两独立样本 t 检验

两独立样本 t 检验又称成组 t 检验，适用于完全随机设计的两样本均值的比较，其目的是检验两样本所来自的总体的均值是否相等。完全随机设计是将受试对象随机地分配到两组中，每组数据分别接受不同的处理后，对结果进行分析比较。

设 X_1, X_2,…, X_{n_1} 为总体 $X \sim N(\mu_1, \sigma_1^2)$ 的一个样本，Y_1, Y_2,…, Y_{n_2} 为总体 $Y \sim N(\mu_2, \sigma_2^2)$ 的一个样本。$\overline{X}=\dfrac{1}{n_1}\sum\limits_{i=1}^{n_1}X_i$ 和 $\overline{Y}=\dfrac{1}{n_2}\sum\limits_{i=1}^{n_2}Y_i$ 分别是两个样本的样本均值，方差 σ_1^2 与 σ_2^2 未知，但两总体方差 $\sigma_1^2=\sigma_2^2=\sigma^2$ 相等，即方差齐性，$S_1^2=\dfrac{1}{n_1-1}\sum\limits_{i=1}^{n_1}(X_i-\overline{X})^2$ 和 $S_2^2=\dfrac{1}{n_2-1}\sum\limits_{i=1}^{n_2}(Y_i-\overline{Y})^2$ 是相应的两个样本方差。

设两个样本相互独立，提出假设：H_0: $\mu_1=\mu_2$, H_1: $\mu_1 \neq \mu_2$, 选取统计量 $T=\dfrac{(\overline{X}-\overline{Y})-(\mu_1-\mu_2)}{S_w\sqrt{\dfrac{1}{n_1}+\dfrac{1}{n_2}}}$，这里 $S_w=\sqrt{\dfrac{(n_1-1)S_1^2+(n_2-1)S_2^2}{n_1+n_2-2}}$。

当 H_0 成立时，检验统计 $T=\dfrac{\overline{X}-\overline{Y}}{S_w\sqrt{\dfrac{1}{n_1}+\dfrac{1}{n_2}}} \sim t(n_1+n_2-2)$。给定显著性水平 α，由 t 分布表分位点的定义，有 $P\{|T|>t_{\alpha/2}(n_1+n_2-2)\}=\alpha$，故拒绝域 $W=\{|T|>t_{\alpha/2}(n_1+n_2-2)\}$。

【例 12.10】某烟厂生产两种香烟，独立地随机抽取样本容量相同的烟叶标本测其尼古丁含量的毫克数，分别测得：

$$\text{甲种香烟：} \quad 25 \quad 28 \quad 23 \quad 26 \quad 29 \quad 22$$

$$\text{乙种香烟：} \quad 28 \quad 23 \quad 30 \quad 25 \quad 21 \quad 27$$

假定尼古丁含量都服从正态分布且具有公共方差，在显著性水平 $\alpha=0.05$ 下，判断两种香烟的尼古丁含量有无显著差异？

解： 检验假设 H_0: $\mu_1=\mu_2$, H_1: $\mu_1 \neq \mu_2$,

这里 $n_1=n_2=6$，$\overline{X}=25.5$，$\overline{Y}=25.667$，$S_1=2.7386$，$S_2=3.3267$，$S_w=3.0469$。

选取检验统计量 $T=\dfrac{\overline{X}-\overline{Y}}{S_w\sqrt{\dfrac{1}{n_1}+\dfrac{1}{n_2}}}$，给定显著性水平 $\alpha=0.05$，根据 t 分布表，得临界值 $t_{\alpha/2}(n_1+n_2-2)=t_{0.025}(10)=2.2281$，故拒绝域 $W=\{|T|>t_{\alpha/2}(n_1+n_2-2)\}$。

计算统计量的值 $t = \dfrac{\overline{X} - \overline{Y}}{S_w\sqrt{\dfrac{1}{n_1} + \dfrac{1}{n_2}}} = \dfrac{(25.5 - 25.667) \times \sqrt{3}}{3.0469} = -0.0949$。由于 $|t| < t_{\alpha/2}(n_1 + n_2 - 2)$，故接

受 H_0，认为两种香烟的尼古丁含量无显著差异。

4. 正态性检验和两总体方差的齐性检验

前面 Z 检验和 t 检验都是围绕正态总体分布参数的检验问题，两独立样本均值 t 检验要求方差齐性，即两组总体方差相等或两样本方差间无显著性差异。下面对分布的正态性检验和两总体分布方差的齐性检验进行讨论。

（1）正态性检验

正态分布的特征是对称性和正态峰。分布对称时众数（出现频数最多的数）和均值密合，如图12-5 所示：若均值-众数 >0，称正偏态，因为有少数变量值很大，使曲线右侧尾部拖得很长，故又称右偏态；若均值-众数 <0 称负偏态，因为有少数变量值很小，使曲线左侧尾部拖得很长，故又称左偏态。

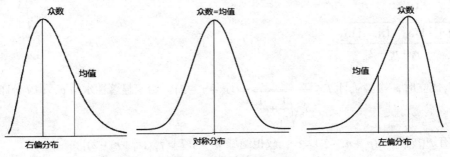

图 12-5 正态分布的偏态

峰度用来衡量总体密度曲线的陡峭程度，直观看来，峰度反映了峰部的尖度。正态曲线的峰度叫正态峰，见图 12-6 中的实线。如果峰度大于 3 称为尖峭峰，峰的形状比较尖，比正态分布峰要陡峭。反之则称为平阔峰。

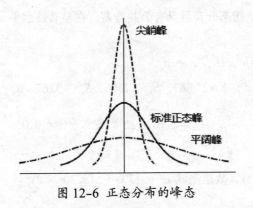

图 12-6 正态分布的峰态

常用的检验方法如下。

图示法：包括 P-P 图法和 Q-Q 图法。Q-Q 图是以标准正态分布的分位数为横坐标，样本值为纵坐标的散点图，当 Q-Q 图上的数据点近似地在一条直线附近时，可认为呈正态分布。P-P 图和 Q-Q 图的用途完全相同，只是检验方法存在差异。

偏度检验：主要计算偏度系数 G_1。检验假设 H_0：$G_1=0$，总体分布对称；H_1：$G_1 \neq 0$，总体分布不对称。

峰度检验：主要计算峰度系数 G_2。检验假设 H_0：$G_2=0$，总体分布为正态峰；H_1：$G_2 \neq 0$，总体分布不是正态峰。

（2）方差齐性检验

通常方差是指数据的分布离散程度，例如方差分析（ANOVA）中，假定不同的样本数据虽然来自不同均值的抽样总体，但它们应该有相同的方差。方差齐性是指不同样本的方差大体相同，比较两个或两个以上样本均值时，例如双样本 t 检验时，如果方差有显著差异将会掩盖掉均值的差异信息并导致结论错误。

方差齐性检验的方法是以两方差中较大的方差为分子，较小的方差为分母，求二者的比值，称为 F 值，然后将求得的 F 值与临界值比较，看差异是否显著。

设总体 $X \sim N\left(\mu_1, \sigma_1^2\right)$ 的两个样本的方差分别是 σ_1 和 σ_2，当 μ_1 和 μ_2 未知时，提出检验假设 H_0：$\sigma_1^2 = \sigma_2^2$，H_1：$\sigma_1^2 \neq \sigma_2^2$。当 H_0 成立时，检验统计量 $F = \dfrac{S_1^2(较大)}{S_2^2(较小)}$，由 F 分布定义可得：该统计量服从 $F(n_1-1, n_2-1)$ 分布，其中 S_1^2 为较大的样本方差，S_2^2 为较小的样本方差，分子的自由度为 ν_1，分母的自由度为 ν_2，相应的样本个数分别为 n_1 和 n_2。F 值是两个样本方差之比，如仅是抽样误差的影响，它一般不会离 1 太远；反之 F 值较大，两总体方差相同的可能性较小。

给定显著性水平 α，由 F 分布分位点的定义，可知：

$$P\left\{\left[F < F_{1-\alpha/2}\left(n_1-1, n_2-1\right)\right] \cup \left[F > F_{\alpha/2}\left(n_1-1, n_2-1\right)\right]\right\} = \alpha ,$$

故得拒绝域 $W = \left\{F < F_{1-\alpha/2}\left(n_1-1, n_2-1\right)\right\} \cup \left\{F > F_{\alpha/2}\left(n_1-1, n_2-1\right)\right\}$。

【例 12.11】某烟厂生产两种香烟，独立地随机抽取样本容量相同的烟叶标本测其尼古丁含量的毫克数，分别测得：

甲种香烟：25 28 23 26 29 22

乙种香烟：28 23 30 25 21 27

假定每种尼古丁含量都服从正态分布且具有公共方差，在显著性水平 $\alpha=0.05$ 下，判断两种香烟的尼古丁含量的方差是否相等。

解： 考虑检验假设 H_0：$\sigma_1^2 = \sigma_2^2$，H_1：$\sigma_1^2 \neq \sigma_2^2$。由于两个正态总体的均值都未知，所以选取检验统计量 $F = \dfrac{S_1^2}{S_2^2} \sim F\left(n_1-1, n_2-1\right)$。

给定显著性水平 α，根据 F 分布表，得两个临界值：

$F_{\alpha/2}\left(n_1-1, n_2-1\right) = F_{0.025}\left(5,5\right) = 7.15$,

$F_{1-\alpha/2}\left(n_1-1, n_2-1\right) = F_{0.975}\left(5,5\right) = \dfrac{1}{F_{0.025}\left(5,5\right)} = \dfrac{1}{7.15} = 0.1399$,

故得到拒绝域 $W = \left\{F < 0.1399\right\} \cup \left\{F > 7.15\right\}$ 。

计算统计量的值 $F = \dfrac{S_1^2}{S_2^2} \sim F\left(n_1-1, n_2-1\right)$ 。由于 0.6799 在接受域 [0.1399,7.15] 中，因此接受 H_0 ，认为两种香烟的尼古丁含量的方差无显著差异。

12.4 卡方检验

前面对总体参数的假设检验普遍要求是总体呈正态分布，但实际研究中，有时不能知道总体服从什么类型的分布，这些情况下，需要掌握一些非参数检验技术。非参数检验是在总体方差未知或知道甚少的情况下，利用样本数据对总体分布形态等进行推断的方法。由于非参数检验方法在推断过程中不涉及有关总体分布的参数，因此被称为"非参数"检验。其中最为常用的就是卡方检验（也称为 χ^2 检验）。卡方检验是以卡方分布为基础的一种检验方法，只适合于大样本的情形，一般要求样本容量 $n \geqslant 50$ 。

卡方检验是一种用途很广的假设检验方法，它主要用于检验两个或两个以上样本率或构成比之间差别的显著性。例如某医生想观察一种新药对流感的预防效果，进行了如下的研究，问此药是否有效？

表 12-5 流感预防的两组样本数据

组 别	发病人数	未发病人数	观察例数	发病率（%）
实 验 组	14	86	100	14
对 照 组	30	90	120	25
合计	44	176	220	20

上面例子中需要对两组样本率进行差异比较，这时可以使用卡方检验。

卡方检验也可检验两个分类变量是否相关或是否相互独立。在许多实际应用中经常会遇到这样的问题，某个对象有两个指标 X 与 Y ，往往要分析这两个指标是否独立或是否互不相关。例如，地下水位的变化是否与地震有关、城市的大气污染是否与汽车尾气排放有关、慢性气管炎是否与吸烟有关、人的色盲是否与性别有关等。

卡方检验法的基本思想：检验样本的实际观测值与理论推断值之间的偏离程度，统计量卡方值表示实际观测值与理论推断值之间的偏离程度，卡方值越大，偏差越大；卡方值越小，偏差越小，若两个值完全相等时，卡方值就为 0，表明实际观测值和理论值完全符合。

统计量卡方值的计算公式为 $\chi^2 = \sum \dfrac{\left(A-T\right)^2}{T}$ ，其中 A 表示实际观测值， T 表示理论推断值。

原假设为样本的实际观测值与理论值之间没有显著性差异，如果假设检验成立，A 与 T 不应该相差太大。理论上可以证明 $\chi^2 = \sum \dfrac{(A-T)^2}{T}$ 服从卡方分布。当计算出统计量卡方值后，根据分布表判断卡方值是否大于临界值 χ_α^2（α 为显著性水平），如果统计量 $\chi^2 > \chi_\alpha^2$，拒绝 H_0，否则不拒绝 H_0，拒绝域如图 12-7 所示。

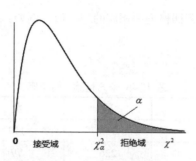

图 12-7 卡方检验的拒绝域

【例 12.12】某市自开办有奖储蓄以来，13 期兑奖号码中各数码的频数汇总如下表所示。

表 12-6 各数码的兑奖频数

数码 i	0 1 2 3 4 5 6 7 8 9	总数
频数 f_i	21 28 37 36 31 45 30 37 33 52	350

试检验器械或操作方法是否有问题（$\alpha=0.05$）。

解： 设抽取的数码为 X，它可能的取值为 0~9，如果检验器械或操作方法没有问题，则 0~9 的出现是等可能的，提出检验假设 H_0：$p_i = \dfrac{1}{10}$，$i=0,1,2,\cdots,9$，这里 $p_i = P\{X=i\}$，依题意知 $k=10$，令 $A_i=\{i\}$，$i=0,1,2,\cdots,9$，$n=350$，则理论频数 $np_i=35$，统计量 $\chi^2 = \sum\limits_{i=0}^{9} \dfrac{(f_i - np_i)^2}{np_i} = \dfrac{688}{35} = 19.657$。

给定显著性水平 $\alpha=0.05$，根据卡方分布表，得临界值 $\chi_\alpha^2(k-1) = \chi_{0.05}^2(9) = 16.9$。由于 19.675>16.9，故拒绝 H_0，即认为器械或操作方法有问题。

【例 12.13】某电商收集到一些消费者购买生鲜食品的相关数据，如表 12-7 所示，试检验性别和在网上购买生鲜食品是否有关系。

表 12-7 消费者购买生鲜食品的样本数据

组别	男	女	总计
网上不买生鲜	389	68	457
网上买生鲜	175	130	305

解： 实际样本数据形成一个 2×2 的表格，一般称为四格表。从实际样本数据中可以看出：女

性在网上买生鲜的比例相对较多，下面我们用卡方检验来作进一步的假设推断。

（1）首先依题意，提出假设。

H_0：性别和线上购买生鲜食品无关，H_1：性别和线上购买生鲜食品相关。

（2）计算理论值。

依据原假设 H_0，不论性别，网上不买生鲜食品的概率 $=\dfrac{457}{762}=0.5997$，网上买生鲜食品的概率 $=\dfrac{305}{762}=0.4003$。由此分别得到四格表中相应的理论值，例如：男性在网上不买海鲜的理论人数 $(389+175)\times 0.5997=338$。

表 12-8 卡方检验 - 四格表

组别	男	女	总计
线上不买生鲜	338	119	457
线上买生鲜	226	79	305

（3）根据理论和样本实际值，我们可以算出统计量卡方值：$\chi^2=\sum\dfrac{(A-T)^2}{T}=\dfrac{(389-338)^2}{338}+$

$\dfrac{(175-226)^2}{226}+\dfrac{(68-119)^2}{119}+\dfrac{(130-79)^2}{79}=73.98$。

（4）求自由度：$v=($行数$-1)($列数$-1)=1$。

（5）在给定显著性水平 $\alpha=0.05$ 下，$\chi^2_{0.05}(1)=3.843$，由于 $\chi^2>\chi^2_{0.05}(1)$，故拒绝 H_0，接受备择假设 H_1，得到性别和线上买生鲜是显著相关的。

在实际问题中，应用最广泛是四格表，即表中数据行数和列数都等于 2 的情况，常称为四格表卡方检验。

【例 12.14】某研究人员收集了亚洲人、欧洲人和北美洲人的 A、B、AB、O 血型资料，结果如表 12-10 所示，试检验不同地区的人群血型分类构成比是否一样？

表 12-9 3 个不同地区血型样本的频数分布

地区	A	B	AB	O	合计
亚洲	321	369	95	295	1080
欧洲	258	43	22	194	517
北美洲	408	106	37	444	995
合计	987	518	154	933	2592

解： 依题意，提出假设：

H_0：不同地区的人群血型分布构成相同，H_1：不同地区的人群血型分布构成不全相同。

计算理论推断值：$T_{11}=411.25$，$T_{12}=215.83$，$T_{13}=64.17$，$T_{14}=388.75$，$T_{21}=196.87$，$T_{22}=103.32$，$T_{23}=30.72$，$T_{24}=186.10$，$T_{31}=378.88$，$T_{32}=198.8$，$T_{33}=59.12$，$T_{34}=358.15$。

统计量：$\chi^2 = \sum \dfrac{(A-T)^2}{T} = \dfrac{(321-411.25)^2}{411.25} + \cdots + \dfrac{(444-358.15)^2}{358.15}$

$$= 19.81 + \cdots + 20.58$$

$$= 297.59$$

$v = (3-1)(4-1) = 6$。

给定显著性水平 $\alpha = 0.05$，根据临界值表知 $\chi^2_{0.05}(6) = 12.59$，由于 $\chi^2 > \chi^2_{0.05}(6)$，故在显著性水平 0.05 下拒绝 H_0，认为 3 个地区的人群血型分布构成不全相同。

12.5　假设检验中的两类错误

由于假设检验法则是根据样本做出的推断，样本是随机采样得到的，因此假设检验有可能做出错误的推断。表 12-10 中列出采用假设检验规则进行推断可能犯的两类错误。

表 12-10　假设检验中出现的两类错误

假设检验：H_0		
决策	实际情况	
	H_0 为真	H_0 为假
接受 H_0	正确决策 $1-\alpha$	第二类错误 β（取伪）
拒绝 H_0	第一类错误 α（弃真）	正确决策 $1-\beta$

第一类错误是"弃真"：当假设 H_0 正确时，小概率事件也有可能发生，此时拒绝假设 H_0 就犯了"弃真"的错误，称此为第一类错误。犯第一类错误是"小概率事件不会发生"的假定所引起的，因此犯错概率恰好就是"小概率事件"的发生概率，即显著性水平 α。

$$P\{\text{拒绝 } H_0 | H_0 \text{ 为真}\} = \alpha$$

第二类错误是"取伪"：若假设 H_0 不正确，但在一次抽样检验结果中未发生不合理结果，这时接受 H_0，就犯了"取伪"的错误，称此为第二类错误。记 β 为犯第二类错误的概率，即

$$P\{\text{接受 } H_0 | H_0 \text{ 不真}\} = \beta$$

理论上自然希望犯这两类错误的概率都很小，但是当样本容量 n 固定时，拒绝 H_0 和接受 H_0 的概率不能同时小，即 α 和 β 不能同时都小，α 和 β 的关系就像跷跷板，即 α 变小时，β 就变大；β 变小时，α 就变大。一般只有当样本容量 n 增大时，才有可能使两者变小。

第一类错误"弃真"出现原因：从总体中抽取样本时，存在多个样本平均值，由于样本抽样的随机性，恰好抽到的样本均值把本来真实的原假设拒绝了，这就是"弃真"错误出现的原因。

第二类错误"取伪"出现原因：如果原假设 H_0 是错误的，随机抽取的样本有可能落入接受域，导致假设检验的结果是接受原假设 H_0，造成"取伪"错误。

【例 12.15】一个公司有员工 3000 人（研究的总体），人均收入 $X \sim N(\mu, \sigma^2)$，为了检验公司员工工资统计报表的真实性，研究者抽取 50 人的大样本进行随机抽样调查，人均收入的调查结

果：样本均值为 871 元，标准差为 21 元，能否认为总体中人均收入 $\mu_0=880$ 元的数据是真实的（显著性水平 $\alpha=0.05$）？

解： 原假设：H_0：$\mu=\mu_0=880$，备择假设 H_1：$\mu \neq \mu_0$。

因为第一类"弃真"错误概率 α 等于显著性水平 0.05，第二类"取伪"错误 β 出现的原因是原假设为假，但我们仍然接受错误的原假设。如果例 12.15 中公司职员的实际工资均值是 870 元，不是 880 元，则原假设为假。在总体均值为 870 元和 880 元两种情况下，分别做出两条正态分布曲线（A 对应备择假设 H_1：$\mu \neq 880$，B 对应原假设 H_0：$\mu=880$），如图 12-8 所示。

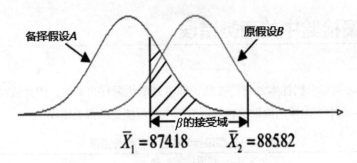

图 12-8 犯第二类错误概率 β（阴影部分的面积）

计算 β 错误概率：首先原假设 H_0：$\mu=880$ 的接受域为 $\left| \dfrac{\overline{X}-880}{\sigma/\sqrt{n}} \right| < u_{\alpha/2}$，得到 $\overline{X}_1 = 874.18$，$\overline{X}_2 = 885.82$。当备择假设 A 正确时，备择假设 A 的拒绝域落在原假设 A 的接受域，而造成"取伪"错误，因此 β 错误率大小是上图中阴影部分的面积。

计算 $Z_{\overline{X}_1} = \dfrac{874.18-870}{\sigma/\sqrt{n}} = 1.41$，$Z_{\overline{X}_2} = \dfrac{885.82-870}{\sigma/\sqrt{n}} = 5.32$，根据标准正态分布表可知 $\beta = \varPhi\left(Z_{\overline{X}_2}\right) - \varPhi\left(Z_{\overline{X}_1}\right) = 1-0.9207 = 0.0793$，即犯 β 错误的概率大小是 0.0793。结果表明：如果总体均值的真值为 870 元，而原假设为 880 元的话，那么平均每 100 次抽样中，约有 8 次会犯取伪错误。

在进行显著性检验时，犯第一类错误的概率是我们能控制的，显著性水平 α 取得越小，当 H_0 为真时错误地拒绝 H_0 的可能性越小，这意味着原假设 H_0 是受到保护的。当"弃真"错误的后果大于"取伪"错误的后果时，我们通常会把后果严重的情况当作原假设，举例来说：判断一个药品是否为假药时，假药误判为真药的后果明显大于真药误判为假药。如果将 H_0 设为"该药是假药"，"弃真"错误（假药误判真药）的错误率是显著性水平 α；但如果将 H_0 设为"该药是真药"，则"取伪"错误（假药误判真药）的错误率是无法控制的。因此原假设 H_0 应该设为"该药是假药"，除非有很重要的证据，否则不会放弃原假设，这也是概率反证法的思想。

如果两类错误中没有哪一类错误的后果更严重，常常取原假设 H_0 为维持现状。在实际应用中，一般原则是控制犯第一类错误的概率，即给定显著性水平 α；然后通过增大样本容量 n 来减少第二类错误的概率 β。

12.6 综合实例 1——体检数据中的假设检验问题

下面利用 Python 中 SciPy 统计工具包实现假设检验方法在具体实例中的应用。

本例中的数据集通过采样普通人的体温、性别、心率得到，利用 t 检验对数据集进行假设检验，数据集包括 130 条数据，3 列变量，变量的具体描述如表 12-11 所示（本节开发环境采用 Jupyter）。

表 12-11 相关变量描述

变量名	描述
Temperature	体温（华氏温度表示）
Gender	性别（1= 男，2= 女）
Heart Rate	心率（每分钟心跳次数）

（1）显示数据集及相关统计描述信息（均值、标准差等）。

【代码如下】

```
import pandas as pd
import pylab
import math
import numpy as np
import matplotlib.pyplot as plt
%matplotlib inline
import numpy as np
from scipy.stats import norm
import scipy.stats
import warnings
warnings.filterwarnings("ignore")
# 读入数据集 normtemp.txt
df = pd.read_csv('normtemp.txt',sep='    ',names =['Temperature','Gender','Heart Rate'])
df.describe()
```

【运行结果】

如图 12-9 所示。

	Temperature	Gender	Heart Rate
count	130.000000	130.000000	130.000000
mean	98.249231	1.500000	73.761538
std	0.733183	0.501934	7.062077
min	96.300000	1.000000	57.000000
25%	97.800000	1.000000	69.000000
50%	98.300000	1.500000	74.000000
75%	98.700000	2.000000	79.000000
max	100.800000	2.000000	89.000000

图 12-9 数据集及相关统计描述信息

【结果说明】

图 12-9 分别显示了 Temperature、Gender 和 Heart Rate 的总数、均值、标准差、最大和最小值，以及各种分位点值。

【输入命令】

```
df.head()
```

【运行结果】

如图 12-10 所示。

	Temperature	Gender	Heart Rate
0	96.3	1	70
1	96.7	1	71
2	96.9	1	74
3	97.0	1	80
4	97.1	1	73

图 12-10 数据集及相关统计描述信息

（2）试检验体温的分布是否服从正态分布。

在对体温数据进行 t 检验之前，要求对数据进行正态性检验。下面分别用不同的方法进行正态性检验。

① 直方图初判。

【代码如下】

```
# 正态性检验
observed_temperatures = df['Temperature'].sort_values()
bin_val = np.arange(start= observed_temperatures.min(), stop= observed_
temperatures.max(), step = .05)
#求出均值、标准差，并画出相应的正态曲线
mu, std = np.mean(observed_temperatures), np.std(observed_temperatures)
p = norm.pdf(observed_temperatures, mu, std)
#画直方图
```

```
plt.hist(observed_temperatures,bins = bin_val, normed=True, stacked=True)
plt.plot(observed_temperatures, p, color = 'red')
plt.xticks(np.arange(95.75,101.25,0.25),rotation=90)
plt.xlabel('Human Body Temperature Distributions')
plt.xlabel('human body temperature')
plt.show()
print('Average (Mu): '+ str(mu) + ' / ' 'Standard Deviation: '+str(std))
```

【运行结果】

如图 12-11 所示。

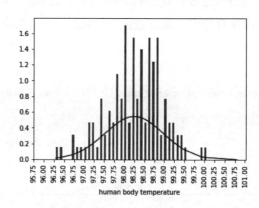

Average (Mu): 98.24923076923076 / Standard Deviation: 0.7303577789050376

图 12-11 直方图初判

【结果说明】

可以看出直方图的分布"中间高两边低",基本符合正态分布形态。

② 利用 SciPy 工具检验正态性。

利用 SciPy 中的两个模块 scipy.stats.shapiro 和 scipy.stats.normaltest 进行正态性检验。

语法：scipy.stats.shapiro(x, a=None, reta=False)。

x 即待检验的数据，输出结果中第 1 个为统计数，第 2 个为 P 值。

语法：scipy.stats.normaltest(a, axis=0, nan_policy='propagate')。

其中参数 a 是待检验数据，axis 可设置为整数或置空。如果设置为 None，则待检验数据被当作单独的数据集来进行检验，该值默认为 0，即从 0 轴开始逐行进行检验。nan_policy 为当输入的数据中有空值时的处理办法，默认为"propagate"，返回空值。

返回结果：第 1 个为统计数，第 2 个为 P 值。

【代码如下】

```
# 确定指标进行正态检验
x = observed_temperatures
shapiro_test, shapiro_p = scipy.stats.shapiro(x)
print("Shapiro-Wilk Stat:",shapiro_test, "Shapiro-Wilk p-Value:", shapiro_p)
k2, p = scipy.stats.normaltest(observed_temperatures)
print('p:',p)
```

【运行结果】

```
Shapiro-Wilk Stat: 0.9865769743919373  Shapiro-Wilk p-Value: 0.2331680953502655
p: 0.2587479863488212
```

【结果说明】

两种方法的 P 值都大于 0.05，故认为体温服从正态分布。

③ 通过分位数 - 分位数 (Q-Q) 图检查正态分布。

Q-Q 图通过把测试样本数据的分位数与已知分布相比较来检验数据的分布情况。对应于正态分布的 Q-Q 图，就是以标准正态分布的分位数为横坐标，样本值为纵坐标的散点图。要鉴别样本数据是否近似于正态分布，只需看 Q-Q 图上的点是否近似地在一条直线附近，图形是直线说明是正态分布。

【代码如下】

```
scipy.stats.probplot(observed_temperatures, dist="norm", plot=pylab)
pylab.show()
```

【运行结果】

如图 12-12 所示。

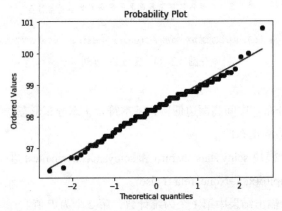

图 12-12 分位数 - 分位数 (Q-Q) 图

【结果说明】

从运行结果可知：体温服从正态分布。

④ 基于 ECDF（经验累积分布函数）正态检验。

根据当前样本的均值和标准差随机生成一个新的正态分布，然后将它的累积分布函数和样本数据的累积分布函数比较，如果实测差异足够大，该检验将拒绝总体呈正态分布的原假设。

【代码如下】

```
def ecdf(data):
    #Compute ECDF
    n = len(data)
    x = np.sort(data)
    y = np.arange(1, n+1) / n
```

```
    return x, y
# Number of samples
n = len(df['Temperature'])
# 样本均值
mu = np.mean(df['Temperature'])
# 样本标准差
std = np.std(df['Temperature'])
print('Mean temperature: ', mu, 'with standard deviation of +/-', std)
# 基于当前的均值和标准差，随机生成一个正态分布
normalized_sample = np.random.normal(mu, std, size=10000)
x_temperature, y_temperature = ecdf(df['Temperature'])
normalized_x, normalized_y = ecdf(normalized_sample)
# Plot the ECDFs
fig = plt.figure(figsize=(8, 5))
plt.plot(normalized_x, normalized_y)
plt.plot(x_temperature, y_temperature, marker='.', linestyle='none')
plt.ylabel('ECDF')
plt.xlabel('Temperature')
plt.legend(('Normal Distribution', 'Sample data'))
```

【运行结果】

如图 12-13 所示。

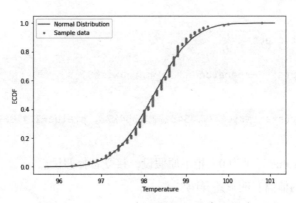

图 12-13 ECDF（经验累积分布函数）

【结果说明】

从运行结果图可知：二者基本吻合。

（3）有学者提出 98.6 是人类的平均体温，我们是否接受该观点？

下面通过手动计算和 SciPy 包分别演示假设检验的过程。

① 依题意，提出假设。

原假设 H_0：98.6 是人类的平均体温，即均值 $=98.6$，备择假设 H_1：98.6 不是人类的平均体温，即均值 $\neq 98.6$。

② 判断检验类型：总体标准差未知，所以采用单样本 t 检验。

③ 计算统计量 t 值，根据 t 值，得到相应的 P 值。

当 $P \leqslant$ 显著性水平 α 时，拒绝原假设，接受备择假设。

当 $P >$ 显著性水平 α 时，接受原假设。

【代码如下】

```
#样本大小
n=130
#标准误差 = 样本标准差 /n 的开方
se=std/np.sqrt(n)
# 总体平均值：98.6
#t 值 :( 样本值 - 总体均值 )/ 标准误差
t=(mu - 98.6)/se
print("t=",t)
```

【运行结果】

```
t= - 5.475925202078339
```

【结果说明】

因为 $n=130$，t 分布近似于正态分布，当 $t = -5.4$ 时，P 值近似为 0，因此拒绝原假设，接受备择假设。

④ 使用 SciPy 包中的 ttest_1samp 函数，计算单独样本 t 检验。该函数返回的第 1 个值为 t 值，第 2 个值为双尾检验的 P 值。

【代码如下】

```
from scipy import stats
CW_mu = 98.6
stats.ttest_1samp(df['Temperature'], CW_mu, axis=0)
```

【运行结果】

```
Ttest_1sampResult(statistic= - 5.454823292364077, pvalue=2.410632041561008e - 07)
```

【结果说明】

T-Stat =-5.454，p-value 近乎为 0，拒绝原假设，接受备择假设。

（4）男性和女性的体温有明显差异吗？

① 依题意，提出假设。

原假设 H_0：男性和女性的体温相等，备择假设 H_1：男性和女性的体温不相等。

② 判断检验类型：该例为两独立样本的 t 检验。

③ 使用 SciPy 包中的 ttest_ ttest_ind，计算两独立样本 t 检验。当不确定两总体方差是否相等时，应先利用 levene 检验，检验两总体是否具有方差齐性。

【代码如下】

```
from scipy import stats
female_temp = df.Temperature[df.Gender == 2]
male_temp = df.Temperature[df.Gender == 1]
# 当不确定两总体方差是否相等时，应先利用 levene 检验，检验两总体是否具有方差齐性
rvs1 = stats.norm.rvs(female_temp)
```

```
rvs2 = stats.norm.rvs(male_temp)
print(stats.levene(rvs1, rvs2))
mean_female_temp = np.mean(female_temp)
mean_male_temp = np.mean(male_temp)
print('Average female body temperature = ' + str(mean_female_temp))
print('Average male body temperature = ' + str(mean_male_temp))
# 计算 t 值
stats.ttest_ind(female_temp, male_temp, axis=0)
```

【运行结果】

```
LeveneResult(statistic=0.39467416102182823, pvalue=0.5309719762119144)
Average female body temperature = 98.39384615384616
Average male body temperature = 98.1046153846154
Ttest_indResult(statistic=2.2854345381654984, pvalue=0.02393188312240236)
```

【结果说明】

方差检验的 pvalue=0.53，P 值远大于 0.05，认为两总体具有方差齐性。虽然男性和女性体温的均值相差不多，由于 ttest_ind 检验 P 值 =0.024 小于显著性水平 0.05，拒绝原假设，因此有 95% 的把握认为是两者是有差异的。

12.7 综合实例 2——种族对求职是否有影响

下面针对一个具体实例"白人和黑人在求职路上会有种族的歧视"来实现卡方检验。具体步骤如下。

（1）该数据集中一共包含 4870 条数据，55 个变量。查看数据集内容。

【代码如下】

```
import pandas as pd
import numpy as np
from scipy import stats
pd.set_option('display.max_columns', None)
data = pd.io.stata.read_stata('us_job_market_discrimination.dta')
data.head()
```

【运行结果】

部分数据显示如图 12-14 所示。

workinschool	email	computerskills	specialskills	firstname	sex	race	h	l	call	city	kind	adid	fracblack	fracwhite	lmedhhinc	fracdropout	fraccolp
0	0	1	0	Allison	f	w	0.0	1.0	0.0	c	a	384.0	0.989360	0.005500	9.527484	0.274151	0.037662
1	1	1	0	Kristen	f	w	1.0	0.0	0.0	c	a	384.0	0.080736	0.888374	10.408828	0.233687	0.087285
1	0	1	0	Lakisha	f	b	0.0	1.0	0.0	c	a	384.0	0.104301	0.837370	10.466754	0.101335	0.591695
0	1	1	1	Latonya	f	b	1.0	0.0	0.0	c	a	384.0	0.336165	0.637370	10.431908	0.108848	0.406576
1	1	1	0	Carrie	f	w	1.0	0.0	0.0	c	a	385.0	0.397595	0.180196	9.876219	0.312873	0.030847

图 12-14 数据集内容

【结果说明】

其中变量 race：种族，b 表示黑人、w 表示白人。

变量 call：面试是否录取，1 表示录取、0 表示没录取。

（2）分别提取白人和黑人的统计数据。

【代码如下】

```
blacks = data[data.race == 'b']
whites = data[data.race == 'w']
# 显示白人和黑人数据统计信息。
blacks.call.describe()
whites.call.describe()
```

【运行结果】

如图 12-15 所示。

blacks.call.describe()		whites.call.describe()	
count	2435.000000	count	2435.000000
mean	0.064476	mean	0.096509
std	0.245649	std	0.295346
min	0.000000	min	0.000000
25%	0.000000	25%	0.000000
50%	0.000000	50%	0.000000
75%	0.000000	75%	0.000000
max	1.000000	max	1.000000
Name: call, dtype: float64		Name: call, dtype: float64	

图 12-15 白人和黑人的统计数据

（3）对比两组样本数据的均值，黑人录取率为 6.4%，白人录取率为 9.7%，从直观上看，种族对录取有影响，下面用假设检验方法来进一步验证。

① 首先依题意，提出假设。

原假设 H_0：种族对求职有影响，备择假设 H_1：种族对求职没影响。

② 判断检验类型：该问题属于非参数检验，卡方检验常常用来评价两个或多个定量型变量之间的关系，该问题中两个变量分别是种族和求职，判断这两个变量之间是相互独立还是相关，因此选择四格表卡方检验。

③ 求出实际观测值。

【代码如下】

```
blacks_called = len(blacks[blacks['call'] == True])
blacks_not_called = len(blacks[blacks['call'] == False])
whites_called = len(whites[whites['call'] == True])
whites_not_called = len(whites[whites['call'] == False])
observed = pd.DataFrame
    ({'blacks': {'called': blacks_called, 'not_called': blacks_not_called},
    'whites': {'called' : whites_called, 'not_called' :whites_not_called}})
observed
```

【运行结果】

如图 12-16 所示。

	blacks	whites
called	157	235
not_called	2278	2200

图 12-16 实际观测值

④ 计算理论值。

【代码如下】

```
# 统计获得职位和未获得职位的人数
num_called_back = blacks_called + whites_called
num_not_called = blacks_not_called + whites_not_called
# 得到获得职位的理论比率
rate_of_callbacks = num_called_back / (num_not_called + num_called_back)
# 获得职位和未获得职位的理论值
expected_called = len(data)  * rate_of_callbacks
expected_not_called = len(data)  * (1 – rate_of_callbacks)
# 理论值四格表
expected = pd.DataFrame
  ({'blacks': {'called': expected_called/2, 'not_called' : expected_not_called/2},
  'whites': {"called" : expected_called/2, 'not_called' : expected_not_called/2}})
expected
```

【运行结果】

理论值四格表如图 12-17 所示。

	blacks	whites
called	196.0	196.0
not_called	2239.0	2239.0

图 12-17 理论值四格表

【结果说明】

因为白人和黑人人数相同，所以统计白人和黑人获得职位、未获得职位的人数按平均分配。

⑤ 使用 SciPy 包中的 chisquare 模块，实现卡方检验。

【代码如下】

```
import scipy.stats as stats
observed_frequencies = [blacks_not_called, whites_not_called,
                        whites_called,blacks_called]
expected_frequencies = [expected_not_called/2, expected_not_called/2,
                        expected_called/2, expected_called/2]
```

```
#卡方检验
stats.chisquare(f_obs = observed_frequencies, f_exp = expected_frequencies)
```

【运行结果】

```
Power_divergenceResult(statistic=16.879050414270221, pvalue=0.00074839594410972638)
```

【结果说明】

卡方检验 P 值 $=0.000754$，$\chi_{0.05}^{2}(1)=3.843$，由于 P 值 $<\chi_{0.05}^{2}(1)$，因此接受原假设，认为在求职路上种族歧视是存在的。

12.8 高手点拨

在机器学习中，卡方检验常用作文本分类中特征的选择，卡方值描述了自变量与因变量之间的相关程度，卡方值越大，相关程度也越大，因此可以利用卡方值来作特征选择，保留相关程度大的变量。如新闻分类中，如果希望获取和体育类别相关性最强的 100 个词，后期处理中就可以按照标题是否包含这 100 个词来确定新闻是否归属于体育类。对体育类新闻标题所包含的每个词计算统计量卡方值，然后按卡方值排序，取卡方值最大的前 100 个词。

【例 12.16】 现在有 N 篇文档，其中有 M 篇是关于体育的，考察词汇"篮球"与类别"体育"之间的相关性。我们分别收集到 4 个观察值。

（1）包含"篮球"且属于"体育"类别的文档数 A：34 篇。

（2）包含"篮球"但不属于"体育"类别的文档数 B：6 篇。

（3）不包含"篮球"但属于"体育"类别的文档数 C：20 篇。

（4）既不包含"篮球"也不属于"体育"类别的文档数 D：24 篇。

解： 下面利用卡方检验方法来计算词语"篮球"与类别"体育"之间的相关性。

（1）首先将数据汇总到四格表中。

表 12-12 四格表（新闻分类）

特征选择	属于"体育"	不属于"体育"	总计
包含"篮球"	A(34)	B(6)	$A+B$(40)
不包含"篮球"	C(20)	D(24)	$C+D$(44)
总数	$A+C$(54)	$B+D$(30)	N(84)

（2）依题意，提出假设。

H_0："篮球"和体育类文章没有关联性，H_1："篮球"和体育类文章存在关联性。

（3）卡方检验通过观察实际值与理论值的偏差来确定原假设正确与否。统计量卡方值的计算

公式：$\chi^2 = \sum \dfrac{(A-E)^2}{E}$，其中 A 表示实际观测值，E 表示理论推断值。A 来源于统计得到的四格表，

理论推断值 E 来源于基于无关性的原假设 H_0。以包含"篮球"且属于"体育"类别的文档数为例。如果原假设成立，即"篮球"和"体育"类文章没有关联，那么在所有的文章中，"篮球"这个词

都应该是等概率出现，因此文档中包含"篮球"的概率为 $\frac{A+B}{N}$。"体育"文档中包含词语"篮球"的文档数量理论值应是

$$E_{11} = (A+C)\frac{A+B}{N}$$

于是我们得到第一个理论值 E_{11}（两个 1 表示四格表中第 1 行第 1 列），此时理论值和实际值的差值为 $D_{11} = \frac{(A-E_{11})^2}{E_{11}}$，由此类推，计算其他差值 D_{12}、D_{21}、D_{22}。

（4）计算相应的统计量卡方值。

$$\chi^2（篮球，体育）=D_{11}+D_{12}+D_{21}+D_{22}= \frac{N(AD-BC)^2}{(A+C)(A+B)(B+D)(C+D)}，代入数据得：$$

χ^2=14.27152。这里的统计量计算公式和 13.4 节中例 13-16 的公式表现形式不一样，但计算结果和方法都是相同的。

（5）求自由度：$v = (行数-1)(列数-1) = 1$。

（6）在给定显著性水平 $\alpha = 0.05$ 时，$\chi^2_{0.05}(1)=3.843$，由于 $x^2 > \chi^2_{0.05}(1)$，故拒绝 H_0，接受备择假设 H_1，即"篮球"和体育类文章存在关联性。

（7）接下来还可以计算其他词语如"排球""产品""银行"等与体育类别的卡方值，卡方值越大，相关程度也越大，可以利用卡方值来做特征选择，保留我们需要的卡方值大的词汇作为特征项就可以了。

统计量卡方的计算还可以进一步化简。如果给定了一个文档集合（例如我们的训练集）和一个类别，则 N、M、$N-M$（即 $A+C$ 和 $B+D$）对同一类别文档中的所有词来说都是一样的，而我们只关心一堆词对某个类别的卡方值的大小顺序，并不关心具体的值，因此把它们从公式中去掉是完全可以的，故实际计算的时候我们都使用以下公式计算卡方值。

$$\chi^2(t,c) = \frac{(AD-BC)^2}{(A+B)(C+D)}，其中 t 表示词语，c 表示类别。$$

但卡方检验也并非十全十美，如四格表中的数据只统计文档中是否出现词语 t，而未考虑词语 t 在该文档中出现了几次，这会使得该方法对低频词有所偏袒，如一个词在每篇文档中都只出现了一次，另一个词在 99% 的文档中出现，但每篇文档中都出现了 10 次以上，前者的统计量卡方值却大过了后面的卡方值，只因为前面的词出现的文档数比后面的词多了 1%，可其实后面的词语才是更具代表性的，但特征选择时就可能筛掉后面的词而保留了前者。这就是卡方检验的"低频词缺陷"。因此卡方检验也经常同其他因素如词频一起综合考虑来扬长避短。

另外卡方检验也可用于异常用户的检测，例如，特定用户某项指标的分布与大盘的分布是否差

异很大，这时通过临界概率可以合理地筛选异常用户。

 习题

（1）在 10 块地上同时种植甲、乙两种作物，其产量服从正态分布，并且方差相同。结果计算得 $\bar{X}=30.97$，$\bar{Y}=21.79$，$S_x=26.7$，$S_y=12.1$。试问这两种作物的产量有无明显差异？

> SciPy 提供了以下两个方法解决双样本同方差的 t 检验问题。
> （1）scipy.stats.ttest_ind
> （2）scipy.stats.ttest_ind_from_stats
> 第 1 个方法要求输入原始样本数据，第 2 个方法直接输入样本的描述统计量（均值，标准差，样本数）即可。这里可以直接使用第 2 个方法。

（2）从某中学随机抽取两个班，调查他们对待文理分科的态度，结果，甲班 37 人赞成，27 人反对；乙班 39 人赞成，21 人反对，试问这两个班对待文理分科的态度是否有显著差异（$\alpha = 0.05$）？

> 因为总体分布未知，可以用非参数检验即卡方检验。

第 13 章
相关分析

　　相关分析是研究两个或两个以上的变量之间相关程度及大小的一种统计方法。本章介绍了相关分析的理论、相关系数的数学计算、相关系数的显著性检验以及应用 Python 进行相关分析计算的方法。主要内容包括皮尔森相关、斯皮尔曼等级相关、肯德尔相关、质量相关、品质相关、偏相关与复相关等内容。

本章主要涉及的知识点

- 相关分析概述
- 皮尔森相关系数
- 相关系数的计算与假设检验
- 斯皮尔曼等级相关
- 肯德尔系数
- 质量、品质相关分析
- 偏相关与复相关

13.1 相关分析概述

13.1.1 相关分析

在自然界和社会中，由于受各种因素的影响，事物或变量之间往往存在复杂的关系。这种关系有时表现为一种确定性的关系，即一种事物或变量发生变化，另一种事物或变量也会随之发生变化，这种确定的关系在数学上就是函数关系。但更多的时候，事物或变量之间表现为一种非确定性的关系，即变量之间的确存在着某种程度的依存关系，但不能由一个变量的变化精确地推断出另一个变量发生多大变化。生活中这样的例子很多，如大概知道教育程度与收看电视节目的内容有关，但实际上由于多种因素的影响，很难由教育程度的高低准确地推断出观众对具体电视节目的喜爱的程度。其他诸如家庭收入和支出的关系，所受教育程度与收入关系，子女身高和父母身高关系等。这种事物和变量之间非确定性的关系，就是相关关系。研究事物之间的这种不确定性关系的数学方法，就称为相关分析。下面给出相关分析的定义。

在数学上，研究两个或两个以上处于同等地位的事物之间相关程度的强弱，并用适当的统计指标表示出来的过程，称为相关分析。根据相关分析，可以从不同角度对事物的相关性进行分类。

（1）按照相关程度可以分成完全相关、不完全相关和不相关。一个变量的数量变化由另一个变量的数量变化所确定，称为完全相关，即函数关系；两个变量的数量变化各自独立，称为不相关；介于完全相关与不相关之间的称不完全相关。

（2）按照相关的方向分为正相关和负相关。正相关指相关变量的数量变动方向一致，负相关指相关变量的数量变动方向相反。

（3）按照相关的形式分成线性相关和非线性相关。将相关变量值作为直角坐标系的坐标，变量的不同取值如果呈直线分布，称为线性相关；如果呈曲线分布，称为非线性相关。

13.1.2 线性相关

线性相关的两个变量之间的相关程度可以通过一个量化的相关系数 r 来表示。相关系数有以下几个特点。

（1）r 的数值范围是 $-1 \sim +1$。

（2）r 的绝对值表示变量之间的密切程度（即强度）。绝对值越接近 1，表示两个变量之间关系越密切；越接近 0，表示两个变量之间关系越不密切。

（3）r 的正负号表示变化方向。"+"号表示变化方向一致，即正相关；"−"号表示变化方向相反，即负相关。

（4）相关系数的值仅仅是一个比值。它不是由相等单位度量而来的（即不等距），也不是百分比，因此，不能直接进行算术运算。

（5）相关系数只能描述两个变量之间的变化方向及密切程度，并不能揭示两者之间的内在本质联系，即相关的两个变量不一定存在因果关系。

可以通过散点图来直观地观察随机变量之间的相关性。下面来看一下相关系数取不同值时对应的图形。

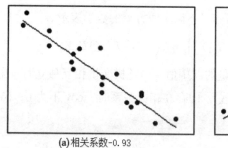 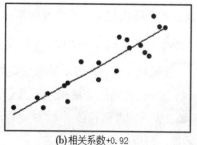

(a)相关系数-0.93　　　　　　　　(b)相关系数+0.92

图 13-1 正相关与负相关

图 13-1 中，将具有相关关系的变量值作为直角坐标系中点的坐标，变量的不同取值对应不同的坐标点，绘制这些离散的点就构成散点图。可以看到在图 13-1(a) 中，相关系数是 −0.93，两个变量之间存在较强的负相关，变量之间的变化基本符合直线关系，一个变量增加时，另一个变量倾向于减少。在图 13-1(b) 中，相关系数为 +0.92，两个变量之间存在较强的正相关，变量之间的变化基本符合直线关系，一个变量增加时，另一个变量也倾向于增加。

下面来看较弱的相关形式和非线性相关的图形。

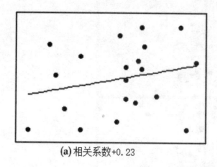 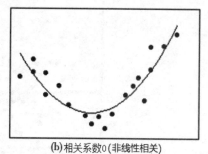

(a)相关系数+0.23　　　　　　　　(b)相关系数0(非线性相关)

图 13-2 弱正相关和非线性相关

图 13-2 显示了较弱的正相关和非线性相关的图形。可以看到在图 13-2(a) 中，相关系数是+0.23，两个变量之间存在较弱的正相关，变量有同向正向变化的趋势。图 13-2(b) 中，线性相关系数为 0，可是变量之间却存在一种有意义的非线性相关关系。由此可见，相关系数是描述线性相关的量，不能描述变量之间的非线性相关关系。

对于不同的数值类型，相关系数的计算方法是不同的。下面来看一下几种不同类型的相关系数。

13.2 皮尔森相关系数

皮尔森（Pearson）相关系数是用来度量两个连续型的随机正态变量之间的线性关系的一种随机变量特征量。连续型随机变量是指可以进行算术运算的一些量，如国民收入与居民储蓄存款、身高与体重、高中成绩与高考成绩等。皮尔森相关系数和随机变量的协方差关系比较密切，下面先来看一下什么是协方差。

协方差是反映两个随机变量相关程度的指标，下面是协方差的数学表示。

$$\text{cov}(X,Y) = E\left\{\left[X - E(X)\right]\left[Y - E(Y)\right]\right\} = E(XY) - E(X)E(Y) \tag{13-1}$$

上式中 X、Y 是随机变量，E 表示随机变量的期望值。当随机变量相互独立时，由公式（13-1）可知，协方差 cov 为 0；当随机变量相互不独立，即存在相关关系时，cov 不为 0；cov>0，表示两者正相关；cov<0，表示两者负相关。

对于样本数据，可以构建样本协方差。

$$\text{cov}(X,Y) = \frac{\sum_{i=1}^{n}(X_i - \bar{X})(Y_i - \bar{Y})}{n-1} \tag{13-2}$$

协方差可以在一定程度上反映随机变量的相关性，但协方差受方差的影响较大，不同的相关变量的方差差异很大时，协方差数值很难建立不同组相关变量对的相关关系的对比。图 13-3 的散点图就描述了这样的情况。

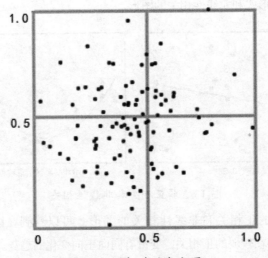

图 13-3 弱相关的散点图

图 13-3 中的散点图表示坐标系中的一对相关变量 X 和 Y 之间存在比较弱的相关关系。但是由于坐标相对离散，X 和 Y 值偏离平均值的幅度较大，如果根据公式（13-2）计算，会导致求得的协方差反而会比较大。

为了更好地度量两个随机变量的相关程度，对协方差公式进行修正，可以在其基础上除以两个随机变量的标准差，这就是皮尔森相关系数，可以用以下公式表示。

$$\rho_{XY} = \frac{\text{cov}(X,Y)}{\sigma_X \sigma_Y} = \frac{E\left\{\left[X - E(X)\right]\left[Y - E(Y)\right]\right\}}{\sigma_X \sigma_Y} = \frac{\sum_{i=1}^{n}\left(X_i - \bar{X}\right)\left(Y_i - \bar{Y}\right)}{\sqrt{\sum_{i=1}^{n}\left(X_i - \bar{X}\right)^2}\sqrt{\sum_{i=1}^{n}\left(Y_i - \bar{Y}\right)^2}} \quad （13-3）$$

上式中，X、Y 是随机变量，ρ_{XY} 是皮尔森相关系数，σ_X 和 σ_Y 是标准差，E 是随机变量的期望值。

皮尔森系数是一个介于 −1~1 的值，当两个变量的线性关系增强时，相关系数趋于 1 或 −1；当一个变量增大，另一个变量也增大时，表明它们之间是正相关的，相关系数大于 0；如果一个变量增大，另一个变量却减小，表明它们之间是负相关的，相关系数小于 0；如果相关系数等于 0，表明它们之间不存在线性相关关系。

从公式（13-3）中，还能看出皮尔森相关系数对于随机变量是对称的，即 $\rho_{XY} = \rho_{YX}$；对于两组数据，皮尔森系数是一个具体的值；对于多组数据，要求出两两之间的相关系数，则相关系数实际上是一个矩阵（在 13.3 节中，可以看到具体的形式）。

皮尔森系数能够较好地描述两个变量的相关关系。当皮尔森系数为 0 时，坐标点完全离散化；当皮尔森系数为正时，散点图沿斜率为正的直线分布；当皮尔森系数为 1 时，散点图基本上呈现为一条斜率为正的直线。

  13.3 相关系数的计算与假设检验

Python 函数库中提供了一些函数，可以用来对相关系数进行计算和显著性检验。在本节中以皮尔森相关系数的计算为例，对使用 Python 进行相关系数的计算与假设检验进行详细介绍。

13.3.1 相关系数的计算

NumPy 中的一些计算函数实现了公式（13-3），可以用来直接计算两组数据之间的皮尔森相关系数。

1. 矩阵中行数据之间的相关系数的计算和列数据之间的相关系数的计算

【例 13.1】使用 Python 代码计算二维数组中行数据之间的皮尔森相关系数和列数据之间的皮尔森相关系数。

【代码如下】

```
#13-1.py
import numpy as np
tang = np.array([[10, 10, 8, 9, 7],
     [4, 5, 4, 3, 3],
     [3, 3, 1, 1, 1]])
print('data source')
print(tang)

print('corrcoef between rowdata')
print(np.corrcoef(tang))

print('corrcoef between columndata')
print(np.corrcoef(tang,rowvar=0));
```

首先引入 NumPy 包，然后调用 numpy.array 函数构造数据源；调用 numpy.corrcoef 函数，传入数据源计算行数据相互之间的相关系数；调用 numpy.corrcoef 函数时传入参数 rowvar=0，表示计算列数据之间的相关系数。打开 Jupyter Notebook，创建新的 Python 代码文档，输入以上代码并运行。

【运行结果】

```
data source
[[10 10  8  9  7]
 [ 4  5  4  3  3]
 [ 3  3  1  1  1]]
corrcoef between rowdata
[[1.         0.64168895 0.84016805]
 [0.64168895 1.         0.76376262]
 [0.84016805 0.76376262 1.        ]]
corrcoef between columndata
[[1.         0.98898224 0.9526832  0.9939441  0.97986371]
 [0.98898224 1.         0.98718399 0.99926008 0.99862543]
 [0.9526832  0.98718399 1.         0.98031562 0.99419163]
 [0.9939441  0.99926008 0.98031562 1.         0.99587059]
 [0.97986371 0.99862543 0.99419163 0.99587059 1.        ]]
```

【结果说明】

在上面的输出结果中，首先显示 3×5 形式的数组，然后是行数据之间的 3×3 相关关系矩阵，最后是列数据之间的 5×5 相关关系矩阵。矩阵主对角线上元素为 1，表示相同数据之间的相关系数为 1；矩阵中行列对称元素的相关系数相等，表示了相关系数计算时对随机变量的对称性。

2. 理论计算与函数计算之间的比较

【例 13.2】表 13-1 显示的是伦敦的月平均气温和降水量之间的对比，计算月平均气温和降雨量之间的皮尔森相关系数。要求分别用公式和 Python 调用库函数进行计算，并对结果进行对比。

表 13-1 伦敦的月平均气温和降水量

月份	1	2	3	4	5	6	7	8	9	10	11	12
月平均气温 $t/°C$	3.8	4	5.8	8	11.3	14.4	16.5	16.2	13.8	10.8	6.7	4.7
降雨量 p/mm	77.7	51.2	60.1	54.1	55.4	56.8	45	55.3	67.5	73.3	76.6	79.6

【理论计算】

应用公式（13-3），计算伦敦市平均气温 t 与降水量 p 之间的相关系数。

$$r_{tp} = \frac{\sum_{i=1}^{n}(t_i - \bar{t})(p_i - \bar{p})}{\sqrt{\sum_{i=1}^{n}(t_i - \bar{t})^2}\sqrt{\sum_{i=1}^{n}(p_i - \bar{p})^2}} = \frac{-300.91}{\sqrt{250.55} \times \sqrt{1508.34}} = -0.4895$$

计算结果表明平均气温 t 与降水量 p 之间的相关系数为 -0.4895。

下面通过 Python 调用库 NumPy 来进行计算。

【代码如下】

```
#13-2.py

import numpy as np
import scipy.stats as stats
tang = np.array([[3.8, 4, 5.8, 8, 11.3, 14.4,16.5,16.2,13.8,10.8,6.7,4.7],
        [77.7, 51.2, 60.1, 54.1, 55.4, 56.8, 45, 55.3, 67.5, 73.3, 76.6, 79.6]])
print(tang)


print(np.corrcoef(tang))
```

在上述代码中，通过 NumPy 的 array 函数构建源数据，调用 NumPy 的 corrcoef 函数计算行数据之间的相关关系。打开 Jupyter Notebook，创建新的 Python 代码文档，输入以上代码并运行。

【运行结果】

```
[[ 3.8  4.   5.8  8.  11.3 14.4 16.5 16.2 13.8 10.8  6.7  4.7]
 [77.7 51.2 60.1 54.1 55.4 56.8 45.  55.3 67.5 73.3 76.6 79.6]]
[[ 1.         - 0.48949468]
 [ - 0.48949468  1.         ]]
```

【结果说明】

在上述代码中，首先输出了源数据，然后根据 NumPy 算出相关系数矩阵，可以看到第 1 行数

据 t 与第 2 行数据 p 之间的相关系数四舍五入之后为 – 0.4895，计算结果与理论计算的结果相符。

计算结果表明，伦敦市的月平均气温 t 与降水量 p 之间呈一定程度上的负相关，即一个量增加，另一个量会在一定程度上减少；一个量减少，另一个量会在一定程度上增加。

上面给出的数据，实际上是伦敦市气温与降水量的一种样本数据，如何能够确定样本数据得到的结果是可信的呢？这就要用到假设检验了。

13.3.2 相关系数的显著性检验

在进行统计计算时，经常要根据样本来推断总体的特性，还要保证这种推断具有统计学意义，这就是假设检验。

Scipy 提供了一些函数，可以用来对相关系数进行假设检验。下面我们来看具体的例子。

【例 13.3】10 个学生初一数学分数 X 与初二数学分数 Y 如下表所示，求它们之间的相关系数，并从总体角度判断初一和初二数学分数是否存在关联？

表 13-2　10 个学生的初一数学和初二数学成绩

序号	1	2	3	4	5	6	7	8	9	10	总和
X	74	71	72	68	76	73	67	70	65	74	710
Y	76	75	71	70	76	79	65	77	62	72	723

（1）根据 NumPy 来计算成绩之间的相关系数。

【代码如下】

```
#13-3.py

import numpy as np
tang = np.array([[74, 71, 72, 68, 76,73,67,70,65,74],
        [76, 75, 71, 70, 76, 79, 65, 77, 62, 72]])
print(tang[0])
print(tang[1])
print(np.corrcoef(tang))
```

在上述代码中，首先应用 NumPy 的 array 函数构建数据源，然后调用 NumPy 的 corrcoef 函数计算皮尔森相关系数。打开 Jupyter Notebook，创建新的 Python 代码文档，输入以上代码并运行。

【运行结果】

```
[74 71 72 68 76 73 67 70 65 74]
[76 75 71 70 76 79 65 77 62 72]
[[1.        0.7802972]
 [0.7802972 1.        ]]
```

【结果说明】

从输出结果可以看到，相关系数四舍五入之后为 0.7803，表示初一数学成绩和初二数学成绩之间存在正相关。

（2）如何确定总体数据之间也存在关联呢？可以来构建假设检验。

根据样本数据提出总体的一个假设。

假设 H_0: ρ=0，H_1: $\rho \neq 0$

对于成对数据的检验，一般用 t 检验，构建检验统计量。

$$t = \frac{r\sqrt{n-2}}{\sqrt{1-r^2}} = \frac{0.7803\sqrt{10-2}}{\sqrt{1-0.7803^2}} = 3.5289$$

$$t = 3.5289 > 3.3554 = t_{\alpha/2}(n) = t_{0.005}(8)$$

因此，在显著性水平 α=0.01 的情况下，采用 t 双边检验，可以得到相关系数 $\rho \neq 0$，即在显著性水平 0.01 下，初一数学成绩和初二数学成绩之间存在显著的相关关系。

SciPy 的 stats 模块提供了计算相关系数及 t 检验的显著程度的函数，下面计算上述数据集的相关系数和 t 检验的显著性水平。

【代码如下】

```
#13-4.py

import numpy as np
import scipy.stats as stats
tang = np.array([[74, 71, 72, 68, 76,73,67,70,65,74],
        [76, 75, 71, 70, 76, 79, 65, 77, 62, 72]])
print(tang[0])
print(tang[1])
cor,pv=stats.pearsonr(tang[0],tang[1])
print(cor)
print(pv)
```

在上述代码中，首先引入 NumPy 和 scipy.stats 包，通过 NumPy 的 array 函数构建数据集，调用 Stats 的 pearsonr 函数求数据集的皮尔森相关系数 r 和 t 检验显著性水平 p-value。打开 Jupyter Notebook，创建新的 Python 代码文档，输入以上代码并运行。

【运行结果】

```
[74 71 72 68 76 73 67 70 65 74]
[76 75 71 70 76 79 65 77 62 72]
0.7802972005173808
0.007744294734007267
```

【结果说明】

从输出结果中看到，首先显示了初一数学成绩和初二数学成绩构成的数据集，然后是皮尔森相关系数和拒绝 H_0 的显著性水平。相关系数四舍五入为 0.7803，与上文中 NumPy 的计算相等；显著性水平 0.0077，低于上文中给定的显著性水平 0.01，与上文结果一致。由此可见，从统计意义上，总体的成绩相关性不为 0，即初一数学成绩和初二数学成绩的总体存在相关性。

【例13.4】已知两组数据，数值如下。

$x = [10.35, 6.24, 3.18, 8.46, 3.21, 7.65, 4.32, 8.66, 9.12, 10.31]$。

$y = [5.1, 3.15, 1.67, 4.33, 1.76, 4.11, 2.11, 4.88, 4.99, 5.12]$。

求它们的相关关系和显著性水平，并用图形表示。

分析：可以调用 scipy.stats 包中的 pearsonr 函数，直接计算相关关系及显著性水平。将 x、y 作为点的坐标值，可以用 pyplot 进行散点图绘制。

【代码如下】

```python
#13-5.py

import numpy as np
import scipy.stats as stats
import matplotlib.pyplot as plt
#https://docs.scipy.org/doc/scipy-0.19.1/reference/stats.html#module-scipy.stats

#data source
x = [10.35, 6.24, 3.18, 8.46, 3.21, 7.65, 4.32, 8.66, 9.12, 10.31]
y = [5.1, 3.15, 1.67, 4.33, 1.76, 4.11, 2.11, 4.88, 4.99, 5.12]

#compute correlation and pvalue
correlation,pvalue = stats.pearsonr(x,y)
print ('correlation',correlation)
print ('pvalue',pvalue)

#create figure and configuring
plt.figure(figsize=(8,5), dpi=80)
plt.subplot(111)

#plotting the scatter figure
plt.scatter(x,y,color='red')
plt.show();
```

在上述代码中，首先导入用到的 scipy.stats、matplotlib.pyplot 函数包，然后调用 Stats 的 pearsonr 函数进行相关系数和显著性水平计算，最后调用 pyplot 的 scatter 函数进行散点图的绘制。打开 Jupyter Notebook，创建新的 Python 代码文档，输入以上代码并运行。

【运行结果】

如图 13-4 所示。

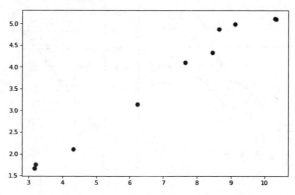

correlation 0.9891763198690562
pvalue 5.926875946481138e-08

图 13-4 数据之间的相关系数及对应的散点图

【结果说明】

从图 13-4 中看到，给出的两组数据的相关系数四舍五入后为 0.9892，对应的显著性水平为 10^{-8} 量级，可见两组数据之间存在很强的正相关关系。从散点图中看到，两组数据形成的散点图近似为一条直线，这与上面的计算结果一致。

 斯皮尔曼等级相关

皮尔森相关是一种积差相关，主要用来度量两组连续型随机变量之间的相关关系（随机变量需符合正态分布）。当测量得到的数据不是等距或等比数据，而是具有等级顺序的数据，或者得到的数据是等距或等比数据，但其总体分布不是正态的，这时应用皮尔森相关来度量数据的相关关系可能就不一定准确了。

13.4.1 皮尔森相关系数的局限性

首先来看一个小实验。两个基因 A、B，它们的表达量关系是 $B = 2A$，在 8 个样本中表达量取值如下表所示。

表 13-3 基因 A、B 的样本数据

样本编号	1	2	3	4	5	6	7	8
A	0.6	0.7	1	2.1	2.9	3.2	5.5	6.7
B	1.2	1.4	2	4.2	5.8	6.4	11	13.4

由于每一对样本中的数值都存在等比的数量关系，所以根据皮尔森相关系数公式，计算出它们的皮尔森相关系数 $r = 1$，同时根据上文方法算出显著性水平 p-vlaue ≈ 0。

对表 13-3 中的等比基因数据，还可以用图形来描述它们之间的关系，如图 13-5 所示。

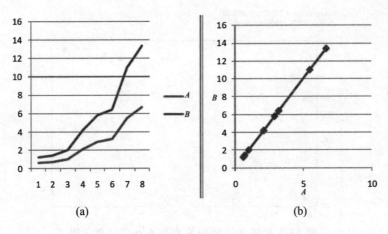

图 13-5 基因数据曲线图

图 13-5(a) 以数据的次序作为横坐标，以数据的具体数值作为纵坐标；图 13-5(b) 以基因 A 的取值作为横坐标，以基因 B 的取值作为纵坐标。从图 13-5(a) 中可以看出，基因 A 与基因 B 具有相同的变化趋势；从图 13-5(b) 中可以看出，基因 A、基因 B 的样本数据之间呈线性关系。结合上文计算得到的皮尔森相关系数和显著性水平，可知基因 A、基因 B 的样本数据之间存在显著的皮尔森相关关系。皮尔森相关系数与图形表示的相关关系吻合，可见此时的皮尔森相关系数是有效的。

如果两组数据呈非线性关系，例如幂函数关系（曲线关系），还能继续用皮尔森相关关系吗？来看另外两组数据，两个基因 A、D，它们的关系是 $D = A^{10}$，在 8 个样本中的表达量值如表 13-4 所示。

表 13-4 基因 A、D 的样本数据

样本编号	1	2	3	4	5	6	7	8
A	0.6	0.7	1	2.1	2.9	3.2	5.5	6.7
D	6.0E−3	2.8E−2	1	1.7E3	4.2E4	1.1E5	2.5E7	1.8E8

表 13-4 是两组基因样本数据的对比，它们之间存在指数关系。可以将这两组数据的关系用图形的方式显示出来，如图 13-6 所示。

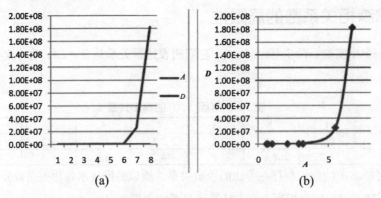

图 13-6 呈指数关系的基因数据曲线图

在图 13-6(a) 中，纵坐标是基因数据，横坐标是数据的次序；图 13-6(b) 中，横坐标是基因 A 的样本数据，纵坐标是基因 D 的样本数据。从图 13-6(a) 中可以看出基因 A、基因 D 的趋势关系不很

明确；从图 13-6(b) 看出，基因 A、基因 D 的样本数据之间存在明显的指数关系。可以通过 Python
的 NumPy 和 SciPy 函数库来计算基因数据之间的皮尔森相关系数及显著性水平，代码如下所示。

【代码如下】

```
#13-6.py

import numpy as np
import scipy.stats as stats

x = [0.6,0.7,1,2.1,2.9,3.2,5.5,6.7]
y = np.power(x,10)
correlation,pvalue = stats.pearsonr(x,y)
print ('correlation',correlation)
print ('pvalue',pvalue)
```

在上述代码中，首先导入用到的 NumPy、scipy.stats 函数包，然后调用 NumPy 的 power 函数
构造基因 D 的数据，最后调用 Stats 的 pearsonr 函数进行相关系数和显著性水平计算。打开 Jupyter
Notebook，创建新的 Python 代码文档，输入以上代码，运行后的输出结果如下所示。

【运行结果】

```
correlation 0.7659287963138055
pvalue 0.026696497208768055
```

【结果说明】

从输出结果可以看到，基因 A、基因 D 的相关系数，无论数值还是显著性都下降了。可见，
使用皮尔森相关系数无法描述类似于图 13-6 中的指数关系。

实际上，皮尔森相关系数是一种线性相关系数，对于非线性关系（例如 A、D 的幂函数关系）
相关性的检测功效会下降。描述非线性相关关系时，可以考虑另外一个相关系数，即斯皮尔曼等级
相关。

13.4.2 斯皮尔曼等级相关系数

1. 斯皮尔曼等级相关系数的表示

斯皮尔曼等级相关（Spearman's Correlation Coefficient for Ranked Data）主要用于解决名称数据
和顺序数据相关的问题。当两个变量值以等级次序排列或以等级次序表示时，两个相应的总体并不
一定呈正态分布，样本容量也不一定大于 30，这种情况下可以用斯皮尔曼等级相关来描述两个变
量之间的相关关系。

斯皮尔曼等级相关由英国统计学家斯皮尔曼根据积差相关的概念推导而来，用公式可以表示为

$$r_S = 1 - \frac{6\sum d_i^2}{n^3 - n} \tag{13-4}$$

式中 n 为等级个数，d 为二列成对变量的等级差数。

从公式（13-4）可以看出，斯皮尔曼等级相关简单而言，就是无论两个变量的数据如何变化，符合什么样的分布，我们只关心每个数值在变量内的排列顺序。如果两个变量的对应值在各组内的排序顺位是相同或类似的，则这两个变量具有显著的相关性。

严格来说，公式（13-4）主要用于同一变量无相同等级时斯皮尔曼等级相关系数的计算；当同一变量有相同等级时，也可用它进行近似计算。

2. 斯皮尔曼等级相关系数的应用

对于表 13-4 中的两组呈幂函数关系的基因样本数据，可以转换成排序等级，如表 13-5 所示。

表 13-5 按等级值处理之后的两组基因数据

样本编号	1	2	3	4	5	6	7	8
A 基因	0.6	0.7	1	2.1	2.9	3.2	5.5	6.7
A 等级	1	2	3	4	5	6	7	8
D 基因	6.0E−3	2.8E−2	1	1.7E3	4.2E4	1.1E5	2.5E7	1.8E8
D 等级	1	2	3	4	5	6	7	8
d（等级差）	0	0	0	0	0	0	0	0

从表 13-5 中可以看到，基因 A、基因 D 的样本数据之间存在幂函数关系，但用等级值处理之后，两组数据之间的等级差值为 0。

根据表 13-5 中的数据，可以应用公式（13-4）计算 A、D 基因表达量的相关性，显然相关系数 $r=1$。可见相比皮尔森相关，斯皮尔曼等级相关更适合描述这种具有等级关系的数据。

3. 斯皮尔曼等级相关系数显著性检验

在统计学上，经常需要根据样本推断总体的一些性质。一般的做法是根据样本数据提出某些关于总体的假设，再根据样本数据确定这些假设在统计学上是有意义的，这实际上就是假设检验。与皮尔森系数的显著性检验类似，根据斯皮尔曼系数推断数据相关性的显著性水平，也可以用 t 检验。其检验统计量如下。

$$t = \frac{r_s \sqrt{n-2}}{\sqrt{1-r_s^2}} \qquad (13\text{-}5)$$

式中 r_s 表示斯皮尔曼相关系数，n 表示样本数据个数。在实际使用时，可以按照以下步骤进行显著性检验。

（1）建立关于总体的两个假设，$H_0: \rho=0$，$H_1: \rho \neq 0$。

（2）设定一个显著性水平，比如 $\alpha=0.01$。

（3）根据表格得到双边检验或单边检验的 α 分位点 t_α。

（4）根据样本数据，计算当前 t 值。

（5）如果 $t \geq t_a$，说明小概率事件发生，即假设 H_0：$\rho=0$ 不合理，样本数据存在斯皮尔曼相关关系；反之，则不能说明样本数据之间存在斯皮尔曼相关关系。

4. 应用 Python 函数库计算斯皮尔曼相关系数

SciPy 的 stats 模块提供了计算斯皮尔曼相关系数及 t 检验的显著程度，可以用来计算数据之间的斯皮尔曼相关系数并进行 t 检验。

【例 13.5】 已知两组数据 x 和 y 数值如下（这里仍采用 13.3 节例 13.4 的数据集，以便对比）。

$x = [10.35, 6.24, 3.18, 8.46, 3.21, 7.65, 4.32, 8.66, 9.12, 10.31]$。

$y = [5.13, 3.15, 1.67, 4.33, 1.76, 4.11, 2.11, 4.88, 4.99, 5.12]$。

应用 Python 编程计算 x 与 y 之间的斯皮尔曼相关系数，并进行假设检验。

分析： Python 库 scipy.stats 中包含斯皮尔曼系数计算的函数。在调用 Stats 的 spearmanr 函数计算相关系数时，等级数据可以由 spearmanr 函数自动计算，也可将原始数据变换成等级数据之后，再传入 spearmanr 函数进行计算。为了说明具体的使用流程，这里给出两种方法。

（1）直接计算斯皮尔曼等级相关系数。

【代码如下】

```
#13-7.py

import numpy as np
import scipy.stats as stats

x = [10.35, 6.24, 3.18, 8.46, 3.21, 7.65, 4.32, 8.66, 9.12, 10.31]
y = [5.13, 3.15, 1.67, 4.33, 1.76, 4.11, 2.11, 4.88, 4.99, 5.12]
correlation,pvalue = stats.spearmanr(x,y)

print ('correlation',correlation)
print ('pvalue',pvalue)
```

在上述代码中，首先导入用到的 scipy.stats、NumPy 函数包，构造与 13.3 节例 13.4 相同的数据集，然后调用 Stats 的 spearmanr 函数进行相关系数和显著性水平计算。打开 Jupyter Notebook，创建新的 Python 代码文档，输入以上代码并运行。

【运行结果】

```
correlation 0.9999999999999999
pvalue 6.6468974422032013e – 64
```

【结果说明】

上述结果显示，该数据集的斯皮尔曼相关系数近似等于 1，显著性水平接近于 0，对比 13.3 节计算得到的皮尔森相关系数和显著性水平，数值都有明显提高。

（2）先将原始数据转换成等级数据，再计算斯皮尔曼等级相关系数。

【代码如下】

```
#13-8.py

import numpy as np
import scipy.stats as stats

x = [10.35, 6.24, 3.18, 8.46, 3.21, 7.65, 4.32, 8.66, 9.12, 10.31]
y = [5.13, 3.15, 1.67, 4.33, 1.76, 4.11, 2.11, 4.88, 4.99, 5.12]
x = stats.rankdata(x)
y = stats.rankdata(y)
print (x)
print (y)
correlation,pvalue = stats.spearmanr(x,y)

print ('correlation',correlation)
print ('pvalue',pvalue)
```

在上述代码中，首先调用 Stats 的 rankdata 函数将原始数据转换成等级数据，然后调用 Stats 的 spearmanr 函数进行相关系数和显著性水平计算。rankdata 函数在进行等级数据转换时，会首先对原始数据进行排序，将其序号作为等级值，如果多个数据具有相同值，会根据 rankdata 函数的参数设置取多个相关值的最小、最大或平均等级作为等级值。打开 Jupyter Notebook，创建新的 Python 代码文档，输入以上代码并运行。

【运行结果】

```
[10.  4.  1.  6.  2.  5.  3.  7.  8.  9.]
[10.  4.  1.  6.  2.  5.  3.  7.  8.  9.]
correlation 0.9999999999999999
pvalue 6.646897422032013e − 64
```

【结果说明】

从结果可以看出，转换成等级数据之后，上述数据集中，两组数据的等级数据相同，用等级数据计算得到的斯皮尔曼相关系数和显著性水平与原始数据计算得到的数据相同。

5. 斯皮尔曼系数综合实例

【例 13.6】 10 名高三学生学习潜在能力测验成绩 X 与自学能力测验成绩 Y 如表 13-6 所示，问两者相关情况如何？

表 13-6 学生的学习潜在能力与自学能力测验样本数据

学生序号	学习潜在能力		自学能力		等级差数	差数平方
	X	等级	Y	等级		
1	90	1	3	2	−1	1
2	84	2	2	1	1	1
3	76	3	5	3	0	0
4	71	5	7	5.5	−0.5	0.25

续表

学生序号	学习潜在能力		自学能力		等级差数	差数平方
	X	等级	Y	等级		
5	71	5	8	7.5	−2.5	6.25
6	71	5	6	4	1	1
7	69	7	8	7.5	−0.5	0.25
8	68	8	7	5.5	2.5	6.25
9	66	9	10	10	−1	1
10	64	10	9	9	1	1
总和						18

分析： 首先针对表 13-6 中的原始数据，算出对应的等级数据、等级差数、差数平方等数值，填入表 13-6 中的相应列中。可以通过公式（13-4）直接计算斯皮尔曼相关系数，也可以通过 Python 提供的库函数进行计算。下面分别应用这两种方法计算。

（1）按照公式直接计算斯皮尔曼等级相关系数。

根据表 13-6 中的数据，应用公式（13-4）计算学习潜在能力与自学能力样本数据的斯皮尔曼相关关系。

$$r_S = 1 - \frac{6 \sum d_i^2}{n^3 - n} = 1 - \frac{6 \times 18}{10(10^2 - 1)} = 0.891$$

应用公式（13-5），计算上述 10 个学生的学习潜在能力与自学能力的斯皮尔曼相关的显著性假设检验水平。

$$t = \frac{r_S \sqrt{n-2}}{\sqrt{1 - r_S^2}} = \frac{0.891 \sqrt{10-2}}{\sqrt{1 - 0.891^2}} = 5.551$$

取显著性检验水平 $\alpha=0.01$，双边检验 $H_0: \rho=0$，$H_1: \rho \neq 0$，查表得到检验统计量 t 的上分位值为 $t_{\alpha/2}=t_{0.005}=3.3554$，则 $t=5.551 > t_{\alpha/2}=3.3554$。即在显著性水平 $\alpha=0.01$ 情况下，上述 10 个学生的学习潜在能力与自学能力存在斯皮尔曼相关，相关系数是 0.891。

（2）应用 Python 提供的库函数来计算上述数据的斯皮尔曼相关系数及对应的显著性水平。

【代码如下】

```
#13-9.py

import numpy as np
import scipy.stats as stats

x = [90, 84, 76, 71, 71, 71, 69, 68, 66, 64]
y = [3, 2, 5, 7, 8, 6, 8, 7, 10, 9]
```

```
print(x)
print(y)
print()

x = [1,2,3,5,5,5,7,8,9,10]
x=stats.rankdata(x)
y = stats.rankdata(y)
print (x)
print (y)
print()
correlation,pvalue = stats.spearmanr(x,y)

print ('correlation',correlation)
print ('pvalue',pvalue)
```

在上述代码中，首先按照要求构建源数据，由于在表 13-6 中，x 数据在等级化时，按照从大到小顺序进行，所以代码中直接给出了 x 等级化后的数据。调用 Stats 的 randdata 函数按照默认的 average 方法进行数据等级化，最后调用 Stats 的 spearmanr 函数进行相关系数和显著性水平的检验。打开 Jupyter Notebook，创建新的 Python 代码文档，输入以上代码并运行。

【运行结果】

```
[90, 84, 76, 71, 71, 71, 69, 68, 66, 64]
[3, 2, 5, 7, 8, 6, 8, 7, 10, 9]

[ 1.  2.  3.  5.  5.  5.  7.  8.  9. 10.]
[ 2.  1.  3.  5.5 7.5 4.  7.5 5.5 10.  9. ]

correlation 0.888905824460683
pvalue 0.0005816182928564094
```

【结果说明】

从上述输出结果可以看到，Python 库函数计算得到的相关系数 0.889 与公式计算得到的 0.891 略有差别，这主要是因为在斯皮尔曼函数中计算等级相关时，用的公式是积差相关公式，当前数据的同一变量存在相同的等级，所以用公式（13-4）近似计算等级相关系数存在一定的误差。输出结果显示显著性检验水平约为 0.0006，结合等级相关系数，可见原始数据存在一定的相关性。

13.5 肯德尔系数

皮尔森相关、斯皮尔曼等级相关描述的是两个变量的相关程度，当表示多个（两个以上）变量之间相关关系时，就要用到肯德尔系数。

13.5.1 肯德尔相关系数的数学表示

生活中有时候会遇到评价多个变量相关关系的情况。例如，有些体育比赛中，不同的评委对一组运动员的成绩分别进行打分，最后综合所有评委的打分，得到每个运动员的综合得分。如何从统计学上评估评委对同一组运动员的不同评价，即他们的评价之间的一致性程度是怎样的？这实际上就是肯德尔相关系数。下面来看一下肯德尔相关系数的数学定义。

肯德尔（Kandall）相关系数（即和谐系数）是用来描述多个（即两个以上）等级变量之间的一致性程度的量。通常为 K 个评分者评 N 个对象，或者也可以是同一个人先后 K 次评 N 个对象，通过肯德尔系数描述 K 个评分者对 N 个对象评价的一致性。肯德尔系数按照同一评价者有无相同等级评定，可以分成以下两种情况。

1. 同一评价者无相同等级评定时

$$W = \frac{12S}{K^2\left(N^3 - N\right)} \tag{13-6}$$

式中，N 表示被评的对象数，K 表示评分者人数或评分所依据的标准数，S 表示每个被评对象所评等级之和 R_i 与所有这些和的平均数的离差平方和。

其中 S 又可以表示为

$$S = \sum_{i=1}^{n}\left(R_i - \bar{R}\right)^2 = \sum_{i=1}^{n} R_i^2 - \frac{1}{n}\left(\sum_{i=1}^{n} R_i\right)^2 \tag{13-7}$$

式中 R_i 是 K 个评委对第 i 个对象所评等级之和，$\bar{R}$ 表示所有等级之和的平均数。

当评分者意见完全一致时，S 取得最大值，可见相关系数是实际求得的 S 与其最大可能取值的比值，所以 $0 \leq W \leq 1$。

2. 同一评价者有相同等级评定时

$$W = \frac{12S}{K^2\left(N^3 - N\right) - K\sum_{i=1}^{k} T_i} \tag{13-8}$$

式中，K、N、S 的意义同公式（13-6）；其中，T_i 可以表示为

$$T_i = \frac{\sum_{i=1}^{m_i}\left(n_{ij}^3 - n_{ij}\right)}{12} \tag{13-9}$$

这里，m_i 为第 i 个评价者评定结果中有重复等级的个数；n_{ij} 为第 i 个评价者的评定结果中第 j 个重复等级的次数；对评定结果无相同等级的评价者，$T_i = 0$，因此只需对评定结果有相同等级的评价者计算 T_i。

13.5.2 肯德尔相关系数的应用

本节来看两个应用肯德尔相关系数的实例。

1. 同一评价者无相同等级评定

【例 13.7】某校开展学生小论文比赛，请 6 位教师对入选的 6 篇论文评定获奖等级，结果如表 13-7 所示，试计算 6 位教师评定结果的肯德尔系数。

表 13-7 6 位教师对 6 篇论文的评定等级

教师评级	一	二	三	四	五	六	合计
A	3	1	2	5	4	6	
B	2	1	3	4	5	6	
C	3	2	1	5	4	6	
D	4	1	2	6	3	5	
E	3	1	2	6	4	5	
F	4	2	1	5	3	6	
R_i	19	8	11	31	23	34	126
R_i^2	361	64	121	961	529	1156	3192

【计算】

在表 13-7 中，根据 6 位教师 A、B、C、D、E、F 对 6 篇文章一、二、三、四、五、六的评级结果，依次算出 R_i 和 R_i^2 以及它们的和。由于每位评分老师对 6 篇论文的评定都无相同的等级，所以可以用公式（13-6）、公式（13-7）进行肯德尔系数的计算。

$$S = \sum_{i=1}^{6} R_i^2 - \frac{1}{6}\left(\sum_{i=1}^{6} R_i\right)^2 = 3192 - \frac{1}{6} \times 126^2 = 546$$

$$W = \frac{12S}{K^2\left(N^3 - N\right)} = \frac{12 \times 546}{6^2\left(6^3 - 6\right)} = \frac{546}{630} = 0.87$$

从上式计算得 $W=0.87$，表明 6 位老师的评定结果具有较大的一致性。

2. 同一评价者有相同等级评定

【例 13.8】有 3 名专家对 6 篇心理学论文的评分经等级转换如表 13-8 所示，试计算专家评定结果的肯德尔系数。

表 13-8 3 名专家对 6 篇论文的评定等级

	一	二	三	四	五	六	合计
甲	1	4	2.5	5	6	2.5	
乙	2	3	1	5	6	4	
丙	1.5	3	1.5	4	5.5	5.5	

	一	二	三	四	五	六	合计
R_i	4.5	10	5	14	17.5	12	63
R_i^2	20.25	100	25	196	306.25	144	791.5

【计算】

在表 13-8 中，根据 3 位专家甲、乙、丙对 6 篇文章一、二、三、四、五、六的评级结果，依次算出 R_i 和 R_i^2 以及它们的和。由于专家甲、丙对 6 篇论文的评定中有相同的等级，所以可以用公式（13-7）、公式（13-8）以及公式（13-9）进行肯德尔系数的计算。

专家甲对 6 篇论文的评价中有一个等级是相同的，这个等级的重复次数是 2，所以：

$$T_甲 = 2^3 - 2 = 6$$

专家丙对 6 篇论文的评价中有两个等级是相同的，这两个等级的重复次数都是 2，所以：

$$T_丙 = (2^3 - 2) + (2^3 - 2) = 12$$

$$S = \sum_{i=1}^{6} R_i^2 - \frac{1}{6}\left(\sum_{i=1}^{6} R_i\right)^2 = 791.5 - \frac{1}{6} \times 63^2 = 130$$

$$W = \frac{12S}{K^2(N^3 - N) - K\sum_{i=1}^{k} T_i} = \frac{12 \times 130}{3^2(6^3 - 6) - 3 \times (6 + 12)} = 0.849$$

从上式计算可得 $W=0.849$，表明 3 位专家的评定结果具有较大的一致性。

13.5.3 肯德尔相关系数的显著性检验

根据样本数据计算得到的肯德尔相关系数，可以对总体进行估计。与其他相关系数类似，根据肯德尔系数推断数据相关性的显著性水平，可以用假设检验进行判定。当评分者人数 K 在 3~20，被评者 N 在 3~7 时，可查《肯德尔和谐系数 (W) 显著性临界值表》，检验 W 是否达到显著性水平。若实际计算的 S 值大于 K、N 相同的表内临界值，则 W 达到显著水平。

例如，对于 13.5.2 节中的例 13.7：$K=6$，$N=6$，查表得检验水平分别为 $\alpha= 0.01$ 和 $\alpha= 0.05$ 的临界值各为 $S_{0.01} = 282.4$，$S_{0.05} = 221.4$，均小于实算的 $S=546$，故 W 达到显著水平，由此可以认为 6 位教师对 6 篇论文的评定相当一致。

当被评者 $N > 7$ 时，则可用 x_2 统计量对肯德尔系数 W 是否达到显著水平进行假设检验。

Python 的函数库 SciPy 中提供了肯德尔系数及显著性水平的计算函数，可以进行肯德尔系数的计算，下面看具体的例子。

【例 13.9】已知数据集

$$x_1 = [10, 9, 8, 7, 6]$$

$$x_2 = [10, 8, 9, 6, 7]$$

使用 Python 的 scipy.stat 库函数，求出肯德尔系数及相应的显著性水平。

【代码如下】

```
#13-10.py

import scipy.stats as stats

x1 = [10, 9, 8, 7, 6]
x2 = [10, 8, 9, 6, 7]

tau, p_value = stats.kendalltau(x1, x2)
print ('tau',tau)
print ('p_value',p_value)
```

在上述代码中，将等级数据传入 Stats 的 kendalltau 函数，直接计算肯德尔系数及对应的显著性水平。打开 Jupyter Notebook，创建新的 Python 代码文档，输入以上代码并运行。

【运行结果】

```
tau 0.6
p_value 0.23333333333333334
```

【结果说明】

输出结果显示，等级数据 x_1 和 x_2 的肯德尔相关系数为 0.6，其显著性水平约为 0.233，即二者具有较弱的一致性。

 ## 13.6　质量相关分析

质量相关分析也是研究两个变量之间的相关关系的分析方法，其中，一个变量描述事物的总体性质或特点，如男与女、优与劣、及格与不及格等，一般是离散的形式；另一个变量以数量形式描述事物的具体性质，如智商、学科分数、身高、体重等。这两个变量之间的相关关系就是质量相关。质与量的相关主要包括二列相关和点二列相关等。

13.6.1 二列相关

1. 二列相关的数学定义

在生活中，经常遇到求连续变量与离散变量之间相关关系的情况。比如，分析学生某门课程是否及格与学生总分的相关关系，学生某项体育测试通过与否和体重之间的相关关系等。这些相关关系都属于质量分析中的二列相关。下面给出二列相关的定义。

当两个变量都是正态连续变量，其中一个变量被人为地划分成二分变量（如按一定标准将属于正态连续变量的考试分数划分为及格与不及格、录取与未录取，把某一体育项目测验结果划分为通过与未通过、达标与未达标，把健康状况划分为好与差等），这个正态连续变量与二分变量之间的相关关系称为二列相关。二列相关可以用如下数学公式表示。

$$R = \frac{\overline{X}_p - \overline{X}_q}{\sigma} \times \frac{pq}{Y} \qquad (13\text{-}10)$$

式中 p 表示二分变量中某一类别频率的比率，q 表示二分变量中另一类别频率的比率，$\overline{X}_p$ 表示与二分变量中 p 类别相对应的连续变量的平均数，$\overline{X}_q$ 表示与二分变量中 q 类别相对应的连续变量平均数，σ 表示连续变量的标准差，Y 表示正态曲线中与累积概率 p 相对应的概率密度函数值。

根据二列相关定义，二列相关的使用条件如下。

（1）两个变量都是连续变量，且总体呈正态分布或接近正态分布，至少是单峰对称分布。

（2）两个变量之间是线性关系。

（3）二分变量是人为划分的，其分界点应尽量靠近中值。

（4）样本容量应大于 80。

2. 二列相关实例

下面应用上文的公式，来分析一个二列相关的实例。

【例 13.10】某次考试中，有 10 名考生成绩如表 13-9，包括总分和一道问答题，试求该道问答题的区分度（问答题 6 分及 6 分以上为通过，否则未通过）。

表 13-9 考试总分及问答题得分情况表

考生	1	2	3	4	5	6	7	8	9	10
卷面总分	75	57	73	65	67	56	63	61	65	67
问答题得分	7	6	7	4	7	4	4	4	7	6

分析： 对于表 13-9 中的问答题，根据是否大于等于 6 分，可以分成两类，即满足条件为通过，不满足为不通过。学生的卷面总分是符合正态分布的连续变量，因此，该问题属于二列相关问题。

【计算】

由于问答题以 6 分为界进行区分，由样本数据确定 $p=0.60$，$q=0.40$；

当 $p=0.60$ 时，查正态分布表得到连续随机变量 $x=0.25$；

当 $x=0.25$ 时，代入标准正态密度函数

$$Y = \frac{1}{\sqrt{2\pi}} e^{-\frac{x^2}{2}}$$

得到：$Y=0.3866$。

根据问答题得分分类，计算卷面总分相应类比的平均数及样本均方差。

$$\overline{X}_p = 67.33, \quad \overline{X}_q = 61.25, \quad \sigma = 6.12$$

通过公式（13-10）计算得到二列相关系数。

$$R = \frac{\overline{X}_p - \overline{X}_q}{\sigma} \times \frac{pq}{Y} = \frac{67.33 - 61.25}{6.12} \times \frac{0.60 \times 0.40}{0.3866} \approx 0.62$$

从二列相关系数的值，可以看到问答题得分对总分的区分度略高。

13.6.2 点二列相关

质量分析中用来描述事物总体性质的离散变量，如果其本质上就具有离散性质，而不是人为地将连续变量划分成离散变量，这时候的相关关系称为点二列相关。下面看一下点二列相关的定义。

1. 点二列相关的数学表示

有两个随机变量，其中一个是正态连续变量，另一个是真正的二分名义变量（例如，男与女、已婚和未婚、色盲与非色盲、生与死等），这两个变量之间的相关关系称为点二列相关。点二列相关关系可以用以下公式表示。

$$R = \frac{\overline{X}_p - \overline{X}_q}{\sigma} \times \sqrt{pq} \tag{13-11}$$

p 表示二分变量中某一类别频率的比率，q 表示二分变量中另一类别频率的比率，$\overline{X}_p$ 表示与二分变量中 p 类别相对应的连续变量的平均数，$\overline{X}_q$ 表示与二分变量中 q 类别相对应的连续变量平均数，σ 表示连续变量的标准差。

2. 点二列相关实例

下面应用上文的公式，来分析一个点二列相关的实例。

【例13.11】某次考试中，20人的考试成绩如表 13-10 所示。考试包含 50 道选择题，每题 2 分。表格中显示了 20 人的总成绩和第 5 题答题情况。请问第 5 题与总分的相关程度如何？

表 13-10 考试总分与选择题第 5 题答题情况

学生	总分	第 5 题答案	学生	总分	第 5 题答案
1	84	对	11	78	对
2	82	错	12	80	错
3	76	错	13	92	对
4	60	错	14	94	对
5	72	错	15	96	对
6	74	错	16	88	对
7	76	错	17	90	对
8	84	对	18	78	错

续表

学生	总分	第 5 题答案	学生	总分	第 5 题答案
9	88	对	19	76	错
10	90	对	20	74	错

分析: 对于表 13-10 中的数据,选择题得分情况属于二分变量,考试总分是满足正态分布的连续变量,因此这个问题属于点二列相关,下面应用公式(13-11)来计算变量之间的相关性。

【计算】

用 p 表示第 5 题答对学生的比例,由样本数据确定 p=10/20=0.50,q=1 − p=0.50;

根据第 5 题得分情况分类,计算总分相应类别的平均数及样本均方差。

$$\overline{X}_p = 67.33, \ \overline{X}_q = 61.25, \ \sigma = 6.12$$

通过公式(13-11)计算得到点二列相关系数。

$$R = \frac{\overline{X}_p - \overline{X}_q}{\sigma} \times \sqrt{pq} = \frac{88.4 - 74.8}{8.66} \times \sqrt{0.5 \times 0.5} = 0.785$$

从点二列相关系数的值,可以看到第 5 题的得分情况与总分有较好的一致性(区分度较高)。

13.6.3 Python 对点二列相关的支持

Python 中的 SciPy 库提供了相关函数,可以直接用于点二列相关系数的计算。

【例 13.12】使用 Python 中的库函数对表 13-10 中的数据进行点二列相关系数的计算。

【代码如下】

```
#13-11.py
import scipy.stats as stats

x = [1,0,0,0,0,0,0,1,1,1,1,0,1,1,1,1,1,0,0,0]
y = [84,82,76,60,72,74,76,84,88,90,78,80,92,94,96,88,90,78,76,74]
coef,pvalue=stats.pointbiserialr(x, y)

print('pointbiserialcorrcoef',coef)
print('pvalue',pvalue)
```

在上述代码中,首先引入表 13-5 中的源数据,用 1、0 来表示第 5 题的对错情况;然后调用 Stats 的 pointbiserialr 函数进行相关系数与显著性水平的计算。打开 Jupyter Notebook,创建新的 Python 代码文档,输入以上代码并运行。

【运行结果】

```
pointbiserialcorrcoef 0.7849870641173371
pvalue 4.145927973490392e − 05
```

【结果说明】

在输出结果中，可以看到点二列相关系数约为 0.785，这与上文通过公式计算得到的相关系数一致；输出的显著性水平的值很小，表示相关系数具有统计学意义。

13.7 品质相关分析

如果两个变量都用来描述事物的综合性质且都是划分成几种类别来表示，则称这两个变量之间的相关关系为品质相关。例如，一个变量按性别分成男与女，另一个变量按学科成绩分成及格与不及格；又如，一个变量按学校类别分成重点及非重点，另一个变量按学科成绩分成优、良、中、差。在品质相关中，变量可以是二分的，也可以是多分的，不同的变量类型有不同的统计方法。下面来看两种不同的品质相关：列联相关和 φ 相关。

13.7.1 列联相关系数

1. 列联相关系数的数学表示

当两个变量均被分成两个以上类别，或其中一个变量被分成两个以上类别，则这两个变量之间的相关程度可用列联相关系数（Contingency Coefficient）来测度。如行政人员、现任教师、学生家长与对现有考试制度持赞同、不置可否、反对意见有无相关。列联相关的数学表示如下。

假设变量 x 被分成 a 个类别，y 被分成 b 个类别，而且 a 和 b 至少有一个大于 2，这时变量 x 与变量 y 的列联相关系数记为 C。

记 m_{ij} 为观察数据属于变量 x 的第 i 类别 $(i=1, 2, \cdots, a)$、变量 y 的第 j 类别 $(j=1, 2, \cdots, b)$ 的频数。记

$$a_i = \sum_{j=1}^{b} m_{ij} \ , i=1, 2, \cdots, a$$

$$b_j = \sum_{i=1}^{a} m_{ij} \ , j=1, 2, \cdots, b$$

构造统计量：

$$\chi^2 = N\left(\sum\sum \frac{m_{ij}^2}{a_i b_j} - 1 \right) \tag{13-12}$$

其中 $N = \sum\sum m_{ij}$ ，这样可以得到列联相关系数 C 的计算公式如下。

$$C = \sqrt{\frac{\chi^2}{N + \chi^2}} \tag{13-13}$$

对于列联相关，可以用卡方检验进行总体性质推断，若卡方检验显著，则列联相关系数也显著。

2. 列联相关系数的计算实例

【例13.13】对2531名学生和教师进行了抽样调查，调查对象分类及意见分类如表13-11所示。计算调查对象和态度之间的列联相关系数，并进行显著性检验。

表13-11 学生和教师的抽样调查表

学生和教师的抽样调查		态度类别			总计
		赞成	不置可否	反对	
角色类别	低年级学生	446	212	319	977
	高年级学生	273	193	324	790
	教师	262	325	177	764
	总计	981	730	820	2531

分析： 表13-11中，已对相应的 a_i、b_j 和 N 进行了计算。下面根据公式（13-12）与公式（13-13）计算列相关系数，并进行显著性检验。

【计算】

$$\chi^2 = N\left(\sum\sum \frac{m_{ij}^2}{a_i b_j} - 1\right) = 2531 \times \left(\frac{446^2}{981\times977} + \cdots + \frac{177^2}{820\times764} - 1\right) \approx 130.02$$

$$C = \sqrt{\frac{\chi^2}{N+\chi^2}} = \sqrt{\frac{130.2}{2531+130.2}} = 0.221$$

查卡方分布表，得到临界值 $\chi^2_{0.01}(4) = 12.277$。

因为 $\chi^2=130.02>12.277$，所以求得的列联系数 $C=0.221$ 具有统计显著意义。

13.7.2 φ 相关

1. φ 相关系数的数学定义

当两个变量都是二分变量，无论是真正的二分变量还是人为的二分变量，这两个变量之间的相关系数称为 φ 相关系数（Phi-Coefficient）。如性别与体育成绩是否达标的相关关系，城镇户口与农村户口和创新能力强弱之间的相关关系等。下面看一下 φ 相关系数的数学定义。

如果变量 A 和变量 B 都是二分变量，变量 A 有两个取值 A_1、A_2，变量 B 有两个取值 B_1、B_2，变量 A 和 B 的相关关系实际就是 2×2 列联相关。对某组样本数据，A、B 变量取不同值的频数分

别用 a、b、c、d 表示，具体的数据结构如表 13-7 所示。

表 13-12 A 和 B 的 2×2 列联表

A 和 B 的 2×2 列联	B_1	B_2	合计
A_1	a	b	$a+b$
A_2	c	d	$c+d$
合计	$a+c$	$b+d$	$N=a+b+c+d$

表 13-12 中计算了分别对应于 A、B 某一取值的频数以及所有样本的数量。

则 φ 相关系数的计算公式可以表示为

$$r_\varphi = \frac{ad - bc}{\sqrt{(a+b)(a+c)(b+d)(c+d)}} \tag{13-14}$$

构建统计量：

$$\chi^2 = \frac{N(ad-bc)^2}{(a+b)(a+c)(b+d)(c+d)} \tag{13-15}$$

可以作为 φ 相关系数 r_φ 的显著性检验统计量。容易证明：

$$r_\varphi = \pm\sqrt{\frac{\chi^2}{N}} \tag{13-16}$$

公式（13-15）常用作 φ 相关系数的显著性检验，公式（13-16）常用作 φ 相关系数的计算。下面看一个 φ 相关系数的应用实例。

2. φ 相关系数的应用

【例 13.14】为了研究青年大学生性别与对某项心理测验态度的关系，选取了 170 名青年进行心理测验，得到如表 13-13 所示的数据，计算性别与测验态度的相关系数。

表 13-13 性别和心理测验态度相关关系样本数据

性别和心理测验态度相关关系样本数据		C		合计
		肯定	否定	
R	男生	22	88	110
	女生	18	42	60
合计		40	130	170

分析： 对于上述问题来说，变量 R、C 都属于二分变量，因此可以应用公式（13-15）与公式（13-16）进行 φ 相关系数计算。

【计算】

表 13-13 中，对 R、C 的不同取值，分别对频数进行了合计，根据公式（13-15），可以计算：

$$\chi^2 = \frac{N(ad-bc)^2}{(a+b)(a+c)(b+d)(c+d)} = \frac{170\times(22\times42-88\times18)^2}{40\times130\times110\times60} = 2.1577$$

根据公式（13-14），可知当前 $ad-bc>0$，则根据公式（13-16），可以计算：

$$r_\varphi = \sqrt{\frac{\chi^2}{N}} = \sqrt{\frac{2.1577}{170}} = 0.1127$$

同时查卡方分布表，得到临界值 $\chi^2_{0.05}(1)=3.84$。

因为 $\chi^2=2.1577<3.84$，所以求得的 φ 相关系数 $r_\varphi=0.1127$ 不具有统计显著意义，即青年男女大学生的性别与心理测验态度之间是无关的。

 ## 13.8　偏相关与复相关

在生活中，有些时候需要研究多个变量之间的相关关系。研究多变量之间的相关关系，经常以两个变量相关关系为基础，进而将其转变成两对变量之间的相关关系。常用的多变量相关关系有偏相关和负相关。

13.8.1 偏相关

在多要素所构成的系统中，先不考虑其他要素的影响，单独研究两个要素之间的相互关系的密切程度，这称为偏相关。用以度量偏相关程度的统计量，称为偏相关系数。例如，通过控制工龄的影响，来研究工资收入与受教育程度的相关关系。下面给出一阶偏相关系数和二阶偏相关系数的数学定义。

（1）一阶偏相关系数：在 3 个变量中，任意两个变量的偏相关系数是在排除其余一个变量的影响后计算得到的，称为一阶偏相关系数。例如 3 个变量 x_1、x_2、x_3，当控制了变量 x_3 的线性作用后才能分析变量 x_1 和 x_2 之间的净相关，此时 x_1 和 x_2 之间的一阶偏相关系数定义如下。

$$r_{12,3} = \frac{r_{12} - r_{13}r_{23}}{\sqrt{(1-r_{13}^2)(1-r_{23}^2)}} \tag{13-17}$$

式中，r_{12}、r_{13}、r_{23} 分别表示变量 x_1、x_2、x_3 之间相应的皮尔森相关系数。

（2）二阶偏相关系数：在 4 个变量中，任意两个变量的偏相关系数是在排除其余两个变量的影响后计算得到的，称为二阶偏相关系数。例如 4 个变量 x_1、x_2、x_3、x_4，当控制了变量 x_3 和 x_4 的线性作用后才能分析变量 x_1 和 x_2 之间的净相关，此时 x_1 和 x_2 之间的二阶偏相关系数定义如下。

$$r_{12,34} = \frac{r_{12,3} - r_{14,3}r_{24,3}}{\sqrt{\left(1-r_{14,3}^2\right)\left(1-r_{24,3}^2\right)}} \qquad (13\text{-}18)$$

式中，$r_{12,3}$、$r_{14,3}$、$r_{24,3}$分别表示变量x_1、x_2、x_3、x_4中取 3 个变量之后计算得到的相应的一阶偏相关系数。

例如对于某 4 个要素x_1、x_2、x_3、x_4的 23 个样本数据经过计算得到了如下的单相关系数。

$$\mathbf{R} = \begin{bmatrix} r_{11} & r_{12} & r_{13} & r_{14} \\ r_{21} & r_{22} & r_{23} & r_{24} \\ r_{31} & r_{32} & r_{33} & r_{34} \\ r_{41} & r_{42} & r_{43} & r_{44} \end{bmatrix} = \begin{bmatrix} 1 & 0.416 & -0.346 & 0.579 \\ 0.416 & 1 & -0.592 & 0.950 \\ -0.346 & -0.592 & 1 & -0.469 \\ 0.579 & 0.950 & -0.469 & 1 \end{bmatrix}$$

则基于上面的单相关系数，根据公式（13-17）可以计算偏相关系数，部分偏相关系数的值如表（13-14）所示。

表 13-14 偏相关系数的值

$r_{12,3}$	$r_{13,2}$	$r_{14,2}$	$r_{14,3}$	$r_{23,1}$	$r_{24,1}$	$r_{24,3}$	$r_{34,1}$	$r_{34,2}$
0.821	0.808	0.647	0.895	-0.863	0.956	0.945	-0.875	0.371

表 13-14 中显示的是一阶偏相关系数，根据公式（13-18）可以进一步计算二阶偏相关系数。

偏相关系数一般具有如下的性质。

（1）偏相关系数分布范围是 -1~1。

（2）偏相关系数的绝对值越大，表示其偏相关程度越大。

13.8.2 复相关

复相关系数是反映一个因变量与一组自变量之间相关程度的指标，是度量复相关程度的指标。给定因变量y，自变量x_1,x_2，复相关系数可由偏相关系数计算得到，具体的计算公式如下。

$$R_{y,12} = \sqrt{1-\left(1-r_{y1}^2\right)\left(1-r_{y2,1}^2\right)} \qquad (13\text{-}19)$$

式中，r_{y1}表示变量y和x_1之间的相关系数，$r_{y2,1}$表示变量y和x_2在排除了x_1影响时的偏相关系数。

当有 3 个自变量x_1、x_2、x_3时，复相关系数可以按照下面的公式进行计算。

$$R_{y,123} = \sqrt{1-\left(1-r_{y1}^2\right)\left(1-r_{y2,1}^2\right)\left(1-r_{y3,12}^2\right)}$$

在上节的例子中，若以x_4为因变量，x_1、x_2、x_3为自变量，则x_4与x_1、x_2、x_3之间的复相关系数为

$$R_{4,123} = \sqrt{1-\left(1-r_{41}^2\right)\left(1-r_{42,1}^2\right)\left(1-r_{43,12}^2\right)} = \sqrt{1-\left(1-0.579^2\right)\left(1-0.956^2\right)\left(1-0.337^2\right)} = 0.974$$

对于复相关系数，有以下几个性质。

（1）反映几个要素与某一个要素之间的复相关程度。复相关系数介于 0~1。

（2）复相关系数越大，则表明要素（变量）之间的相关程度越密切。复相关系数为 1，表示完全相关；复相关系数为 0，表示完全无关。

（3）复相关系数必大于或至少等于单相关系数的绝对值。

（4）复相关系数必大于或至少等于同一系列数据所求得的偏相关系数的绝对值，即 $R_{1,23} \geqslant |r_{12,3}|$。

13.9 综合实例——相关系数计算

【例 13.15】当前测得 5 个人的视觉、听觉反应时间（单位：毫秒）数据如表 13-15。请问视觉、听觉反应时间是否具有一致性？

表 13-15 视觉、听觉反应时间的样本数值

测试者	听觉反应时间	视觉反应时间	X	Y	d	d^2
1	170	188	3	4	−1	1
2	150	165	1	1	0	0
3	210	190	5	5	0	0
4	180	172	4	3	1	1
5	160	168	2	2	0	0
合计	870	883				2

分析：根据样本数据的特点，总体符合正态分布特性，可以分别用皮尔森相关与斯皮尔曼等级相关对上述数据进行相关系数计算。

【计算】

基于表 13-15 中的数据，分别计算等级数据及相应的和，应用公式（13-3）和公式（13-4）分别计算皮尔森相关系数与斯皮尔曼等级相关系数。

$$\rho_{XY} = \frac{\sum_{i=1}^{5}\left(X_i - \bar{X}\right)\left(Y_i - \bar{Y}\right)}{\sqrt{\sum_{i=1}^{5}\left(X_i - \bar{X}\right)^2}\sqrt{\sum_{i=1}^{5}\left(Y_i - \bar{Y}\right)^2}} = 0.7557$$

$$r_S = 1 - \frac{6\sum d_i^2}{n^3 - n} = 1 - \frac{6 \times 2}{5^3 - 5} = 0.9$$

从上面计算可以看出斯皮尔曼等级相关系数比皮尔森相关系数的值要大。

可以用 Python 的库函数，进行斯皮尔曼等级相关系数和皮尔森相关系数的计算，并进行显著性检验。

【代码如下】

```
#13-12.py

import numpy as np
import scipy.stats as stats

#data source
x = np.array([170, 150, 210, 180, 160])
y = np.array([188, 165, 190, 172, 168])
print(x)
print(y)
print()

#pearson coef
correlation,pvalue = stats.pearsonr(x,y)
#r=np.sum((x – np.mean(x))*(y – np.mean(y)))/(np.std(x)*np.std(y))/5
r=np.sum((x – np.mean(x))*(y – np.mean(y)))/(np.sqrt(np.sum((x – np.mean(x))**2))) \
  /np.sqrt(np.sum((y – np.mean(y))*(y – np.mean(y))))
print ('pearson-coef-by-function =',correlation)
print ('pvalue =',pvalue)
print('pearson-coef-by-math =',r)
print()

#spearman coef
x=stats.rankdata(x)
y = stats.rankdata(y)
print (x)
print (y)
print(x – y)
print()
correlation,pvalue = stats.spearmanr(x,y)
r=1 – 6*2/(5*5*5 – 5)
print ('spearman-coef-by-function =',correlation)
print ('pvalue =',pvalue)
print('spearman-coef-by-math =',r)
```

在上述代码中，首先使用 NumPy 的函数创建样本数据，然后调用 SciPy 函数库中的 stats 模块的 pearsonr 函数计算皮尔森相关系数及显著性水平；调用 NumPy 的函数按照公式（13-3）计算皮尔森相关系数；调用 SciPy 函数库中的 stats 模块的 spearmanr 函数计算斯皮尔曼相关系数及显著性水平；调用 NumPy 的函数按照公式（13-4）计算斯皮尔曼相关系数。打开 Jupyter Notebook，创建新的 Python 代码文档，输入以上代码并运行。

【运行结果】

```
[170 150 210 180 160]
[188 165 190 172 168]

pearson-coef-by-function = 0.7557331773521421
```

```
pvalue = 0.1394891759671261
pearson-coef-by-math = 0.7557331773521421

[3. 1. 5. 4. 2.]
[4. 1. 5. 3. 2.]
[ - 1. 0. 0. 1. 0.]

spearman-coef-by-function = 0.8999999999999998
pvalue = 0.03738607346849874
spearman-coef-by-math = 0.9
```

【结果说明】

以上输出结果，首先显示数据样本，然后输出根据 pearsonr 函数计算得到的皮尔森相关系数、显著性水平以及根据数学公式计算得到的皮尔森相关系数，接着输出等级化之后的样本数据及对应的等级差，最后输出根据 spearmanr 函数计算得到的斯皮尔曼相关系数、显著性水平以及根据数学公式计算得到的斯皮尔曼相关系数。从输出结果可以得出如下结论。

（1）代码中根据数学公式计算得到的相关系数和根据函数计算得到的相关系数，与上文中理论计算得到的相关系数相同。

（2）斯皮尔曼相关系数及显著性水平高于皮尔森相关系数及显著性水平，说明斯皮尔曼相关系数更适合描述上述样本数据的相关性。

（3）样本数据计算表明，视觉、听觉反应时间具有较高的斯皮尔曼等级相关性，该相关性在统计意义上具有较高的显著性水平（0.037）。

13.10 高手点拨

相关系数是用来衡量数据间相关性的一种重要指标。本章介绍了皮尔森相关、斯皮尔曼相关、肯德尔系数、质量相关、品质相关、偏相关与复相关等多种相关系数，下面对这些相关系数进行一个总结，着重描述每种相关系数的特点与区别，作为相关系数选择的依据。

（1）皮尔森相关系数主要描述的是两个正态分布、具有连续取值的随机变量之间的相关关系。

（2）斯皮尔曼相关系数主要用于描述不具有正态分布，但变量取值具有等级数据特点的两个随机变量之间的相关关系。

（3）肯德尔系数主要用于描述两个以上的随机变量之间的关系，有时又称为数据的和谐系数，经常用于对多个对象的多次评定结果之间进行一致性度量。

（4）质量相关系数主要用于描述一个离散取值随机变量与一个连续取值随机变量之间的相关关系。例如，作为离散取值的性别与可以连续取值的身高之间的相关关系等。

（5）品质相关系数主要用于描述两个离散取值的随机变量之间的相关关系。例如，离散取值的性别与离散取值的成绩优、良、中、差之间的相关关系。

（6）偏相关与复相关系数也用于描述多个随机变量之间的相关关系，不过其相关系数是通过依次计算两个变量之间的相关关系，或计算一个变量与其余变量之间的相关关系来表示。

 习题

（1）表13-8是3名专家对6篇论文的评定等级数据，请应用Python调用SciPy库计算表中数据的皮尔森相关系数矩阵。

（2）对表13-8中的数据，请应用Python调用SciPy库计算表中数据的斯皮尔曼相关系数矩阵。

第 14 章

回归分析

　　通过相关分析可以得到两个或两个以上变量之间相关程度及其大小，但是对于彼此相关比较紧密的变量，人们总希望建立变量之间具体的数学关系，以便变量之间能够互相推测。回归分析是寻找存在相关关系的变量间的数学表达式并进行统计推断的一种统计方法。相关分析是回归分析的基础和前提，回归分析则是相关分析的深入和继续。

　　本章介绍了回归分析的基本理论以及应用 Python 进行回归分析计算和图形绘制的方法。主要内容有回归方程、最小二乘法、一元线性回归、多元线性回归以及曲线回归分析等内容。

本章主要涉及的知识点

⬥ 回归分析概述

⬥ 回归方程推导及应用

⬥ 回归直线拟合优度

⬥ 线性回归的模型检验

⬥ 利用回归直线进行估计和预测

⬥ 多元与曲线回归问题

⬥ Python 工具包

回归分析概述

回归分析是确定两个或两个以上变量间相互依赖的定量关系的一种统计分析方法。在回归分析中，首先要根据研究对象的性质和研究分析的目的，对变量进行自变量和因变量的划分。自变量是可以控制或可以观测的变量，一般记为 x；因变量是随着自变量的变化而变化的变量，一般记为 y。例如，预测房屋价格时，通常将房屋的价格设为因变量 y，房屋的面积设为自变量 x。通过回归分析得出的表达变量之间关系的方程称为回归方程。

根据自变量的数目，回归分析可分为一元回归和多元回归。一元回归是指一个因变量和一个自变量的回归模型，例如一个经济指标的数值往往受许多因素影响，若其中只有一个因素是主要的，起决定性作用，则可用一元回归进行预测分析。多元回归是指由一个因变量和多个自变量组成的回归模型。

根据自变量与因变量的表现形式，回归分析可分为线性回归与非线性回归。线性回归是一种以线性模型来建模自变量与因变量关系的方法，因变量 y 和自变量 x 之间的数量变化关系呈近似线性关系。非线性回归是指因变量与自变量之间存在非线性关系。有时通过变量代换，可以将非线性回归转化为线性回归。通常所说的线性有两种情况：一种是因变量 y 是自变量 x 的线性函数，另一种是因变量 y 是参数 θ 的线性函数。在机器学习中，通常指的都是后一种情况。

综上所述，回归分析包括 4 个方向：一元线性回归分析、多元线性回归分析、一元非线性回归分析和多元非线性回归分析。如果回归分析中只包括一个自变量和一个因变量，且二者的关系可用一条直线近似表示，这种回归分析称为一元线性回归分析；如果回归分析中包括两个或两个以上的自变量，且因变量和自变量之间是线性关系，则称为多元线性回归分析。

 回归分析和相关分析都是研究变量间关系的统计学课题。只有当变量之间存在高度相关时，进行回归分析寻求其相关的具体形式才有意义。如果没有对变量之间是否相关以及相关方向和程度作出正确判断，就进行回归分析，很容易造成"虚假回归"。

14.1.1 回归分析的一般步骤

实现回归分析的一般步骤如下。

（1）确定回归方程中的自变量和因变量。

（2）确定回归模型，建立回归方程。

（3）对回归方程进行各种检验。

（4）利用回归方程进行预测。

14.1.2 一元线性回归模型

假设要考虑自变量 x 与因变量 y 之间的相关关系，对于自变量 x 取定一组不完全相同的值 $x_1, x_2, \cdots, x_n$，做 n 次独立试验，得到 n 对观测结果：(x_1, y_1)，(x_2, y_2)，$\cdots$，(x_n, y_n)，其中 y_i 是 $x = x_i$ 时随机变量 Y 的观测结果，将 n 对观测结果 (x_i, y_i)，$i = 1, 2, \cdots, n$ 在直角坐标系中进行描点，这种描点图称为散点图。散点图可以帮助我们粗略地看出 y 与 x 之间的某种关系。

【例 14.1】 某公司为了研究某一类产品的产值 x（万元）和其毛利润 y（万元）之间的关系，获得数据见表 14-1。

表 14-1 某公司产值和毛利润表

月份	1	2	3	4	5	6	7	8	9	10
产值 x	100	110	120	130	140	150	160	170	180	190
毛利润 y	45	51	54	61	66	70	74	78	85	89

解： 依照表 14-1 的数据作图，从图 14-1 中可以看出，随着产值 x 的增加，毛利润 y 基本上也呈上升趋势，图中的点大致分布在一条向右上方延伸的直线附近。各点不完全在一条直线上，这是由于 y 还受到其他一些随机因素的影响。事实上，除产值因素以外，影响毛利润的因素是多种多样的，例如每月的广告投入、定价、销售渠道以及其他一些偶然因素。

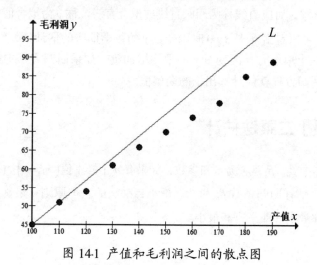

图 14-1 产值和毛利润之间的散点图

y 可以看成是由两部分叠加而成，一部分是 x 的线性函数 $\beta_0 + \beta_1 x$（图中直线 L 称为回归直线），另一部分是随机因素引起的误差 ε（图 14-1 中圆点到直线的垂直距离），即 $y = \beta_0 + \beta_1 x + \varepsilon$。

一般地，如果自变量 x 与因变量 y 之间存在如下关系，则可称为一元线性回归模型。

$$y = \beta_0 + \beta_1 x + \varepsilon, \quad \varepsilon \sim N(0, \sigma^2)$$

其中：β_0，β_1 为未知参数，ε 为随机误差，σ^2 未知，β_0 称为回归常数，β_1 称为回归系数。

14.2 回归方程推导及应用

前面已经得到一元线性回归模型 $y = \beta_0 + \beta_1 x + \varepsilon$，该式描述了因变量 y 的期望值如何依赖自变量 x。下面根据已有样本观察值对模型中的参数 β_0，β_1 进行求解。

14.2.1 回归方程

在实际问题中，往往通过 n 次独立试验或观察可以获得 n 组样本观察值 (x_1, y_1)，(x_2, y_2)，$\cdots$，(x_n, y_n)，由一元线性回归模型有 $y = \beta_0 + \beta_1 x + \varepsilon$，$\varepsilon_i \sim N(0, \sigma^2)$，且各 ε_i 相互独立，$i = 1, 2, \cdots, n$。

两边同时取期望和方差，因为 $E(\varepsilon_i) = 0$，得到：

$$E(y_i) = \beta_0 + \beta_1 x_i,\ D(y_i) = D(\varepsilon_i) = \sigma^2,\ i = 1, 2, \cdots, n$$

该式从平均意义上阐述了因变量 y 与自变量 x 之间的统计规律。在实际问题中，我们感兴趣的正是指标平均值与自变量 x 的关系，如投入产费达到某个水平时，商品的平均毛利润能达到多少。

通过 n 组样本观察值，求出未知参数 β_0，β_1，记为 $\hat{\beta}_0$，$\hat{\beta}_1$，则称 $\hat{y} = \hat{\beta}_0 + \hat{\beta}_1 x$ 为 y 关于 x 的经验回归方程，简称回归方程，对应直线称为回归直线或拟合直线，称 $\hat{y}$ 为拟合值或回归值。$\hat{\beta}_0$ 是回归方程在 y 轴上的截距，可以看出 $\hat{\beta}_0$ 是 $x = 0$ 时因变量 y 的数学期望的估计值，$\hat{\beta}_1$ 是回归方程的斜率，表示自变量 x 每增加一个单位时，因变量 y 的平均增加量。如果回归方程中的参数已知，对于一个给定的 x 值，利用回归方程就能计算出 y 的期望值。

14.2.2 参数的最小二乘法估计

一元线性回归模型中 β_0，β_1，σ^2 为未知参数，如果有 n 个样本值 (x_1, y_1)，(x_2, y_2)，$\cdots$，(x_n, y_n)，这里采用最小二乘法来估计回归系数 β_0 和 β_1。最小二乘法的基本原则：最优拟合直线应该使各点到回归直线的距离之和最小，即平方和最小。

令

$$Q = \sum_{i=1}^{n} (y_i - \beta_0 - \beta_1 x_i)^2$$

Q 是 n 次观察中误差项 ε_i^2 之和，称 Q 为误差平方和，它反映了 y 与 $\beta_0 + \beta_1 x$ 之间在 n 次观察中总的误差程度。最小二乘法就是要寻找使得 Q 达到最小值的 $\hat{\beta}_0$ 和 $\hat{\beta}_1$ 作为 β_0 和 β_1 的点估计。

$$\min_{a,b} Q = \min_{a,b} \sum_{i=1}^{n} (y_i - \beta_0 - \beta_1 x_i)^2$$

上式求出的 $\hat{\beta}_0$ 和 $\hat{\beta}_1$ 称为未知参数 β_0 和 β_1 的最小二乘估计。

图 14-2 直观地表示了每个样本点的误差项 ε_i 为该点到回归直线 $\hat{y} = \hat{\beta}_0 + \hat{\beta}_1 x$ 的垂直线长度，即 $y_i - \hat{\beta}_0 - \hat{\beta}_1 x_i$；总误差项 Q 表示所有误差项的平方和，在图中对应所有垂直线的长度平方和。用最小二乘法拟合的直线是使得所有垂直偏差的平方和尽可能小的那条直线。

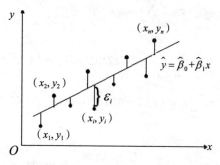

图 14-2 误差项 ε_i

下面利用微积分的方法求 Q 的最小值，Q 是关于 β_0 和 β_1 的二次函数，将 Q 分别关于 β_0 和 β_1 求偏导数，并令其为 0，得：

$$\begin{cases} \dfrac{\partial Q}{\partial \beta_0} = -2\sum_{i=1}^{n}(y_i - \beta_0 - \beta_1 x_i) = 0 \\ \dfrac{\partial Q}{\partial \beta_1} = -2\sum_{i=1}^{n}(y_i - \beta_0 - \beta_1 x_i)x_i = 0 \end{cases}$$

整理得到：

$$\begin{cases} n\beta_0 + \beta_1 \sum_{i=1}^{n} x_i = \sum_{i=1}^{n} y_i \\ n\beta_0 \sum_{i=1}^{n} x_i + \beta_1 \sum_{i=1}^{n} x_i^2 = \sum_{i=1}^{n} x_i y_i \end{cases}$$

上式称为正规方程组，求解正规方程组，得到 β_0 和 β_1 的最小二乘法估计如下。

$$\begin{cases} \beta_0 = \overline{y} - \beta_1 \overline{x} \\ \beta_1 = \dfrac{\sum_{i=1}^{n} x_i y_i - n\overline{x}\,\overline{y}}{\sum_{i=1}^{n} x_i^2 - n\overline{x}^2} = \dfrac{L_{xy}}{L_{xx}} \end{cases}$$

其中 $\overline{x} = \dfrac{1}{n}\sum_{i=1}^{n} x_i$，$\overline{y} = \dfrac{1}{n}\sum_{i=1}^{n} y_i$，引入记号：

$$L_{xx} = \sum_{i=1}^{n}(x_i - \overline{x})^2 = \sum_{i=1}^{n} x_i^2 - n\overline{x}^2, \quad L_{xy} = \sum_{i=1}^{n}(x_i - \overline{x})(y_i - \overline{y}) = \sum_{i=1}^{n} x_i y_i - n\overline{x}\,\overline{y}$$

由于 $\hat{\beta}_1$ 是 y_1，$y_2, \cdots$，y_n 的线性组合，因此 $\hat{\beta}_1$ 服从正态分布，并且 $\hat{\beta}_1 \sim N\left(\beta_1, \dfrac{\sigma^2}{L_{xx}}\right)$，同样可以证明，

$\widehat{\beta}_0$ 也服从正态分布，并且 $\widehat{\beta}_0 \sim N\left[\beta_0, \sigma^2\left(\frac{1}{n} + \frac{\overline{x}^2}{L_{xx}}\right)\right]$。

【**例14.2**】求 14.1 节例 14.1 中毛利润 y 关于产值 x 的线性回归方程。

解： $n=10$，$\overline{x} = \frac{1}{n}\sum_{i=1}^{n} x_i = 145$，$\overline{y} = \frac{1}{n}\sum_{i=1}^{n} y_i = 67.3$，因此：

$$L_{xx} = \sum_{i=1}^{n} x_i^2 - n\overline{x}^2 = 218500 - 10 \times 145^2 = 8250$$

$$L_{xy} = \sum_{i=1}^{n} x_i y_i - n\overline{x}\,\overline{y} = 101570 - 10 \times 145 \times 67.3 = 3985$$

故：

$$\widehat{\beta}_1 = \frac{L_{xy}}{L_{xx}} = \frac{3985}{8250} = 0.48303$$

$$\widehat{\beta}_0 = \overline{y} - \widehat{\beta}_1 \overline{x} = 67.3 - 0.48303 \times 145 = -2.73935$$

于是得回归方程：

$$\widehat{y} = -2.73935 + 0.48303x$$

下面在 Python 中实现线性回归过程。

【**代码如下**】

```python
import pandas as pd
from io import StringIO
from sklearn import linear_model
import matplotlib.pyplot as plt
# get_data 函数：读取数据
def get_data(file_name):
    data = pd.read_csv(file_name)
    X_parameter = []
    Y_parameter = []
    for single_square_feet ,single_price_value in
 zip(data['output'],data['profit']):
            X_parameter.append([float(single_square_feet)])
            Y_parameter.append(float(single_price_value))
    return X_parameter,Y_parameter
# linear_model_main 函数：利用样本数据训练线性回归模型
def linear_model_main(X_parameters,Y_parameters,predict_value):
# 创建 linear regression object
    regr = linear_model.LinearRegression()
    regr.fit(X_parameters, Y_parameters)
    predictions = {}
    predictions['intercept'] = regr.intercept_
    predictions['coefficient'] = regr.coef_
```

```
    predictions['predicted_value'] =regr.predict(predict_value)
    return predictions
# show_linear_line 函数：显示线性回归结果
def show_linear_line(X_parameters,Y_parameters):
    regr = linear_model.LinearRegression()
    regr.fit(X_parameters, Y_parameters)
    plt.scatter(X_parameters,Y_parameters,color='blue')
    plt.plot(X_parameters,regr.predict(X_parameters),color='red',linewidth=4)
    plt.xticks(())
    plt.yticks(())
    plt.show()
X,Y = get_data('sales.csv')
predictvalue = [[200]]   #预测产值 200 的毛利润
result = linear_model_main(X,Y,predictvalue)
print ("Intercept value " , result['intercept'])
print ("coefficient" , result['coefficient'] )
print ("Predicted value: ",result['predicted_value'])
show_linear_line(X,Y)
```

【运行结果】

如图 14-3 所示。

```
Intercept value  - 2.739393939393949
coefficient [0.4830303]
Predicted value:  [93.86666667]
```

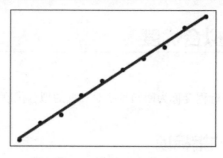

图 14-3 线性回归直线

【结果说明】

运行结果中 Intercept value 表示截距的回归值，coefficient 表示斜率的回归值，分布对应参数 β_0 和 β_1，这与通过公式手动计算的结果一致。预测产值 700 的毛利润为 93.87。将样本点及回归直线描绘在平面直角坐标上，可知样本点很靠近回归直线，说明回归直线对样本点的拟合效果较好。

14.2.3 方差 σ^2 的估计

回归方程 $y = \beta_0 + \beta_1 x + \varepsilon$ 中误差 ε 服从 $N(0,\sigma^2)$，方差 σ^2 越小，回归方程 $\hat{y} = \hat{\beta}_0 + \hat{\beta}_1 x$ 作为 y 的近似而导致的均方误差就越小。然而方差 σ^2 是未知的，因此需要利用样本去估计 σ^2。

记 $\hat{y}_i = \hat{\beta}_0 + \hat{\beta}_1 x_i$，$i=1,2,\cdots,n$，$y_i - \hat{y}_i$ 称为 x_i 处的残差，它表示在 x_i 点的回归函数值 $\hat{y}_i$ 和观察值 y_i 的偏差，残差的平方和记为 $SSE = \sum_{i=1}^{n}\left(y_i - \hat{y}_i\right)^2 = \sum_{i=1}^{n}\left(y_i - \hat{\beta}_0 - \hat{\beta}_1 x_i\right)^2$。

可以证明 $\dfrac{SSE}{\sigma^2} \sim \chi^2(n-2)$，又因为卡方分布的期望 $E\left[\chi^2(n-2)\right] = n-2$，即得 σ^2 的估计值为 $\dfrac{SSE}{n-2}$。

估计方差 σ^2 越大，则数据点围绕回归直线的分散程度就越大，回归方程的可靠性越低；估计方差 σ^2 越小，则数据点围绕回归直线的分散程度越小，回归方程的代表性越大，其可靠性越高。

为计算方便，将 SSE 作如下分解。

$$SSE = \sum_{i=1}^{n}\left(y_i - \hat{y}_i\right)^2 = \sum_{i=1}^{n}\left[y_i - \overline{y} - \hat{\beta}_1\left(x_i - \overline{x}\right)\right]^2 = L_{yy} - 2\hat{\beta}_1 L_{xy} + \hat{\beta}_1^2 L_{xx} = L_{yy} - \hat{\beta}_1 L_{xy}$$

得到 $\hat{\sigma}^2$ 的计算公式：$\hat{\sigma}^2 = \dfrac{1}{n-2}\left(L_{yy} - \hat{\beta}_1 L_{xy}\right)$，其中 $L_{yy} = \sum_{i=1}^{n}\left(y_i - \overline{y}\right)^2 = \sum_{i=1}^{n} y_i^2 - n\overline{y}^2$。

【例 14.3】 求解例 14.2 中 σ^2 的无偏估计。

解：

$$L_{yy} = \sum_{i=1}^{n} y_i^2 - n\overline{y}^2 = 47225 - 10 \times 67.3^2 = 1932.1$$

且 $L_{xy} = 3985$，$\hat{\beta}_1 = 0.48303$，得

$$\hat{\sigma}^2 = \dfrac{1}{n-2}\left(L_{yy} - \hat{\beta}_1 L_{xy}\right) = \dfrac{1}{8}(1932.1 - 0.48303 \times 3985) = 0.90$$

 14.3 **回归直线拟合优度**

回归直线与各观测点的接近程度称为回归直线对数据的拟合优度。

14.3.1 因变量 y 变化的指标项

造成数据集中各点 y_i 值不同的原因主要有两个：其一是按照 $y = \beta_0 + \beta_1 x + \varepsilon$ 线性关系，y 随 x 的变化而变化，在每一个 x 的观测值处的回归值不同，其波动用回归平方和表示；其二是其他一些因素，包括随机误差、x 对 y 的非线性影响等，可用残差平方和表示。下面介绍几个常用来表示 y 的变化指标值。

（1）总离差平方和（SST）：$\sum_{i=1}^{n}\left(y_i - \overline{y}\right)^2$，反映了因变量的 n 个观察值 y_i 与其均值 $\overline{y}$ 的总离差。

（2）回归平方和（SSR）：$\sum_{i=1}^{n}\left(\hat{y}_i - \overline{y}\right)^2$，回归平方和 SSR 反映了在因变量 y 的总变化中，由

x 与 y 之间的线性关系引起的 y 的变化部分。

（3）残差平方和（SSE）：$\sum\limits_{i=1}^{n}\left(y_i-\hat{y}_i\right)^2$，残差平方和 SSE 反映了除 x 对 y 的线性影响之外的其他因素对 y 变化的作用，不能由回归直线来解释的 y 的变化部分。

因为 $\sum\limits_{i=1}^{n}\left(y_i-\overline{y}\right)^2=\sum\limits_{i=1}^{n}\left(\hat{y}_i-\overline{y}\right)^2+\sum\limits_{i=1}^{n}\left(y_i-\hat{y}_i\right)^2$，故 $SST = SSR+SSE$，所以因变量 y 的变化是由 x 与 y 之间的线性关系和其他因素引起，离差平方和可以分解为回归平方和、残差平方和两部分。

14.3.2 判定系数

判定系数（coefficient of determination）也称为拟合优度，表示回归平方和占总离差平方和的比例，在实际中经常用来判断回归方程拟合的程度，用 R^2 表示，其值范围为 0~1。

$$R^2 = \frac{SSR}{SST} = \frac{\sum\limits_{i=1}^{n}\left(\hat{y}_i-\overline{y}\right)^2}{\sum\limits_{i=1}^{n}\left(y_i-\overline{y}\right)^2} = 1-\frac{\sum\limits_{i=1}^{n}\left(y_i-\overline{y}_i\right)^2}{\sum\limits_{i=1}^{n}\left(y_i-\overline{y}\right)^2} = 1-\frac{L_{yy}-\hat{\beta}_1 L_{xy}}{L_{yy}} = \frac{\hat{\beta}_1 L_{xy}}{L_{yy}}$$

假如某学生在某智力量表上所得的 IQ 分与其学业成绩的判定系数 $R^2=0.4356$，表示该生的学业成绩约有 44% 可由该智力量表所测得的 IQ 分来决定。若 $R^2 = 0.8$，则表示该生学业成绩约有 80% 由该智力表所测得的 IQ 分决定，判定系数 R^2 表示学业成绩和 IQ 分之间回归关系的拟合程度。

R^2 值越小，模型的解释性越差。下面是两种特殊情况下的 R^2 值。

（1）$R^2=0$：说明 y 的变化与 x 无关，x 完全无助于解释 y。

（2）$R^2=1$：说明残差平方和为 0，线性拟合是完全的，y 的变化只与 x 有关。

【例 14.4】求 14.2 节中例 14.2 中的判定系数 R^2。

解：
$$R^2 = \frac{\hat{\beta}_1 L_{xy}}{L_{yy}} = \frac{0.48303 \times 3985}{1932.1} = 0.99626$$

这说明回归方程拟合程度较高。

 14.4 **线性回归的模型检验**

前面我们根据样本数据拟合回归方程时，实际上就已经假定变量 x 与 y 之间存在线性关系，并假定误差项是一个服从正态分布的随机变量，且具有相同的方差，但它是否真实地反映了变量 x 和 y 之间的关系，则需要检验后才能证实。因此在求出经验回归方程后，还需对线性回归方程和实际观测数据拟合的效果进行检验。

对一元线性回归方程进行检验时，主要考虑参数 β_1 的取值。如果 $\beta_1=0$，则 y 不依赖于 x，从而认为它们不存在线性相关关系；如果 $\beta_1 \neq 0$，则 y 随 x 的变化作线性变化，说明 y 与 x 之间具有线性相关关系。因此对一元线性回归方程进行显著性检验时，提出如下假设。

$$H_0 : \beta_1 = 0, \ H_1 : \beta_1 \neq 0$$

接受 H_0 表示 y 与 x 之间不存在线性相关关系，拒绝 H_0 表示 y 与 x 之间有线性相关关系。

线性回归模型的显著性检验包括两方面：线性关系检验和回归系数检验。

14.4.1 线性关系的显著性检验

线性关系检验是利用 F 检验法来对模型 $y = \beta_0 + \beta_1 x + \varepsilon$ 进行显著性检验，即检验自变量 x 和因变量 y 之间的线性关系是否显著，目的是解释模型中自变量和因变量之间的关系能否用一个线性模型来表示。

下面是线性关系检验的假设检验过程。

（1）提出原假设和备择假设：$H_0 : \beta_1 = 0, \ H_1 : \beta_1 \neq 0$。

（2）对多元线性关系 $y = \beta_0 + \beta_1 x_1 + \cdots \beta_p x_p + \varepsilon$ 来说，原假设 $H_0 : \beta_0 = \beta_1 = \cdots = \beta_p = 0$ 表示所有回归系数等于 0，y 与自变量 x 的线性关系不显著。

（3）构造一个检验统计量 F，将回归平方和（SSR）同残差平方和（SSE）加以比较。

$$F = \frac{SSR}{SSE/(n-2)} F(1, n-2)$$

（4）给定显著性水平 α，$P\{F \geqslant F_\alpha(1, n-2)\} = \alpha$，可得拒绝域 $F \geqslant F_\alpha(1, n-2)$。

（5）计算统计量 F，并作出相应的判断。

【例 14.5】对 14.2 节中的例 14.2，用 F 检验法检验 H_0：$\beta_1 = 0$（显著性 $\alpha = 0.01$）。

解： 提出原假设和备择假设：H_0：$\beta_1 = 0$，H_1：$\beta_1 \neq 0$，

$$SSR = \hat{\beta}_1 L_{xy} = \frac{L_{xy}^2}{L_{xx}} = \frac{3985^2}{8250} = 1924.876$$

$$SSE = L_{yy} - U = 1932.1 - 1924.876 = 7.224$$

表 14-2 方差分析表（某公司的产值和毛利润）

方差来源	平方和	自由度	均方	F 值
回归	1924.876	1	1924.876	
残差	7.224	8	0.903	2131.574
总和	1932.1	9		

查 F 分布表，可知 $F > F_{0.99}(1,8) = 11.3$，由于 $2131.574 > 11.26$，故拒绝原假设 H_0，回归方程有显著意义，产值和毛利润之间存在线性相关。

14.4.2 回归系数的显著性检验

回归系数显著性检验是利用 t 检验法对模型中因变量与某个自变量之间的线性关系是否成立作出推断，为决定某个自变量是否保留在模型中提供重要的参考依据。检验的目的是判断某个自变量对因变量的单独作用是否显著。

下面以一元线性回归为例，检验自变量 x 对 y 的影响是否显著。

（1）提出原假设和备择假设：H_0：$\beta_1=0$，H_1：$\beta_1 \neq 0$。

（2）根据前面 $\hat{\beta}_1 \sim N\left(\beta_1, \dfrac{\sigma^2}{L_{xx}}\right)$，构造统计量 $T = \dfrac{\hat{\beta}_1 - \beta_1}{\hat{\sigma}}\sqrt{L_{xx}} = \dfrac{\sqrt{SSR}}{\sqrt{SSE/n-2}} \overset{H_0\text{为真}}{\sim} t(n-2)$。

（3）给定显著性水平 α，因 $P\left\{T | \geqslant t_{\alpha/2}(n-2)\right\} = \alpha$，故检验拒绝域 $|T| \geqslant t_{\alpha/2}(n-2)$。

（4）计算检验统计量 T，并作出判断。

【例 14.6】对 14.2 节中的例 14.2，用 t 检验法检验 H_0：$\beta_1=0$（显著性 $\alpha=0.01$）。

解： 提出原假设和备择假设：H_0：$\beta_1=0$；H_1：$\beta_1 \neq 0$，

$$t = \frac{\sqrt{SSR}}{\sqrt{SSE/n-2}} = \sqrt{2131.6456} = 46.17 > t_{0.995}(8) = 3.3554$$

故拒绝原假设 H_0，回归方程有显著意义，与 F 检验结果一致。

线性关系的检验是检验自变量与因变量是否可以用线性来表达，而回归系数检验与线性检验不同，它要求对每一个自变量系数进行检验，然后通过检验结果判断该自变量是否显著。因此可以通过这种检验来判断一个自变量的重要性，并对自变量进行筛选。在一元线性回归中，自变量只有一个，线性关系检验与回归系数检验是等价的，只需进行其中一个检验即可。多元回归分析中，这两种检验的意义是不同的，线性关系检验只能用来检验总体回归关系的显著性，而回归系数检验可以对各个回归系数分别进行检验。

14.5 利用回归直线进行估计和预测

当回归模型通过显著性检验后，就可以利用回归模型进行估计和预测，即当 $x=x_0$ 时，对 y 作点估计或区间估计。点估计是指利用估计的回归方程，对于 x 的某一个特定的值，求出 y 的一个估计值。除得到估计值外，还希望得到估计预测的精度，这就需要进行区间估计，也就是对于给定的显著性水平 α，找一个区间 (T_1, T_2)，使对应于某特定的 x_0 的实际值 y_0 以 $1-\alpha$ 的概率被区间 (T_1, T_2) 所包含，用概率表示为 $P(T_1 < y_0 < T_2) = 1-\alpha$。

回归模型有两种区间估计。

（1）预测区间估计（prediction interval estimate）：对于自变量 x 的给定值 x_0，对 y 的预测值 $\hat{y}_0$ 作点估计及区间估计。

（2）置信区间估计（confidence interval estimate）：对于自变量 x 的给定值 x_0，估计 y_0 的平均值及估计区间，即估计平均值 $E\left(\hat{y}_0\right)$。

预测区间是针对因变量个体值的区间估计，而置信区间是针对因变量均值的区间估计。

下面直接给出置信区间估计和预测估计的公式，在 Python、SPSS、R 语言等开发环境中都提供相应的计算工具。

$$\text{预测区间为}\left[\hat{y}_0 \pm t_{\alpha/2}(n-2)S\sqrt{1+\frac{1}{n}+\frac{(x_0-\bar{x})^2}{L_{xx}}}\right],$$

$$\text{置信区间}\left[\hat{y}_0 \pm t_{\alpha/2}(n-2)S\sqrt{\frac{1}{n}+\frac{(x_0-\bar{x})^2}{L_{xx}}}\right],\text{这里 }S=\sqrt{\frac{SSE}{n-2}}\text{ 称为剩余标准差。}$$

【例 14.7】某企业从资料中发现广告投入和产品销售有较密切的关系。该企业广告费和销售额资料见表 14-3，若 2003 年广告费为 120 万元，请用一元线性回归求 2003 年产品销售额的置信区间与预测区间（$\alpha = 0.05$）。

表 14-3 某企业的广告投入和产品销售数据

年份	广告费 x（万元）	销售额 y（百万元）
1994	35	18
1995	52	25
1996	60	30
1997	72	38
1998	85	41
1999	80	44
2000	95	49
2001	100	52
2002	105	60

解： 对参数进行最小二乘法估计后，可得回归方程：

$\hat{y}=\hat{\beta}_0+\hat{\beta}_1 x=-3.65+0.57x$，则预测值 $\hat{y}_0=-3.65+0.57\times120=64.75$。

给定置信度 $1-\alpha=0.95$，查得 $t_{\alpha/2}(n-k)=t_{0.025}(7)=2.365$，则

$$S=\sqrt{\frac{SSE}{n-2}}=\sqrt{5.9}=2.43,$$

$$\delta(x_0)=t_{\alpha/2}(n-2)S\sqrt{1+\frac{1}{n}+\frac{(x_0-\bar{x})^2}{L_{xx}}}=2.365\times2.43\times1.2459=7.1601,$$

因此 y_0 的置信度为 0.95 的预测区间为

$$\left[\left(\hat{y}_0-7.1601\ \hat{y}_0+7.1601\right)\right]=[57.5899,71.9101]$$

$$\gamma\left(x_0\right)=t_{\alpha/2}\left(n-2\right)S\sqrt{\frac{1}{n}+\frac{\left(x_0-\bar{x}\right)^2}{L_{xx}}}=2.365\times2.43\times0.743=4.2699$$

y_0 的置信度为 0.95 的置信空间为

$$\left[\left(\hat{y}_0-4.2699,\hat{y}_0+4.2699\right)\right]=[60.4801,69.0199]$$

【结果说明】

在同一置信水平下，对于自变量 x 分别做出置信区间和预测区间曲线，如图 14-4 所示。

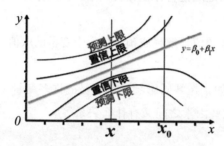

图 14-4 预测区间和置信区间

置信区间和预测区间上下曲线之间的部分就是 $y=\beta_0+\beta_1 x$ 的置信度为 $1-\alpha$ 的区间估计带域，这一带域在 $x=\bar{x}$ 处最窄，另外在同一点 x_0 处，置信区间要比预测区间要短。

影响区间宽度的因素如下。

（1）置信水平 $\left(1-\alpha\right)$，区间宽度随置信水平的增大而增大。

（2）数据的离散程度，区间宽度随离散程度的增大而增大。

（3）样本容量，区间宽度随样本容量的增大而减小。

（4）x_0 与 $\bar{x}$ 均值之间的差异，区间宽度随着差异的增大而增大。

 14.6 多元与曲线回归问题

一元线性回归分析中，研究的是因果关系中只涉及某一个因素（自变量）影响另一事物（因变量）的过程，所进行的分析是比较理想化的。但在实际问题中，在线性相关条件下，一个事物（因变量）总是受到其他多种事物（多个自变量）的影响，这时就要使用多元回归分析。此外，许多自变量与因变量之间不存在线性关系，这就要借助于曲线回归分析。

本节主要讲述多元线性回归和曲线回归问题。

14.6.1 多元线性回归分析

多元线性回归指的就是多个自变量与一个因变量的线性回归问题。

在现实中，往往会出现数据有多维特征的情况，如有 m 个样本，每个样本对应 n 维特征和一个结果输出，如下：

$$\left(x_1^{(1)},x_2^{(1)},\cdots,x_n^{(1)},y^{(1)}\right),\left(x_1^{(2)},x_2^{(2)},\cdots,x_n^{(2)},y^{(2)}\right),\cdots,\left(x_1^{(m)},x_2^{(m)},\cdots,x_n^{(m)},y^{(m)}\right)$$

可以理解为因变量 $y^{(i)}$ 的值取决于 n 个自变量 $\left(x_1^{(i)},x_2^{(i)},\cdots,x_n^{(i)}\right)$，即一个因变量和几个自变量有依存关系，当要计算一个新的 $\left(x_1^{(x)},x_2^{(x)},\cdots,x_n^{(x)}\right)$ 对应的 $y^{(x)}$ 值时，需要使用多元线性回归分析法。

1. 多元线性回归分析主要解决的问题

（1）确定几个特定的变量之间是否存在相关关系，如果存在的话，找出它们之间合适的数学表达式。

（2）根据一个或几个变量的值，解释或预测另一个变量的取值，并且可以知道这种预测或控制能达到什么样的精确度。

（3）进行因素分析。例如，在共同影响一个变量的许多变量（因素）之间，找出哪些是重要因素，哪些是次要因素，这些因素之间又有什么关系等。

2. 多元线性回归模型

多元线性回归模型是一元线性回归模型的扩展，其基本原理与一元线性回归模型类似，区别在于影响因素（自变量）更多些，计算上更为复杂，一般需借助计算机来完成。

设每个样本 $\boldsymbol{X}^{(i)}$ 对应的假设函数（hypothesis function，又称模型函数）$h_\beta\left(\boldsymbol{X}^{(i)}\right)$ 为

$$h_\beta\left(\boldsymbol{X}^{(i)}\right)=h_\beta\left(x_1^{(i)},x_2^{(i)},\cdots,x_n^{(i)}\right)=\beta_0+\beta_1x_1^{(i)}+\beta_2x_2^{(i)}+\cdots+\beta_nx_n^{(i)}$$

为表示简化，增加一个特征 $x_0^{(i)}=1$，将 $h_\beta\left(\boldsymbol{X}^{(i)}\right)$ 表示为

$$h_\beta\left(\boldsymbol{X}^{(i)}\right)=h_\beta\left(x_1^{(i)},x_2^{(i)},\cdots,x_n^{(i)}\right)=\sum_{j=0}^{n}\beta_jx_j^{(i)}$$

用矩阵表达如下。

第 i 个样本为 $\boldsymbol{X}^{(i)}=\begin{bmatrix}x_0^{(i)}\\x_1^{(i)}\\\vdots\\x_n^{(i)}\end{bmatrix}$，每个样本的目标为 $y^{(i)}$，$\boldsymbol{Y}=\begin{bmatrix}y^{(1)}\\y^{(2)}\\\vdots\\y^{(m)}\end{bmatrix}$，

$$h_\beta\left(\boldsymbol{X}^{(i)}\right)=\left(\boldsymbol{X}^{(i)}\right)^\mathrm{T}\beta$$

将 m 个样本对应的矩阵表示为 $\boldsymbol{X}_{m\times n}=\begin{bmatrix}\left(\boldsymbol{X}^{(1)}\right)^\mathrm{T}\\\left(\boldsymbol{X}^{(2)}\right)^\mathrm{T}\\\vdots\\\left(\boldsymbol{X}^{(m)}\right)^\mathrm{T}\end{bmatrix}=\begin{bmatrix}1&x_1^{(1)}&x_2^{(1)}&\cdots&x_n^{(1)}\\1&x_1^{(2)}&x_2^{(2)}&\cdots&x_n^{(2)}\\\vdots&\vdots&\vdots&&\vdots\\1&x_1^{(m)}&x_2^{(m)}&\cdots&x_n^{(m)}\end{bmatrix}$

多元线性回归模型为

$$h_\beta(X) = X\beta$$

3. 多元线性回归模型的参数求解

和一元线性回归一样，模型训练的目的是要最小化损失函数 $J(\beta)$，即让预测结果和真实结果的差值的平方尽可能小。损失函数 $J(\beta)$ 为

$$
\begin{aligned}
J(\beta) &= \sum_{i=1}^{m}\left[h_\beta\left(X^{(i)}\right) - y^{(i)}\right]^2 \\
&= (X\beta - Y)^{\mathrm{T}}(X\beta - Y) \\
&= (\beta^{\mathrm{T}}X^{\mathrm{T}} - Y^{\mathrm{T}})(X\beta - Y) \\
&= (\beta^{\mathrm{T}}X^{\mathrm{T}}X\beta - \beta^{\mathrm{T}}X^{\mathrm{T}}Y - Y^{\mathrm{T}}X\beta - Y^{\mathrm{T}}Y)
\end{aligned}
$$

最小化损失函数 $J(\beta)$ 表示为 $\min\limits_{\beta} J(\beta)$，采用"最小二乘法"优化问题表示为在 $\dfrac{\partial J(\beta)}{\partial \beta} = 0$ 处

取到，利用 $\dfrac{\partial x^{\mathrm{T}}A}{\partial x} = A$，$\dfrac{\partial Ax}{\partial x} = A^{\mathrm{T}}$，求出 $\dfrac{\partial J(\beta)}{\partial \beta} = X^{\mathrm{T}}X\beta - X^{\mathrm{T}}Y = 0$。

若 X 满秩，则 $X^{\mathrm{T}}X$ 可逆，参数 $\beta = (X^{\mathrm{T}}X)^{-1}(X^{\mathrm{T}}Y)$。

当样本数 m 小于等于特征数量 n 时，$X^{\mathrm{T}}X$ 一定不可逆。

如果 $X^{\mathrm{T}}X$ 不可逆，解决方法如下。

（1）列向量线性相关，即训练集中存在冗余特征，此时应该删除多余特征。

（2）特征过多，此时应该去掉影响较小的特征，或使用"正则化"。

通过正则化解决 $X^{\mathrm{T}}X$ 不可逆的方法：

$$
\beta = \left(X^{\mathrm{T}}X + \lambda
\begin{bmatrix}
0 & & & & \\
& 1 & & & \\
& & 1 & & \\
& & & \ddots & \\
& & & & 1
\end{bmatrix}
\right)^{-1}(X^{\mathrm{T}}Y)
$$

其中，λ 是正则化项的参数。

【例 14.8】设有 1 个表示 4 个特征（自变量）和 1 个因变量的数据集，现利用最小二乘法求解出根据特征（自变量）和因变量建立的回归方程中的参数如表 14-4 所示。

表 14-4 特征（自变量）和因变量参数

x_1	x_2	x_3	x_4	y
2104	5	1	15	368
1416	3	2	10	200

x_1	x_2	x_3	x_4	y
1534	3	2	5	280
852	2	1	7	126

解： 利用"最小二乘法"求解回归模型时，需要将特征（自变量）和因变量分解：

$$X = \begin{bmatrix} 1 & 2104 & 5 & 1 & 15 \\ 1 & 1416 & 3 & 2 & 10 \\ 1 & 1534 & 3 & 2 & 5 \\ 1 & 852 & 2 & 1 & 7 \end{bmatrix}, \quad Y = \begin{bmatrix} 368 \\ 200 \\ 280 \\ 126 \end{bmatrix}, \quad X 增加一列 1 对应的是 \beta_0 的系数。$$

代入参数公式：$\beta = (X^T X)^{-1}(X^T Y)$，解得：

$$\beta = \left(\begin{bmatrix} 1 & 1 & 1 & 1 \\ 2104 & 1416 & 1534 & 852 \\ 5 & 3 & 3 & 2 \\ 1 & 2 & 2 & 1 \\ 15 & 10 & 5 & 7 \end{bmatrix} \times \begin{bmatrix} 1 & 2104 & 5 & 1 & 15 \\ 1 & 1416 & 3 & 2 & 10 \\ 1 & 1534 & 3 & 2 & 5 \\ 1 & 852 & 2 & 1 & 7 \end{bmatrix} \right)^{-1} \times \begin{bmatrix} 1 & 1 & 1 & 1 \\ 2104 & 1416 & 1534 & 852 \\ 5 & 3 & 3 & 2 \\ 1 & 2 & 2 & 1 \\ 15 & 10 & 5 & 7 \end{bmatrix} \times \begin{bmatrix} 368 \\ 200 \\ 280 \\ 126 \end{bmatrix}$$

14.6.2 曲线回归分析

曲线回归分析的基本任务是根据自变量 x 与因变量 y 的实际观测数据，建立曲线回归方程。由于曲线回归模型种类繁多，所以没有通用的回归方程可以直接使用。

曲线回归分析的首要工作是确定自变量与因变量之间的曲线关系类型，这也是最困难的一步。曲线回归通常采用代数代换法把非线性形式转换为线性形式处理，而后采用线性回归分析方法进行分析，曲线回归分析的基本过程如下。

（1）先将 x 或 y 进行转换得到新变量。

（2）对新变量进行线性回归分析，由新变量的直线回归方程和置信区间得出原变量的曲线回归方程和置信区间。

（3）将新变量还原为原变量，由新变量的直线回归方程和置信区间得出原变量的曲线回归方程和置信区间。

常见的曲线回归模型及线性化方法见表 14-5。

表 14-5 回归模型及线性化方法

模型	曲线方程	线性化方法	变换后的线性方程	说明
双曲线模型	$\dfrac{1}{y} = \beta_0 + \beta_1 \dfrac{1}{x}$	$y' = \dfrac{1}{y}$ $x' = \dfrac{1}{x}$	$y' = \beta_0 + \beta_1 x'$	若因变量 y 随自变量 x 的增加（或减少）而增加（或减少），最初增加（或减少）很快，以后逐渐放慢并趋于稳定，则可以选用双曲线来拟合

续表

模型	曲线方程	线性化方法	变换后的线性方程	说明
指数函数模型	$y = \beta_0 e^{\beta_1 x}$	$y' = \ln y$ $\beta'_0 = \ln \beta_0$ $x' = x$	$y' = \beta_0 + \beta_1 x'$	用于描述几何级数递增或递减的现象。一般的自然增长及大多数竞技数列属于此类
对数函数模型	$y = \beta_0 + \beta_1 \ln x$	$y' = y$ $x' = \ln x$	$y' = \beta_0 + \beta_1 x'$	对数函数是指数函数的反函数
幂函数模型	$y = \beta_0 x_1^{\beta_1} x_2^{\beta_2} \cdots x_k^{\beta_k}$	$y' = \ln y$ $\beta'_0 = \ln \beta_0$ $x'_1 = \ln x_1$ $\vdots$ $x'_k = \ln x_k$	$y' = \beta_0 + \beta_1 x'_1 +$ $\cdots + \beta_k x'_k$	幂函数包含了数量丰富的各种函数，衍生出许多常用函数，譬如一次函数、二次函数、正比例函数、反比例函数等
多项式模型	$y = \beta_0 + \beta_1 x + \beta_2 x^2 +$ $\cdots + \beta_k x^k$	$x'_1 = x$ $x'_2 = x^2$ $\vdots$ $x'_k = x^k$	$y' = \beta_0 + \beta_1 x'_1 +$ $\cdots + \beta_k x'_k$	多项式模型在非线性回归分析中占有重要的地位

【**例 14.9**】某商店各个时期的商品流通费率和商品零售额资料如表 14-6 所示，建立 x（商品零售额）和 y（商品流通费率）的回归方程。

表 14-6　x（商品零售额）和 y（商品流通费率）参数

商品零售额 x（万元）	9.5	11.5	13.5	15.5	17.5	19.5	21.5	23.5	25.5	27.5
商品流通费率 y（%）	6	4.6	4	3.2	2.8	2.5	2.4	2.3	2.2	2.1

首先观察 x（商品零售额）和 y（商品流通费率）的规律，画出散点图，如图 14-5 所示。

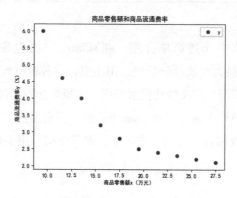

图 14-5　x（商品零售额）和 y（商品流通费率）的散点图

散点图显示出 x 与 y 的关系为一条递减的曲线。

设 $\hat{y} = \beta_0 + \beta_1 \dfrac{1}{x}$，令 $\dfrac{1}{x} = x'$，原式变为 $\hat{y} = \beta_0 + \beta_1 x'$，将 x' 和 y 表示为矩阵的形式：

$$X = \begin{bmatrix} 1 & 1/9.5 \\ 1 & 1/11.5 \\ \vdots & \vdots \\ 1 & 1/27.5 \end{bmatrix}, \quad Y = \begin{bmatrix} 6 \\ 4.6 \\ \vdots \\ 2.1 \end{bmatrix}$$

由参数公式 $\beta = \left(X^{\mathrm{T}}X\right)^{-1}\left(X^{\mathrm{T}}Y\right)$ 解得 $\beta = [-0.1879141, 56.26813438]$，

即 $\beta_0 = -0.1879141$，$\beta_1 = 56.26813438$，代入回归方程得：

$$\hat{y} = -0.1879141 + \frac{56.26813438}{x}$$

该回归方程的对应图为图 14-6。

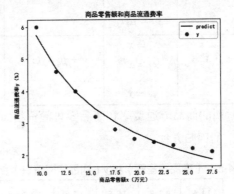

图 14-6　回归方程对应图

14.7　Python 工具包

　　sklearn 库在之前的章节中作过简单介绍，在 sklearn 中也包含了用于回归分析的函数。statsmodels 是 Python 中一个强大的统计分析包，用于拟合多种统计模型、执行统计测试以及数据探索和可视化，包含了线性模型、广义线性模型和广义的矩量法等"经典"频率学派统计方法的模型。statsmodels 在计量的简便性上远远不及 stata 等软件，但它的优点在于可以与 Python 的其他任务（如 NumPy、pandas）有效结合，提高工作效率。本节介绍利用 sklearn 和 statsmodels 实现回归分析模型的建立。

14.7.1 利用 sklearn 实现回归分析

1. 利用 sklearn 建立回归模型的基本步骤

第 1 步：导入线性回归函数。

```
from sklearn.linear_model import LinearRegression
```

第 2 步：创建模型。

```
model = LinearRegression()
```

第 3 步：训练模型。

```
model.fit(X_train,y_train) # X_train 为训练数据的自变量，y_train 为训练数据的因变量
```

第 4 步：查看回归方程的参数。

```
a=model.intercept_          #截距
b=model.coef_               #回归系数
```

2. 使用 sklearn 进行预测

```
y_pred = model.predict(X_test)  # X_train 为测试数据的自变量，y_pred 为测试数据预测的自变量
```

3. 评价回归模型

由于回归模型的预测结果和真实结果都是连续的，所以不能求取 recall、f1 等评价指标。常用的回归模型的评价指标如表 14-7 所示。

表 14-7 常用回归模型的评价指标

方法名称	最优值	sklearn 函数	说明
平均绝对误差 MAE	0.0	metrics.mean_absolute_error	用于评估预测结果和真实数据集的接近程度，其值越小说明拟合效果越好
均方误差 MSE	0.0	metrics.mean_squared_error	用于计算拟合数据和原始数据对应样本点的误差的平方和的均值，其值越小说明拟合效果越好
中值绝对误差	1.0	metrics.explained_variance_score	用于解释回归模型的方差得分，越接近于 1 说明自变量越能解释因变量的方差变化，值越小则说明效果越差
R^2 值	1.0	metrics.r2_score	用于解释回归模型的方差得分，越接近于 1 说明自变量越能解释因变量的方差变化，值越小则说明拟合效果越差

具体代码如下，其中 y_test、y_pred 分别为测试数据自变量的真实值和预测值。

【代码如下】

```
from sklearn.metrics import explained_variance_score,mean_absolute_error,\
mean_squared_error, median_absolute_error, r2_score
print("线性回归模型的平均绝对误差：",mean_absolute_error(y_test,y_pred))
print("线性回归模型的均方误差：", mean_squared_error(y_test,y_pred))
print("线性回归模型的中值绝对误差：",median_absolute_error(y_test,y_pred))
print("线性回归模型的可解释方差值：",explained_variance_score(y_test,y_pred))
print("线性回归模型的 R 方值：",r2_score(y_test,y_pred))
```

利用 sklearn 建立线性回归模型的实例见 14.8 节。

14.7.2 利用 statsmodels 实现回归分析

1. 利用 statsmodels 建立线性回归模型的基本步骤

第 1 步：导入线性回归函数。

```
import statsmodels.api as sm  #最小二乘法
```

第 2 步：创建模型。

```
model=sm.OLS(y,x)   #y 为因变量，x 为自变量
```

第 3 步：训练模型。

```
res=model.fit()
```

第 4 步：查看回归方程的参数。

```
res.params   #结果依次为截距和相对应的回归系数
```

2. 使用 statsmodels 进行预测

方法 1：调用 predict() 函数。

```
y_pred = res.predict(x)  # x 为测试数据的自变量，y_pred 为测试数据预测的因变量
```

方法 2：调用 fittedvalues。

```
y_pred=res.fittedvalues
```

3. 利用 summary() 函数查看模型评价结果

```
res.summary()
```

【例 14.10】 设产生 20 个在 $0 \sim 30$ 的等差数列数作为自变量 x，因变量为 $y = 2 + 5x + e$，其中 e 为误差项，e 符合均值为 0，标准差为 1 的标准正态分布。

要求： 通过 statsmodels 实现线性模型的建立，确立线性回归模型 $y = \beta_0 + \beta_1 x$ 中的参数，并输出回归拟合的摘要。

问题分析：

根据题目要求产生自变量、误差项和因变量，利用 statsmodels 建立回归模型，获得模型的参数和回归拟合的摘要。

加载线性回归及相关数据处理所需的库。

【代码如下】

```
#调用库
import statsmodels.api as sm  #最小二乘法
import numpy as np          #NumPy 库
import matplotlib.pyplot as plt  #导入图形展示库
```

利用 statsmodels 通过最小二乘法进行线性回归。

【代码如下】

```
#设回归公式：Y=2+6*x
```

```
#1、设定数据量
nsample=20
#2、创建一个表示 x 的 array。这里，设 x 的值为 0~30 的等差排列，共 20 个数
x=np.linspace(0,30, nsample)
#3、使用 sm.add_constant() 在原始数据前加一列常项 1
x=sm.add_constant(x)
#4、设置模型里的 β0,β1，这里要设置成 2 和 6
beta=np.array([2,6])    #β0，β1 分别为 2 和 6
#5、误差分析，在数据中加上误差项，所以生成一个长度为 k 的正态分布样本
e=np.random.normal(size=nsample)
#6、产生因变量 y 的实际值
y=np.dot(x,beta)+e        # 回归公式：Y=2+6*x+ e
#7、创建模型（利用最小二乘法）
model=sm.OLS(y,x)
#8、训练模型
res=model.fit()
#9、获取结果，输出图形
# 调取计算出的拟合回归模型参数即回归系数
print(" 回归方程的参数 ===",res.params)
# 调用拟合结果的 fittedvalues 得到预测值 y_pred 值
y_pred=res.fittedvalues
# 将拟合结果画出来
fig,ax=plt.subplots()
ax.scatter(x[:,-1],y,label="training data")
ax.plot(x[:,-1],y_pred,'r',label='predict')
ax.legend()
ax.set(xlabel='x',ylabel='y')
plt.show()
# 输出回归拟合的摘要
print(res.summary())
```

【运行结果】

如图 14-7、图 14-8 所示。

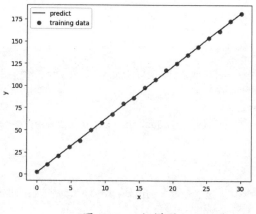

图 14-7 回归模型

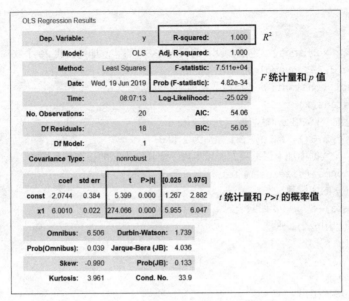

图 14-8 回归拟合的摘要

【结果说明】

（1）所求得的参数分别为 2.07438142，6.00096613。

（2）F 统计量的 P 值非常小，所以拒绝原假设，说明线性关系显著；两个回归系数的 t 统计量 P 值为 0，拒绝原假设，说明回归系数也都显著，R^2 值为 1，说明拟合程度很不错。

注意： 使用 sm.add_constant() 函数在原始数据前加一列常项 1。

【例 14.11】 用 statsmodels 实现高阶回归分析。设产生 50 个 –10~10 的等差数列数作为自变量 x，因变量为 $y = 3 + 6x + 2x^3 + e$，其中 e 为误差项，e 符合均值为 0，标准差为 1 的标准正态分布。

要求：通过 statsmodels 实现回归模型的建立，确立回归模型 $y = \beta_0 + \beta_1 x + \beta_2 x^3$ 中的参数，并输出回归拟合的摘要。

问题分析：

根据题目要求产生自变量、误差项和因变量，利用 statsmodels 建立回归模型，获得模型的参数和回归拟合的摘要。

【代码如下】

```
# 调用
import numpy as np
import matplotlib.pyplot as plt
import statsmodels.api as sm
from statsmodels.stats.outliers_influence import summary_table
# 回归公式：
#1、设定数据量
nsample=50
#2、创建一个表示 x 的 array。这里，设 x 的值是– 10~10 等差排列，共 50 个数
x=np.linspace（–10,10, nsample）
```

```
X=np.column_stack((x,x**3))
#3、使用 sm.add_constant() 在 array 上加入一列常项 1
X=sm.add_constant(X) #线性组合，在原始数据前加 1
#4、设置模型里的 β0, β1, β2, 这里要设置成 3、6 和 2
beta=np.array([3,6,2])  #β0, β1, β2 分别为 3、6 和 2
#5、误差分析，在数据中加上误差项
e=np.random.normal(size=nsample)
#6、实际值 y
y=np.dot(X,beta)+e        # 回归公式
#7、最小二乘法
model=sm.OLS(y,X)
#8、拟合数据
res=model.fit()
#9、获取结果，输出图形
# 调取计算出的拟合回归模型参数即回归系数
print(" 回归方程的参数 ===",res.params)
# 调用拟合结果的 fittedvalues 得到拟合的 y_pred 值
y_pred=res.fittedvalues
# 将拟合结果画出来
fig,ax=plt.subplots()
ax.scatter(x,y,label="training data")
ax.plot(x,y_pred,'r',label='predict')
ax.legend()
ax.set(xlabel='x',ylabel='y')
plt.show()
# 输出回归拟合的摘要
print(res.summary())
```

【运行结果】

回归方程的参数 === [3.18846703 5.97036588 2.00065002]

如图 14-9、图 14-10 所示。

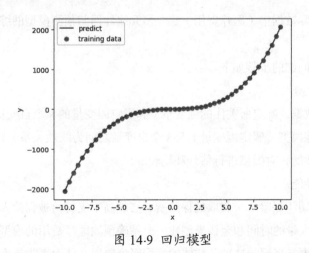

图 14-9 回归模型

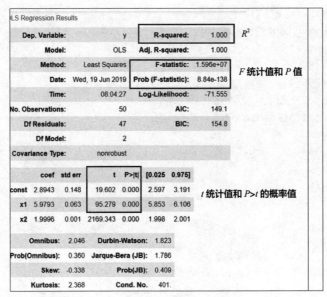

图 14-10 回归拟合的摘要

【结果说明】

（1）所求得的参数分别为 2.89430116，5.97933281，1.99961485。

（2）F 统计量的 P 值非常小，拒绝原假设，说明线性关系显著；两个回归系数的 t 统计量 P 值为 0，拒绝原假设，说明回归系数也都显著；R^2 值为 1，说明拟合程度很不错。

对于高阶多项式回归分析，关键是根据数据判定阶数值，当给定阶数时，很容易求出回归方程中的系数。

 14.8 综合实例——个人医疗保费预测任务

本节介绍一个对实际数据集（医疗费用）建立多元线性回归预测模型的综合实例。本节开发环境采用 Jupyter。

使用回归分析解决问题的步骤如下。

（1）收集 / 观察数据。

（2）探索和准备数据，确定所关注的因变量 y 和影响因变量的 k 个自变量。

（3）基于数据训练模型，假定因变量 y 与 k 个自变量之间为线性关系，建立线性关系模型。

（4）评估模型的性能，对模型进行估计和检验。

（5）提高模型的性能。

问题描述： 保险公司（保险人）收取的保险费，必须高于支付给被保险人的保险费才能获利。为此，保险公司投入了大量的时间和金钱来创建一个精确预测医疗费用的模型。本节以医疗费用为例，通过分析病人的数据，来预测这部分群体的平均医疗费用，从而来为年度保费价格的设定提供参考。

问题分析： 在这个案例中，通过不同的病人的数据来预测医疗费用，因为因变量是一个连续的值，所以这个问题是一个回归问题。

我们已经获取到保险公司部分数据，文件名为 insurance.csv，文件内容如下。

数据中共有 6 个维度：age（年龄），sex（性别），bmi（肥胖指数），children（孩子数量），smoker（是否吸烟），region（居住地）。charges 则是当前数据人上年度保险的额度。

age：整数，表示主要受益者的年龄（不包括超过 64 岁的人，因为他们一般由政府支付）。

sex：保单持有人的性别，male 代表男性，female 代表女性。

bmi：身体质量指数（Body Mass Index，BMI），BMI 指数 = 体重（公斤）/ 身高（米）^{2}，是判断人的体重相对于身高是过重还是偏轻的方法，理想的 BMI 指数范围是 18.5~24.9。

children：整数，表示保险计划中所包括的孩子 / 受抚养者的数量。

smoker：表示被保险人是否吸烟。

region：代表受益人在美国的居住地，4 个地理区域为 northeast、southeast、southwest 和 northwest。

按照使用回归分析的步骤，设计如下的程序，详细的代码解释包含在代码注释中。

准备工作：调取相关库。

【代码如下】

```python
# 导入相关库
import numpy as np   #NumPy 库
import pandas as pd   #panda 库
# 导入数据可视化包及缺失值处理相关的工具包
import matplotlib.pyplot as plt    # 导入图形展示库
import seaborn as sns       # seaborn 库
%matplotlib inline
# 导入缺失值处理的库
import missingno as msno     # 缺失值
#机器学习的工具包 machine learning
from sklearn.preprocessing import StandardScaler      #标准化库
from sklearn.model_selection import train_test_split, cross_val_score
```

1. 获取数据和观察数据

本例中数据存放在 insurance.csv 中，通过 read_csv() 函数获取数据。

【代码如下】

```python
# 获取数据
data = pd.read_csv("E:/python 编书 / 数据集 /insurance.csv")
```

通过相关的属性，观察数据。

以下为查看数据大小的代码。

【代码如下】

```
# 查看数据大小
data.shape
```

【运行结果】

```
(1338, 7)
```

【结果说明】

该案例的数据集一共有 1338 个观测值，每一组观测值对应一个病人的情况。

以下为查看数据列名的代码。

【代码如下】

```
# 查看数据的列名
data.columns
```

【运行结果】

```
Index(['age', 'sex', 'bmi', 'children', 'smoker', 'region', 'charges'], dtype='object')
```

【结果说明】

该案例共有 6 个特征值，1 个因变量 charges。

以下为查看数据类型的代码。

【代码如下】

```
# 查看数据类型
data.dtypes
```

【运行结果】

```
age              int64
sex             object
bmi            float64
children         int64
smoker          object
region          object
charges        float64
dtype: object
```

【结果说明】

得到数据集中每列的类型。

以下为生成描述性统计的代码。

【代码如下】

```
# 生成描述性统计
data.describe()
```

【运行结果】

如图 14-11 所示。

	age	bmi	children	charges
count	1338.000000	1338.000000	1338.000000	1338.000000
mean	39.207025	30.663397	1.094918	13270.422265
std	14.049960	6.098187	1.205493	12110.011237
min	18.000000	15.960000	0.000000	1121.873900
25%	27.000000	26.296250	0.000000	4740.287150
50%	39.000000	30.400000	1.000000	9382.033000
75%	51.000000	34.693750	2.000000	16639.912515
max	64.000000	53.130000	5.000000	63770.428010

图 14-11 描述性统计

【结果说明】

得到数值型数据的分析结果。

2. 探索数据和准备数据

（1）缺失值处理

当我们拿到数据的时候，数据不一定是完整的，这时可以通过可视化缺失值来决定下一步要进行的操作。

可视化缺失值的方法如下。

missingno 是一个可视化缺失值的库，为了方便使用，可以用 pip install missingno 下载该库，通过调用 matrix() 函数得到缺失值，白线越多，代表缺失值越多。

缺失值处理方法如下。

① 先判定缺失的数据是否有意义。若缺失值较多的属性对模型预测意义不大，可直接删除这些没有意义且缺失值较多的属性。

② 若缺失值对属性来说是有意义的：

（a）缺失值较少时，如 1% 以下，可以直接去掉。

（b）用已有的值取平均值或众数代替缺失值。

（c）用已知的数据作回归模型，进行预测，再用其他特征数据预测缺失值。

以下为可视化缺失值的代码。

【代码如下】

```
# 可视化缺失值
sns.set(style = "ticks")   # 设置 sns 的样式背景
msno.matrix(data)
```

【运行结果】

如图 14-12 所示。

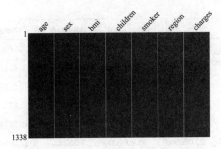

图 14-12 可视化缺失值

【结果说明】

matrix 作图是黑白风格，黑色背景，白色代表缺失值，从图中可以看出没有任何缺失值，因此不需要对缺失值进行处理。

（2）特征工程

从原始数据中提取到的特征的好坏直接影响模型的效果，特征工程就是从原始数据中最大限度地提取特征，以供机器学习和算法使用。

对不同的类型变量，对应的特征提取方法如下。

① 数值类型：直接使用或进行标准化处理。

② 时间序列（经过长期重复测量而形成的时间序列）：转换成单独的年月日。

③ 分类数据：使用标签编码（Label Encoder）和独热编码（One-Hot Encoder）的方式处理。当类别只有两个时用标签编码代替，如男 =1，女 =0；yes=1，no=0。若类别超过两个，用自然数 1，2，3，4 等来表示不同的类型会造成机器的误会，机器会认为这几个类型之间存在着大小关系，所以一般用独热编码。

④ 其他类型变量使用独热编码。

本案例中，特征 smoker、sex 和 region 为分类数据，采用的特征提取方法如下。

（1）smoker 是否吸烟

使用 map 函数，对数据集重新定义，yes 对应数值 1，no 对应数值 0。

【代码如下】

```
#将是否吸烟者的值映射为数值，yes 对应数值 1，no 对应数值 0
smoker_Dict={'yes':1,'no':0}
data['smoker']=data['smoker'].map(smoker_Dict)
data.head()
```

（2）sex 性别

使用 map 函数，对数据集重新定义，男（male）对应数值 1，女（female）对应数值 0。

【代码如下】

```
#将性别的值映射为数值，男（male）对应数值 1，女（female）对应数值 0
sex_Dict={'female':0,'male':1}
data['sex']= data['sex'].map(sex_Dict)
data.head()
```

（3）region 地区

地区共有 4 个，所以使用独热编码重新赋值。

【代码如下】

```
classes = ['region']
# 将数据转化成独热编码，即将非数值类型的字符分类转换成数字。用 0~1 表示，将许多指
标划分成若干子列
dummies = pd.get_dummies(data[classes])
# 将分类处理后的数据列添加进列表中，同时删除处理前的列
# 采用这种方式的好处：每列的名称不是无意义的
data=data.join(dummies).drop(classes, axis = 1)
# 新数据集
print('汇总 :', data.shape)
data.head()
```

【运行结果】

如图 14-13 所示。

汇总：(1338, 10)

	age	sex	bmi	children	smoker	charges	region_northeast	region_northwest	region_southeast	region_southwest
0	19	0	27.900	0	1	16884.92400	0	0	0	1
1	18	1	33.770	1	0	1725.55230	0	0	1	0
2	28	1	33.000	3	0	4449.46200	0	0	1	0
3	33	1	22.705	0	0	21984.47061	0	1	0	0
4	32	1	28.880	0	0	3866.85520	0	1	0	0

图 14-13 使用独热编码重新赋值后的数据

本案例中，特征 age、bmi 和 children 为连续型数据，采用标准化的特征提取。

【代码如下】

```
# 筛选出数据类型不是字符型的列
num = ['age', 'bmi', 'children']
standard_scaler = StandardScaler()
data[num] = standard_scaler.fit_transform(data[num])
data.head(10)
```

【运行结果】

如图 14-14 所示。

	age	sex	bmi	children	smoker	charges	region_northeast	region_northwest	region_southeast	region_southwest
0	-1.438764	0	-0.453320	-0.908614	1	16884.92400	0	0	0	1
1	-1.509965	1	0.509621	-0.078767	0	1725.55230	0	0	1	0
2	-0.797954	1	0.383307	1.580926	0	4449.46200	0	0	1	0
3	-0.441948	1	-1.305531	-0.908614	0	21984.47061	0	1	0	0
4	-0.513149	1	-0.292556	-0.908614	0	3866.85520	0	1	0	0
5	-0.584350	0	-0.807656	-0.908614	0	3756.62160	0	0	1	0
6	0.483668	0	0.455486	-0.078767	0	8240.58960	0	0	1	0
7	-0.157143	0	-0.479567	1.580926	0	7281.50560	0	1	0	0
8	-0.157143	1	-0.136714	0.751079	0	6406.41070	1	0	0	0
9	1.480485	0	-0.791252	-0.908614	0	28923.13692	0	1	0	0

图 14-14 数据类型不是字符型的列

（3）特征相关性分析

在使用回归模型拟合数据之前，需要对自变量（特征）与因变量之间，以及自变量（特征）与自变量（特征）之间进行相关性分析。相关性越趋近 1，相关性越强，说明这两个特征相同，可以去掉其中一个特征，避免出现多重共线。相关系数矩阵（correlation matrix）提供关系的快速概览，为每一对变量之间的关系提供一个相关系数。

【代码如下】

```
cormatrix = data.corr()
print(" 相关矩阵 :\n",cormatrix)
# 转化为一维表
# 返回函数的上三角矩阵，把对角线上的元素置 0，让它们不是最高的
#np.tri() 生成下三角矩阵，k=-1 即对角线向下偏移一个单位，对角线及以上元素全都置 0
#.T 矩阵转置，下三角矩阵转置变成上三角矩阵
cormatrix *= np.tri(*cormatrix.values.shape, k=-1).T
print(" 相关矩阵的上三角表示 :\n",cormatrix)
cormatrix = cormatrix.stack()# 利用 stack() 函数进行数据重排，stack 以列为索引进行堆积
print(" 相关矩阵: \n",cormatrix )
# 返回某个变量和其他变量的相关性
#reindex( 新索引 )：按新索引排序；abs()：返回绝对值；sort_values()：排序，
#ascending=False: 升序，默认 true: 升序；
cormatrix = cormatrix.reindex(
        cormatrix.sort_values(ascending=False).index).reset_index()
cormatrix.columns = [" 第一个变量 ", " 第二个变量 ", " 相关性 "]
cormatrix.head(20)
```

【运行结果】

部分运行结果如图 14-15、图 14-16、图 14-17 所示。

```
相关矩阵:
                       age       sex       bmi  children    smoker   charges  \
age               1.000000 -0.020856  0.109272  0.042469 -0.025019  0.299008
sex              -0.020856  1.000000  0.046371  0.017163  0.076185  0.057292
bmi               0.109272  0.046371  1.000000  0.012759  0.003750  0.198341
children          0.042469  0.017163  0.012759  1.000000  0.007673  0.067998
smoker           -0.025019  0.076185  0.003750  0.007673  1.000000  0.787251
charges           0.299008  0.057292  0.198341  0.067998  0.787251  1.000000
region_northeast  0.002475 -0.002425 -0.138156 -0.022808  0.002811  0.006349
region_northwest -0.000407 -0.011156 -0.135996  0.024806 -0.036945 -0.039905
region_southeast -0.011642  0.017117  0.270025 -0.023066  0.068498  0.073982
region_southwest  0.010016 -0.004184 -0.006205  0.021914 -0.036945 -0.043210
```

图 14-15 相关矩阵

```
相关矩阵的上三角表示:
                       age       sex        bmi  children     smoker    charges  \
age                    0.0 -0.020856   0.109272  0.042469  -0.025019   0.299008
sex                   -0.0  0.000000   0.046371  0.017163   0.076185   0.057292
bmi                    0.0  0.000000   0.000000  0.012759   0.003750   0.198341
children               0.0  0.000000   0.000000  0.000000   0.007673   0.067998
smoker                -0.0  0.000000   0.000000  0.000000   0.000000   0.787251
charges                0.0  0.000000   0.000000  0.000000   0.000000   0.000000
region_northeast       0.0 -0.000000  -0.000000 -0.000000   0.000000   0.000000
region_northwest      -0.0 -0.000000  -0.000000  0.000000  -0.000000  -0.000000
region_southeast      -0.0  0.000000   0.000000 -0.000000   0.000000   0.000000
region_southwest       0.0 -0.000000  -0.000000  0.000000  -0.000000  -0.000000
```

图 14-16 相关矩阵的上三角表示

	第一个变量	第二个变量	相关性
0	smoker	charges	0.787251
1	age	charges	0.299008
2	bmi	region_southeast	0.270025
3	bmi	charges	0.198341
4	age	bmi	0.109272
5	sex	smoker	0.076185
6	charges	region_southeast	0.073982
7	smoker	region_southeast	0.068498

图 14-17 变量和相关性

【结果说明】

上图为运行结果的部分截图。上述代码首先通过 corr() 函数生成相关矩阵,每个值都是数据集中各列的相关系数,如 age 和 bmi 的相关系数为 0.109272。因为整个矩阵关于对角线对称,因此只保留一半数据,同时对角线为 1,表示自己和自己,没有分析意义,因此置 0。最后利用 reindex() 函数将相关系数排序,以便于观察相关性。

从相关矩阵可以看出,自变量(特征)之间的相关影响不大,相关系数不是强相关的,但还是存在一些关联。例如,age 和 bmi 显示出中度相关,这意味着随着年龄(age)的增长,身体质量指数(bmi)也会增加。

为了清楚反映出每个自变量(特征)与因变量的相关性,以下为自变量与因变量的相关性按降序排列的代码。

【代码如下】

```
# 查看各个特征与 charges 的相关系数
cormatrix2 = data.corr()
cormatrix2['charges'].sort_values(ascending =False)# 特征选择
```

【运行结果】

```
charges              1.000000
smoker               0.787251
age                  0.299008
bmi                  0.198341
region_southeast     0.073982
children             0.067998
sex                  0.057292
region_northeast     0.006349
region_northwest    −0.039905
region_southwest    −0.043210
Name: charges, dtype:    float64
```

【结果说明】

运行结果显示，自变量（特征）与医疗费用相关从高到低排列如下。

smoker(0.787) > age(0.299) > bmi(0.198) > region_southeast (0.074) > children(0.068) > sex(0.057)。
因此，建模可选取 6 种特征来测试与医疗费用的关系。

（4）特征选择

根据各个特征与生成情况（charges）的相关系数大小，选择几个字段进行输入：smoker、
age、bmi、region_southeast、children、sex，并重新构建数据集。

【代码如下】

```
data_X= pd.concat([data['smoker'],data['age'],data['bmi'],data['region_
southeast'],
                data['children'],data['sex'],data['charges']],axis=1)
data_X.head()
```

【运行结果】

如图 14-18 所示。

	smoker	age	bmi	region_southeast	children	sex	charges
0	1	-1.438764	-0.453320	0	-0.908614	0	16884.92400
1	0	-1.509965	0.509621	1	-0.078767	1	1725.55230
2	0	-0.797954	0.383307	1	1.580926	1	4449.46200
3	0	-0.441948	-1.305531	0	-0.908614	1	21984.47061
4	0	-0.513149	-0.292556	0	-0.908614	1	3866.85520

图 14-18 数据集

3. 建立模型

（1）分离自变量和因变量

【代码如下】

```
# 分离因变量
target = data_X.charges
# 分离自变量
features = data_X.drop(columns=['charges'])
```

（2）检查因变量数据是否满足正态分布

【代码如下】

```
# 分析医疗费用的分布是否符合正态
x = target
sns.distplot(x, hist=True, kde=True, kde_kws={"color": "k", "lw": 3, "label":"KDE"},
        hist_kws={"histtype": "stepfilled", "linewidth": 3, "alpha": 1, "color":"g"})
```

【运行结果】

如图 14-19 所示。

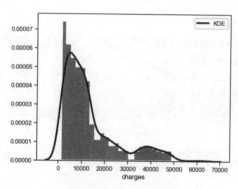

图 14-19 核密度估计图

【结果说明】

图 14-19 为运用 sns.distplot() 函数得到的核密度估计图，比较直观地看出了数据样本本身的分布特征，保险费用的分布是右偏的，其平均数大于中位数，同时可以知道绝大数人每年的费用为 0~15000 美元。数据右偏，可以采用对所有数据取对数、取平方根等方法，因为这样变换的导数是逐渐减小的，也就是说它的增速逐渐减缓，所以就可以把大的数据向左移，使数据接近正态分布，本案例中采用常用的 log(1+x) 的方法。

【代码如下】

```
target=np.log1p(target)
# 分析医疗费用的分布是否符合正态
x = target
sns.distplot(x, hist=True, kde=True, kde_kws={"color": "k", "lw": 3, "label":"KDE"},
        hist_kws={"histtype": "stepfilled", "linewidth": 3, "alpha": 1, "color":"g"})
```

【运行结果】

如图 14-20 所示。

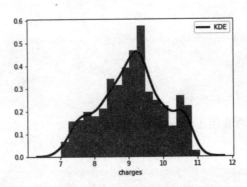

图 14-20 核密度估计图

【结果说明】

结果显示，处理过的因变量数据基本符合正态分布。

（3）划分数据集，建立训练数据集和测试数据集

【代码如下】

```
#划分数据集，sklearn.model_selection.train_test_split 随机划分训练集和测试集
seed=123    #随机种子数
X_train, X_test, y_train, y_test = train_test_split(features, target,
            test_size = 0.3,random_state = seed)#设置 70% 为训练数据
print("训练集", X_train.shape, ",测试集", X_test.shape)
```

【运行结果】

```
训练集 (936, 6) ，测试集 (402, 6)
```

【结果说明】

训练集占总样本数据的 70%，测试集占总样本数据的 30%。

（4）使用线性回归创建模型

【代码如下】

```
#第 1 步：导入线性回归
from sklearn.linear_model import LinearRegression
# 第 2 步：创建模型：线性回归
model = LinearRegression()
#第 3 步：训练模型
model.fit(X_train,y_train)
# 获得线性回归模型的参数
a=model.intercept_# 截距
b=model.coef_# 回归系数
print("最佳拟合线：截距",a,"\n 回归系数: ",b)
```

【运行结果】

最佳拟合线：截距 8.851551231348216
回归系数：[1.53318059 0.48875255 0.08953472 −0.07628352 0.1276445 −0.08411224]

4. 评估模型

【代码如下】

```python
# 对线性回归进行预测
y_pred = model.predict(X_test)
# 评价回归模型
score=model.score(X_test, y_test)   # 查看判定系数的方法一
print(" 个人医保数据线性回归模型的决定系数即 R 平方: ",score)
from sklearn.metrics import explained_variance_score,mean_absolute_error,\
mean_squared_error,median_absolute_error,r2_score
print(" 个人医保数据线性回归模型的平均绝对误差: ",mean_absolute_error(y_test,y_
pred))
print(" 个人医保数据线性回归模型的均方误差 MSE: ", mean_squared_error(y_test,y_
pred))
print(" 个人医保数据线性回归模型的中值绝对误差: ",median_absolute_error(y_test,y_
pred))
print(" 个人医保数据线性回归模型的可解释方差值: ", explained_variance_score(y_
test,y_pred))
# 查看判定系数的方法二
print(" 个人医保数据线性回归模型的判定系数即 R 平方: ",r2_score(y_test,y_pred))
```

【运行结果】

个人医保数据线性回归模型的决定系数即 R 平方: 0.7830070691295015
个人医保数据线性回归模型的平均绝对误差: 0.2707571270860691
个人医保数据线性回归模型的均方误差 MSE: 0.17131210181347262
个人医保数据线性回归模型的中值绝对误差: 0.14746506518623992
个人医保数据线性回归模型的可解释方差值: 0.7831735070420169
个人医保数据线性回归模型的判定系数即 R 平方: 0.7830070691295015

【结果说明】

判定系数 R^2 为 0.783，说明在医疗费用金额中，smoker、age、bmi、region_southeast、children、sex 存在较强的相关性。

可以通过交叉验证来持续优化模型，采用十折交叉验证，即 cross_val_predict 中的 cv 参数为 10。

【代码如下】

```python
# 交叉验证
from sklearn.model_selection import cross_val_predict
predicted = cross_val_predict(model,features, target,cv=10)
# 获得线性回归模型的参数
a=model.intercept_# 截距
b=model.coef_# 回归系数
print(" 最佳拟合线：截距 ",a,"\n 回归系数: ",b)
```

```
print("个人医保数据线性回归模型的平均绝对误差: ",mean_absolute_
error(target,predicted))
print("个人医保数据线性回归模型的均方误差 MSE: ", mean_squared_
error(target,predicted))
print("个人医保数据线性回归模型的中值绝对误差: ",median_absolute_
error(target,predicted))
print("个人医保数据线性回归模型的可解释方差值: ",
explained_variance_score(target,predicted))
print("个人医保数据线性回归模型的判定系数即 R 平方: ",r2_score(target,predicted))
```

【运行结果】

最佳拟合线：截距 8.851551231348216
回归系数： [1.53318059 0.48875255 0.08953472 −0.07628352 0.1276445 −0.08411224]
个人医保数据线性回归模型的平均绝对误差： 0.2815407634403475
个人医保数据线性回归模型的均方误差 MSE： 0.20010936615767003
个人医保数据线性回归模型的中值绝对误差： 0.13490158250103956
个人医保数据线性回归模型的可解释方差值： 0.7630797649634314
个人医保数据线性回归模型的判定系数即 R 平方： 0.7630793987615034

【结果说明】

由于二者的先决条件不同，交叉验证对所有样本的测试集求对应的预测值。而之前仅仅对 30% 的测试集求对应的预测值，所以交叉验证模型的 MSE 增大，判定系数减少。

14.9 高手点拨

最大似然估计和最小二乘法都是用于估计数据样本的总体参数的方法。最大似然估计通过使已知的样本数据出现的概率最大值来求解参数，即求似然函数的最大值；最小二乘法通过使估计值与观测值的差的平方和最小来求解参数，即求损失函数的最小值。

最大似然估计需要已知似然函数，但是现实中很难实现，一般会假设其满足正态分布特征，在这种情况下，最大似然估计与最小二乘法算出来的参数值是相同的。

下面列出利用最大似然估计求解线性回归参数的推导过程。

（1）假设已知数据集拟合的平面为 $h_\theta(x) = \theta_0 + \theta_1 x_1 + \theta_2 x_2$，将该式整合为 $h_\theta(x) = \sum_{i=0}^{n} \theta_i x_i = \theta^\mathrm{T} x$，如图 14-21 所示。

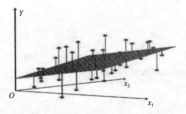

图 14-21 数据集及其拟合的平面 Y

真实值和预测值之间肯定存在差异（用 ε 来表示该误差），对于每个样本都满足：$y^{(i)} = \theta^{\mathrm{T}}x^{(i)} + \varepsilon^{(i)}$。误差 $\varepsilon^{(i)}$ 是独立且具有相同的分布，服从均值为 0，方差为 θ^2 的正态分布。因此：

$$p\left(\varepsilon^i\right) = \frac{1}{\sqrt{2\pi}\sigma^2}\mathrm{e}^{-\frac{\left(\varepsilon^{(i)}\right)^2}{2\sigma^2}}。$$

（2）将回归方程代入，可得：$p\left[y^{(i)} \mid x^{(i)};\theta\right] = \frac{1}{\sqrt{2\pi}\sigma^2}\mathrm{e}^{-\frac{\left[y^{(i)}-\theta^{\mathrm{T}}x^{(i)}\right]^2}{2\sigma^2}}。$

（3）建立似然函数：$L\left(\theta\right) = \prod_{i=1}^{m} p\left[y^{(i)} \mid x^{(i)};\theta\right] = \prod_{i=1}^{m} \frac{1}{\sqrt{2\pi}\sigma^2}\mathrm{e}^{-\frac{\left[y^{(i)}-\theta^{\mathrm{T}}x^{(i)}\right]^2}{2\sigma^2}}。$

（4）取对数似然，可得：$L\left(\theta\right) = \ln\prod_{i=1}^{m} p\left[y^{(i)};x^{(i)};\theta\right] = \ln\prod_{i=1}^{m} \frac{1}{\sqrt{2\pi}\sigma^2}\mathrm{e}^{-\frac{\left[y^{(i)}-\theta^{\mathrm{T}}x^{(i)}\right]^2}{2\sigma^2}}$，展开化简后：

$$L\left(\theta\right) = m\ln\frac{1}{\sqrt{2\pi}\sigma^2} - \frac{1}{\sigma^2}\cdot\frac{1}{2}\sum_{i=1}^{m}\left[y^{(i)} - \theta^{\mathrm{T}}x^{(i)}\right]^2。$$

（5）最大似然估计法是让似然函数越大越好，因此最终的目标函数为

$$\min_{\theta} L\left(\theta\right) = \min_{\theta}\sum_{i=0}^{M}\left[y^{(i)} - \theta^{\mathrm{T}}x^{(i)}\right]^2$$

这与前面利用最小二乘法得到的结论一致。

对上式求最优解，一般会采用解析法（正规方程，normal equation）或梯度下降法。

（1）解析法

求解目标函数：$\min_{\theta} L\left(\theta\right) = \min_{\theta}\|Y - X\theta\|^2$

其中 X 为所有样本的所有特征，是一个 M（M 个样本）行 N（N 个特征）列的矩阵，Y 是 M 个样本的真实值，是 M 行的列向量，θ 是回归系数，是 N 行的列向量。

用解析法求解 θ，要对 $L(\theta)$ 求导，令导数为 0：

$$\frac{\partial L\left(\theta\right)}{\partial\theta} = -2X^{\mathrm{T}}\left(Y - X\theta\right) = 0$$

解得：

$$X^{\mathrm{T}}Y = X^{\mathrm{T}}X\theta$$

$$\theta = \left(X^{\mathrm{T}}X\right)^{-1}X^{\mathrm{T}}Y$$

（2）梯度下降法

梯度下降的目标函数形式写法有所不同，不采用解析法的矩阵形式，而是用求和的写法，其中 $x^{(i)}$ 为第 i 个样本的特征列向量，θ 为回归系数列向量，$y^{(i)}$ 为第 i 个样本的真实值：

$$\min L(\boldsymbol{\theta}) = \sum_{i=1}^{M} \left(y^{(i)} - \boldsymbol{\theta}^{\mathrm{T}} \boldsymbol{x}^{(i)} \right)^2$$

梯度下降法就是求目标函数的梯度，对 $\boldsymbol{\theta}$ 的第 j 维求导：

$$\frac{\partial L(\boldsymbol{\theta})}{\partial \boldsymbol{\theta}_j} = 2\sum_{i=1}^{M} \left(y^{(i)} - \boldsymbol{\theta}^{\mathrm{T}} \boldsymbol{x}^{(i)} \right) \boldsymbol{x}_j^{(i)}$$

更新 $\boldsymbol{\theta}$ 的第 j 维：

$$\boldsymbol{\theta}_j = \boldsymbol{\theta}_j - \alpha \frac{\partial J(\boldsymbol{\theta})}{\partial \boldsymbol{\theta}_j}$$

每次迭代都要更新 $\boldsymbol{\theta}$ 的所有维，不过每次迭代不一定使用全部样本，可以使用随机梯度下降法，每次只随机选择一个样本。

表 14-8 解析法（normal equation）和梯度下降法求最优解

解析法（normal equation）	梯度下降法
要求 $(X^{\mathrm{T}}X)$ 必须可逆	不要求 $(X^{\mathrm{T}}X)$ 可逆
求 $(X^{\mathrm{T}}X)$ 的逆费时较多，当特征较多时运算很慢	特征较多时运算不会特别慢
不需要 feature scaling（特征缩放）	需要 feature scaling
只需一次计算就能求解	需要多次迭代
不需要选择学习步长	需要选择学习步长
对于更复杂的问题可能求不出解	可用于更复杂的问题，可移植性强

一般地，只要特征变量的数目不大，解析法是一个很好的计算参数的替代方法，具体地说，只要特征变量的数量小于一万，通常会使用解析法，而不使用梯度下降法。

14.10 习题

利用回归分析实现电力预测。

问题描述： 已知 UCI 大学公开的机器学习数据中的一个循环发电场的数据共有 9568 个样本数据，每个数据有 5 列，分别是 AT（温度），V（压力），AP（湿度），RH（压强），PE（输出电力）。希望得到一个线性回归模型，其中 PE 是因变量，自变量为 AT、V、AP、RH，分别代表 4 个样本特征。

说明：

（1）数据的下载地址及数据的介绍见前言。

（2）源数据是压缩包，解压后为 xlsx 文件，打开该 xlsx 文件，另存为 csv 文件。

（3）数据已经整理好，没有非法数据，但是数据并没有进行标准化。

第 15 章

方差分析

在实际问题中，影响事物的因素往往是很多的，例如，预测房价时，房屋面积、位置、朝向、是否属于学区房、建造年代、所在层数等每个因素的改变都有可能影响房屋的价格，并且有些因素影响较大，有些影响较小。

方差分析是根据试验的结果进行分析，鉴别各个相关因素对试验结果影响的一种方法。本章将介绍单因素方差分析和双因素方差分析，并结合具体案例讲解方差分析的实际应用。

本章主要涉及的知识点

- 方差分析概述
- 方差的比较
- 方差分析

15.1 方差分析概述

图 15-1 是某企业发放年终奖时 4 个部门的奖金发放情况，每个部门发放的奖金金额都服从均值为 μ_i，$i=1,2,3,4$ 的总体分布，试问各部门的均值是否相等，即 $\mu_1=\mu_2=\mu_3=\mu_4$ 成立吗？

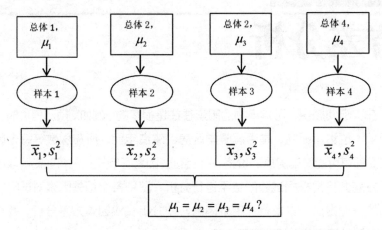

图 15-1 某企业发放年终奖时 4 个部门奖金发放情况

图 15-2 和图 15-3 分别显示当结论 $\mu_1=\mu_2=\mu_3=\mu_4$ 成立、不成立时总体数据的分布图。

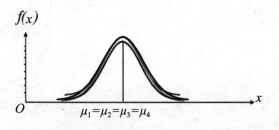

图 15-2 $\mu_1=\mu_2=\mu_3=\mu_4$ 时数据分布

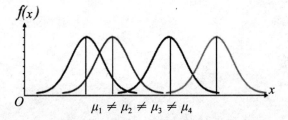

图 15-3 $\mu_1 \neq \mu_2 \neq \mu_3 \neq \mu_4$ 时数据分布

再看一个实例：为了对几个行业的服务质量进行评价，消费者协会在 4 个行业中分别抽取了不同的企业作为样本。最近一年中消费者对总共 23 家企业投诉的次数见表 15-1。

表 15-1 4 个行业的采样数据

投诉数据	行业			
观测值	零售业	旅游业	航空业	家电制造业
1	57	68	31	44
2	66	39	49	51
3	49	29	21	65
4	40	45	34	77
5	34	56	40	58
6	53	51		

续表

投诉数据	行业			
观测值	零售业	旅游业	航空业	家电制造业
7	44			

要分析 4 个行业之间的服务质量是否有显著差异,也就是要判断"行业"对"投诉次数"是否有显著影响。

4 个行业被投诉次数都服从均值为 μ_i, $i=1, 2, 3, 4$ 的总体分布,如果它们的均值都相等,就意味着"行业"对投诉次数是没有影响的,即它们之间的服务质量没有显著差异;如果均值不全相等,则意味着"行业"对投诉次数是有影响的,即它们之间的服务质量有显著差异。下面用散点图观察不同行业之间的被投诉次数。

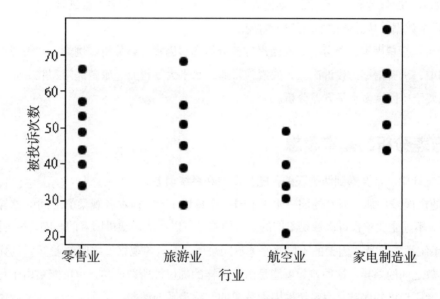

图 15-4 不同行业之间的被投诉次数

从图 15-4 中可知,不同行业被投诉的次数的均值是有明显差异的,家电制造业被投诉的次数较高,航空公司被投诉的次数较低,行业与被投诉次数之间有一定的关系。但是仅从散点图上观察,还不能提供充分的证据证明不同行业被投诉的次数之间有显著差异,这种差异也可能是抽样的随机性造成的,因此需要有更准确的方法来检验这种差异是否显著。

方差分析就是通过对试验数据进行分析,检验方差相同的多个正态总体的均值是否相等,从而判断各因素对试验指标的影响是否显著。虽然我们感兴趣的是均值是否相等,但在判断均值之间是否有差异时则需要借助于方差的判断,故称之为方差分析。如果把 4 个行业分别看成 4 个总体,并假定各总体均值为正态总体,且各总体方差相等,那么这是一个原假设 h_0:$\mu_1=\mu_2=\mu_3=\mu_4$ 的假设检验问题,即同方差的多个正态总体均值是否相等的问题,显然可以用前面所讲的 t 检验法,只要任何两个总体均值相等就可以了,但是这样做要检验 6 次,比较烦琐。下面所要讨论的方差分析法就是解决这类问题的一种通用检验方法。

15.1.1 相关概念

与方差分析相关的基本概念如下。

（1）试验指标：在试验中要考察的指标，也称为因变量。

（2）因素：影响试验指标的条件，也称为自变量。要分析行业对投诉次数是否有影响，行业就是要检验的因素。

（3）水平：因素所处的状态，即每个自变量的不同取值。

（4）总体：因素的每一个水平可以看作一个总体，例如零售业、旅游业、航空公司、家电制造业可以看作 4 个总体。

（5）如果试验仅考虑一个因素，则称为单因素试验，否则称为多因素试验。

（6）样本数据：从总体中抽取的样本数据。

方差分析包括单因素方差分析、双因素方差分析和多因素方差分析。例如，"消费者协会处理投诉"实例中，试验指标为投诉次数，因素为行业，水平为零售业、旅游部门、航空业、家电制造业。该问题属于单因素多水平方差分析。

15.1.2 方差分析的基本思想

在数理统计中经常会遇到两类误差：随机误差和系统误差。

（1）随机误差：某一因素的同一水平（同一个总体）下，样本各观察值之间的差异。例如，同一行业下，不同企业被投诉次数是不同的。这种差异可以看成是随机因素的影响，称为随机误差。

（2）系统误差：某一因素的不同水平（不同总体）下，各观察值之间的差异。例如，不同行业被投诉次数之间的差异。这种差异可能是由于抽样的随机性所造成的，也可能是由于行业本身所造成的，后者所形成的误差是由系统性因素造成的，称为系统误差。

方差分析的基本思想：比较样本数据的两类误差（随机误差和系统误差），以检验总体的均值是否相等。比较的基础是样本数据的方差比。如果样本的系统误差显著地不同于随机误差，则总体分布的均值就是不相等的，反之均值就是相等的。

15.2 方差的比较

针对样本数据方差的比较包括组内方差和组间方差。

（1）组内方差：某一因素的同一水平（同一个总体）下样本数据的方差，例如，零售业被投诉次数的方差。组内方差只包含随机误差。

（2）组间方差：某一因素的不同水平（不同总体）下各样本之间的方差，例如，4 个行业被投诉次数之间的方差。组间方差既包括随机误差，也包括系统误差。

如果不同行业对投诉次数没有影响，则组间误差中只包含随机误差，没有系统误差，这时组间误差与组内误差经过平均后的数值很接近，它们的比值会接近1。

如果不同行业对投诉次数有影响，在组间误差中除包含随机误差以外，还会包含有系统误差，这时组间误差平均后的数值就会大于组内误差平均后的数值，它们之间的比值就会大于1。当比值大到某种程度时，我们就认为不同水平之间存在显著差异，即自变量对因变量有影响。

判断行业对投诉次数是否有显著影响，实际上也就是检验被投诉次数的差异主要是什么原因所引起的。如果这种差异主要是系统误差，说明不同行业对投诉次数有显著影响，也就是说不同行业总体的均值是不一样的。

15.3 方差分析

方差分析通过某因素的不同水平的组内和组间方差比，得到了两类误差比，如果比值接近1，则认为该因素对试验结果没有影响，样本数据的差别来自组内的随机误差；反之，当比值大到某种程度时，则认为不同水平的总体分布均值是不相等的，该因素对试验结果有影响。

> 提示
>
> 使用方差分析需要满足一定的前提条件，主要包括以下条件。
> （1）各水平下的总体都服从正态分布，例如，每个行业被投诉的次数必须服从正态分布。
> （2）各水平下的总体方差可以不知道，但要求彼此相等，即方差齐性，例如，4个行业被投诉次数的方差都相等。
> （3）每个试验数据的取得是相互独立的，例如，每个行业被投诉的次数与其他行业被投诉的次数相互独立。

15.3.1 单因素方差分析

设影响因素 A 有 k 个水平 $A_1, A_2, \cdots, A_k$，在水平 $A_i, i=1,\cdots,k$ 下进行 n_i 次独立试验，得到样本 $X_{i1}, X_{i2}, \cdots, X_{ini}$ 如表 15-2 所示。

表 15-2 单因素多水平样本

观察值 (j)	因素 $(A)_i$			
	水平 A_1	水平 A_2	$\cdots$	水平 A_k
样本	X_{11}	X_{21}	$\cdots$	X_{k1}
	X_{12}	X_{22}	$\cdots$	X_{k2}
	$\vdots$	$\vdots$	$\vdots$	$\vdots$
	$X_{1n,1}$	$X_{2n,2}$	$\cdots$	$X_{kn,k}$

1. 与方差分析相关的统计量包括

（1）水平（总体）的均值 $\bar{X}_i$

假设从第 i 个总体中抽取一个容量为 n_i 的简单随机样本，第 i 个总体样本均值公式如下。

$$\bar{X}_i = \frac{1}{n_i}\sum_{j=1}^{n_i} X_{ij}, i = 1,\cdots,k$$

式中：n_i 为第 i 个总体的样本观察值个数，X_{ij} 为第 i 个总体的第 j 个观察值。

（2）全部观察值的总均值 $\bar{\bar{X}}$

全部观察值 X_{ij} 的总和除以观察值的总个数。

$$\bar{\bar{X}} = \frac{1}{n}\sum_{i=1}^{k}\sum_{j=1}^{n_i} X_{ij} = \frac{1}{n}\sum_{i=1}^{k} n_i \bar{X}_i, \text{ 其中 } n=n_1+n_2+\cdots+n_k$$

"行业的服务质量评价"实例中各项均值计算结果如表 15-3。

表 15-3 实例"行业的服务质量评价"的各项均值

观察值	行业			
	零售业	旅游业	航空公司	家电制造业
1	57	68	31	44
2	66	39	49	51
3	49	29	21	65
4	40	45	34	77
5	34	56	40	58
6	53	51		
7	44			
样本均值	49	48	35	59
样本容量 (n)	7	6	5	5
总均值	$\bar{\bar{X}} = \dfrac{57+66+\cdots+77+58}{23} = 47.869565$			

（3）总离差平方和（SST）

样本全部观察值 X_{ij} 与总平均值 $\bar{\bar{X}}$ 的离差平方和，反映全部观察值的离散状况。

$$SST = \sum_{i=1}^{k}\sum_{j=1}^{n_i}\left(X_{ij} \sim \bar{\bar{X}}\right)^2$$

SST 能反映全部试验数据 X_{ij} 之间的总的波动，因此称为总偏差平方和。

（4）水平项平方和（SSA）

各个水平 A_i 下样本均值 $\bar{X}_i$ 与样本总平均 $\bar{\bar{X}}$ 的偏差平方和，它在一定程度上反映了各总体均值 μ_j 之间的差异引起的波动，又称组间平方和，该平方和既包括随机误差，也包括系统误差。

$$SSA = \sum_{i=1}^{k}\sum_{j=1}^{n_i}\left(\bar{X}_i - \bar{\bar{X}}\right)^2 = \sum_{i=1}^{k} n_i\left(\bar{X}_i - \bar{\bar{X}}\right)^2$$

（5）误差项平方和（SSE）

在各个总体 A_i 下，样本数据 X_{ij} 与其总体均值 $\bar{X}_i$ 的偏差平方和反映了抽样的随机性引起的样

本数据 X_{ij} 的波动，又称组内平方和，该平方和反映的是随机误差的大小。

$$SSE = \sum_{i=1}^{k} \sum_{j=1}^{n_i} \left(X_{ij} - \bar{X}_i \right)^2$$

（6）总离差平方和的分解

总离差平方和 SST 包括误差项平方和 SSE（随机误差引起）与水平项平方和 SSA（随机误差和各水平差异引起的系统误差），证明如下。

$$\begin{aligned}
SST &= \sum_{i=1}^{k} \sum_{j=1}^{n_i} \left[\left(X_{ij} - \bar{X}_i \right) + \left(\bar{X}_i - \bar{\bar{X}} \right) \right]^2 \\
&= \sum_{i=1}^{k} \sum_{j=1}^{n_i} \left(X_{ij} - \bar{X}_i \right)^2 + 2 \sum_{i=1}^{k} \sum_{j=1}^{n_i} \left(X_{ij} - \bar{X}_i \right) \left(\bar{X}_i - \bar{\bar{X}} \right) + \sum_{i=1}^{k} n_i \left(\bar{X}_i - \bar{\bar{X}} \right)^2 \\
&= \sum_{i=1}^{k} \sum_{j=1}^{n_i} \left(X_{ij} - \bar{X}_i \right)^2 + \sum_{i=1}^{k} n_i \left(\bar{X}_i - \bar{\bar{X}} \right)^2 \\
&= SSE + SSA
\end{aligned}$$

可得平方和分解式：$SST = SSE + SSA$。

其中总离差平方和（SST）反映全部数据总的误差程度，组内平方和（SSE）反映随机误差的大小，组间平方和（SSA）反映随机误差和系统误差的大小。

（7）各自由度

总偏差平方和（SST）的自由度为 $n-1$，其中 n 为全部观察值的个数；误差项离差平方和（SSE）的自由度为 $k-1$，其中 k 为因素水平（总体）的个数；水平项离差平方和（SSA）的自由度为 $n-k$。

（8）各误差的均方差 MSA 和 MSE

各误差平方和的大小与样本观察值的个数有关，我们只需要求出平均值，称之为均方差。组间方差 SSA 的均方差记为 MSA，组内方差 SSE 的均方差记为 MSE，计算方法是用误差平方和除以相应的自由度。

2. 设计检验统计量

首先设原假设 H_0：该因素的各水平对其观察值没有影响，即 $\mu_1 = \mu_2 = \cdots = \mu_k$。

如果原假设成立，则表明没有系统误差，组间均方差 MSA 和组内均方差 MSE 的差异就不会太大；如果组间均方显著地大于组内均方差，说明各水平（总体）之间的差异不仅有随机误差，还有系统误差，所以拒绝原假设 H_0。判断该因素的各水平是否对其观察值有影响，实际上就是比较组间方差与组内方差之间差异的大小。

综上所述，为了检验 H_0：$\mu_1 = \mu_2 = \cdots = \mu_k$，需要将均方差 MSA 和 MSE 进行对比，因此得到所需要的检验统计量：

$$F = \frac{SSA/(k-1)}{SSE/(n-k)} = \frac{MSA}{MSE} F(k-1, n-k)$$

"行业的服务质量评价"中统计量 F 值的计算结果如下。

$$F = \frac{485.536232}{142.526316} = 3.406643$$

直观上看，当 H_0 成立时，由该因素各不同水平引起的误差相对于随机误差而言可以忽略不计，即 F 的值应较小；反之，若 F 值较大，认为 H_0 不成立。

在显著性水平 α 下，由 $P\{F \geq F_\alpha(k-1, n-k)\} = \alpha$ 得到 H_0 的拒绝域：$F \geq F_\alpha(k-1, n-k)$，图 15-5 中显示了 F 分布的拒绝域。

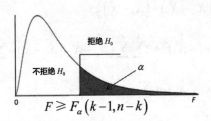

图 15-5 F 分布的拒绝域

根据给定的显著性水平 α，在 F 分布表中查找与第一自由度 $df1 = k-1$、第二自由度 $df2 = n-k$ 相应的临界值 F_α。若 $F > F_\alpha$，则拒绝原假设 H_0，表明均值之间的差异是显著的，所检验的因素对观察值有显著影响；若 $F < F_\alpha$，则不拒绝原假设 H_0，不能认为所检验的因素对观察值有显著影响。

上述分析的结果可排成表格的形式（见表 15-4），称为单因素试验方差分析表。

表 15-4 单因素试验方差分析表

方差来源	误差平方和	自由度	均方差	F 值
组间	SSA	$k-1$	MSA	$\dfrac{MSA}{MSE}$
组内	SSE	$n-k$	MSE	
总和	$SST = SSE + SSA$	$n-1$		

【例 15.1】某消防队要考察 4 种不同型号冒烟报警器的反应时间（单位：秒），每种型号的报警器各准备 5 个，安装在同一条烟道中，当烟量均匀时观测报警器的反应时间，数据见表 15-5。

表 15-5 不同型号报警器的反应时间（单位：秒）

报警器型号	反应时间				
A_1（甲型）	5.2	6.3	4.9	3.2	6.8
A_2（乙型）	7.4	8.1	5.9	6.5	4.9
A_3（丙型）	3.9	6.4	7.9	9.2	4.1
A_4（丁型）	12.3	9.4	7.8	10.8	8.5

这里试验指标是报警器的反应时间，报警器为因素。4 种不同型号的报警器是该因素的 4 个不同水平。这是一个单因素试验，考察各种型号的报警器的反应时间有无显著性差异。

解： 表 15-5 中的数据可看作来自 4 个不同总体（每个水平对应一个总体）的样本值（各个总体均值依次记为 μ_i，$i = 1, 2, 3, 4$）的总体分布，提出假设。

原假设 H_0：$\mu_1 = \mu_2 = \mu_3 = \mu_4$，备择假设 H_1：μ_1，μ_2，μ_3，μ_4 不全相等。

表 15-6 单因素方差分析表（报警器反应时间）

表 15-6 单因素方差分析表（报警器反应时间）

来源	平方和	自由度	均方和	F 值
因素 A（组间）	56.29	3	18.76	$F=6.15$
随机误差（组内）	48.77	16	3.05	

给定显著性水平 $\alpha=0.05$，查 F 分布表得：$F_{0.05}(3,16)=3.24$，因此 $F>F_{0.05}(3,16)$，从而在显著性水平 $\alpha=0.05$ 下检验结果拒绝 H_0。由此可知，4 种型号的报警器的反应时间确有显著性差异。

15.3.2 方差分析中的多重比较

单因素方差分析能帮助我们判断因素 A 是否对观测变量产生了显著影响，但我们还想进一步了解因素 A 的各个总体对观测变量的具体影响效果。多重比较检验就是通过对各个总体观测变量均值的逐对比较，来进一步检验到底哪些均值之间存在差异，并找出最优水平。

多重比较检验通常采用 Fisher 提出的最小显著差异方法（Least Significant Difference, LSD）。LSD 方法是通过检验两个总体均值是否相等的 t 检验方法。多重比较检验基本步骤如下。

（1）对 k 组总体中的两组均值进行比较，提出原假设 H_0：$\mu_i=\mu_j, i,j=1,2,\cdots,r, i\neq j$。

（2）设计检验统计量。因为样本均值 $\bar{X}_i, \bar{X}_j$ 分别是 μ_i，μ_j 的最小方差无偏估计，两组样本容量分别为 n_i，n_j 时，$\bar{X}_i-\bar{X}_j N\left[\mu_i-\mu_j,\left(\dfrac{1}{n_i}+\dfrac{1}{n_j}\right)\sigma^2\right]$。又可以证明 $\bar{X}_i-\bar{X}_j$ 与 MSE 相互独立，故检验统计量为

$$T=\frac{\bar{X}_i-\bar{X}_j}{\sqrt{MSE\left(\dfrac{1}{n_i}+\dfrac{1}{n_j}\right)}} t(n-k)$$

如果原假设 H_0：$\mu_i=\mu_j, i,j=1,2,\cdots,r, i\neq j$ 成立，检验统计量 T 应较小，因此拒绝域为 $\left|\bar{X}_i-\bar{X}_j\right|>t_{\alpha/2}\sqrt{MSE\left(\dfrac{1}{n_i}+\dfrac{1}{n_j}\right)}$。如果满足拒绝域条件，则认为 μ_i 与 μ_j 有显著性差异，否则认为它们之间没有显著性差异。

【例 15.2】色彩的选择对于品牌形象的建立有着不容小觑的作用，表 15-7 中列出同一商品不同颜色的销售额情况，试问商品颜色不同是否会带来销售额的差别？

表 15-7 不同颜色商品销售情况表

样本	无色	粉色	橘黄色	绿色
1	26.5	31.2	27.9	30.8
2	28.7	28.3	25.1	29.6
3	25.1	30.8	28.5	32.4
4	29.1	27.9	24.2	31.7
5	27.2	29.6	26.5	32.8
均值	27.32	29.56	26.44	31.46

解: 这是一个单因子 4 水平方差分析问题, 由样本数据计算得到:

$\overline{X}_1 = 27.32$, $\overline{X}_2 = 29.56$, $\overline{X}_3 = 26.44$, $\overline{X}_4 = 31.46$,

$n_i = 5$, $i = 1,2,3,4,5$, $k = 4$, $MSE = 2.44275$。

表 15-8 方差分析表 (销售情况表)

差异源	SSE	df	MSE	F	p-value	F crit
组间	76.8455	3	25.61517	10.4862	0.000466	3.238872
组内	39.084	16	2.44275			
总计	115.9295	19				

令显著性水平 $\alpha = 0.05$, $t_{\alpha/2}(16) = 2.12$, $n_i = n_j = 5$, $i,j = 1,2,3,4,5$,

$$t_{\alpha/2}\sqrt{MSE\left(\frac{1}{n_i} + \frac{1}{n_j}\right)} = 2.12\sqrt{2.4428\left(\frac{2}{5}\right)} = 2.096 。$$

下面比较 $\left|\overline{X}_i - \overline{X}_j\right|$ 是否大于 2.096:

$$\left|\overline{X}_1 - \overline{X}_2\right| > |27.3 - 29.5| = 2.2 > 2.096$$

$$\left|\overline{X}_1 - \overline{X}_3\right| > |27.3 - 26.4| = 0.9 < 2.096$$

$$\left|\overline{X}_1 - \overline{X}_4\right| > |27.3 - 31.4| = 4.1 > 2.096$$

$$\left|\overline{X}_2 - \overline{X}_3\right| > |29.5 - 26.4| = 3.1 > 2.096$$

$$\left|\overline{X}_2 - \overline{X}_4\right| > |29.5 - 31.4| = 1.9 < 2.096$$

$$\left|\overline{X}_3 - \overline{X}_4\right| > |26.4 - 31.4| = 5 > 2.096$$

依据上面结果可得出相应的影响效果, 如 $\left|\overline{X}_1 - \overline{X}_2\right| > 2.096$, 说明 X_1 和 X_2 有显著性差异, 也就是说无色和粉色对产品销售的影响有显著性差异; $\left|\overline{X}_2 - \overline{X}_4\right| < 2.096$, 说明 X_2 和 X_4 没有显著性差异, 也就是说粉色和绿色对产品销售的影响没有显著性差异。

15.3.3 多因素方差分析

当有两个或者两个以上的因素对因变量产生影响时, 可以用多因素方差分析的方法来进行推断。多因素方差分析原理与单因素方差分析基本一致, 都是通过假设检验的过程来判断多个因素是否对因变量产生显著性影响。

在多因素方差分析中, 不仅要考虑每个因素的主效应, 往往还要考虑因素之间的交互效应。因此把各个因素对观测变量的单独影响称为主效应 (main effect), 因素之间共同对因变量产生的影响, 或者各个因素不同水平的搭配所产生的新的影响称为交互效应 (interaction effect)。简单起见, 这里只讨论双因素方差分析。

双因素方差分析中, 如果因素 A 和因素 B 对结果的影响相互独立, 则称为无交互效应的双因素方差分析; 如果除了 A 和 B 对结果的单独影响外还存在交互效应, 这时的双因素方差分析称为有交互效应的双因素方差分析。在一个特定问题中, 交互作用是否需要考虑, 在很大程度上取决于问题的实际背景和经验，如果方差分析估计结果明显反常，则有可能是因素 A 和因素 B 交互作用所致。

假设在试验中影响试验指标的因素有两个，分别记为因素 A 和因素 B，因素 A 取 r 个不同水平 $A_1, A_2, \cdots, A_r$，因素 B 取 s 个不同水平 $B_1, B_2, \cdots, B_s$，这样共有 $r \times s$ 个不同的水平组合 (A_i, B_j)，$i = 1, 2, \cdots, r; j = 1, 2, \cdots s$，现在要考察因素 A 和 B 是否对试验指标值产生显著性影响。

1. 建立两种类型的双因素方差分析模型

（1）无交互效应的双因素方差分析

在每一个水平组合 (A_i, B_j) 下只进行一次试验，得到试验结果为 $X_{ij}, i = 1, 2, \cdots, r; j = 1, 2, \cdots, s$，$X_{ij}$ 是一个随机变量，在 (A_i, B_j) 水平组合下 D 实验结果 X_{ij} 独立服从 $N\left(\mu_{ij}, \sigma^2\right)$，所得结果如下。

表 15-9 无交互效应的双因素试验样本

无交互效应的双因素试验样本	B_1	B_2	$\cdots$	B_r	$\bar{X}_i$
A_1	X_{11}	X_{12}	$\cdots$	X_{1r}	$\bar{X}_1$
A_2	X_{21}	X_{22}	$\cdots$	X_{2r}	$\bar{X}_2$
$\vdots$	$\vdots$	$\vdots$	$\vdots$	$\vdots$	$\vdots$
A_s	X_{s1}	X_{s2}	$\cdots$	X_{sr}	$\bar{X}_s$
$\bar{X}_j$	$\bar{X}_1$	$\bar{X}_2$	$\cdots$	$\bar{X}_s$	

其中：$\bar{X}_i = \dfrac{1}{r}\sum_{j=1}^{r} X_{ij}, i = 1, 2, \cdots, s$，$\bar{X}_j = \dfrac{1}{s}\sum_{i=1}^{s} X_{ij}, j = 1, 2, \cdots, r$。

（2）有交互效应的双因素方差分析。

如果因素 A 和因素 B 之间存在交互效应，那么对每一个水平组合 (A_i, B_j) 只进行一次试验，则随机误差和交互作用混杂在一起不能分开，无法对交互效应进行显著性判断。因此对每一个水平组合 (A_i, B_j) 下都作 m（$m \geq 2$）次试验，得到试验结果为 $X_{ijk}, i = 1, 2, \cdots, r; j = 1, 2, \cdots, s, k = 1, 2, \cdots, m$，$X_{ijk}$ 是一个随机变量，服从 $N\left(\mu_{ijk}, \sigma^2\right)$，所得结果如下。

表 15-10 有交互效应的双因素试验样本

有交互效应的双因素试验样本	B_1	$\cdots$	B_r	$\bar{X}_i$
A_1	$X_{111}, X_{112},$ $\cdots, X_{11m}$	$\cdots$	$X_{1r1}, X_{1r2},$ $\cdots, X_{1rm}$	$\bar{X}_1$
A_2	$X_{211}, X_{212},$ $\cdots, X_{21m}$	$\cdots$	$X_{2r1}, X_{2r2},$ $\cdots, X_{2rm}$	$\bar{X}_2$
$\vdots$	$\vdots$	$\vdots$	$\vdots$	$\vdots$
A_s	$X_{s11}, X_{s12},$ $\cdots, X_{s1m}$		$X_{sr1}, X_{sr2},$ $\cdots, X_{srm}$	$\bar{X}_s$

有交互效应的双因素试验样本	B_1	...	B_r	$\bar{X}_i$
$\bar{X}_j$	$\bar{X}_1$	...	$\bar{X}_s$	

其中：$\bar{X}_i = \dfrac{1}{rm}\sum\limits_{j=1}^{r}\sum\limits_{k=1}^{m}X_{ijk}, i=1,2,\cdots,s$, $\bar{X}_j = \dfrac{1}{sm}\sum\limits_{i=1}^{s}\sum\limits_{k=1}^{m}X_{ijk}, j=1,2,\cdots,r$。

2. 双因素方差分析的具体步骤

（1）提出原假设和备择假设。

① 要检验因素 A 有无显著影响，提出如下假设。

H_0：因素 A 不同水平下观测变量的总体均值无显著差异。

H_1：因素 A 不同水平下观测变量的总体均值存在显著差异。

② 要检验因素 B 有无显著影响，提出如下假设。

H_0：因素 B 不同水平下观测变量的总体均值无显著差异。

H_1：因素 B 不同水平下观测变量的总体均值存在显著差异。

③ 在有交互效应的双因素方差中，要说明两个因素的交互效应是否显著，还要提出如下假设。

H_0：因素 A 和因素 B 的交互效应对观测变量的总体均值无显著差异。

H_1：因素 A 和因素 B 的交互效应对观测变量的总体均值存在显著差异。

（2）采用类似于单因素方差分析的方法，对双因素离差平方和进行分解，得到总离差平方和分解。

① 无交互效应的双因素离差平方和分解：$SST=SSA+SSB+SSE$。

② 有交互效应的双因素离差平方和分解：$SST=SSA+SSB+SSAB+SSE$。

其中：SST 是总离差平方和，SSA 和 SSB 分别为因素 A 和因素 B 的效应平方和，分别反映了因素 A 和 B 的不同水平所引起的随机误差和系统误差；SSE 误差平方和是由随机因素所引起的随机误差；$SSAB$ 是因素 A 和因素 B 的交互效应平方和。

将上述分析的结果汇总成表格（表 15-11）的形式，称为双因素试验方差分析表。

表 15-11 双因素试验方差分析表

方差来源	误差平方和	自由度	均方差 MS	F 值
因素 A	SSA	$s-1$	$MSA=SSA/(s-1)$	$F_A = \dfrac{MSA}{MSE}$
因素 B	SSB	$r-1$	$MSB=SSB/(r-1)$	$F_B = \dfrac{MSB}{MSE}$
因素 AB 交互作用	$SSAB$	$(r-1)(s-1)$	$MSAB=SSAB/(r-1)(s-1)$	$F_{AB} = \dfrac{MSAB}{MSE}$
误差	SSE	$rs(m-1)$	$MSE=SSE/rs(m-1)$	
总和	SST	$rsm-1$		

（3）构造统计量。在原假设成立的情况下，3 个统计量 F_A, F_B, F_{AB} 分别服从如下分布。

$$F_A = \frac{MSA}{MSE}F\left[s-1, rs(m-1)\right]$$

$$F_B = \frac{MSB}{MSE} F\left[r-1, rs(m-1)\right]$$

$$F_{AB} = \frac{MSAB}{MSE} F\left[(r-1)(s-1), rs(m-1)\right]$$

根据样本数据分别计算 3 个统计量的 F 值，在显著性水平 α 下，若 $F > F_\alpha$，则拒绝原假设 H_0，得出此因素不同水平对观测变量存在显著影响的结论；若 $F < F_\alpha$，则不拒绝原假设 H_0，不能认为所检验的因素对观察值有显著影响。

【例 15.3】有 4 个品牌的彩电在 5 个地区销售，为分析品牌和地区对销售量是否有影响，每个品牌在各个地区的销售量数据如下，试分析品牌和地区对销售量是否有显著影响（α=0.05）？

表 15-12 不同品牌彩电的区域销售表

品牌销售表	销售地区（因素 B)				
（因素 A)	B_1	B_2	B_3	B_4	B_5
A_1	365	350	343	340	323
A_2	345	368	363	330	333
A_3	358	323	353	343	308
A_4	288	280	298	260	298

解：这是一个双因素无交互作用的方差分析，r=5，s=4。

（1）依题意提出假设。

（2）对行因素 A 提出的假设如下。

原假设：H_0: $\mu_1=\mu_2=\mu_3=\mu_4$（μ_i 是 A_i 的均值）。

备择假设：H_1: μ_1, μ_2, μ_3, μ_4 不全相等。

（3）对列因素 B 提出的假设如下。

原假设：H_0: $\mu_1=\mu_2=\mu_3=\mu_4=\mu_5$（$\mu_i$ 是 B_i 的均值）。

备择假设：H_1: μ_1, μ_2, μ_3, μ_4, μ_5 不全相等。

（4）计算 SST、SSA、SSB 和 SSE 值，手工计算过程复杂，可利用 Excel 进行计算。

表 15-13 不同品牌和地区的求和值、平均值及方差值

因素	观测数	求和	平均	方差
品牌 A_1	5	1721	344.2	233.7
品牌 A_2	5	1739	347.8	295.7
品牌 A_3	5	1685	337	442.5
品牌 A_4	5	1424	284.8	249.2
地区 B_1	4	1356	339	1224.667
地区 B_2	4	1321	330.25	1464.25
地区 B_3	4	1357	339.25	822.9167
地区 B_4	4	1273	318.25	1538.917
地区 B_5	4	1262	315.5	241.6667

$$SST = 365^2 + 350^2 + \cdots + 298^2 - \frac{6569^2}{20} = 17888.95$$

$$SSA = \frac{1}{5}\left(1721^2 + 1739^2 + \cdots + 1424^2\right) - \frac{6569^2}{20} = 13004.55$$

$$SSB = \frac{1}{4}\left(1356^2 + 1321^2 + \cdots + 1262^2\right) - \frac{6569^2}{20} = 2011.7$$

$$SSE = SST - SSA - SSB = 17888.95 - 13004.55 - 2011.7 = 2872.7$$

因此得到的方差分析表如表 15-14。

表 15-14 双因素方差分析表（彩电销售）

差异源	平方和	自由度	均方	F 值
品牌	13004.55	3	4334.85	18.10777
地区	2011.7	4	502.925	2.100846
误差	2872.7	12	239.3917	
总和	17888.95	19		

（5）由于 $F_A = 18.108 > F_{0.95}(3,12) = 3.49$，因此拒绝原假设 H_0，说明彩电的品牌对销售量有显著影响。

（6）由于 $F_B = 2.101 < F_{0.95}(4,12) = 3.26$，接受原假设 H_0，说明销售地区对彩电的销售量没有显著影响。

15.4 综合实例——连锁餐饮用户评级分析

下面利用 Python 工具包对实例进行具体的方差分析。

15.4.1 单因素方差分析实例

某连锁餐饮在 3 个城市用户评分资料如表 15-15 所示。已知各城市用户评分的分布近似于正态等方差，试以 95% 的可靠性判断城市对用户评分是否有显著影响？

表 15-15 某连锁餐饮用户评分表

城市	用户评分								
A	10	9	9	8	8	7	7	8	8	9
B	10	8	9	8	7	7	7	8	9	9
C	9	9	8	8	8	7	6	9	8	9

这里试验指标是用户评分，城市是因素，3 个不同城市表示因素的 3 个不同水平，这是一个单因素试验。我们要考察城市对用户评分是否有显著性差异。

（1）提出假设。

H_0：城市对用户评分没有影响，即 $\mu_1 = \mu_2 = \mu_3$（μ_i 是城市用户评分的均值）。

H_1：城市对用户评分有影响，即 μ_1，μ_2，μ_3 不全相等。

（2）下面分别利用 Python 中的 f_oneway() 函数、statsmodel 库函数和手动计算各误差的方法进行单因素方差分析。

① 第 1 种方法中用到了 scipy.stats.f_oneway() 方法，检验多个分布均值是否相等，在使用 f_oneway 函数之前需要先检验方差齐性，这里使用了 levene 方差齐性检验。

【代码如下】

```
# 3 个城市不同用户评分
from scipy.stats import f_oneway
import scipy.stats as stats
import numpy as np
import pandas as pd
from statsmodels.formula.api import ols
from statsmodels.stats.anova import anova_lm
cityA = [10,9,9,8,8,7,7,8,8,9]
cityB = [10,8,9,8,7,7,7,8,9,9]
cityC = [9,9,8,8,8,7,6,9,8,9]
# 首先检查方差是否相等
(W,p) = stats.levene(cityA,cityB,cityC)
if p<0.05:
    print(('Warning: the p-value of the Levene test is <0.05: p={0}'.format(p)))
#第 1 种方法：SciPy 中的 f_oneway() 函数
F_statistic, pVal = stats.f_oneway(cityA,cityB,cityC)
print('单因素方差分析结果（f_oneway）: F = {0}, and p={1}'.format(F_statistic,
 pVal))
if pVal < 0.05:
    print('One of the groups is significantly different.')
```

【运行结果】

单因素方差分析结果（f_oneway）: F = 0.10150375939849626, and p=0.9038208903685354

② 第 2 种方法要首先将 3 个城市中的数据合并，变量 s 为动态变量，其使用方法详见本章的"高手点拨"。利用 statsmodels 库函数中包含的 anova_lm 模型，使用线性 OLSModel 进行方差分析。

【代码如下】

```
#第 2 种方法：statsmodel 库函数
#将数据存入 dataframe 中
df= pd.DataFrame()
names = locals()
for city in ['A','B','C']:
    s=names['city%c'%city]
    df_temp=pd.DataFrame({'city':city[-1], 'S':s})
df=df.append(df_temp,ignore_index=True)
# 使用线性 OLSModel 进行方差分析
model = ols('S ~ city', df).fit()
anovaResults = anova_lm(model)
print('单因素方差分析结果（anova_lm）:')
print(anovaResults)
```

【运行结果】

单因素方差分析结果（anova_lm）:

	df	sum_sq	mean_sq	F	PR(>F)
city	2.0	0.2	0.100000	0.101504	0.903821
Residual	27.0	26.6	0.985185	NaN	NaN

③ 手动计算各误差值，实现单因素方差分析。

【代码如下】

```
from scipy.stats import f_oneway
import scipy.stats as stats
import numpy as np
import pandas as pd
cityA = [10,9,9,8,8,7,7,8,8,9]
cityB = [10,8,9,8,7,7,7,8,9,9]
cityC = [9,9,8,8,8,7,6,9,8,9]
df= pd.DataFrame()
names = locals()
for city in ['A','B','C']:
    s=names['city%c'%city]
    df_temp=pd.DataFrame({'city':city[-1], 'S':s})
    df=df.append(df_temp,ignore_index=True)
groups = df.groupby('city')
# The "total sum-square" is the squared deviation from the mean
ss_total = np.sum((df['S']-df['S'].mean())**2)
# 计算 SSE 和 SSA
(ss_treatments, ss_error) = (0, 0)
for val, group in groups:
    ss_error += sum((group['S'] - group['S'].mean())**2)
    ss_treatments += len(group) * (group['S'].mean() - df['S'].mean())**2
df_groups = len(groups)-1
df_residuals = len(df)-len(groups)
F = (ss_treatments/df_groups) / (ss_error/df_residuals)
df = stats.f(df_groups,df_residuals)
p = df.sf(F)
print((' 单因素方差分析结果（手动计算）: F = {0}, and p={1}'.format(F, p)))
```

【运行结果】

单因素方差分析结果（手动计算）: F = 0.1015037593984973, and p=0.9038208903685354

【结果说明】

3 种方法得到的 F 值和 P 值相同。因为 $F < F_{0.05}(2,27) = 3.35$ 或 $P > 0.05$，所以原假设成立，不能认为所检验的因素对观察值有显著影响，即城市对用户评分没有影响。

15.4.2 多因素方差分析实例

收集在环境等级（environmental）和食材等级（ingredients）两个因素影响下的某连锁餐饮店

的用户评价数据，具体内容见表 15-16。

表 15-16 某连锁餐饮店用户评价表

某连锁餐饮店用户评价	1	2	3	4	5
1	1	2	3	3	3
2	2	2	2	3	4
3	2	3	3	4	4
4	2	3	4	4	5
5	2	3	4	5	5

解： 直观上，我们会认为餐饮的环境和食材优劣对用户评分有较大的影响，但从理论分析会得到怎样的结果？下面利用双因素方差分析对样本数据进行分析推断。

（1）依题意，提出如下假设。

① 对食材因素进行假设检验：

H_0：食材对用户评分没有影响，H_1：食材对用户评分有影响

② 对环境因素进行假设检验：

H_0：环境对用户评分没有影响，H_1：环境对用户评分有影响

（2）将数据存储到 dataframe 中，并显示相应信息。

【代码如下】

```
# 影响餐饮的 2 个因素：环境等级，食材等级
from scipy import stats
import pandas as pd
import numpy as np
from statsmodels.formula.api import ols
from statsmodels.stats.anova import anova_lm
environmental = [5,5,5,5,5,4,4,4,4,4,3,3,3,3,3,2,2,2,2,2,1,1,1,1,1]
ingredients   = [5,4,3,2,1,5,4,3,2,1,5,4,3,2,1,5,4,3,2,1,5,4,3,2,1]
score         = [5,5,4,3,2,5,4,4,3,2,4,4,3,3,2,4,3,2,2,2,3,3,3,2,1]
data = {'E':environmental, 'I':ingredients, 'S':score}
df = pd.DataFrame(data)
print(df)
```

【运行结果】

部分内容如图 15-6 所示：E 表示环境，I 表示食材，S 表示分数。

```
   E  I  S
0  5  5  5
1  5  4  5
2  5  3  4
3  5  2  3
4  5  1  2
5  4  5  5
6  4  4  4
```

图 15-6 某连锁餐饮店用户评分

（3）利用 statsmodels 中的 anova_lm 模块进行多因素方差分析。

【代码如下】

```
#符号意义：
#（~）隔离因变量和自变量（左边因变量，右边自变量）
#（+）分隔各个自变量
formula = 'S~E+I'
results = anova_lm(ols(formula,df).fit() )
print (results)
```

【运行结果】

	df	sum_sq	mean_sq	F	PR(>F)
E	1.0	7.22	7.220000	46.444444	7.580723e−07
I	1.0	18.00	18.000000	115.789474	3.129417e−10
Residual	22.0	3.42	0.155455	NaN	NaN

【结果说明】

两种因素的 F 值大，而 P 值很小，且 P 值远小于 0.05，说明环境和食材两个因素对用户评分影响较大。

15.5 高手点拨

1. Python 动态变量名的定义与调用

对于一些重复性的变量，如：var0, var1, var2, ..., varN，可以利用如下方法动态调用变量。

（1）使用 exec() 函数动态赋值

exec() 函数在 Python 3 中是内置函数，它支持 Python 代码的动态执行。

【代码如下】

```
for i in range(5):
    exec('var{} = {}'.format(i, i))
print(var0, var1, var2, var3 ,var4)
```

【运行结果】

```
0 1 2 3 4
```

（2）利用命名空间动态赋值

在 Python 的命名空间中，将变量名与值存储在字典中，可以通过 locals() 函数和 globals() 函数分别获取局部命名空间和全局命名空间。

【代码如下】

```
names = locals()
for i in range(5):
    names['n' + str(i) ] = i
```

```
print(n0, n1, n2, n3, n4)
```

【运行结果】

```
0 1 2 3 4
```

（3）在类中使用动态变量

Python 的类对象的属性储存在的 __dict__ 中。__dict__ 是一个词典，键为属性名，值对应属性的值。

【代码如下】

```
class Test_class(object):
    def __init__(self):
        names = self.__dict__
        for i in range(5):
            names['n' + str(i)] = i
t = Test_class()
print(t.n0, t.n1, t.n2, t.n3, t.n4)
```

【运行结果】

```
0 1 2 3 4
```

2. 差异研究的几种方法

差异研究的目的在于比较两组数据或多组数据之间的差异，无论是科学研究还是统计调查，显著性检验作为判断两组或多组数据集之间是否存在差异的方法，一直被广泛应用于各个科研应用领域。

所有要研究的数据类型都可以分为两类，即定量和定类，二者的区别在于数字大小是否具有比较意义。定量是指数字有比较意义，例如数字越大代表满意度越高，量表为典型定量数据；定类是指数字无比较意义，例如性别，1 代表男，2 代表女。针对不同的数据类型，研究者需要使用不同的方法和统计量来实现具体的差异性研究问题。

差异研究方法通常包括 t 检验、方差 x^2 和卡方检验。三者的核心区别在于数据类型不一样。卡方检验用于分析定类数据与定类数据之间的关系情况，例如研究不同学历的样本人群的网购平台偏好是否有差异；方差分析（单因素方差分析）则是用于分析定类数据与定量数据之间的关系情况，例如研究不同学历人群的工资收入水平是否有显著差异，方差分析可用于多组数据，例如本科以下、本科、本科以上这 3 组的差异；t 检验仅可对比两组数据的差异，如果数据为 3 组或更多，则使用方差分析。

表 15-17 x^2 检验、方差分析和 t 检验的区别

分析方法	数据类型	举例说明
χ^2 检验	X（定类），Y（定类）	不同性别 X 人群是否抽烟的差异情况
方差分析	X（定类），Y（定量）	不同收入 X 群体的身高是否有差异
t 检验	X（定类），Y（定量）	不同性别 X 群体的身高是否有差异（X 仅有 2 个类别，如男和女）

3 种方法在使用时各自有一些需要满足的条件，只有满足相应的条件才可以使用该方法进行分析。

15.6 习题

（1）某试验用 3 种营养素喂养小白鼠，研究区组和营养素对体重增量的影响。试验数据见表 15-18。

表 15-18 试验数据

区组号	营养素 1	营养素 2	营养素 3
1	50.1	58.2	64.5
2	47.8	48.5	62.4
3	53.1	53.8	58.6
4	63.5	64.2	72.5
5	71.2	68.4	79.3
6	41.4	45.7	38.4
7	61.9	53	51.2
8	42.2	39.8	46.2

> 提示　这是双因素的方差分析检验，利用 statsmodels 中的 anova_lm 模块进行多因素方差分析。

（2）下面收集了某公司的工资收入情况，部分数据（salary.csv）如表 15-19 所示，试分析性别和经验对工资收入的影响。

表 15-19 某公司的工资收入表

Salary	Experience	Sex
13876	1	1
11608	3	0
18701	3	1
11283	2	0
11767	3	0
20872	2	1
11772	2	0
10535	1	0
12195	3	0
12313	2	0
14975	1	1
21371	2	1
19800	3	1
11417	1	0

第16章

聚类分析

　　聚类是一种无监督的分类方法。本章介绍了实现聚类的几种方法以及应用 Python 进行聚类计算机绘图的方法。主要内容包括层次聚类、K-Means 聚类、DBSCAN 聚类算法等。

本章主要涉及的知识点

- 聚类分析概述
- 层次聚类
- K-Means 聚类
- DBSCAN 聚类

16.1 聚类分析概述

下面来看一下聚类分析的定义、类别的度量及聚类分析的类型。

16.1.1 聚类分析的定义

人类对世界的初步认识，在很多时候是通过对事物进行分类来实现的。对客观事物进行类别划分，实际上有两种方法。如果事先已知事物类别的概念和特性，对未知事物，只是按照事物的特性将其归到某一类中，这种方法实际上是分类。反之，如果事先没有了解任何事物类别的知识，只是根据相近或相似程度，将未知事物归到某几个类中，这种方法称为聚类。就统计学角度而言，聚类就是将事物的一些样本数据集合分割成几个称为簇或类别的子集，每个类中的数据都具有尽可能大的相似性，不同类别的数据拥有尽可能小的相似性。

根据数据相近或相似性，对事物样本数据集合进行聚类的过程，就是聚类分析。聚类分析的原则是使同一聚簇中的对象具有尽可能大的相似性，而不同聚簇中的对象具有尽可能大的相异性。聚类分析主要解决的问题就是如何在没有先验知识的前提下，实现这种要求的聚簇的聚合。聚类分析称为无监督学习，主要体现在聚类学习的数据对象没有类别标记，需要由聚类学习算法自动计算。

聚类及聚类分析源于很多领域，包括数学、计算机科学、统计学、生物学和经济学。在不同的应用领域中，很多聚类技术都得到了不同程度的发展，这些技术方法常被用来描述数据，衡量不同数据源间的相似性，以及把数据源分类到不同的簇中。

16.1.2 距离和相似性

聚类分析依赖于样本数据的接近程度（距离）或对相似程度的理解或度量。对样本数据，定义不同的距离度量和相似性度量会产生不同的聚类结果。下面来看几种常见的距离和相似性度量公式。

1. 欧氏距离（Euclidean Distance Metric）

欧氏距离是数学上最常见的距离公式之一，可以简单地描述为多维空间中点与点之间的几何距离。欧氏距离的公式如下所示。

$$d(X,Y) = \left[\sum_{i=1}^{n} (X_i - Y_i)^2 \right]^{\frac{1}{2}} \tag{16-1}$$

式中，n 表示样本数据的维度，X_i、Y_i 分别表示样本数据的数据分量。

如果样本数据用的是相同的量纲，使用欧氏距离公式（16-1）能较好地描述样本的相似性。

2. 曼哈顿距离（Manhattan Distance）

相比欧式距离描述了多维空间中点与点之间的直线距离，曼哈顿距离是计算从一个点到另一个点所经过的折线距离，有时也进一步地描述为多维空间中点坐标在各维的平均差，取平均差之后的计算公式如下。

$$d(X,Y)=\frac{1}{n}\sum_{i=1}^{n}|X_i-Y_i| \tag{16-2}$$

式中，n 表示样本数据的维度，X_i、Y_i 分别表示样本数据的数据分量。

公式（16-2）中，曼哈顿距离取消了欧氏距离中的平方操作，使得一些离群点的影响会相对减弱。

3. 闵可夫斯基距离（Minkowski Distance）

对于高维数据，闵可夫斯基距离是一种更加流行的距离度量方法，其公式如下。

$$d_p(X,Y)=\left(\sum_{i=1}^{n}|X_i-Y_i|^p\right)^{\frac{1}{p}} \tag{16-3}$$

式中，n 代表数据的维度，p 是待选的指数，如果 $p=1$，闵可夫斯基距离变为曼哈顿距离；如果 $p=2$，则闵可夫斯基距离变为欧氏距离。

4. 相关性及相关距离

相关距离即样本数据之间的相关性，可以用皮尔森相关系数进行度量。

$$\rho_{XY}=\frac{COV(X,Y)}{\sqrt{DX}\sqrt{DY}}=\frac{\sum_{i=1}^{n}(X_i-\bar{X})(Y_i-\bar{Y})}{\sqrt{\sum_{i=1}^{n}(X_i-\bar{X})^2}\sqrt{\sum_{i=1}^{n}(Y_i-\bar{Y})^2}} \tag{16-4}$$

式中 n 表示样本数据的维度，X_i、Y_i 分别表示样本数据的数据分量。

通过皮尔森相关系数，可以度量样本数据之间的线性相关性，相关系数取值为 $[-1,1]$，取值越大表示相关性越强。

可以用 $1-\rho_{XY}$ 表示相关距离，当相关性增强时，相关系数增加，相关距离会减小，趋向于 0。需要注意的问题如下。

（1）除上述的距离公式外，度量距离的方法还有很多。

（2）关于距离公式的选择，目前没有统一的理论，要针对应用场景，具体问题具体分析。

16.1.3 聚类分析的类型

聚类分析从不同的角度有多种分类方法，例如从聚类方法的嵌套性上可以分成基于划分的聚类和基于层次的聚类；从聚类方法的准确性上可以分成精确分类、模糊分类；从分类方法的完全性上，可以分成完全聚类、部分聚类等。本节主要从簇的特性上，介绍聚类的几种常见类型。

1. 基于原型的聚类（Prototype-Based Clusters）

原型一般指样本空间中一些具有代表性的点。在原型聚类中，属于某一簇的数据与定义这一簇的原型的点具有更近的距离或更大的相似性，而与属于其他簇的原型点具有较远的距离或较小的相似性。对于连续性数据，代表原型的点一般是簇的质点；对于类别数据，质点没有意义，这时候原型表示簇中最有代表性的中间数据；对于其他类型数据，可以将原型看作中间点，这时候的聚类称为基于原型的聚类，也可以称为基于中心的聚类（Center-Based Clusters）。

对于原型聚类算法的实现，通常要先对原型进行初始化，确定每个簇的中心点，然后计算属于每个簇的数据点划分，最后根据新计算的簇，计算更新后的中心点。不断迭代以上过程，直至中心点的变化很小或不再变化。

2. 基于图的聚类（Graph-Based Clusters）

基于图的聚类是以图论为基础，将聚类问题转化为图的最优划分问题。可以将数据作为图的结点，结点之间的连接表示数据之间的连接，这时一个簇可以看作一些连接的数据对象。在基于图的聚类中，簇内的数据对象相互连接，簇之间的对象间没有连接。基于邻域的聚类就是一种重要的图聚类。在基于邻域的聚类中，只有两个数据点之间的距离小于某个特定值时，这两个对象之间才有连接，它们也被划到同一簇中。这样，在同一个基于邻域的簇中，数据点之间的距离要远小于数据点和另一个簇中的点的距离。

3. 基于密度的聚类（Density-Based Clusters）

基于密度的聚类就是利用点的密度作为聚类依据。所谓点的密度，就是以这个点作为圆心，以某个值作为半径构成的邻域内点的个数。如果邻域内点的个数高于某个阈值，称之为高密度点；反之，称之为低密度点。基于密度的聚类方法的指导思想是将空间中密度大于某一阈值的点尽可能地归入一个聚类中。例如，将距离小于邻域半径的高密度点相连，就构成了簇的核心点，与核心点距离小于邻域半径的低密度点为簇的边界点。

基于密度的聚类方法经常用在簇的形状不规则、不同的簇交织在一起、有噪声和异常点的情况中。

从簇的特性上，聚类还有概念聚类等其他类型，此处不再赘述。下文主要介绍几种常见的聚类算法。

16.2 层次聚类

层次聚类法是将相近的有关联的点聚合成簇，产生一个分层次的聚类树。从聚类的特点上看，一部分的层次聚类方法有图聚类的特性，另一部分的层次聚类法有原型聚类的特性。

16.2.1 层次聚类原理

层次聚类（Hierarchical Clustering）是聚类算法的一种，该算法出现于 1963 年，其指导思想是对给定的待聚类数据集合进行层次化分解。具体而言，层次聚类是通过计算不同类别数据点间的相似度来创建一棵有层次的嵌套聚类树。在聚类树中，不同类别的原始数据点是树的最低层，树的中间结点是聚合的一些簇，树的根结点对应多数据点的聚类。图 16-1 是根据原始数据点进行层次聚类得到的一棵具体的聚类树。

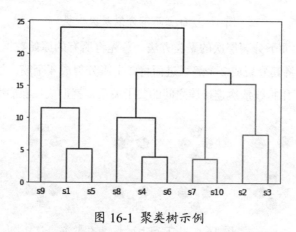

图 16-1 聚类树示例

如图 16-1 所示，横轴坐标的标注代表原始数据点集，通过聚类算法，将相近的一些数据点逐一聚合后，与未参与聚合的数据点一起形成新的数据点集，继续嵌套执行聚类，最后形成一棵聚类树，其根结点表示包含所有原始数据点的大的聚类。

例如，作为一家公司的人力资源部经理，需要对公司的所有雇员进行层次聚类。聚类树的横轴标注了每一个员工，聚类树的根结点表示所有员工的聚类。可以在不同层次上把雇员聚类呈不同的簇：如在顶层可以分成主管、经理和职员；在底层还可以对员工进一步分成高级职员、一般职员和实习人员。所有的这些簇形成了聚类树表示的层次结构。在图 16-1 的聚类树中，横向水平线表示了每一个层次。因此，依据聚类树，可以很容易地对各层次上的数据进行汇总或者特征化。

层次聚类方法根据一定的连接规则将数据以层次架构分裂或者聚合，最终形成聚类结果。对于原始数据点，创建聚类树有自下而上合并和自上而下分裂两种方法。我们来看一下如何对图 16-2 中的数据点进行聚类。

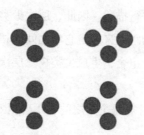

图 16-2 待聚类的原始数据点

图 16-2 中给出了 16 个原始数据，每个原点代表一个数据。有两种方法可以对这些数据进行层次聚类：自下而上凝聚（Agglomerative View）和自上而下分裂（Divisive View）。

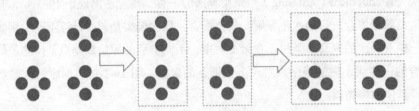

图 16-3　自上而下分裂层次聚类

图 16-3 给出了自上而下分裂层次的聚类方法。首先将所有的原始数据点作为一个大类，然后根据点之间的相似性，将其分裂成 2 个簇，进而将 2 个簇分裂成 4 个簇，最后形成 16 个簇对应最初的 16 个原始数据点。用折线依次连接簇之间的父子关系，就形成一棵层次聚类树。

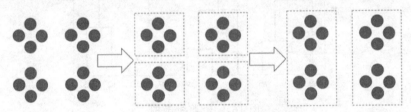

图 16-4　自下而上凝聚层次聚类

图 16-4 给出了自下而上凝聚层次的聚类方法。首先将原始数据点作为 16 个簇，然后逐次合并相近或相似的点，直至所有的数据点形成一个簇；最后用折线依次连接簇之间的父子关系，形成一棵层次聚类树。

对于相同的数据点，不管是采用凝聚还是分裂的层次聚类方法，产生的聚类结果或聚类树是一样的。下面主要以自下而上的凝聚方法为例，来说明层次聚类的实现流程和方法。

16.2.2 层次聚类流程

（1）层次聚类的算法描述

层次聚类的凝聚方法，也称为层次聚类的合并方法。其算法主要通过计算两类数据点间的相似性，对所有数据点中最为相似的两类数据点进行组合，并反复迭代这一过程。数据点之间的相似性可以用上文中的距离和相似性公式进行描述。因此，层次聚类的凝聚算法是通过计算每一个簇的数据点与所有待合并数据点或簇之间的距离来确定它们之间的相似性，距离越小，相似度越高。逐次将距离最近的两个数据点或类别进行组合，生成聚类树。层次聚类的凝聚算法可以用以下步骤来进行描述。

① 将每个数据点作为一个簇，计算每个簇之间的距离矩阵。

② 合并距离最近的两个簇。

③ 计算新生成的簇与剩余的簇之间的距离，更新距离矩阵。

④ 重复②~③，直至所有的簇合并成一个簇。

在上述步骤中，两个数据点之间的距离可以按照公式（16-1）所示的欧氏距离公式进行计算。下面介绍合并簇之间的距离计算方法。

（2）簇之间的距离计算方法

数据点与合并的簇以及合并簇之间的距离，实际上是对多点欧氏距离的一种优化。常用的簇之间的距离计算方法分别为最小距离、最大距离和平均距离。由于最小距离实际表示最大相似性，在语义上容易引起混淆，所以使用图中的概念，以单连接（Single Linkage）、全部连接（Complete Linkage）和平均连接（Average Linkage）表示 3 种计算方法。

① 最小距离（Single Min Linkage）

最小距离方法是将两个簇的数据点中距离最近的两个点之间的距离作为这两个簇之间的距离，其计算公式如下。

$$d(u,v) = \min_{i,j}\left[dist(u[i],v[j]) \right]$$ （16-5）

式中，u、v 表示两个簇，i 和 j 分别表示 u、v 中的两个点，$dist$ 表示求两个点之间的距离。

公式（16-5）所示的最小距离计算方法很简单，在第一次求出距离矩阵之后，不需要再进行额外的计算。但这种方法容易受到极端值的影响，两个不相似的簇可能会由于其中的某个极端的数据点距离较近而合并在一起。

② 最大距离（Complete Max Linkage）

最大距离的计算方法与最小距离相反，将两个簇中的数据点中距离最远的两个点间的距离作为这两个组合数据点的距离。最大距离的计算方法如下。

$$d(u,v) = \max_{i,j}\left[dist(u[i],v[j]) \right]$$ （16-6）

式中，u、v 表示两个簇，i 和 j 分别表示 u、v 中的两个点，$dist$ 表示求两个点之间的距离。

公式（16-6）所示的最大距离计算方法，在计算得到原始数据点之间的距离后，也不需要进行额外的计算。但最大距离的问题与最小距离相反，两个很相似的簇可能由于其中的极端值距离较远而无法合并在一起。

③ 平均距离（Average Linkage）

平均距离的计算方法是计算两个簇中的每个数据点之间的距离，然后将所有距离的均值作为两个簇之间的距离。平均距离的计算方法如下。

$$d(u,v) = \sum_{i,j}\frac{d(u[i],v[j])}{(|u|\times|v|)}$$ （16-7）

式中，u、v 表示两个簇，i 和 j 分别表示 u、v 中的两个点；$d(u[i],v[j])$ 表示簇 u 中的点 i 与簇 v 中的点 j 之间的距离，可以用公式（16-1）所示的欧氏距离进行计算；$|u|$、$|v|$ 表示 u 和 v 作为

点的集合的基数。

公式（16-7）所示的平均距离，在合并生成新簇时，所有簇与新簇之间的距离都要重新计算一遍。显然，这种方法计算量比较大，但相比最大距离与最小距离，这种计算方法更加合理。

（3）距离计算实例

下面通过一个实例，来演示层次聚类中的距离计算方法。

【例16.1】如表16-1所示，有8个样本数据的值，应用层次聚类，逐步进行距离计算和数据点的合并。

表16-1 8个样本数据的原始值

A	B	C	D	E	F	G	H
12.1	36.3	37.5	80.8	82	32.4	106.5	130.6

分析： 表16-1显示了8个数据点 A~H 的坐标；这里，为了简化计算，在取数据点的坐标时，只考虑一个维度，两个或多个维度的算法类似。

【计算】

按照上文（1）中的层次聚类算法的描述，首先要进行数据点之间的欧氏距离计算。根据公式（16-1），可知目前原始数据点之间的距离计算公式为

$$d(X,Y)=\left[(X-Y)^2\right]^{\frac{1}{2}}=|X-Y|$$

根据上述公式，可以求出数据点之间的距离矩阵，如表16-2所示。

表16-2 样本数据点之间的欧氏距离矩阵

距离矩阵	A	B	C	D	E	F	G	H
A	0.	24.2	25.4	68.7	69.9	20.3	94.4	118.5
B	24.2	0.	1.2	44.5	45.7	3.9	70.2	94.3
C	25.4	1.2	0.	43.3	44.5	5.1	69.	93.1
D	68.7	44.5	43.3	0.	1.2	48.4	25.7	49.8
E	69.9	45.7	44.5	1.2	0.	49.6	24.5	48.6
F	20.3	3.9	5.1	48.4	49.6	0.	74.1	98.2
G	94.4	70.2	69.	25.7	24.5	74.1	0.	24.1
H	118.5	94.3	93.1	49.8	48.6	98.2	24.1	0.

表16-2显示了原始数据样本点之间的距离。例如，第B行第C列，即（B，C）表示从数据点B到C的距离；第C行第B列，即（C，B）表示从数据点C到B的距离。从计算公式及表中的数据可以看到这两个距离相等。

按照层次聚类算法步骤，需要将距离最接近的不同点或簇合并成一个簇。在表16-2中，距离（B，C）、（D，E）最小。因此，需要将点B、C合并为簇 O_{BC}，D、E合并为簇 O_{DE}。

如果采用平均距离计算方法，则合并之后的簇和其余的簇与数据点要按照公式（16-7）重新计算距离，比如点 A 和簇 O_{BC} 之间的距离可以按照以下简化公式进行计算。

$$d(A, O_{BC}) = \frac{|A-B|+|A-C|}{1\times2} = \frac{|A-B|+|A-C|}{2}$$

簇 O_{BC} 和簇 O_{DE} 之间的距离可以按照以下简化公式进行计算。

$$d(O_{BC}, O_{DE}) = \frac{|B-D|+|B-E|+|C-D|+|C-E|}{2\times2} = \frac{|B-D|+|B-E|+|C-D|+|C-E|}{4}$$

根据上述公式重新计算距离，更新后的距离矩阵如表 16-3 所示。

表 16-3 更新后的距离矩阵

距离矩阵	A	O_{BC}	O_{DE}	F	G	H
A	0.	24.8	69.3	20.3	94.4	118.5
O_{BC}	24.8	0.	44.5	4.5	69.6	93.7
O_{DE}	69.3	44.5	0.	49.	25.1	49.2
F	20.3	4.5	49.	0.	74.1	98.2
G	94.4	69.6	25.1	74.1	0.	24.1
H	118.5	93.7	49.2	98.2	24.1	0.

表 16-3 显示了合并簇之后，簇之间的新的距离关系。从表中可以看到簇 O_{BC} 与点 F 之间的距离最小，需要进行合并。合并之后按照公式（16-7）重新计算平均距离。

在层次聚类算法中，需要对以上过程不断迭代，直至最后只有一个簇。

用折线依次连接合并的数据点和簇，可以形成样本数据的聚类树，如图 16-5 所示。

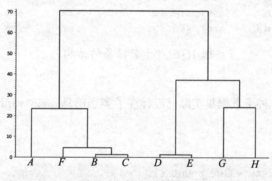

图 16-5 8 个简单样本数据的聚类树

在图 16-5 中，自底向上可以看到，第 1 层次，B、C 与 D、E 合并；第 2 层次，F 与 B、C 合并；第 3 层次，A 与 F、B、C 合并，G 与 H 合并；第 4 层次，D、E 与 G、H 合并。所有的数据点，最后聚合成一个大的类。

16.2.3 层次聚类实例

这一节，来看两个用层次聚类分析多维数据的实际例子。

1. 层次聚类对种子特性数据的分析

【例 16.2】种子数据保存在 seeds-less-rows.csv 文件中，读入数据并进行层次聚类。

首先，读入要用到的描述种子物理特性的数据集。在这里用 pandas 库来对数据集进行操作。

【代码如下】

```
import pandas as pd

seeds_df = pd.read_csv('./datasets/seeds-less-rows.csv')
seeds_df.head()
```

上述代码首先引入 pandas 库；然后调用 read_csv 函数，传入数据文件的相对路径，返回一个二维的含标识的 DataFrame 对象；最后调用 DataFrame 的 head 函数，返回前 5 行数据。打开 Jupyter Notebook，创建新的 Python 代码文档，输入以上代码并运行。pandas 输出的数据集一般是文本格式的表格，由于其格式与本书的文档编辑器格式不兼容，直接复制容易错行，为了更好地说明数据集的格式，这里统一把输出进行截屏处理。以后数据集格式的输出结果，统一按照这种方式处理，不再赘述。

【运行结果】

如图 16-6 所示。

	area	perimeter	compactness	length	width	asymmetry_coefficient	groove_length	grain_variety
0	14.88	14.57	0.8811	5.554	3.333	1.018	4.956	Kama wheat
1	14.69	14.49	0.8799	5.563	3.259	3.586	5.219	Kama wheat
2	14.03	14.16	0.8796	5.438	3.201	1.717	5.001	Kama wheat
3	13.99	13.83	0.9183	5.119	3.383	5.234	4.781	Kama wheat
4	14.11	14.26	0.8722	5.520	3.168	2.688	5.219	Kama wheat

图 16-6 种子数据集的结构

【结果说明】

从图 16-6 可以看出，种子数据集实际已经标注了类别信息 grain_variety，可以查看种子数据集的类别信息。

【代码如下】

```
seeds_df.grain_variety.value_counts()
```

在刚才的 Jupyter Notebook 窗口，插入新的代码单元，输入上述代码，点击运行。

【运行结果】

```
Kama wheat          14
Canadian wheat      14
Rosa wheat          14
Name: grain_variety, dtype: int64
```

【结果说明】

从上面输出的结果看到，当前样本数据集包含 3 个类别，每个类别都有 14 条数据。

如果应用上述数据进行层次聚类，需要去除样本数据集中的类别标识，可以应用代码实现。

【代码如下】

```
varieties = list(seeds_df.pop('grain_variety'))
```

```
samples = seeds_df.values
print(samples)
```

上述代码要用到上文定义的变量 seeds_df，所以继续在刚才的 Jupyter Notebook 窗口插入新的代码单元，输入上述代码，点击运行，输出用于聚类的样本数据集。

【运行结果】

```
[[14.88    14.57    0.8811    5.554    3.333    1.018    4.956 ]
 [14.69    14.49    0.8799    5.563    3.259    3.586    5.219 ]
 [14.03    14.16    0.8796    5.438    3.201    1.717    5.001 ]
 [13.99    13.83    0.9183    5.119    3.383    5.234    4.781 ]
 [14.11    14.26    0.8722    5.52     3.168    2.688    5.219 ]
 [13.02    13.76    0.8641    5.395    3.026    3.373    4.825 ]
 [15.49    14.94    0.8724    5.757    3.371    3.412    5.228 ]
 [16.2     15.27    0.8734    5.826    3.464    2.823    5.527 ]
 [13.5     13.85    0.8852    5.351    3.158    2.249    5.176 ]
 [15.36    14.76    0.8861    5.701    3.393    1.367    5.132 ]
 [15.78    14.91    0.8923    5.674    3.434    5.593    5.136 ]
 [14.46    14.35    0.8818    5.388    3.377    2.802    5.044 ]
 [11.23    12.63    0.884     4.902    2.879    2.269    4.703 ]
 [14.34    14.37    0.8726    5.63     3.19     1.313    5.15  ]
 [16.84    15.67    0.8623    5.998    3.484    4.675    5.877 ]
 [17.32    15.91    0.8599    6.064    3.403    3.824    5.922 ]
 [18.72    16.19    0.8977    6.006    3.857    5.324    5.879 ]
 [18.88    16.26    0.8969    6.084    3.764    1.649    6.109 ]
 [18.76    16.2     0.8984    6.172    3.796    3.12     6.053 ]
 [19.31    16.59    0.8815    6.341    3.81     3.477    6.238 ]
 [17.99    15.86    0.8992    5.89     3.694    2.068    5.837 ]
 [18.85    16.17    0.9056    6.152    3.806    2.843    6.2   ]
 [19.38    16.72    0.8716    6.303    3.791    3.678    5.965 ]
 [18.96    16.2     0.9077    6.051    3.897    4.334    5.75  ]
 [18.14    16.12    0.8772    6.059    3.563    3.619    6.011 ]
 [18.65    16.41    0.8698    6.285    3.594    4.391    6.102 ]
 [18.94    16.32    0.8942    6.144    3.825    2.908    5.949 ]
 [17.36    15.76    0.8785    6.145    3.574    3.526    5.971 ]
 [13.32    13.94    0.8613    5.541    3.073    7.035    5.44  ]
 [11.43    13.13    0.8335    5.176    2.719    2.221    5.132 ]
 [12.01    13.52    0.8249    5.405    2.776    6.992    5.27  ]
 [11.34    12.87    0.8596    5.053    2.849    3.347    5.003 ]
 [12.02    13.33    0.8503    5.35     2.81     4.271    5.308 ]
 [12.44    13.59    0.8462    5.319    2.897    4.924    5.27  ]
 [11.55    13.1     0.8455    5.167    2.845    6.715    4.956 ]
 [11.26    13.01    0.8355    5.186    2.71     5.335    5.092 ]
 [12.46    13.41    0.8706    5.236    3.017    4.987    5.147 ]
 [11.81    13.45    0.8198    5.413    2.716    4.898    5.352 ]
 [11.27    12.86    0.8563    5.091    2.804    3.985    5.001 ]
 [12.79    13.53    0.8786    5.224    3.054    5.483    4.958 ]
```

477

```
[12.67     13.32     0.8977  4.984    3.135    2.3      4.745 ]
[11.23     12.88     0.8511  5.14     2.795    4.325    5.003 ]]
```

【结果说明】

上述数据集，是 seeds-less-rows.csv 数据文件中去除列标识和类别列的数据集以外的数据集，可以直接用于层次聚类。

Python 的 SciPy 库提供了层次聚类的函数，Matplotlib 库提供了聚类树的绘制方法，可以调用函数库直接对 samples 数据集进行层次聚类。

【代码如下】

```python
#16-1.py

# 引入层次聚类函数、树状图函数
from scipy.cluster.hierarchy import linkage, dendrogram
import matplotlib.pyplot as plt
# 引入坐标轴显示控制库
from matplotlib.ticker import MultipleLocator
# 引入数据操作工具集
import pandas as pd

%matplotlib inline
# 读取数据集
seeds_df = pd.read_csv('./datasets/seeds-less-rows.csv')
seeds_df.head()

# 去除标识行及类别列
varieties = list(seeds_df.pop('grain_variety'))
samples = seeds_df.values

# 进行层次聚类
mergings = linkage(samples, method='complete')

# 树状图结果
plt.figure(figsize=(10,6),dpi=80)
ax=plt.subplot(111)
dendrogram(mergings,
          labels=varieties,
          leaf_rotation=90,
          leaf_font_size=10,
)
yminorLocator = MultipleLocator(0.2)
ax.yaxis.set_minor_locator(yminorLocator)

plt.show()
```

在上述代码中，获得层次聚类数据集 samples 的方法参照前文所述。代码中通过 scipy.cluster.

hierarchy 模块中的 linkage 方法，对 samples 数据集进行层次聚类，用的距离计算方法是 complete 类型，即最大距离方法。通过 scipy.cluster.hierarchy 模块的 dendrogram 方法，根据聚类结果绘制聚类树。打开 Jupyter Notebook，创建新的 Python 代码文档，输入以上代码并运行。

【运行结果】

如图 16-7 所示。

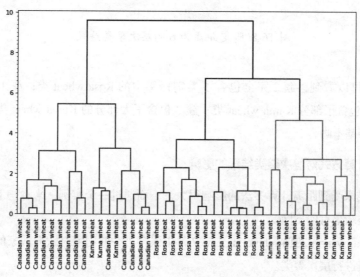

图 16-7 种子数据集的聚类树

【结果说明】

图 16-7 显示了种子数据集中 42 条数据进行层次聚类的结果。横轴是从类别列中提取的每条数据项的类别标识，纵轴表示在某个距离水平上对簇进行的聚类。

在图 16-7 中，要得到某一层次上的分类结果，实际上就是沿着水平线对上图作一个切面，与水平线相交的竖线表示在这一层次上的某个簇。可以用代码查看层次分类结果。

【代码如下】

```
#得到某一层次聚类结果
from scipy.cluster.hierarchy import fcluster
labels = fcluster(mergings, 6, criterion='distance')

df = pd.DataFrame({'labels': labels, 'varieties': varieties})
ct = pd.crosstab(df['labels'], df['varieties'])
ct
```

上述代码用到了 16-1.py 中的 mergings 变量、varieties 变量，通过 scipy.cluster.hierarchy 模块的 fcluster 函数，获得最大分类距离为 6 的层次聚类结果，然后构建 DataFrame 对象，最后通过 pandas 库的 crosstab 统计每个簇中的不同类别的个数。

上述代码需要共享命令交互状态下的上下文环境，所以在 Jupyter Notebook 中插入新的代码单元，输入上述代码，点击运行。

【运行结果】

如图 16-8 所示。

varieties labels	Canadian wheat	Kama wheat	Rosa wheat
1	14	3	0
2	0	0	14
3	0	11	0

图 16-8 限定距离为 6 的层次聚类结果

【结果说明】

从图 16-8 中可以看到，簇 2 完全包含了类别标签中的 Rosa wheat 类；簇 1 除包含 Canadian wheat 类之外，还包含了部分 Kama wheat 类；簇 3 包含了大部分的 Kama wheat 类。由此可见，聚类结果与分类结果基本吻合。

2. 不同距离计算方式对层次聚类结果的影响

层次聚类的结果受到距离计算方法的影响很大。下面通过一个实例，来看一下最小距离算法和最大距离算法聚类结果有何不同。

【例 16.3】eurovision-2016-televoting.csv 文件中保存了一些国家对欧洲国家的电话投票数据，读入该数据并对其进行层次聚类。

首先，使用 pandas 库读入数据集，对数据集进行初始化处理。

【代码如下】

```
import pandas as pd

scores_df = pd.read_csv('./datasets/eurovision-2016-televoting.csv', index_col=0)
country_names = list(scores_df.index)
scores_df.head()
```

上述代码首先引入 pandas 库，然后调用 read_csv 函数，传入数据文件的相对路径，返回一个二维的 DataFrame 数据对象，并将数据的第 1 列作为 DataFrame 的索引列；最后调用 DataFrame 的 head 函数，返回前 5 行数据。打开 Jupyter Notebook，创建新的 Python 代码文档，输入以上代码并运行。

【运行结果】

如图 16-9 所示。

From country	Armenia	Australia	Austria	Azerbaijan	Belgium	Bulgaria	Croatia	Cyprus	Czech Republic	France	...	Lithuania	Malta	Poland	Russia	Serbia	Spain
Albania	2.0	12.0	0.0	0.0	0.0	8.0	0.0	0.0	0.0	0.0	...	4.0	0.0	5.0	7.0	0.0	0.0
Armenia	NaN	0.0	4.0	0.0	0.0	0.0	0.0	6.0	0.0	7.0	...	0.0	5.0	1.0	12.0	0.0	0.0
Australia	0.0	NaN	3.0	0.0	12.0	10.0	0.0	0.0	0.0	7.0	...	1.0	6.0	0.0	5.0	0.0	2.0
Austria	0.0	3.0	NaN	0.0	0.0	5.0	0.0	0.0	0.0	1.0	...	0.0	0.0	12.0	8.0	4.0	0.0
Azerbaijan	0.0	2.0	0.0	NaN	0.0	8.0	0.0	0.0	0.0	4.0	...	0.0	0.0	3.0	12.0	0.0	0.0

5 rows × 26 columns

图 16-9 电话投票数据集

【结果说明】

在图 16-9 中可以看到数据集的基本结构：将原始数据集的第一列作为索引列，表示投票国家列表；横向的表头表示被投票国家；表中的数据表示被投票国家获得的投票值。pandas 从数据文件 eurovision-2016-televoting.csv 中读入的数据集共有 26 列，限于版面，图 16-9 中只显示了部分列的数据。

从图 16-9 中可以看出，上述数据集中有一些缺失值 NaN，这实际上表示某个国家对自己的投票。在进行聚类时，这些缺失值会影响距离公式的计算，因此要对这些缺失值进行填充，这里用表中的最大值，即 12，来取代每一个 NaN 值。具体可以调用 DataFrame 对象的 fillna 方法来实现。

【代码如下】

```
scores_df = scores_df.fillna(12)
```

在刚才的 Jupyter Notebook 窗口插入新的代码单元，输入上述代码，点击运行，完成 NaN 数据的填充。缺失数据填充很重要，否则在调用距离计算公式时会产生错误。

对于多维数据，不同维度的数量级不同时，会对距离的计算产生很大的影响，为了保证距离算法的合理性，在聚类之前，还需要对数据作归一化处理。

【代码如下】

```
from sklearn.preprocessing import normalize
samples = normalize(scores_df.values)
print(samples)
```

上述代码首先引入机器学习库 sklearn 中的预处理模块 preprocessing 中的归一化函数 normalize，然后调用 normalize 函数对上文初步整理的数据集进行归一化操作，最后输出归一化之后的数据集。由于以上代码要用到上文定义的变量 scores_df，所以继续在刚才的 Jupyter Notebook 窗口插入新的代码单元，输入上述代码，点击运行，以矩阵形式输出预处理后的投票数据。由于 Python 的文本输出格式与本书的文档编辑格式不同，直接复制文本会造成矩阵数据错位，不便于观察，所以此处直接进行截屏处理。

【运行结果】

如图 16-10 所示。

```
[[0.09449112 0.56694671 0.         ... 0.         0.28347335 0.        ]
 [0.49319696 0.         0.16439899 ... 0.         0.41099747 0.        ]
 [0.         0.49319696 0.12329924 ... 0.         0.32879797 0.16439899]
 ...
 [0.32879797 0.20549873 0.24659848 ... 0.49319696 0.28769823 0.        ]
 [0.28769823 0.16439899 0.         ... 0.         0.49319696 0.        ]
 [0.         0.24659848 0.         ... 0.         0.20549873 0.49319696]]
```

图 16-10 预处理后的投票数据

【结果说明】

图 16-10 中的归一化方法是对每个数据样本根据其 p- 范数进行规约。由于数据集比较大，图 16-10 中仅显示了部分数据。

对 eurovision-2016-televoting.csv 数据文件中的数据进行了以上预处理后，就可以进行层次聚类了，根据 SciPy 库中的层次聚类函数以及 Matplotlib 库中的图形绘制方法，可以调用函数库直接对 samples 数据集进行层次聚类。

【代码如下】

```python
#16-2.py

# 引入 pandas 数据工具集
import pandas as pd
# 引入机器学习库中的归一化函数
from sklearn.preprocessing import normalize
# 引入层次聚类函数、树状图函数
from scipy.cluster.hierarchy import linkage, dendrogram
import matplotlib.pyplot as plt
# 引入坐标轴显示控制库
from matplotlib.ticker import MultipleLocator

%matplotlib inline

scores_df = pd.read_csv('./datasets/eurovision-2016-televoting.csv', index_col=0)
country_names = list(scores_df.index)
scores_df.head()

# 缺失值填充，没有的就先按满分算
scores_df = scores_df.fillna(12)

# 归一化
samples = normalize(scores_df.values)

plt.figure(figsize=(10,12),dpi=80)
plt.subplots_adjust(hspace=0.5)

#single method distance clustering
mergings = linkage(samples, method='single')
p1=plt.subplot(211)
yminorLocator = MultipleLocator(0.05)
p1.yaxis.set_minor_locator(yminorLocator)
dendrogram(mergings,
           labels=country_names,
           leaf_rotation=90,
           leaf_font_size=10,
)
p1.set_title("single-min distance",fontsize=18)

#complete method distance clustering
mergings = linkage(samples, method='complete')
p2=plt.subplot(212)
```

```
yminorLocator = MultipleLocator(0.05)
p2.yaxis.set_minor_locator(yminorLocator)
dendrogram(mergings,
           labels=country_names,
           leaf_rotation=90,
           leaf_font_size=10,
)
p2.set_title("complete-max distance",fontsize=18)

plt.show()
```

在上述代码中，获得层次聚类数据集 samples 的方法参照本节前文所述。代码中通过 scipy.cluster.hierarchy 模块中的 linkage 方法，分别采用 single 距离和 complete 距离对 samples 数据集进行层次聚类；用 pyplot 的 subplot 函数创建一列两行的子图，并设置子图之间的间距。通过 scipy.cluster.hierarchy 模块的 dendrogram 方法，根据聚类结果在两个子图中分别绘制聚类树。打开 Jupyter Notebook，创建新的 Python 代码文档，输入以上代码并运行。

【运行结果】

如图 16-11 所示。

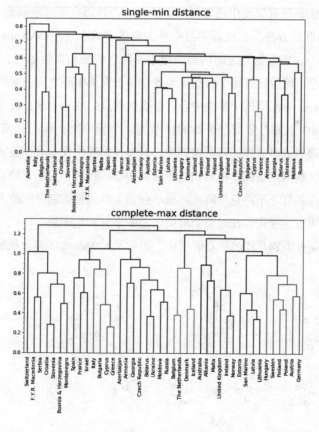

图 16-11 种子数据集的聚类树

【结果说明】

图 16-11 中分别显示了对投票数据集中 42 条投票数据进行层次聚类的结果。横轴是投票国家，纵轴表示在某个距离水平上对簇进行的聚类。

从图 16-11 中可以看到，两棵聚类树的形状几乎完全不一样，可见距离计算方法的不同，对聚类结果的影响很大。

16.3　K-Means 聚类

K-Means 聚类方法是一种基于原型的聚类方法。与层次聚类不同的是，它是根据预先设定的质心（原型的一种）来对数据样本点进行单一层次的聚类。

16.3.1 K-Means 聚类原理

1.K-Means 聚类方法

K-Means 聚类方法是所有聚类中最常用的方法之一，其历史可以追溯到 1967 年，此后出现了大量基于 K-Means 的改进方法，在机器学习中有大量成功的应用。K-Means 也是以距离为数据点之间相似性的度量标准，即数据点之间的距离越小，则它们的相似性越高。它首先选取 K 个数据点作为初始的聚类中心，然后计算每个数据点与各个种子聚类中心之间的距离，把每个对象分配给距离它最近的聚类中心。分配给这个聚类中心的所有数据点形成一个簇，而这个聚类中心也称为这个簇的质心（centroid）。每当分配一个新的样本到一个簇中时，簇的真实质心实际上都会发生变化。因此，要保证聚类的可靠性，簇的聚类中心就要根据簇中现有数据点实时更新，而簇的聚类中心发生变化时，每个数据点也需要根据到每个聚类中心的距离，更新它的实际类属。这实际上是一个不断迭代的过程，其终止条件是没有（或最小数目）对象被重新分配给不同的聚类，没有（或最小数目）聚类中心再发生变化，此时整个聚类误差的平方和趋于最小。

图 16-12 通过数据点类别及簇的质心的变化，演示了 K-Means 的基本机制。

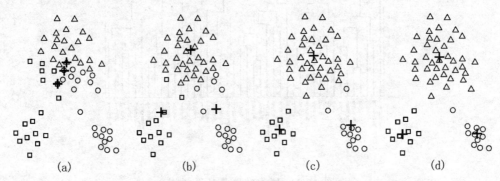

(a)　　　　　(b)　　　　　(c)　　　　　(d)

图 16-12　K-Means 聚类的基本机制

在图 16-12(a) 中，初始指定 3 个点，作为 3 个类别的质心，分别以 "□" "○" 和 "△" 表示（"+" 描述了质心的具体位置），此时 3 个类都只有 1 个数据点；然后判断其余点与 3 个质心的距离远近，将其归类到距离最近的质心点代表的类别中，形成图 16-12 (a) 所示的聚类结果。根据质心点进行首次聚类之后，对于每个新形成的类别，原来的质心显然已经不满足要求了，需要按照平均距离重新进行计算，求出新的属于每个簇的质心，此时计算结果如图 16-12 (b) 所示，可以看到相比图 (a)，质心发生了明显的变化。当质心发生变化时，需要根据质心的位置以及数据点距每个质心的距离远近重新判定每个数据点的类别所属，然后根据新的簇，重新计算质心位置，类别和质心的计算结果如图 16-12 (c) 所示。上述计算过程一般要重复很多次，直至质心位置或数据点的类别所属没有明显变化时，形成最后的聚类结果，如图 16-12 (d) 所示。

2.K-Means 聚类的缺点

K-Means 聚类是一种常见的聚类方法，它的优点是简单、快速，适合常规数据集。它的缺点主要有以下几项。

（1） K 值确定困难。K 值代表了期望将原始数据点分成几个簇，K 值的选择对最终的聚类结果影响很大。随机选择 K 值，有时会带来一些问题。

（2） 初始质心的确定会影响聚类结果的稳定性。随机选择初始质心，聚类过程并不一定会收敛到同一结果。

（3） 对任意形状的簇，聚类效果不佳。例如对于环形的带状点集，质心无法代表点集，聚类效果很差。

16.3.2 K-Means 算法流程

K-Means 聚类的算法可以用以下步骤来进行描述。

（1） 选择 K 个数据点作为初始簇的质心。

（2） 计算每个数据点与 K 个质心之间的距离，将其分配到最近的质心所代表的簇中，形成 K 个簇。

（3） 重新计算 K 个簇的质心。

（4） 重复（2）~（3），直至 K 个簇的质心都不再发生变化。

在上述步骤中，（1）中 K 值表示期望将样本数据分成的簇的个数，一般由使用者自己确定，初始每个质心的位置可以随机指定。（2）中两个数据点之间的距离最常用的是欧氏距离，可以按照公式（16-1）进行计算。距离度量常用的距离公式还有曼哈顿距离、余弦距离等，但这些公式一般针对特定的数据类型。

质心的计算方法，实质上可以由聚类的目标函数最优得出。K-Means 聚类的目标函数可以描述为数据点与质心具有的最大相似度，特别对于欧氏距离，可以表达为簇的划分应使得每个数据点到所属簇的质心距离的平方和最小，数学公式表示如下。

$$SSE = \sum_{i=1}^{K} \sum_{x \in C_i} dist(c_i, x)^2 \qquad (16\text{-}8)$$

上式中，K 表示质心或簇的数目；C_i 表示第 i 个簇；c_i 表示第 i 个簇的质心；x 表示数据点；$dist$ 表示欧氏距离。

聚类的目标是 $\min(SSE)$，因此对于公式（16-8），可以对 c_i 求偏导，令其等于 0，经过变换可以求得：

$$c_i = \frac{1}{m_i} \sum_{x \in C_i} x \qquad (16\text{-}9)$$

公式（16-9）其实就是算法步骤（3）中簇质心的计算方法。

另外，对于 $\min(SSE)$ 的聚类目标，结合公式（16-8），要求在计算每个点到质心的距离时，应该选择距离最小的质心，即将每个点归类到距离最近的那个质心所表示的簇中，这实际上就是步骤（2）中描述的数据点的类属分配方法。

16.3.3 K-Means 的评价指标

K-Means 的聚类结果受参数的初始设置影响很大，因此有必要对 K-Means 聚类结果进行一些量化评价。常用的聚类量化评价方法有很多种，如兰德指数、互信息、同质化、完整性等，这里主要对 intertias 和轮廓系数进行介绍。

1.intertias

intertias 是 K-Means 模型对象的一个属性，是非监督式分类结果的评估指标。可以在 Python 机器学习库 sklearn 的 cluster 模块的 K-Means 对象中，找到它的具体实现。intertias 表示样本数据点到所属簇的质心的距离总和，intertias 的值越小，表示样本数据点在簇中的分布越集中，聚类的效果越好。

2. 轮廓系数（Silhouette Coefficient）

聚类的效果也可以用轮廓系数来进行评价，其数学表达式如下。

$$s(i) = \frac{b(i) - a(i)}{\max\{a(i), b(i)\}} \qquad (16\text{-}10)$$

公式（16-10）可以进一步写成分段函数的简化形式。

$$s(i) = \begin{cases} 1 - \dfrac{a(i)}{b(i)}, & a(i) < b(i) \\ 0, & a(i) = b(i) \\ \dfrac{b(i)}{a(i)} - 1, & a(i) > b(i) \end{cases} \qquad (16\text{-}11)$$

在公式（16-10）和公式（16-11）中，$a\,(i)$ 表示样本 i 到同簇其他样本的平均距离，$a\,(i)$ 越小，说明样本 i 越应该分配到该簇。$a\,(i)$ 称为样本 i 的簇内不相似度。

计算样本 i 到其他簇 C_j 的平均距离 b_{ij} 称为样本 i 与 C_j 的不相似度，$b\,(i)$ 为样本 i 的簇间不相似度，可以表示为 $b\,(i) = \min\{b_{i1}, b_{i2}, b_{i3}, \cdots, b_{iK}\}$。

轮廓系数 $s\,(i)$ 的区间 $[-1,1]$，可以用它描述聚类结果的合理性。

（1）$s\,(i)$ 接近 +1，说明样本 i 聚类合理。

（2）$s\,(i)$ 接近 –1，说明样本 i 更应该分类到另外的簇。

（3）$s\,(i)$ 近似为 0，说明样本 i 在两个簇的边界上。

作为聚类有效性的一种度量，轮廓系数除用于 K-Means 结果的评价外，还能用于其他聚类算法的评价。

16.3.4 K-Means 聚类实例

Python 的函数库 pandas、sklearn、Matplotlib 提供了对 K-Means 聚类算法的数据预处理、聚类计算、图形绘制的支持，下面来看一些具体的实例。

1. 应用 sklearn.cluster 模块中的 K-Means 进行聚类操作

【例 16.4】文件 datasets/ch1ex1.csv 中保存一组数据样本，通过 Python 的库函数读出并显示原始数据，然后对数据进行聚类操作。

（1）读出数据文件中的数据，分析显示数据的结构。

【代码如下】

```
#16-3.py
import pandas as pd


df = pd.read_csv('./datasets/ch1ex1.csv')
points = df.values
df.head()
```

与前文类似，上述代码首先引入 pandas 库，然后调用 read_csv 函数，传入数据文件的相对路径，返回一个二维的含标识的 DataFrame 对象，最后调用 DataFrame 的 head 函数，返回前 5 行数据。打开 Jupyter Notebook，创建新的 Python 代码文档，输入以上代码并运行。

【运行结果】

如图 16-13 所示。

	0	1
0	0.065446	-0.768664
1	-1.529015	-0.429531
2	1.709934	0.698853
3	1.167791	1.012626
4	-1.801101	-0.318613

图 16-13 用于 K-Means 聚类的数据样本的结构

（2）原始数据样本的散点图绘制。

读出数据文件中的数据，绘制数据样本的散点图。

【代码如下】

```
#16-4.py
# 散点图观察
import matplotlib.pyplot as plt
import pandas as pd

df = pd.read_csv('./datasets/ch1ex1.csv')
points = df.values

plt.figure(figsize=(10,6),dpi=80)

xs = points[:,0]
ys = points[:,1]

plt.scatter(xs, ys)
plt.show()
```

在上述代码中，对读取的原始数据，取出 DataFrame 对象的 value 部分，作为点的坐标，调用 Matplotlib 的 pyplot 模块，进行散点的绘制。在 Jupyter Notebook 中插入新的代码单元，或创建新的代码文档，输入上述代码并运行。

【运行结果】

如图 16-14 所示。

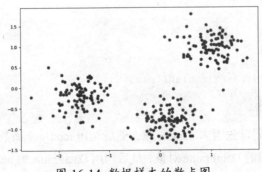

图 16-14 数据样本的散点图

【结果说明】

从图 16-14 中可以看出，数据样本点分成形状较规则的 3 个部分，适用 K-Means 算法进行聚类。

（3）对原始数据样本进行聚类。

调用 K-Means 算法，对原始数据样本进行聚类。

【代码如下】

```
#16-5.py
```

```
import pandas as pd
from sklearn.cluster import KMeans
# 聚类操作
df = pd.read_csv('./datasets/ch1ex1.csv')
points = df.values

model = KMeans(n_clusters=3)
model.fit(points)
labels = model.predict(points)
print(labels)
```

上述代码中，通过 pandas 库读入并处理原始数据，通过 sklearn.cluster 模块的 K-Means 对象建立簇数为 3 的聚类模型，然后通过 K-Means 的 fit 方法进行 K-Means 聚类计算，最后通过 K-Means 的 predict 方法进行数据点所属簇的预测。打开 Jupyter Notebook，创建新的 Python 代码文档，输入以上代码并运行。

【运行结果】

```
[2 1 0 0 1 1 0 2 1 1 0 2 1 0 1 2 0 0 2 0 1 2 1 2 2 1 2 2 2 1 0 0 0 1 2 1 2
 2 1 2 2 0 1 1 1 2 2 0 2 0 0 0 2 2 1 2 2 1 0 1 2 2 0 0 1 0 1 1 2 0 1 0 2
 0 1 2 2 2 0 2 1 0 1 1 1 1 2 2 0 1 0 1 2 2 2 0 1 1 0 1 2 1 0 2 0 0 0 1 1 2
 1 0 1 1 1 2 1 0 0 2 2 2 2 2 1 0 2 1 1 0 0 1 2 1 2 0 1 0 2 0 0 2 0 0 2 0 1
 2 2 2 0 0 1 0 1 2 2 0 1 0 0 0 1 2 2 1 0 0 2 2 0 2 2 1 2 0 0 0 2 2 0 2 0 0
 2 1 0 2 2 2 2 1 0 2 1 1 1 2 1 2 2 1 0 0 2 0 2 2 1 1 2 0 1 0 2 0 2 0 1 2 1 1 1
 1 0 0 0 2 2 1 2 0 1 2 2 1 2 0 0 0 0 0 1 2 2 0 0 2 1 0 1 1 2 2 1 1 1 2 0 2
 1 2 0 0 0 0 0 2 2 1 2 2 2 1 0 0 1 2 0 0 1 1 2 2 2 1 1 2 0 1 1 0 2 2 2 1 2 2
 2 1 1 1]
```

【结果说明】

上述结果显示了 300 个数据样本点的聚类结果，即将它们分别归到 0、1、2 这 3 个簇中。

（4）聚类结果的数据显示。

对上节的数据样本点的聚类结果进行图形显示。为了保证代码的完整性，在代码中重新读入数据，进行预处理及聚类操作。

【代码如下】

```
#16-6.py
import pandas as pd
from sklearn.cluster import KMeans
import matplotlib.pyplot as plt

# 聚类操作
df = pd.read_csv('./datasets/ch1ex1.csv')
points = df.values

model = KMeans(n_clusters=3)
model.fit(points)
labels = model.predict(points)
```

```
# 聚类中心
centroids = model.cluster_centers_
centroids_x = centroids[:,0]
centroids_y = centroids[:,1]

# 原始数据点
xs = points[:,0]
ys = points[:,1]

#build marker list and colors list
mk0=['o', ',', 'v']
cs0=['r', 'g', 'b']
mk1=[]
cs1=[]
for e in labels:
    mk1.append(mk0[e])
    cs1.append(cs0[e])
#plot dots in the for loop and centroid out of loop
plt.figure(figsize=(10,6),dpi=120)
plt.subplot(111)
for x,y,cr,m in zip(xs,ys,cs1,mk1):
    plt.scatter(x, y, edgecolors=cr, facecolors='none', marker=m)
plt.scatter(centroids_x, centroids_y, marker='X', s=200,c='k')
plt.show()
```

上述代码中的聚类计算操作同上文，在完成数据聚类后，从聚类模型中选取聚类中心点 centroids_x、centroids_y（即质心），将原始数据点分成列表 xs、ys，以便绘制散点图；然后根据数据点的所属簇 labels 设置每个数据点的样式 mk1 和颜色 cs1，以便在散点图中区分每个簇；最后调用 pyplot 的 scatter 函数进行原始数据点及质心的绘制。打开 Jupyter Notebook，创建新的 Python 代码文档，输入以上代码并运行。

【运行结果】

如图 16-15 所示。

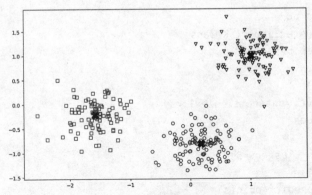

图 16-15 K-Means 聚类结果的图形展示

【结果说明】

在图 16-15 中，原始数据点被合理地分成了 3 个簇，这 3 个簇分别以 "□""○""△"代表的点来表示；3 个簇的质心分别以 "×"型的标记进行表示。

2. 显示 *K* 值对聚类结果的影响

在 K-Means 聚类中，不同的 *K* 值对聚类结果的影响很大。

【例 16.5】 读取 datasets/seeds.csv 文件中的数据，采用不同的 *K* 值对样本数据进行聚类，并分别计算不同聚类结果的 intertias 值。

【代码如下】

```
#16-7.py

import pandas as pd
from sklearn.cluster import KMeans
import matplotlib.pyplot as plt

seeds_df = pd.read_csv('./datasets/seeds.csv')
#print(seeds_df.grain_variety.value_counts())
varieties = list(seeds_df['grain_variety'])
del seeds_df['grain_variety']
seeds_df.head()

samples = seeds_df.values
#print(len(samples))
ks = range(1, 6)
inertias = []

for k in ks:
    # Create a KMeans instance with k clusters: model
    model = KMeans(n_clusters=k)
    # Fit model to samples
    model.fit(samples)
    # Append the inertia to the list of inertias
    inertias.append(model.inertia_)

plt.figure(figsize=(10,6),dpi=80)
plt.subplot(111)
# Plot ks vs inertias
plt.plot(ks, inertias, '-o')
plt.xlabel('number of clusters, k')
plt.ylabel('inertia')
plt.xticks(ks)
plt.show()
```

上述代码中，从文件 seeds.csv 读入数据集（与 16.2 节相比，这个数据集更全，包含 210 条数据；其中 grain_variety 是类别标识，一共包含 Kama wheat、Rosa wheat、Canadian wheat 这 3 个类别，每个类别 70 条数据）；然后删除类别标识列，去掉列头，得到待聚类的数据 samples；依次设置 K=1，2，3，4，5，分别进行 K-Means 聚类。对每一个聚类结果，分别计算样本数据点到所属簇的质心的距离总和 interias，并绘制折线图。打开 Jupyter Notebook，创建新的 Python 代码文档，输入以上代码并运行。

【运行结果】

如图 16-16 所示。

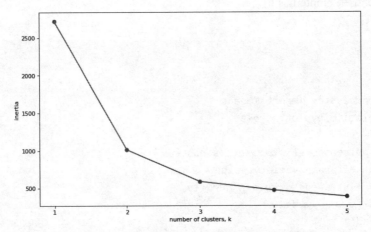

图 16-16 不同 K 值对 K-Means 聚类结果的影响

【结果说明】

从图中可以看出，对于 seeds 数据集，随着 K 值的增大，聚类结果拥有更小的 interias 指标，其结果更具有合理性。

3. 使用 sklearn.pipeline 模块中的 make_pipeline 简化操作

Pyhton 的机器学习库 sklearn 的 pipeline 模块提供了管道操作 make_pipeline，可以将数据的预处理、聚类计算进行组合处理，简化聚类的操作过程。

【例 16.6】通过机器学习库 sklearn 的 pipeline 模块，对数据集 datasets/fish.csv 进行快速聚类。首先读入要用到的数据集。

【代码如下】

```python
#16-8.py

import pandas as pd

df = pd.read_csv('./datasets/fish.csv')
species = list(df['species'])
del df['species']
df.head()
```

上述代码通过 pandas 读入 fish.csv 中的数据集，并去除了 species 类别标识。打开 Jupyter Notebook，创建新的 Python 代码文档，输入以上代码并运行。

【运行结果】

如图 16-17 所示。

	weight	length1	length2	length3	height	width
0	242.0	23.2	25.4	30.0	38.4	13.4
1	290.0	24.0	26.3	31.2	40.0	13.8
2	340.0	23.9	26.5	31.1	39.8	15.1
3	363.0	26.3	29.0	33.5	38.0	13.3
4	430.0	26.5	29.0	34.0	36.6	15.1

图 16-17 待聚类的 fish 数据集结构

【结果说明】

从图 16-17 中看到，fish 数据集包含有 weight、length、height、width 等属性。该数据集中包含 Bream、Roach、Pike、Smelt 共 4 种鱼类的数据，每种的鱼类的数目分别是 34、20、17、14。

下面通过 pipeline 模块，组合调用数据预处理、数据聚类等操作，实现数据的聚类。

【代码如下】

```
#16-9.py

from sklearn.pipeline import make_pipeline
from sklearn.preprocessing import StandardScaler
from sklearn.cluster import KMeans

samples = df.values
scaler = StandardScaler()
kmeans = KMeans(n_clusters=4)

pipeline = make_pipeline(scaler, kmeans)
pipeline.fit(samples)

labels = pipeline.predict(samples)
df = pd.DataFrame({'labels': labels, 'species': species})
ct = pd.crosstab(df['labels'], df['species'])
ct
```

在上述代码中，首先从 DataFrame 对象中获得聚类数据集 samples，然后构建数据标准化器 scaler，以便对原始数据进行标准化；接着设置参数 $K=4$，构建 K-Means 聚类模型，通过 make_pipeline 组合操作对数据集进行聚类，并预测数据点所属的簇；最后通过 pandas 的 crosstab 输出聚类的结果。以上代码要共享 16-8.py 中的变量及上下文环境，因此，需要在已打开的 Jupyter Notebook 中插入新的代码单元，输入上述代码并运行。

【运行结果】

如图 16-18 所示。

species labels	Bream	Pike	Roach	Smelt
0	33	0	1	0
1	0	0	0	13
2	0	17	0	0
3	1	0	19	1

图 16-18 fish 数据集的 K-Means 聚类结果

【结果说明】

如图 16-18 所示，数据集被聚类成 4 个簇，聚类结果基本与原始数据集中类别标识 species 吻合。

16.4 DBSCAN 聚类

DBSCAN（Density-Based Spatial Clustering of Applications with Noise）聚类是基于密度的一种聚类方法。下面首先介绍 DBSCAN 聚类的基本原理，然后介绍 DBSCAN 的算法流程，最后介绍应用 Python 进行 DBSCAN 聚类的实例。

16.4.1 DBSCAN 聚类原理

DBSCAN 的主要思想是将数据点的分布看成是连续的。数据点分布密集的区域，拥有较高的密度；数据点分布稀疏的区域，拥有较低的密度；在数据集中寻找被低密度区域分离的高密度区域，这些高密度的点集就形成了聚类。根据这种思想，DBSCAN 采用一种基于中心的密度策略，将所有的数据点分成密度高的核心点、密度较低但靠近核心点的边界点以及密度较低且距离核心点较远的噪声点 3 种，核心点与对应的边界点形成具体的簇，而噪声点则被丢弃。下面首先介绍一些基本概念。

（1）Eps- 邻域

根据用户设定的 Eps 数值，以某个数据点为圆心，以 Eps 的值为半径，形成的一个邻域。当数据点是二维时，Eps- 邻域是一个圆形区域。Eps 的取值对 DBSCAN 聚类算法影响很大。

（2）MinPts 阈值

度量 Eps- 邻域内数据点数量的一个阈值。对于二维的数据集而言，一般取 MinPts=4。

（3）核心点

在数据点的 Eps- 邻域中，如果数据点的数量不小于 MinPts，则该数据点被称为核心点。

（4）边界点

数据点的 Eps- 邻域中，数据点的数量小于 MinPts，但是该点的 Eps- 邻域内至少有一个点是核心点或该点落在某个核心点的 Eps- 邻域内，则该数据点称为边界点。

（5）噪声点

数据点的 Eps- 邻域中，数据点的数量小于 MinPts，但该点不是边界点，即该点的 Eps- 邻域内没有任何一个核心点，则称该点为噪声点。

核心点、边界点与噪声点之间的关系如下图所示。

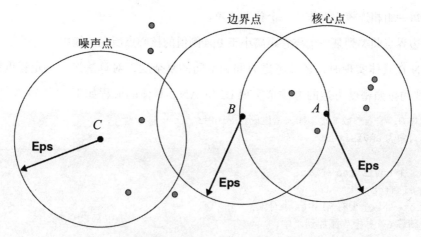

图 16-19 核心点、边界点与噪声点

图 16-19 中，MinPts=5，Eps 如图所示，A 点邻域包含 4 个以上数据点，因此 A 点是核心点；B 点的邻域内不足 4 个数据点，但 B 点落在核心点 A 的邻域内，所以 B 点是边界点；C 点的邻域内不足 4 个数据点，而且没有核心点，所以 C 点是噪声点。

（6）直接密度可达

某点 p 在点 q 的 Eps- 领域内，且 q 是核心点，则 q-p 直接密度可达。

（7）密度可达

若有一个点的序列 q_0，q_1，q_2，$\cdots$，q_k，对任意的 q_i-q_{i+1} 是直接密度可达的，则称 q_0-q_1 密度可达。这实际上是从核心点出发的直接密度可达的传播。

（8）密度相连

若从某核心点 p 出发，点 q 与点 k 都是密度可达的，则称 q 与 k 密度相连。

DBSCAN 聚类算法的工作流程就是从某个核心点出发，找到所有直接密度可达、密度可达的点将其归到某一个簇中，然后再向某一个未聚类的核心点出发，按照密度可达的方法形成新的簇，直至所有除了噪声点之外的点都加入已产生的簇中。

16.4.2 DBSCAN 聚类算法流程

按照核心点、边界点与噪声点的划分方法，DBSCAN 聚类算法的流程可以描述为以下几个步骤。

（1）将所有的数据点分为核心点、边界点和噪声点 3 类。

（2）去除所有噪声点。

（3）连接所有距离小于 Eps 阈值的核心点。

（4）将每一组相连核心点作为一个独立的簇。

（5）将边界点归类到某一个与它距离小于 Eps 阈值的核心点所在的簇中。

DBSCAN 在具体实现时，还要考虑时间和空间的复杂度，对算法进行一定程度的优化，这就是上文提到的按照密度可达的方法来实现 DBSCAN。具体的流程如下。

```
输入数据集 D；输入参数 Eps；输入密度阈值 MinPts；
标记所有对象为 unvisited；
Do；
随机选择一个 unvisited 对象 p；
标记 p 为 visited；
If  p 的 Eps- 邻域至少有 MinPts 个对象；
创建一个新簇 C，并把 p 添加到 C 中；
令 N 为 p 的 Eps- 邻域中的对象集合；
For N 中每个点 p′；
If p′是 unvisited；
标记 p′为 visited；
If p′的 Eps- 邻域至少有 MinPts 个对象，把这些对象加到 N；
如果 p′还不是任何簇的成员，把 p′添加到 C；
End If；
End For；
输出 C；
Else  标记 p 为噪声点；
End If；
Until 没有标记为 unvisited 的对象。
```

上述流程接受待聚类的数据集 D 与预先设定的 Eps 和 MinPts，最后输出聚类形成的多个簇。

根据 DBSCAN 的算法流程，容易知道 DBSCAN 有如下优点。

（1）不需要事先指定簇的个数。原始数据分成多少个簇，是由算法根据数据点的特性生成的。

（2）可以发现任意形状的簇。算法采用密度可达的方法，逐步对簇进行扩展，因此对簇的形状没有要求。这一点是 K-Means 算法所不具备的。

（3）擅长发现离群点（异常点）。异常点在 DBSCAN 中实际上被判定为噪声点，不归入任何一个簇，也不会影响最终结果。但在其他算法中，如层次聚类、K-Means 中，离群点会被当做正常数据点来看待，会对聚类结果产生不良的影响。

当然，DBSCAN 也有一些缺点。

（1）参数选择困难。DBSCAN 的参数对结果的影响很大，目前参数选择没有特别有效的方法。当然，聚类方法属于无监督分类，所有涉及的参数选择都会很困难。

（2）效率相对较低。DBSCAN 算法需要对每个数据点的邻域中的点进行计算，局部区域内数据点之间的距离要重复计算比对多次，降低了算法效率。

（3）对于高维数据集，效率相对较低，参数选择难度大。

16.4.3 DBSCAN 聚类实例

Python 的函数库 NumPy、pandas、sklearn、Matplotlib 提供了对 DBSCAN 聚类算法的数据预处理、聚类计算、图形绘制支持。

DBSCAN 可以对一些相连的不规则数据集进行很好的聚类，为了说明 DBSCAN 的特性及使用方法，这里使用 sklearn 生成的数据集进行聚类演示。

【例 16.7】调用 sklearn 库中的函数生成一个不规则的数据集，然后进行 DBSCAN 聚类。

【代码如下】

```
#16-10.py

import numpy as np
import matplotlib.pyplot as plt
from sklearn import datasets
from sklearn.cluster import DBSCAN
from collections import  Counter
%matplotlib inline


plt.figure(figsize=(12,8),dpi=100)
#Generate the Data Source with sklearn
X1, _=datasets.make_moons(n_samples=500, noise=.05)
X2, _ = datasets.make_blobs(n_samples=100, n_features=2, centers=[[1.2,1.2]],
                            cluster_std=[[.1]],random_state=9)
X = np.concatenate((X1, X2))

#colors and markers for the scatter graph
colors=['black','green','yellow','brown','blue','orange','red']
markers=['o',',','v','^','<','>','x']

#Graph for the Data Source
```

```
p11=plt.subplot(221)
p11.set_title('Data Source Graph')
plt.scatter(X[:, 0], X[:, 1],c=colors[0], marker=markers[0])

#Graph for the clustering with default params
p12=plt.subplot(222)
p12.set_title('Clustering BY DB with Defaut params')
y_pred = DBSCAN().fit_predict(X)
for x,y,i in zip(X[:,0],X[:,1],y_pred):
    plt.scatter(x,y,c=colors[i],marker=markers[i])

#Graph for the clustering with specified params
p21=plt.subplot(223)
p21.set_title('Clustering BY DB with Eps=0.1')
y_pred = DBSCAN(eps = 0.10, min_samples = 10).fit_predict(X)
#print(Counter(y_pred))
for x,y,i in zip(X[:,0],X[:,1],y_pred):
    plt.scatter(x,y,c=colors[i],marker=markers[i])

#Graph for the clustering with specified params
p22=plt.subplot(224)
p22.set_title('Clustering BY DB with Eps=0.12')
y_pred = DBSCAN(eps = 0.12, min_samples = 10).fit_predict(X)
#print(Counter(y_pred))
for x,y,i in zip(X[:,0],X[:,1],y_pred):
    plt.scatter(x,y,c=colors[i],marker=markers[i])

plt.show()
```

上述代码中，首先引入要用到的各种类库，其中，DBSCAN 用来进行聚类计算，通过 sklearn 库的 datasets 模块的 make_moon 函数和 make_blobs 函数创建两个用于聚类演示的数据集。创建散点图中用于区别不同簇的点的不同颜色与形状，这里默认设为 7 种，除最后一种表示异常点之外，最多支持 6 种不同类的簇，如果簇的种类多于 6 种，需要增加颜色与形状的类别。将绘图区域分成 2×2 的 4 个子图，调用 pyplot 的 subplot 函数依次绘制每一个子图。首先绘制原始数据的散点图；接着以默认参数创建 DBSCAN 对象，并执行聚类操作 fit_predict，然后绘制聚类结果的散点图；以 eps=0.1，min_samples=10（eps 即前文的邻域半径 Eps，min_samples 即前文的 MinPts）创建 DBSCAN 对象，执行聚类，绘制聚类结果的散点图；以 eps=0.12，min_samples=10 创建 DBSCAN 对象，执行聚类，绘制聚类结果的散点图。打开 Jupyter Notebook，创建新的 Python 代码文档，输入以上代码并运行。

【运行结果】

如图 16-20 所示。

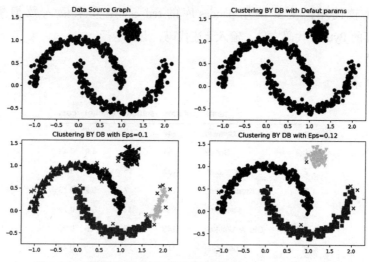

图 16-20 原始数据点及不同参数的 DBSCAN 聚类结果

【结果说明】

图 16-20 中，左上子图是原始数据点的散点图，可见所有的数据点基本分成 3 个簇。右上子图是使用默认参数进行的 DBSCAN 聚类结果，函数库默认 eps=0.5，min_samples=5；eps 取值过大，所有的原始数据点被聚成一类。左下子图是使用自定义参数 eps=0.1，min_samples=10 进行的 DBSCAN 聚类结果，此时原始数据点被聚成 5 类，"×"型数据点表示噪声点；eps 略小，导致本应该聚成一簇的数据点被分成了两簇。右下子图是使用自定义参数 eps=0.12, min_samples=10 进行的 DBSCAN 聚类结果，此时原始数据点被聚成 3 类，"×"型数据点表示噪声点，聚类结果符合我们的预判。

 16.5 综合实例——聚类分析

本节用 K-Means 算法和 DBSCAN 算法分析一个有关啤酒的数据集。该数据集以文本形式保存在文件"data.txt"中。首先用 pandas 读入和预处理数据，然后调用 sklearn 库对数据分别进行 K-Means 聚类和 DBSCAN 聚类，并对聚类结果进行分析，调用 pandas 和 Matplotlib 的绘图函数进行聚类结果显示。

（1）数据集读入及预处理

通过 pandas 读入数据集，并输出数据集的内容。

【代码如下】

```
# beer dataset
import pandas as pd
beer = pd.read_csv('data.txt', sep=' ')
beer
```

上述代码比较简单，主要调用 pandas 库的 red_csv 函数来读入数据集。打开 Jupyter Notebook，创建新的 Python 代码文件，输入上述代码，点击运行。

【运行结果】

如图 16-21 所示。

	name	calories	sodium	alcohol	cost
0	Budweiser	144	15	4.7	0.43
1	Schlitz	151	19	4.9	0.43
2	Lowenbrau	157	15	0.9	0.48
3	Kronenbourg	170	7	5.2	0.73
4	Heineken	152	11	5.0	0.77
5	Old_Milwaukee	145	23	4.6	0.28
6	Augsberger	175	24	5.5	0.40
7	Srohs_Bohemian_Style	149	27	4.7	0.42
8	Miller_Lite	99	10	4.3	0.43
9	Budweiser_Light	113	8	3.7	0.40
10	Coors	140	18	4.6	0.44
11	Coors_Light	102	15	4.1	0.46
12	Michelob_Light	135	11	4.2	0.50
13	Becks	150	19	4.7	0.76
14	Kirin	149	6	5.0	0.79
15	Pabst_Extra_Light	68	15	2.3	0.38
16	Hamms	139	19	4.4	0.43
17	Heilemans_Old_Style	144	24	4.9	0.43
18	Olympia_Goled_Light	72	6	2.9	0.46
19	Schlitz_Light	97	7	4.2	0.47

图 16-21 啤酒数据集

【结果说明】

图 16-21 展示了啤酒数据集的基本内容（代码输出的数据集是表格形式，由于排版格式问题，这里用图片进行展示），包含 name、calories、sodium、alcohol、cost 等共 5 列，20 行数据。

对上述数据集进行聚类时，需要去除文本数据列 name，可以通过 Python 编程进行列表操作。

【代码如下】

```
X = beer[["calories","sodium","alcohol","cost"]]
```

在 Jupyter Notebook 中插入代码单元，输入上述语句并执行，获得待聚类的数据集。

（2）K-Means 聚类

调用 sklearn 库，对上述数据集进行 K-Means 聚类。

【代码如下】

```
from sklearn.cluster import KMeans
km2 = KMeans(n_clusters=2).fit(X)
```

```
km3 = KMeans(n_clusters=3).fit(X)
beer['cluster2'] = km2.labels_
beer['cluster3'] = km3.labels_
beer.sort_values('cluster2')
```

上述代码首先引入 sklearn 库，分别以 *K*=2、*K*=3 构造 K-Means 模型进行聚类，并将聚类结果并入 beer 数据集中。在 Jupyter Notebook 中插入代码单元，输入上述代码并运行。

【运行结果】

如图 16-22 所示。

	name	calories	sodium	alcohol	cost	cluster2	cluster3
0	Budweiser	144	15	4.7	0.43	0	0
1	Schlitz	151	19	4.9	0.43	0	0
2	Lowenbrau	157	15	0.9	0.48	0	0
3	Kronenbourg	170	7	5.2	0.73	0	0
4	Heineken	152	11	5.0	0.77	0	0
5	Old_Milwaukee	145	23	4.6	0.28	0	0
6	Augsberger	175	24	5.5	0.40	0	0
7	Srohs_Bohemian_Style	149	27	4.7	0.42	0	0
17	Heilemans_Old_Style	144	24	4.9	0.43	0	0
16	Hamms	139	19	4.4	0.43	0	0
10	Coors	140	18	4.6	0.44	0	0
12	Michelob_Light	135	11	4.2	0.50	0	0
13	Becks	150	19	4.7	0.76	0	0
14	Kirin	149	6	5.0	0.79	0	0
15	Pabst_Extra_Light	68	15	2.3	0.38	1	1
9	Budweiser_Light	113	8	3.7	0.40	1	2
18	Olympia_Goled_Light	72	6	2.9	0.46	1	1
8	Miller_Lite	99	10	4.3	0.43	1	2
11	Coors_Light	102	15	4.1	0.46	1	2
19	Schlitz_Light	97	7	4.2	0.47	1	2

图 16-22 啤酒数据的 K-Means 聚类结果

【结果说明】

从图 16-22 中可以看到 *K*=2、*K*=3 时的聚类结果，*K*=2 的聚类结果相当于将 *K*=3 时的聚类结果中的簇 1、簇 2 聚合成了一类。

下面还可以对聚类结果进一步分析，观察不同簇之间的区别。

（3）聚类结果分析

通过 pandas 提供的函数，对每个簇求其平均值，观察簇之间的区别。

【代码如下】

```
beer.groupby("cluster2").mean()
```

上述代码通过 groupby 和 mean 函数，求出了 *K*=2 时每一簇的平均值。在 Jupyter Notebook 中插入新的代码单元，输入上述代码并运行。

【运行结果】

如图 16-23 所示。

	calories	sodium	alcohol	cost	cluster3
cluster2					
0	150.000000	17.000000	4.521429	0.520714	0.000000
1	91.833333	10.166667	3.583333	0.433333	1.666667

图 16-23 每一簇的平均值（$K=2$）

【结果说明】

从图 16-23 中，可以看到 calories 属性均值较大，而且簇间的差距较大，其在聚类中对距离的贡献最大。

同理，可以求出 $K=3$ 时每一簇的平均值。

【代码如下】

```
beer.groupby("cluster3").mean()
```

在 Jupyter Notebook 中输入并执行上述代码。

【运行结果】

如图 16-24 所示。

	calories	sodium	alcohol	cost	cluster2
cluster3					
0	150.00	17.0	4.521429	0.520714	0
1	70.00	10.5	2.600000	0.420000	1
2	102.75	10.0	4.075000	0.440000	1

图 16-24 每一簇的平均值（$K=3$）

【结果说明】

从图 16-24 中可以看出，calories 属性在聚类中对距离贡献最大，而且簇 1 和簇 2 之间也有较大的距离。

（4）聚类结果的图形显示

对于多维数据集，可以选取其中两维，在平面图形中以散点图的形式展示聚类结果。

【代码如下】

```
import matplotlib.pyplot as plt
import numpy as np
from pandas.plotting import scatter_matrix
%matplotlib inline

#plotting clustering result with K=3 axies by Caloires*Alcohol
plt.rcParams['font.size'] = 14
plt.rcParams['figure.figsize'] = (10,6)
centers = beer.groupby("cluster3").mean().reset_index()
colors = np.array(['red', 'green', 'blue', 'yellow'])
```

```
markers= np.array(['o', ',', 'v', '^'])
for x,y,cr,mr in zip(beer["calories"], beer["alcohol"],colors[beer["cluster3"]], \
                     markers[beer["cluster3"]]):
    plt.scatter(x,y,c=cr,marker=mr)
plt.scatter(centers.calories, centers.alcohol, linewidths=3, marker='+', \
            s=300, c='black')
plt.xlabel("Calories")
plt.ylabel("Alcohol")
plt.title('Clustering Result with K=3')

#scatter matrix with K=2
scatter_matrix(beer[["calories","sodium","alcohol","cost"]],s=100, alpha=1,
               c=colors[beer["cluster2"]], figsize=(10,10))
plt.suptitle("With 2 centroids initialized",x=0.5,y=0.92)

#scatter matrix with K=3
scatter_matrix(beer[["calories","sodium","alcohol","cost"]],s=100, alpha=1, \
               c=colors[beer["cluster3"]], figsize=(10,10))
plt.suptitle("With 3 centroids initialized",x=0.5,y=0.92)
```

上述代码中，首先选择 K=3 的聚类结果中的 Calories 属性、Alcohol 属性进行散点图的绘制。通过 pandas 的 groupby 函数及 mean 函数求出每一簇的中心，设置每一簇中点的颜色及点的形状，然后通过循环来绘制每一个数据点，不同簇以数据点不同的颜色和形状来区分，最后绘制每一簇的中心点。

如上述代码所示，对于多维数据聚类结果的显示，还可以用 pandas 中的 scatter_matrix 函数批量显示任意两维之间的聚类结果。调用 scatter_matrix 函数时，需要批量传入要显示的维度（属性）、颜色等信息。

上述代码用到了前文的数据集及聚类结果，共享前文代码的上下文环境。在 Jupyter Notebook 中插入代码单元，输入上述代码并运行，其输出结果以 3 张子图进行显示，限于版面，此处将 3 张图分别独立显示。

【运行结果】

如图 16-25、图 16-26、图 16-27 所示。

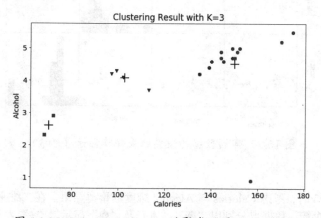

图 16-25　Calories×Alcohol 的聚类结果显示（K=3）

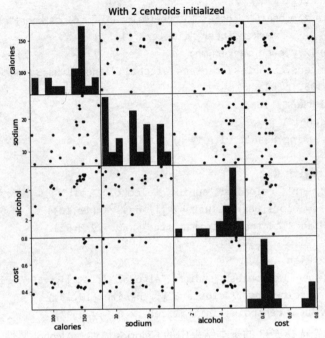

图 16-26 啤酒数据的聚类结果矩阵显示（K=2）

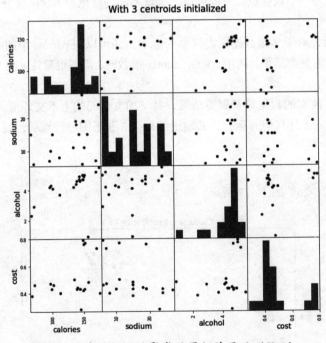

图 16-27 啤酒数据的聚类结果矩阵显示（K=3）

【结果说明】

图 16-25 显示 K=3 时，考虑 Calories 与 Alcohol 维度的聚类结果。在二维平面中，可以看到数据被很多好地分成了 3 个簇，数据点分别以 "■" "▲" 及 "●" 显示，"+" 表示每个簇的中心点。

图 16-26 显示了 $K=2$ 时的啤酒数据聚类结果。每一个方格中，显示的行、列标识对应属性维度下的聚类结果，不同簇的数据点用不同的颜色表示，对角线上的方格则显示了每个属性值分布的柱状图。从图中看到，在大部分属性之间，聚类结果的区分度还是比较明显的。

图 16-27 显示了 $K=3$ 时啤酒数据聚类结果。相对 $K=2$，数据的区分度更加明显。

（5）数据经标准化之后的聚类分析

观察啤酒数据集的各个属性列，不同属性列中值的取值范围变化很大，甚至同一属性列的平均值在不同簇之间差别也很大，这说明了不同属性列在聚类算法中占的权重是不同的。这种权重分配，可能是数据集的潜在要求，也可能是数据集中的一些不合理成分导致的。因此，有必要在聚类时对数据进行归一化或标准化变换。前文在层次聚类实例中介绍了一种按照 p 范数对每个数据样本进行 normalize 归一化操作，这里再介绍一种数据标准化操作，其主要思想也是将不同属性列的数据取值缩放到同一范围内。sklearn 库的 StandardScaler 模型提供了一种数据标准化方法，主要用于数据列的变换。

$$z = \frac{x - \mu}{s} \tag{16-12}$$

公式（16-12）中，x 表示待标准化的数据，μ 表示数据的均值，s 表示数据的标准差。首先对上文用到的啤酒数据进行标准化。

【代码如下】

```python
from sklearn.preprocessing import StandardScaler
scaler = StandardScaler()
X_scaled = scaler.fit_transform(X)
print(X_scaled)
```

在上述代码中，首先引入 sklearn 库，然后构建标准化模型 StandardScaler，最后对数据集 X 进行变换。在 Jupyter Notebook 中插入新的代码单元，输入上述代码并运行。

【运行结果】

```
[[ 0.38791334  0.00779468  0.43380786 -0.45682969]
 [ 0.6250656   0.63136906  0.62241997 -0.45682969]
 [ 0.82833896  0.00779468 -3.14982226 -0.10269815]
 [ 1.26876459 -1.23935408  0.90533814  1.66795955]
 [ 0.65894449 -0.6157797   0.71672602  1.95126478]
 [ 0.42179223  1.25494344  0.3395018  -1.5192243 ]
 [ 1.43815906  1.41083704  1.1882563  -0.66930861]
 [ 0.55730781  1.87851782  0.43380786 -0.52765599]
 [-1.1366369  -0.7716733   0.05658363 -0.45682969]
 [-0.66233238 -1.08346049 -0.5092527  -0.66930861]
 [ 0.25239776  0.47547547  0.3395018  -0.38600338]
 [-1.03500022  0.00779468 -0.13202848 -0.24435076]
 [ 0.08300329 -0.6157797  -0.03772242  0.03895447]
 [ 0.59118671  0.63136906  0.43380786  1.88043848]]
```

```
[ 0.55730781 −1.39524768  0.71672602  2.0929174 ]
[−2.18688263  0.00779468 −1.82953748 −0.81096123]
[ 0.21851887  0.63136906  0.15088969 −0.45682969]
[ 0.38791334  1.41083704  0.62241997 −0.45682969]
[−2.05136705 −1.39524768 −1.26370115 −0.24435076]
[−1.20439469 −1.23935408 −0.03772242 −0.17352445]]
```

【结果说明】

上面的数据是每列数据标准化之后的数据集，大部分数据都在−2~2，数据范围基本一致。

下面对标准化后的数据重新进行 K-Means 聚类。

【代码如下】

```
km = KMeans(n_clusters=3).fit(X_scaled)
beer["scaled_cluster"] = km.labels_
beer.sort_values("scaled_cluster")
```

上述代码以 *K*=3 构建 K-Means 模型，对标准化之后的数据进行聚类。在 Jupyter Notebook 中
输入上述代码并运行。

【运行结果】

如图 16-28 所示。

	name	calories	sodium	alcohol	cost	cluster2	cluster3	scaled_cluster
9	Budweiser_Light	113	8	3.7	0.40	1	0	0
15	Pabst_Extra_Light	68	15	2.3	0.38	1	2	0
12	Michelob_Light	135	11	4.2	0.50	0	1	0
11	Coors_Light	102	15	4.1	0.46	1	0	0
18	Olympia_Goled_Light	72	6	2.9	0.46	1	2	0
8	Miller_Lite	99	10	4.3	0.43	1	0	0
19	Schlitz_Light	97	7	4.2	0.47	1	0	0
2	Lowenbrau	157	15	0.9	0.48	0	1	0
7	Srohs_Bohemian_Style	149	27	4.7	0.42	0	1	1
5	Old_Milwaukee	145	23	4.6	0.28	0	1	1
10	Coors	140	18	4.6	0.44	0	1	1
1	Schlitz	151	19	4.9	0.43	0	1	1
16	Hamms	139	19	4.4	0.43	0	1	1
17	Heilemans_Old_Style	144	24	4.9	0.43	0	1	1
6	Augsberger	175	24	5.5	0.40	0	1	1
0	Budweiser	144	15	4.7	0.43	0	1	1
4	Heineken	152	11	5.0	0.77	0	1	2
3	Kronenbourg	170	7	5.2	0.73	0	1	2
13	Becks	150	19	4.7	0.76	0	1	2
14	Kirin	149	6	5.0	0.79	0	1	2

图 16-28 标准化后的啤酒数据的聚类结果

【结果说明】

从图 16-28 中可以看到，通过标准化，改变了数据集属性列的权重，因此聚类结果与未标准化
的数据相比有较大的出入。

可以通过每一簇的平均值，来观察一下聚类结果的特征。

【代码如下】

```
beer.groupby("scaled_cluster").mean()
```

在 Jupyter Notebook 中输入上述代码并运行，输出每一簇的平均值。

【运行结果】

如图 16-29 所示。

scaled_cluster	calories	sodium	alcohol	cost	cluster2	cluster3
0	105.375	10.875	3.3250	0.4475	0.75	0.75
1	148.375	21.125	4.7875	0.4075	0.00	1.00
2	155.250	10.750	4.9750	0.7625	0.00	1.00

图 16-29 标准化数据聚类后每一簇的平均值（$K=3$）

【结果说明】

图 16-29 是标准化数据后每一簇的平均值。从图中可以看到，簇 1 和簇 2 的均值在原始数据中差异并不显著，所以这两个簇在上文的聚类中被归为一类。可见，通过标准化可以改变聚类的结果。

下面看一下数据标准化之后的散列矩阵显示。

【代码如下】

```
scatter_matrix(X, c=colors[beer.scaled_cluster], alpha=1, figsize=(10,10), s=100)
```

在 Jupyter Notebook 中输入上述代码并运行，显示标准化啤酒数据的 K-Means 聚类结果的散列矩阵结果。

【运行结果】

如图 16-30 所示。

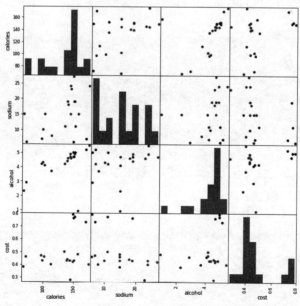

图 16-30 标准化啤酒数据的聚类结果矩阵显示（$K=3$）

【结果说明】

对比图 16-26 和图 16-27，发现图 16-30 对数据的区分度并不明显。对数据的标准化操作，不一定会使数据的聚类结果更加有效。下面通过聚类评估系数来评估聚类结果。

（6）聚类结果评估

有很多指标都可以用来对聚类结果进行评估，如 16.3 节中用到的 intertias 系数，这里用轮廓系数对聚类结果进行评估。轮廓系数在 16.3 节有定义，sklearn 中提供了 silhouette_score 函数可以直接用来计算轮廓系数。

【代码如下】

```
from sklearn import metrics
score_scaled = metrics.silhouette_score(X,beer.scaled_cluster)
score = metrics.silhouette_score(X,beer.cluster3)
print(score_scaled, score)
```

在上述代码中，调用 sklearn.metrics 模块中的 silhouette_score 函数，传入数据集及聚类结果，计算轮廓系数。在 Jupyter Notebook 中运行上述代码。

【运行结果】

```
0.1797806808940007 0.6731775046455796
```

【结果说明】

从输出结果中看到，未标准化的数据反而有更大的轮廓系数和更准确的聚类结果。这说明，数据集在聚类过程中，某些数据列具有更高的权值，这可能是数据本身的要求。

（7）通过轮廓系数来确定 K-Means 聚类参数

轮廓系数可以对聚类结果进行评价，因此可以通过轮廓系数之间的比较，来确定最优的 K 值。

【代码如下】

```
scores = []
for k in range(2,20):
    labels = KMeans(n_clusters=k).fit(X).labels_
    score = metrics.silhouette_score(X, labels)
    scores.append(score)


scores
```

上述代码中，在 2~20 持续变化 K 值，对同一数据集进行 K-Means 聚类，并计算轮廓系数。在 Jupyter Notebook 中运行上述代码。

【运行结果】

```
[0.6917656034079486,
 0.6731775046455796,
 0.5857040721127795,
 0.422548733517202,
 0.4559182167013377,
 0.43776116697963124,
```

```
 0.38946337473125997,
 0.39746405172426014,
 0.3915697409245163,
 0.3413109618039333,
 0.3459775237127248,
 0.31221439248428434,
 0.30707782144770296,
 0.31834561839139497,
 0.2849514001174898,
 0.23498077333071996,
 0.1588091017496281,
 0.08423051380151177]
```

【结果说明】

上述结果显示了不同 K 值时的轮廓系数。可见随着 K 值的增加，轮廓系数在不断变小，聚类效果变差。

可以将聚类结果的这种变化用图形的方式展示出来。

【代码如下】

```
plt.plot(list(range(2,20)), scores)
plt.xlabel("Number of Clusters Initialized")
plt.ylabel("Sihouette Score")
```

上述代码将不同 K 值时的轮廓系数用折线图的形式表示出来，在 Jupyter Notebook 中运行上述代码。

【运行结果】

如图 16-31 所示。

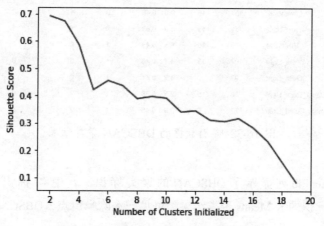

图 16-31 不同 K 值的轮廓系数折线图

【结果说明】

从图 16-31 中可以看到，K 值与轮廓系数基本上呈相反的变化趋势。在 K=2 时，聚类结果拥有最大的轮廓系数。这可以作为 K-Means 聚类时选择 K 值的一个依据。

（8）DBSCAN 聚类

可以对啤酒数据集进行 DBSCAN 聚类。

【代码如下】

```
from sklearn.cluster import DBSCAN
db = DBSCAN(eps=10, min_samples=2).fit(X)
labels = db.labels_
beer['cluster_db'] = labels
beer.sort_values('cluster_db')
```

上述代码首先引入 sklearn 中的聚类模型 DBSCAN，然后以 Eps=10，MinPts=2 为参数构造 DBSCAN 对象，调用 fit 方法进行聚类计算。在 Jupyter Notebook 中运行上述代码。

【运行结果】

如图 16-32 所示。

	name	calories	sodium	alcohol	cost	cluster2	cluster3	scaled_cluster	cluster_db
9	Budweiser_Light	113	8	3.7	0.40	1	0	0	-1
3	Kronenbourg	170	7	5.2	0.73	0	1	2	-1
6	Augsberger	175	24	5.5	0.40	0	1	1	-1
17	Heilemans_Old_Style	144	24	4.9	0.43	0	1	1	0
16	Hamms	139	19	4.4	0.43	0	1	1	0
14	Kirin	149	6	5.0	0.79	0	1	2	0
13	Becks	150	19	4.7	0.76	0	1	2	0
12	Michelob_Light	135	11	4.2	0.50	0	1	0	0
10	Coors	140	18	4.6	0.44	0	1	1	0
0	Budweiser	144	15	4.7	0.43	0	1	1	0
7	Srohs_Bohemian_Style	149	27	4.7	0.42	0	1	1	0
5	Old_Milwaukee	145	23	4.6	0.28	0	1	1	0
4	Heineken	152	11	5.0	0.77	0	1	2	0
2	Lowenbrau	157	15	0.9	0.48	0	1	0	0
1	Schlitz	151	19	4.9	0.43	0	1	1	0
8	Miller_Lite	99	10	4.3	0.43	1	0	0	1
11	Coors_Light	102	15	4.1	0.46	1	0	0	1
19	Schlitz_Light	97	7	4.2	0.47	1	0	0	1
15	Pabst_Extra_Light	68	15	2.3	0.38	1	2	0	2
18	Olympia_Goled_Light	72	6	2.9	0.46	1	2	0	2

图 16-32 啤酒数据的 DBSCAN 聚类结果

【结果说明】

图 16-32 中 cluster_db 列显示了 DBSCAN 的聚类标识，其中 -1 标识的是噪声点。对比 cluster2、cluster3 列标识的 K-Means 聚类结果，可见，去除噪声点，DBSCAN 的结果与 K-Means 的聚类结果基本相符。

也可以通过簇的均值分析 DBSCAB 聚类中各属性列的均值。

【代码如下】

```
beer.groupby('cluster_db').mean()
```

在 Jupyter Notebook 中运行上述代码。

【运行结果】

如图 16-33 所示。

cluster_db	calories	sodium	alcohol	cost	cluster2	cluster3	scaled_cluster
-1	152.666667	13.000000	4.800000	0.510000	0.333333	0.666667	1.000000
0	146.250000	17.250000	4.383333	0.513333	0.000000	1.000000	1.083333
1	99.333333	10.666667	4.200000	0.453333	1.000000	0.000000	0.000000
2	70.000000	10.500000	2.600000	0.420000	1.000000	2.000000	0.000000

图 16-33 DBSCAN 聚类结果中簇的均值

【结果说明】

从图 16-33 中可以看到 calories 列的簇均值相对较大，簇间差异也更明显，这表明在 DBSCAN 聚类中，calories 属性对距离的权值较大。

可以通过矩阵的形式来显示 DBSCAN 的聚类结果。

【代码如下】

```
scatter_matrix(X, c=colors[beer.cluster_db], figsize=(10,10), s=100)
```

上述代码调用 scatter_matrix 函数对聚类结果进行矩阵输出。在 Jupyter Notebook 中执行上述代码，聚类结果以矩阵形式的二维散列图输出。

【运行结果】

如图 16-34 所示。

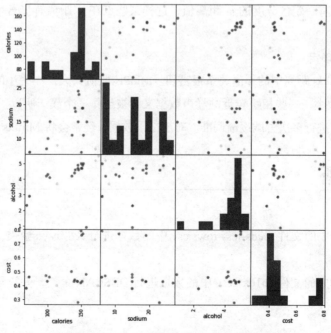

图 16-34 DBSCAN 聚类结果的矩阵散列图

【结果说明】

图 16-34 中，浅色的点是噪声点。去除噪声点之后，可以看到在大多数二维视角下，聚类结果有较好的区分度。

同 K-Means 聚类相同，还可以针对 DBSCAN 聚类进行数据标准化、轮廓系数计算、通过轮廓系数来确定聚类参数等操作，方法基本相同，此处不再赘述。

 16.6　高手点拨

DBSCAN 算法有很多优良的性能，如可以发现任意形状的簇、善于发现离群点（噪声点）等，但 DBSCAN 的参数 Eps 及 MinPts 的选择对聚类结果的影响很大，在实际操作中，可以通过下面的方法来确定参数。

（1）邻域半径 Eps 的确定

要寻找最优 Eps，要先引入如下 k- 距离的概念。

给定数据集 $P=\{P(i); i=0, 1, 2, \cdots, n\}$，计算点 $P(i)$ 到集合 P 中其他点 $P(j)$ 之间的距离，按照从小到大的距离排序，分别记为 $d(1), d(2), d(3), \cdots, d(k), \cdots$，这些距离称为 k- 距离。

k- 距离实质上表示了以其为半径的邻域中，数据点的个数为 k，可以作为 Eps 取值的依据。对于某个簇内部的数据点，如果数据点密度相对较大，而且比较均匀，则 k- 距离一般比较小，或变化不明显；对于某个簇的边界点，如果密度比较小，k- 距离就会有显著的增加。因此，在选择 Eps 时，要尽量选取有一定区分度的 k- 距离值，这样某些点在 k- 距离有显著增加时，会被判断为边界点或噪声点。

（2）MinPts 的确定

MinPts 实质上和 k- 距离中的 k 值关系很密切。MinPts 取值太大，一些小的簇会被误判为噪声数据；MinPts 取值太小，一些相距较近的噪声数据又会被当作一个簇。所以，选择 MinPts 时一般开始取小一些的值，进行多次尝试逐渐调准。对于二维数据，经常会将 MinPts 的值设置为 4。

 16.7　习题

（1）对 16.2 节中的文件 seeds-less-rows.csv 中的数据进行 K-Means 聚类，并以散点图的方式输出数据聚类结果。

（2）对 16.3 节中的文件 ch1ex1.csv 中的数据进行 DBSCAN 聚类，并以散点图的方式输出聚类结果。

第 17 章

贝叶斯分析

经典的概率论对小样本事件并不能进行准确的评估，若要得到相对准确的结论往往需要大量的现场试验，而有些随机事件又无法进行试验，针对这些问题贝叶斯理论能够较好地解决。贝叶斯理论利用已有的先验信息，可以得到分析对象准确的后验分布。如今在日常生活和科学研究中，贝叶斯分析都有广泛的应用。

本章内容主要包括：贝叶斯分析的起源，统计学中两大学派介绍，贝叶斯公式及其基本概念，马尔科夫蒙特卡罗 (Monte Carlo) 随机模拟方法，目前使用广泛的 M-H 采样算法和 Gibbs 采样算法，贝叶斯模型中的 PyMC3 工具包应用案例。

本章主要涉及的知识点

- ♦ 贝叶斯分析概述
- ♦ MCMC 概述
- ♦ MCMC 采样
- ♦ Gibbs 采样

17.1 贝叶斯分析概述

贝叶斯全名为托马斯·贝叶斯 (Thomas Bayes，1701-1761)，是一位业余的数学家，他发现经典的概率论对小样本事件并不能进行准确的评估，若要得到相对准确的结论往往需要大量的现场试验，而有些随机事件无法进行试验，于是贝叶斯引入了一个主观因素（即先验概率），并提出了贝叶斯统计学，但当时不被经典统计理论的学者所认可。直到 20 世纪中期，经典统计学的发展遇到了瓶颈，而贝叶斯统计中利用已有的先验信息，可以得到分析对象准确的后验分布，贝叶斯统计学得到了新的认可，如今在大数据、人工智能和自然语言处理中，贝叶斯统计理论都有广泛的应用。

17.1.1 概率的解释

现在我们站在两个统计学派的角度来深入理解什么是概率。经典统计学认为概率表述的是一件事发生的频率，概率定义为频率的极限，或者说这叫作客观概率。如抛硬币试验时通过大量试验，发现结果基本是一半正面一半反面，因此认为正反面的概率都是 0.5，这体现了经典统计学的思想，概率是基于大量实验而得到。但现实中有些事情我们没办法进行试验，例如今天下雨的概率 50%，某城市下个月发生地震的概率 30%，这些我们无法通过试验来验证；再比如说，如果在赌场外问了 10 个人赢没赢钱，他们都说赢了，按照经典统计学思想，赢钱率是 100%，但这样肯定是不对的。

贝叶斯框架下的概率理论虽然认可经典统计学的概率定义，但它同时把概率理解为人对随机事件发生可能性的一种信念，他认为概率是个人的主观概念，即主观概率，表明我们对某个事物发生的相信程度。两种对于概率的认识区分了经典统计学派（也称频率学派）和贝叶斯学派。

17.1.2 贝叶斯学派与经典统计学派的争论

仅仅基于总体信息和样本信息进行统计推断的统计学理论与方法称为经典统计学，前面我们所讲的概率和数理统计部分属于经典统计学的内容，它的历史悠久，但大发展却是从 19 世纪末到 20 世纪上半叶，由于统计学家皮尔逊、费雪、奈曼等人的杰出工作，经典统计学理论得到了空前的发展，成为当时统计学的主流。到了 20 世纪下半叶，经典统计学已经在工业、农业、医学、经济、金融、管理、军事等领域获得了广泛的应用，并取得了巨大的成功，同时这些领域又不断提出新的统计问题，反过来又促进了经典统计学的进一步发展。经典统计学认为只要进行足够多次的试验，就能推断出隐藏在数据背后的规律，人们完全可以通过直接研究这些样本来推断总体的分布规律。但是随着经典统计学的持续发展与广泛应用，它本身的缺陷与某些方面的矛盾也逐渐暴露出来。

贝叶斯统计学是基于总体信息、样本信息和先验信息进行的统计推断，它注重利用先验信息。例如在一个陌生的地方找餐厅，我们会利用以往积累的经验来提供判断的线索，经验告诉我们，通常那些坐满了客人的餐厅的食物要更美味些，而那些客人寥寥的餐厅可能不怎么样，这就是我们根据先验知识进行的主观判断。

贝叶斯学派认为任意未知量 θ 都可以看作一个随机变量，可以用一个概率分布去描述 θ 的未知状况，并且这个概率最初可以通过主观经验设置。频率学派对此无法接受，他们认为参数应该是一个确定的值而不应该具有随机性。

在贝叶斯统计学诞生后的二百多年里，贝叶斯方法一直没有得到主流学界的认可。直到 1955 年，哈佛大学统计学教授 Fredrick Mosteller 找到芝加哥大学的年轻统计学家 David Wallance，建议他跟自己一起做一个小课题，利用统计学的方法鉴定出《联邦党人文集》的作者身份。该问题的关键是如何分辨作者写作风格的细微差别，并据此判断每篇文章的作者。最终通过以贝叶斯公式为核心的分类算法，在已经确定了作者的文本中，对一些特征词汇的出现频率进行统计，从而确定先验概率；然后再统计这些词汇在那些不确定作者的文本中的出现频率，从而根据词频的差别推断其作者归属。当时这个研究非常成功，解决了萦绕人们心头多年的疑问，并对统计学界产生了极大的震撼。这项研究把贝叶斯公式这个被统计学界禁锢了二百多年的思想释放了出来。

从 20 世纪 80 年代以来，贝叶斯方法在自然语言处理等领域大显身手，向我们展示了一条全新的问题解决路径，并且随着计算机计算能力的不断提高，MCMC 随机模拟等使贝叶斯方法的应用日益增加。

在人们认识事物不全面的情况下，贝叶斯方法是一种很好的利用经验帮助做出更合理判断的方法，至少把概率与统计的研究与应用范围扩大到无法进行大量重复实验的问题中。当然主观概率的确定不是随意的，而是要求当事人对所考察的事件有透彻的了解和丰富的经验，甚至是这一行的专家。

贝叶斯学派和经典统计学派没有好坏之分，关键在于统计方法是否适合该问题的应用场景。数据科学不是偏袒某一方，而是为了找出工作的最佳工具，能否解决实际问题是衡量统计方法优劣的标准，以往的实践证明两个统计学派在各自的应用领域的表现都不错，各有其适用的范围。目前统计学的发展趋势也是根据实际问题的条件和需要来挑选合适的统计方法，甚至综合利用了两种统计方法进行统计推断，取长补短，不断地完善发展。

17.1.3 贝叶斯公式

由第 7 章的概率公式和条件概率，可推得贝叶斯公式。

定义 17.1 设 A 为样本空间 Ω 中的一个事件，$B_1, B_2, \cdots, B_n$ 为 Ω 的一个划分，则：

$$P(B_i \mid A) = \frac{P(A \mid B_i)P(B_i)}{P(A)} = \frac{P(A \mid B_i)P(B_i)}{\sum\limits_{j=1}^{n} P(A \mid B_j)P(B_j)}, \quad i = 1, 2, \cdots, n$$

这里 $P(B_i)$ 称为先验概率，表示人们对事件 $B_1, B_2, \cdots, B_n$ 发生可能性大小的认识，$P(B_i \mid A)$ 称为后验概率，表示在事件 A 发生后，人们对事件 $B_1, B_2, \cdots, B_n$ 发生可能性大小的新认识。

> **提示**　我们可以把事件 A 看成结果，把事件 $B_1, B_2, \cdots, B_n$ 看成导致这一结果的可能原因，贝叶斯公式表示 P（原因 | 结果），即现在结果出现了，哪个 B_i 导致事件 A 发生的可能性大？也就是哪个原因造成结果的可能性最大？这是日常生活和科学研究中经常遇到的问题。

【**例 17.1**】一种诊断癌症的试剂，经临床试验有如下记录。得了这个癌症的人被检测出阳性的概率为 95%，未得这种癌症的人被检测出阴性的概率为 94%，而人群中得这种癌症的概率为 0.5%，一个人被检测出阳性，问这个人得癌症的概率是多少？

解：直观来看，被检查出阳性且得癌症的概率是 90%，想必这个人难以幸免。接下来利用贝叶斯公式进行计算。因为现有结果为阳性，因此设事件 A = "试验反应为阳性"，B_1 = "被诊断者患有癌症"，则 B_2 = "被诊断者不患有癌症"。把 A 看成结果，B 看成导致这一结果的可能原因，即求 $P(B_i \mid A)$。

已知 $P(B_1) = 0.005$，$P(B_2) = 0.995$，$P(A \mid B_1) = 0.95$，$P(A \mid B_2) = 0.06$

由全概率公式可得：$P(A) = P(B_1)P(A \mid B_1) + P(B_2)P(A \mid B_2) = 0.005 \times 0.95 + 0.995 \times 0.06 = 0.06445$

再由贝叶斯公式，可知所求概率为

$$P(B_1 \mid A) = \frac{P(B_1)P(A \mid B_1)}{P(A)} = \frac{0.005 \times 0.95}{0.06445} = 0.0737$$

$$P(B_2 \mid A) = \frac{P(B_2)P(A \mid B_2)}{P(A)} = \frac{0.995 \times 0.06}{0.06445} = 0.9263$$

检测出阳性且得癌症的概率 $P(B_1 \mid A)$ 是 7.37%。同理可得检测出阳性且没得癌症的概率 $P(B_2 \mid A)$ 是 92.63%。如果人群中有 100 个人，检测出阳性并且得癌症的人大约有 7 个，检测出阳性但未得癌症的人大约有 92 个。可以看出，检测出阳性并不可怕，不得癌症的人是绝大多数，这跟我们一开始的直觉判断是不同的。

把例 17.1 中的 A 变成样本 x，把 B 变成参数 θ，由此得到如下的贝叶斯公式。

$$\pi(\theta_i \mid x) = \frac{f(x \mid \theta_i)\pi(\theta_i)}{\sum\limits_i f(x \mid \theta_i)\pi(\theta_i)}$$

例 17.1 中事件 B 的划分是离散的，因为参数 θ 的分布是连续型，故将求和符号 $\sum$ 改为积分，于是我们得到一般形式下的贝叶斯公式。

定义 17.2 贝叶斯公式：

$$\pi(\theta|x) = \frac{f(x|\theta)\pi(\theta)}{\int_{\Theta} f(x|\theta)\pi(\theta)\mathrm{d}\theta}$$

其中 π 是参数的概率分布，$\pi(\theta)$ 指的是先验概率，$\pi(\theta|x)$ 指的是后验概率，$f(x|\theta)$ 指的是我们观测到的样本的分布，也就是似然函数 (likelihood)，分母 $\int_{\Theta} f(x|\theta)\pi(\theta)\mathrm{d}\theta$ 称为数据的边缘分布或先验预测分布，积分区间 Θ 指的是参数 θ 所有可能取到的值的域。可以看出在已知数据 x 的前提下，我们需要对未知参数 θ 作出统计推断，后验概率 $\pi(\theta|x)$ 是在 Θ 域内的一个关于 θ 的概率密度分布。

17.1.4 贝叶斯解释

下面介绍贝叶斯公式中常用的一些基本概念。

1. 先验信息和先验分布 (Prior distribution)

所谓先验信息，是指在抽样之前对所研究问题的认识。对先验信息进行提炼加工，获得的分布称为先验分布。如在掷硬币之前，判定正面的概率是 0.5，这就是先验概率，为了让自己的描述更准确点，我们可能会说正面的概率为 0.5 的可能性最大，0.45 的概率小，0.4 的概率更小，0.1 的概率几乎没有等，这就形成了一个先验概率分布。

2. 后验分布 (Posterior distribution)

先验分布 $\pi(\theta)$ 是在抽取样本 x 之前对参数 θ 可能取值的认识，在获取样本 x 以后，由于样本 x 也包含参数 θ 的信息，因此一旦获得抽样信息 x 后，人们对参数 θ 的认识就发生了改变，调整后会获得对 θ 的新认识，称为后验概率，记为 $\pi(\theta|x)$。

在经典统计学中，我们想知道一个参数 θ，会认为它是一个未知量，要通过大量的观测值才能得出，而贝叶斯统计中后验概率分布 $\pi(\theta|x)$ 是参数值 θ 的概率分布，也可以理解成我们得到参数 θ 的多个值及其对应的可能性。

3. 共轭先验 (Conjugate prior) 分布

先验分布的选择具有主观性，我们可以选择不同的分布类型作为先验分布，一般情况下我们会选择无信息先验分布和共轭先验分布。

在抛硬币中，如果提前知道这个硬币的材质是不均匀的，那正面向上的可能性是多少呢？我们无从下手，于是我们就先认为正面和反面的可能性是相同的，也就是设置成 0 和 1 之间的均匀分布 $U(0,1)$ 作为先验分布，称之为无信息先验。

假如由样本 x 信息得到的后验概率分布 $\pi(\theta|x)$ 和先验密度函数 $\pi(\theta)$ 属于相同的分布类型，则称 $\pi(\theta)$ 是参数 θ 的共轭先验分布，下面我们通过一个例子来理解共轭先验分布。

【**例 17.2**】设事件 A 发生的概率为 θ，为了估计 θ 而做 n 次独立试验，其中事件 A 出现的次数为 X，显然 X 服从二项分布 $B(n,\theta)$，根据二项分布概率计算公式，得到似然函数为

$$f(x|\theta) = \binom{n}{x} \theta^x (1-\theta)^{n-x}$$

先假设其先验分布为均匀分布 $U(0,1)$，即 $\pi(\theta)=1$，$\theta \in (0,1)$

由贝叶斯公式求后验概率分布：

$$\pi(\theta|x) = \frac{f(x|\theta)\pi(\theta)}{\int_0^1 f(x|\theta)\pi(\theta)\mathrm{d}\theta} = \frac{\theta^x (1-\theta)^{n-x}}{\binom{n}{x}\int_0^1 \theta^x (1-\theta)^{n-x}\mathrm{d}\theta}$$

经推算，得到结果：

$$\pi(\theta|x) = \frac{\Gamma(n+2)}{\Gamma(x+2)\Gamma(n-x+1)} \theta^{(x+1)-1} (1-\theta)^{(n-x+1)-1}$$

上式是参数为 $x+1$ 和 $n-x+1$ 的贝塔分布，记为 Beta $(x+1, n-x+1)$。例如掷硬币 10 次（$n=10$），5 次正 5 次反（$x=5$），那么后验概率就是 Beta $(6,6)$，贝塔分布的均值就是 0.5，这符合我们直观上对抛硬币结果的预测。因此把主观猜测的先验概率定为均匀分布是合理的，因为我们在对一件事物没有了解的时候，先认为哪种可能性都一样。

如果把先验分布 $\pi(\theta)$ 设为贝塔分布 Beta (a,b)，具体的推算过程和上面一样，所以直接给出结果：$\pi(\theta|x) = \text{Beta}(x+a, n-x+b)$。后验概率依然是贝塔分布，由此称二项分布的共轭先验分布为贝塔分布。下面通过 Python 中的实例来体会样本数据对先验分布的改变。

【**例 17.3**】分别进行 4 次抛硬币试验，每次抛 20 下，抛出正面的次数分别是 0 次、5 次、10 次和 20 次，观察不同的样本信息对先验分布的调整。先验分布选择 Beta $(1,1)$。

【**代码如下**】

```
import matplotlib.pyplot as plt
import scipy.stats as stats
import numpy as np
plt.rcParams["font.sans-serif"] = ["Microsoft YaHei"]
plt.rcParams['axes.unicode_minus'] = False
theta_real =1
# 做4次试验结果，每次抛20次，正面朝上次数分别是0，5，10，20
trials = [ 20, 20, 20, 20]
data = [ 0, 5, 10, 20]
beta_params = [(1, 1)]
dist = stats.beta  #dist 设为 Beta 分布
x = np.linspace(0, 1, 100)
for idx, N in enumerate(trials):
    if idx == 0:
        plt.subplot(2,2, 1)
    else:
```

```
    plt.subplot(2,2, idx+1)
  y = data[idx]
  for (a_prior, b_prior), c in zip(beta_params, ('b')):
      # 后验概率
      p_theta_given_y = dist.pdf(x, a_prior + y, b_prior + N – y)
      plt.plot(x, p_theta_given_y, c)
      plt.fill_between(x, 0, p_theta_given_y, color=c, alpha=0.6)
      # 先验概率
      plt.plot(x, stats.beta.pdf(x, 1, 1), color='r', linestyle='--' \
              ,linewidth=1,alpha=0.5 )
  plt.plot(0, 0, label='{:d} 次试验 \n{:d} 次正面'.format(N, y), alpha=0)
  plt.xlim(0,1)
  plt.ylim(0,12)
  plt.xlabel(r' 参数 $\theta$')
  plt.legend()
  plt.gca().axes.get_yaxis().set_visible(False)
plt.tight_layout()
plt.show()
```

【运行结果】

如图 17-1 所示。

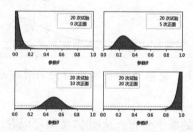

图 17-1 4 次抛硬币试验中后验分布密度图

【结果说明】

在 4 次抛硬币试验中都用 Beta（1,1）分布作为观察模型的先验分布，图中虚线为先验分布，每次试验中后验概率 Beta 分布的均值和我们的直觉非常接近。

因此，当我们知道一个观测样本的似然函数是二项分布时，可以把先验分布直接设为 Beta（a,b），已知试验次数 n 和试验成功事件次数 x，便可直接得到后验分布 Beta（$x+a,n-x+b$），不必通过贝叶斯公式求后验概率分布。

共轭先验分布因为计算方便且后验分布参数能被很好地解释，因此在很多实际问题中被采用。

【例 17.4】 同一商品在淘宝中发现了两个不同的商家，商家 A 有 10 条评论，9 条好评和 1 条差评；商家 B 有 500 条评论，400 条好评和 100 条差评。那么应该去选择哪个商家的商品？

解： 先验分布选择 Beta（1,1），商家评论的样本数据服从二项分布，二项分布的共轭先验分布为 Beta 分布，$a=1, b=1$，商家 A 试验次数 $n=10$，试验成功事件次数 $x=9$，因此后验分布为 Beta（10,2），同理商家 B 的后验分布为 Beta（401,101）。

【代码如下】

```
import matplotlib as mpl
import matplotlib.pyplot as plt
import scipy.stats as stats
import numpy as np
mpl.rcParams["font.sans-serif"] = ["Microsoft YaHei"]
mpl.rcParams['axes.unicode_minus'] = False
x = np.linspace(0, 1, 100)
plt.plot(x, stats.beta.pdf(x,10,2),color='b',linestyle='-',linewidth=2 )
plt.plot(x, stats.beta.pdf(x,401,101),color='g',linestyle='-.',linewidth=2 )
plt.legend((u'A 商家 ', u'B 商家 '),loc='best')
plt.show()
```

【运行结果】

如图 17-2 所示。

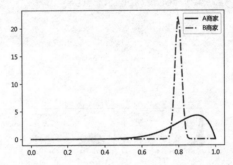

图 17-2 商家 A 和商家 B 评论的后验分布

【结果说明】

Beta 分布可以看作一个概率的概率分布，从图 17-2 中可以看出商家 A 好评概率的均值更高，但是方差更大。这里就有 2 个不同的策略，如果考虑产品质量的稳定性，可以选择商家 B；另一方面，如果你愿意冒险，商家 A 可能有 98% 的商品能达到质量标准。

17.2　MCMC 概述

贝叶斯公式简洁直观，更符合我们对事物的认知，应用领域广泛，受到了众多青睐。除先验分布的选择外，贝叶斯分析在发展过程中遭遇的最大瓶颈是后验分布的计算问题。在贝叶斯分析中，我们常常需要计算后验分布的期望、方差等数字特征，如果先验分布不是共轭先验分布，那么后验分布往往不再是标准的分布，这时后验分布计算涉及很复杂的积分，这个积分在大部分情况下是不可能进行精确计算的，所以整个贝叶斯领域的核心技术就是要模拟近似这个复杂的积分，特别是面对复杂多维的问题时，更需要一些特殊的计算方法。

随着计算技术的进步，Nicholas Metropolis 等学者另辟蹊径，没有沿用通过复杂的数学分析积分得到后验分布的传统方法，而是充分利用现代计算机技术，基于马尔科夫理论，使用蒙特卡罗模拟方法回避后验分布表达式的复杂计算，创造性地使用了 MCMC 方法，直接对后验分布的独立随机样本进行模拟，再通过分析模拟样本获得均值等相关统计量。

马尔科夫链蒙特卡罗（Markov Chain Monte Carlo，MCMC）作为一种随机采样方法，在机器学习、深度学习以及自然语言处理等领域都有广泛的应用。MCMC 由两个 MC 组成，即马尔科夫链（Markov Chain，MC）和蒙特卡罗方法（Monte Carlo Simulation，MC）。下面我们介绍 MCMC 的整个流程和基本思路，对其中的数学证明不作详解。

17.2.1 蒙特卡罗方法

尽管很多问题都难以求解甚至无法用公式准确表达，但我们可以通过采样来近似模拟，这就是蒙特卡罗算法的基本思想。X 表示随机变量，服从概率分布 $p(x)$，那么计算 $p(x)$ 的期望时，只要我们抽样次数足够多，就能够非常接近真实值。

【**例 17.5**】随机模拟计算圆周率 π，在一个边长为 1 的正方形中画一个内切圆，在正方形内产生大量随机数，只需要计算落在圆内点的个数和正方形内的点的个数比，便近似得到了圆周率 π 的值。

【**代码如下**】

```python
import matplotlib.pyplot as plt
import numpy as np
#N 取不同的值，每一次结果会不一样，样本越多必然也会越准确
N = 10000
x, y = np.random.uniform(-1, 1, size=(2, N))
inside = (x**2 + y**2)<= 1
pi = inside.sum()*4/N
error = abs((pi - np.pi)/pi)* 100
outside = np.invert(inside)
plt.plot(x[inside], y[inside], 'b.')
plt.plot(x[outside], y[outside], 'r.')
plt.plot(0, 0, label='$\hat \pi$ = {:4.3f}\nerror = {:4.3f}%'.
format(pi, error), alpha=0)
plt.axis('square')
plt.legend(frameon=True, framealpha=0.9, fontsize=16);
plt.show()
```

【**运行结果**】

如图 17-3 所示。

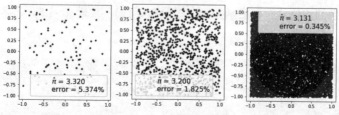

图 17-3 "计算圆周率"的随机模拟蒙特卡罗方法

【结果说明】

随着采样样本数量的增加，π的估计值的准确率也会越来越高。

在贝叶斯方法中可以利用蒙特卡罗方法对数据进行随机采样，从而避开后验分布的计算，但是一个关键的问题是如何基于概率分布对数据随机采样？一些常见的分布，例如均匀分布、t 分布、F 分布等，都可以通过从（0,1）均匀分布中得到的采样样本转化得到。在 Python 的 NumPy、scikit-learn 等类库中，都有生成这些常用分布样本的函数可以使用；但如果 X 的概率分布不是常见的分布，这就意味着我们无法直接得到这些非常见的概率分布的样本集。为了弥补直接抽样法的不足，数学家们又提出许多新的抽样算法，其中包括冯·诺依曼提出的"取舍抽样法"（Rejection Sampling）。

取舍抽样法实际采用的是一种迂回的策略。既然概率 $p(x)$ 太复杂，在程序中没法直接采样，那么就选取一个容易采样的参考分布 $q(x)$，并且满足 $p(x) \leqslant Mq(x)$（如图 17-4），然后按照一定的策略拒绝某些样本，剩下的样本就是来自所求分布 $p(x)$。算法描述如下。

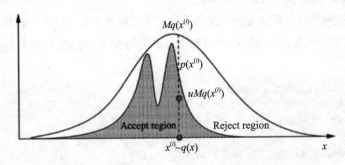

图 17-4 取舍抽样法（Rejection Sampling）

【算法】

Set 采样数目 $i=1$。

Repeat until $i=N$。

（1）从参考分布 $q(x)$ 采样得到样本 x。

（2）从均匀分布 [0,1] 采样得到 μ。

（3）如果 $\mu \leqslant \dfrac{p(x)}{Mq(x)}$，那么接受 x，i 加 1，否则舍弃 x。

可以证明，接受的数据样本集 X 服从概率分布 $p(x)$。

【例 17.6】 利用取舍抽样算法，产生标准正态分布的随机样本。

解： 取 [-4,4] 上的均匀分布密度函数为参考分布 $q(x)$，常量 $M=3.5$。具体程序代码如下。

【代码如下】

```
import numpy as np
import matplotlib.pyplot as plt
import math
def p(x):
```

```
#标准正态分布
    mu=0
    sigma=1
    return 1/(math.pi*2)**0.5/sigma*np.exp(-(x-mu)**2/2/sigma**2)
def q(x):
#参考分布选用[-4,4]上的均匀分布
    return np.array([0.125 for i in range(len(x))])
x=np.linspace(-4,4,500)
M=3.5
N=1000   #样本个数
i=1
count=0
samples=np.array([])
while i<N:
    u=np.random.rand(10)     #每次评估10个样本
    x=(np.random.rand(10)-0.5)*8
    res=u < (p(x)/(q(x)*M))
    if any(res):
        #接受满足条件的样本
        samples=np.hstack((samples,x[res]))
        i+=len(x[res])
    count+=10
count -=len(samples)-1000
samples=samples[:1000]
x=np.linspace(-4,4,500)
plt.plot(x,p(x))
plt.hist(samples,100,density=True,facecolor='blue')
plt.title('Rejection Sampling',fontsize=24)
plt.xlabel('x',fontsize=14)
plt.ylabel('p(x)',fontsize=14)
plt.show()
print(N/count)
```

【运行结果】

如图 17-5 所示。

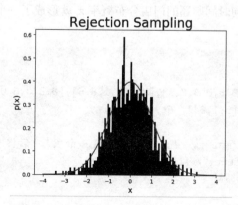

图 17-5 取舍抽样算法产生标准正态分布的随机样本

【结果说明】

从图 17-5 中模拟结果来看,取舍抽样(直方图)几乎再现了原始目标的概率分布。但在高维的情况下,取舍抽样算法中合适的参考分布 $q(x)$ 难以找到,也很难确定一个合理的 M 值,这些问题导致算法拒绝率很高,效率低。MCMC 算法在蒙特卡罗方法基础上引入马尔科夫链,对算法作出进一步的改进。

17.2.2 马尔科夫链(Markov Chain)

马尔科夫链(简称马氏链)定义比较简单,它假设某一时刻状态转移的概率只依赖于前一个状态。举个形象的比喻,假如每天的天气是一个状态的话,那么今天的天气只依赖于昨天的天气情况,而和前天的天气没有任何关系。这么说可能会有些武断,但是这样做可以大大简化模型的复杂度。

【例 17.7】一家连锁汽车租赁公司有 3 处门店,租车和还车都可以选择任何一个门店,从不同门店借出和归还车的概率见表 17-1,如从 1 号店借出 2 号店归还的概率是 0.15,请问一辆车从 2 号门店借出,公司前 3 次应该从哪家店找最快捷?

表 17-1 连锁汽车租赁公司的借还车概率分布

借还车概率分布	1 号店	2 号店	3 号店
1 号店	0.5	0.3	0.3
2 号店	0.2	0.1	0.6
3 号店	0.3	0.6	0.1

解: 不同门店借出和归还的概率可以用一个转换矩阵 P 来表示。

$$P = \begin{pmatrix} 0.5 & 0.3 & 0.3 \\ 0.2 & 0.1 & 0.6 \\ 0.3 & 0.6 & 0.1 \end{pmatrix}$$

该车初始状态的概率为 $\pi_0 = [\pi_0(1), \pi_0(2), \pi_0(3)] = [0,1,0]$,表示从第 2 个门店租出去。第 1 次归还不同门店的概率 $\pi_1 = \pi_0 P$,第 2 次归还不同门店的概率 $\pi_2 = \pi_1 P$,依此类推,第 n 次归还不同门店的概率 $\pi_n = \pi_{n-1} P$,车在不同时间归还的门店分布概率 π_t 就形成了一个马氏链。

【代码如下】

```
import numpy as np
# 转移矩阵 matrix
matrix = np.matrix([[0.5,0.3,0.3],[0.2,0.1,0.6],[0.3,0.6,0.1]], dtype=float)
vector1 = np.matrix([[0,1,0]], dtype=float)
for i in range(100):
    vector1 = vector1*matrix   # 下一个状态 = 上一个状态 * 转移矩阵
    print ("Current round:",i+1)
    print (vector1)
```

【运行结果】

```
Current round: 1
```

```
    [[0.2 0.1 0.6]]
    Current round: 2
    [[0.3  0.43 0.18]]
    Current round: 3
    [[0.29  0.241 0.366]]
    ...
    Current round: 25
    [[0.3       0.29999999 0.30000002]]
    Current round: 26
    [[0.3       0.30000001 0.29999999]]
    Current round: 27
    [[0.3 0.3 0.3]]
    Current round: 28
    [[0.3 0.3 0.3]]
    ...
    Current round: 100
    [[0.3 0.3 0.3]]
```

【结果说明】

$\pi_1 = [0.2, 0.1, 0.6]$，选择概率最大的，因此第 1 次先从 3 号门店找；

$\pi_2 = [0.3, 0.43, 0.18]$，因此第 2 次从 2 号门店找；

$\pi_3 = [0.29, 0.241, 0.366]$，因此第 3 次从 3 号门店找。

从第 27 次开始，后面的概率分布一直保持 $[\pi(1), \pi(2), \pi(3)] = [0.3, 0.3, 0.3]$ 不变，这时可以重新换一个初始概率试试看，最终概率依然收敛到 $[0.3, 0.3, 0.3]$。由此可知：马氏链的状态转移矩阵收敛到的稳定概率分布与初始状态概率分布 π_0 无关，收敛行为主要由概率转移矩阵 $\boldsymbol{P}$ 决定的，这个性质称为马氏链的平稳性。在转移概率矩阵 $\boldsymbol{P}$ 的作用下达到的平稳分布 π_n，我们称之为马氏链平稳分布。

那么是不是所有的马氏链都能最终达到稳定状态呢？马氏链的平稳分布需要满足马氏链定理，简单说就是，马氏链必须是不可约、正常返和非周期的，满足这些条件的马氏链存在唯一的平稳分布。这个马氏链的收敛定理非常重要，MCMC 方法就是以这个定理为理论基础，定理的证明过程相对复杂，这里我们直接使用该定理的结论。

MCMC 方法中以马氏链的平稳分布作为其目标的后验分布，从而帮助我们解决后验分布中随机采样时遇到的问题。

 ## 17.3 MCMC 采样

图 17-6 简要描述了 MCMC 的采样过程。状态转移矩阵为 $q(x^*|x)$，图中函数 $p(x)$ 代表采样点的先验分布，当前采样点是 x，下一个采样点是 x^*。如果其符合马氏链的平稳性，在 N 步之后就会收敛为一个平稳分布，$p(x)$ 乘以 $q(x^*|x)$ 后，得到的下一个样本 x^* 的概率应该是同分布的 $p(x^*)$，即稳定后抽样的样本都是同分布的，而在稳定之前的样本的概率分布不同。

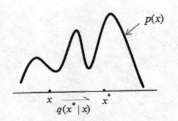

图 17-6 MCMC 的采样过程

总之，MCMC 采样的核心思想是，对于先验分布，如果能找到一个转移矩阵，在 N 步之后收敛到一个平稳分布，若这个平稳分布正是后验分布，那么从平稳分布后收集的样本数据集 $x_n, x_{n+1}, \cdots$，都服从同一个后验分布，实现了蒙特卡罗方法通过随机采样来模拟后验概率分布。

> **提示** 马氏链收敛到一个平稳分布并不是指从平稳分布后收集的样本数据集 x_n, x_{n+1} 等一样，而是指这些样本数据服从一个相同的概率分布。

由例 17.7 可知：马氏链的收敛性质主要由转移矩阵决定，所以基于马氏链采样的关键问题是如何构造转移矩阵，使得平稳分布恰好是我们需要的分布。

定义 17.3 如果非周期马氏链的状态转移矩阵 $q(x^*|x)$ 和概率分布 $p(x)$ 满足：$p(x)q(x^*|x)=p(x^*)q(x|x^*)$，则称概率分布 $p(x)$ 是马氏链的平稳分布，也被称为马氏链的细致平稳条件（detailed balance condition）。

定义 17.4 马氏链细致平稳条件是一个充分条件。为构造上面的等式，引入一个 $\alpha(x,x^*)$，令 $\alpha(x^*,x)=p(x)q(x^*|x), \alpha(x,x^*)=p(x^*)q(x|x^*)$，于是得到下面等式：

$$p(x)q(x^*|x)\alpha(x,x^*)=p(x^*)q(x|x^*)\alpha(x^*,x)$$

将上式稍作归纳，得到马氏链的状态转移矩阵为 $q(x^*|x)\alpha(x,x^*)$，其中 $\alpha(x,x^*)$ 称为接受率（acceptance probability），取值为 [0,1]，可理解为在原来的马氏链上，从状态 x 到下一个状态 x^* 时，我们以 $\alpha(x,x^*)$ 的概率接受这个跳转。$q(x^*|x)$ 称为参考分布或建议分布（proposal distribution）。

> **提示** 参考分布 $q(x^*|x)$ 的选取应首先考虑计算方便。从理论上讲，参考分布 $q(x^*|x)$ 可以任意选取，但在实际问题中，参考分布对算法效率影响很大，当其形状与目标分布的形状相似时，方差较小，从而可以提高模拟精度。选取不同的参考分布，会产生不同的 MCMC 算法。

在转移过程中的接受率 $\alpha(x,x^*)$ 可能偏小，造成采样过程中的马氏链容易原地踏步，收敛到平稳分布 $p(x)$ 的速度太慢。为了解决这个问题，可以把细致平稳条件式中的 $\alpha(x,x^*)$ 和 $\alpha(x^*,x)$ 同比例放大，将两数中最大的一个放大到 1，于是得到了常用的 Metropolis-Hastings 算法（即 M-H 算法）。算法描述如下。

【算法】

设选定的参考分布 $q\left(x^*\mid x^{(i)}\right)$，$N$ 是样本数目。

（1）初始化马氏链初始状态 $x^{(0)}$

（2）*for i*=0 *to N*−1

① 从均匀分布 $U[0,1]$ 中采样 μ；

② 从 $q\left(x^*\mid x^{(i)}\right)$ 中采样 x^*；

③ 如果 $u<\alpha\left(x^{(i)},x^*\right)=\min\left\{1,\dfrac{p\left(x^*\right)q\left(x^{(i)}\mid x^*\right)}{p\left(x^{(i)}\right)q\left(x^*\mid x^{(i)}\right)}\right\}$，则接受转移 $x^{(i+1)}=x^*$；否则不接受转移，即

$x^{(i+1)}=x^{(i)}$。

经过 K 步后达到平稳分布，样本集 $x^{(k)}$，$x^{(k+1)}$，…，即为需要的平稳分布 $p(x)$ 对应的样本集。

【例 17.8】 使用 M-H 算法实现对瑞利分布的采样。瑞利分布的概率密度函数为

$$f\left(x\right)=\frac{x}{\sigma^2}\exp\left\{-\frac{x^2}{2\sigma^2}\right\}\text{，}x\geq0,\sigma>0$$

解： 参考分布 $q\left(i,j\right)$ 选取：$df=x_t$ 的卡方分布。目标分布：标准差为 4 的瑞利分布。

（1）用 M-H 算法实现对瑞利分布的采样，转移概率用自由度为 x_t 的卡方分布。

【代码如下】

```python
import numpy as np
import matplotlib.pyplot as plt
import scipy.stats as stats
import math
def Rayleigh (x, sigma):
    #返回瑞利分布
    if x<0:
        return 0
    elif sigma>0:
        return ((x/sigma**2)*np.exp(-x**2/(2*(sigma**2))))
m=10000
sigma=4
x=[0.00 for i in range(m)]
# 从卡方分布中获得初始状态 x[1]
x[1]=stats.chi2.rvs(df=1)
k=0
for i in range(2,m):
    xt = x[i-1]  # xt: 当前样本；x_star: 下一个样本
    x_star = stats.chi2.rvs(df=math.ceil(xt))
    num = Rayleigh(x_star,sigma)*stats.chi2.pdf(xt,df=math.ceil(x_star))
    den = Rayleigh(xt,sigma)*stats.chi2.pdf(x_star,df=math.ceil(xt))
    u = np.random.uniform(0,1)  #从均匀分布中生成随机数 u
    if u <=min(1,num/den):
```

```
        x[i]=x_star    #接收样本
    else:
        x[i]=xt
        k=k+1
print("被拒绝的样本数目：",k)
```

【运行结果】

被拒绝的样本数目： 3454

（2）显示马氏链部分样本路径图、随机模拟样本的直方图。

【代码如下】

```
index=[number for number in range(5000,5500)]
y1=x[5000:5500]
fig1 = plt.figure(num='fig1', figsize=(10, 3))
# 马氏链部分样本路径图
plt.plot(index,y1)
fig2 = plt.figure(num='fig2', figsize=(6, 3))
b=2001    # 去掉达到平稳状态之前的样本
y=x[b:m]
#瑞利分布密度函数曲线图
plt.scatter(y,[ Rayleigh (i,4) for i in y] ,color='red',linewidth=1 )
# 样本的直方图
plt.hist(y, 25, density=True,facecolor='white', edgecolor='black',alpha=1)
plt.show()
```

【运行结果】

如图 17-7、图 17-8 所示。

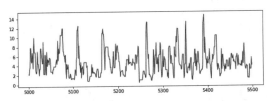

图 17-7 瑞利分布由 M-H 算法产生的马氏链部分样本路径图

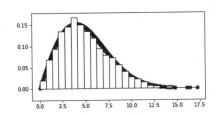

图 17-8 样本的直方图和瑞利分布的密度函数图

【结果说明】

从"马氏链部分样本路径图"可看到曲线有很多短的水平平移，说明候选点被拒绝，样本不被更新。样本直方图与真实的分布密度函数基本吻合，说明采样集比较拟合真实分布。本题主要用来帮助读者理解 M-H 采样过程，对瑞利分布还有其他更高效的采样方法。

 ## 17.4　Gibbs 采样

　　M-H 采样完整解决了使用蒙特卡罗方法采样任意概率分布的样本集问题，因此在实践中得到了广泛的应用。但是在大数据时代，数据特征非常多，M-H 采样面临着两大难题：一是在高维时计算量大，导致算法收敛时间变长；二是有些高维数据，特征的条件概率分布容易得到，但是特征的联合概率分布不容易求得。Gibbs 采样算法解决了上述问题。

　　M-H 采样通过引入接受率 $\alpha\,(\,x,x^{*}\,)$ 使马氏链的细致平稳条件成立。现在我们换一个思路，从二维的数据分布开始，假设 $p\,(\,x,y\,)$ 是一个二维联合概率分布，观察图 17-9 中 X 坐标相同的 2 个点 $A\,(\,x_{1},y_{1}\,)$，$B\,(\,x_{1},y_{2}\,)$，会发现下面两式成立。

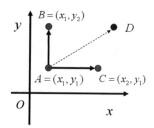

图 17-9　二维数据 Gibbs 分样

$$\pi\,(x_{1},y_{1})\pi\,(y_{2}\,|\,x_{1})=\pi\,(x_{1})\pi\,(y_{1}\,|\,x_{1})\pi\,(y_{2}\,|\,x_{1})$$
$$\pi\,(x_{1},y_{2})\pi\,(y_{1}\,|\,x_{1})=\pi^{\cdot}(x_{1})\pi\,(y_{2}\,|\,x_{1})\pi\,(y_{1}\,|\,x_{1})$$

由于两式的右边相等，因此有：$\pi\,(x_{1},y_{1})\pi\,(y_{2}\,|\,x_{1})=\pi\,(x_{1},y_{2})\pi\,(y_{1}\,|\,x_{1})$，

即：　　　　　　　　$\pi^{\cdot}(A)\pi\,(y_{2}\,|\,x_{1})=\pi\,(B)\pi\,(y_{1}\,|\,x_{1})$

可知在 $x=x_{1}$ 这条直线上，如果用条件概率分布 $\pi\,(y\,|\,x_{1})$ 作为马氏链的状态转移概率，则任意 2 个点之间的转移满足马氏链的细致平稳条件。同理在 $y=y_{1}$ 这条直线上，$\pi\,(A)\pi\,(x_{2}\,|\,y_{1})=\pi\,(C)\pi\,(x_{1}\,|\,y_{1})$ 依然成立，条件概率分布 $\pi\,(x\,|\,y_{1})$ 可以作为满足细致平稳条件的马氏链的状态转移概率。

　　于是可以对平面上任意两点 $A\,(\,x_{A},y_{A}\,)$ 和 $B\,(\,x_{B},y_{B}\,)$ 构造如下的转移概率矩阵：

$$\boldsymbol{p}(B|A)=\begin{cases}P(y_{B}\,|\,x_{1})\,,&x_{A}=x_{B}=x_{1}\\P(x_{B}\,|\,y_{1})\,,&y_{A}=y_{B}=y_{1}\\0\,,\text{其他}\end{cases}$$

　　根据上面构造的转移矩阵，可得平面上的任意两点 A 和 B 满足细致平稳条件 $\pi\,(A)P(B|A)=\pi\,(B)P(A|B)$，马氏链将收敛到平稳分布 $\pi\,(X)$，这个算法称为 Gibbs Sampling 算法，在现代贝叶斯分析中占据重要位置。

Gibbs 采样中马氏链的转移只是轮换地沿着坐标轴 x 轴和 y 轴转移，每次的跳转是在一个维度上变化。得到样本 (x_0,y_0), (x_0,y_1), (x_1,y_1), (x_1,y_2), ⋯，马氏链收敛后，最终得到 $\pi(X)$ 的样本集。

二维情况下的 Gibbs 采样算法描述如下。

【算法】

（1）随机初始化状态 x_0 和 y_0。

（2）循环进行采样（当前采样点 t）。

① $y_{t+1} \sim p(y|x_t)$。

② $x_{t+1} \sim p(x|y_{t+1})$。

算法同样适用于多维情况。例如一个 N 维的概率分布 $\pi(x_1,x_2,\cdots,x_n)$，可以通过在 N 个坐标轴上轮换采样，来得到新的样本。

【例 17.9】 利用 Gibbs 采样一个二维正态分布 $Norm(\mu,\Sigma)$，其中均值 $\mu_1=\mu_2=0$，标准差 $\sigma_1=8$，$\sigma_2=2$，相关系数 $\rho=0.5$，状态转移概率分布为如下。

$$P(x_1|x_2)=Norm\left[\mu_1+\rho\sigma_1/\sigma_2(x_2-\mu_2),(1-\rho^2)\sigma_1^2\right]$$

$$P(x_2|x_1)=Norm\left[\mu_2+\rho\sigma_2/\sigma_1(x_1-\mu_1),(1-\rho^2)\sigma_2^2\right]$$

【代码如下】

```python
# -*- coding: utf-8 -*-
import matplotlib.pyplot as plt
import numpy as np
from scipy import stats
sigma_x = 8 # x 维度正态分布的标准差
sigma_y = 2 # y 维度正态分布的标准差
cov = 0.5 # x 和 y 的相关系数
def pxgiveny(y):
    # 条件分布 p(x|y)
    return np.random.normal(y * (sigma_x/sigma_y) * cov, sigma_x
                    * np.sqrt(1 - cov **2))
def pygivenx(x):
    # 条件分布 p(y|x)
    return np.random.normal(x * (sigma_y/sigma_x) * cov, sigma_y
                    * np.sqrt(1 - cov **2))
def gibbs(N_hop):
    #随机初始化 x 和 y 状态
    x_states = []
    y_states = []
    x = np.random.uniform()
```

```
            y = np.random.uniform()
            for _ in range(N_hop):
                x = pxgiveny(y) # 根据 y 采样 x
                y = pygivenx(x) # 根据 x 采样 y
                x_states.append(x)
                y_states.append(y)
            return x_states[-1000:], y_states[-1000:]
    def plot_gibbs():
        #Gibbs 采样
        x_sample, y_sample = gibbs(100000)
        fig1 = pl.figure(num='fig1', figsize=(10, 3))
        x1 = np.arange(-30, 30, 1)
        # 二元正态分布中样本的 X 维直方图
        plt.hist(x_sample, density=True, bins=x1,label="Simulated_Gibbs",
                    facecolor='white', edgecolor='black')
        #X 维密度函数曲线
        x1 = np.arange(-30, 30, 1)
        norm_dis = stats.norm(0, sigma_x)
        pdf = norm_dis.pdf(x1)
        plt.plot(x1, pdf, label="Real Distribution")
        plt.legend()
        fig2 = pl.figure(num='fig2', figsize=(10, 3))
        # 显示二元正态分布中样本散点图
        plt.scatter(x_sample,y_sample,alpha=.75, cmap='gray_r')
        plt.show()
    plot_gibbs()
```

【运行结果】

如图 17-10、图 17-11 所示。

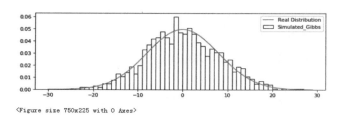

<Figure size 750x225 with 0 Axes>

图 17-10 Gibbs 采样 X 维的直方图

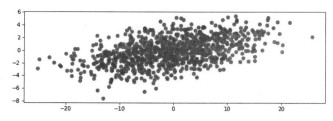

图 17-11 Gibbs 采样二元正态分布样本散点图

综合实例——利用 PyMC3 实现随机模拟样本分布

前面利用代码实现了 M-H 采样和 Gibbs 采样，本节中我们直接利用 PyMC3 工具包进行随机模拟样本分布。PyMC3 包含了马尔科夫链蒙特卡罗算法等随机模拟方法，使得贝叶斯分析的实现更加容易。

PyMC3 是一个用于概率编程的 Python 库，包含了用马尔科夫链蒙特卡罗算法及其他算法来拟合贝叶斯统计分析模型。PyMC3 提供了一套非常简洁直观、非常接近统计学中描述概率模型的语法，可读性很强。PyMC3 中除贝叶斯统计模型和马尔科夫链蒙特卡罗采样功能外，还包含了统计输出、绘图、拟合优度检验和收敛性诊断等方法。PyMC3 的灵活性及可扩展性使得它能够解决各种问题。

PyMC3 工具包的安装方法：在命令窗口输入：pip install pymc3，即可自动下载安装。

17.5.1 随机模拟样本分布

概率编程是目前机器学习的发展方向之一，概率编程可以灵活创建自定义概率模型，从数据中洞悉、学习知识，这种方法本质上是贝叶斯方法，所以我们可以通过指定先验来建立概率模型，并得到后验分布形式的不确定性估计，利用 MCMC 采样算法对后验分布进行抽样，然后灵活地估计这些模型。PyMC3 是目前用来构建并估计概率模型的主要工具。本节中将通过具体实例来演示利用 PyMC3 建立概率模型，并进行随机采样。本节开发环境采用 Jupyter。

【例 17.10】8.7 节综合实例中利用最大似然估计数据分布参数 μ，现在改用贝叶斯统计方法，利用 PyMC3 工具包对参数 μ 的后验分布进行随机模拟采样。

首先创建一个概率模型 basic_model，PyMC3 使用 with 语法将所有位于该语法块内的代码都指向同一个模型，为模型添加以下内容。

（1）均值 μ 的先验分布服从均匀分布 $U[0, 60]$。

（2）似然函数是服从参数为 μ 的泊松分布。

（3）step 方法指定 MCMC 算法相关的采样算法（也称步进算法），如 Metropolis，Slice sampling，No-U-Turn Sampler (NUTS)。

（4）sample 函数用指定的迭代器（采样算法）对后验概率采样，进行 20000 次迭代，同时将收集到的采样值存储在 Trace 对象中。

【代码如下】

```
import matplotlib.pyplot as plt
import numpy as np
import pandas as pd
import pymc3 as pm
import scipy
```

```
import scipy.stats as stats
import scipy.optimize as opt
import matplotlib.pyplot as plt
def poisson_logprob(mu, sign=-1):
    return np.sum(sign*stats.poisson.logpmf(y_obs, mu=mu))
if __name__ == '__main__':
    # 读取数据文件
    messages = pd.read_csv('data/QQ_data.csv')
    with pm.Model() as model:
        # 创建一个概率模型
        mu = pm.Uniform('mu', lower=0, upper=60)
        likelihood = pm.Poisson('likelihood', mu=mu,
 observed=messages['numbers'].values)
        start = pm.find_MAP()
        step = pm.Metropolis()
        trace = pm.sample(20000, step, start=start, progressbar=True)
    y_obs = messages['numbers'].values
    # 极大似然估计求解 mu
    freq_results = opt.minimize_scalar(poisson_logprob)
    # traceplot 函数来绘制后验采样的趋势图
    pm.traceplot(trace, varnames=['mu'], lines={'mu': freq_results['x']})
plt.show()
```

【运行结果】

如图 17-12 所示。

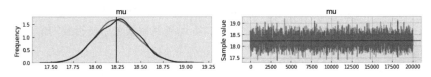

图 17-12 参数 μ 后验分布的随机模拟采样

【结果说明】

图 17-12（左图）是随机变量 μ 的后验分布图，使用核密度估计进行了平滑处理，和最大似然估计值（直线）几乎一样，μ 值介于 17~19 都是可信的。右图是按顺序绘制的马氏链采样值。

【例 17.11】利用 PyMC3 工具包来判断硬币实验是否存在偏差。

（1）首先生成数据样本。

【代码如下】

```
# 定义一个抛硬币问题，生成数据样本
import numpy as np
import scipy.stats as stats
np.random.seed(1)
n_experiments = 100    # 试验次数
theta_real = 0.35      # 硬币正面向上的概率参数 θ，用 theta_real 来表示
```

533

```
data = stats.bernoulli.rvs(p=theta_real, size=n_experiments)
print(data)
```

【运行结果】

```
[0 1 0 0 0 0 0 0 0 0 1 0 1 0 1 0 0 0 1 1 0 1 1 1 0 0 0 1 0 0 1 0 1 0 1 0 1 1 0 1 1
 1 0 1 0 0 1 0 0 0 0 1 0 0 0 0 0 0 1 0 0 1 0 0 0 1 0 1 0 1 0 0 1 0 0 1 0 1 1 1 0
 1 0 0 1 0 1 1 0 0 1 0 0 0 0 1 0 0 0]
```

（2）指定相应的贝叶斯模型，模型可以通过指定似然和先验的概率分布创建。似然概率分布用二项分布来描述，先验分布可以用参数为 $\alpha=\beta=1$ 的 Beta（1,1）分布描述，该分布与 [0,1] 区间内的均匀分布一样。

【代码如下】

```
with pm.Model() as our_first_model: # 创建一个概率模型
    theta = pm.Beta('theta', alpha=1, beta=1) # 指定先验分布
    # 和先验相同的语法描述了似然概率，用 observed 参数传递观测到的数据
    y= pm.Bernoulli('y', p=theta, observed=data)
    # 返回最大后验（Maximum a Posteriori, MAP），为采样方法提供一个初始点
    start=pm.find_MAP()
    # 定义采样方法，PyMC3 会根据不同参数的特性自动地赋予一个采样器
    step = pm.Metropolis()
    # 执行采样，其中参数分别是采样次数、采样方法和初始点
    trace = pm.sample(1000, step=step, start=start)
```

创建一个贝叶斯模型，首先需要为未知的参数设置一个先验概率分布，如上面代码中的 theta = pm.Beta（'theta', alpha=1, beta=1），表示为参数 theta 设置一个先验分布。如果不确定先验分布，通常设为 [0,1] 的均匀分布。接着设置似然概率分布，用 observed 参数传递已经观测到的样本数据值，执行采样推断，从而得到参数 theta 的后验概率分布。贝叶斯分析就是将先验概率分布（在观测到数据之前我们对问题的理解）转化为其后验分布（观测到数据之后所得到的信息），换句话说，贝叶斯统计就是一种机器学习的过程。

17.5.2 模型诊断

模型对后验分布作出了近似采样后，接下来要检查近似采样是否合理，即进行模型诊断，其中包括确定所得到的马氏链的收敛性等。

MCMC 方法中无论使用哪一种抽样方法，都要确定所得到的马氏链的收敛性，即需要确定马氏链达到收敛状态时迭代的次数，如果收敛之前的一段时间，如前 n-1 次迭代后收敛状态还不稳定，则进行估计时要把前面这 n-1 次迭代去掉，这个过程称为 burn-in。监视收敛性有许多方法，但是每种方法都是针对收敛性问题的不同方面提出的，没有一个全能的方法可以确定马氏链的收敛性。因此在绝大多数情况下，为了保证马代链的收敛性，必须应用几种不同的方法去诊断，下面以 17.5.1 节例 17.11 的采样结果为例，介绍几种常用的诊断方法。

1. 样本路径图

PyMC3 提供了 traceplot 函数来绘制后验采样的趋势图。

【代码如下】

```
burnin = 100
chain = trace[burnin:]
pm.traceplot(chain, lines={'theta':theta_real});
```

【运行结果】

如图 17-13 所示。

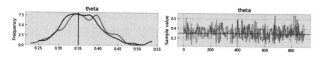

图 17-13　参数 θ 的后验分布图及采样样本路径

【结果说明】

图 17-13（左图）是参数 θ 的后验分布图，使用核密度估计（Kernel Density Estimation，KDE）进行了平滑处理。右图是样本路径图（trace plot），为马氏链采样值按顺序绘制。注意图中直线表示变量 θ 的真实值为 0.35。

通常随着数据的增加，根据中心极限定理，左图 KDE 中参数的分布会趋近于高斯分布；右图看起来应该像白噪声，也就是说有很好的混合度，我们看不到任何可识别的模式，也没有明显的周期性和趋势性，曲线在某个值附近震荡，显示路径已经近似地收敛到目标分布。此外，路径图呈现出稳定的相似性，即路径图的前面 10% 看起来跟后面 50% 或者 10% 差不多。

图 17-14 展示了一些较好混合度（右侧）与较差混合度（左侧）的采样路径。

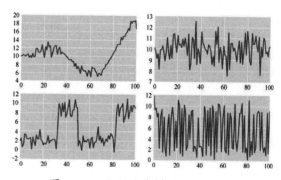

图 17-14　马氏链采样路径图对比

如果路径图前面部分跟其他部分看起来不太一样，那就意味着马氏链还没有达到平稳状态，需要进行老化（burn-in）处理，即将前面这些样本删除；如果其他部分没有呈现稳定的相似性或者可以看到某种模式，那这意味着需要更多的采样，或者需要更换采样方法或参数化方法。

2.Gelman-Rubin 检验

Gelman-Rubin 检验是 MCMC 收敛性判断中广泛应用的一种方法，为了避免马氏链陷入目标分布的某个局部区域，Gelman-Rubin 检验通常做多条马氏链，开始时初始值非常分散，在经过一段时间的迭代后，如果它们的样本路径图都稳定下来，而且混在一起无法区分，这时可以判定样本已经达到收敛。

PyMC3 中提供了 pm.gelman_rubin(chain) 命令进行 Gelman-Rubin 检验。下面对马氏链结果进行 Gelman-Rubin 检验。

【输入代码】

```
pm.gelman_rubin(chain)
```

【运行结果】

```
{'theta': 0.99949808854882483}
```

理想状态下 theta 等于 1，根据经验，如果得到的 theta 值低于 1.1，可以认为是收敛的，更高的值则意味着没有收敛。从上面的结果可知，theta 值低于 1.1，那么认为样本是收敛的。

3. 函数 summary 提供了对后验分布的文字描述，包括后验分布的均值、标准差和最大后验密度可信区间（Highest Posterior Density，HPD）

【输入代码】

```
pm.summary(chain)
```

【运行结果】

	mean	sd	mc_error	hpd_2.5	hpd_97.5	n_eff	Rhat
theta	0.362403	0.050307	0.001756	0.263543	0.456768	644.0	0.999498

【结果说明】

其中 mc_error 称为蒙特卡罗误差，是对采样引入误差的估计值。较小的 mc_error 误差表明在计算某个量时精度较高，因此 mc_error 误差越小，表明马氏链的收敛性越好。

4. 自相关函数图

最理想的采样应该不会是自相关的，即某一点的值应该与其他点的值是相互独立的。但由于参数之间的相互依赖关系，可能会导致模型中存在更多的自相关采样。PyMC3 中 autocorrplot 函数用来描述自相关。

【输入代码】

```
pm.autocorrplot(chain)
```

【运行结果】

如图 17-15 所示。

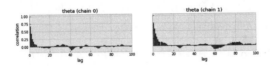

图 17-15 自相关结果图

【结果说明】

图 17-15 中显示了两条马氏链的采样值与相邻连续点（最多 100 个）之间的平均相关性。马氏链的收敛性在理想状态下，参数越自相关，要达到指定精度，采样的次数就越多，即自相关性会增

加采样次数。

5. 有效采样大小

一个有自相关性的采样要比没有自相关性的采样所包含的信息量更少，因此，给定采样大小和采样的自相关性之后，我们可以尝试估计出该采样的实际大小，采样实际大小的值称为有效采样大小。PyMC3 中 pm_effective_n 函数用来描述有效采样大小。

【输入代码】

```
pm.effective_n(chain)['theta']
```

【运行结果】

```
644.0
```

【结果说明】

采样 1000 次，但实际采样大小为 644。

目前为止，所有的诊断测试都是经验性而非绝对的。如果测试没发现问题，并不能证明我们得到的分布是完全正确的，它们只能提供证据证明样本看起来是合理的。如果我们通过样本发现了问题，解决办法有如下几种。

（1）诊断采样过程。

（2）增加样本采集次数。

（3）从前面的样本路径中删去一定数量的样本，称为 burn-in。

（4）重新参数化模型，也就是说换一种不同但等价的方式描述模型。

（5）换一个更好的采样方法、转换数据或者对模型重新设计参数。

17.5.3 基于后验的模型决策

有时候，仅仅描述后验分布还不够，我们还需要根据贝叶斯分析结果做出相应的决策，即将连续的估计值收敛到一个二值化的结果上，例如"是"或"不是"等。

回到 17.5.1 节例 17.11 的抛硬币问题上，我们需要回答硬币是否均匀。一枚均匀的硬币是指 θ 值为 0.5 的硬币，严格来说，概率正好等于 0.5 的可能性几乎是 0，实际中我们会对定义稍稍放松，假如一枚硬币的 θ 值在 0.5 左右，我们就认为这枚硬币是均匀的。这里"左右"的具体含义依赖于具体的问题，并没有一条满足所有问题的普适准则，因此决策带有主观性。我们的任务就是根据目标做出最可能的决定。

贝叶斯分析的最终结果是后验分布报告，其包含了在已有数据和模型下参数的所有信息。可以使用 PyMC3 中的 plot_posterior 函数对后验分布进行可视化总结报告，默认情况下，函数会画出参数的直方图以及分布的均值，此外图像的底端还有一个黑色的粗线用来表示 95% 的最大后验密度可信区间（HPD）。

【输入代码】

```
pm.plot_posterior(chain)
```

【运行结果】

如图 17-16 所示。

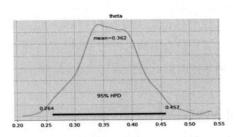

图 17-16 参数 θ 的后验分布报告

【结果说明】

我们通常会将 HPD 区间与我们感兴趣的值进行比较，在抛硬币的例子中，该值是 0.5。前面的图中可以看出 HPD 的范围是 0.264 ~ 0.457，没有包含 0.5 这个值，因此确定这枚硬币存在偏差，是不均匀的。

基于后验作决策的另一种方案是实用等价区间（Region Of Practical Equivalence，ROPE），即在感兴趣值的附近划出一个区间，例如我们可以说 [0.45,0.55] 是 0.5 的一个实用等价区间。同样，ROPE 是根据实际情况决定的。

如果把 ROPE 与 HPD 进行对比，结果至少有以下 3 种情况。

（1）ROPE 与 HPD 区间没有重叠，我们可以说硬币是不均匀的。

（2）ROPE 包含整个 HPD 区间，我们可以认为硬币是均匀的。

（3）ROPE 与 HPD 区间部分重叠，此时我们无法判断硬币是否均匀。

plot_posterior 函数可以画出 ROPE 区间。

【输入代码】

```
pm.plot_posterior(chain, kde_plot=True, rope=[0.45, 0.55])
```

【运行结果】

如图 17-17 所示。

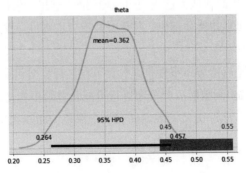

图 17-17 参数 θ 的后验分布报告（ROPE 区间）

【结果说明】

从图中可以看到，ROPE 是一段较宽的灰色区域线段，同时上面有 2 个数值表示 ROPE 的 2 个端点，此时 ROPE 与 HPD 区间存在部分重叠，我们无法判定该硬币是否存在偏差。

17.6 高手点拨

前面我们讲过 3 种常用的参数估计方法：最大似然估计（Maximum likelihood estimation, MLE）、最大后验概率估计（Maximum a posteriori estimation, MAP）和贝叶斯估计（Bayesian estimation），下面分析它们之间的关联和区别。

首先假设训练数据：$D = \{(x_1, y_1), \cdots, (x_n, y_n)\}$，$\theta$ 表示模型参数，x^* 是一个新的样本。

（1）最大似然估计目标：$\theta_{MLE}^* = \arg\max_\theta p(D|\theta)$，即找到最优参数 θ^* 使得似然函数 $p(D|\theta)$ 最大。

通常求最优解的方法：$\dfrac{\partial p(D|\theta)}{\partial \theta} = 0$。如机器学习中的逻辑回归问题都是基于最大似然估计得出来的，但是 MLE 估计中未考虑到先验知识，而且很容易出现过拟合现象。

举例来说：对癌症的诊断，一个医生一天可能接到 100 名患者，但最终被诊断出癌症的患者为 5 个人，在 MLE 下得到的癌症的概率为 0.05。这显然是不太切合实际的，因为根据已有的经验，我们知道得癌症的概率很低，然而 MLE 并没有把这种先验知识融入模型里。

（2）最大后验概率目标：$\theta_{MAP}^{**} = \arg\max_\theta p(D|\theta)$，它和 MLE 目标都是最大化后验概率 $p(\theta|D)$，并把已知的信息融入模型训练里。利用贝叶斯规则，$p(\theta|D)$ 可以写成如下形式。

$$p(\theta|D) = \frac{P(D|\theta)p(\theta)}{P(D)}$$

因分母和 θ 无关，则目标 $\theta_{MAP}^* = \arg\max_\theta p(\theta|D)p(\theta)$，这里的 $p(\theta)$ 其实就是我们的先验知识。为方便计算，对上式取对数操作后，MAP 的目标函数如下。

$$\theta_{MAP}^* = \arg\max_\theta \left[\log p(\theta|D) + p(\theta)\right]$$

MAP 的目标函数就变成了 MLE 估计加上先验概率。MLE 和 MAP 的唯一的区别就在于 $p(\theta)$，在机器学习中它起到了正则化的作用，例如在线性模型里，如果设定 $p(\theta)$ 为正态分布，它等同于加了一个 L2 norm；如果假定 $p(\theta)$ 为拉普拉斯分布，它就等同于在模型里加了 L1 norm。

MLE 和 MAP 估计都属于同一个范畴，即经典统计学范畴，目的都是找到"特定"最优参数 θ^*，都属于点估计。当找到最优解 θ 之后，就可以通过计算概率 $p(\hat{y}|\theta^*, x^*)$，对新样本 x^* 的类别 y 预测。

（3）贝叶斯估计和 MLE、MAP 估计有较大不同。例如对模型的参数 θ，假定参数可能取值为 $\theta_1, \theta_2, \cdots \theta_n$，这里以积分的方式考虑所有可能的参数（整个参数空间），则计算 θ 后验概率分布 $\pi(\theta|D)$，公式如下。

$$\pi(\theta|\mathrm{D}) = \frac{f(D|\theta)\pi(\theta)}{\int_\Theta f(D|\theta)\pi(\theta)\mathrm{d}\theta}$$

根据后验分布 $\pi(\theta|D)$ 对新样本 x^* 的进行预测。

MLE 和 MAP 给出了参数 θ 的特定的最优解 θ^*，极大后验估计 MAP 使用最优化方法找到参数的点估计，快速简单。而贝叶斯估计得到的是参数 θ 的后验概率分布，在贝叶斯观点中，使用概率分布而不是点估计来估计参数时，实践中模型参数的后验分布往往难以处理，因此我们使用马尔科夫链蒙特卡罗算法抽取样本以近似后验分布。

17.7 习题

（1）已知一个简单的线性回归模型，该模型假定因变量 y 是权重乘以两个预测变量 X_1 和 X_2 的线性组合，还包含一个误差项表示随机采样的噪声。公式如下。

$$y = \alpha + \beta_1 X_1 + \beta_2 X_2 + \varepsilon$$

其中 α 是截距，β_i 是变量 X_i 的系数，ε 代表观察误差。训练集数据可以使用 NumPy 的随机函数 random 模块来产生模拟数据，利用 PyMC3 求出参数的后验分布，并和真实参数进行对比。

提示   实现贝叶斯线性回归的基本过程：为模型参数指定先验（如正态分布、均匀分布等），创建概率模型，然后用马尔科夫链蒙特卡罗算法（MCMC）从后验分布中抽取样本，最终得到参数的后验分布。

贝叶斯模型中未知变量的先验分布选择正态分布，其中系数 α 和 β_i 的标准差为 10，选择半正态分布作为观测误差 ε 的先验分布。即

```
alpha=pm.Normal('alpha',mu=0,sd=10)
beta=pm.Normal('beta',mu=0,sd=10,shape=2)
se=pm.HalfNormal('se',sd=1)
```